国家级职业教育规划教材

人力资源和社会保障部职业能力建设司推荐

QUANGUO ZHONGDENG ZHIYE JISHU XUEXIAO JIANZHULEI ZHUANYE JIAOCAI

全国中等职业技术学校建筑类专业教材

暖通设备安装工艺与技能训练

（第二版）

人力资源和社会保障部教材办公室组织编写

张　琦　李社虎　主　编

姚　远　程根虎　副主编

王文宣　主　审

中国劳动社会保障出版社

简介

本教材主要内容包括：常用工程材料、管道的连接方式、阀门和补偿器安装、供暖系统安装、小型工业锅炉安装、制冷设备与管道安装、空调系统安装和制冷空调新技术概述八个部分。旨在使学生掌握从事建筑设备安装所必需的安装工程材料、管道连接方式、阀门等基本知识和技能，掌握供暖、制冷、空调系统以及工业锅炉的构成工作原理、设备安装、管道安装技术要点，为走上就业岗位打下基础。

本教材由张琦、李社虎任主编，姚远、程根虎任副主编，李慷、刘非、袁战旗、赵颖、程为民、李顺亭、韩明明参加编写。王文宣审稿。

图书在版编目(CIP)数据

暖通设备安装工艺与技能训练/张琦、李社虎主编．—2版．—北京：中国劳动社会保障出版社，2015

全国中等职业技术学校建筑类专业教材

ISBN 978-7-5167-1764-6

Ⅰ.①暖… Ⅱ.①张…②李… Ⅲ.①采暖设备-建筑安装-中等专业学校-教材②通风设备-建筑安装-中等专业学校-教材 Ⅳ.①TU83

中国版本图书馆CIP数据核字(2015)第168151号

中国劳动社会保障出版社出版发行

（北京市惠新东街1号　邮政编码：100029）

*

北京宏伟双华印刷有限公司印刷装订　新华书店经销

787毫米×1092毫米　16开本　35.5印张　776千字

2015年8月第2版　2024年3月第4次印刷

定价：54.00元

营销中心电话：400-606-6496

出版社网址：http://www.class.com.cn

http://jg.class.com.cn

出版说明

本套教材共计27种，分为“建筑施工”“建筑设备安装”和“建筑装饰”三个专业方向。教材的编审人员由教学经验丰富、实践能力强的一线骨干教师和来自企业的专家组成，在对当前建筑行业技能型人才需求及学校教学实际调研和分析的基础上，进一步完善了教材体系，更新了教材内容，调整了表现形式，丰富了配套资源。

教材体系 补充开发了《建筑装饰工程计量与计价》《建筑装饰材料》《建筑装饰设备安装》等教材；将《建筑施工工艺》与《建筑施工工艺操作技能手册》合并为《建筑施工工艺与技能训练》。调整后，教材体系更加合理和完善，更加贴近岗位与教学实际。

教材内容 根据建筑行业的发展和最新行业标准，更新了教材内容。按照目前行业通行做法，将“建筑预算与管理”的内容更新为“建筑工程计量与计价”；为重点培养学生快速表现技法能力，将“建筑装饰效果图表现技法”的内容更新为“室内设计手绘快速表现”；《室内效果图电脑制作（第二版）》，以3DS MAX 10.0版本作为教学软件载体；新材料、新设备在相关教材中也得到了体现。

表现形式 根据教学需要增加了大量来源于生产、生活实际的案例、实例、例题以及练习题，引导学生运用所学知识分析和解决实际问题；加强了图片、表格的运用，营造出更加直观的认知环境；设置了“想一想”“知识拓展”等栏目，引导学生自主学习。

配套资源 同步修订了配套习题册；补充开发了与教材配套的电子课件，可登录www.class.com.cn在相应的书目下载。

目录

第一章　常用工程材料

学习目标

1. 熟悉常用工程材料的基本特性。
2. 掌握常用管材和管件的种类及规格且能够识别。
3. 掌握常用管材的加工性能。
4. 熟悉常用管材及管件的选用方法。

日常生活中，管材的规格有大有小，不同地方使用不同材质制成的管材。有的地方采用金属管材（如焊接钢管等），有的地方采用非金属管材（如塑料管材等）。管材的选用与管材的性能有着密切的关系。金属管材具有一定的强度和导热性，因而常用在有压力或需要良好传热的场合，如消防管道采用镀锌钢管，用铜管制作换热器等；塑料管材具有良好的耐腐蚀性，因而常用在有腐蚀的场合，如排水管道等。管道系统选用管材时一般应根据管道系统的特性与材料的性能综合考虑。

有资料统计，材料一般占工程造价的70%左右，因此，在工程中材料应用得是否合理，加工工艺是否正确，直接关系到工程的安全运行和综合效益。

第一节　常用工程材料基本特性

一、金属材料

金属是指具有良好的导电性和导热性，有一定的强度和塑性，并具有光泽的物质，如铁（Fe）、铜（Cu）、铝（Al）、锰（Mn）、锡（Sn）等。除汞（Hg）以外，在常温下都是固体。具有金属特性的元素称为金属元素。金属材料是由金属元素组成或以金属元素为主要材料，并具有一般金属特性的工程材料。它包括纯金属和合金。

金属材料通常分为黑色金属材料和有色金属材料两大类。以铁、锰、铬（Cr）或以其为主而形成的具有金属特性的物质称为黑色金属材料，如碳素钢、合金钢、铸铁等，其在建筑工程中应用非常广泛。除黑色金属材料以外的其他金属材料称为有色金属材料，如铜、铝、钛（Ti）、锡等。

（一）金属材料的性能

金属材料的性能包括金属的物理性能、化学性能、力学性能和工艺性能。

1. 金属的物理性能

金属的物理性能是指金属的固有属性，包括密度、熔点、导电性、导热性、热膨胀性和磁性等。一般密度小于$4.5\times10^3\ kg/m^3$的金属称为轻金属，密度大于$4.5\times10^3\ kg/m^3$的金属称为重金属。

（1）导热性

金属传导热量的性能称为导热性。在实际工程中，采用在冷冻水管道与支架之间垫上木块、热水管道外壁绝热保温等技术措施，均为防止由于金属的导热而导致能量的损失。导热性好的金属散热性也好，常用来制造散热器、热交换器等。

（2）导电性

金属传导电流的性能称为导电性。金属都有良好的导电性。燃气管道、输油管道等必须有良好的接地，其目的就是防止因金属管道的导电而造成不必要的工程事故。导电性最好的金属是银（Ag），其次是铜、铝。

（3）热膨胀性

金属及其合金在加热时体积会胀大，冷却时会收缩，这种现象称为热膨胀性。各种金属的热膨胀形式是不同的。在实际工程中，都应考虑金属热膨胀和冷收缩的影响。如铺设铁路时，铁轨连接处都留有一定的空隙，管道系统应设置补偿器等。

2. 金属的化学性能

金属的化学性能是指金属在化学作用下所表现出的性能，包括金属的耐腐蚀性、抗氧化性和化学稳定性。

（1）耐腐蚀性

金属材料在常温下抵抗氧、水蒸气及其他化学介质腐蚀破坏的能力称为耐腐蚀性。

（2）抗氧化性

金属材料在加热时抵抗氧气氧化作用的能力称为抗氧化性。金属加热时，氧化作用加快，造成材料损耗和各种缺陷。

（3）化学稳定性

化学稳定性是金属材料的耐腐蚀性和抗氧化性的总称。金属材料在高温下的化学稳定性叫作热稳定性。

实际工程中，对金属管道采用防腐措施，使用防腐衬里管道以及对使用介质温度的限制等，均考虑到金属的化学性能。

3. 金属的力学性能

金属的力学性能是指金属材料在外力作用下所表现出来的性能，包括强度、塑性、硬度、冲击韧性、疲劳强度等。金属的力学性能是选择金属材料的主要依据。

（1）强度

金属材料在静载荷作用下抵抗变形和破坏的能力称为强度。抵抗能力越大，则强度越高。根据承受外力不同，强度可分为抗拉强度、抗压强度、抗弯强度、抗扭强度、抗剪强度等。

对于管道支架最大间距的规定、弯管时管壁厚度减薄率的规定、管道系统最大工作压力的限制等，均应考虑管道材料在其强度范围内能够安全运行。

（2）塑性

金属材料在载荷作用下产生变形而不破坏的性能称为塑性。管子能够加工成各种形状的弯管、管子的胀接连接等，都是根据金属材料具有塑性进行的。

（3）硬度

硬度是指金属材料抵抗其他硬物压入其表面的能力。硬度是衡量金属材料力学性能的重要指标。

（4）冲击韧性

金属材料抵抗冲击荷载作用而不破坏的能力称为冲击韧性。

（5）疲劳强度

金属材料在无限多次交变载荷作用下不致断裂的最大应力称为疲劳强度或疲劳极限。

4．金属的工艺性能

金属的工艺性能是指金属材料对不同加工工艺方法的适应能力。它主要包括铸造性、可锻性、焊接性、切削加工性和热处理性能。工艺性能直接影响零件加工后的工艺质量，是选材和制定零件加工工艺时必须考虑的因素。

（1）铸造性

金属材料能否用铸造的方法制成铸件的性能称为铸造性。凡流动性好、收缩性小、偏析倾向小的金属材料，其铸造性就好。

（2）可锻性

金属材料在压力加工过程中能获得优良锻件的性能称为可锻性。变形抗力越小，塑性越高，可锻性越好。

（3）焊接性

金属材料能用一般的焊接方法进行焊接的性能称为焊接性。焊接性好的金属材料易于用一般的工艺焊接；焊接性不好的金属必须采用特殊的工艺进行焊接。

（4）切削加工性

金属材料能用一般的切削方法进行加工的性能称为切削加工性。切削加工性好的金属在切削加工时，刀具磨损小，切削用量大，表面质量好。

（5）热处理性能

金属材料能用热处理的方式改变其内在性质的特性称为热处理性能。如碳素钢可以用淬火、退火、回火等方式改变其内在质量，从而实现不同的用途。

（二）黑色金属材料

黑色金属有碳素钢、合金钢、铸铁等。

1. 碳素钢

碳素钢是指含碳量①小于2.11%，并含有少量硅（Si）、锰（Mn）、磷（P）、硫（S）等杂质的铁碳合金，简称碳钢。碳素钢由于具有良好的力学性能，且冶炼方便，价格便宜，应用非常广泛。碳素钢主要有普通碳素结构钢、优质碳素结构钢和碳素工具钢。

（1）普通碳素结构钢

普通碳素结构钢含有较多的硫、磷杂质，但产量大，价格便宜，大量用于金属结构、建筑结构、管道工程。管道工程中使用的型钢（如角钢、工字钢、扁钢、圆钢、槽钢等）钢板、焊接钢管等均可用普通碳素结构钢制成。

（2）优质碳素结构钢

优质碳素结构钢所含的硫、磷及非金属夹杂物比普通碳素结构钢少，力学性能较为优良。优质碳素结构钢可以制造锅炉专用无缝钢管、法兰盘、弹簧、联轴器等。

（3）碳素工具钢

碳素工具钢是基本上不含合金元素的高碳钢，切削加工性良好，热处理后可以得到高硬度和高耐磨性。碳素工具钢可以用来制作锤子、锯条、丝锥、板牙、锉刀、钻头等。

2. 合金钢

合金钢是在碳钢的基础上，为了改善钢的实用性能特意加入一些合金元素的钢。例如，添加铬能提高钢的强度、硬度和淬透性；添加锰能提高钢的韧性和强度；添加硅能使钢变脆并提高导磁性；添加钛能使钢组织致密等。锅炉汽包、不锈钢管就是用合金钢制作的。

3. 铸铁

铸铁是含碳量大于2.11 %的一种铁碳合金。铸铁在工业制造和管道工程中应用非常广泛，具有良好的铸造性、耐磨性、耐腐蚀性和切削加工性等优点，而且成本低廉。常用的铸铁主要有灰铸铁、可锻铸铁、球墨铸铁、白口铸铁。

（1）灰铸铁

灰铸铁因其断口呈灰色而得名。它有良好的切削加工性、减摩性和消振性，灰铸铁还有良好的铸造性，抗压强度与钢近似。但是铸铁的抗拉强度、塑性和韧性都很差。由于灰铸铁具有以上性能，并且价格低廉，是应用最广泛的一种铸铁。灰铸铁阀门、给水管应用广泛。

（2）可锻铸铁

可锻铸铁称为马口铁或马铁。可锻铸铁只表示它比其他铸铁的塑性和韧性好，其实并不可锻。可锻铸铁适用于制造一些形状复杂、强度和韧性要求较高的薄截面零件。管道工程中使用的螺纹配件大都由可锻铸铁制成（俗称马钢管件）。

（3）球墨铸铁

球墨铸铁是指铸铁中的石墨以球状形式存在的铸铁。球墨铸铁的力学性能比灰铸铁大大提高，加工工艺性能也较好，因此，可代替碳钢、合金铸铁和可锻铸铁，制造一些受力复杂，强度、硬度、韧性和耐磨性要求较高的零件。球墨铸铁可以制造阀门、给水管等。

---

① 本书中金属材料中的含碳量以及各种合金元素的含量均为质量分数。

（4）白口铸铁

白口铸铁的断口呈亮白色。它的硬度高，脆性大，很难切削加工，所以，白口铸铁很少直接用于制造机械零件，主要用作炼钢原料。但有时制造耐磨的零件，要求其表面很硬，可将其表面铸为白口铸铁，内部仍为灰铸铁，以获得表面硬度高、中心强度高的性能。

（三）有色金属材料

管道工程使用的有色金属是铜及铜合金、铝及铝合金、钛及钛合金。

1. 铜及铜合金

（1）纯铜

纯铜表面形成氧化铜膜后，外观呈玫瑰紫色，又称紫铜，密度为 $8.90 \times 10^3 kg/m^3$，熔点为1 083℃。纯铜的强度不高，硬度低，塑性好。在大气及淡水中有良好的耐腐蚀性，但在含 CO_2 的潮湿空气中，表面将产生碱性碳酸盐的绿色薄膜，又称铜锈、铜绿。纯铜在热加工时产生热脆性；在冷加工时易脆断，称为冷脆性。

工业用纯铜按所含杂质的多少不同，可分为1号、2号、1803号（3号）、4号共四种牌号。1号铜（代号T1）含杂质总量不大于0.05%，2号铜（代号T2）含杂质总量不大于0.1%，3号铜（代号T3）含杂质总量不大于0.3%，4号铜（代号T4）含杂质总量不大于0.5%。

纯铜主要用于制作发电机、母线、电缆、开关装置、变压器等电工器材以及热交换器、管道、太阳能加热装置的平板集热器等导热器材。

（2）铜合金

铜合金是指以纯铜为基体加入一种或几种其他元素所构成的合金。常用的铜合金分为黄铜、青铜、白铜三大类。

1）黄铜。黄铜是以锌作为主要添加元素的铜合金，它的颜色随含锌量的增加由黄红色变为淡黄色。黄铜根据其化学成分的不同分为普通黄铜和特殊黄铜。普通黄铜是仅由铜和锌组成的合金，其力学性能比纯铜高，价格便宜，在一般情况下不易腐蚀，塑性也好，能进行冷、热压力加工。普通黄铜的力学性能受含锌量的影响较大，工业上用的黄铜含锌量一般在35%~40%之间。普通黄铜的牌号用“H+数字”表示，数字表示含铜量的百分数。例如，H64表示含铜量为64%、含锌量为36%的普通黄铜。

特殊黄铜是在普通黄铜中加入铝、硅、锰、锡等合金元素而形成的，相应地称为铝黄铜、硅黄铜、锰黄铜和锡黄铜等。加入合金元素后能进一步提高强度，铝还能提高耐磨性，锡能提高耐腐蚀性。特殊黄铜的牌号用“H+主加元素符号+数字”表示，数字依次为铜和加入元素含量的百分数。例如，HSn90—1表示含铜量为90%、含锡量为1%的锡黄铜。

黄铜铸件常用来制作阀门和管道配件等。

2）青铜。除黄铜和白铜（铜镍合金）以外的铜合金统称为青铜。它又分为锡青铜和无锡青铜，锡青铜有良好的强度、硬度、耐腐蚀性和铸造性，适用于制造轴承、蜗轮、齿轮等。无锡青铜具有更高的力学性能、耐磨性和耐腐蚀性。

3）白铜。以镍为主要添加元素的铜合金称为白铜。铜镍二元合金称为普通白铜，加有锰、铁、锌、铝等元素的白铜合金称为复杂白铜。工业用白铜分为结构白铜和电工白铜两大类。结构白铜的特点是力学性能和耐腐蚀性好，色泽美观。这种白铜广泛用于制造精密机械、化工机械和船舶构件。电工白铜一般有良好的热电性能。锰铜、康铜、考铜是含锰量不同的锰白铜，是制造精密电工仪器、变阻器、精密电阻、应变片、热电偶等用的材料。

2. 铝与铝合金

铝是一种轻金属材料，呈银白色，密度为 2.70×10^{3} kg/m³，熔点为660℃。纯铝的强度很低，塑性很高，导电性、导热性好，在空气中极易生成一层致密的氧化铝膜，具有良好的耐腐蚀性，广泛地应用于要减轻结构质量的地方。

纯铝强度低，使其用途受到限制。但加入少量的一种或几种合金元素，如镁（Mg）、硅、锰、铜、锌、铁、铬、钛等，即可得到具有不同性能的铝合金。铝合金再经冷加工和热处理，进一步得到强化和硬化，其抗拉强度大大提高。

铝合金按其生产方式不同，分为铸造铝合金和变形铝合金两大类。建筑上一般采用变形铝合金，用以轧成板、箔、带材，挤压成棒、管或各种形状复杂的型材。变形铝合金按其性能、用途不同，分为防锈铝合金、硬铝合金、超硬铝合金和锻铝合金等。

铝合金与塑料结合生产的铝塑复合管在管道工程中得到广泛应用，在化学工业中用作液态天然气的输送管道、冷冻装置和石油精炼装置等。

3. 钛及钛合金

钛是银白色的金属，密度为 4.50×10^{3} kg/m³，熔点为1 677℃，热膨胀系数小。纯钛塑性好，强度低，容易加工成形，可制成细丝、薄片。在550℃以下有良好的耐腐蚀性，不易氧化，特别是抗海水及其蒸汽的腐蚀能力比铝合金、不锈钢还要高。

钛中加入铝、锡、铬、钼（Mo）、钒（V）等金属可得到具有不同性能的钛合金。钛合金具有强度高，密度小，力学性能好，韧性和耐腐蚀性好，切削加工困难，热加工时非常容易吸收氢、氧、氮、碳等杂质的特点。

钛板可用于制作板式换热器，钛管可用于输送腐蚀性介质。

（四）钢的热处理知识

管道采用胀接连接或翻边活套法兰连接时，需要对管子端部进行退火，其目的是降低连接管端的硬度，提高塑性。另外，在自制一些施工工具时，也需要对工具进行简单的热处理。

钢的热处理是通过将钢在固态下加热、保温和冷却来改变其内部组织，从而获得所需性能的一种工艺方法。

根据工艺不同，常用的钢的热处理方法可分为退火、正火、淬火、回火及表面热处理等。任何一种热处理工艺都是由加热、保温和冷却三个阶段组成的。

1. 退火与正火

(1) 退火

将钢加热到一定温度，保温一定时间，然后缓慢地冷却到室温，这一热处理工艺称为退火。

退火的目的如下：

1）降低钢的硬度，提高塑性，以利于切削加工和冷变形加工。

2）细化晶粒，均匀钢的组织和成分，改善钢的性能或为以后的热处理做准备。

3）消除钢中的残余内应力，以防止变形和开裂。

（2）正火

将钢加热到临界点或临界点以上 30～50℃，保温一定时间，随后在空气中冷却的热处理工艺称为正火。

正火与退火两者的目的基本相同，但正火的冷却速度比退火稍快，故正火钢的组织比较细，它的强度、硬度比退火钢高。

2. 钢的淬火

将钢加热到临界温度以上的适当温度，经保温、快速冷却的热处理工艺称为淬火。其目的是提高钢的硬度和耐磨性。常用的淬火冷却介质有水、矿物油、盐水等。

水的冷却特性是在 650～550℃范围内冷却速度很快，但在 300～200℃范围内，冷却速度过快常会引起淬火开裂。碳钢一般在水中冷却，合金钢可在油中冷却。

3. 钢的回火

将淬火后的钢加热到临界点以下的某一温度，保温一定时间，待组织转变后冷却到室温，这种热处理方法称为回火。

淬火钢虽然具有高的硬度和强度，但较脆，并且工件内部残留着淬火内应力，必须经过回火后才能使用。

4. 钢的表面淬火

钢的表面淬火是指通过快速加热使钢的表层奥氏体化，在热量尚未传到零件中心时就立即冷却的淬火方法。表面淬火常用的有火焰加热表面淬火和感应加热表面淬火。

利用高温火焰将工件表面快速加热到淬火温度，随即喷水快速冷却的方法称为火焰加热表面淬火。常用的高温火焰为氧—乙炔焰，火焰的最高温度可达 3 200℃。

想一想

1. 怎样用简单试验或实例说明金属的力学性能？
2. 錾子是管道安装常用的工具，你能制作錾子吗？
3. 粉笔很容易用手折断或扭断，但却不容易用手捏碎，为什么？
4. 用什么方法可以证明玻璃和铁钉哪个硬度高？
5. 国家标准《建筑给水排水及采暖工程施工质量验收规范》（GB 50242—2002）摘录如下：

（1）钢管水平安装的支、吊架间距应不大于表 1—1 所列的规定。

表 1—1　钢管管道支架的最大间距

公称直径（mm）		15	20	25	32	40	50	65	80	100	125	150	200
支架最大间距（m）	垂直管	1.8	2.4	2.4	3.0	3.0	3.0	3.5	3.5	3.5	3.5	4.0	4.0
	水平管	1.2	1.8	1.8	2.4	2.4	2.4	3.0	3.0	3.0	3.0	3.5	3.5

（2）采暖、给水及热水供应系统的塑料管及复合管垂直或水平安装的支架间距应符合表1—2的规定。采用金属制作的管道支架应在管道与支架间加衬非金属垫或套管。

表1—2　　塑料管及复合管管道支架的最大间距

公称直径（mm）			12	14	16	18	20	25	32	40	50	63	75	90	110
支架最大间距（m）	立管		0.5	0.6	0.7	0.8	0.9	1.0	1.1	1.3	1.6	1.8	2.0	2.2	2.4
	水平管	冷水管	0.4	0.4	0.5	0.5	0.6	0.7	0.8	0.9	1.0	1.1	1.2	1.35	1.55
		热水管	0.2	0.2	0.25	0.3	0.3	0.35	0.4	0.5	0.6	0.7	0.8		

（3）铜管垂直或水平安装的支架间距应符合表1—3的规定。

表1—3　　铜管管道支架的最大间距

公称直径（mm）		15	20	25	32	40	50	65	80	100	125	150	200
支架最大间距（m）	垂直管	1.8	2.4	2.4	3.0	3.0	3.0	3.5	3.5	3.5	3.5	4.0	4.0
	水平管	1.2	1.8	1.8	2.4	2.4	2.4	3.0	3.0	3.0	3.0	3.5	3.5

根据上述内容，回答以下问题：

1）为什么要规定一个最大支架间距？

2）为什么规定不保温管的间距比保温管间距大？

3）为什么规定冷水管的间距比热水管间距大？

4）同规格的管子为什么规定钢管间距最大、塑料管及复合管的间距最小？

5）对于采暖、给水及热水供应系统的塑料管及复合管，为什么规定采用金属制作的管道支架应在管道与支架间加衬非金属垫或套管？

6）在今后的施工过程中应如何应用和遵守这些规定？

二、非金属材料

管道工程中使用的非金属材料主要是塑料、水泥、石棉、橡胶、油麻、玻璃、陶瓷等。另外，玻璃钢管材及管件也已经开始在建筑管道工程中应用。

（一）塑料

塑料是指以合成树脂为主要成分，加或不加添加剂制成的具有可塑性的材料。

塑料按用途不同一般分为通用塑料和工程塑料两大类。通用塑料在管道中常用的有聚氯乙烯（PVC-U）、聚乙烯（PE）、聚丙烯（PP）、聚丁烯（PB）和酚醛塑料（PF）等。工程塑料在管道中常用的有聚酰胺（PA）、聚四氟乙烯（PTEE）、聚甲醛（POM）和ABS塑料等。

塑料按合成树脂性质不同可分为热塑性塑料和热固性塑料两大类。热塑性塑料是由可以多次反复加热而仍有可塑性的合成树脂制成的塑料，可进行热加工，如聚氯乙烯、聚乙烯、聚丙烯、聚酰胺和ABS塑料等；热固性塑料是由加热固化的合成树脂制成的塑料，不能进行热加工，如酚醛塑料等。

1．硬聚氯乙烯（PVC－U）

聚氯乙烯是一种白色粉末状树脂。在树脂中加入稳定剂、增塑剂、填料和润滑剂等就可以制成硬聚氯乙烯，硬聚氯乙烯采用注塑、挤压、焊接等方法可制成管材、管件和阀门等。

硬聚氯乙烯的密度为（1.35～1.50）$\times 10^3$ kg/m^3，线膨胀系数为（0.6～0.7）$\times 10^{-4}$ mm/（m·℃），导热系数为0.15 W/（m^2·℃），使用温度为－15～60℃。

硬聚氯乙烯的特性是强度较高，耐腐蚀性好，抗老化性差，在高温、长时间光照时变脆，且强度下降。

硬聚氯乙烯一般在80～85℃开始软化，130℃时呈柔软状态，180℃后开始呈韧性流动。对于硬聚氯乙烯管道的使用应充分注意这一问题，一般长期使用的介质温度不宜超过60℃，当用增强材料制成复合管道或作管道衬里时，输送的介质温度可达90℃。在管道加工和焊接中也要充分注意它的软化温度，抓住有利的时机进行加工和焊接。

2．氯化聚氯乙烯（CPVC）

氯化聚氯乙烯由聚氯乙烯树脂氯化改性制得，为白色或淡黄色、无味、无臭、无毒的疏松颗粒或粉末状树脂。

氯化聚氯乙烯的密度为（1.45～1.58）$\times 10^3$ kg/m^3，线膨胀系数为（0.75～0.8）$\times 10^{-4}$ mm/（m·℃），导热系数为0.15 W/（m^2·℃），使用温度为－40～95℃。

氯化聚氯乙烯耐热性能好，最高使用温度可达110℃，长期使用温度为95℃。具有较高的强度和韧性，耐腐蚀，耐老化，抗紫外线照射，阻燃性能为自熄型，介质中重离子含量达到超纯水标准，卫生指标符合国家卫生标准，是一种应用前景广阔的新型工程塑料。

3．聚乙烯（PE）

聚乙烯是通过乙烯的加工聚合而成的。根据聚合条件不同，可分为高密度聚乙烯[HDPE，密度为（0.94～0.97）$\times 10^3$ kg/m^3]、中密度聚乙烯[MDPE，密度为（0.926～0.94）$\times 10^3$ kg/m^3]、低密度聚乙烯（LDPE）等。高密度聚乙烯的线膨胀系数为2.0$\times 10^{-4}$ mm/m·℃，导热系数为0.43 W/（m^2·℃），使用温度为－30～45℃。管道工程主要使用中、高密度聚乙烯。

聚乙烯无臭，无毒，手感似蜡。具有优良的耐低温性能，化学稳定性好，能耐大多数酸、碱的侵蚀（不耐具有氧化性质的酸），常温下不溶于一般溶剂，吸水性小，电绝缘性能优良，强度低，耐热老化性差。

4．聚丙烯（PP）

聚丙烯是由丙烯聚合而制成的一种热塑性树脂，有几种不同的类型，管道工程常用无规共聚聚丙烯，又称三型聚丙烯（PP－R）。

PP－R塑料的密度为0.9$\times 10^3$ kg/m^3，线膨胀系数为1.8$\times 10^{-4}$ mm/（m·℃），导热系数为0.21 W/（m^2·℃），使用温度为－20～75℃。

PP－R无毒、无味，耐热、保温，耐磨损，防冻裂，耐低温冲击性差，较易老化。

5. 聚丁烯（PB）

聚丁烯是一种高分子惰性聚合物。它具有很高的耐温性、持久性、化学稳定性和可塑性，无味、无臭、无毒，有“塑料黄金”的美誉。

聚丁烯的密度为 0.93×10^3 kg/m³，线膨胀系数为 1.3×10^{-4} mm/（m·℃），导热系数为0.22 W/（m²·℃），使用温度为 -20 ~95℃。

PB 管材、管件的原料可回收并重复使用，废物燃烧时不会产生有害气体，具有良好的环保性能。

6. ABS 树脂

ABS 树脂是在聚苯乙烯树脂改性的基础上发展起来的三元共聚物，ABS 树脂由丙烯腈、丁二烯、苯乙烯三种物质组成。其中 A 代表丙烯腈，B 代表丁二烯，S 代表苯乙烯。

ABS 树脂的密度为（1.03 ~ 1.07）$\times10^3$ kg/m³，线膨胀系数为（0.6 ~ 1.3）$\times10^{-4}$ mm/（m·℃），导热系数为0.26 W/（m²·℃），使用温度为 -40 ~80℃。

ABS 树脂化学性能稳定，无毒、无味，能耐酸、碱。

塑料的种类较多，其性质也随使用环境的变化而变化。用塑料制成的管材、管件和阀门等，其塑料性质都有一定程度的改善，使得塑料管材及附件具有良好的物理性能和化学性能，满足工程的实际需要。

（二）玻璃钢

玻璃钢是一种玻璃纤维增强材料，是国外20 世纪初开发的一种新型复合材料。玻璃钢是玻璃纤维与一种或数种热固性或热塑性树脂复合而成的材料，这些树脂包括酚醛树脂、环氧树脂、聚酯树脂、聚酰亚胺树脂等。

玻璃钢属于优质复合材料。它对酸、碱、盐、油等各种腐蚀介质都具有特殊的防腐功能，不会发生锈蚀，使用寿命长。

玻璃钢具有质量轻、强度高、防腐、保温、绝缘、隔音等诸多优点。

想一想

1. 讨论所见过的塑料制品。
2. 对常用塑料的特点进行共性总结。
3. 你知道自己的手机外壳是什么材质的塑料吗？
4. 你知道装纯净水的瓶子是什么材质的塑料吗？

三、其他材料

一个完整的暖通系统，仅有管材、管件和阀门是不够的，还应有一些其他材料作为辅助。例如，需要支架对管道进行固定，需要水泥对支架进行固定，需要石棉橡胶板或橡胶板对法兰连接进行密封等。

（一）型钢

型钢在管道工程中主要是制作管道支架和支座等的材料，常用的型钢主要有圆钢、扁钢、角钢、槽钢、工字钢、钢板等。管道工程中所用的型钢多为碳素结构钢。

1. 圆钢

圆钢又称钢筋。管道工程中主要使用光圆钢筋和螺纹钢筋。圆钢的规格以直径的毫米数表示，例如，“φ6”表示直径为6 mm的圆钢。小规格的圆钢常用来制作吊架的吊杆、U形管卡、散热器托钩等；大规格的圆钢常用来制作錾子、捻口凿、撬杠、散热器组对钥匙等简易安装工具。另外，圆钢有时也用作钢板水箱的加强拉筋等。

圆钢有盘条和直条两种，一般直径5～12 mm的为盘条。直条的长度一般为4～10 m。常用圆钢的规格及理论质量见表1—4。圆钢及其制作的U形管卡如图1—1所示。

表1—4 常用圆钢的规格及理论质量

圆钢直径（mm）	6	8	10	12	14	16	18	20	22
理论质量（kg/m）	0.222	0.395	0.617	0.888	1.210	1.580	2.00	2.47	2.98

a）

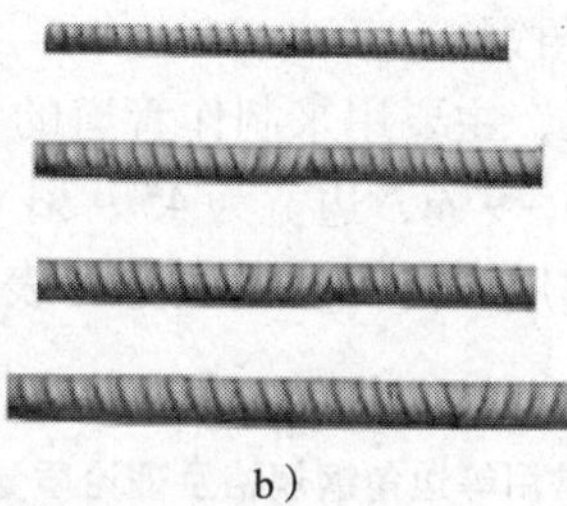
b）

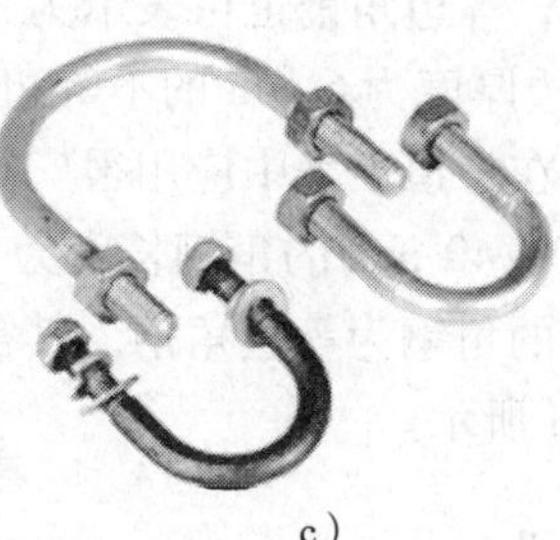
c）

图1—1 圆钢及其制作的U形管卡
a）光圆钢筋 b）螺纹钢筋 c）U形管卡

2. 扁钢

管道工程中使用的扁钢有镀锌扁钢和不镀锌扁钢两种，其规格以“宽度×厚度”的毫米数表示，例如“—20×4”表示宽度为20 mm、厚度为4 mm的扁钢。扁钢用来制作吊环、卡环、活动支架、法兰阀门跨接导线、钢板水箱的加强拉筋等。扁钢的长度通常为3～9 m，常用扁钢的规格及理论质量见表1—5。扁钢及其制作的管道吊架如图1—2所示。

表1—5 常用扁钢的规格及理论质量

扁钢规格（mm）	理论质量（kg/m）	扁钢规格（mm）	理论质量（kg/m）	扁钢规格（mm）	理论质量（kg/m）	扁钢规格（mm）	理论质量（kg/m）
20×4	0.63	30×5	1.18	40×6	1.88	50×6	2.36
22×4	0.69	36×4	1.14	45×5	1.77	50×7	2.75
25×4	0.79	36×5	1.41	45×6	2.12	60×5	2.36
25×5	0.98	40×4	1.26	45×7	2.47	60×6	2.83
30×4	0.94	40×5	1.57	50×5	1.96	60×8	3.77

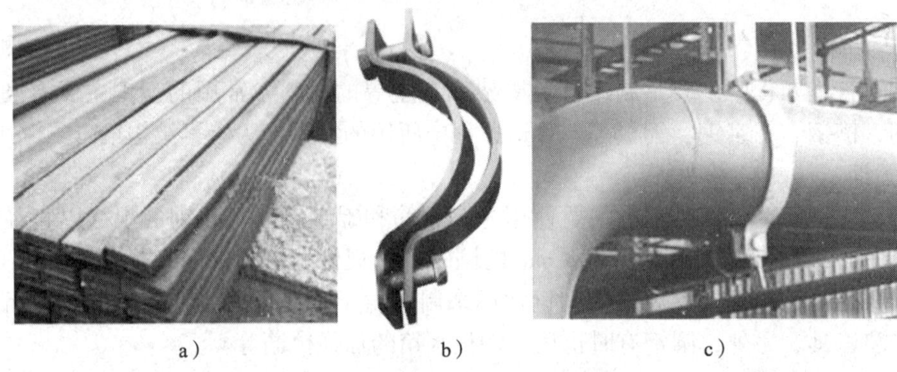

a） b） c）

图 1—2 扁钢及其制作的管道吊架

a）扁钢 b）扁钢吊架 c）吊架的安装

3．角钢

管道工程使用的角钢有等边角钢和不等边角钢两种，其规格以“边宽度 × 边宽度 × 边厚度”的毫米数表示。例如，“∟30 ×30 ×4”表示两边宽度均为 30 mm、边厚度为 4 mm 的等边角钢，等边角钢也可表示为“∟30 ×4”。“∟80 ×50 ×6”表示边宽度分别为 80 mm 和 60 mm、边厚度为 6 mm 的不等边角钢。

角钢在管道工程中应用很广泛，主要用来制作管道的支架、风管法兰等。通常情况下，边宽为 20 ~40 mm 的角钢长度为 3 ~9 m，边宽为 45 ~80 mm 的角钢长度为 4 ~12 m。管道工程常用的角钢为等边角钢，其常用规格及理论质量见表 1—6。角钢及其制作的管道支架如图 1—3 所示。

表 1—6　　常用等边角钢规格及理论质量

角钢尺寸（mm）		理论质量（kg/m）	角钢尺寸（mm）		理论质量（kg/m）
边宽	厚度		边宽	厚度	
20	3	0. 889	45	3	2. 088
	4	1. 145		4	2. 736
25	3	1. 124		5	3. 369
	4	1. 459		6	3. 985
30	3	1. 373	50	3	2. 332
	4	1. 786		4	3. 059
36	3	1. 656		5	3. 770
	4	2. 163		6	4. 465
	5	2. 654	56	3	2. 624
40	3	1. 852		4	3. 446
	4	2. 442		5	4. 251
	5	2. 976		6	6. 568
			65	4	3. 907
				5	4. 822
				6	5. 721
				8	7. 469

续表

角钢尺寸（mm）		理论质量（kg/m）	角钢尺寸（mm）		理论质量（kg/m）
边宽	厚度		边宽	厚度	
70	4	4.372	75	5	5.818
	5	5.397		6	6.905
	6	6.406		7	7.976
	7	7.398		8	9.030
	8	8.373		10	11.089
			80	5	6.221
				8	9.658

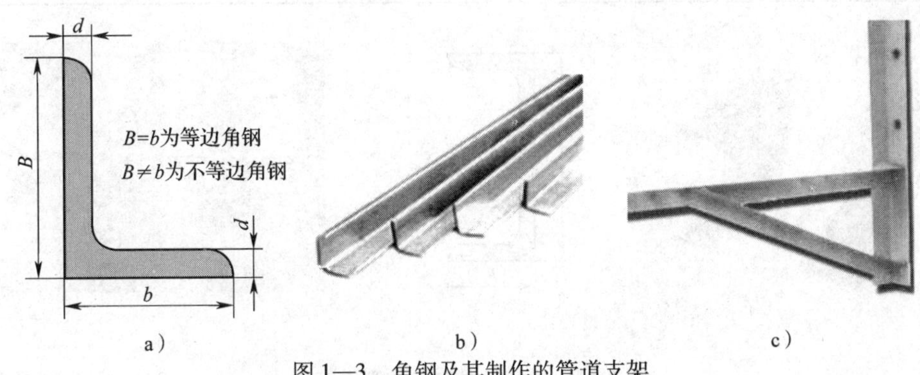

图 1—3　角钢及其制作的管道支架

a）角钢截面　b）角钢　c）角钢支架

4. 槽钢

槽钢是截面为凹槽形的长条钢材。其规格以“高度（h）×宽度（b）×厚度（d）”的毫米数表示。例如，“[100×48×5.3”表示高度为 100 mm、宽度为 48 mm、厚度为 5.3 mm 的槽钢也可写成槽钢“[10”，读作“10 号槽钢”。对于槽钢的型号来讲，其号数就是槽钢的高度（注意，此时高度的单位是 cm，而不是 mm）。例如，“10 号槽钢”的高度是 10 cm。

槽钢主要用于制作大规格管子及设备的支架、支座等，槽钢一般与其他型钢配合使用。槽钢通常的长度规定：5～8 号，长 5～12 m；10～18 号，长 5～19 m；20 号以上，长 6～9 m。常用槽钢的规格及理论质量见表 1—7。槽钢及其制作的管道支架如图 1—4 所示。

表 1—7　常用槽钢的规格及理论质量

型号	尺寸（mm）			理论质量（kg/m）
	h（高度）	b（宽度）	d（厚度）	
5	50	37	4.5	5.44
6.3	63	40	4.8	6.63
6.5	65	40	4.8	6.70
8	80	43	5.0	8.04
10	100	48	5.3	10.00
12	120	53	5.5	12.06
12.6	126	53	5.5	12.37

续表

型号	尺寸（mm）			理论质量（kg/m）
	h（高度）	*b*（宽度）	*d*（厚度）	
14a	140	58	6.0	14.53
14b	140	60	8.0	16.73
16a	160	63	6.5	17.23
16	160	65	8.5	19.74
18a	180	68	7.0	20.17
18	180	70	9.0	22.99
20a	200	73	7.0	22.63
20b	200	75	9.0	25.77

a）

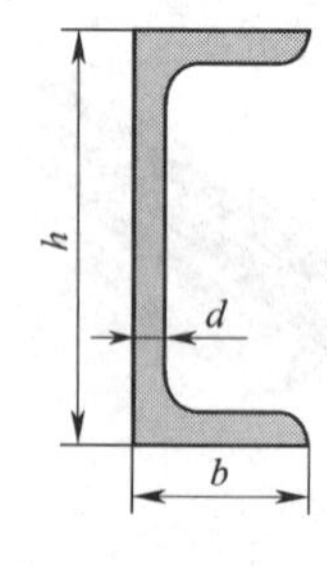

b）

c）

图 1—4　槽钢及其制作的管道支架

a）槽钢　b）槽钢截面　c）槽钢支架现场应用

5. 工字钢

工字钢是截面为工字形的长条钢材。其规格以“高度（*h*）×宽度（*b*）×厚度（*d*）”的毫米数表示。例如，“Ｉ100×68×4.5”表示高度为 100 mm、宽度为 68 mm、厚度为 4.5 mm 的工字钢也可写成工字钢“Ｉ10”，读作“10 号工字钢”。对于工字钢的型号来讲，其号数就是工字钢的高度（注意，此时高度的单位是 cm，而不是 mm）。例如，“10 号工字钢”的高度是 10 cm。

工字钢和槽钢一样，主要用于制作大规格管子及设备的支架、支座等，工字钢一般与其他型钢配合使用。工字钢通常的长度为 5 ~ 19m。常用工字钢的规格及理论质量见表 1—8。工字钢及其制作的管道支座如图 1—5 所示。

表 1—8　　常用工字钢的规格及理论质量

型号	尺寸（mm）			理论质量（kg/m）
	h（高度）	*b*（宽度）	*d*（厚度）	
10	100	68	4.5	11.2
12.6	126	74	5.0	14.2
14	140	80	5.5	16.9
16	160	88	6.0	20.5
18	180	94	6.5	24.1

续表

型号	尺寸（mm）			理论质量（kg/m）
	h（高度）	b（宽度）	d（厚度）	
20a	200	100	7.0	27.9
20b	200	102	9.0	31.1
22a	220	110	7.5	33.0
22b	220	112	9.5	36.4
25a	250	116	8.0	38.1
25b	250	118	10	42.0

a）

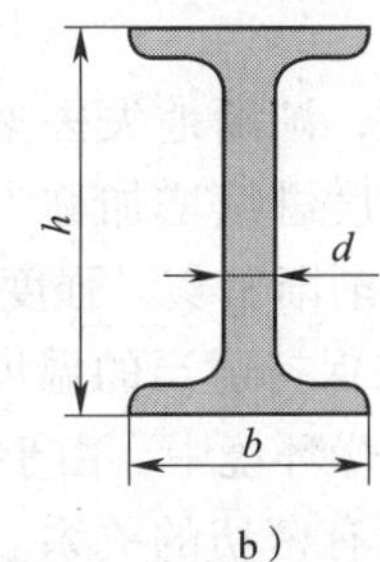

b）

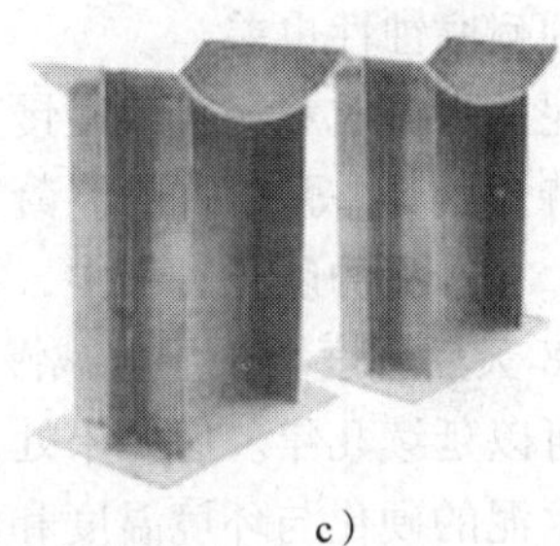
c）

图 1—5　工字钢及其制作的管道支座

a）工字钢　b）工字钢截面　c）管道支座

6. 钢板

钢板的种类较多，暖通工程使用的主要是普通钢板、不锈钢板、镀锌钢板、铝合金钢板、塑料复合钢板（在普通钢板上喷涂一层厚 0.2 ~ 0.4 mm 的塑料层就形成塑料复合钢板）等。通常情况下，厚度小于或等于 4 mm 的钢板称为薄钢板，厚度大于 4 mm 的钢板称为厚钢板。

钢板规格较多，根据不同的厚度，每张钢板的尺寸不一样。厚钢板主要用于制作水箱（也有用不锈钢板制作的水箱）和管道支架等，薄钢板主要用于制作通风空调管道。钢板的理论质量见表 1—9。

表 1—9　　钢板的理论质量

钢板厚度（mm）	理论质量（kg/m）	钢板厚度（mm）	理论质量（kg/m）	钢板厚度（mm）	理论质量（kg/m）
0.10	0.785	0.80	6.28	3.0	23.55
0.20	1.57	0.90	7.065	3.5	27.48
0.30	2.355	1.00	7.85	4.0	31.4
0.35	2.748	1.10	8.635	4.5	35.33
0.40	3.14	1.20	9.42	5.0	39.25
0.45	3.533	1.25	9.813	5.5	43.18
0.50	3.925	1.40	10.99	6.0	47.10
0.55	4.318	1.50	11.78	7.0	54.95
0.60	4.71	1.80	14.13	8.0	62.80
0.70	5.495	2.0	15.70	9.0	70.65
0.75	5.888	2.5	19.63	10.0	78.50

（二）辅助材料

1. 水泥

水泥是管道安装工程中常用的辅助材料。在管道工程中除大量地用来浇注设备基础、混凝土支墩外，还用来埋设备种钢支架，或在设备就位时浇埋地脚螺栓，此外，还普遍用作承插式管道接口的填充材料。水泥的种类较多，在管道安装工程中，应用较多的水泥是硅酸盐水泥、普通硅酸盐水泥和自应力膨胀水泥等。

普通硅酸盐水泥简称普通水泥。它是在硅酸盐水泥磨细过程中掺入了少量混合材料制成的。其性能与硅酸盐水泥近似，早期强度高，凝结硬化快，抗冻性好，但抗水性差，对酸、碱的耐腐蚀性也差。

水泥加水调成水泥浆后慢慢变稠，渐渐地失去塑性，称为初凝。初凝后就不能进行拌和了，待开始具备强度称为终凝。强度继续增加称为硬化。从初凝到硬化的全过程称为硬化过程。在水泥的硬化过程中，结构渐渐密实，强度不断增加。在开始的 3 ~ 7 天强度增长较快，28 天后强度增长显著减慢。在保持适当的温度和湿度的环境中养护，其强度增长趋势甚至可以延续几年。但如果处于干燥环境中，由于水分很快丧失，强度增长会很快停止。因此，水泥的硬化与环境温度和湿度有密切的关系。高温、高湿下养护能加速硬化，增强早期强度，这一点对保证承插管道的水泥接口质量是非常重要的。

水泥的标号有 32. 5 号、42. 5 号、52. 5 号、62. 5 号等，管道安装工程中应用最多的是 32. 5 号和 42. 5 号水泥。

自应力膨胀水泥是在硅酸盐水泥熟料中加入适量的膨胀剂混合磨细而成的。膨胀水泥具有硬化时体积增大、早期强度高、抗渗透性好的特点。膨胀水泥主要用作防渗、堵漏、填缝、管道接口等材料。

2. 石棉

石棉是一种矿物纤维，具有隔热、不燃烧和耐腐蚀的特点，是优良的天然保温材料。不同质量石棉的纤维长度和含尘量不同。石棉可与水泥制成石棉水泥管，石棉绒经纺纱可编织成各种石棉绳，石棉还可以制成石棉板、石棉纸、石棉布和石棉灰等，可用作法兰垫片、石棉水泥接口或用于管道设备保温等。

3. 橡胶

橡胶是高分子化合物，橡胶区别于其他工程材料的主要标志是在一定的温度范围内具有优良的弹性。此外，它还具有良好的扯断强度、撕裂强度和耐疲劳强度及不透水性、不透气性、耐酸性和绝缘性等。这些良好的综合力学性能使其得到了广泛的应用。

在橡胶制品中多为橡胶板。主要有普通橡胶板、耐酸橡胶板、耐油橡胶板、耐热橡胶板等。在管道工程中，橡胶板主要用来制作法兰垫片、活接头垫片、暖气片垫片、卫生设备排水垫片、铸铁管承插接口密封圈及设备基础的防振板等。橡胶垫片如图 1—6 所示。

图 1—6　橡胶垫片

石棉橡胶板耐热性好，可制作蒸汽法兰垫片、活接头垫片等。石棉橡胶板分为高压（深褐色）、中压（浅褐色）和低压（白色）三种。

4. 铅油、铅粉

管道工程中使用的铅油有白色、红色、灰色等几种。常用的是白铅油，俗称白厚漆。在管螺纹连接前先在螺纹上涂白铅油，以增加连接的严密性。另外，以粗石棉绳做成的手孔垫或大孔垫，安装时均在石棉绳外涂一层铅油。当铅油过稠时可加入少量的机油调稀后使用。

铅粉又称石墨粉，呈碎片状，性滑。使用时可用机油搅拌成糊状后涂于用石棉橡胶板制成的法兰垫片、活接头片上，可增加连接的严密性。而且垫片用旧以后需要更换时，也容易拆下。

5. 麻类

管道工程中常用的麻类有亚麻、线麻（又称大麻）和白麻（又称简麻）。亚麻的纤维细而长，强度高，最宜作管道螺纹连接的填充材料。将亚麻或线麻经油浸透晾干后，制作成油麻，可作为铸铁管承口的填料。油麻有防腐能力，当管内充水时，油麻浸水后纤维膨胀，同时纤维中间的空隙变小，起到防止压力水渗透的作用。

6. 油漆

油漆一般作为管道工程中管材、设备、支架等的防腐材料。常用的防锈漆有红丹（樟丹、铅丹）防锈漆、铁红防锈漆、铅粉防锈漆等，其中红丹防锈漆性能最好，附着力强，常用作底漆。

银粉漆是由银粉、清漆、汽油三种原料配制而成的，工程中多用于面漆，如室内采暖管道、散热器等外壁均涂用银粉漆。

7. 聚四氟乙烯生料带

用聚四氟乙烯树脂与一定量的助剂混合碾制成厚度约 0.1 mm、宽度不大于 30 mm、长度为 1 ~ 5 m 的薄膜带，因为不经过烧结工艺，所以叫作生料带，如图 1—7 所示。聚四氟乙烯具有优良的耐腐蚀性，对于浓酸、浓碱及强氧化剂，即使在高温下也不发生作用。它的热稳定性好，工作温度高，能在 250℃ 以下长期使用，可用作工作温度为 -180 ~ 250℃、输送腐蚀介质的管道螺纹连接的填料。

图 1—7 生料带

聚四氟乙烯制品用在管道上的还有聚四氟乙烯管、垫片、阀门、盘根、板等。

8. 管道螺纹密封剂

管道螺纹密封剂是一种厌氧型密封胶，又称液体生料带。这种胶液与空气接触时保持液态，将胶液涂在螺纹上形成圆周并装配闭合时，在金属螺纹内因缺氧并在金属离子的催化作用下产生固化反应，填充整个螺纹间隙，形成高强度、耐腐蚀、耐高温、耐老化、密封锁固性极强的热固性塑料。管道螺纹密封剂可以取代我国目前传统使用的麻丝、聚四氟乙烯生料带，是一种先进的密封填料。

厌氧型密封胶为白色或淡黄色黏液，使用时被涂金属表面应清洗干净、干燥且无油脂，接头外部的胶液不固化，清除简单，不会堵塞管路系统；使用温度为 -55 ~ 150℃，固化时间为初期凝固 20 min，完全固化 24 h，固化后可耐 69 MPa 以下的压力，保护金属螺纹；拆卸强度中等，普通扳手拧紧即可，用管钳拆卸；可重复使用，拆卸后的管接头需清洗后重新涂胶，拧紧即可；成本低，比传统生料带密封的管螺纹口要低 30% 以上；只能用在金属螺纹上，金属活性越高，反应速度越快，温度越高，反应速度也越快；不影响自来水的水质，不含有害物质，无公害，无污染，施工环境清洁；胶液在管螺纹口固化成弹性塑料，使用寿命可达 50 年。

使用这种密封剂时，将密封剂在外螺纹表面涂成一条连续的胶圈，并使它充满接合处即可，但要保持螺纹处干净、干燥且无油脂。厌氧型密封剂一般装在软塑料瓶内，其使用方法如图 1—8 所示。

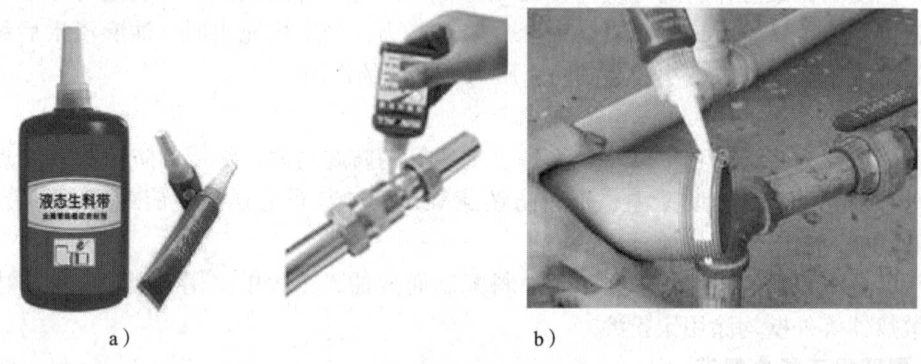

a）　　　　b）

图 1—8　液态密封剂及其使用方法

a）液态密封剂　b）液态密封剂的使用方法

想一想

1. 观察图 1—2 中的扁钢吊架，讨论其下料和制作方法。
2. 观察图 1—5 中的管道支座，说出它由哪几种型钢制成。

复习题

1. 金属的物理性能有哪些？怎样区分轻金属和重金属？学习金属的物理性能有什么作用？
2. 什么是金属的化学性能？学习它有什么作用？
3. 什么是金属的工艺性能？它包括哪几项主要内容？
4. 什么是碳素钢？举例说明用碳素钢制成的材料或构件。
5. 什么是合金钢？

6. 什么是铸铁？铸铁分为哪几类？举例说明用铸铁制成的材料或构件。

7. 纯铜有哪些特点？它有哪几种牌号？举例说明用纯铜制成的材料或构件。

8. 什么是铜合金？常用的有哪几种铜合金？举例说明用铜合金制成的材料或构件。

9. 铝及铝合金有哪些特点和用途？

10. 钛及钛合金有哪些特点和用途？

11. 什么是钢的热处理？钢的热处理有哪几种方法？

12. 什么是退火？什么是正火？退火的目的是什么？

13. 什么是淬火？淬火的目的是什么？

14. 淬火冷却介质有哪些？用水作为冷却介质有什么特点？碳素钢和合金钢进行淬火处理时各用什么冷却介质？

15. 什么是火焰加热表面淬火？常用的高温火焰是什么？

16. 什么是塑料？什么是热塑性塑料？什么是热固性塑料？

17. 什么是玻璃钢？它有哪些特点？

18. 试计算长度为1 m、规格为ϕ10 mm的圆钢和面积为1 m^2、厚度为4 mm钢板的理论质量，并与相关表中的数字进行比较。已知钢的密度$\rho=7.85\times10^3$ kg/m^3。

19. 水泥施工为什么要进行湿养护？

20. 在本节介绍的材料中，哪些材料你见过？它们用在什么场合？

第二节　金属管材及管件

管子是一种非常均匀的圆柱体。辞海对管的解释是“泛指细长的圆筒形物”。管件是将管子连接起来的一种配件。

管材按其制造材质不同分为金属管材、非金属管材和复合管材三大类。每种管材的特性与其制造材质和制造工艺有关。管道系统使用的管材一般根据管内输送介质的性质、温度和工作压力等因素选用。管材及管件如图1—9所示。

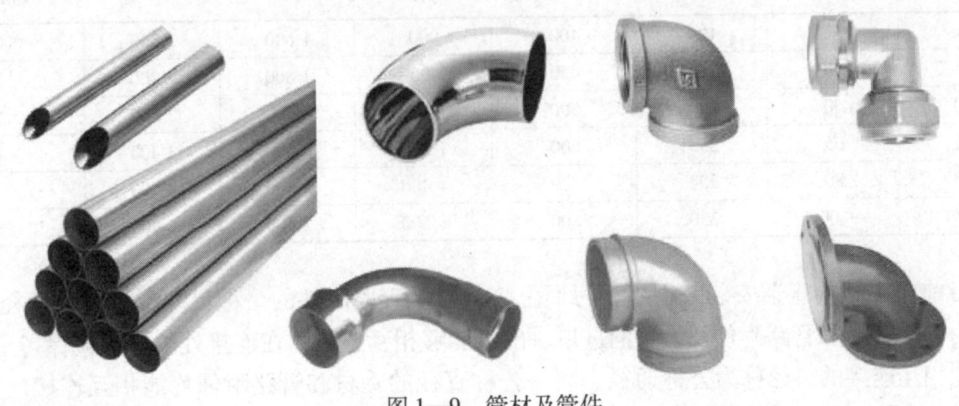

图1—9　管材及管件

常用的金属管材有焊接钢管、无缝钢管、不锈钢管、铜管、铸铁管等，另外还有铝及铝合金管、钛及钛合金管等。每种管材都有其相同材质的管件，管件形式与管道连接方式相对应。

一、管材及管件的通用标准

当人们需要给自行车配一个螺母时，只需知道螺母的规格，在任意一个五金商店买同样规格的螺母即可，没有必要去自行车生产厂家买这个螺母。理由很简单，因为螺母是一个标准件，有其国家规定的通用标准。也就是说任何一个厂家生产的螺母，只要规格相同都可以互相使用。

同样的道理，若需要买一根管子或一个管件，只要知道这根管子或管件的规格，在任意一个水暖商店买同样规格的管子或管件即可。同螺母一样，管子或管件也有其国家规定的通用标准，各生产管子或管件的厂家均要执行这个标准，以便于安装、使用时的互换。

在我国，目前使用较多的标准有国家标准、行业标准、地方标准和企业标准。每种技术标准都用标准代号表示。统一格式的标准代号由标准类别代号、标准顺序号和颁发年号三部分组成。如国家标准《管道元件 DN（公称尺寸）的定义和选用》的标准代号是 GB/T 1047—2005。标准类别一般为其标准汉语拼音字母首字母的缩写，如 GB 为国家标准、GB/T 为推荐性国家标准。

（一）公称通径*DN*

GB/T 1047—2005 对公称尺寸 *DN* 的定义及相关规定如下：

DN 为管道系统元件的字母和数字组合的尺寸标识。它由字母 *DN* 加无因次的整数数值组成。这个数字与端部连接件的孔径或外径（用 mm 表示）等特征尺寸直接相关。

除相关标准中另有规定外，字母 *DN* 后面的数字不代表测量值，也不能用于计算目的。

采用 *DN* 标识系统的那些标准，应给出 *DN* 与管道元件尺寸的关系，如 *DN/OD* 或 *DN/ID*（*OD* 为管件外径，*ID* 为管件内径）。

优先选用的 *DN* 数值见表 1—10。

表 1—10　　公称通径 *DN* 系列　　mm

6	32	125	400	900	1 600	2 800	4 000
8	40	150	450	1 000	1 800	3 000	
10	50	200	500	1 100	2 000	3 200	
15	65	250	600	1 200	2 200	3 400	
20	80	300	700	1 400	2 400	3 600	
25	100	350	800	1 500	2 600	3 800	

目前在实际的管道安装工程中，习惯上将管道及管路附件的公称尺寸称为公称通径。

为了使管材和管路附件及设备的进口、出口能够相互连接，在连接处的口径应保持一致，这种能相互连接的口径称为公称通径。同一公称直径的管材和管路附件均能相互连接，且具有互换性。简而言之，公称通径就是为了使管子及管路附件相互连接而规定的标准直径。

公称通径又称公称直径、公称口径。公称通径的数值近似于管子内径的整数或与内径相等。公称通径既不是管子的内径，也不是管子的外径，只是管子的名义直径。

例：公称通径为 *DN*15 的标准普通焊接钢管，公称外径是 21.3 mm，公称壁厚是 2.8 mm。

内径：$21.3-2\times2.8=15.7$ mm。

中径：$15.7+2.8=18.5$ mm 或 $21.3-2.8=18.5$ mm。

显然，对于标准普通焊接钢管 *DN*15 中的数字“15”与管子的外径（21.3 mm）、中径（18.5 mm）和内径（15.7 mm）均不相符。

例：公称通径为 *DN*15 的标准加厚焊接钢管，公称外径是 21.3 mm，公称壁厚是 3.5 mm。

内径：$21.3-2\times3.5=14.3$ mm。

中径：$14.3+3.5=17.8$ mm 或 $21.3-3.5=17.8$ mm。

显然，对于标准加厚焊接钢管 *DN*15 中的数字“15”与管子的外径（21.3 mm）、中径（17.8 mm）和内径（14.3 mm）均不相符。

公称通径的系列很多，其中 *DN*15、*DN*20、*DN*25、*DN*32、*DN*40、*DN*50、*DN*65、*DN*80、*DN*100、*DN*125、*DN*150 等规格在建筑设备安装工程中常用。

（二）公称压力 *PN*、试验压力 P_s、工作压力 P

国家标准《管道元件 PN（公称压力）的定义和选用》（GB/T 1048—2005）对公称压力 PN 的定义及相关规定如下：

PN 与管道系统元件的力学性能和尺寸特性相关，用于参考的字母和数字组合的标识。它由字母 *PN* 加无因次的数字组成。

字母 *PN* 后面的数字不代表测量值，不应用于计算目的，除非在有关标准中另有规定。

除与相关的管道元件标准有关联外，术语 *PN* 不具有意义。

管道元件允许压力取决于元件的 *PN* 数值、材料和设计及允许工作温度等，允许压力在相应标准的压力—温度等级表中给出。

具有同样 *PN* 和 *DN* 数值的所有管道元件同与其相配的法兰应具有相同的配合尺寸。

管材和管件在使用过程中受工作介质的压力和温度的共同作用。同一材料在不同的温度下具有不同的耐压强度，一般情况下，温度升高，材料的强度会下降。所以，必须以某一温度下材料所允许承受的工作压力作为耐压强度的判别标准，这个温度称为基准温度。工程上常把某种材料在基准温度下的耐压强度称为公称压力，用符号 *PN* 表示，后面的数字表示公称压力数值，单位是 MPa。例如，公称压力为 2.5 MPa 计作 *PN*2.5。

国家标准中，管子及管件的公称压力有多个等级。在建筑设备安装工程中，常用的公称压力等级一般不大于 2.5 MPa。管道工程将 1.6 MPa 以下的压力定为低压，1.6 ~ 10 MPa 为中压，10 MPa 以上为高压。

试验压力是指管材及管件在出厂前，生产厂家根据相关标准为检查制品的强度和密封性能进行压力试验的压力值，用 P_s 表示。

工作压力是指管材及管件在实际环境温度下工作时的压力，用 P 表示。右下角附加的数字是输送介质的最高温度除以 10 所得的整数，后面的数字表示工作压力的数值。例如，介质最高温度为 300℃、工作压力为 10 MPa 时，用 $P_{30}10$ 表示。

在实际工程中，试验压力 P_s、公称压力 PN、工作压力 P 之间的关系应满足：$P_s > PN \geqslant P$，这是保证管路系统安全运行的必要条件。

想一想

1. 怎样理解公称通径和公称压力？它们的提出有什么作用？

2. 观察图 1—9，说出你见过图中的哪些弯头？你见过的管材和管件有哪些？

3. 下面一段内容在实际工作中可能对你有所帮助，请选择了解或掌握。

由于历史的原因，管道工程中管材及管路附件的公称直径曾采用英制标准，目前仍有一些地方使用英制标准。

英制单位：1 ft = 12 in，1 in = 25.4 mm。在实际中，1 in 书写为“in”。

对于 *DN*15 的焊接钢管来说，一般称其为“四分管”，实际是“四英分管”。*DN*20 叫“六分管”，*DN*25 叫“一寸管”，*DN*32 叫“一寸二管”，*DN*40 叫“一寸半管”，*DN*50 叫“二寸管”，*DN*65 叫“二寸半管”，*DN*80 叫“三寸管”，*DN*100 叫“四寸管”，*DN*125 叫“五寸管”，*DN*150 叫“六寸管”。

表 1—11 所列为部分公称通径与英寸的对应关系。

表 1—11　　公称通径与英寸的对应关系

公称通径 *DN*（mm）	对应的英寸（in）	公称通径 *DN*（mm）	对应的英寸（in）
6	1/8	40	1½
8	1/4	50	2
10	3/8	65	2½
15	1/2	80	3
20	3/4	100	4
25	1	125	5
32	1¼	150	6

二、管子理论质量的计算方法

在实际工作中，根据管子的质量和长度来选择合适的吊装或运输方法，还可以根据管子的质量确定管道支架的形式或安装方式。另外，计算管子的理论质量对工程造价也有其应用价值。

在计算管子理论质量时，查找各种材料手册比较方便。但也有些管子由于材质及规格等原因，有时在材料表中未列出，或手头没有材料手册时，可通过计算来确定管子的理论质量。

物体质量等于密度和体积的乘积。管子的截面为圆环形，如图 1—10 所示。管子理论质量的计算公式为：

$$\text{管子理论质量} = \text{管子环状截面积} \times \text{长度} \times \text{密度}$$

管子理论质量的计算公式可以写成：

$$m = \pi(D - S)SL\rho$$

式中 m——管子的理论质量，kg；

D——管子的公称外径，m；

S——管子的公称壁厚，m；

L——管子的长度，m；

ρ——管子材质的密度，kg/m^3。

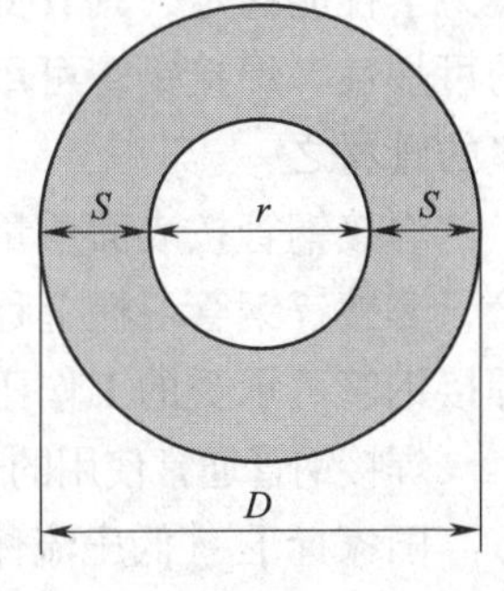

图 1—10 管子圆环状截面

一般碳素钢的密度为 $7.85 \times 10^3\ kg/m^3$，对于碳素钢制成的焊接钢管、普通无缝钢管等常用管材，计算其每米质量的简便公式为

$$m = 0.024\,661\,5S(D - S)$$

式中 m——每米管子的理论质量，kg/m；

D——管子的公称外径，mm；

S——管子的公称壁厚，mm。

注：该计算公式摘录自国家标准《低压流体输送用焊接钢管》（GB/T 3091—2008），使用时务必注意单位。

例： 试计算 1 m 长普通无缝钢管 $D108 \times 4$ 的质量。

解：（1）用基本公式进行计算

已知：$D = 108\ mm = 0.108\ m$，$S = 4\ mm = 0.004\ m$，$L = 1\ m$，$\rho = 7.85 \times 10^3\ kg/m^3$。代入基本公式得：

$$m = \pi(D - S)SL\rho = 3.14 \times (0.108 - 0.004) \times 0.004 \times 1 \times 7.85 \times 10^3$$
$$= 10.254\ kg$$

（2）用简便公式进行计算

已知：$D = 108\ mm$，$S = 4\ mm$，$L = 1\ m$。代入简便公式得：

$$m = 0.024\,661\,5S(D - S)$$
$$= 0.024\,661\,5 \times 4 \times (108 - 4)$$
$$= 10.259\ kg$$

两者的计算结果基本一致。

想一想

1. 掌握管子理论质量的计算方法在工程中有什么实际意义？
2. 一般在工程中管子的理论质量是采用什么方法获知的？

三、低压流体输送用管材及管件

（一）管材

1. 焊接钢管

焊接钢管习惯上也称焊管，是用普通碳素钢板或钢带经过卷曲成形后焊接制成的钢管。

其力学性能稳定，具有良好的冷、热加工性能，常温下可直接进行电焊、气焊，具有良好的可焊性。焊接钢管可用于水、燃气、空气、油等低压介质，是建筑设备安装工程使用最多的管材之一。

焊接钢管按表面质量不同分为镀锌钢管和非镀锌钢管两种。镀锌钢管习惯上称为白铁管，非镀锌钢管习惯上称为黑铁管；按管壁厚度不同分为普通钢管和加厚钢管两种。普通焊接钢管可承受的工作压力为 1.0 MPa，加厚焊接钢管可承受的工作压力为 1.6 MPa。

焊接钢管通常使用的长度为 6 m/根。其最大公称通径为 *DN*150（公称外径为 168.3 mm）。

国家标准《低压流体输送用焊接钢管》（GB/T 3091—2008）规定了焊接钢管的规格及其质量标准。焊接钢管的质量基本要求如下：

（1）钢管的公称通径、外径及壁厚应符合表 1—12 的规定。

表 1—12　　低压流体输送用焊接钢管规格　　mm

公称通径 *DN*	外径	壁厚	
		普通钢管	加厚钢管
6	10.2	2.0	2.5
8	13.5	2.5	2.8
10	17.2	2.5	2.8
15	21.3	2.8	3.5
20	26.9	2.8	3.5
25	33.7	3.2	4.0
32	42.4	3.5	4.0
40	48.3	3.5	4.5
50	60.3	3.8	4.5
65	76.1	4.0	4.5
80	88.9	4.0	5.0
100	114.3	4.0	5.0
125	139.7	4.0	5.5
150	168.3	4.5	6.0

（2）钢管的外径（*D*）和壁厚（*t*）允许偏差应符合表 1—13 的规定。

表 1—13　　低压流体输送用焊接钢管外径和壁厚允许偏差　　mm

外径	外径允许偏差		壁厚允许偏差
	管体	管端（距管端 100 mm 范围内）	
$D \leqslant 48.3$	±0.5	—	±10.0% *t*
$48.3 < D \leqslant 273.1$	±1% *D*	—	
$273.1 < D \leqslant 508$	±0.75% *D*	+2.4 −0.8	
$D > 508$	±1% *D* 或 ±10.0， 两者取较小值	+3.2 −0.8	

(3) 外径大于508 mm的钢管，不圆度（同一截面最大外径与最小外径之差）应在外径公差范围内；外径小于508 mm的钢管，不圆度应不超过管体外径公差的80%。

(4) 钢管按理论重量交货，也可按实际重量交货。以理论重量交货的钢管，每批或单根钢管的理论重量与实际重量的允许偏差应为±7.5%。钢管的理论重量可查阅国家标准《焊接钢管尺寸及单位长度重量》（GB/T 21835—2008），也可通过计算获得。镀锌钢管每米的理论重量系数见表1—14。

表1—14　　镀锌钢管的理论重量系数

壁厚/mm	0.5	0.6	0.8	1.0	1.2	1.4	1.6	1.8	2.0	2.3
重量系数	1.255	1.212	1.159	1.127	1.106	1.091	1.080	1.071	1.064	1.053
壁厚/mm	2.6	2.9	3.2	3.6	4.0	4.5	5.0	5.4	5.6	6.3
重量系数	1.049	1.044	1.040	1.035	1.032	1.028	1.025	1.024	1.023	1.020
壁厚/mm	7.1	8.0	8.8	10	11	12.5	14.2	16	17.5	20
重量系数	1.018	1.016	1.014	1.013	1.012	1.010	1.009	1.008	1.007	1.006

(5) 钢管液压试验压力为3 MPa。

(6) 钢管内外表面应光滑，不允许有折叠、裂纹、分层、搭焊、断弧、烧穿等缺陷；允许有不超过壁厚负公差的其他缺陷存在。

(7) 钢管镀锌应采用热浸镀锌法，镀锌钢管的内外表面应有完整的热浸镀锌层，不应有未镀上锌的黑斑和气泡存在，允许有不大的粗糙面和局部的锌瘤存在。钢管镀锌后表面可进行钝化处理。

焊接钢管其他质量要求可查阅相关国家标准。

焊接钢管可采用焊接连接或螺纹连接。镀锌钢管管径小于或等于100 mm应采用螺纹连接，套螺纹时破坏的镀锌层表面及外露螺纹部分应做防腐处理，管径大于100 mm的镀锌钢管应采用法兰或卡套式专用管件连接，镀锌钢管与法兰的焊接处应二次镀锌。

2. 钢板卷制焊接钢管

钢板卷制焊接钢管是用钢板卷制焊接而成的，分为直缝卷制焊接钢管（直焊缝）和螺旋缝卷制焊接钢管（螺旋焊缝），如图1—11所示。其管径一般较大，多用在供热、燃气等室外大口径管道和长距离输送管道中。

a）

b）

图1—11　钢板卷制焊接钢管

a）直焊缝焊接钢管　b）螺旋缝焊接钢管

钢板卷制焊接钢管可以按国家标准规格供货，也可以按供需双方协议供货，但其质量都必须符合国家标准。钢板卷制焊接钢管的规格和质量要求可查阅相关国家标准。

（二）管件

焊接连接的管件有成品管件和现场下料制作的管件。这里仅介绍螺纹连接管件。

低压流体输送用焊接钢管的螺纹连接管件通常是用可锻铸铁制造的，带有管螺纹，如图 1—12 所示。管件有镀锌和非镀锌两种，分别用于连接镀锌焊接钢管和非镀锌焊接钢管。管件的公称压力为 1.6 MPa。

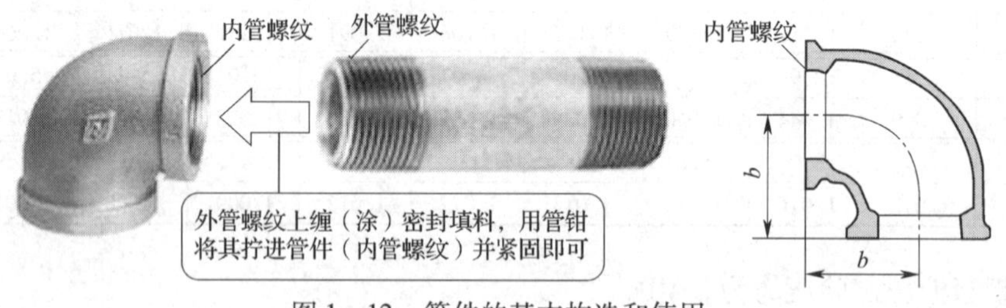

图 1—12　管件的基本构造和使用

在图 1—12 中，b 为管件的构造长度，国家标准中规定了其标准尺寸。管件的构造长度减去管螺纹长度就是螺纹管件在管道中所占的长度（实际现场称为管件长度），这个长度在以后的实际工程中相当重要，因为管段的下料长度等于施工图中管子的中心线尺寸减去管件在管道中所占的长度。螺纹管件的构造长度在管件实物上直接测量即可。

管件的规格用与其相连接的管子的公称通径表示。等径管件是指管件各方向所连接的管子公称通径相同，异径管件是指管件各方向所连接的管子公称通径不完全相同。

螺纹连接在管道安装工程中的应用技术已相当成熟，其连接管件的种类、规格很多，分别用于管道连接的不同地方。

1. 弯头

弯头用于管道转弯处，按转向角度不同分为 90°弯头和 45°弯头两种。90°弯头又称正弯，用于连接两根公称直径相同的管子，使管路做 90°转弯；45°弯头又称直弯，用于连接两根公称直径相同的管子，使管路做 45°转弯。弯头按连接管端是否变径又可分为等径弯头和异径弯头，异径弯头又称大小弯，用于连接两根公称直径不同的管子并使管路做 90°转弯。

另外，还有弯曲半径较大的弯头、带活接头的弯头、异径 45°弯头。螺纹弯头如图 1—13 所示。

2. 管箍

管箍又称管接头、束节等，分为圆柱形（通丝的）和圆锥形（不通丝的）两种，主要用于直线连接两根公称直径相同的管子。圆柱形管箍常与锁紧螺母和短管配合，用于需要经常装拆的管路上。

另外，还有一种钢制管箍（通丝的），用圆钢或无缝钢管车削而成，使用压力较高。这种钢管箍可以焊接，主要用于焊接在设备上的管接头，也可以用来连接两根公称直径相同的管子。钢制管箍一般不用在低压流体输送的螺纹连接的管路系统上。在管道安装工程中，常用钢管箍作为临时连接的管接头，用来加工较短管的管螺纹。螺纹管箍如图 1—14 所示。

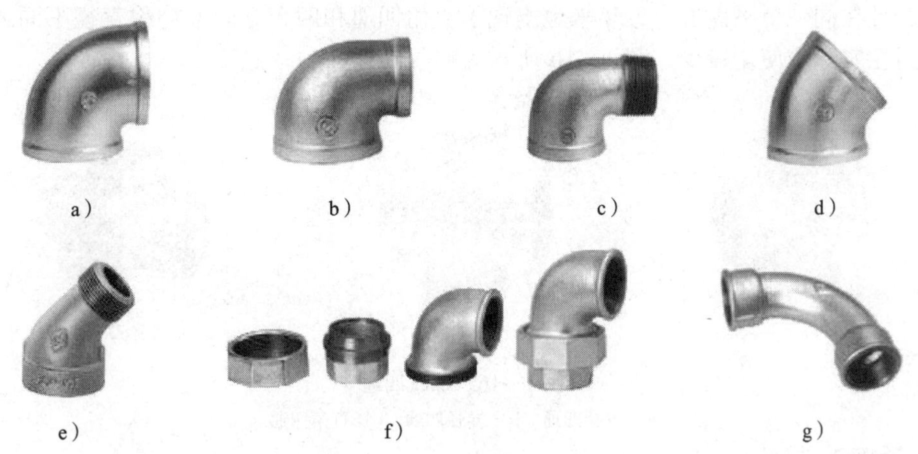

图 1—13　螺纹弯头

a）等径 90°　b）、c）异径 90°　d）等径 45°　e）异径 45°　f）等径带活接头 90°　g）大弯曲半径等径 90°

3. 三通

三通用于管道的分支处，有等径、异径之分。等径三通用于由直管中接出垂直支管，连接的三根管子公称直径相同。异径三通包括中小三通及中大三通，其作用与等径三通相似。当支管的公称直径小于主管的公称直径时用中小三通；当支管的公称直径大于主管的公称直径时用中大三通。

另外还有侧大三通、侧小三通、直角三通、斜三通。螺纹三通如图 1—15 所示。

a）　b）

图 1—14　螺纹管箍

a）铸铁管箍　b）钢管箍

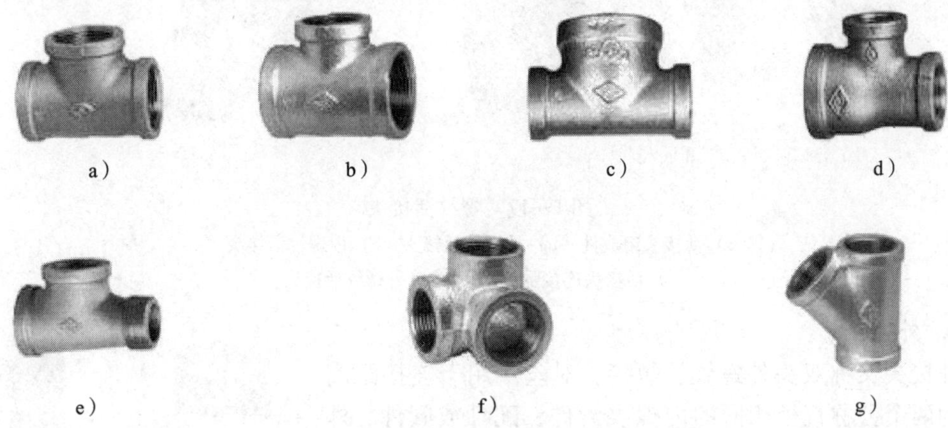

图 1—15　螺纹三通

a）等径三通　b）中小三通　c）中大三通　d）侧小三通　e）侧大三通　f）直角三通　g）等径 45°斜三通

4. 四通

四通与三通的作用一样，也有等径和异径之分。通常使用的四通是直线方向的公称直径相等，且在同一个平面上。近年来也出现了直角四通和四个方向上公称直径不同的四通。螺纹四通在实际中使用较少，图 1—16 所示为螺纹四通。

a） b） c）

图 1—16　螺纹四通

a）等径四通　b）异径四通　c）直角四通

5. 活接头

活接头又称由任，主要由锁母、公口、母口三部分组成，其作用与管箍相同，但比管箍装拆方便，用于需要经常装拆或两端已经固定的管路上。螺纹活接头如图 1—17 所示。

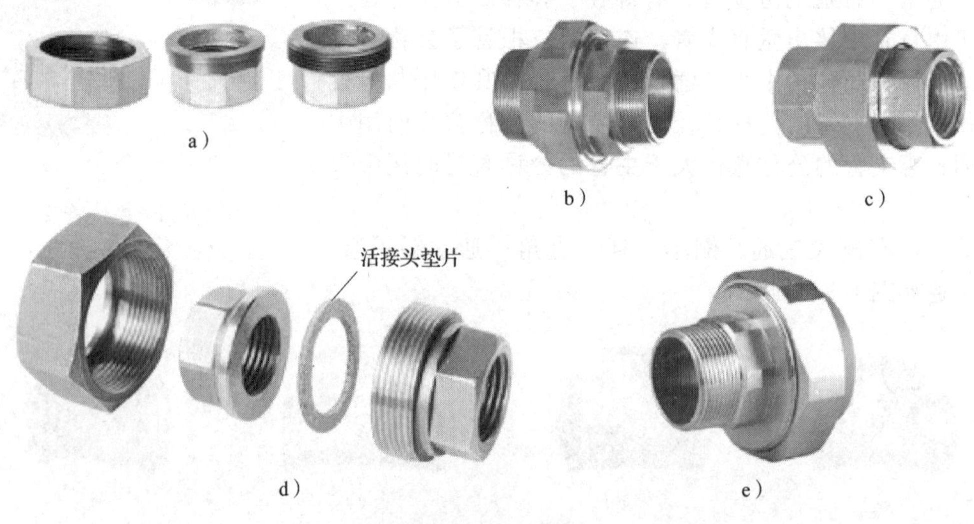

a） b） c） d） e）

图 1—17　螺纹活接头

a）活接头组成件　b）外螺纹活接头　c）内螺纹活接头

d）活接头连接示意　e）内、外螺纹活接头

6. 外接头

外接头又称双头外螺纹、短接、对丝。用于连接距离很短的两个公称直径相同的内螺纹管件、配件或阀件。外接头有铸铁外接头（又称六方对丝或机制对丝）和钢管外接头（又称圆对丝），铸铁外接头长度一般为 50 mm，钢管外接头长度一般为 50 ~ 100 mm。钢管外接头可用焊接钢管现场加工。螺纹管外接头如图 1—18 所示。

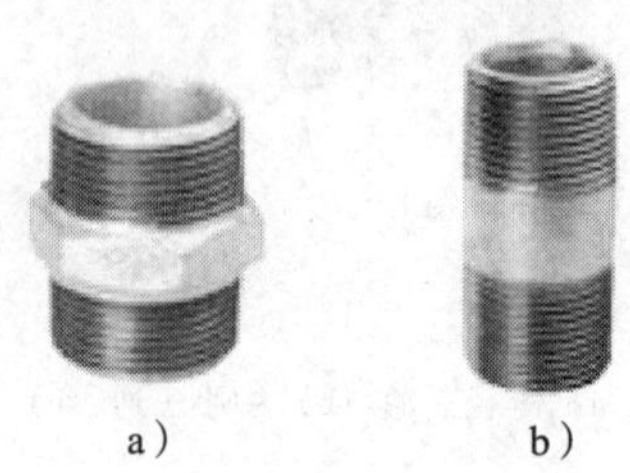

a） b）

图 1—18　螺纹管外接头

a）铸铁外接头　b）钢管外接头

7. 异径管接头

异径管接头又称异径管箍、大小头，主要用来连接两根公称直径不同的直线管子，使管路直径缩小或放大。异径管接头如图 1—19 所示。

8. 内、外螺纹管接头

内、外螺纹管接头又称补芯，用于直线管路变径处。与异径管接头的不同点在于它的一端是外螺纹，另一端是内螺纹，外螺纹一端通过带有内螺纹的管配件与大管径管子连接，内螺纹一端则直接与小管径管子连接。内、外螺纹管接头如图 1—20 所示。

图 1—19　异径管接头

图 1—20　内、外螺纹管接头

9. 外方堵头和管帽

外方堵头和管帽均属于封堵管道的管件。外方堵头又称管塞或丝堵，用于堵塞管配件的端头或管道预留管口。管帽用于堵塞管子端头，管帽带有内螺纹。外方堵头和管帽如图 1—21 所示。

a）

b）

图 1—21　外方堵头和管帽

a）外方堵头　b）管帽

10. 其他螺纹管件

锁紧螺母：又称根母，用于锁紧外螺纹用，常与长螺纹、管接头配套使用，可代替活接头，如图 1—22a 所示。

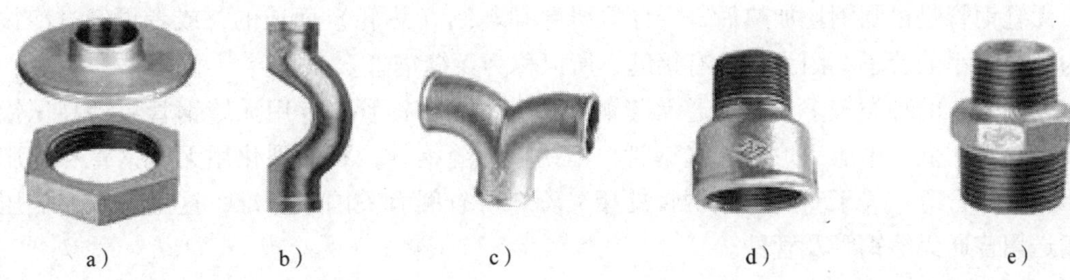

a）　b）　c）　d）　e）

图 1—22　其他螺纹管件

a）锁紧螺母　b）抱弯　c）Y 形三通　d）内、外螺纹变径管　e）异径管接头

抱弯：又称过桥弯头，两端均有螺纹，用于同一平面管子垂直交叉的跨接，如图1—22b所示。使用抱弯类管件可以使安装工序简化。

Y形三通：其作用与普通三通相同，但阻力比普通三通小，如图1—22c所示。

内、外螺纹变径管：其作用与变径管、补芯相同，如图1—22d所示。

异径管接头：其作用与补芯相同，如图1—22e所示。

螺纹管件种类、规格较多，实际使用时应根据安装部位的具体情况灵活选用。管件选用的基本原则是使安装工序简单、接头较少。

管件的规格一般按下列方法标注：

（1）等径管件直接用公称通径表示。如90°弯头*DN*15、45°弯头*DN*15、三通*DN*15等。

（2）对于异径管件，首先给出大端的公称通径，然后是小端的公称通径。如补芯*DN*20×15、异径管*DN*20×15、90°异径弯头*DN*20×15、45°异径弯头*DN*20×15、中小三通*DN*20×15、中大三通*DN*15×20、四通*DN*20×15等。

（3）对于三个方向管径均不相同的异径三通，首先给出最大端的公称通径，然后是与最大端相对应的那一端的公称通径，最后给出支管端的公称通径。如三通*DN*25×20×15等。

想一想

1. 说出你见过的焊接钢管或其他金属管。焊接钢管的规格怎样表示？
2. 相同规格的管子连接时可以使用哪些管件？
3. 不同规格的管子连接时可以使用哪些管件？
4. 管路变径处可以采用哪些管件？
5. 管子垂直跨越时可以采用哪些管件？
6. 要对管子进行封堵可以采用哪些管件？
7. 说出你见过的管件，它们用于什么地方？

四、无缝钢管及管件

无缝钢管是由圆钢坯加热后，经穿管机穿孔轧制（热轧）而成的，或者再经过冷拔而成为外径较小的管子，因为它没有接缝，所以称为无缝钢管。

无缝钢管的种类较多，有普通无缝钢管和专用无缝钢管。专用无缝钢管包括高压锅炉用无缝钢管，低、中压锅炉用无缝钢管，不锈钢无缝钢管，石油裂化用无缝钢管和化肥用高压无缝钢管等。关于专用无缝钢管的相关资料可查阅有关国家标准，这里仅叙述低压流体输送用普通无缝钢管及管件。

（一）管材

普通无缝钢管简称无缝钢管，用普通碳素结构钢、优质碳素结构钢等采用冷拔或热轧制成。无缝钢管按外径和壁厚供货，在同一外径下有多种壁厚，以满足不同的压力需要，无缝钢管用外径×壁厚表示规格。如 D108×4 表示外径为 108 mm、壁厚为 4 mm 的无缝钢管。

冷拔无缝钢管受加工条件限制最大公称直径为 150 mm，管长为 3～12 m。热轧管最大公称直径可达 600 mm，管长为 2～10.5 m。

安装工程中采用的无缝钢管应有质量证明书，并提供力学性能参数。优质碳素结构钢还应提供材料的化学成分。外观检查不得有裂缝、折叠、轧折、离层、发纹、结疤及壁厚不均匀等缺陷。

无缝钢管具有强度高、可承受较大的内压力、内表面光滑、水利条件好等优点。无缝钢管多用于锅炉房、热力站、制冷站、供热外网以及高层建筑的冷水和热水等高压系统中，一般工作压力为 0.6～1.6 MPa 时都采用无缝钢管，用于生活给水管道时无缝钢管要专门镀锌。管道系统常用的无缝钢管规格见表 1—15。

表 1—15　　管道系统常用的无缝钢管规格

外径（mm）	壁厚（mm）							
	3.5	4.0	4.5	5.0	6.0	7.0	8.0	9.0
	理论质量（kg/m）							
57	4.62	5.23	5.83	6.41	7.55	8.63	9.67	10.65
76	6.26	7.10	7.93	8.75	10.36	11.91	13.12	14.37
89	7.38	8.38	9.38	10.36	12.28	14.16	15.98	17.76
108	9.02	10.26	11.49	12.70	15.09	17.44	19.73	21.97
114		10.48	12.15	13.44	15.98	18.47	20.91	23.31
133		12.73	14.26	15.78	18.79	21.75	24.66	27.52
159			17.15	18.99	22.64	26.24	29.79	33.29
219					31.52	36.60	41.63	46.61
273						45.92	52.28	58.60

（二）管件

无缝钢管一般采用焊接连接，其管件有无缝冲压弯头、无缝异径管、无缝三通等。无缝钢管的管件可以现场下料自制，也有成品管件。图 1—23 所示为几种无缝钢管使用的管件。

a） b） c） d）

图 1—23　几种无缝钢管管件

a）弯管　b）冲压弯头　c）三通　d）异径管

想一想

1. 怎样从外观区别无缝钢管和焊接钢管?
2. 怎样区别同规格的无缝钢管管件和焊接钢管管件?
3. 在图 1—23 所示的无缝钢管管件中，你见过哪几种?

五、铸铁管及其他金属管

(一) 铸铁管

铸铁管有给水铸铁管和排水铸铁管两大类。铸铁管的材质一般采用灰铸铁或球墨铸铁。按制造工艺不同分为砂型离心铸铁管和连续铸造铸铁管。铸铁管采用承插式、法兰式和卡箍式连接。

铸铁管的优点是耐腐蚀，经久耐用；缺点是质脆，承受压力低，不能承受较大的动荷载，多用于腐蚀性介质和给排水工程中。

1. 给水铸铁管

给水铸铁管能承受一定的压力，按工作压力不同分为低压管、中压管和高压管。给水铸铁管多用于埋地的给水及燃气供应等压力流体的输送。给水管道之间的连接采用承插和卡箍连接方式，在需要检修、拆卸及连接设备和阀门时采用法兰连接。

给水铸铁管的管件较多，管件形式与管子连接方式配套。给水铸铁管的管件主要有以下类型：十字管、丁字管（包括三承十字管、三盘十字管、四承十字管、四盘十字管、双承丁字管、双盘丁字管、三承丁字管、三盘丁字管、双承单盘丁字管、单承双盘丁字管)、90°弯管、45°弯管、叉管、乙字管、消火栓用管和套管等。

在给水铸铁管的管件中，承盘短管是一种较特殊的管件，仅用于承插连接和法兰连接转换处（如法兰阀门的连接）。其中的单盘单承俗称甲管（见图 1—24a)，用于与铸铁管的插口转换；单盘单插俗称乙管（见图 1—24b)，用于与铸铁管的承口转换。

a)　　b)

图 1—24　甲管和乙管
a) 甲管　b) 乙管

2. 柔性抗振铸铁排水管

柔性抗振铸铁排水管的材质为灰铸铁，采用连续铸造、离心铸造和砂型铸造等方法生产。连接方式有承插、法兰和卡箍三种。法兰柔性连接又称 A 型接口形式，卡箍柔性连接又称 W 型接口形式。柔性抗振铸铁排水管耐腐蚀，但性脆且重，常用于室内生活污水管道、雨水管道以及工业中厂房振动不大的生产排水管道，在高层建筑中应用广泛。

排水铸铁管的管件种类很多，主要有弯曲管、90°弯头、45°Y 形三通、90°T 形三通、

90°TY 形三通、斜四通、正四通、TY 形异径三通、异径四通、管箍、T 形瓶口三通、45°弯头、Y 形异径三通、扫除口、H 管、S 形存水弯、P 形存水弯等。

（二）合金钢管

合金钢管是在碳钢中加入锰（Mn）、硅（Si）、矾（V）、钨（W）、钛（Ti）、铌（Nb）等元素制成的钢管，加入这些元素能提高钢材的强度或耐热性。合金元素含量小于5%为低合金钢，合金元素含量为5%～10%是中合金钢，合金元素含量大于10%为高合金钢，合金钢管多用在加热炉、锅炉耐热管和过热器等场合。合金钢管的连接可采用电焊和气焊，焊后要对焊口进行热处理。合金钢管一般为无缝钢管，其规格同普通无缝钢管。

不锈钢管是用不锈钢制成的管材。不锈钢是指为了增强碳素钢的耐腐蚀性，在碳素钢中加入铬（Cr）、镍（Ni）、锰（Mn）、硅（Si）、钼（Mo）、铌（Nb）、钛（Ti）等元素形成的一种合金钢。根据含铬量不同，不锈钢分为铁素体不锈钢、马氏体不锈钢和奥氏体不锈钢。铁素体不锈钢难以焊接，马氏不锈钢几乎不能焊接，奥氏体不锈钢具有良好的可焊性。不锈钢管多用在石油、化工、医药、食品等工业中。

不锈钢管多采用焊接，不锈钢管件用不锈钢制成且多为成品管件。薄壁不锈钢管一般在给水管道中使用，其连接方式多采用卡压式连接。

（三）铜管及铜合金管

铜管根据制造方式不同分为拉制铜管和挤压铜管，一般中、低压管路采用拉制铜管。根据材料不同可分为纯铜管、黄铜管和青铜管。

由于铜的导热性好，纯铜管和黄铜管多用于热交换设备中，青铜管主要用于制造耐磨、耐腐蚀和高强度的管件或弹簧管。

铜管连接可采用焊接、胀接、法兰连接和螺纹连接等。焊接应严格按照焊接工艺要求进行，否则极易产生气泡和裂纹。因为有良好的延展性，铜管也常采用胀接和法兰翻边连接；厚壁铜管可采用螺纹连接。铜管规格用“外径×壁厚”表示。

焊接铜管时，当管径小于 22 mm 时宜采用承插或套管焊接，承口应迎介质流向安装。当管径大于或等于 22 mm 时宜采用对口焊接。焊接用铜管件一般带有承口，以便于焊接。

铜管已在部分热水管道中使用，连接方式多为焊接。但由于其造价较高，使铜管在建筑给水系统中的应用受到一定的限制。

其他金属管材还有铝管及铝合金管、钛管及钛合金管、铅管及铅合金管等，这些管材大部分应用在工业管道中，在建筑管道系统中应用较少。

想一想

1. 铸铁管怎样切断？铸铁管可以焊接吗？
2. 你知道排水管道为什么采用铸铁管而不采用钢管吗？
3. 给水铸铁管件中的“甲管”和“乙管”在工程中有什么特殊用途？
4. 对金属管材进行总结，讨论哪些金属管材比较常用。

复　习　题

1. 公称通径的标准定义是什么？通常定义是什么？

2. 公称压力的标准定义是什么？通常定义是什么？

3. 用公式法计算每米普通无缝钢管 $D159\times8$ 的质量。要求用两种方法计算，并对结果进行比较。

4. 查表计算每米镀锌焊接钢管 $DN15$、$DN20$、$DN25$ 的质量。

5. 无缝钢管的规格怎样表示？无缝钢管 $D159\times4.5$ 的外径、内径和壁厚各是多少？

6. 查表计算下列无缝钢管的质量：

（1）$D57\times3.5$ 的无缝钢管 3.6 m；（2）$D76\times4.0$ 的无缝钢管 4 m；（3）$D219\times6$ 的无缝钢管 7 m。

7. 铸铁管采用什么材质制成？

8. 不锈钢管的主要成分是什么？

第三节　非金属管材及管件

非金属管道种类较多，如塑料管、混凝土管及钢筋混凝土管、玻璃钢管及玻璃管、陶瓷管及陶土管等。目前，建筑设备安装工程中塑料管的用量很大，主要用于室内给水系统、排水系统、采暖系统、空调水系统以及室外雨水系统和城镇燃气管道系统。

一、塑料管材及管件

（一）塑料管材的基本特性

塑料管材及管件基本都是以其相应的塑料为主要原料，加入专用助剂，在制管机内经挤出和注塑成形而成。塑料管材虽然种类较多，但其特性基本一致，只是部分塑料管材在使用功能上各有其特点。塑料管材的基本特性如下：

1. 耐腐蚀

可以输送酸、碱和盐类等腐蚀性介质。

2. 流体阻力小，不易堵塞，不结垢

塑料管材内壁光滑，流体流动的水力条件好。

3. 质量轻

塑料的密度通常较小，因而管材质量较小。运输、储存、安装和维修方便。

4. 耐老化，使用寿命长

一般使用寿命为 20 ~ 50 年，户内及埋地时间较长，户外较短。

5．耐热、耐寒

塑料的导热系数小，冬天使用不易冻裂。

6．电绝缘性好

塑料管材导电性很差，具有一定电的绝缘性。

7．具有一定的挠性

塑料管的弯曲性较好，接头管件少，节约工程成本。

8．使用温度有一定限制

温度高时塑料变软，强度降低；温度低时塑料容易脆化。

9．热膨胀系数大

塑料的热膨胀系数相对较大，管道系统中要有补偿装置。

10．力学性能较差

抗冲击性不佳，刚度低，平直性也差，因而管卡及吊架设置密度高。

11．阻燃性差

大多数塑料制品可燃，且燃烧时受热分解会释放出有毒气体和烟雾。

塑料管材的规格采用公称外径×壁厚表示。其管材端部形状与管材连接方式有关，主要有平口端部和承插端部两种，如图1—25所示。

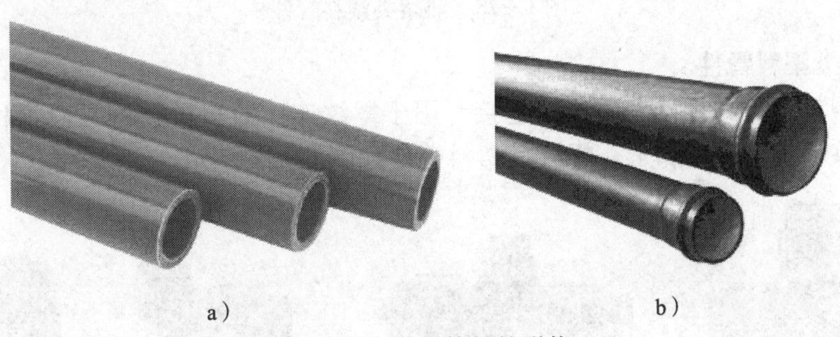

图1—25　塑料管材的形状

a）平口　b）承口

（二）塑料管件的类型

塑料管件的类型与其管材连接方式有关，不同的连接方式有其配套的管件。塑料管件的类型主要有承插类管件、电熔类管件、热熔类管件、螺纹类管件四种。

1．承插类塑料管件

承插类塑料管件的端部均有承口，承口内径与管材外径相等，用于与平口端部的管材连接。有些承插类管件端部没有承口，用于与端部有承口的管材连接。承插类塑料管件如图1—26所示。

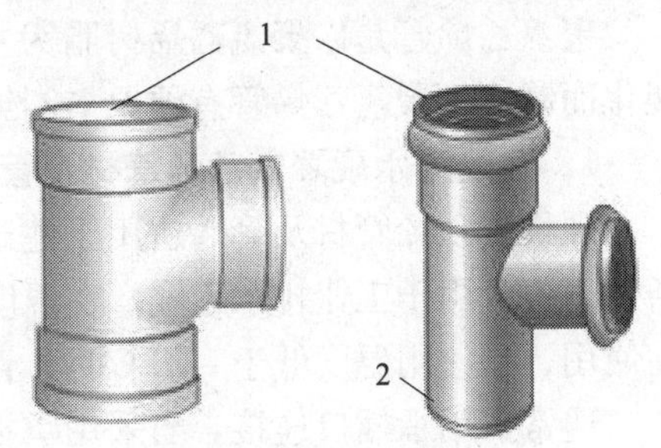

图1—26　承插类塑料管件

1—承口　2—平口

2．电熔类塑料管件

电熔类塑料管件由管件、电阻丝和接线端子组成。管件、电阻丝和接线端子经注塑而成。螺旋状电阻丝嵌于管件的承插部位内表面，电阻丝的两端与接线柱连接，接口设置在管件的两端侧面且轴线与管件轴线平行。接线端子的接口可为圆柱形或长方形，相应的插柱为圆柱形或空心的耳机式插孔。电熔类塑料管件如图1—27所示。

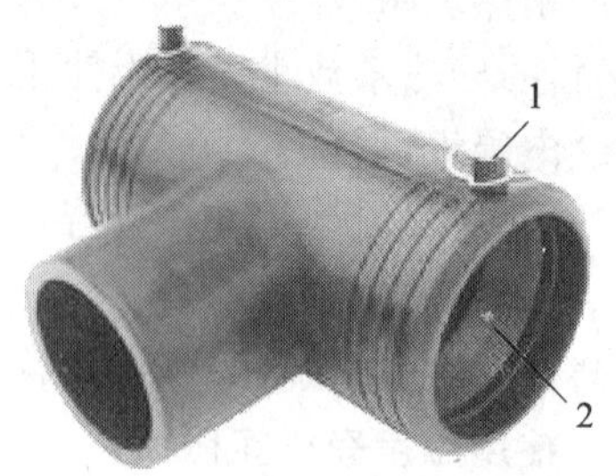

图1—27　电熔类塑料管件
1—接线端子　2—电阻丝

3. 热熔类塑料管件

热熔类塑料管件和管材采用热熔连接，管件分为对接热熔管件和承插热熔管件两种。热熔类塑料管件端部有全部为热熔连接的，也有一端为热熔连接、另一端为法兰或螺纹连接的，其管件种类较多。热熔类塑料管件如图1—28所示。

图1—28　热熔类塑料管件

4. 螺纹类塑料管件

螺纹类塑料管件和管材采用螺纹连接。用于螺纹连接的塑料管材一般管材端带有管螺纹，其管螺纹不进行现场加工。螺纹类塑料管件如图1—29所示。

图1—29　螺纹类塑料管件

（三）聚氯乙烯管（PVC－U）

聚氯乙烯管是以聚氯乙烯树脂为主要原料，加以增塑剂和稳定剂等经过机械和热作用塑化而制成。聚氯乙烯管有硬聚氯乙烯管（PVC－U）和软聚氯乙烯管两种。

1. 建筑排水硬聚氯乙烯管材及管件

硬聚氯乙烯管材及管件适用于建筑物内的排水系统，在考虑管材耐化学性和耐热性的条件下也可用于工业排水系统。在温度60℃以下时可连续使用，在温度80℃以下时可间歇性使用，当使用温度低于－10℃时，管道容易脆裂。

通常采用承插口连接。当采用承插黏结时管件、接头端都带有承口，承口内径与管材外径相等。工程中常用的硬聚氯乙烯排水管管件有45°弯头、90°弯头、顺水三通、异径三通、套管、45°斜三通、伸缩节、立管检查口、清扫口、地漏、通气帽、异径管和活接头等。

常用规格有 D40 ~200 mm、壁厚0.50 ~4.4 mm、供货长度4 ~6 m/根等。

为了克服实壁塑料管材噪声大的缺点，建筑排水硬聚氯乙烯管多采用消音塑料排水管。消音塑料排水管主要有 PVC – U 实壁内螺旋消音排水管、PVC – U 空壁螺旋消音排水管和 PVC – U 双壁波纹管。

2. 给水用硬聚氯乙烯塑料管材及管件

给水用硬聚氯乙烯塑料管材及管件是以食品卫生级的聚氯乙烯树脂为主要原料，加入无毒专用助剂，经混合、塑化、挤出或注射而成。管材质量符合国家饮水卫生标准，采用承插黏结、弹性密封圈、金属变接头等连接方式。主要用于民用住宅室内供水系统，并可用于排水、排污、输送腐蚀性流体等系统，还可用于输送温度在45℃以下的建筑物（架空或埋地）的给水管。

3. 复合发泡硬聚氯乙烯管（PSP）

复合发泡硬聚氯乙烯管是采用三层共挤出工艺生产的内外两层与普通 PVC – U 相同、中间是相对密度为0.7 ~0.9 的低发泡层的一种新型管材。由于在结构上利用了材料力学中Ⅰ型结构原理，并具有吸能、隔音效果的发泡芯层，所以逐渐成为取代铸铁管、硬质 PVC 实壁管等的一种塑料管材。适用于工业和住宅建筑中的低压力给水管、排水管、排污管、室内空调与通风管、排气管、电线电缆护套管、冷热流体输送管和化学与医药等工业用管。

4. 软聚氯乙烯塑料管

软聚氯乙烯塑料管适用于电气套管及流体输送管，常温下电气套管可用于保护电线、电缆，流体输送管可用于输送某些液体及气体。

5. 氯化聚氯乙烯管

氯化聚氯乙烯管是由含氯量高达66%的过氯乙烯树脂加工而成的一种耐热管材。具有良好的强度和韧性，耐化学腐蚀，耐老化，自熄性阻燃，热阻大。

氯化聚氯乙烯管可在 –40 ~95℃温度下工作。管材可采用黏结、螺纹连接、焊接等方式连接。主要适用于热水管、污水管、废液管。

（四）聚乙烯管材及管件（PE）

聚乙烯管材由不同密度的聚乙烯树脂加入添加剂，经挤压成形而得。聚乙烯管按其密度不同可分为高密度聚乙烯管（HDPE）、中密度聚乙烯管（MDPE）、低密度聚乙烯管（LDPE）。按其用途不同可分为给水用聚乙烯管、聚乙烯燃气管、热水用交联聚乙烯管（PE – X）、排灌用低密度聚乙烯管（LDPE）。

交联聚乙烯（PE – X）给水管的使用温度可达95℃，主要用于建筑室内冷、热水供应，地板辐射采暖和太阳能供热系统。给水用聚乙烯管和聚乙烯燃气管一般用于常温介质的输送，可用于城市给水和燃气管道。

聚乙烯管一般采用电熔、热熔连接，也可采用顶管施工法。

聚乙烯管件比管材高一个压力等级。聚乙烯管件按制作方式不同分为焊制管件、电熔管件和注塑管件。焊制管件经多角焊接机加工成形，其焊缝强度高于母材强度，在管道连接中可以对接焊接、电热熔焊接连接。其管件主要用于大口径的三通、弯头。

聚乙烯电熔管件主要采用高质量的 PE80、PE100 为原料制造，适用于同材质的管道连接。有电熔套管（异径）、电熔三通（异径三通）、电熔 90°弯头和鞍形三通。

聚乙烯注塑管件采用 PE80、PE100 为原料一次注塑成形，结构合理，安全可靠，适用于热熔对接、热熔承插及电熔和热熔连接。主要有外（内）螺纹弯头、管帽、套管、带座内螺纹弯头、注塑法兰头等。

（五）聚丙烯管材及管件（PP）

聚丙烯管材由聚丙烯树脂经挤压成形。可分为均聚聚丙烯 PP－H（Ⅰ型）、嵌段共聚聚丙烯 PP－B（Ⅱ型）、无规共聚聚丙烯 PP－R（Ⅲ型）。常温下的工作压力：Ⅰ型为 0.4 MPa、Ⅱ型为 0.6 MPa、Ⅲ型为 0.8 MPa。应用最广泛的是无规共聚聚丙烯 PP－R（Ⅲ型）管材。

PP－R 管材的特点是具有极佳的节能保温效果，一般水温为 95℃，最高可达 120℃。管材、管件均采用同一材料，采用热熔或电熔连接，施工速度快，永久密封，无渗漏。但 PP－R 管材比金属管硬度、刚度低，在 5℃以下有一定脆性，线膨胀系数较大，长期受紫外线照射易老化。

PP－R 管材分冷、热水管。*PN*1.25、*PN*1.6 的管材主要用于 40℃以下的冷水管道。*PN*2.0 的管材主要用于热水系统，其长期使用最高温度应不高于 95℃。冷、热水管应有醒目标志，以防施工中冷、热水管混用。

PP－R 管主要用于冷、热水供应，室内采暖工程，空调设备配管，生产给水、纯净水、化工、医药等工艺管道。

PP－R 管件为一次注塑成形。管件的耐压等级比管道高一个等级。同时，用于与金属管道及水嘴、金属阀门连接的塑料管件，在连接端均带有耐腐蚀的金属内、外螺纹嵌件。主要有 45°弯头、90°弯头、承口内螺纹三通接头、承口外螺纹三通接头等管件。

（六）聚丁烯管材及管件（PB）

PB 树脂是将 1－丁烯合成得到高分子聚合物，是一种等规度稍低于聚丙烯的等规聚合物。它既有与聚乙烯一样的抗冲击韧度，又有高于聚丙烯的耐应力开裂性和出色的耐蠕变性能，并稍带橡胶的特性，且能长期承受其屈服强度 90% 的应力。

PB 管热变形温度高，耐热性能好，90℃热水中可长期使用；抗冻性好，脆化温度低（－30℃），在－20℃以内结冰不会冻裂；环保、经济，废弃物可重复使用，燃烧不产生有害气体。用于各种热水管、工业用管、输气管道以及采矿、化工和发电等工业部门输送磨蚀性和腐蚀性的热物料管道。

（七）ABS 管材及管件

ABS 塑料管道耐腐蚀性好，它在一定的温度范围内具有良好的抗冲击强度和表面硬度，综合性能好，易于成形和机械加工，表面还可镀铬，兼有 PVC 管的耐腐蚀性和金属管道的力学性能。

ABS 是一种性能良好的工程塑料。可用于化工、机械、电子、冶金等行业，输送酸、碱、盐类及其他腐蚀性介质，也可用于电镀、水处理及污水处理管道系统。由于管道内壁光滑，流体阻力小，也适用于油田、矿山输送黏稠性液体介质。

ABS 工程塑料管无毒、无味，不污染介质。也可作为输送食用油、果汁、啤酒、牛奶、纯水及生活饮用水的管道。

ABS 工程塑料管低温性能较好，使用温度在 -40 ~ 80℃之间，仍能保持其强度和韧性，工作压力可达 1 MPa。管材有 B、C、D 三个压力等级，B 级为 0.6 MPa、C 级为 0.9 MPa、D 级为 1.6 MPa。

ABS 管件有弯头、三通、四通、管接头、异径管、活接头、法兰等。

想一想

1. 说出你见过的塑料管材和管件。它们用于什么地方？连接方式又是什么？
2. 你认为塑料管可用什么方法切割？

二、其他非金属管材及管件

（一）混凝土管及钢筋混凝土管

混凝土管有自应力钢筋混凝土输水管、预应力钢筋混凝土管、离心成形混凝土管、钢筋混凝土排水管和输水用石棉水泥压力管。其共同的优点是耐腐蚀、使用期限长、节省钢材、比金属管容易制造等。缺点是质脆、易裂、管壁较厚。混凝土管及钢筋混凝土管有承插式、企口式、平口式三种形式。

（二）玻璃钢管及玻璃管

1. 玻璃钢管

玻璃钢管是以康铜、酚醛、环氧树脂为黏合剂，加以一定量的辅助原料，然后浸渍无碱玻璃布，以其在成形心轴上绕制成管子，经过固化、脱模和热处理而成。玻璃钢具有较高的强度，良好的耐热性、耐腐蚀性和电绝缘性。玻璃钢管广泛应用于染料、制药、航空及石油化工等工业。

玻璃钢管的连接形式有以下几种：

（1）胶接连接：有平接式和承插式两种。连接时将接管两端先涂上黏结用树脂，对接后，外包玻璃布加强，让其自然干燥即可。其特点是连接可靠，但不能拆卸。

（2）法兰连接：其法兰有两种，一种是玻璃钢管的端部本身就有法兰，法兰与管子是一个整体；另一种是将加工好的法兰用胶泥黏结在管子的端部。

（3）活套法兰连接：仅适用于玻璃钢管端部都有凸缘的。法兰用玻璃钢或金属材料制成对开活套法兰，其特点是拆卸、施工方便。

（4）管箍黏结连接：首先应将玻璃钢管的端部、玻璃钢管箍两端内加工成锥形，其锥度为1:50，管段与管箍之间的配合间隙为0.1～0.2 mm。然后将加工好的管子、管箍放入25℃以上的干燥室内干燥。黏结时应将管材、管件的温度比未黏结前升高19℃以上，在管端黏结面、管箍内表面涂抹黏结剂，待黏结剂凝固即可。

2. 玻璃管

玻璃管是一种优良的耐腐蚀非金属管，它具有化学稳定性高、光滑、透明、耐磨、保证物料清洁、价廉等许多金属管不能比拟的优点。但玻璃管具有耐温急变性差、质脆、不耐冲击、怕振动等缺点。为了更好地利用玻璃的优良性质，克服其不足，可采用衬玻璃管。衬玻璃管是采用一定的方法将玻璃衬在金属管内壁，弥补了玻璃管强度不高的缺点。

目前，化工工业防腐蚀应用的玻璃管主要有硼硅玻璃（Ⅰ型）、无硼低碱玻璃（Ⅱ型）和硼—硅酸盐玻璃（Ⅲ型）三种。玻璃管在气体介质中比在液体介质中耐温急变性好。无硼低碱玻璃耐温急变性比硼硅玻璃好。玻璃管除氢氟酸、氟硅酸、热磷酸及强碱外，能耐大多数无机酸、有机酸及有机溶剂等介质的腐蚀。

玻璃管及管件有瓶口只管、扩口只管、平口和扩口90°弯头、平口和扩口等径三通、平口和扩口异径三通、平口和扩口U形弯头、平口和扩口异径管等。

玻璃管的连接分为柔性接头和刚性接头两种。在一般情况下两种接头混合使用。

（1）柔性接头：柔性接头允许管道有一定的挠度，可以补偿管道的局部沉陷、伸缩及安装不正确时产生的误差。工程中常用平口管法兰套管接头和平口管橡胶套管接头。

（2）刚性接头：工程中常用扩口玻璃管法兰接头（耐一定压力，拆装方便但允许挠度小，不能补偿管路局部沉降和伸缩）、平口管法兰接头（安装灵活性大，具有一定耐压力，安装时胶圈应垂直于管子）和平口管套筒式接头（结构简单，安装较困难，安装时要有稳定的支撑，适用于大口径玻璃管的连接）。

（三）陶瓷管及陶土管

陶瓷管和陶土管都是由黏土经过加工成形，再在工业炉内经过高温焙烧而制成的。管子内、外表面均涂以陶釉，因而表面光滑，不宜淤塞，且耐化学腐蚀，但管材强度低，质脆，单节管较短。可用于输送除氢氟酸、氟硅酸和强碱外的各种浓度的无机酸、有机酸和有机溶剂等介质。平口直管及承插管用于无压管道工程，法兰连接可用于低压管道工程。陶瓷管及管件有凸缘式、承插式和平口式三种，根据其结构形式，可选择采用法兰连接、承插连接和套管式连接方法。

复习题

1. 塑料管材有哪些基本特性？
2. 塑料管件有哪些类型？
3. PP－R管有什么特点？在哪些领域内使用？

4. PB管有什么特点？在哪些领域内使用？

5. 玻璃钢管有什么特点？

6. 玻璃钢管有哪几种连接方式？

第四节 复合管材及管件

复合管是用两种或两种以上材料经过一定工艺制造而成的。复合管吸收了组成材料的各自优点，使管材的应用性能得到进一步的改善。

复合管种类较多，常用的是金属与塑料的复合管、金属与金属的复合管两种类型。

一、铝塑复合管（PAP管）

（一）管材

铝塑复合管是以焊接铝管为中间层，铝层采用搭接超声波焊和对接氩弧焊，内、外层均为塑料，铝层内外采用热熔胶黏结，通过专用机械加工方法复合成一体的管材，其结构如图1—30所示。根据中间层铝层的焊接方式不同，铝塑复合管分为搭接焊铝塑复合管和对接焊铝塑复合管。按用途分类有普通饮用水管（白色、蓝色，标志为LS/L）、耐高温管（红色，标志为LS/R）、燃气管（黄色，标志为LS/Q）。另外，还有耐化学腐蚀型、特殊型铝塑复合管等。

铝塑复合管是一种集金属和塑料优点于一身的管材，具有耐温、耐压、耐腐蚀、不结污垢、不透氧、保温性能好、管道不结露、抗静电、阻燃、可弯曲不反弹、可成卷供应、接头少、渗漏机会少、既可明装也可暗装、施工和安装简便、施工费用低、质量轻、运输和储存方便等特性。广泛应用于建筑室内冷热水供应、地面辐射供暖系统、空调管、城市燃气管道、压缩空气管等工程。

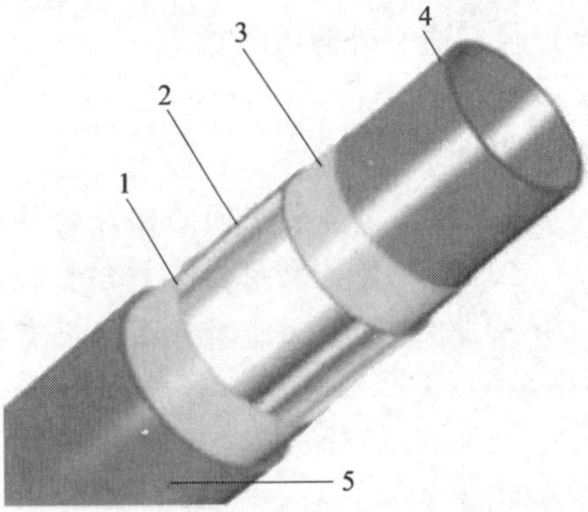

图1—30 铝塑复合管的结构

1、3—胶合层 2—铝管

4—型胶内层 5—塑胶外层

铝塑复合管的规格用内径和外径表示。例如，铝塑复合管P－1620的含义是P—普通型铝塑复合管；16—铝塑复合管内径为16 mm；20—铝塑复合管外径为20 mm。

铝塑复合管标注尺寸与公称外径的对应关系见表1—16。主要规格有1014、1216、1620、2025、2632、3240、4050等，并配套相应的连接管件。

表 1—16　　铝塑复合管标注尺寸与公称外径的对应关系

公称外径（mm）	14	16	20	25	32	40	50
标注尺寸	1 014	1 216	1 620	2 025	2 632	3 240	4 050

铝塑复合管的塑料一般为聚乙烯（PE）塑料，工作温度为 -40 ~ 95℃，工作压力 $P \leq$ 1.0 MPa，使用寿命为50 年。

（二）管件

铝塑管与管道连接采用卡套式和卡压式连接，专用管件结构与连接方式配套。管件材质一般为黄铜和 PE 塑料。卡套式管接头由螺母、C 形金属压紧环、O 形橡胶密封圈和接头本体组成，如图 1—31 所示。

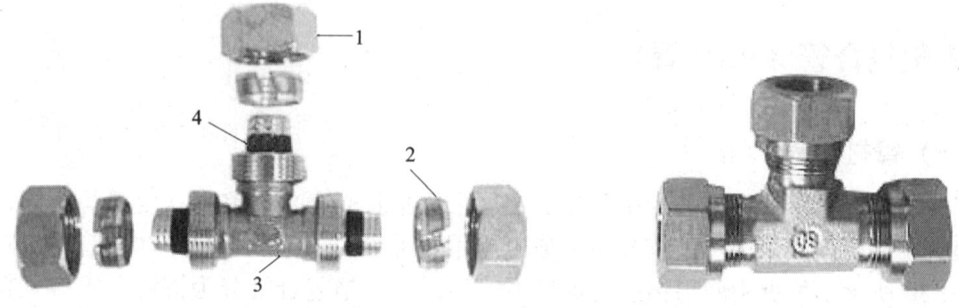

图 1—31　铝塑管卡套连接管件结构

1—压紧螺母　2—C 形金属压紧环　3—管件本体　4—O 形橡胶密封圈

铝塑管专用管件有等（异）径直通、外螺纹直通、等（异）径弯头、外螺纹弯头、等（异）径三通、外螺纹三通等。

想一想

1. 铝塑复合管中间的铝合金层是采用哪种方法焊接而成的？
2. 燃气管道采用铝塑复合管时为什么使用黄色的？
3. 铝塑管弯曲时对弯曲半径有要求吗？

二、钢塑复合管（SP 管）

给水钢塑复合管是采用热胀法工艺在热镀锌焊接钢管内衬硬聚氯乙烯（PVC - U）、聚乙烯（PE）、交联聚乙烯（PE - X）、聚丙烯（PP）等塑料制成，并借以胶圈或厌氧密封胶止水防腐，与衬塑可锻铸铁管件、涂（衬）塑钢管件配套使用。

钢塑复合管将钢管的强度和刚度高、耐高压等性能与塑料的耐腐蚀、不结垢、内壁光滑、流阻小等优点复合为一体，使其既承压又耐腐蚀，从而克服了钢管与塑料管单独使用时的诸多缺陷。

根据内衬塑料的耐热性，钢塑复合管可分为输送冷水型管材和输送热水型管材。一般输送冷水型钢塑管的内壁材料多为 PVC－U、PE、PP；输送热水型钢塑管的内衬材料多为 PE－X、PP－R。为防止施工中冷、热水钢塑复合管的混接，在衬塑管件轴线两侧的外表面按有关色标规定分别做有色标的圆点标记。

钢塑复合管管材规格一般有 *DN*15～*DN*150 等，产品标记由衬塑材料代号和管材公称通径组成。例如，SP－C－（PE－X）－*DN*100 衬塑钢管表示公称通径为 100 mm，内衬材料为交联聚乙烯钢塑复合管。

钢塑复合管及其管件如图 1—32 所示。

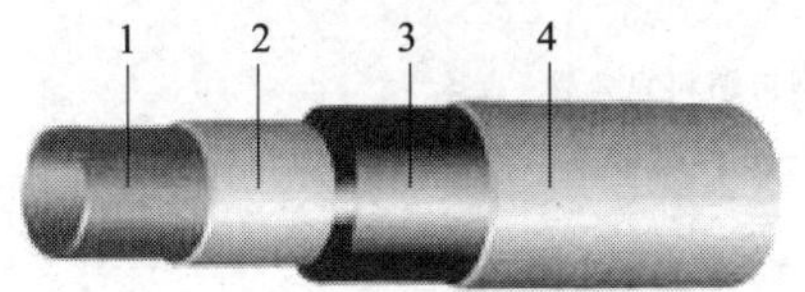

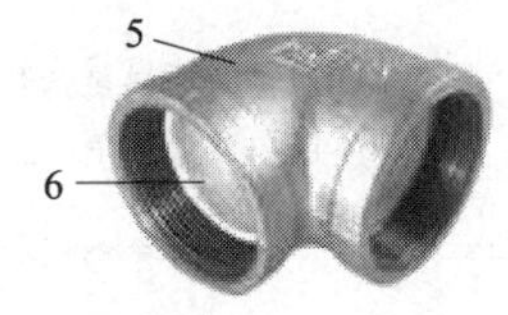

图 1—32　钢塑复合管及其管件

1—塑料层　2、4—锌层　3—钢管　5—可锻铸铁　6—塑料

此外，还有不锈钢塑料复合管和铝合金塑料复合管。这两类复合管的金属管管壁较薄，塑料管的管壁较厚。金属管可以内覆在塑料管内，也可以外覆在塑料管外。管材连接方式多为热熔连接。

想一想

1. 钢塑复合管和镀锌钢管的外径、金属壁厚一样吗？为什么？
2. 试比较钢塑复合管件和镀锌管件的结构差别。
3. 钢塑复合管可以弯曲吗？为什么？

三、钢丝网、孔网钢带塑料复合管

钢丝网、孔网钢带塑料复合管是另一种钢塑复合管，简称孔网钢塑管，其结构如图 1—33 所示。孔网钢塑管是以氩弧对接焊成形的钢丝网、多孔薄壁钢管为增强体，外层和内层双面复合热塑性塑料的一种新型复合管道。由于增强体通过网孔完全被包覆在塑料之中，因此，这种复合管克服了钢管和塑料管各自的缺点，又保持了钢管和塑料管各自的优点，管径一般在 50 mm 以上。孔网钢塑管是民用建筑、城市供水和供气、石油化工、电力、制药、冶金等行业最理想的应用管道。

孔网钢塑管道系统采用电熔、热熔管件连接。利用塑料热加工机理，通过管件内部的发热体将管材与管件熔融，把管道与配件可靠地连接在一起，一次完成，永不渗漏。孔网钢塑管也可采用法兰连接方式与其他管路、配件和设备进行过渡连接。

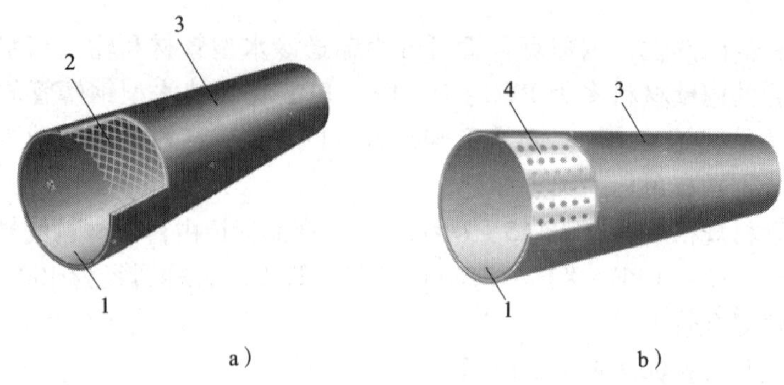

图 1—33　孔网钢塑管

a）钢丝网塑料复合管　b）孔网钢带塑料复合管
1、3—塑料层　2—钢丝网　4—孔网钢带

想一想

1. 孔网钢塑管为什么没有小口径的管材？
2. 为什么孔网钢塑管多用在城市供水管网中？

四、碳素钢与不锈钢复合管

碳素钢与不锈钢复合管是将不锈钢与碳素钢有机结合起来的一种管材。根据实际需要，不锈钢可以单面外覆（或内覆）在碳素钢上，也可以双面（内、外）覆在碳素钢上。碳素钢外覆不锈钢复合管一般用于建筑装饰，碳素钢内覆不锈钢复合管广泛应用于石油、化工、水处理、消防管、食品、饮料、液体输送管线等行业。

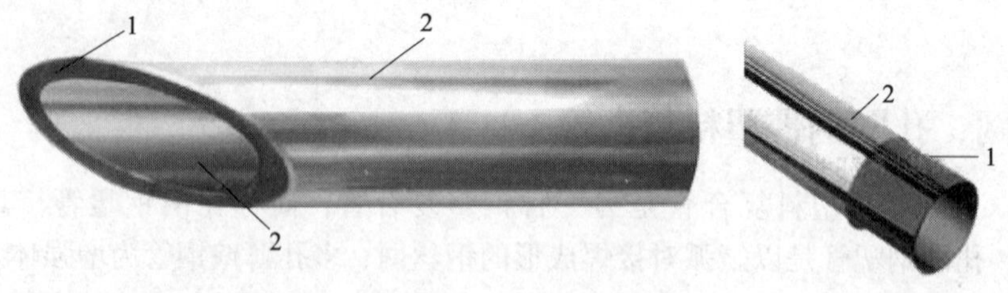

图 1—34　碳素钢与不锈钢复合管
1—碳素钢　2—不锈钢

复　习　题

1. 什么是复合管？它有哪几种类型？

2. 铝塑复合管的规格如何表示?

3. 对钢塑复合管的内衬塑料有什么要求? 内衬塑料种类有哪些?

实　训　一

常用工程材料的识别

一、实训目的

能正确识别常用的工程材料，重点能识别各种规格的管材及其相应的管件。初步掌握常用工程材料的应用范围。初步掌握常用管材的连接形式及使用要求。

二、工具、机具

钢锯、砂轮切割机、铝塑管专用剪刀、割管器、木工锯、钢卷尺 2 m、钢直尺 500 mm、游标卡尺 150 mm、皮尺 20 ~ 30 m。

三、实训材料

(一) 管材及管件

1. 镀锌焊接钢管（白铁管）和非镀锌焊接钢管（黑铁管），三通、四通、弯头、活接头、管箍、大小头、补芯、堵头等螺纹管件（镀锌和非镀锌）。

2. 无缝钢管，冲压弯头、煨制弯头等焊接管件。

3. 给水铸铁管，三通、四通、弯头、甲管、乙管、异径管、管箍等给水铸铁管管件。

4. 柔性铸铁排水管（承插连接型、法兰连接型和卡箍连接型），弯曲管、90°弯头、45°Y 形三通、90°T 形三通、90°TY 形三通、斜四通、正四通、TY 形异径三通、异径四通、管箍、T 形瓶口三通、45°弯头、Y 形异径三通、扫除口、H 管、S 形存水弯、P 形存水弯等柔性铸铁排水管件（承插连接型、法兰连接型和卡箍连接型）。

5. PVC 排水和给水管、PE 管、PPR 管、PB 管、ABS 管等塑料管，相应塑料管配套的管件。

6. 铝塑管及其专用的管件。

7. 纯铜管和黄铜管及其相应管件。

8. 钢塑复合管、碳素钢与不锈钢复合管及其相应管件。

上述管材及管件的规格应为常用规格。

（二）型钢

圆钢、扁钢、角钢、槽钢、工字钢、薄钢板等普通碳素结构钢轧制的常用型钢（规格不限）。

（三）其他材料

1. 石棉板、石棉纸、石棉绳、石棉布、石棉绒、石棉灰等。

2. 橡胶板（普通、耐酸碱、耐热、耐油）、橡胶管（普通，输送水、空气、蒸汽、稀酸、稀碱、油、氧气、乙炔等介质的橡胶管）。

3. 石棉橡胶板（低压、中压、高压）。

4. 亚麻、线麻、白麻、油麻。

5. 铅油、铅粉、白厚漆。

6. 石油沥青、焦油沥青。

7. 防锈漆、银粉漆、调和漆。

8. 聚四氟乙烯生料带、管道螺纹密封剂。

9. 水泥。

10. 汽油、橡胶水、机油。

四、实训要求

（一）安全事项要求

1. 砂轮切割机应在实训教师的指导下使用，切割管子时，严禁站在砂轮切割机的正前面。

2. 搬抬或翻转较重的管子时，要注意相互配合，防止管子滑落伤人。

3. 要防止被切割后管口的毛刺划伤。

4. 不得用量具敲击管子，量具用完后要小心擦拭干净。

5. 注意防止钢卷尺缩入时划伤手。

6. 实地参观前要对学生进行安全和纪律教育。

（二）技能训练要求

1. 能正确、熟练地识别常用工程材料。

2. 能熟练地鉴别各类规格的管材、管件和型钢。

3. 掌握管材及管件的使用范围，基本掌握其最大承受压力数值。

4. 基本掌握常用管材的连接方式。

五、实训过程

1．测量各类管子的外径、内径、壁厚，思考公称直径与外径、内径的关系。

2．目测 *DN*15 ~ *DN*100 的焊接钢管、铸铁管、塑料管、复合管的管径及无缝钢管的外径、壁厚。

3．将焊接钢管（黑铁管）和无缝钢管混放在一起进行识别。

4．进行各种规格的螺纹、承插、法兰式管件与相应管材的搭配训练。

5．测量各类型钢的有关实际尺寸，并与其规格数据进行比较。

6．各类辅助材料的识别。

六、说明与建议

1．各类常用材料的数量可根据实际需要确定。

2．较大规格的管材及管件可进行实地参观识别，并测量管子的内径和外径。

3．复合类管材可进行现场切割，从切口断面观察管材的结构。

4．使用各类量具测量管材及管件时，至少做两次测量。测量方向要转换，以两次测量数值的平均值作为测量结果。对外观变形的管子，要选择没有变形的部位多次测量。对用割管器切割的管子，应消除割管器造成的缩口现象后再进行测量。

5．若有条件，可识别铝及铝合金管、钛及钛合金管等其他有色金属管。

第二章　管道的连接方式

学习目标

1. 掌握常用管道连接方式的适用范围及特点。
2. 能够根据管路特性选择合适的管道连接方式。
3. 能够按照连接方式的工艺标准进行管道的连接。

管道连接是指将管子与管子或管子与管件、阀门、设备等管路附件连接起来，使之形成一个严密的管路系统的过程。

管道连接的方法很多，基本的连接方法有螺纹连接、焊接连接、法兰连接和承插连接。近年来随着管材呈现多样化，与之配套的管材连接方式相继出现，其主要连接方式有熔接连接、卡套连接、挤压式连接、扩环式连接、滑紧式连接、沟槽式连接等方式。

管道连接方式一般根据管子的材质、管径、壁厚、设计与工艺要求等因素合理选用。施工时，应根据设计图样、施工规范和连接方式的工艺标准等要求进行管子的连接，以实现管道系统安全、有效的运行。

第一节　螺 纹 连 接

管道的螺纹连接是指通过内、外管螺纹把管子与管子或管子与管件、阀门、设备等连接起来的一种连接方式。

一、管道螺纹连接的基本知识

（一）管螺纹的规格

按螺纹牙型角的不同，管螺纹分为55°和60°管螺纹两大类。我国主要使用55°管螺纹。55°管螺纹分为圆柱管螺纹和圆锥管螺纹两种。圆柱管螺纹的螺纹直径和深度均相等，只是螺尾部分较粗一些。圆锥管螺纹从螺纹端头到根部各圈螺纹直径不等，形成圆锥形。圆锥管螺纹的锥度为1∶16。圆柱管螺纹和圆锥管螺纹的螺纹方向均分为左旋（俗称反螺纹或反扣）和右旋（俗称正螺纹或正扣）两种，一般介质均选用右旋管螺纹。只有易燃易爆特殊介质、特殊设备（如铸铁散热器的补芯、堵头等）选用左旋螺纹。

这里需要说明，从国外引进的装置或购买的产品中有使用60°管螺纹的情况，应引起注意，以免发生技术上的错误。

（二）管螺纹的连接形式

由于管螺纹有两种类型，所以管螺纹的连接形式有以下四种：

1. 圆柱内螺纹与圆柱外螺纹的连接（简称柱接柱）。
2. 圆柱内螺纹与圆锥外螺纹的连接（简称柱接锥）。
3. 圆锥内螺纹与圆锥外螺纹的连接（简称锥接锥）。
4. 圆锥内螺纹与圆柱外螺纹的连接（简称锥接柱）。

第一种“柱接柱”的密封效果差，很少采用。实际工程中其他三种均可采用。第二种“柱接锥”在实际施工中最为常见，因为一般是将管件、设备接头加工成圆柱内螺纹，管子加工成圆锥外螺纹的较多，密封性能也较好。第三种“锥接锥”密封效果最好。

（三）管道螺纹连接的适用范围

1. 公称通径 $DN \leqslant 100$ mm 的低压流体输送用镀锌钢管，为了不损坏镀锌层，保证工艺要求，必须采用螺纹连接。

2. 管子公称通径 $DN \leqslant 100$ mm、介质工作压力在1.0 MPa以下、温度在100℃以内的且便于检查和维修的各种管道。螺纹连接的适用范围见表2—1。

表2—1　　螺纹连接的适用范围

管道名称	最大公称通径（mm）	最大工作压力（MPa）
给水管道	100	1.0
排水管道	50	—
热水管道	100	1.0
蒸汽管道	50	0.2
燃气管道	100	0.02
压缩空气管道	50	0.6

3. 建筑给排水、室内热水、燃气供应以及采暖管道，在 $DN100$ 以下时，一般均采用螺纹连接。

4. 钢管与带螺纹的设备、附件的连接采用螺纹连接。

5. 需要经常拆卸，又不允许动火的生产场合。

6. 外径、壁厚与低压流体输送用焊接钢管相当的无缝钢管也可采用螺纹连接。

想一想

1. 怎样从螺纹的外观区分正螺纹和反螺纹？举例说出你见过的机械装置中反螺纹的紧固件。

2. 你见过管道螺纹连接吗？其管内流动的介质是什么？

3. “锥接锥”为什么是管螺纹连接中密封效果最好的形式？

4. 试述螺纹连接的特点。

二、螺纹连接的工具和机具

管道螺纹连接的工具和机具主要有管子台虎钳、管子钳和管子链条钳、管子铰板和电动套丝机等。

（一）管子台虎钳

管子台虎钳又称龙门钳、龙门轧头，其结构如图 2—1 所示。它是用于夹紧管材以便于进行各类切削加工的主要夹具，其规格以夹持最大管子的外径来表示，习惯上称为号数。常见的有 1 号（*DN*25）、2 号（*DN*50）、3 号（*DN*80）、4 号（*DN*100）等。

在工程量较大的管道安装工程中，主要采用稳固性好的自制钢架管子台虎钳，维修工作多采用三脚架管子台虎钳。管子台虎钳固定管材时用力要适当，一次夹紧，夹持过紧会压扁管子；夹紧过松，管子会旋转打滑，损伤管子表面。上牙钳口应能在有润滑油的滑道内无卡涩地灵活滑动。

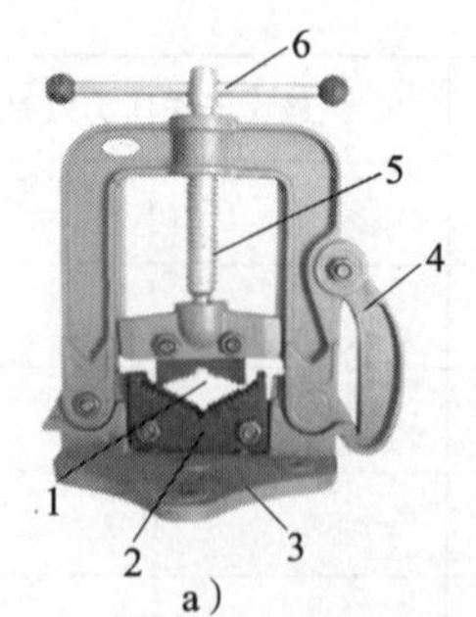

a）

b）

c）

图 2—1　管子台虎钳的结构

a）管子台虎钳　b）自制钢架管子台虎钳　c）三脚架管子台虎钳

1—上牙钳口　2—下牙钳口　3—底座　4—固定钩　5—丝杆　6—旋转扳把

（二）管子钳和管子链条钳

管子钳和管子链条钳是专用于拆装螺纹管子与管件的工具，如图 2—2 所示。管子钳适用于直径较小的管子和管件，管子链条钳适用于直径较大的管子和管件，在操作空间狭窄的施工场地，管子链条钳更加显示出其优越性。

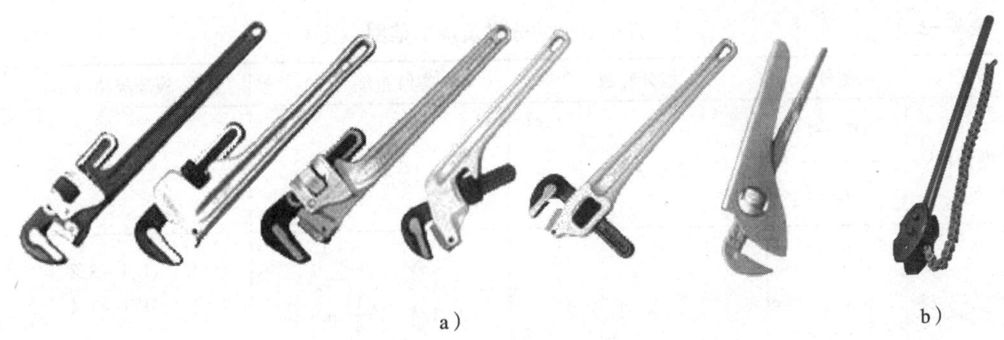

图 2—2　管子钳和管子链条钳
a）管子钳　b）管子链条钳

管子钳和管子链条钳的钳口牙齿要保持锋利，使用时不能沾油，以防打滑。

管子钳和管子链条钳的规格是以它的长度划分的，分别应用于相应的管子和管件。使用时，应根据管子的直径合理选用，禁止采用管子钳手柄加装套管延长力臂的方法操作，这种操作方法轻者会损坏管钳，重则伤及人身。

（三）管子铰板

管子铰板是加工管子外螺纹的工具，管子铰板分为三种型号，包括轻型铰板、普通铰板和大铰板。管子铰板主要由铰板本体、扳把、板牙三个部分组成，如图 2—3 所示。轻型铰板常用于普通铰板不便于操作以及小口径管道维修作业中。普通铰板和大铰板用于管螺纹加工量较大的工程中。管子铰板的分类及加工范围见表 2—2。

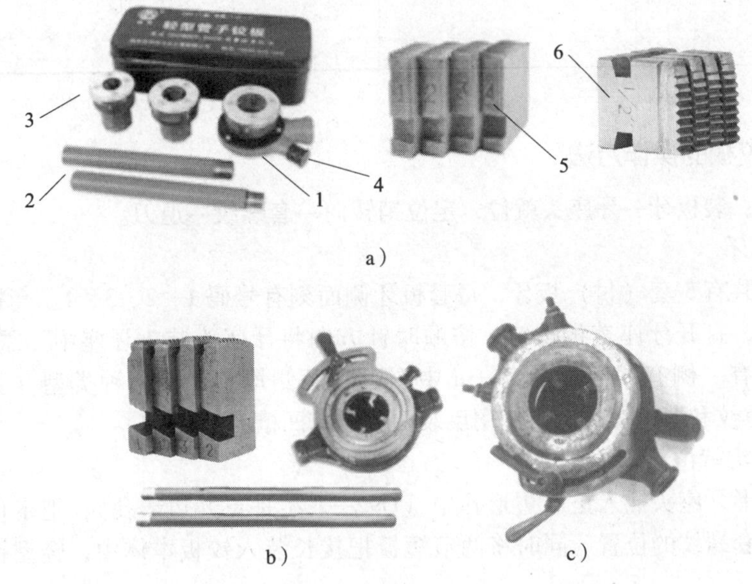

图 2—3　管子铰板
a）轻型铰板　b）普通铰板　c）大铰板
1—铰板本体　2—扳把　3—牙座头　4—定位销　5—板牙编号标记　6—板牙规格标记

表 2—2　　管子铰板的分类及加工范围

型式	型号	板牙套数	套螺纹范围（in）	板牙规格（in）
轻型铰板	Q74—1	3	1/2 ~ 1 in	1/2 3/4 1
轻型铰板	Q92—1	3	1/2 ~ 1 in	1/2 3/4 1
普通铰板	112	3	1/4 ~ $1\frac{1}{4}$ in	1/4 ~ 3/8 1/1 ~ 3/4 1 ~ $1\frac{1}{4}$
普通铰板	114	3	1/2 ~ 2	1/2 ~ 3/4 1 ~ $1\frac{1}{4}$ $1\frac{1}{2}$ ~ 2
大铰板	—	3	1 ~ 3	1 ~ $1\frac{1}{4}$ $1\frac{1}{2}$ ~ 2 $2\frac{1}{2}$ ~ 3
大铰板	117	3	$1\frac{1}{2}$ ~ 4	$1\frac{1}{2}$ ~ 2 $2\frac{1}{2}$ ~ 3 $3\frac{1}{2}$ ~ 4

1. 轻型铰板的操作方法

操作程序：装板牙→牙座头就位，定位销转向→套螺纹→退刀。

（1）装板牙

轻型铰板共有 3 套（付）板牙，每套板牙侧面刻有号码 1、2、3、4。套螺纹时选择需要的板牙规格，打开牙座盖板螺钉，按顺时针方向将牙座头装入牙座中。需要注意的是，轻型铰板板牙有一侧有凹槽（图 2—3a 中图）和两侧均有凹槽两种类型（见图 2—3a 右图）。在套短螺纹和弯管螺纹头时使用反装两侧均有凹槽的板牙。

（2）牙座头就位，定位销转向

将正八边形牙座头插入正八边形孔中（Q92—1 型是正九边形孔），把定位销旋转到顺时针可以进刀套螺纹的位置。同时将两节短扳把接长装入铰板本体中，轻型铰板一般只配一个扳把。

（3）套螺纹和退刀

上扣：上扣时，要平稳用力向管子台虎钳方向推进并且转动扳把，这一步很关键，不用力或用力不当会造成铰板打滑，使管端成锥状光面，无法上扣（进刀）。

套螺纹：上扣（两牙左右）后，用油枪向入扣处加注机油冷却、润滑，均匀加力转动扳把套螺纹，螺纹长度套至与板牙侧面相平时，将定位销转180°退刀。可先逆时针转动扳把1~2圈，然后可单手（牙座和本体有棘轮装置）转动牙座头快速退刀，完成套螺纹工作。

（4）用轻型铰板加工短管的特殊方法

短管、弯管螺纹的加工是两种特殊的加工情况，一种是在管道维修作业中，需要在距墙面、地面很近的距离以及原有空间管道上直接套螺纹的情况；另一种是新建工程中，需要加工尺寸较小的双头螺纹短管，以及在有弧度的较短直管段上套螺纹（如小尺寸乙字弯）的情况。图2—4所示为短管和常规尺寸管段螺纹两种加工方法的比较。反装板牙加工短管的要点是铰板上扣用力要稳、准。因为此时管子和铰板轴线的同轴度完全是靠眼、手的操作经验来判断并掌控的。两者不同轴会造成螺纹偏牙、乱牙的缺陷。

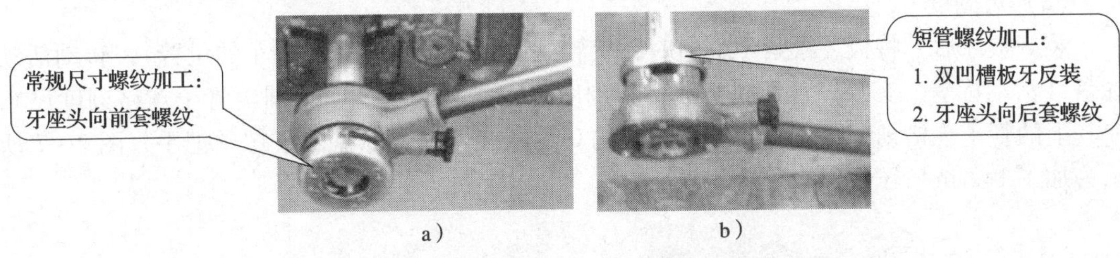

图2—4 轻型铰板的两种使用方法

a）轻型铰板常规使用 b）轻型铰板反装板牙特殊使用

2. 普通铰板的操作方法

普通铰板的结构如图2—5所示。

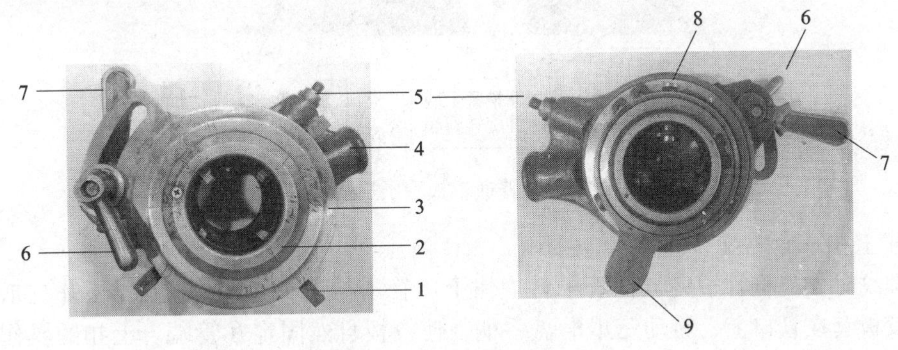

图2—5 普通铰板的结构

a）正面 b）背面

1—板牙（4块） 2—固定标盘 3—活动标盘 4—扳把 5、6—标盘固定把手 7—板牙松紧手柄 8—后三爪 9—三爪滑盘手柄

普通铰板的操作程序：装板牙→对刻度→上扣、套螺纹→松扣退出。

（1）装板牙

根据管径选择相应的板牙。先将板牙松紧手柄顺时针旋转到底，转动活动标盘，使其

上的 *A* 刻度线对准固定标盘的 *A* 刻度线，板牙上的号码 1、2、3、4 与铰板牙槽上的标记“对号入座”，转动活动标盘，板牙就固定在管子铰板内，如图 2—6 所示。同理，两个 *A* 刻度线对齐即可拆卸板牙。

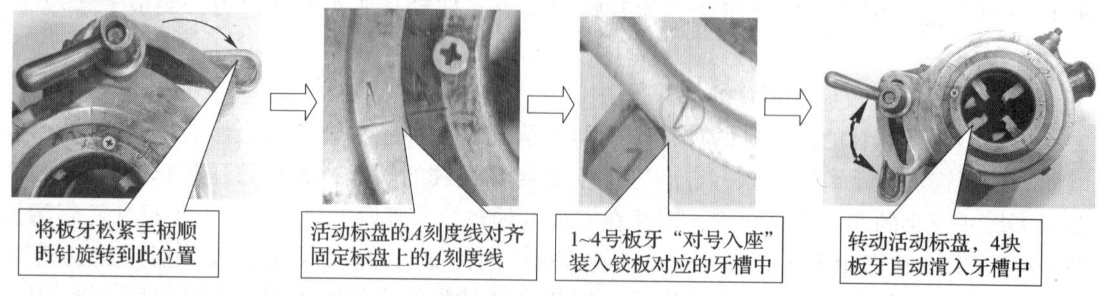

图 2—6　普通铰板板牙的安装

（2）对刻度

装好板牙后，将板牙松紧手柄逆时针旋转到底（板牙松紧程度最小的位置），转动活动标盘（活动标盘上有 6 种管子规格数字和刻度标记，其实就是一个圆盘管子规格刻度尺），使其上的管子规格刻度线对齐固定标盘上的 0 刻度线，拧紧标盘固定螺丝把手。图 2—7 所示为加工 1/2 in 管子螺纹对刻度示例。

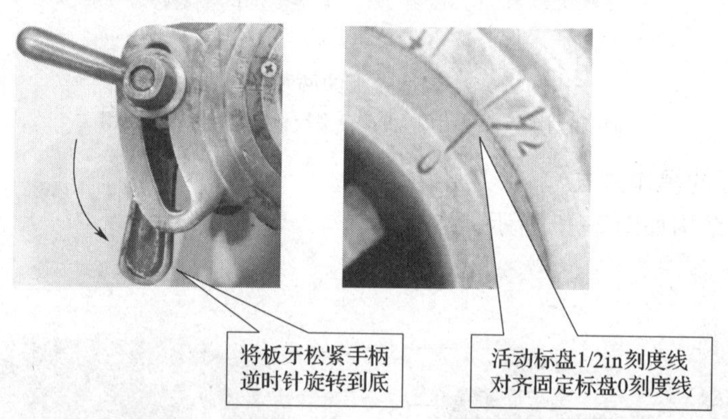

图 2—7　普通铰板管子规格定位

（3）上扣、套螺纹

套螺纹时，先将管子夹牢在管子台虎钳上，管子伸出 150 mm 左右。松开三爪滑盘手柄，将铰板套在管口上，转动三爪滑盘手柄，使铰板自然固定在管端。上扣的操作方法与轻型铰板操作相同。上扣后，用油枪向入扣处加注机油冷却、润滑，均匀加力转动扳把套螺纹。快到规定螺纹长度时，一边扳动扳把，一边慢慢松开板牙松紧手柄，再套 2～3 牙，使管螺纹末端套出锥度。

加工好的螺纹应端正不乱牙、光滑无毛刺、完整不缺牙、松紧有锥度。

（四）电动套丝机

电动套丝机又称电动套丝切管机，可以完成对管子的套螺纹、倒角和切割等工序。按加工螺纹长度的控制方法不同分为手动控制普通套丝机和自动套丝机两种。电动套丝机品种较多，但其结构基本相同。一般都具备套螺纹板牙、倒角器、割管器及润滑油循环系统等，如图2—8a所示。另一种便携式电动套丝机也已在实际工程中使用，这种小型便携式电动套丝机在无管子台虎钳或工作区域狭小的空间使用十分理想，如图2—8b所示。

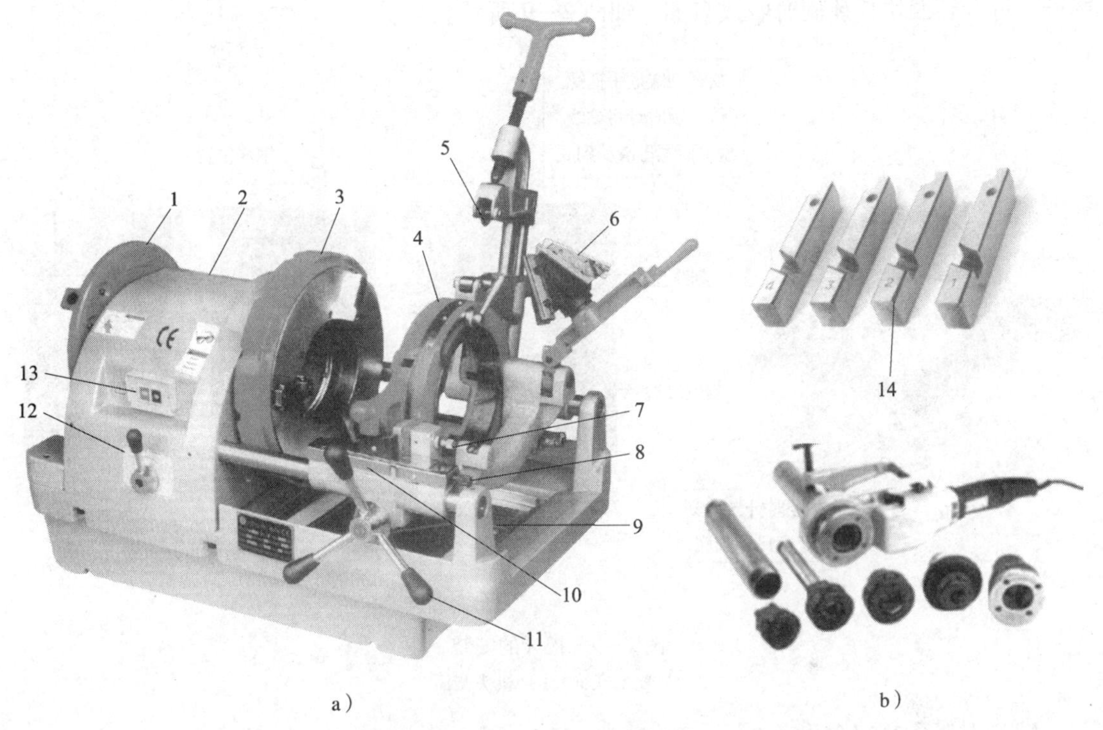

图2—8　电动套丝机

a）全自动电动套丝机　b）便携式电动套丝机

1—后卡盘　2—机体　3—前卡盘　4—铰板头　5—割刀　6—倒角器　7—铰板头锁定销　8—变距旋钮　9—切屑过滤盘　10—变距装置　11—滑架手柄　12—变速器手柄　13—电源开关　14—板牙

从图2—8a所示套丝机的结构中可以看出，电动套丝机和手工铰板的不同之处是电动套丝机有自动冷却、润滑系统和螺纹长度自动控制装置（只有全自动电动套丝机有此功能）。

1. 电动套丝机的操作要点

电动套丝机的操作方法与手工铰板类似，结合前面介绍手工铰板的使用方法，电动套丝机的操作主要有三个关键点。下面以“宁达”Z_1T—RⅡ型全自动套丝机为例叙述其使用方法。

电动套丝机按所加工的管端螺纹长度分为由手动控制的普通套丝机和自动控制的全自动套丝机两种类型。全自动套丝机的主要特点是通过套丝机的螺纹控制装置的设定操作，使套丝机在加工到设定的螺纹长度时板牙自动张开，不再进刀，从而完成套螺纹工作。

（1）板牙的安装

1）选择板牙机头。装板牙前应根据管子直径选择配套的板牙机头。Z_1T—RⅡ型套丝机的加工范围是1/2～4 in，配套有两个铰板机头，一个加工范围是1/2～2 in六种规格的钢管；另一个加工范围是2½～4 in三种规格的钢管。

2）安装板牙。按图2—9所示的方法顺时针将刻线盘手柄螺母和刻度尺盘滑动到底（不能转动为止），并按标号将板牙依次装入板牙槽，每个板牙槽对应一个弹性钢珠，当听到钢珠滑入板牙圆形凹槽的“咔嚓”声时，即为板牙安装到位，这时左右滑动刻线盘手柄螺母，可看到四块板牙同时收放自如，如图2—9所示。

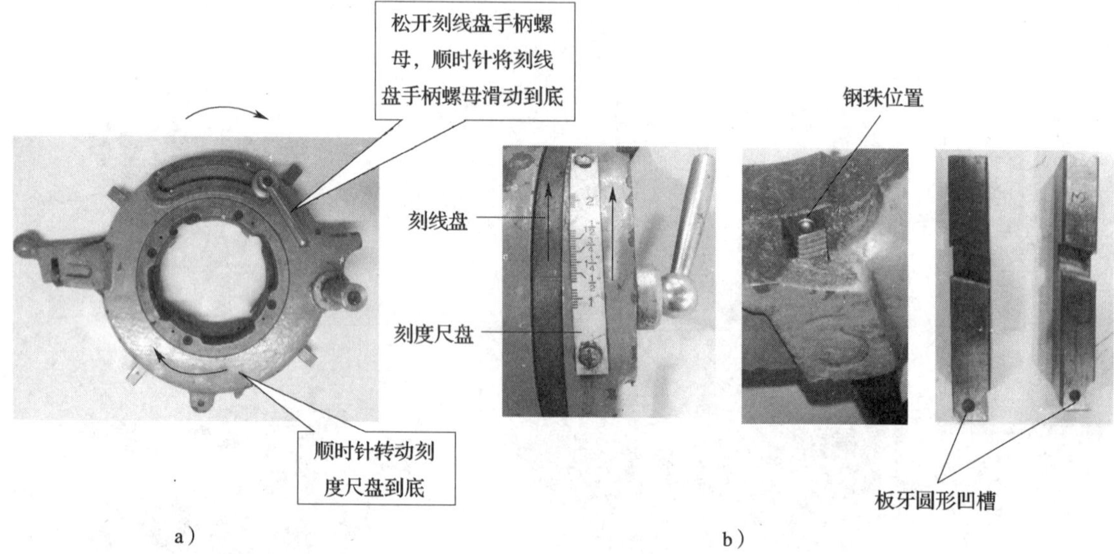

图2—9　板牙的安装

a）机头正面　b）机头侧面

（2）对管子规格刻度

将铰板头上的刻线盘手柄螺母松开，转动刻线盘，使刻度短线对正所要加工的螺纹规格刻度尺位置上，图2—10所示为加工3/4 in（*DN*20）管螺纹的对刻度操作。

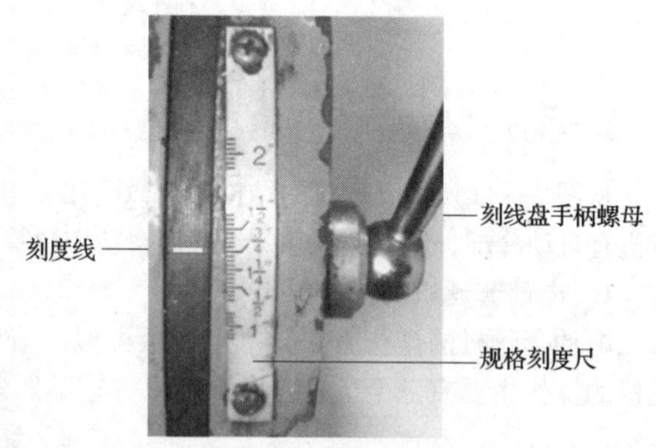

图2—10　对刻度操作

（3）管螺纹长度控制设定操作

管螺纹长度自动控制是通过变距装置来实现的。变距装置由变距旋钮、斜面滑块、可移动管子规格标尺和固定刻度线组成。顺时针或逆时针转动变距旋钮可左右移动管子规格标尺，把所需要加工管子规格标尺线对正刻度线即完成螺纹长度控制设定操作。如图2—11所示为加工管子规格为1¼ in、1½ in（*DN*32、*DN*40）螺纹长度定位线。定位后自动套螺纹时，板牙头的滚轮在斜面滑块上慢慢滚动，张开铰板以形成1∶16的锥度。滚轮走完斜面滑块后，在斜面滑块低的一端落下时，板牙会自动张开，这时套丝机空转，板牙不再切削管子表面，套螺纹工作完成。

拔出铰板头定位销，抬起铰板将其置于非工作状态；然后撞开前卡盘，再松开后卡盘，取出管子。

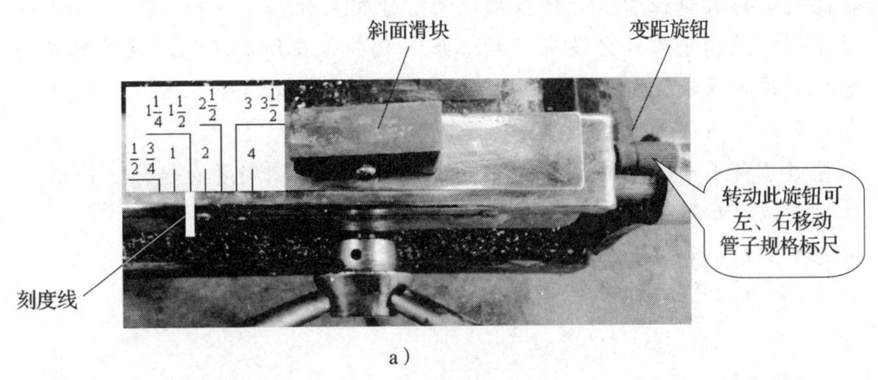

a）

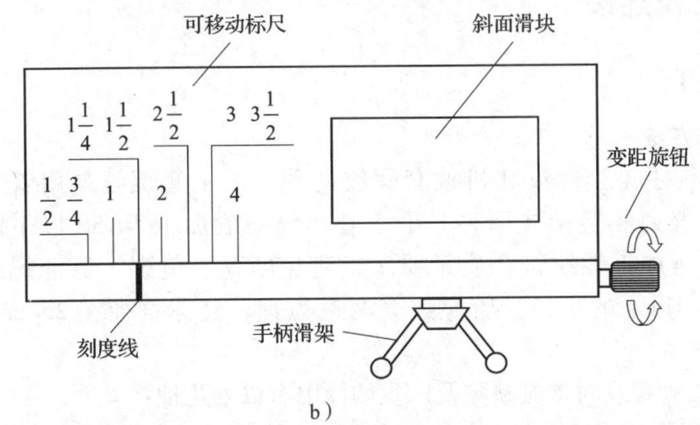

b）

图 2—11 管螺纹长度控制设定操作

a）管螺纹长度控制设定实例操作 b）管螺纹长度控制设定操作大样图

2. 电动套丝机操作注意事项

（1）长管子套螺纹时要有料架做支撑。

（2）在套丝机刚入扣时，滑架手柄应逐渐加力，直至套出 3 ~4 牙后即可停止加力，套丝机自动开始套螺纹。

（3）在套螺纹过程中，要保证套丝机冷却油路循环畅通，定期清理油路过滤网，更换润滑油。

（4）螺纹规格刻度线和螺纹长度刻度线都只能作为参考线，尤其是旧套丝机因使用年限长零件磨损，刻度可能移位，在对刻度时可以微调（部分套丝机有微调标尺线）。先试套 2 ~3 牙，以确定准确的规格位置点，在此位置锁紧刻线盘手柄螺母。

为了确保操作安全，使用电动套丝机前应先阅读产品说明书，了解产品特点，不可凭经验进行操作。在实训教室，一定要有实训教师现场讲解并示范后才可进行螺纹加工。

想一想

1. 在高空装拆大口径管道为什么应使用管子链条钳?
2. 轻型铰板结构中为什么没有“后三爪”仍能保证所加工的螺纹是端正的?
3. 怎样利用普通铰板加工 *DN*20、长度为 60 mm 的镀锌双头螺纹短管?
4. 电动套丝机除了加工管螺纹外，还有其他用途吗?
5. 你见过几种不同类型的套丝机? 板牙通用吗? 循环润滑油起什么作用?
6. 管螺纹末端锥度是怎样加工出来的?
7. 讨论手工铰板和电动套丝机拆装板牙操作的关键步骤。

三、管螺纹的加工及连接

（一）管螺纹的加工

1. 管螺纹的加工方法

管螺纹的加工分为手工套螺纹和机械套螺纹两种。手工套螺纹是用管子铰板加工螺纹，管子铰板分为普通和轻便式两种。手工套螺纹一般加工 *DN*50 以下的管子。手工套螺纹时，为了使所加工螺纹符合质量要求，避免断牙、龟裂，保证螺纹标准、光滑，公称直径在25 mm以下的小口径管螺纹套两遍为宜，公称直径在 25 mm 以上的管螺纹套三遍为宜。

采用手工铰板加工管螺纹时常见缺陷及产生的原因有以下几种：

（1）螺纹不正：原因是铰板中心线与管子中心线不重合，或手工套螺纹时两臂用力不均匀，使铰板被推歪。管子端面锯削不正也会引起套螺纹不正。

（2）螺纹牙偏斜：由于管壁厚薄不均匀或卡爪未锁紧造成。

（3）螺纹牙过细：由于板牙顺序弄错或板牙活动间隙太大造成。

（4）螺纹不光或断牙、缺口：由于套螺纹时板牙进刀量太大、板牙不锋利或损坏、套螺纹时用力过猛或用力不均匀，以及管端上的铁渣积存等原因引起。

（5）管螺纹有裂缝：若出现竖向裂缝，是焊接钢管的焊缝未焊透或焊缝不牢所致；如果螺纹有横向裂缝，则是因板牙进刀量太大或管壁较薄而产生的。

机械套螺纹用电动套丝机进行加工，也可以用车床车削。机械套螺纹的效率高，螺纹质量好，在施工中广泛应用。使用机械套螺纹时，公称直径在 25 mm 以上的管螺纹套两遍为宜，切不可一次套成，以免损坏板牙或产生乱牙。使用电动套丝机加工螺纹时要施以润滑油。有的电动套丝机设有乳化液加压泵，采用乳化液作为冷却剂及润滑油。

为了保证管螺纹连接的严密性和可靠性，管螺纹一般都加工成圆锥形外螺纹，管螺纹的锥度是利用在套螺纹的过程中逐渐松开管子铰板或套丝机的板牙松紧装置来达到的。

加工管螺纹时，管端螺纹的加工尺寸应符合表 2—3 的规定。

表 2—3　　管端螺纹的加工尺寸

公称通径 DN		连接管件时螺纹的长度		连接阀门时螺纹的长度	
（mm）	（in）	长度（mm）	螺纹数（牙）	长度（mm）	螺纹数（牙）
15	1/2	14	8	12	6.5
20	3/4	16	9	13.5	7.5
25	1	18	8	15	6.5
32	$1\frac{1}{4}$	20	9	17	7.5
40	$1\frac{1}{2}$	22	10	19	8
50	2	24	11	21	9
70	$2\frac{1}{2}$	27	12	23.5	10
80	3	30	13	26	11
100	4	36	15	—	—

2. 管螺纹的质量要求

管螺纹的加工长度为工作长度加上尾螺纹的长度。尾螺纹一般为 1 ~ 2 牙。无论用手工或机械加工出的管螺纹，都必须清楚、完整、光滑，不得有毛刺和乱牙。断牙和缺牙的总长度不得超过螺纹全长的 10%，并在纵向上不得有断缺处相靠现象。

3. 管螺纹的保护

（1）将管螺纹临时拧上一个管箍（也可采用塑料管箍），如果没有管箍可采用水泥纸袋临时包扎一下。

（2）现套现用的螺纹也要精心保护，避免磕碰。

（3）需放置的管螺纹，要在管螺纹上涂些废机油，然后加以保护，以防生锈。

（二）管螺纹的连接方式

1. 普通螺纹和短螺纹连接

普通螺纹和短螺纹连接是管子的外螺纹与管件或阀件的内螺纹进行的固定连接方式，拆卸时必须从头拆起。

2. 活接头连接

活接头连接是一种可拆卸的活动连接。安装活接头时管子下料一定要准确，承口和插口要在不附加外力的情况下自然对正，插口上要加垫片或手工编织的麻质垫圈，其直径大小、断面粗细应能满足不同活接头的密封要求。活接头对口切忌强力对正，避免造成螺母滑扣出现漏水现象。

3. 长螺纹连接

长螺纹连接是管道活动连接方式的一种。长螺纹（根部无锥度）可与管箍和锁紧螺母（根母）配合使用，用于连接散热器和内螺纹设备接口，这种方式接口严密性较差，现已很少采用，已被活接头连接取代。

（三）管螺纹连接的填料

管螺纹连接，无论用哪种连接方式，都需在管子外螺纹与管件阀门的内螺纹之间加适当填料，以增强接口的密封性能。常用的密封填料有麻丝、铅油、石棉绳、聚四氟乙烯生料带等。填料的种类根据管道输送介质的温度和性质确定。不同的介质，管螺纹连接的填料也不同。常用密封填料的适用范围见表 2—4。

表 2—4　　常用密封填料的适用范围

填料种类	适用介质
白铅油	给排水、燃气、压缩空气
白铅油、麻丝	给水、压缩空气、蒸汽
一氧化铅、甘油调和剂	燃气、压缩空气、乙炔、氨
一氧化铅、蒸馏水调和剂	氧气
聚四氟乙烯生料带	燃气、压缩空气、氧气、乙炔、氨、其他常温腐蚀性介质
螺纹密封剂	给水、压缩空气、蒸汽、输油、制冷

（四）螺纹连接的基本工艺要点

1. 先用管件试扣，用手拧入 2 ~ 3 牙为宜，在管端螺纹上均匀涂抹黏性填料，从端头顺着管螺纹方向缠麻丝或生料带，用管钳一次拧紧时要注意管件、阀件的安装位置和方向，不允许因拧过头用倒扣的方法进行调整和找正。

2. 拧紧管螺纹时应选用规格合适的管子钳。不得在管子钳手柄上加套管增长力臂来拧紧管件。不应有明显的钳痕。

3. 一氧化铅与甘油调和后需在 10 min 内用完；否则会硬化，不能使用。

4. 各种填料在螺纹里只能使用一次，螺纹拆卸后重新安装时，应更换填料。填料的多少要适量，若挤入管内太多，会堵塞管道。外露填料应及时清理干净。

（五）钢塑复合管螺纹连接技术要点

钢塑复合管及配套管件是淘汰镀锌钢管后出现的一种换代新型给水复合管道，在工程中有广泛应用。钢塑复合管分为衬塑钢管和涂塑钢管两种。这里主要讲解工程中应用较多的衬塑钢管的螺纹连接工艺。

钢塑复合管配套管件按结构形式不同分为接口芯子带螺纹和不带螺纹两种，分别如图 2—12a、b 所示，钢塑复合管与管件连接如图 2—12c 所示。

1. 直管截断时宜采用转速不超过 800 r/min 的锯床或手锯切割，不得使用砂轮切割机切割，以免切口产生的高温烫坏衬塑层。

2. 在加工螺纹前，衬塑钢管的管端应采用专用铰刀进行清理加工，将衬塑层按厚度的 1/2 进行倒角，倒角坡度宜为 10° ~ 15°，以方便管件的装配。

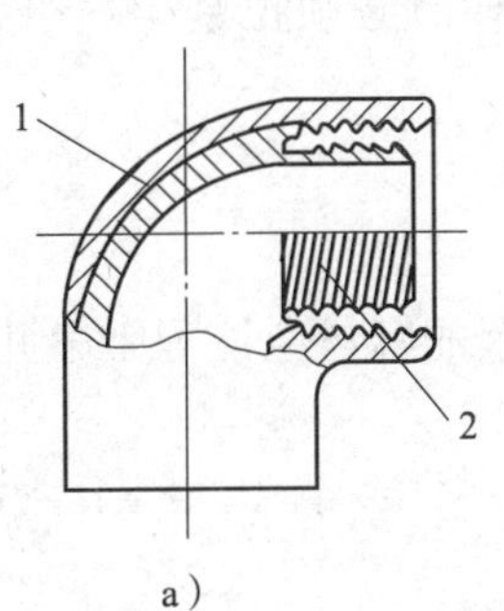

a）

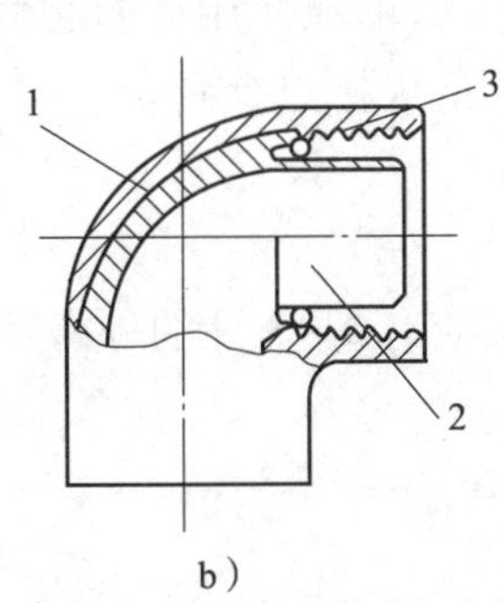

b）

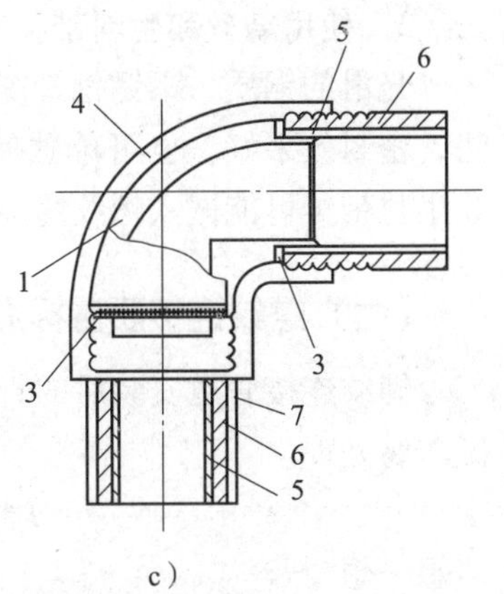

c）

图 2—12 钢塑复合管螺纹连接

1—衬塑层 2—接口芯子 3—橡胶圈 4—钢制管件 5—涂衬塑层 6—镀锌管 7—外覆涂塑层

3. 在使用接口芯子带螺纹的衬塑管件时，应采用厌氧密封胶密封；厌氧密封胶的养护期不得少于 24 h，养护期间不得对其挪动或进行试压。接口芯子不带螺纹时，应采用橡胶圈密封。

4. 管道连接后，外露的螺纹部分及有钳痕和表面损伤的部位应涂防锈密封胶。

（六）低压铜质及不锈钢管路附件螺纹连接要点

铜质、不锈钢管阀件、管件的内螺纹和外螺纹一般在企业加工完成。在施工现场与管段按施工图样要求进行配管，因铜质、不锈钢管螺纹比较光滑，连接时若按常规的钢管螺纹连接工艺操作，稍有不慎就会出现螺纹接口渗漏的现象，经工程实践检验，以下的技术措施可解决这一问题。

1. 可选择经压花（滚花）处理的螺纹阀件、管件

针对铜质、不锈钢管螺纹比较光滑的特性，已有厂家改进了制造工艺，对外螺纹进行了压花（滚花）处理，可有效地解决表面比较光滑的生料带作为外螺纹填料的打滑现象。如图 2—13 所示为有压花设计和无压花光滑螺纹两种外螺纹阀件的比较。

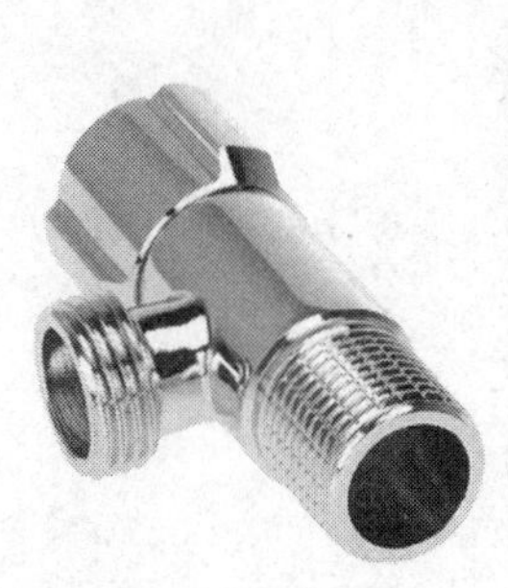
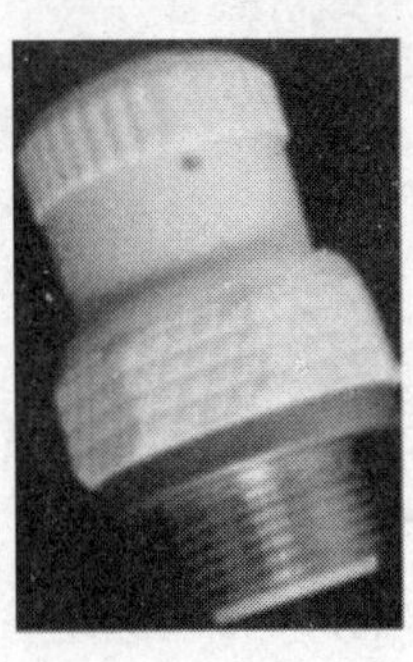
a）

b）

图 2—13 两种外螺纹阀件的比较

a）有压花螺纹的角阀、外螺纹直接头 b）光滑螺纹角阀

2. 使用麻丝和生料带

光滑的铜质、不锈钢管螺纹接口可采用麻丝（底层）加生料带（面层）作为填料的方法，密封效果好。也可单独使用麻丝。如单独使用生料带，缠绕操作时必须拉紧生料带，让生料带尽可能嵌入螺纹缝隙；否则会造成接口渗漏。

（七）螺纹连接质量标准

螺纹连接管道安装后的管螺纹根部应有2～3牙的外露螺纹，多余的麻丝应清理干净并做防腐处理。

想一想

1. *DN*25以上的钢管加工螺纹为什么要进行多遍加工？
2. 钢塑管和普通钢管螺纹的加工有什么区别？
3. 普通铰板是否可以反装板牙套短管螺纹？
4. 螺纹表面越光滑其接口的密封性能就越好吗？为什么？
5. 怎样保护加工好的螺纹？

复 习 题

1. 什么是螺纹连接？
2. 螺纹连接的适用范围有哪些？
3. 管道螺纹连接的主要工具和机具有哪些？
4. 普通管子铰板主要由哪几部分组成？一套板牙有几块？现需加工*DN*15、*DN*25、*DN*50的管螺纹，需要几套板牙？
5. 采用手工铰板加工管螺纹时常见缺陷及产生的原因有哪些？
6. 轻型铰板和普通铰板在结构原理上有什么异同？
7. 管螺纹的质量要求是什么？
8. 螺纹连接的质量标准是什么？
9. 螺纹连接工艺要点及保证螺纹连接质量的方法是什么？

第二节 焊 接 连 接

焊接是通过加热或加压（或两者并用），使两工件产生原子间结合的加工工艺和连接方式。焊接连接是管道工程中最主要的、应用最为广泛的连接方式。

焊接连接按焊接工艺不同，有气焊、焊条电弧焊、氩弧焊、埋弧焊等。管道安装工程现场主要使用气焊和焊条电弧焊。气焊通常是指氧—乙炔焊，它一般用于 $DN \leqslant$ 50 mm、厚度≤3.5 mm 的碳素钢、铜、铝管的焊接。管径较厚的钢管的焊接一般都采用焊条电弧焊。

焊接连接的特点是接口强度和严密性高，不易渗漏，牢固耐久；节省定型管件（管箍、三通等），成本低；需要拆卸时必须把管子切断重新焊接；焊接工艺要求较高，需由专业焊工进行施焊。

一、焊接的基本知识

（一）焊接方法的分类

焊接方法的种类较多，按焊件的结合特点主要分为熔焊、压焊和钎焊三大类。

1. 熔焊

熔焊是指在焊接过程中将工件接口加热至熔化状态，不加压力完成焊接的方法。熔焊时，热源将待焊的两个工件接口处迅速加热至熔化，形成熔池。熔池随热源向前移动，冷却后形成连续焊缝而将两个工件连接成为一体，如图 2—14 所示。

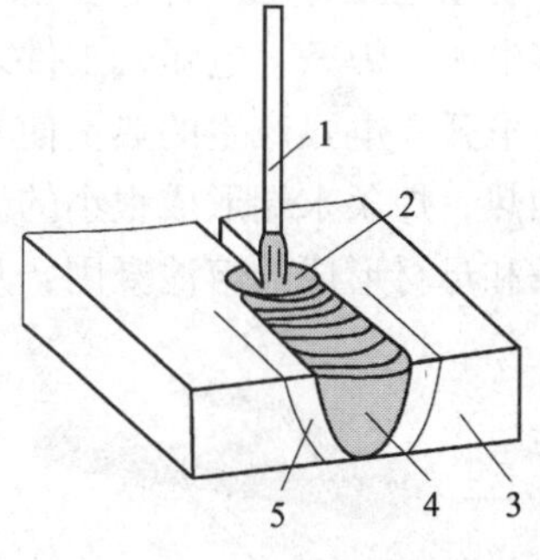

图 2—14 熔焊

1—焊条 2—熔池 3—工件 4—焊缝 5—热影响区

在熔焊过程中，如果大气与高温的熔池直接接触，大气中的氧就会氧化金属和各种合金元素。大气中的氮、水蒸气等进入熔池，还会在随后冷却过程中在焊缝中形成气孔、夹渣、裂纹等缺陷，使焊缝的质量和性能恶化。

为了提高焊接质量，人们研究出了各种保护方法。例如，气体保护电弧焊就是用氩气、二氧化碳等气体隔绝大气，以保护焊接时的电弧和熔池；又如，焊接钢材时在焊条药皮中加入对氧亲和力大的钛铁粉进行脱氧，就可以保护焊条中的有益元素锰、硅等免于被氧化而进入熔池，冷却后获得优质的焊缝。

2. 压焊

压焊是指在加压条件下使两工件在固态下实现原子间结合，又称固态焊接。常用的压焊工艺是电阻对焊，当电流通过两工件的连接端时，该处因电阻很大而温度上升，当加热至塑性状态时，在轴向压力作用下连接成为一体。

各种压焊方法的共同特点是在焊接过程中施加压力而不加填充材料。多数压焊方法（如扩散焊、高频焊、冷压焊等）都没有熔化过程，因而没有像熔焊那样的有益合金元素烧损和有害元素侵入焊缝的问题，从而简化了焊接过程，也改善了焊接安全卫生条件。同时，由于加热温度比熔焊低，加热时间短，因而热影响区小。许多难以熔焊的材料往往可以用压焊获得与母材同等强度的优质接头。

3. 钎焊

钎焊是指使用比工件熔点低的金属材料作为钎料，将工件和钎料加热到高于钎料熔点、低于工件熔点的温度，利用液态钎料润湿工件，填充接口间隙并与工件实现原子间的相互扩散，从而实现焊接的方法。

焊接时形成的连接两个被连接体的接缝称为焊缝。焊缝的两侧在焊接时会受到焊接热作用，从而发生组织和性能变化，这一区域称为热影响区。焊接时因工件材料、焊接材料、焊接电流等不同，焊后在焊缝和热影响区可能产生过热、脆化、淬硬或软化现象，也使焊件性能下降，焊接性恶化。这就需要调整焊接条件，焊前对焊件接口处预热、焊时保温和焊后热处理可以改善焊件的焊接质量。

另外，焊接是一个局部的迅速加热和冷却的过程，焊接区由于受到四周工件本体的拘束而不能自由膨胀和收缩，冷却后在焊件中便产生焊接应力和变形。重要产品焊后都需要消除焊接应力，矫正焊接变形。

（二）焊条电弧焊

焊条电弧焊是一种手工操作焊条进行焊接的电弧焊方法，如图 2—15 所示。焊接时，焊接电源、焊条、电弧、工件之间形成一个导电回路。电子通过焊条与工件的间隙流动而产生电弧，电弧产生的热量使焊条金属和母材熔化形成熔池。电弧对焊条和下面的工件进行加热，焊条末端形成很小的熔滴，并过滤到母材上部的熔池中。当焊条从熔池中移走时，焊条和母材形成的熔池凝固，从而形成焊缝。

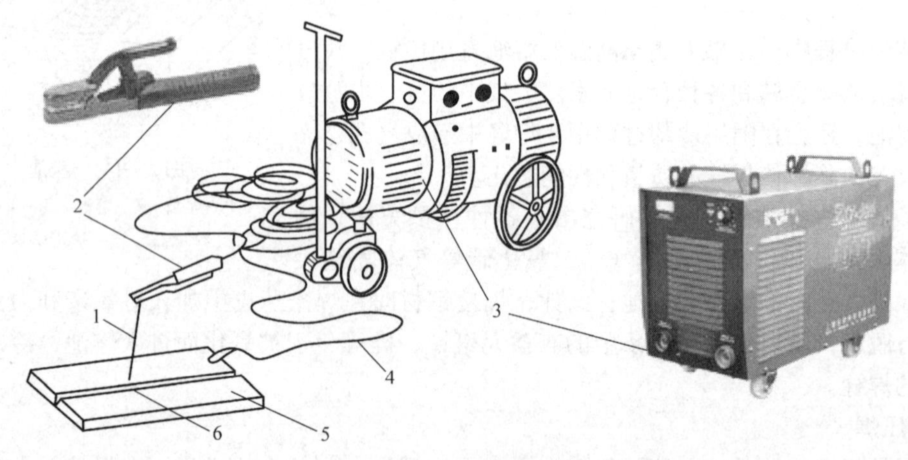

图 2—15　焊条电弧焊

1—焊条　2—焊钳　3—电焊机　4—焊接电缆　5—焊件　6—焊缝

焊条电弧焊的主要设备是电焊机，电焊机的种类较多，安装工程中使用较多的是三相交流电焊机。焊条电弧焊的设备简单，操作灵活，能适应各种条件下的焊接，在安装工程中使用广泛。

（三）气焊和气割

1. 气焊

气焊是指利用可燃气体与助燃气体混合燃烧生成的火焰作为热源，熔化焊件和焊接材料使之达到原子间结合的一种焊接方法，其操作如图2—16所示。助燃气体主要为氧气，可燃气体主要采用乙炔、液化石油气等，最常用的是氧—乙炔焊，即利用乙炔（可燃气体）和氧（助燃气体）混合燃烧时所产生的氧—乙炔焰来加热熔化工件与焊丝，冷凝后形成焊缝的焊接方法。

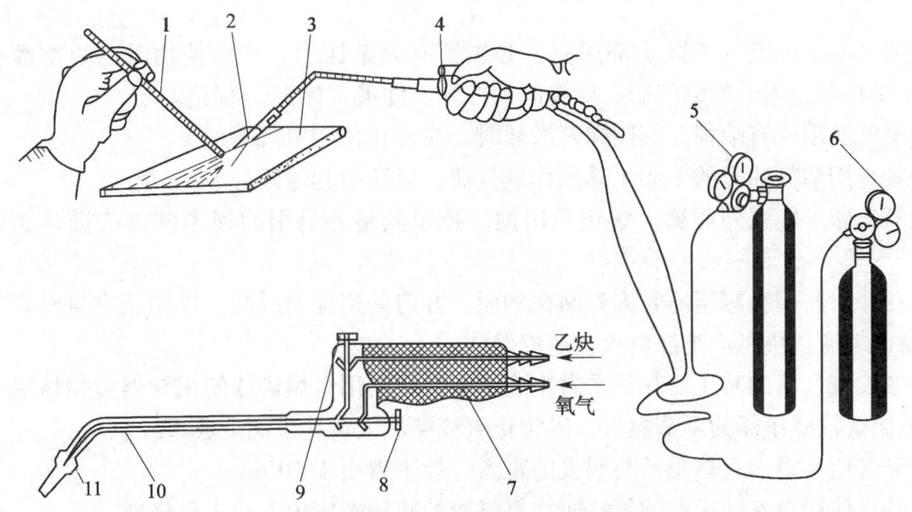

图2—16 气割操作示意图和焊炬

1—焊丝 2—氧—乙炔焰 3—工件 4—焊炬 5—氧气减压阀 6—乙炔减压阀 7—手柄 8—氧气调节阀 9—乙炔调节阀 10—混合气管 11—焊嘴

2. 气割

气割是指利用气体火焰（安装工程中常使用氧—乙炔焰）将被切割的金属预热到燃烧温度，然后通以高速、高压氧气流，使预热处金属在纯氧中燃烧并放出大量的热，并借高速氧气流的压力将燃烧的氧化物吹走，形成切口。

气割操作基本等同于气焊操作过程，只是气割采用的是割炬，如图2—17所示。

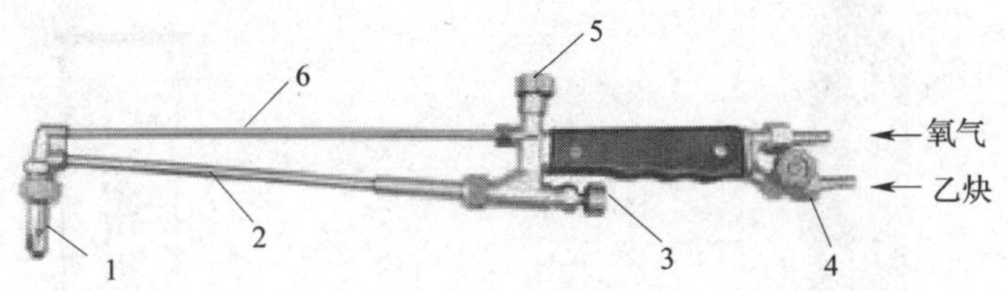

图2—17 割炬

1—割嘴 2—混合气管 3—氧气调节阀 4—乙炔调节阀 5—切割氧气调节阀 6—切割氧气管

3. 气焊和气割用设备

气焊和气割用设备主要包括氧气瓶、乙炔瓶（如采用乙炔作为可燃气体）、减压器、焊炬、割炬、橡胶管等。

（1）氧气瓶

氧气瓶（见图2—18）是储存和运输高压氧气的容器，其外表漆成天蓝色（全涂或半涂），储氧的最大压力为15 MPa。氧气瓶的瓶口装有瓶阀，用以控制瓶内氧气的进出，手轮逆时针方向旋转则可放开瓶阀，顺时针旋转则关闭瓶阀。

氧气的助燃作用很大，如在高温下遇到油脂，会有自燃爆炸的危险。所以，应正确地使用和保管氧气瓶，氧气瓶使用的一般安全规程如下：

1）氧气瓶应戴好安全防护帽，竖直安放在固定的支架上，要采取防止日光暴晒的措施。

2）氧气瓶里的氧气不能全部用完，必须留有剩余压力，严防使用时乙炔倒灌引起爆炸。对于尚有剩余压力的氧气瓶，应将阀门拧紧，注上“空瓶”标记。

3）氧气瓶附件有缺损，阀门螺杆滑牙时，应停止使用氧气瓶。

4）禁止用沾染油类的手和工具操作氧气瓶，以防引起爆炸。

5）氧气瓶不能强烈碰撞。禁止采用抛、摔及其他容易引起撞击的方法进行装卸或搬运。

6）在开启瓶阀和减压器时人要站在侧面。开启的速度要缓慢，以防止有机材料零件在温度过高或气流过快时产生静电火花造成燃烧。

7）冬天氧气瓶的减压器和管系发生冻结时，严禁用火烘烤或使用铁器类物体猛击氧气瓶，更不能猛拧减压器的调节螺钉，以防止氧气突然大量冲出而造成事故。

8）氧气瓶不得靠近热源，与明火的距离一般不得小于 10 m。

9）禁止使用没有减压器的氧气瓶。氧气瓶的减压器应由专业人员修理。

（2）乙炔瓶

乙炔瓶（见图 2—19）是储存和运输乙炔的容器，其外形与氧气瓶相似，但其表面涂成白色，并用红漆写上“乙炔”字样，乙炔瓶的最大压力为 1.5 MPa。在乙炔瓶内装有浸满丙酮的多孔性填料，丙酮对乙炔有良好的溶解能力，可使乙炔稳定而安全地储存在瓶中，在乙炔瓶上装有瓶阀，用方孔套筒扳手启闭。使用时，溶解在丙酮中的乙炔就分离出来，通过乙炔瓶阀流出，而丙酮仍留在瓶内，以便溶解再次压入的乙炔。

图 2—18　氧气瓶

图 2—19　乙炔瓶

乙炔属于易燃、易爆气体，乙炔瓶使用的一般安全规程如下：

1）搬运乙炔瓶时应轻装轻卸，严禁敲击、碰撞和施加强烈的震动，以免瓶内多孔性填料下沉而形成空洞，影响乙炔的储存。

2）乙炔瓶瓶体温度应不超过40℃，夏天要防止暴晒。因瓶内温度过高会降低丙酮对乙炔的溶解度，而使瓶内乙炔的压力急剧增加。

3）乙炔瓶应直立放置，严禁卧放使用。卧放会使瓶内的丙酮随乙炔流出，甚至会通过减压器而流入橡胶管造成严重事故。

4）乙炔瓶应装设专用的回火保险器、减压器，对于工作地点不固定、移动较多的，应装在专用小车上。

5）应用专用扳手开启乙炔瓶。开启乙炔瓶时，操作者应站在阀口的侧后方，动作要轻缓。瓶内气体严禁用尽，冬天应留 0.1 ~0.2 MPa，夏天应留 0.3 MPa 的剩余压力。

6）乙炔瓶不得靠近热源和电气设备。与明火的距离一般不小于 10 m（高空作业时应按与垂直地面处的两点间距离计算）。

7）瓶阀冬天冻结时严禁用火烤，必要时可用 40℃以下的热水解冻。

8）乙炔减压器与瓶阀之间的连接必须可靠，严禁在漏气的情况下使用；否则会形成乙炔与空气的混合气体，一旦触及明火就会立刻爆炸。

9）乙炔瓶严禁放置在通风不良及有放射线的场所使用，且不得放在橡胶等绝缘物上。使用中的乙炔瓶和氧气瓶应距离 10 m 以上。

10）乙炔瓶如发现有缺陷，操作人员不得擅自进行修理，应由专业人员处理。

（3）减压器

减压器（见图 2—20）的作用是将高压氧气瓶与乙炔瓶中的高压氧气和乙炔减压至焊炬或割炬所需的工作压力，供焊接或切割使用；同时，减压器还有稳压作用，以保证火焰能稳定燃烧。

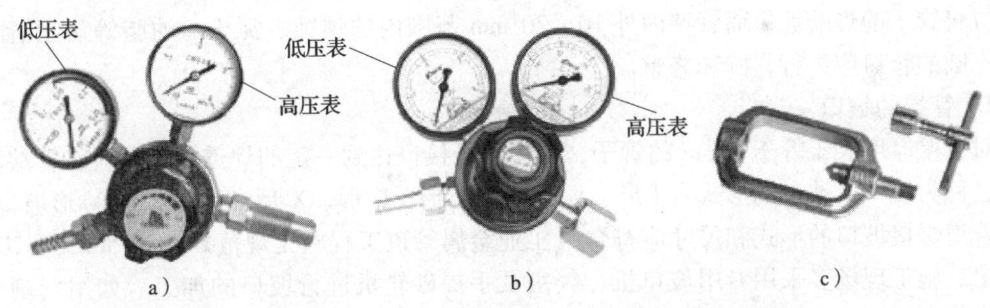

图 2—20 减压器、专用扳手和减压器固定架

a）乙炔减压器 b）氧气减压器 c）专用扳手和减压器固定架

使用减压器时，先缓慢打开氧气瓶或乙炔瓶阀门，然后旋转减压器的调节手柄，待压力达到所需要时为止；停止工作时，先松开调节螺钉，再关闭氧气瓶或乙炔瓶阀门。

（4）焊炬和割炬

焊炬和割炬是使乙炔和氧气按一定比例混合，并获得稳定火焰的工具。焊炬用于气焊，割炬用于气割。

（5）橡胶管

输送氧气的橡胶管一般为红色，输送乙炔的橡胶管一般为黑色。

想一想

1. 焊接操作为什么要有严格的安全操作技术规定？
2. 氧气瓶为什么要禁止沾染油脂？
3. 乙炔瓶中丙酮的作用是什么？与乙炔瓶配套使用的回火保险器有什么作用？
4. 氧气和乙炔各使用什么颜色的橡胶管？这种橡胶管和普通橡胶管相同吗？

二、管道的焊接

管道焊接的主要工序：管子的切断→管口的处理→管子对口→管口的点焊及平直度检查校正→管子的焊接等。

（一）管子的切断

切断管子一般用砂轮切割机或气割进行，切割后应清理切口的切屑或氧化渣。切割后的管子端面应与管子轴线垂直，其切口偏差一般不大于1.5 mm，如图2—21所示。

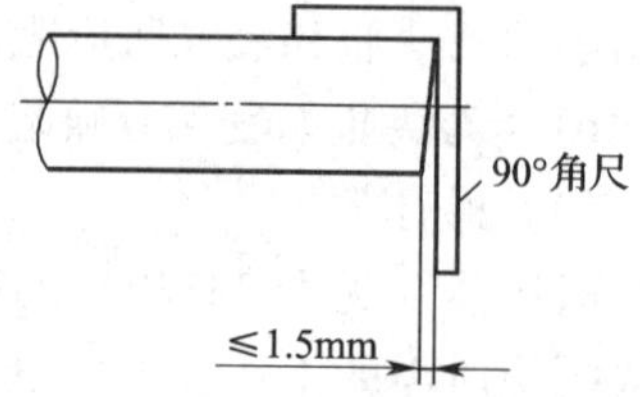

图2—21　管端切口偏差的测量

（二）管口的处理

1. 管口清理

应将管子的焊端坡口面管壁内外10～20 mm范围内的锈蚀、泥土、油脂等污物清除干净。不圆的管口应进行整圆和修整。

2. 管端的坡口

对管壁厚度大于等于4 mm的管子，为使管子接口达到一定的焊透深度，应将管端削成斜口，称为坡口，坡口的形式有I形、V形、双V形、U形、X形和带垫板的V形坡口等。钢制管道焊接坡口的形式和尺寸应符合《工业金属管道工程施工规范》（GB 50235—2010）的规定。施工现场多采用专用坡口机、气割及手提砂轮机进行坡口的加工。如用气割开坡口，应将割后的氧化渣清除干净。管道焊接多采用V形坡口。一般管道对接焊口的组对和坡口形式应符合表2—5的规定。

表2—5　管道焊接坡口形式和尺寸

项次	厚度 t（mm）	坡口名称	坡口形式	坡口尺寸			备注
				间隙 c（mm）	钝边 p（mm）	坡口角度 α（°）	
1	1～3	I形坡口	（图：c，t）	0～1.5	—	—	1. 内壁错边量≤0.1t，且≤2 mm 2. 外壁错边量≤3 mm
	3～6			1～2.5			

续表

项次	厚度 t（mm）	坡口名称	坡口形式	坡口尺寸			备注
				间隙 c（mm）	钝边 p（mm）	坡口角度 α（°）	
2	6 ~ 9	V 形坡口		0 ~ 2.0	0 ~ 2	67 ~ 75	1. 内壁错边量 ≤0.1t，且≤2 mm 2. 外壁错边量 ≤3 mm
	9 ~ 25			0 ~ 3.0	0 ~ 3	55 ~ 65	
3	20 ~ 30	T 形坡口		0 ~ 2.0	—	—	

（三）管子对口

管子对口是管道连接的重要环节，直接影响管道的焊接质量和管道安装的平直度。

1. 管子对口应留 1.5 ~ 3.0 mm 的间隙。为保证对口间隙，常用的做法是在间隙处夹一根 ϕ2.5 mm 的焊条，定位焊后去掉。管道对接焊口的组对应做到内壁平齐，应在距接口中心 200 mm 处用 400 mm 的钢直尺测量对口平直度，如图 2—22 所示。当 $DN<100$ mm 时，允许偏差为 1 mm；当 $DN\geqslant100$ mm 时，允许偏差为 2 mm。但全长允许偏差均为 10 mm。

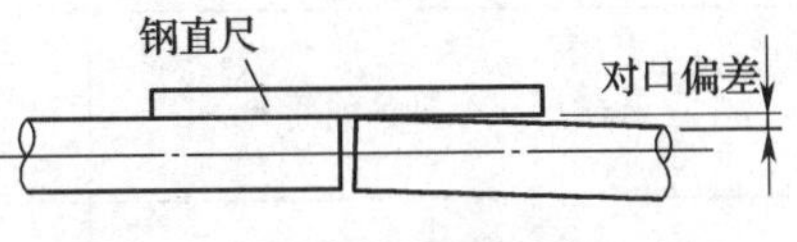

图 2—22　管道对口平直度的检查

2. 管道对口时，为了使管子对正和保持需要的角度，可借助对口工具进行。

3. 除设计文件规定的管道冷拉伸或压缩焊口外，不得强行对口，以免引起附加应力。

4. 管子和管件对口时，管子焊缝位置的一般规定如下：

（1）直管上两对接焊口中心面间的距离，当 $DN\geqslant150$ mm 时，应不小于 150 mm；当 $DN<150$ mm 时，应不小于管子外径。

（2）焊缝距离弯管（不包括压制、热推或中频弯管）起弯点不得小于 100 mm，且不得小于管子外径。

（3）焊缝距支架、吊架净距离应不小于 50 mm；需热处理的焊缝距支架、吊架不得小于焊缝宽度的 5 倍，且不得小于 100 mm。焊缝不得置于穿墙或穿楼板的套管内。

（4）不宜在管道焊缝及其边缘上开孔。

（5）卷管对接时，两纵缝间距应大于 100 mm。支管外壁距焊缝不宜小于 50 mm。卷管的纵向焊缝应置于易检修的位置，且不宜在底部。

（四）管口的点焊及平直度检查校正

管口对好后，应及时定位焊初步固定，定位焊用的焊接材料及焊工水平应与正式焊接相同。定位焊缝的长度一般为 10 ~ 15 mm，焊缝的高度为 2 ~ 4 mm，且不超过管壁厚度的 2/3。定位焊焊点的数量依管径而不同，但应不少于 3 点。定位焊完成后，应检查对口的平直度，如错口偏差过大时，应去除焊点重新对口。

（五）管子的焊接

1. 参加管子焊接的焊工必须要有国家有关部门颁发的焊工操作资格证书。

2. 焊接时应将管子垫牢，不得搬动，不得将管子悬空或处于外力作用下施焊。焊接过程中管内不得有穿堂风。

3. 合理安排管子焊接的顺序和位置，应尽量减少固定焊口，以减少仰焊，这样可以提高焊接速度和保证焊接质量。

4. 每道焊缝应连续焊完，多层焊缝的焊接起点和终点应互相错开。

5. 焊缝焊接完毕应自然缓慢冷却，不得用冷水骤冷。

6. 管子焊接后应做外观检查。如焊缝缺陷超过规定标准，应按表 2—6 所列的方法进行修整。

表 2—6　　管道焊缝缺陷允许程度与修整方法

缺陷种类	允许程度	修整方法
焊缝尺寸不符合标准	不允许	焊缝加强部分如不足，应补焊，如过高、过宽则进行修整
焊瘤	严重的不允许	铲除
咬边	深度大于 0.5 mm，连续长度大于 25 mm 的不允许	修理后补焊
焊缝及热影响区表面有裂纹	不允许	将焊口铲掉重焊
焊缝表面弧坑、夹渣或气孔	不允许	铲除缺陷后补焊
管子中心线错开或弯折	超过规定的不允许	修整

7. 管道试压时焊缝如有渗漏，应先泄压后再进行补焊，不得带压补焊。

（六）管道焊接质量标准

1. 焊缝及热影响区表面应无裂纹、未熔合、未焊透、夹渣、弧坑和气孔等缺陷。

2. 焊缝外形尺寸应符合图样和工艺文件的规定，焊缝高度不得低于母材表面焊缝，与母材应圆滑过渡。

3. 管子焊完后，焊缝应整齐、美观，并应有一定的加强面和遮盖宽度，加强面和遮盖宽度应符合表 2—7 的规定。

表 2—7　　管道焊缝加强面标准

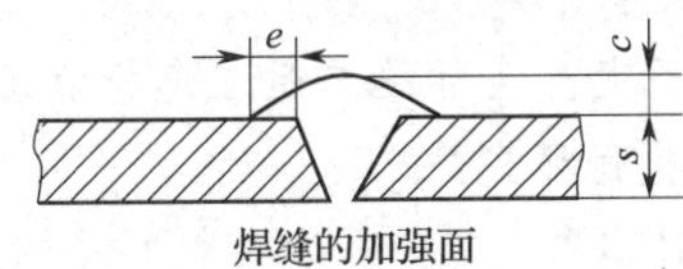

焊缝的加强面

管壁厚度 s	<10	10 ~ 20	>20
加强面高度 c	1.5	2	3
遮盖宽度 e	1 ~ 2	2 ~ 3	2 ~ 3

4．管道焊口的允许偏差和检验方法见表 2—8。

表 2—8　　钢管焊口的允许偏差和检验方法

<table>
<tr><th colspan="3">项　目</th><th>允许偏差</th><th>检验方法</th></tr>
<tr><td>焊口平直度</td><td colspan="2">管壁厚 10 mm 以内</td><td>1/4 管壁厚</td><td rowspan="3">用焊接检验尺和游标卡尺检查</td></tr>
<tr><td rowspan="2">焊缝加强高度</td><td colspan="2">高度</td><td rowspan="2">+1 mm</td></tr>
<tr><td colspan="2">宽度</td></tr>
<tr><td rowspan="3">咬边</td><td colspan="2">深度</td><td>小于 0.5 mm</td><td rowspan="3">用钢直尺检查</td></tr>
<tr><td rowspan="2">长度</td><td>连续长度</td><td>25 mm</td></tr>
<tr><td>总长度（两侧）</td><td>小于焊缝长度的 10%</td></tr>
</table>

想一想

1．焊接管子时管工应怎样配合焊工？

2．焊接管子最常见的质量通病是什么？应如何防止？

3．讨论保证管子切口平直和对口平直的方法。

4．管口的点焊至少应焊几点？为什么？

5．管道坡口对焊接质量有什么影响？管道焊接对口为什么要留一定的间隙？坡口的钝边有什么作用？

复　习　题

1．焊接连接有什么特点？气焊一般在什么场合下使用？

2．氧气瓶和乙炔瓶使用安全操作规程内容是什么？

3. 氧气瓶和乙炔瓶的最高压力分别是多少?
4. 管子焊接的主要工序是什么?
5. 管子对口间隙有什么规定?
6. 管子的焊缝位置有什么规定?实际施工时应怎样满足这些规定?
7. 管子焊接坡口的技术要求有哪些?
8. 管子焊接的质量标准是什么?

第三节 法兰连接

法兰连接是工业管道最主要的连接方法之一。它是将固定在两个设备或管子的一对法兰中间放入垫片,然后用紧固件连接起来的一种可拆卸接头。主要用于管子与带法兰的配件、阀门或设备的连接处,以及管子需要拆卸检修的场所。

法兰连接不允许直接埋地。埋地管道的法兰连接处要有检查井,如必须埋设,要采取防腐措施。

一、法兰

法兰包括上、下法兰片,垫片及螺栓、螺母三部分。按照外形不同,法兰盘分为圆形、方形、椭圆形,分别用于不同截面的管道上,其中圆形法兰用得最多。

(一)法兰的种类

法兰连接根据制造材料及连接方式不同,种类较多,法兰按材质不同分为铸铁法兰、钢法兰和塑料法兰;法兰按与管子的连接方法分为平焊钢法兰、对焊钢法兰、松套法兰和螺纹法兰。其中平焊钢法兰应用最广泛。

1. 平焊钢法兰

平焊钢法兰与管子焊接时,将管子插入法兰孔内,在法兰内、外部与管子进行搭接角焊,故又称搭焊钢法兰。平焊钢法兰多用钢板制作,易于制造,成本低,应用最为广泛;但法兰强度低,在温度和压力较高时易发生泄漏。一般用于公称压力≤2.5 MPa、温度≤300℃的中、低压管道。

平焊钢法兰分为普通平焊法兰和加强平焊法兰。当公称压力 *PN* 在 1.0 MPa 以下时,采用普通平焊法兰。当 *PN* ≥1.6 MPa 时,采用加强平焊法兰。这两种法兰的区别如下:加强平焊钢法兰的内圆端面要开坡口,以提高管外壁的焊接强度;而普通平焊法兰则不开这种坡口,直接与管外壁进行焊接。为了确保法兰的严密性,在法兰的密封面上车有 2~4 道环形沟槽(俗称压兰线或水线)。

平焊钢法兰的结构如图 2—23 所示。

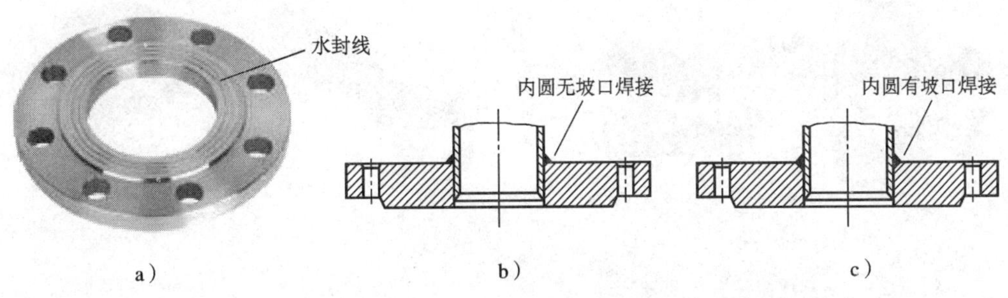

图 2—23　平焊钢法兰的结构

a）平焊钢法兰　b）普通焊接　c）加强焊接

2. 对焊钢法兰

对焊钢法兰又称高颈法兰，法兰与管子的连接实质上是短管与管子的对口焊接。对焊钢法兰多用铸钢或锻钢制造，刚度较高，在较高的压力和温度下（尤其在温度波动条件下）也能保证密封。适用于公称压力≤20 MPa、温度为 350 ~ 400℃的管道连接。

对焊钢法兰的结构如图 2—24 所示。

图 2—24　对焊钢法兰的结构

3. 松套法兰

松套法兰又称活动法兰，有平焊松套法兰、对焊松套法兰和卷（翻）边松套法兰三种形式。松套法兰的连接特点是利用焊接钢环和管口卷边把法兰套在管端上，法兰在管子上可以活动，而焊环和卷边的钢环就是法兰的密封面，法兰的作用只是把它们压紧而不与介质直接接触。

松套法兰常用于腐蚀性介质的钢管、铜管、铅管、铝管和塑料管的连接。当输送腐蚀性介质使用不锈钢管时，法兰可使用碳素钢，以降低工程成本。大口径 PE、PP－R 管与法兰阀门、钢管连接时，也是利用 PE、PP－R 法兰转换连接件和钢法兰活套连接的。实际上也是一种活套法兰。卷边松套法兰仅适用于 $PN \leqslant 0.6$ MPa 的有色金属管。由于安装条件所限，不易对准法兰螺孔时，也可采用松套法兰。图 2—25 所示为几种松套法兰。

4. 螺纹法兰

螺纹法兰的法兰与管端采用螺纹连接，管道之间采用法兰连接。法兰不与介质接触，常用于高压管道或镀锌管道连接。安装螺纹法兰时，在套螺纹的管端缠抹密封填料，将有内管螺纹的法兰拧紧在管端螺纹上即可。

螺纹法兰有钢制和铸铁两种，如图 2—26 所示。

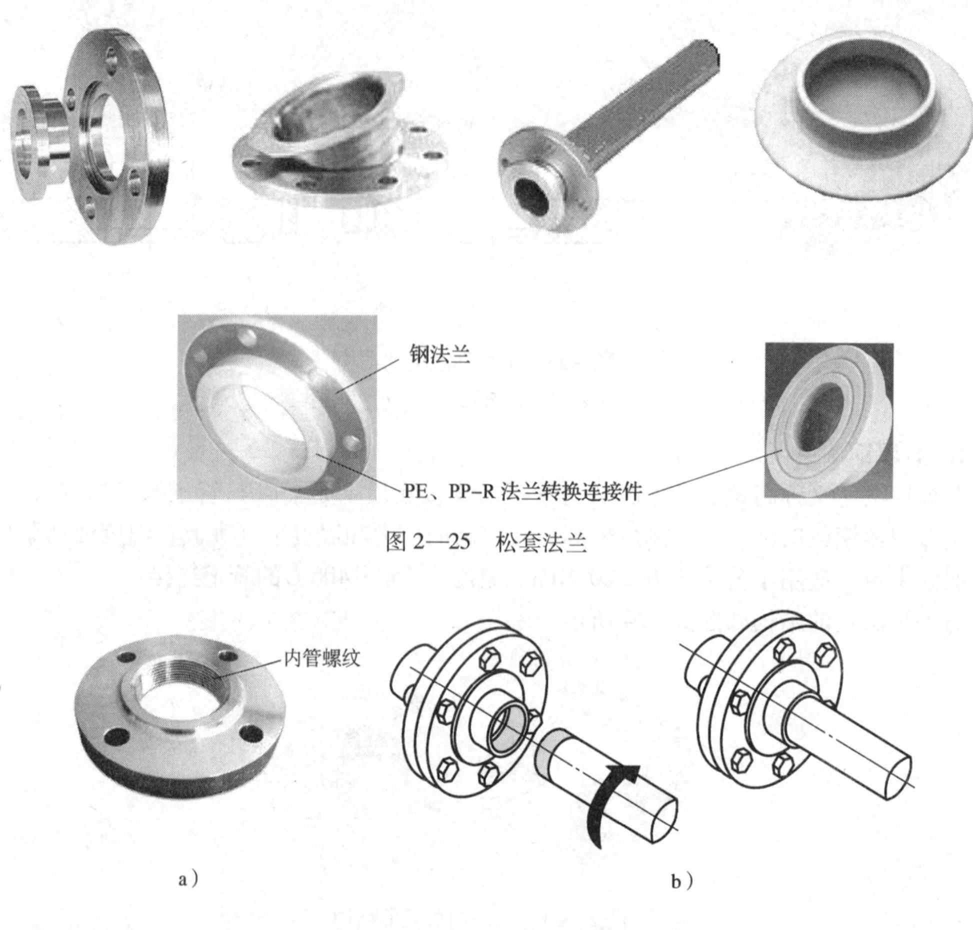

图 2—25　松套法兰

图 2—26　螺纹法兰及其装配

a）螺纹法兰　b）螺纹法兰的装配

（二）法兰垫片和螺栓

1. 法兰垫片

为了使两个法兰的密封面严密压合，在其中间放入垫片或垫圈，用来填补接合面所产生的不平之处和极小凹槽，以保证接口严密不漏。因此，垫片应具有弹性，并在介质长期作用下不被腐蚀。垫片有软垫片和硬垫片两种，软垫片的耐压比硬垫片低。垫片的材料应根据管道所输送介质的特性、温度及工作压力进行选择，在设计无规定的情况下，软垫片的选择可参考表 2—9。

表 2—9　常用软垫片的适用范围

垫片材料	适用介质	最高工作压力（MPa）	最高温度（℃）	特点
普通橡胶	水、空气、惰性气体	0.6	60	弹性好
耐热橡胶	水、空气、惰性气体	0.6	120	耐热
耐油橡胶	润滑油、燃料油、液压油	0.6	80	耐油

续表

垫片材料	适用介质	最高工作压力（MPa）	最高温度（℃）	特点
耐酸碱橡胶	浓度≤20%硫酸、盐酸、氢氧化钠或氢氧化钾	0.6	60	耐酸碱
夹布橡胶板	水、空气、惰性气体	1.0	60	
低压橡胶石棉板	水、空气、惰性气体、蒸汽、燃气	1.6	200	
中压橡胶石棉板	水、空气、惰性气体、蒸汽、燃气，还包括氧化性气体（二氧化硫、氧化氮、氯等）、酸碱溶液、氨	4.0	350	
高压橡胶石棉板	蒸汽、空气、燃气、惰性气体	10.0	450	
耐酸石棉板	有机溶剂、碳氢化合物、浓无机酸（硝酸、硫酸、盐酸）、强氧化性盐溶液	0.6	300	
浸渍过的白石棉	具有氧化性的气体	0.6	300	
耐油橡胶石棉板	油品、溶剂	4.0	350	
软聚氯乙烯板	水、空气、酸碱稀溶液、具有氧化性的气体	0.6	50	

管道工程中，常用表2—9中的垫片材料制成普通扁平环形垫片。数量少时，一般在现场剪切而成；数量多时，可购买成品或用切割机切割，以节省材料。常用普通扁平环形垫片的规格尺寸应满足法兰密封面的宽度要求。

在高压或较严格的情况下，非金属材料垫片将失去弹性，可采用金属垫片，常用纯铜、铝等软金属制成矩形截面（扁平环状）的垫片。用于高温、高压时，还可用10钢、不锈钢制成截面形状为透镜形、椭圆形、齿形等形状的垫片。

使用垫片时应注意下列事项：

（1）垫片的内径应不小于管子的内径，以免增大阻力、减小流量。垫片的外径应不妨碍螺栓穿入法兰孔。软垫片的允许偏差见表2—10。

表2—10　　法兰用软垫片的允许偏差　　mm

公称通径 *DN*	法兰密封面形式					
	平面式		凸凹式		榫槽式	
	允许偏差					
	内径	外径	内径	外径	内径	外径
<125	+2.5	−2	+2	−1.5	+1	−1
≥125	+3.5	−3.5	+3	−3	+1.5	−1.5

（2）一个接口只准使用一个垫片，不准使用双垫片或偏垫。

（3）平焊法兰的垫片宜有突出法兰的“把”，以便于安装和拆卸。

（4）垫片厚度与直径大小有关，一般当 *DN*≤80 mm 时，垫片厚度为1.5～2 mm；当 *DN* 为100～350 mm时，垫片厚度为2～3 mm；当 *DN*≥350 mm时，垫片厚度为3～4 mm。

2. 法兰螺栓

连接法兰的螺栓通常为六角螺栓和螺母。螺栓的规格尺寸以“螺杆直径×长度”表示。螺栓的类型应根据压力和温度选择。通常低压管道的法兰连接采用单头粗牙螺栓；对于中、高压管道，则采用双头细牙螺栓。

法兰用螺栓应按相应法兰技术标准选用，其数量通常按“套”选用或计算得出。每套螺栓包括一个螺栓、一个螺母和两个垫片，如图 2—27 所示。

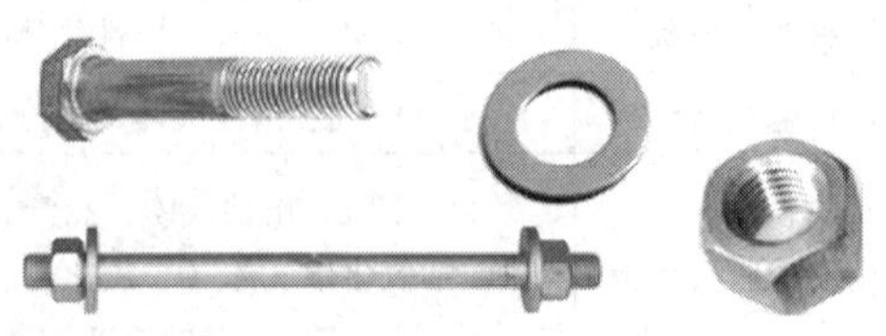

图 2—27　螺栓、螺母和垫片

对于法兰连接用的螺栓长度，拧紧后露出的螺纹长度应不大于螺栓直径的一半。螺栓在使用前应刷 1～2 遍防锈漆，选用的面漆与管道一致。

想一想

1. 热水管和冷水管使用的法兰垫片相同吗？怎样区分这两种垫片？
2. 怎样利用简易工具制作法兰垫片？
3. 对焊法兰为什么能耐较高的压力？
4. 讨论螺纹法兰的装配方法。
5. 讨论松套法兰的形式、特点和用途。
6. 要求用钢板自制一个 $D108$ mm×4.5 mm 的 8 孔平焊法兰，并在钢板上划线。需要哪些划线工具？

二、法兰的安装

法兰的安装包括法兰的装配和法兰的连接两个过程。法兰的装配是按照法兰的位置（主要指螺孔的位置）与管子进行连接的过程。法兰的连接是将已经与管子连接好的两片法兰盘采用合适的垫片用螺栓连接起来的过程。

（一）法兰的装配

1. 法兰的测绘

法兰安装时都有一定的位置要求，也就是法兰螺孔的位置应满足连接件的位置要求。例如，法兰阀门水平安装时，应保证阀门的手轮呈水平状。为满足这一要求，法兰应水平安装。

一般情况下，在水平管路上安装法兰时，最上面两个螺孔的连接线应为一条水平线，在垂直管路上安装法兰时，靠近墙面的两个螺孔的连接线必须与墙平行，其测绘方法如图 2—28 所示。

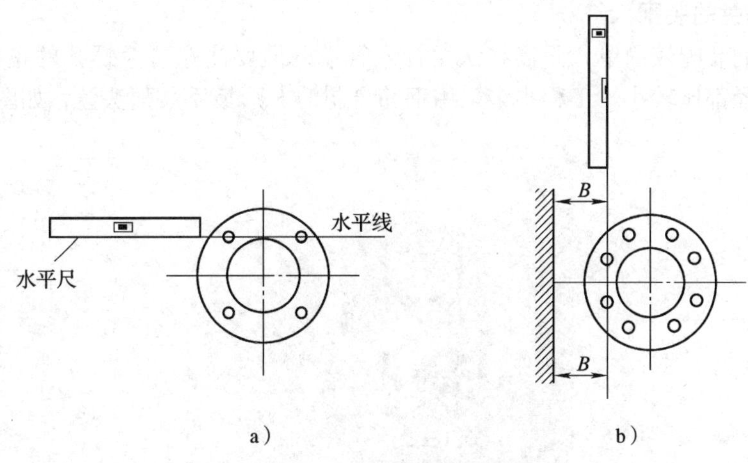

图 2—28　法兰安装前的测绘

a）在水平管道上安装法兰　b）在垂直管道上安装法兰

2. 平焊法兰与管子的装配

平焊法兰与管子的装配是将管端插入法兰中间孔内，经定位焊、检测和校正垂直度后，将管子与法兰焊接牢固，装配时应按下列步骤进行：

（1）法兰与管子装配前，应对管子端面进行检查，其倾斜尺寸偏差不得大于 1.5 mm。

（2）将法兰套入管端，套入的深度为法兰厚度的 1/3 ~ 1/2，以便于内口焊接。必要时可在管子表面上划出插入深度线。

（3）在管子四周进行定位焊，一般为 3 ~ 4 点。边焊边用 90°角尺、法兰弯尺检查管子的中心线与法兰的垂直度，检查时需从相隔 90°两个方向进行，检查的方法如图 2—29 所示。垂直度的一般要求：$DN \leqslant 300$ mm 时允许偏差为 1 mm；$DN > 300$ mm 时允许偏差为 2 mm。

（4）进行正式焊接。一般平焊法兰的内、外两面都必须与管子焊接。焊接法兰内口时注意不能损伤法兰密封面，焊接完毕要将内、外焊缝清除干净，特别是法兰密封面不得留有任何杂物。

（5）法兰焊完后，如焊缝有高出法兰盘内端面的部分，必须将高出部分铲平，以保证法兰连接的严密性。

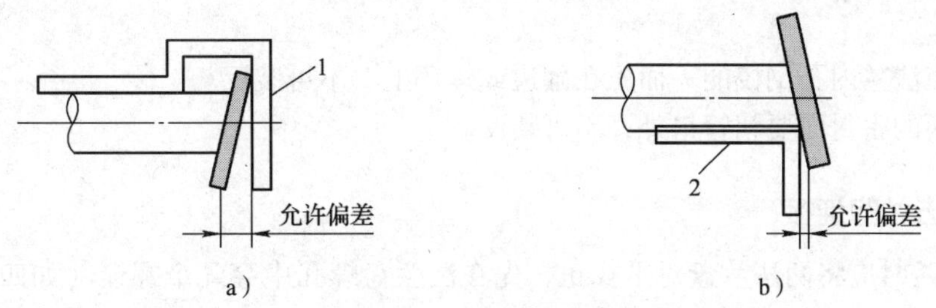

图 2—29　法兰装配的检查

a）用法兰弯尺检查　b）用 90°角尺检查

1—法兰弯尺　2—90°角尺

3. 螺纹法兰的装配

螺纹法兰的装配较简单，只需将法兰拧入管端，但要注意法兰螺孔的正确位置。一般的螺纹法兰口径都比较小。工程中多采用钢筋自制的F形扳手装配法兰，如图2—30所示。

图2—30 用F形扳手装配螺纹法兰

4. 对焊法兰的装配

对焊法兰与管子的装配采用对焊。焊接的方法和要求与管子对口焊接相同，法兰密封面与管子中心线垂直度的检查、找正方法以及螺孔位置的确定和找正方法与平焊法兰的装配相同。

5. 松套法兰的装配

松套法兰与管子的装配采用套装法。

（1）焊环活套法兰与管子装配时，先把法兰套在管子上，再将焊环套在管端与管子进行焊接，焊环与管子的焊接方法和要求与管子的焊接方法和要求基本相同。但不需要考虑螺孔的位置。

（2）卷边松套法兰与管子装配时，也是先将法兰套在管子上，然后在管端焊上一个翻边环或直接在管口进行翻边。翻边的端面应与管子中心线垂直，翻边的宽度要符合要求，表面应光滑、平直，不得有皱纹、裂口等损伤。卷边松套法兰多用于通过腐蚀性介质的耐腐蚀管道的连接，如不锈钢管、铜管、铅管和塑料管的连接。

（3）装配松套法兰时的注意事项

1）先把法兰套在管子上，然后再翻边或焊环；否则将装不上法兰，造成返工、浪费材料。

2）要使法兰内孔倒棱的一面压在翻边或焊环上，不可装反。

3）焊环的密封面要朝管口外，不可装反。

（二）法兰的连接

连接法兰时应将两法兰盘对平找正，先在法兰盘螺孔中穿几个螺栓（如四孔法兰先穿3个，八孔法兰可先穿5个），将制备好的垫片插入两法兰之间后，再穿好其余的螺栓。把垫片找正后，即可用扳手拧紧螺栓。

拧紧螺栓时应按对角顺序进行，不应将某一螺栓一次拧到底，而应分成3～4次拧到底。这样可使法兰垫片受力均匀，保证法兰连接的严密性。

连接法兰时一般应符合下列要求：

1. 法兰连接前必须把法兰密封面清理干净，不得有影响密封性能的划痕、斑点等缺陷。

2. 法兰连接时应保持平行，其偏差应不大于法兰外径的1.5‰，且不大于2 mm；不得用强紧螺栓的方法消除歪斜现象。

3. 根据需要，安装垫片时可分别涂以石墨粉、石墨机油调和物或二硫化钼、油脂。

4. 法兰连接应与管道保持同轴，并保证螺栓自由穿入。法兰的连接螺栓应为同一规格，安装方向要一致，拧紧螺栓时应十字对称、均匀地进行。紧固后的螺栓与螺母宜齐平。

5. 不宜带压紧固法兰螺栓。

想一想

1. 在施工现场怎样用简易的方法确定管子插入法兰的深度？

2. 法兰与管子定位焊时，90°角尺与焊点的相对位置是什么？法兰定位焊有方向要求吗？为什么？

3. F形扳手除用于装配螺纹法兰外，在管道施工安装中还有其他拓展用途吗？试举例说明。

4. 讨论如何利用平面几何的相关知识测量法兰的内径。

5. 举例说明十字对称均匀拧紧法兰螺栓的方法在机械、电气装配中的应用。

复 习 题

1. 什么是法兰连接？其适用的场合有哪些？

2. 什么是法兰？常用的法兰形状是什么？

3. 法兰有哪些种类？常用的法兰是哪种？

4. 简述各类法兰的装配要点。

5. 简述法兰连接的要点。

第四节 承插连接

用于承插连接的管子（或管件）一端为承口，另一端为插口。管道的承插连接是指把管子（或管件）的插口插入另一根管子（或管件）的承口内，并在承口之间填入适当的填料或涂抹有机溶剂等，如图2—31所示。

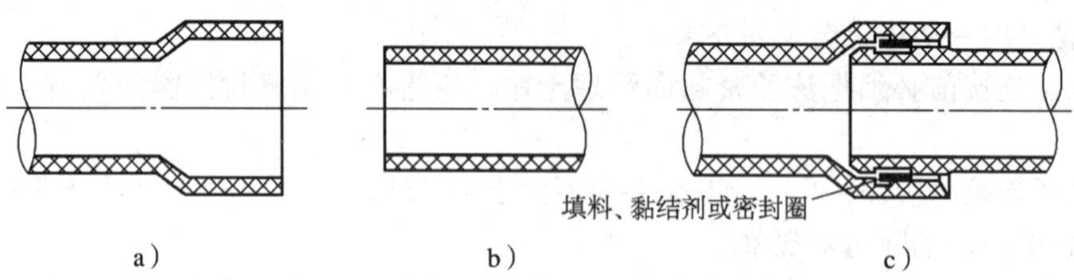

图 2—31 承插连接

a）承口端 b）插口端 c）承插连接

承插连接的填料应使管道密实或黏结紧密，并且应达到一定的强度或密封性，使管道具有一定的严密性和承压能力。承插连接常用的填料有石棉水泥、自应力水泥、石膏氯化钙、青铅、油麻或橡胶圈、黏结剂等。

管道承插接口常以填料种类命名。有橡胶圈接口、黏结剂接口、石棉水泥接口、青铅接口、自应力水泥接口、石膏氯化钙接口等。橡胶圈接口称为柔性接口，其他几种填料的接口均称为刚性接口。由于石棉水泥接口、青铅接口、自应力水泥（膨胀水泥）接口、石膏氯化钙接口操作工艺要求较复杂，劳动强度大，工期长，接口密封性能不稳定，尤其在高层建筑中凸显出一些缺陷，故现在逐渐被一些新材料和新接口工艺所取代。柔性接口具有优良的抗振性、便捷的施工工艺，在工程中被广泛地采用。

下面主要叙述橡胶圈接口和承插黏结剂接口的安装工序及要求。

一、橡胶圈接口

橡胶圈接口按材质分为铸铁管橡胶圈接口和塑料管橡胶圈接口。铸铁管橡胶圈接口又分为给水铸铁管橡胶圈接口和排水铸铁管橡胶圈接口；塑料管橡胶圈接口分为硬聚氯乙烯（PVC－U）给水管橡胶圈接口和双壁波纹管橡胶圈接口，具体如下：

- 承插橡胶圈接口
  - 铸铁管橡胶圈接口
    - 给水铸铁管橡胶圈胶口
    - 排水铸铁管橡胶圈接口
  - 塑料管橡胶圈接口
    - 硬聚氯乙烯（PVC－U）给水管橡胶圈接口
    - 双壁波纹管橡胶圈接口（材质为 PVC－U、PE 等）

（一）给水铸铁管橡胶圈接口

用于橡胶圈接口的承插铸铁管和橡胶圈必须是配套定型产品。这种连接方式是在承口内放入橡胶圈，利用专用机具把插口推入承口内，使橡胶圈在承口间隙中受到压缩，利用橡胶圈良好的弹性和承口凹槽的自密封机理保证接口的密封性。给水铸铁管应采用球墨铸铁管，给水管橡胶圈应符合卫生标准。

橡胶圈一般有楔形、唇形、圆形和中凹形四种，如图 2—32 所示。

给水铸铁管连接方式分为承插式和法兰式两种。

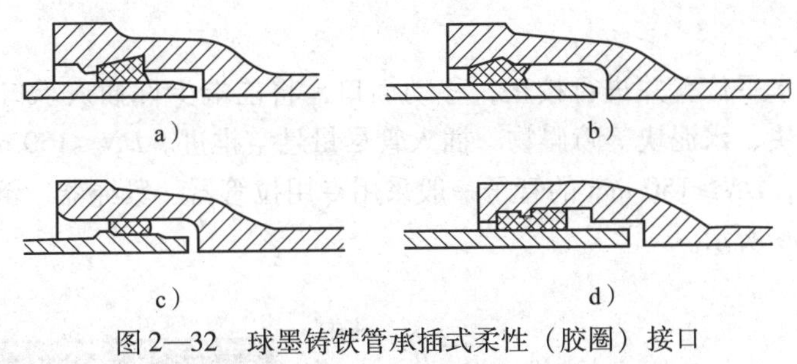

图 2—32 球墨铸铁管承插式柔性（胶圈）接口
a）楔形 b）唇形 c）圆形 d）中凹形

1. 承插式连接

承插式连接是一种滑入式柔性接口方式。连接操作主要工序：加工管端坡口→承口、插口的清理→橡胶圈的安放→管道插接→检查→试压。

（1）加工管端坡口

一般成品整根管子和管件在企业已经加工好坡口。但用切割机下料后的管口在插接前要对管口加工坡口，以保证插口的顺利插入，一般是用手提砂轮机打磨坡口，坡口相对于管子中心线为30°角，如图 2—33 所示。

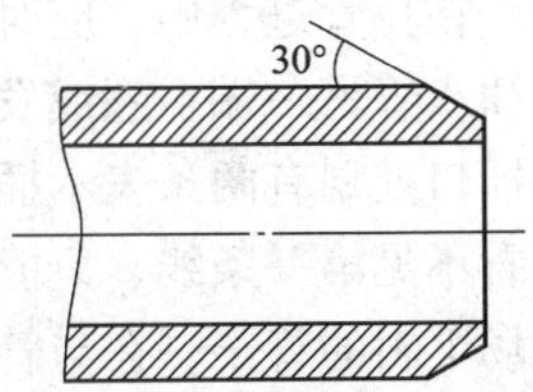

图 2—33 管端坡口角度

（2）承口、插口的清理

用棉纱或抹布、钢丝刷、弯头旋具、刮刀仔细地将承口内腔及插口端外表面的泥沙及其他异物清理干净，特别是方向角处一定要清理干净，如图 2—34 所示。

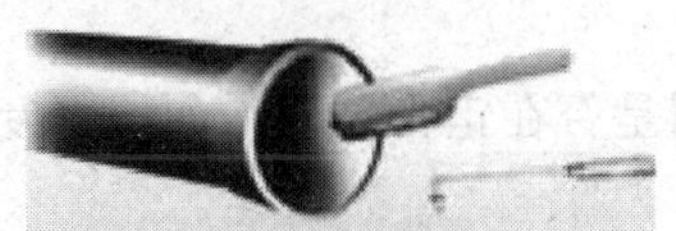
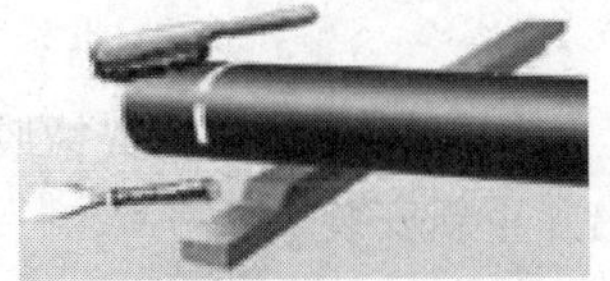

图 2—34 承口、插口的清理

（3）橡胶圈的安放

将橡胶圈清理干净，用手捏成“8”字形、“心”形或“十”字形，如图 2—35a 所示。将橡胶圈放入承口凹槽内，并将橡胶圈圆弧凸出的部分同时用力对称挤压到位，如图 2—35b 所示。橡胶圈安装到位后，在橡胶圈内表面和距离端面 100 ~ 110 mm 的插口外表面涂抹专用润滑剂。在无润滑剂时，可涂抹浓肥皂水或洗涤剂。禁止用油类物质润滑，因油类对橡胶有不良影响。橡胶圈的安放如图 2—35 所示。

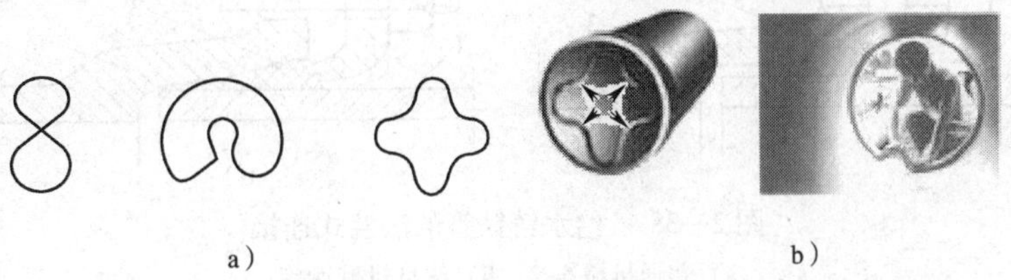

图 2—35 橡胶圈的安放

（4）管道插接

调整铸铁管的水平位置并进行校正，移动插口，将前端少许插入承口内。插入管的周围、底部不能有石块、水泥块等障碍物。插入管尽量悬空推进。*DN*≤150 mm 的管子可采用人工撬杠进行安装，*DN*≥150 mm 的管子一般采用专用拉管器、紧绳器、倒链等拉力工具进行安装，如图 2—36 所示。

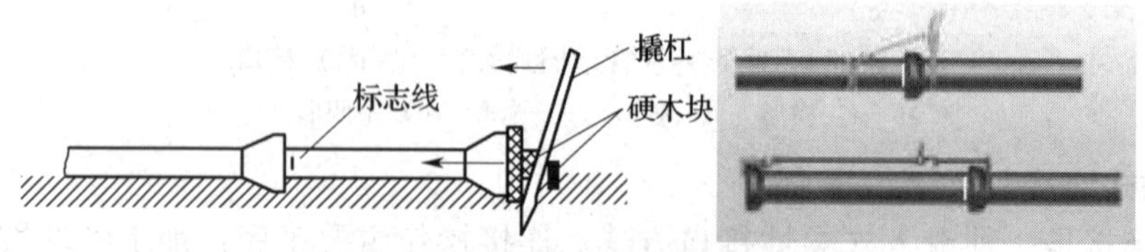

图 2—36　给水铸铁管插接

a）用撬杠安装　b）用拉力工具安装

在拉管进程中，应时刻注意使插入管保持平直，防止插入管另一端上翘或发生偏移。一般成品整根管或管件插口处划有两条表示插入深度的标志线，将其拉入到已看不见第一条线、只能看到第二条线的位置为止。需现场下料的管子，在与管子或管件连接前，一定要按照插入承口深度的技术要求就地进行划线。由于接口具有柔性，管线遇到小的弯度（2°～5°）时可以在不使用管件的情况下非常容易地进行调整，如图 2—37 所示。另外，柔性接口的管线也可以适应复杂地形的变化。

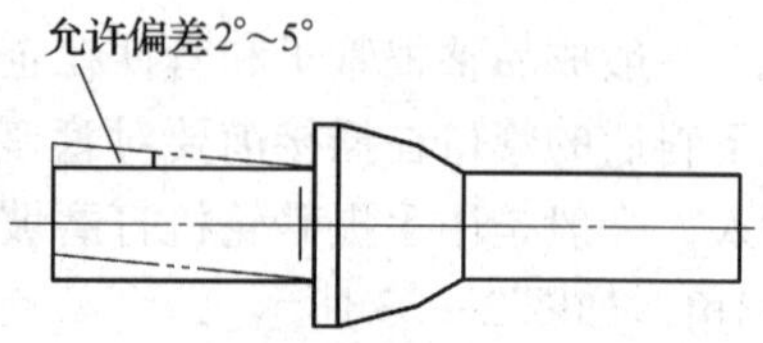

图 2—37　管道直线度允许偏差

（5）检查

拉管结束后，应用塞尺或探尺检查橡胶圈是否在正常位置。如检查发现安装不符合要求，应将管子拉出并重新安装。

（6）试压

将安装结束的部分适当分成区域，按施工验收规范逐段进行水压试验。合格后，做防腐处理，并及时回填土以稳固管子。

2. 法兰式连接

给水铸铁管的法兰式连接分为 *DN*≤400 mm 的普通机械连接方式和 *DN*＞400 mm 的改良机械连接方式两种，如图 2—38 所示。

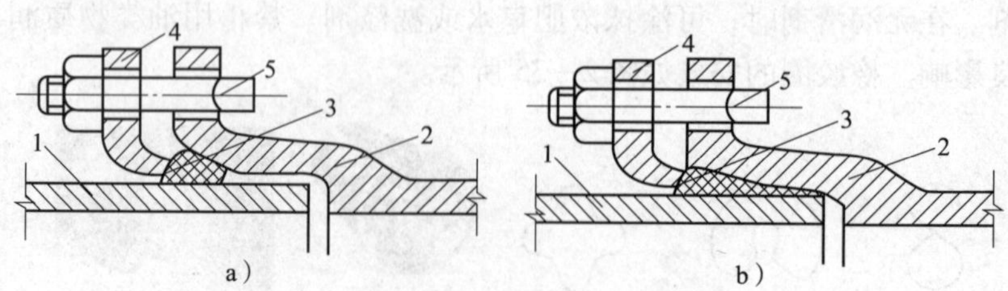

图 2—38　给水铸铁管的法兰式连接

a）普通机械连接　b）改良机械连接

1—插口　2—承口　3—圆形或楔形橡胶圈　4—压环　5—螺栓及螺母

（二）排水铸铁管橡胶圈柔性接口

目前应用的柔性接口法兰承插排水管采用橡胶圈密封、螺栓紧固，具有良好的挠曲性和伸缩性，能适应较大的轴向位移和横向挠曲变形，对高层建筑和有抗震要求的建筑尤为适用。

橡胶圈密封在螺栓、法兰压盖的作用下呈压缩状态与管壁紧贴，起密封作用。同时，由于橡胶圈具有弹性，插口可在承口内伸缩和弯折，从而起到密封的作用。

排水铸铁管橡胶圈柔性接口主要有 W 型（GB/T 12772—1999）、A 型（GB/T 12772—1999）和 B 型（参考国际标准 ISO6594）三种。W 型采用不锈钢卡箍式接口，A 型和 B 型采用法兰承插式接口。一般情况下，明装和有观感要求的场所应采用 W 型接口，暗装或相对隐蔽的场所宜采用 A 型和 B 型接口。

1. W 型柔性接口

W 型柔性接口又称无承口型接口。其主要特点是管材、管件均无承口。直管标准长度有 1.5 m 和 3.0 m 两种规格，厚度为 4.3 ~ 7.0 mm，管径为 *DN*50 ~ *DN*300。W 型接口的结构如图 2—39 所示。

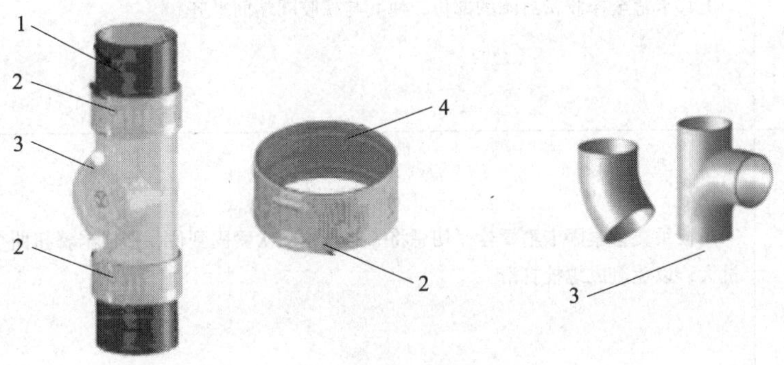

图 2—39　W 型柔性接口的结构

1—直管　2—不锈钢卡箍　3—管件　4—橡胶密封圈

安装 W 型柔性接口时应确保铸管断面垂直、光滑、无飞边和毛刺，以免划伤橡胶密封圈。W 型柔性接口排水铸铁管安装工序及要求见表 2—11。

表 2—11　　W 型柔性接口排水铸铁管安装工序及要求

操作示意图	操作要点及要求
 ①	用扳手松开卡箍螺栓，取出橡胶圈，套入直管或管件一端，使橡胶圈中间凸缘挡圈与铸管断面完全接触为止

续表

操作示意图	操作要点及要求
	将一端套入管件的橡胶圈的另一端完全翻下，使橡胶圈中间凸缘平面完全暴露
	将需连接的直管或管件插入已翻转的橡胶圈内，将翻下的橡胶圈复位，调整直管或管件至同一轴线上
	上移卡箍至橡胶密封圈的部位，使其与橡胶圈端面平齐
	用扳手交替紧固卡箍螺栓，切忌将一边螺栓一次紧固到位，造成卡箍扭曲变形；也不要用力过大，以免造成螺栓打滑

2. A型柔性接口

A型柔性接口每根标准管长度为1.83 m，非标准管长度为0.5 m、1.0 m、1.5 m、2.0 m，管壁厚度为4.5～6.0 mm。管径为*DN*50～*DN*200，A型接口的结构如图2—40所示。A型接口的特点是管材和管件都是单承口。

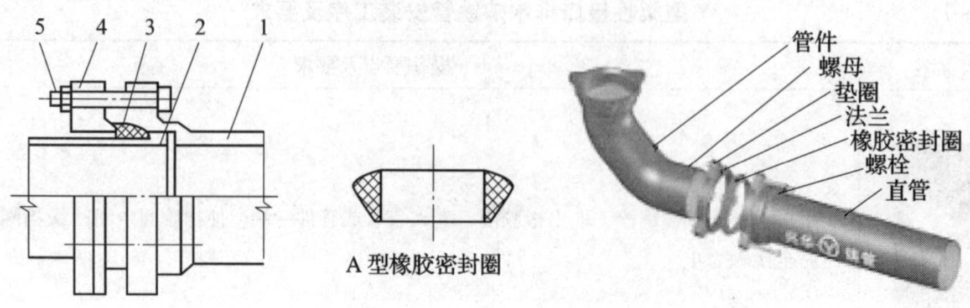

图2—40　A型接口的结构

1—承口端　2—插口端　3—橡胶圈　4—法兰压盖　5—紧固螺栓

A 型柔性接口法兰承插式排水铸铁管安装工序及要求见表 2—12。

表 2—12　　A 型柔性接口法兰承插式排水铸铁管安装工序及要求

操作示意图	操作要点及要求
①	安装前，应将铸铁直管和管件内、外表面的污垢、杂物以及承口、插口、法兰盖接合面上的泥沙等附着物清理干净
	将法兰压盖套入插口，再套入橡胶密封圈，注意小头朝承口方向
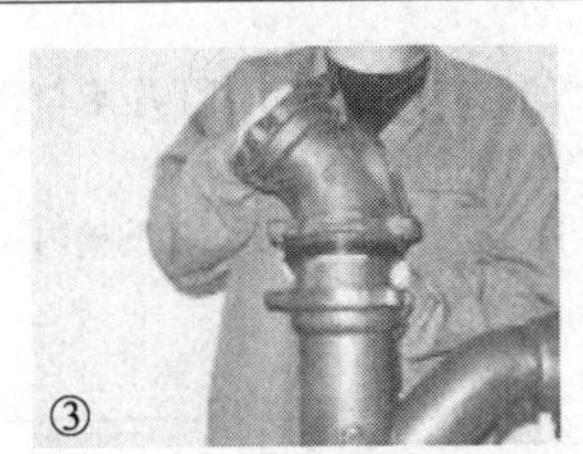	将直管或管件的插口端插入承口，并使插口端部与承口底留有 5 mm 的安装间隙。在插接过程中，应尽量保证插入管的轴线与承口的轴线在同一直线上 校正直管和管件位置，使橡胶密封圈均匀紧贴在承口倒角上，用支（吊）架初步固定管道
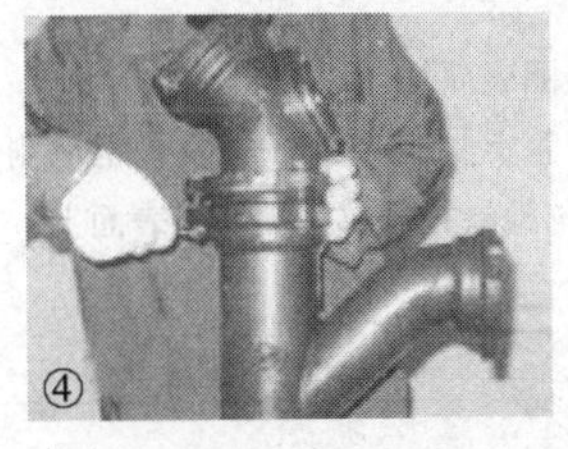	将法兰压盖与承口法兰螺孔对正，紧固连接螺栓。紧固螺栓时应注意使橡胶密封圈均匀受力。三耳压盖螺栓拧紧时应同步进行，逐个逐次拧紧；四耳压盖螺栓应按对角线方向对称逐步拧紧 调整并紧固支（吊）架螺栓，将管道固定

3. B 型柔性接口

B 型柔性接口又称全承式柔性接口。B 型接口和 A 型接口都是通过法兰承插连接。不同之处在于 B 型接口综合了 W 型接口和 A 型接口的特点，直管无承口，可以节省一定的管材，管件采用双法兰结构。B 型柔性接口的连接方法同 A 型，如图 2—41 所示。

（三）硬聚氯乙烯（PVC－U）给水管橡胶圈接口

硬聚氯乙烯给水管橡胶圈接口适用于管外径为 63～315 mm 的硬聚氯乙烯给水管连接，其接口形式如图 2—42 所示。对于现场下料的管子端部要倒角，角度约为 15°。对于管径在 100 mm 以下的管子可用厚木板垫于管端，用木锤或铁棒将其击入或用撬杠将其顶入。大口径管子可采用拉力工具安装。

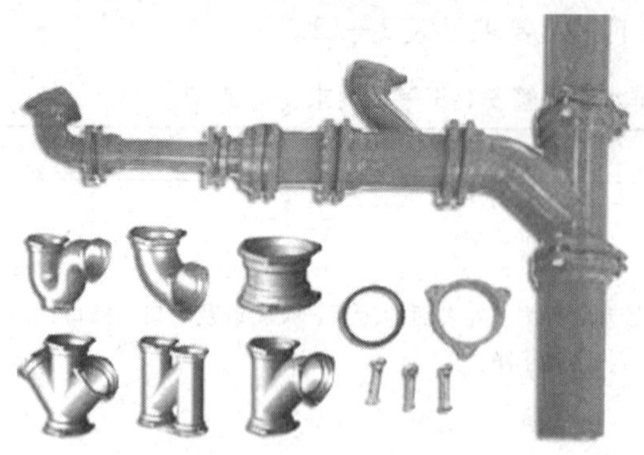

图 2—41　B 型柔性接口

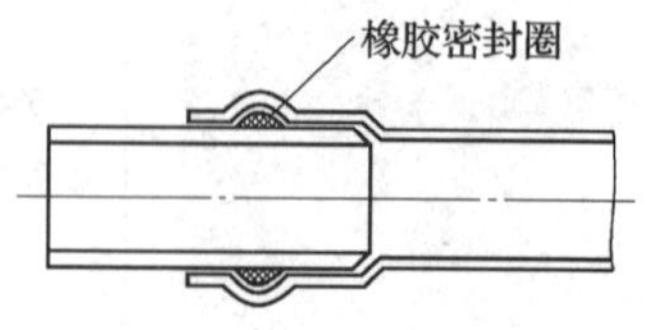

图 2—42　PVC－U 给水管橡胶圈接口

硬聚氯乙烯给水管橡胶圈接口安装工序及要求见表 2—13。

表 2—13　　硬聚氯乙烯给水管橡胶圈接口安装工序及要求

操作示意图	操作要点及要求
①　②	1. 用清洁的棉纱或抹布清理干净承口、插口部位及橡胶圈 2. 将橡胶圈正确地安装到承口的凹槽内
 ③　④	3. 在橡胶圈表面均匀地涂润滑剂 4. 在插口管上划出插入标志线，用毛刷将润滑剂均匀地涂在插口管端的外表面上
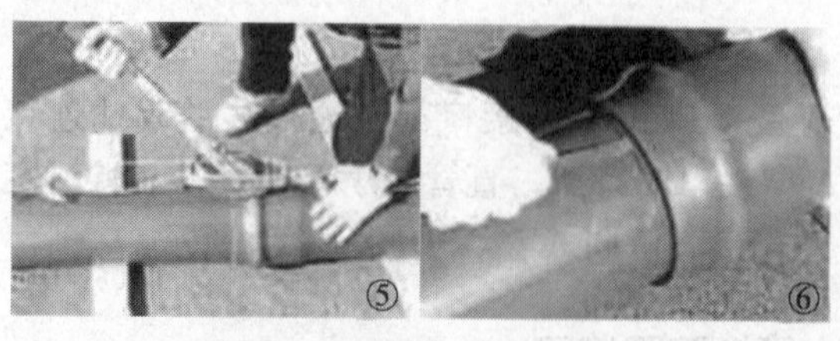 ⑤　⑥	5. 调整插口管使其与承口管保持平直，视管子规格和质量大小用适合的方法将管子插入至标志线。若插入阻力很大不可强行插入，以免使橡胶圈扭曲 6. 用塞尺检查管四周的间隙是否均匀，以确保橡胶圈的安装正确

注：1. 插入承口的深度应考虑由于温差产生的伸缩量，一般情况下，夏季温度最高时可插到底，气温低时应留 10～15 mm的余量。

2. 承口和插口润滑剂可用水、肥皂水、脂肪酸盐等，但严禁用油类作为润滑剂，以防腐蚀橡胶圈。

3. 管子插入方法应视管子的规格和质量大小确定，可采用手推、手动葫芦或其他机械装置将管子插入。

（四）双壁波纹管橡胶圈接口

双壁波纹塑料管是近年市政、住宅小区、工业企业经常埋地铺设的一种新型排水管材。管材具有较好的抗冲击性能和抵抗外部载荷的能力，因质轻、施工方便、综合工程造价较低，在工程中得到广泛应用。

双壁波纹塑料管橡胶圈接口的结构如图 2—43 所示。

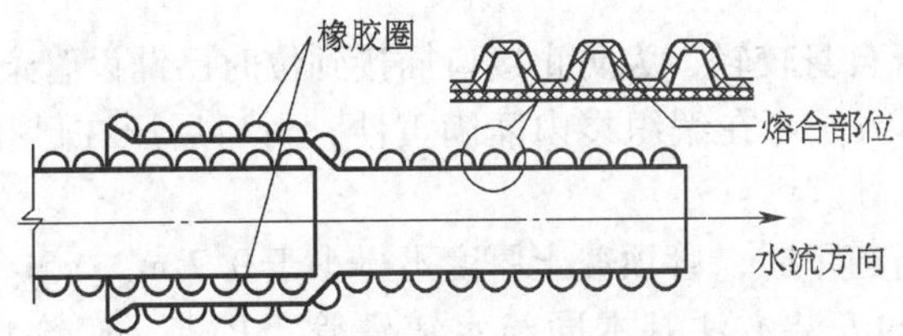

图 2—43　双壁波纹塑料管橡胶圈接口的结构

双壁波纹塑料管橡胶圈接口安装工序和要求如下：

1. 管道可采用人工安装，槽深不大时，可由人工抬管入槽，槽深大于 3 m 或管径大于 400 mm 时，可用非金属绳索溜管入槽，严禁用金属绳索钩住两端管口或将管材自槽边翻滚抛入槽中。

2. 安装管材时，应将插口顺水流方向、承口逆水流方向安装。

3. 管材下料可用手锯从凹槽实壁处（内、外壁熔合部位）切割，断面应垂直、平整，不应有损坏。

4. 管材接口时，先将承口、插口的内、外工作面用棉纱清理干净，并把橡胶圈装在插口的第二个凹槽内，插口端划出插入承口深度的标志线，然后在承口内壁及插口橡胶圈上涂润滑剂（首选硅油），如图 2—44 所示。

5. 插接管口时，对于小口径管用软绳吊住被安装管道的插口，另一端中心设置横挡板，由人工用长撬棍斜插入基础，并抵住横挡板，然后用力将该管缓慢插入承口内。

DN≥500 mm 的管道用缆绳系住管子，用两台手拉葫芦从管道两侧同时拉动，使橡胶密封圈正确就位，不扭曲、不脱落。待接口完毕应复核管道高程和轴线，使其符合要求，如图 2—45 所示。

图 2—44　波纹管橡胶圈的安装

图 2—45　波纹管的插接

6. 管道安装验收合格后，及时按施工规范做管道闭水试验，无渗漏后，应立即回填覆土，应先回填到管顶以上一倍管径高度，以稳固管子。

7. 安装注意事项

(1) 一般情况，每个接口只装一个橡胶圈，在不能保证管道平直或沿曲线铺设的情况下，为了保证密封效果，可在第一道和第三道密封槽分别装入两个橡胶圈。

(2) 橡胶圈应选用厂家配套提供的产品，冬季施工应采取防冻措施，不得使用已经冻硬的橡胶圈。

(3) 因双壁波纹管自身较轻，为防止接口插接到位时已铺设管道的轴线位置发生移动，需采用稳管措施。具体方法可在编织袋内灌满黄沙，封口后压在已排设管道的顶部，其数量视管径大小而异。

(4) 当管道在车行道下时，管顶覆土厚度不得小于0.7 m。

(5) 双壁波纹管的安装方法基本同给水铸铁管、PVC－U给水管弹性橡胶圈接口。不同的是前者橡胶圈安放的位置在承口凹槽内，而双壁波纹管橡胶圈的位置在插口凹槽内。

想一想

1. 你见过旧楼中的石棉水泥接口的铸铁排水管吗？新型橡胶圈接口的铸铁排水管和石棉水泥接口的铸铁排水管相比有哪些优点？

2. 比较双壁波纹管橡胶圈安放的位置与给水铸铁管、PVC－U给水管弹性橡胶圈有什么不同？

3. 双壁波纹管埋地敷设时上、下层为什么要垫一定厚度的沙子？

二、承插黏结接口

承插黏结接口适用于管外径小于160 mm的塑料管道的连接。PVC－U管、ABS管的连接可采用黏结的方法，黏结时必须根据管子、管件的材料以及管子的用途选用相应的黏结剂。一般情况下，宜选用生产厂家配套的专用黏结剂。

(一) 塑料管承插黏结连接操作要点和技术要求

承插黏结连接一般操作工序：检查管材和管件 → 切断 → 清理 → 做标记 → 涂胶 → 插接 → 静置固化。

安装前，应先检查管材及管件的外观和接口配合的公差，要求承口与插口的配合间隙为0.005～0.010 mm（单边）。

塑料管承插黏结连接的操作要点和技术要求见表2—14。

(二) 塑料管承插黏结连接操作注意事项

1. 管道黏结不宜在湿度很大、环境温度在－10℃以下的环境下进行。

表 2—14　　塑料管承插黏结连接的操作要点和技术要求

操作示意图	操作要点和技术要求
①	用粗齿锯、割刀或专用塑料管切管工具按需要的长度切下管子，切割时应使断面与管子中心线垂直
②	现场切断的给水塑料管的插口应倒角，坡口角度为 15°～30°，长度不小于 3 mm，厚度为（1/3～1/2）管壁厚度（大口径的排水管也应开坡口）
③	用干布、清洁剂和砂纸等清除待黏结表面的水、尘埃、油脂类、增塑剂、脱模剂等影响黏结质量的物质，并适当使表面粗糙些
④	在管子外表面按规定的插入深度做好标记；插入深度应符合规范规定
⑤	用鬃刷、尼龙刷涂抹黏结剂，鬃刷的宽度为承口内径的 1/3～1/2，必须先涂承口再涂插口，涂抹承口时应由里向外，黏结剂应涂抹均匀、适量，不得漏涂
⑥	找正管件方向，将插口快速插入承口，直至所做的标记处，插接过程中应稍做旋转（不超过 90°）
⑦	黏结完毕即刻用抹布将接合处多余的黏结剂擦拭干净。黏结好的接头应避免受外力，须静置固化一定时间，待接头固化后方可继续安装

注：承插黏结的塑料管道须在安装完毕 48 h 后，且管顶以上回填土厚度至少为 0.5 m（以防试压时管道系统产生推移）才能进行试压。

2. 操作场所应通风良好并远离火源，操作者应戴好口罩、手套等必要的防护用品。

3. 当施工现场与材料的存放处温差较大时，应于安装前将管材和管件在现场放置一定时间，使其温度接近施工现场的环境温度。

4. 不同型号的黏结剂不得混用（有些厂家的给水黏结剂和排水黏结剂配方不同），黏结剂内不得含有团块、不溶颗粒和其他杂质，并不得呈胶凝状态和分层现象。

想一想

1. 给水黏结剂和排水黏结剂能混用吗？试说明理由。
2. PVC－U 排水管黏结后漏水应如何修理？

复　习　题

1. 简述不同管材承插橡胶圈连接操作工艺的要点。
2. 怎样保证塑料管承插黏结的施工质量。

第五节　熔接连接

熔接连接是指相同材质热塑性塑料管材与管件相互连接时，采用专用熔接工具将连接部位表面加热，直接对其进行热熔和承插，使其冷却后熔为一体的连接方式。

能够进行热熔连接的塑料一般为热塑性塑料，常见的聚乙烯（PE）管、耐热聚乙烯（PE－RT）管、聚丙烯（PP）管、聚丁烯（PB）管等塑料管材均可采用熔接连接。这种接口形式安全、可靠，广泛应用在建筑给水工程、热水（≤80℃）供应工程和城市燃气工程中。

熔接连接按接口形式和加热方式不同可分为热熔承插连接、热熔对接连接和电熔承插连接。采用熔接连接安装时，应做好安装前的准备工作。

1. 管道连接前，应对管材和管件及附属设备按设计要求进行核对，并应在施工现场进行外观检查，符合要求方可使用。主要检查项目包括耐压等级、外表面质量、配合质量、材质的一致性等。

2. 应根据不同的接口形式采用相应的专用加热工具，不得使用明火加热管材和管件。

3. 采用熔接方式相连的管道宜采用同种牌号材质的管材和管件，对于性能相似的管材和管件必须先经过试验，合格后方可进行连接。

熔接连接应保证管道的连接质量，管道连接的接合面应有一均匀的熔接圈，不得出现局部熔瘤或熔接圈凹凸不平的现象。

一、热熔承插连接

热熔承插连接是指由材质相同的热塑性塑料制作的管材、管件的承口与插口互相连接时，采用专用热熔工具将连接部位表面加热熔融，承插部位冷却后连接成为一个整体的一种管道连接方式。

可用于热熔承插连接的常见管材有四种，分别是无规共聚聚丙烯（PP－R）管、塑铝稳态复合管、铝合金衬塑复合管和对接焊式铝塑复合管（RPAP5）。

热熔承插连接的主要操作工序：安装前的检查→切管→清理加工接头部位及划线→加热→找正→管件套入管子并校正→保压、冷却。

热熔承插连接的主要机具是热熔机（热熔器），其现场操作如图 2—46 所示。

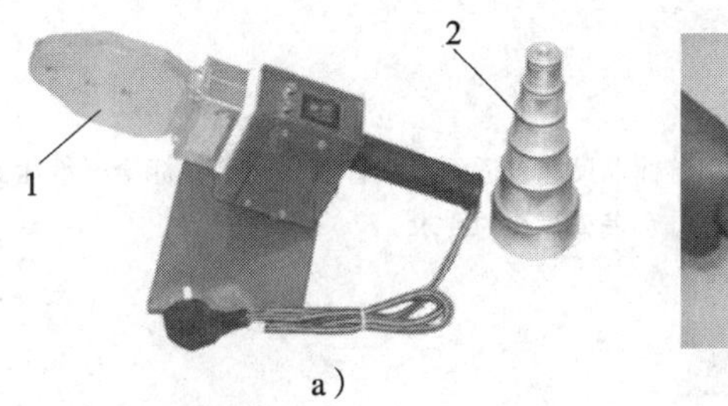

a）

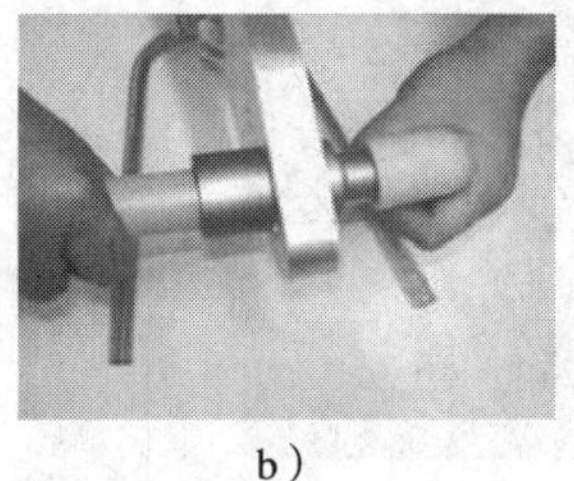

b）

图 2—46　热熔机（热熔器）和热熔承插现场操作

1—加热板　2—芯模

（一）PP－R 管热熔承插连接

PP－R 管热熔承插连接如图 2—47 所示。

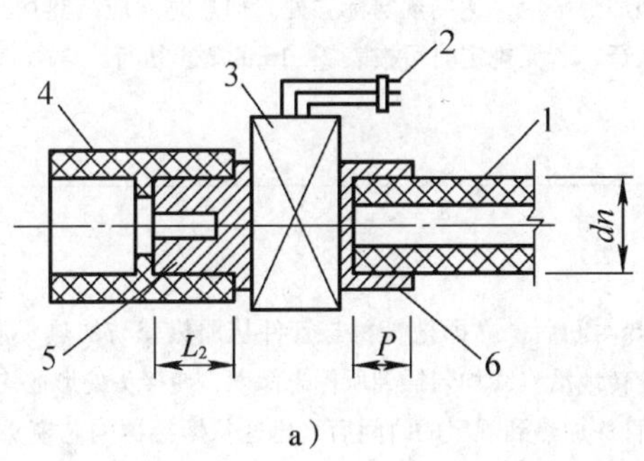

a）

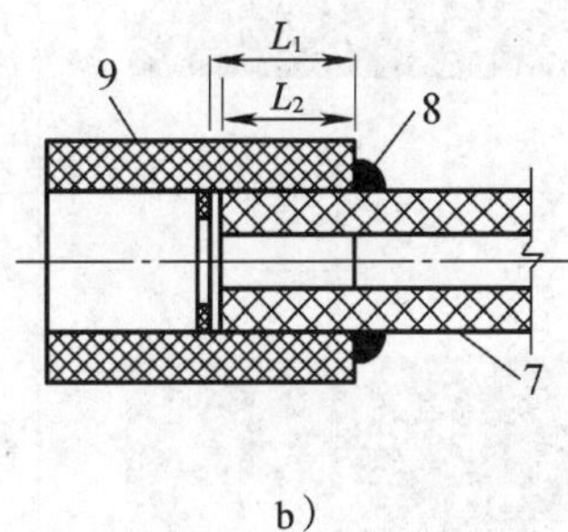

b）

图 2—47　PP－R 管热熔承插连接

a）承口和插口的加热　b）热熔承插连接剖面

1、7—管材　2—电源（交流 220 V）3—加热板　4、9—管件　5—加热头　6—加热套　8—挤出凸缘

L_1—最小承口深度　L_2—最小插入深度　P—热熔深度　$L_1 - L_2 \leqslant 3.5$ mm

PP－R 管热熔承插连接的操作要点和技术要求见表 2—15、表 2—16。

表 2—15　　承插连接的操作要点和技术要求

操作示意图	操作要点和技术要求
	1. 检查、切管、清理接头部位及划线的要求和操作方法与 PVC－U 管黏结类似，但要求管子外径大于管件内径，以保证熔接后形成合适的凸缘 2. 切割管材时，必须使断面垂直于管子轴线。管材的切割一般使用管剪或管道切割机，也可使用钢锯，但切割后管材应去除毛边和毛刺 3. 管材与管件连接端面必须清洁、干燥、无油
	用游标卡尺和合适的笔在管端面测量并标绘出承插深度，最小承插深度应符合表 2—16 的要求
	1. 热熔工具接通电源，到达工作温度（260 ± 10）℃指示灯亮（一般为绿灯），之后方能开始操作 2. 熔接有方向要求的管件时，按设计图样要求，应注意其方向性 3. 无旋转地把管端导入加热套内，插入到所标志的深度，同时无旋转地把管件推到加热头上，达到规定标志处。加热时间应按热熔工具生产厂家的规定执行，若无规定时可按表 2—16 的要求执行
	1. 达到加热时间后，立即把管材与管件从加热套与加热头上同时取出，迅速无旋转地沿直线均匀插到所标志深度，使接头处形成均匀凸缘 2. 管材、管件加热到规定的时间后，迅速从熔接器的芯模头中拔出，快速找正方向，将管件套入管端至划线位置，套入过程中若发现歪斜应及时校正。找正和校正可利用管材上所印的线条和管件两端面上呈十字形的四条刻线作为参考 3. 在表 2—16 规定的时间内，刚熔接好的接头还可校正，但不得旋转

续表

操作示意图	操作要点和技术要求
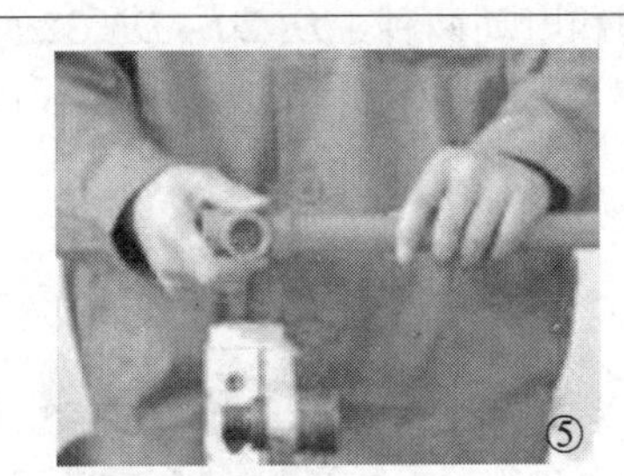	冷却过程中不得移动管材或管件，完全自然冷却后才可进行下一个接头的连接操作

表 2—16　　承插热熔技术要求

公称外径 *DN*（mm）	20	25	32	40	50	63	75	90	110
最小承插深度（mm）	11.0	12.5	14.6	17.0	20.0	23.9	27.5	32.0	38.0
加热时间（s）	5	7	8	12	18	24	30	40	50
加工时间（s）	4	4	4	6	6	6	10	10	15
冷却时间（min）	3	3	4	4	5	6	8	8	10

注：1. 若环境温度低于 5℃，加热时间应延长 50%。
2. *DN* > 50 mm 时，宜在台式加热工具上进行连接。

（二）塑铝稳态复合管热熔承插连接

1. 塑铝稳态复合管

塑铝稳态复合管是一种内层为 PP－R 或 PE－RT，外层包敷铝层及塑料（PP－R、PE、PE－RT）保护层，各层通过热熔胶黏结而成的五层结构的新型复合塑料管材，简称稳态管。该管材除了具有塑料管及热熔连接不渗漏的特性外，由于铝层阻隔了氧气的渗入，能较好地避免管路中金属设备的氧化、腐蚀，不滋生微生物，管道的卫生性能好，是一种用于空调水、室内冷热水、供暖系统的优选管材。塑铝稳态复合管的结构如图2—48所示。

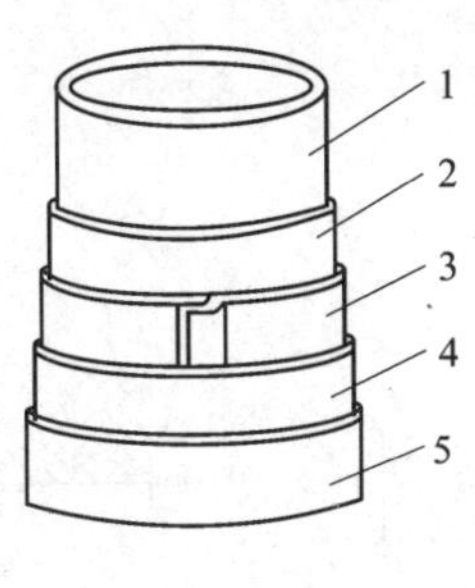

a）

b）

图 2—48　塑铝稳态复合管的结构

a）五层结构　b）管材实物

1—内管（PP－R、RE－RT）　2—内胶层　3—搭接焊铝层　4—外胶层　5—外覆层（PP－R、PE、PE－RT）

2. 塑铝稳态复合管热熔承插连接工具

根据稳态管的结构组成，其热熔操作要用一种专用工具——卷削器（机）。其余所需工具与 PP－R 管热熔工具相同。卷削工具（卷削器）分为手动和电动两种，*DN*20～*DN* 32 的管材可采用手动卷削器和电动卷削器；*DN* 40～*DN* 63 的管材宜采用电动卷削器；*DN* 75 以上的管材宜采用卷削机。卷削器的结构如图 2—49 所示。

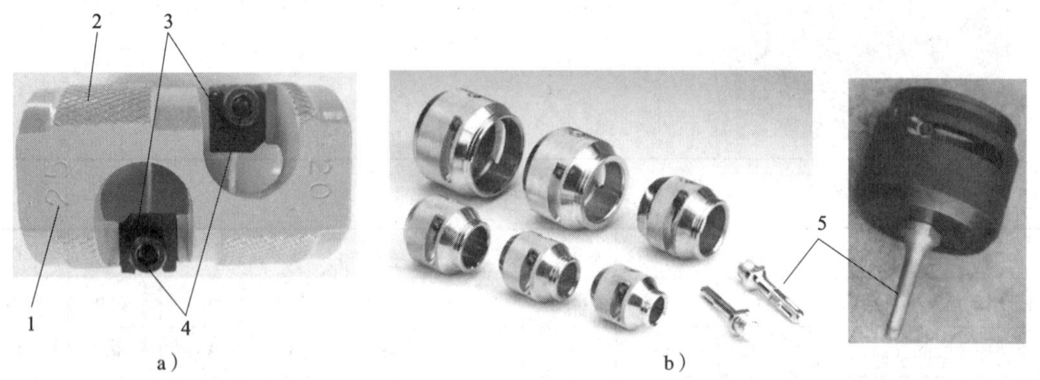

图 2—49　卷削器的结构

a）手动卷削器　b）与电锤配套使用的卷削器

1—管子规格标记　2—卷削器本体　3—刀片　4—刀片固定螺钉　5—连接杆

3. 塑铝稳态复合管热熔承插连接操作要点

塑铝稳态复合管热熔承插连接与 PP－R 管热熔承插连接的基本工艺相同，主要区别有以下两点：

（1）塑铝稳态复合管热熔前要利用卷削工具（卷削器）将外层塑料和铝层削除。

（2）管材连接端面应开坡口（倒角），坡口角度不宜小于 30°。

后续操作可参照 PP－R 管热熔承插连接工艺的步骤进行。塑铝稳态复合管热熔承插连接如图 2—50 所示；削皮和熔接操作如图 2—51 所示。塑铝稳态复合管热熔工艺参数见表 2—17。

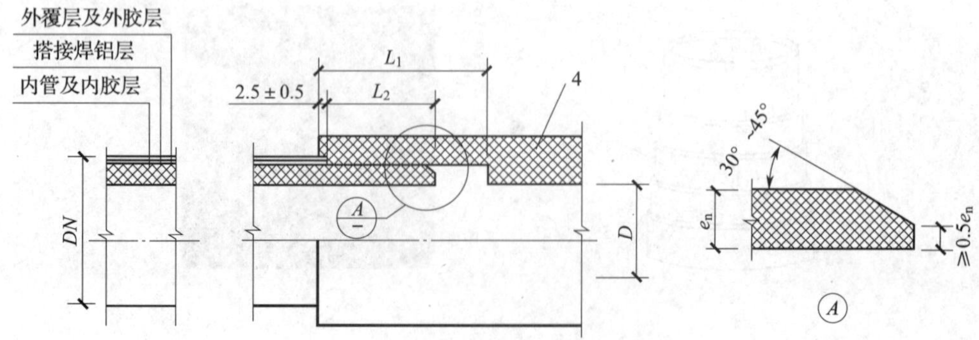

图 2—50　塑铝稳态复合管热熔承插连接

DN—公称外径　L_1—最小承口深度　L_2—最小承插深度　*D*—管件最小内径　e_n—管壁厚度　Ⓐ—节点大样

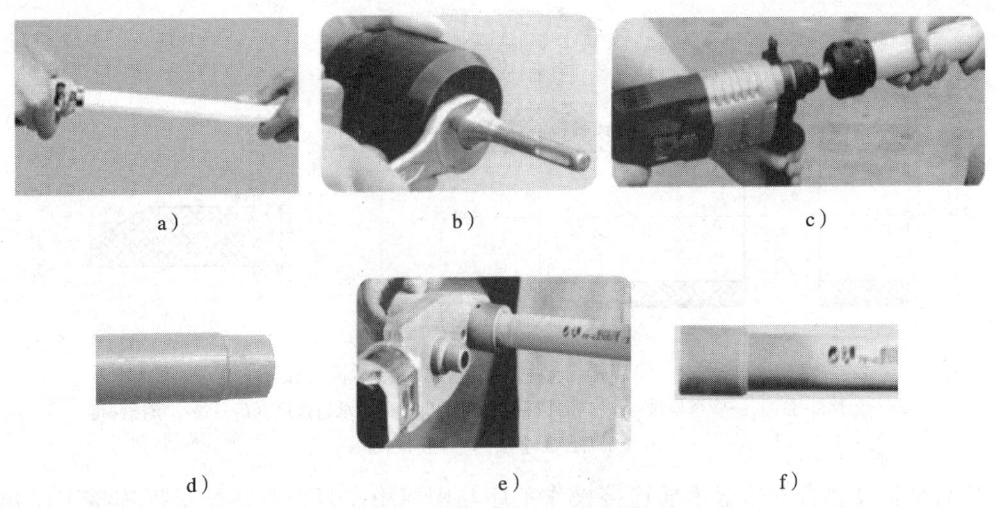

a）　b）　c）

d）　e）　f）

图 2—51　削皮和熔接操作

a）小口径管手动削皮操作　b）大口径管电动削皮前装配连接杆　c）电动削皮
d）削皮后的管端　e）管件、管端加热　f）热熔后的管段

表 2—17　　塑铝稳态复合管热熔工艺参数

项　目	管道公称外径（mm）						
	20	25	32	40	50	63	75
内管最小热熔深度（mm）	10	11.5	14	16	19	23	26.5
铝塑复合层热熔深度（mm）	2～3						
加热温度（℃）	210±10			260±10			
加热时间（s）	8	10	11	31	39	50	59
最长转换时间（s）	4	4	6	6	6	8	8
保持时间（s）	15	15	20	20	30	30	40
最短冷却时间（min）	2	2	4	4	4	6	6

注：本表所对应的环境温度为 23℃。在施工过程中，应根据环境温度的变化等实际情况适当延长加热时间，缩短转换时间。

（三）铝合金衬塑复合管热熔承插连接

铝合金衬塑复合管由铝合金外管、热塑性塑料内管经预应力复合而成，其结构如图 2—52 所示。铝合金外管具有阻氧、保护内管的作用。管径规格为 *DN*20～*DN*110，铝合金外管的厚度为 0.6～1.3 mm。内管塑料层厚度为 3.4～18.3 mm。塑料材质为 PP－R、PB 和 PE－RT。铝合金衬塑复合管管材与管材、管材与管件采用热熔承插连接，如图 2—53 所示。

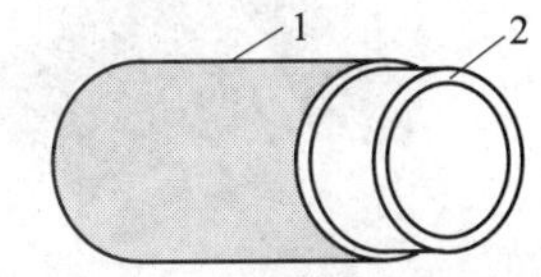

图 2—52　铝合金衬塑复合管的结构
1—铝合金外管　2—塑料内管

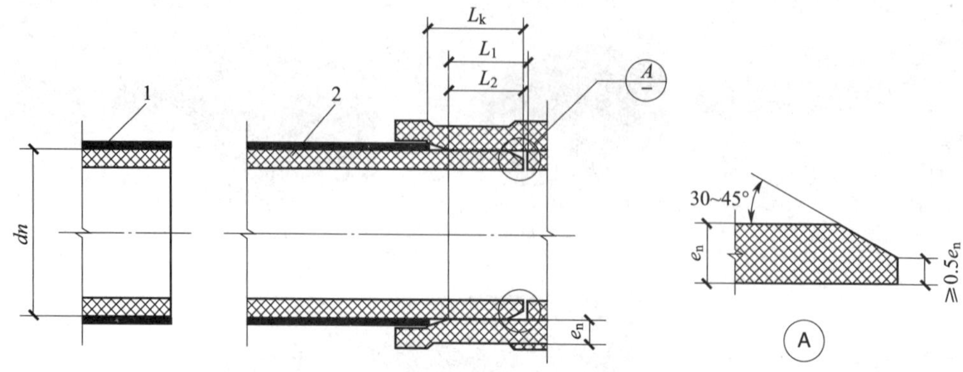

图 2—53 铝合金衬塑复合管热熔承插连接

dn—公称外径 e_n—管壁厚度 L_k—最小热熔深度 L_1—最小承口深度 L_2—最小承插深度

1—铝合金外管 2—塑料内管

铝合金衬塑复合管热熔承插连接操作工序与塑铝稳态复合管热熔承插连接工序相同，对铝合金外层要用卷削工具削皮，后续熔接操作工艺参数应满足加热设备生产企业要求。铝合金衬塑复合管热熔承插连接操作如图 2—54 所示。

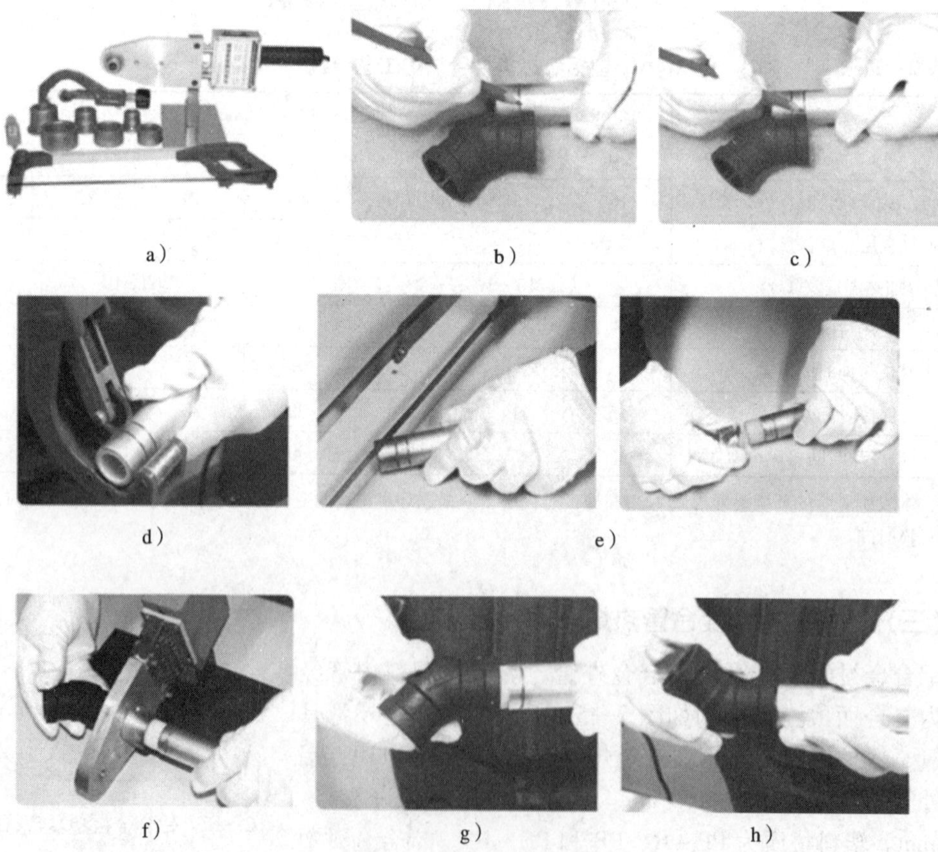

图 2—54 铝合金衬塑复合管热熔承插连接操作

a）熔接工具 b）标注熔接长度定位线 c）标注承插深度定位线 d）按熔接长度定位线切割铝合金外管 e）用钢锯切割并取出铝合金外管 f）按熔接工艺参数加热管件、管材 g）管件、管材熔接 h）冷却成形

注意：用割刀、钢锯切割及剥除铝合金外管时，要掌握好切割深度，不能伤及塑料内管表面。

（四）对接焊式铝塑复合管双热熔承插连接

双热熔承插连接是近几年工程中另一种热熔连接新工艺。所采用的管材是公称外径为 *DN*20～*DN*160 的钢塑复合压力管（PSP 管）和公称外径为 *dn*20～*dn*50 的对接焊式铝塑复合管五型管（RPAP5），简称 P5 管。与这两种管材配套有各种规格的双热熔管件。

双热熔承插连接的特点是管材和管件的内、外表面均同时加热，形成两层熔接面，熔接接口耐压强度和密封性更可靠。

这里主要叙述对接焊式铝塑复合管（RPAP5）双热熔承插连接工艺。PSP 管双热熔承插连接可查阅相关技术资料。

1. 对接焊式铝塑复合管五型管（RPAP5）

RPAP5 管共有五层结构，中间层是铝合金，内、外层是 PE 或 PE－RT 塑料，内、外层塑料和中间层铝合金通过性能良好的热熔胶复合而成。铝合金对接焊缝采用氩弧焊工艺。RPAP5 管的结构如图 2—55 所示，其结构尺寸见表 2—18。

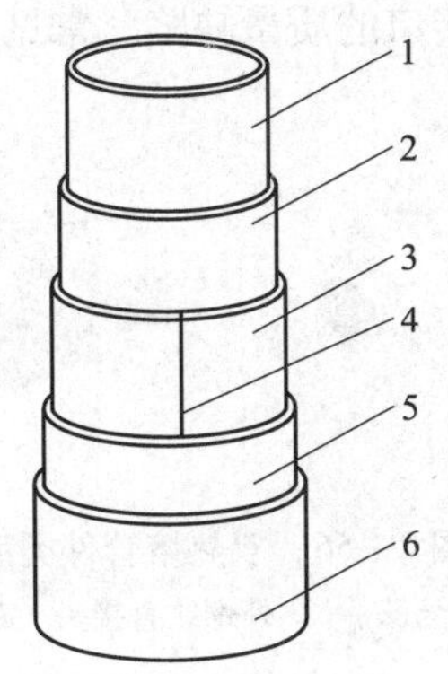

图 2—55　对接焊式铝塑复合管的结构

1—塑料内层　2—内胶黏层　3—对接焊铝管层　4—焊缝　5—外胶黏层　6—塑料外层

表 2—18　　**对接焊式铝塑复合管结构尺寸**　　mm

公称外径 *dn*	公称外径公差	参考内径	圆度误差		管壁厚	
			盘管	直管	公称值	公　差
16	+0.3 0	10.9	≤1.0	≤0.5	2.3	+0.5 0
20		14.5	≤1.2	≤0.6	2.5	
25		18.5	≤1.5	≤0.8	3.0	
32		25.5	≤2.0	≤1.0		
40	+0.4 0	32.4	≤2.4	≤1.2	3.5	
50	+0.5 0	41.4	≤3.0	≤1.5	4.0	+0.6 0

续表

公称外径 dn	内层塑料层厚		外层塑料最小壁厚	铝管层壁厚	
	公称值	公 差		公称值	公 差
16	1.4	±0.1	0.3	0.28	±0.04
20	1.5			0.36	
25	1.6			0.44	
32	1.7			0.60	
40	1.9			0.75	
50	2.0		0.4	1.00	

2. 双热熔管件

与 RPAP5 管配套的双热熔管件突出的结构特点是内置衬套内芯结构。管件熔接承口是双层环壁结构，分别与管材内、外壁熔接，承口内置铜质或不锈钢衬套，衬套外覆塑料，外覆塑衬套在与管材内壁熔接的同时对内层壁具有支撑作用，从而将管材和管件牢固地熔接成一体。由于其特殊的结构组成决定了在进行双热熔连接时管件和管材的材质、公差配合一定要符合相关质量标准，以免造成熔接接口的质量缺陷。常见的双热熔管件类型如图 2—56 所示。

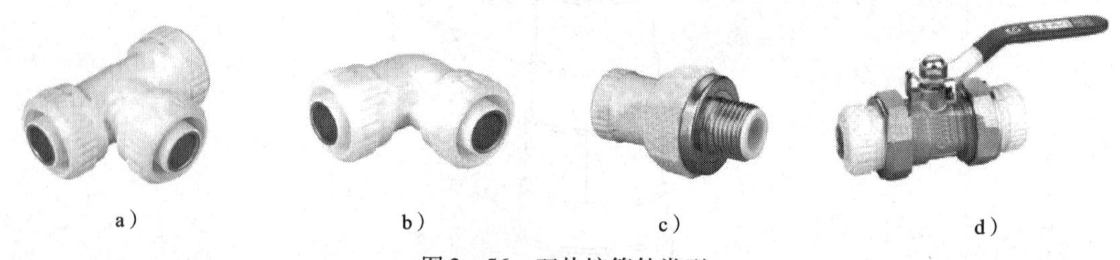

图 2—56　双热熔管件类型

a）三通　b）弯头　c）外螺纹直接头　d）双活接球阀

3. RPAP5 管双热熔承插连接

（1）双热熔专用加热模头

RPAP5 管双热熔承插连接的基本工艺与 PP－R 管相同。二者加热的热熔主机相同。主要区别在于 RPAP5 管双热熔连接是专用加热模头，其结构和普通热熔加热模头不同。如图 2—57 所示。

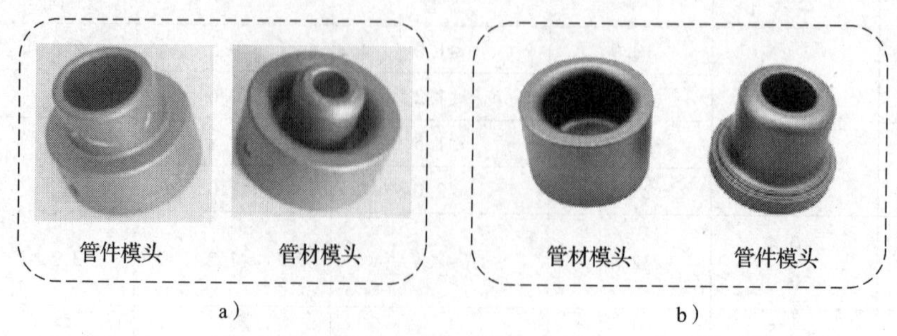

图 2—57　RPAP5 管双热熔加热模头和 PP－R 管加热模头的比较

（2）RPAP5 管双热熔承插连接操作要点：

RPAP5 管双热熔承插连接如图 2—58 所示。

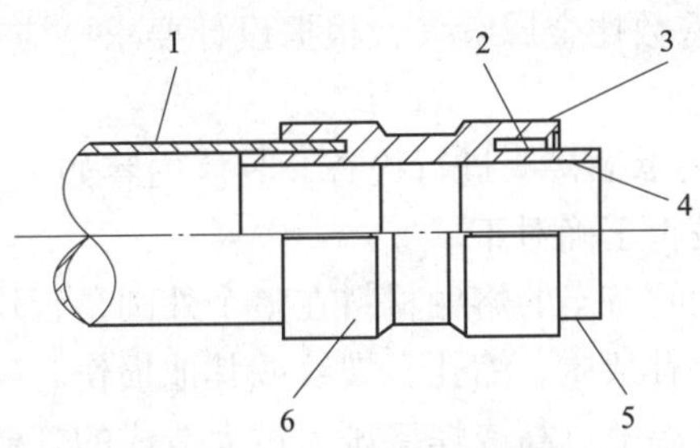

图 2—58 双热熔承插连接

1—RPAP5 管 2—排气槽 3—热熔承口面 4—金属套 5—热熔插口面 6—等径直接头

RPAP5 双热熔承插连接应按清洁、截管、整圆、熔接、冷却的步骤进行。

1）安装前请确认管材及管件表面清洁，熔接工具完好。

2）按所需长度截管并经整圆器整圆，接通电源后，待熔接器绿灯亮时可开始热熔连接，将已标记好承插深度的管材先插入模头，管材插入熔接深度 30% ~50% 位置时，再将管件插入模头加热。管材、管件缓慢地插入热熔模头至规定深度。

3）待管材、管件与热熔模头之间有少量熔融料溢出后，迅速将管材、管件退出双热熔模头，再将管材无旋转均匀地插入管件，达到规定的深度。此时可以看到接头处有均匀的凸缘，即完成熔接。

4）将熔接的管材、管件稳固、自然冷却至规定的时间即完成全部熔接操作。

5）熔接工艺相关技术参数见表 2—19。

表 2—19　　铝塑复合管双热熔技术要求

项目	公称外径（mm）			
	16	20	25	32
最小承插深度（mm）	11.0	12.3	13.5	15.0
加热时间（s）	4	5	7	8
熔接时间（s）	4	4	4	4
冷却时间（s）	2	3	3	4

（五）热熔承插连接注意事项

1. 管子插入管件的深度应在规定的范围内。若插入过深，充溢在管件内部形成过大的凸缘，增大管道局部阻力；若插入过浅，接头不牢固，耐压强度达不到要求。

2. 一般芯模（加热套和加热头）表面涂覆聚四氟乙烯（PTFE）等高温防粘层，长期使用时，其模头加热面会黏附残留塑料，应定期清除；否则，反复加热会使这些塑料碳化，使芯模加热温度不均匀，降低加热效率，进而影响接头质量。

3. 公称外径为 20 ~63 mm 时有 6 种加热模头可供选择。

4. 操作中应注意用电、防火安全。

5. 热熔管不得直接与水加热器或热水机组（器）连接，应采用长度不小于400 mm的金属管段进行过渡。

6. 由于塑料管线膨胀系数比金属管大，根据设计要求，应有管道伸缩补偿和支撑的技术措施。

7. 连接完毕，应对热熔承插接头进行检查，具体内容如下：

（1）检查管材与管件是否正确对正。

（2）检查管材与管件之间挤出的熔融材料在整个外圆是否均匀一致。

（3）检查焊接区域是否有杂质、缩孔、裂纹或其他损伤。

（4）检查是否有因焊接温度过高或焊接压力过大造成的管壁塌陷、卷边过大等缺陷。

想一想

1. 在热熔承插连接操作中，为什么说管件、管材无旋转沿直线插入是操作的关键点？

2. 比较PP－R管、塑铝稳态复合管、铝合金衬塑复合管和RPAP5管四种常见热熔管材的热熔操作有什么异同？

3. 讨论如何保证热熔承插连接的施工质量。

二、热熔对接连接

热熔对接又称板式热熔，是采用专用热熔对接焊机进行接口焊接的一种连接形式，将与管轴线垂直的两对应管子端面与加热板接触，加热至熔化，然后移出加热板，将熔化端贴合压紧，保压、冷却，直至冷却到环境温度。一般适合焊接 $DN \geq 63$ mm的管材。直管线的热熔对接不需要管件，所以比热熔承插连接节省材料。热熔对接焊机具有电子温度控制设施，由液压动力源提供对接的动力，焊接操作简单、可靠，主要应用于大口径的给水、燃气等工程中。

热熔对接的主要机具是热熔对接焊机，如图2—59所示。

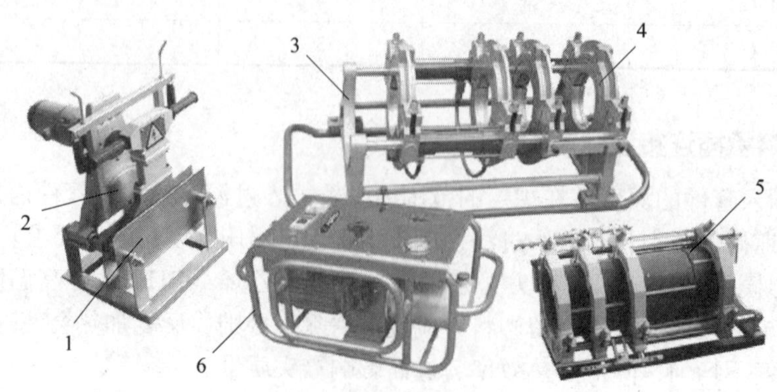

图2—59　热熔对接焊机

1—铣刀　2—加热板　3—管子对接架　4—夹具　5—熔接口　6—液压控制设备

（一）热熔对接操作要点和技术要求

热熔对接主要操作工序：装夹管子→铣削连接面→加热端面→撤加热板→对接连接。

1. 将待连接的两根管子分别装夹在对接焊机的两侧夹具上，管子端面应伸出夹具 20 ~ 30 mm，并调整两管位置使其在同一轴线上，管口圆度误差不超过管壁厚度的 5% 或管口错边量不大于管壁厚度的 10%，如图 2—60a 所示。

2. 用专用铣刀同时铣削两端面，使其与管子轴线垂直，且两待连接面相吻合；铣削后用刷子、抹布等清除管子内外的碎屑及污物，如图 2—60b 所示。

a）

b）

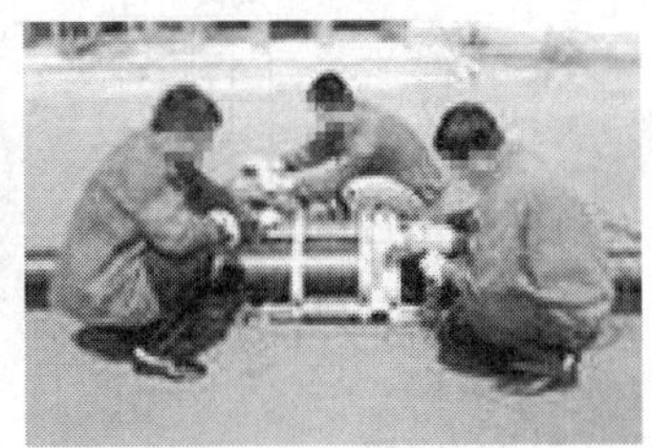
c）

图 2—60 热熔对接的主要操作
a）装夹管子 b）铣削连接端面 c）加热连接

3. 当加热板的温度达到设定温度后，将加热板插入两端面间，同时加热熔化两端面，加热温度一般为（210 ± 10）℃，加热时间一般执行对接工具生产企业或管材生产企业的规定。PE 管一般可在 190 ~ 240℃之间的温度范围内熔化，冷却凝固后性质不发生变化。根据这一性质，PE 管的焊接方式主要采用热熔对接和电熔焊接两种方式。

PE 管道热熔对接参数典型参考值见表 2—20。

表 2—20 PE 管道热熔对接参数典型参考值

壁厚 e（mm）	加热卷边高度 h（mm）	加热时间（s）	允许最大转换时间（s）	最小保压、冷却时间（min）
<4.5	0.5	45	5	6
4.5 ~ 7	1.0	45 ~ 70	5 ~ 6	6 ~ 10
7 ~ 12	1.5	70 ~ 120	6 ~ 8	10 ~ 16
12 ~ 19	2.0	120 ~ 190	8 ~ 10	16 ~ 24
19 ~ 26	2.5	190 ~ 260	10 ~ 12	24 ~ 32
26 ~ 37	3.0	260 ~ 370	12 ~ 16	32 ~ 45
37 ~ 50	3.5	370 ~ 500	16 ~ 20	45 ~ 60
50 ~ 70	4.0	500 ~ 700	20 ~ 25	60 ~ 80

注：环境温度为 20℃；加热温度为（210 ± 10）℃；加热压力为 0.15 MPa；加热时保持压力为 0.02 MPa；保压、冷却压力为 0.15 MPa。

4. 加热完毕快速撤出加热板，接着操纵对接夹具，使其中一根管子移至两端面完全接触并形成均匀“∞”形凸缘，保持适当压力直到连接部位冷却到室温为止，如图 2—60c 所示。

（二）热熔对接焊口外观质量检查

1．翻边对称性检查

接头应具有沿管材整个圆周平滑、对称的翻边（见图 2—61），翻边最低处的深度 E 应不低于管材表面。

2．接头对正性检查

沿翻边圆周任何一处的错边 F（见图 2—62）应不大于管材壁厚的 10%，且不大于 3 mm。

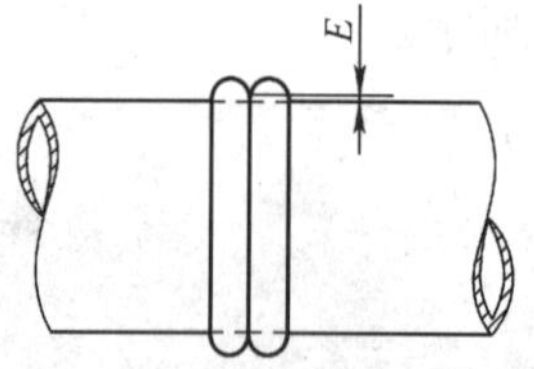

图 2—61　翻边对称性检查

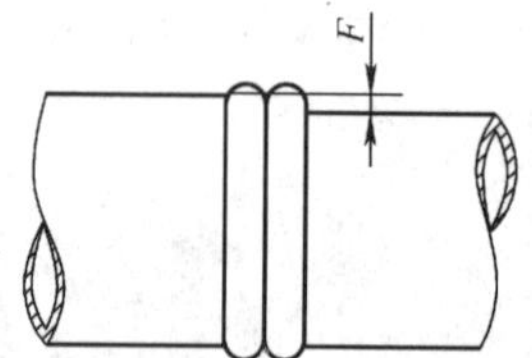

图 2—62　接头对正性检查

3．翻边宽度检查

翻边宽度基准值的测定一般在试验的基础上进行，也可对同等施工条件抽查多组接头以确定平均值。现场翻边宽度误差应不超过 ±20%，为便于现场快速检查，可根据平均值制作样板卡尺（通过或不通过），以方便检查。

4．切除翻边和检查翻边

使用合适的专业工具，在不损坏管材的情况下，检查切除的翻边内在质量。在翻边下侧进行目视检查，发现有杂质、小孔、偏移或损坏时，视为不合格。

翻边应是实心和圆滑的，且根部较宽。若根部较窄且有卷曲现象的中空翻边，应判定为不合格。

施工经验总结：保证热熔对接和热熔承插接口质量稳定的三个重要技术参数分别为加热温度、施加的压力和加热时间。

想一想

1. PE 管热熔对接操作为什么要铣削管子的两端面？
2. 怎样检查热熔对接的连接质量？

三、电熔连接

电熔连接是指相同的热塑性塑料管材与管件连接时，插入特制的电熔管件，由电熔连接机具对电熔管件通电，依靠电熔管件内部与埋设的电阻丝产生所需的电热量进行熔接，冷却后管材与管件成为一个整体的连接方式。

电熔连接是先将电熔管件插入管子后通电，通过电熔管件内的电阻丝发热，使塑料管件的连接部位熔化，达到连接的目的。其特点是连接方便、迅速，接头质量高，外界因素干扰小，尤其适用于安装位置不便的场合，如管井、地沟中的管道碰头等空间狭小的管道接口操作。管件价格较高，一般适用于大口径管道的连接。

电熔连接方法和电熔管件如图 2—63 所示。

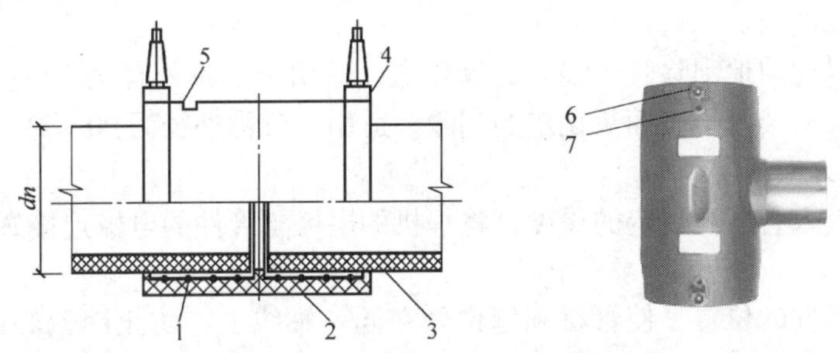

图 2—63 电熔连接方法和电熔管件

1—电热丝 2—管件 3—管材 4、6—电源接口 5、7—信号孔

（一）电熔焊机

电熔连接是通过电熔焊机完成的。电熔焊机具有集成化控制、动态反应快、静态精度高、调节范围广、保护功能完善、耐用、携带方便而且电压可选等特点。

全自动电熔焊机采用光笔读入全部焊接参数，能显示记录，如与打印机连接，可打印完成焊口的焊接记录，而且具有手动操作功能。电熔焊机的结构如图 2—64 所示。

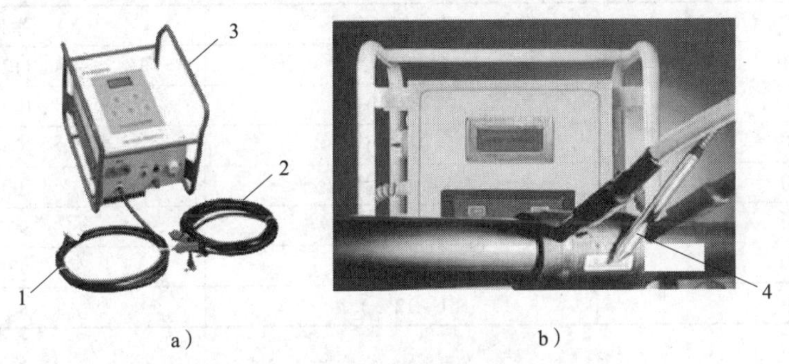

图 2—64 电熔焊机的结构

1—电源插头 2—管件插接头 3—焊机 4—光电笔

（二）电熔连接操作要点和技术要求

电熔连接主要操作工序：连接前检查→切管→清洁接头部位→将管件套入管子→校正→通电熔接→冷却。施工现场的电熔连接操作如图 2—65 所示。

图 2—65 施工现场的电熔连接操作

1．切管

管材的连接端要求切割垂直，以保证有足够的熔融区。常用的切割工具有旋转切刀、爬壁切刀、锯弓、塑料管剪刀等；切割时不允许产生高温，以免引起管端变形。管口外部应开坡口，坡口角度不宜小于

30°，且管材表面坡口长度不宜大于 4.0 mm。

2. 清洁接头部位

用细砂纸、刮刀等刮除管材表面的氧化层，用干净抹布擦除管材和管件连接面上的污物，并标出插入深度线。

旋转刮刀可以均匀地刮除管子表面的氧化皮，适用于公称外径为 20 ~ 110 mm 的管子；爬壁刮刀用于较大口径管子表面氧化皮的刮除，适用于公称外径为 90 ~ 310 mm 的管子。

3. 将管件套入管子

将电熔管件套入管子至规定的深度，将焊机的电极与管件的电极连接好。

4. 校正

调整管材或管件的位置，使管材和管件处在同一轴线上，防止因偏心而导致接头熔接不牢固、气密性不好。

5. 通电熔接

通电加热的时间、电压应符合电熔焊机和电熔管件生产企业的规定，以保证在最佳供给电压、最佳加热时间下获得最佳的熔接接头。

电熔连接的标准加热时间应由生产厂家提供，并应随环境温度的不同而加以调整。电熔连接的加热时间与环境温度的关系可参见表 2—21。若电熔焊机具有温度自动补偿功能，则不需调整加热时间。

表 2—21　　电熔连接的加热时间与环境温度的关系

环境温度 t（℃）	建议修正值	举例
-10	$(1+12\%)\ t$	112 s
0	$(1+8\%)\ t$	108 s
10	$(1+4\%)\ t$	104 s
20	标准加热时间 t	100 s
30	$(1-4\%)\ t$	96 s
40	$(1-8\%)\ t$	92 s
50	$(1-12\%)\ t$	88 s

6. 冷却

由于管接头只有在全部冷却到常温后才能达到其最大耐压强度，冷却期间其他外力会使管材、管件不能保持同一轴线，从而影响熔接质量。因此，冷却期间不得移动被连接件或在连接处施加外力。

想一想

1. 大口径的电熔塑料管材下料是否可以采用普通砂轮切割机？为什么？
2. 讨论怎样保证热熔对接连接的施工质量。

四、塑料管与金属管连接

在管道工程中，往往有多种不同材质的管道分别应用于各种场合，以达到不同的工艺设计要求，同一项目也可能采用不同材质的管道来满足最佳的设计方案。

不同材质的管道连接一般通过两种方式进行转换连接，一种是小口径管（一般指管径在63 mm以下）通过标准管螺纹转换接头连接，小口径塑料管一般利用嵌铜内螺纹或外螺纹管接头来完成与异种管材或器具金属配件的连接，如图2—66a所示。另一种是较大口径的塑料管与金属管、法兰阀门、管件连接时，采用活套金属法兰（碳钢、不锈钢或铜）来转换连接，如图2—66b所示。

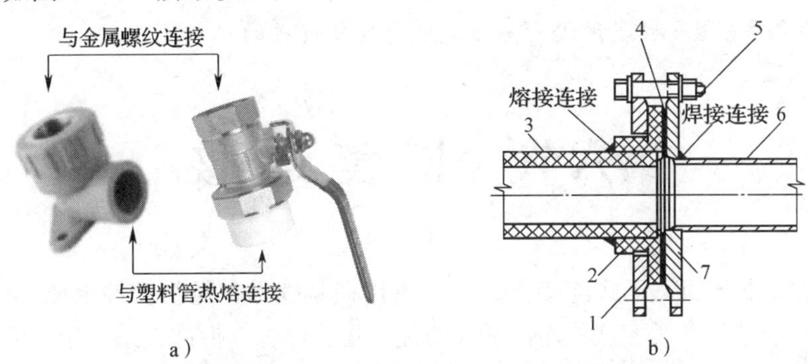

图2—66　塑料管与金属管的连接

a）螺纹连接转换管件和阀门　b）活套法兰连接

1—金属活套法兰　2—PP－R或PE法兰连接件　3—PP－R或PE管　4—垫片　5—金属螺栓　6—金属管　7—金属法兰

塑料管与金属管法兰连接操作要点和技术要求如下：

1. 金属法兰套在塑料法兰连接件上，两者之间可以不加垫片。
2. 塑料法兰连接件与管道热熔连接步骤应符合热熔要求。
3. 校正两对应的连接件，使连接的两片法兰垂直于管道中心线，表面互相平行。
4. 若是输送有温度要求的介质，法兰间应衬耐热、无毒橡胶垫片。
5. 应使用相同规格的螺母，安装方向一致。螺栓应对称紧固。螺栓和螺母均应采用镀锌件。
6. 连接管道的长度应精确，当紧固螺栓时，不应使管道产生轴向拉力。
7. 法兰连接部位应按要求设置管道支架。
8. 法兰应采用金属材料制造，若采用钢质法兰应做好防腐处理。
9. 金属法兰的焊接应在与塑料管隔离的情况下进行，否则应采取降温措施。

想一想

1. 讨论塑料管与金属管的连接一般应用在什么地方？
2. 从某一旧住宅楼卫生间的给水镀锌钢管立管的三通（*DN*32 mm×20 mm）处要接出外径为20 mm的PP－R分支管，需要哪种转换接头？

复　习　题

1. 什么是熔接连接？其质量要求是什么？

2. 熔接连接时应做好哪些准备工作？

3. 热熔承插连接应注意哪些事项？

4. 什么是热熔对接连接？

5. 热熔对接连接的操作要点和技术要求有哪些？

6. 什么是电熔连接？这种连接有什么特点？

7. 目前水暖工程中可进行熔接连接的管材有哪几种类型？

8. 不同材质的管道一般是通过哪种方式进行转换连接的？

第六节　卡 套 连 接

管道卡套连接属于机械卡式连接方式，是由带锁紧螺母和螺纹管件组成的专用接头进行管道连接的一种连接形式。这种连接形式的优点是管件可以拆卸，适用于 $DN \leqslant 32$ mm 的铝塑复合管（PAP 管）、交联聚乙烯管（PE－X 管）、耐热聚乙烯管（PE－RT 管）、纯铜管、覆塑铜管等管道的连接。这里需说明的是 PAP 管、PE－X 管、PE－RT 管还可以采用另一种卡压连接方式，具体连接方法见本章第七节“挤压式连接”的相关内容。

一、卡套连接密封原理

卡套管件由具有外螺纹和倒牙管芯的接头本体、金属 C 形卡环、密封圈和锁紧螺母组成。管芯插入管道后，拧动锁紧螺母，将预先套在管道外的卡环束紧，使管内壁与管芯密封，从而起到连接作用。铝塑管卡套连接如图 2—67 所示。

这种连接方式的特点是不用电源，所用工具为普通扳手、专用管剪、扩孔整圆器等，操作简便，施工速度快，环保、卫生。

铝塑管卡套连接的密封原理如图 2—68 所示。

1. 管道接头包括接头本体、聚乙烯隔离垫片、O 形密封圈、C 形卡环和螺母。

2. 管道接头在接头本体承插管芯外壁设有倒牙齿，倒牙齿的齿牙方向与管道插入方向一致。接头本体管芯外的 C 形卡环受螺母挤压收缩后，被接管道在接头芯管外壁的咬合齿处形成较高的接合强度和较好的密封效果。

3. 管道接头在接头本体承插管芯外壁有两道密封凹槽，可放置 O 形密封圈，接头本体

图 2—67　铝塑管卡套连接

1—接头本体　2—密封圈　3—锁紧螺母
4—C 形卡环　5—铝塑管

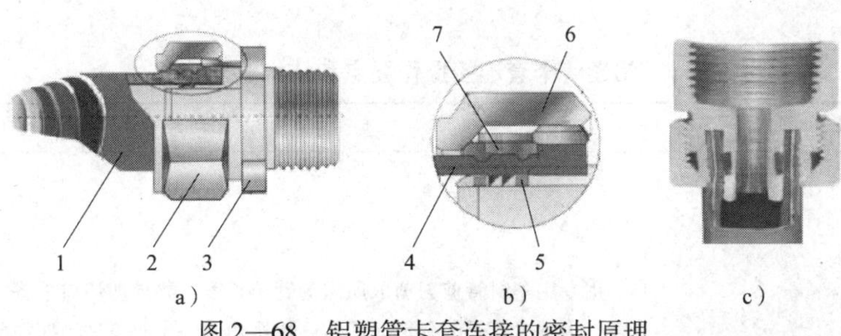

图 2—68　铝塑管卡套连接的密封原理

a）卡套连接　b）管件连接剖面　c）卡套剖面

1、4—铝塑管　2、6—螺母　3—接头本体　5—O 形密封圈　7—C 形卡环

承插管芯外 C 形卡环受螺母挤压收缩后，被接管道在接头本体管芯外壁的密封圈处形成较好的密封效果。

4. C 形卡环两侧有 30°斜面，为开口 C 形环，内表面设有 5 根 O 形凸出线条。被螺母挤压可以产生径向收缩，使被接管道压紧在接头本体管芯上，形成较高的接合强度和较好的密封效果。

5. 管道接头本体设有螺纹，与螺母共同挤压卡环，使接头本体与被接管道形成较高的接合强度和较好的密封效果。

6. 管道接头本体与被接管道端部接触部分有聚乙烯隔离垫片，可防止异种金属间的电化学腐蚀，增加管材与管件使用的可靠性。

卡套连接接头不宜暗埋。卡套接头连接的管道与其他管材、卫生器具金属配件、阀门连接时，采用带铜内螺纹或外螺纹的过渡接头、管螺纹连接。

想一想

1. 试分析卡套连接的密封原理。

2. 卡套管件中的金属锁紧环为什么设计成不闭合、有缺口的 C 形结构？C 形环内表面的 5 根 O 形凸出线条在卡套连接中起什么作用？

二、卡套连接操作要点和技术要求

卡套连接（以铝塑管为例）的主要工序：剪管下料→管口扩孔整圆→插入接头→紧固接头。铝塑管卡套连接的专用工具主要是管剪刀和扩孔整圆器，如图 2—69 所示。铝塑管卡套连接操作要点和技术要求见表 2—22。

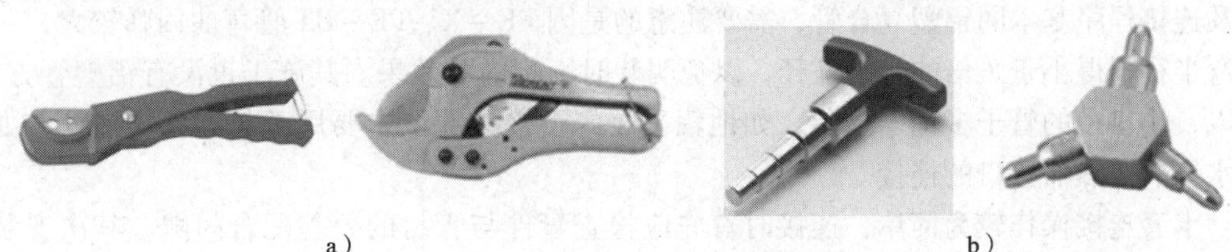

图 2—69　铝塑管卡套连接的专用工具

a）管剪刀　b）扩孔整圆器

表 2—22　　铝塑管卡套连接操作要点和技术要求

操作示意图	操作要点和技术要求
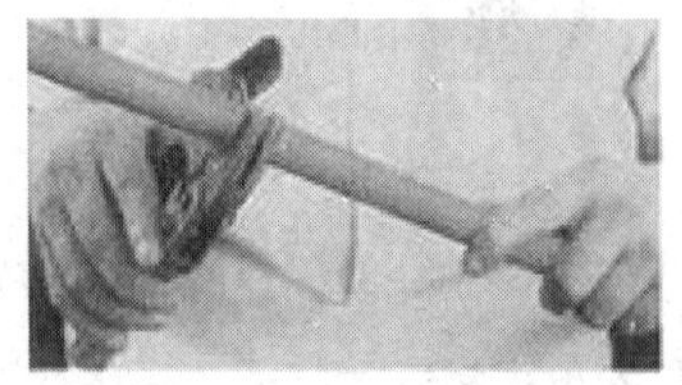	用专用塑料管剪刀剪取所需的管子长度，要求剪切口平齐并与管子中心线垂直。为减少管子的变形，剪切开始至切开一半时可适当摆动剪刀
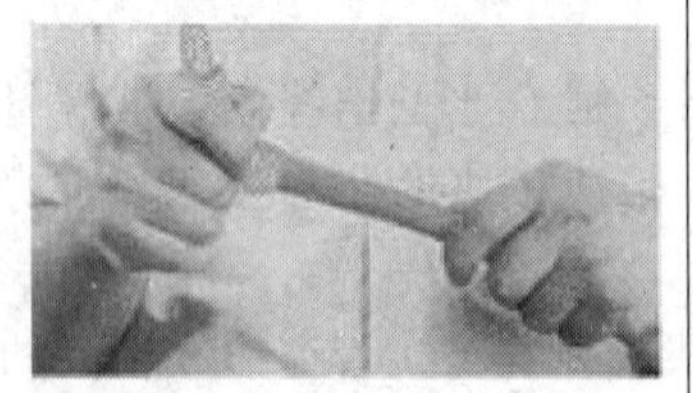	用扩孔整圆器把管子切口端面整圆，然后再用倒角器对内角开坡口，坡口角度为20°～30°，深度为1.0～1.5 mm，并清理坡口残屑，以便于铝塑管顺利插入，又不至于使其上面的密封圈移位
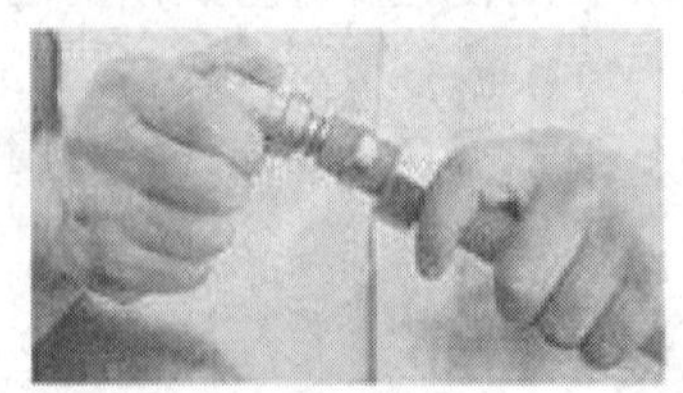	将锁紧螺母和C形铜压紧环套入连接端，用力将接头本体插入管内，至管口到达管芯根部，插入前注意检查接头本体上的密封圈是否完好
	将C形铜压紧环移至距管口0.5～1.5 mm处，再用扳手等工具紧固螺母，迫使螺母内两端带有锥度、内表面有5根O形凸出线条的C形压紧环向中心收缩，从而压紧铝塑管，使其与管内芯的密封圈紧密贴合，实现密封作用

PE－X、PE－RT管和铝塑管外径、壁厚相同的系列管材也可以采用卡套连接，结构原理及连接程序基本同铝塑复合管，需要注意的是因PE－X、PE－RT管弯曲回弹较大，一般转弯半径不得小于8倍的管子外径，以免明装时影响饰面效果。其施工也没有铝塑管方便。所以，小口径的管子多用于暗装，如地辐采暖等。接头部位主要用于与器具连接处，如与分水器、散热器接口的连接。

卡套连接操作较为简单，连接时首先应检查管件与管材的公差配合间隙，其次安装时管子一定要插接到管芯的根部，并要确保密封圈不发生移位、扭曲或损坏。施工经验证明，当螺母拧到发出“咔咔”的响声时才能达到良好的密封效果。

想一想

1. 施工规范规定的铝塑管、PE－X、PE－RT 这三种管子的弯曲半径相同吗？为什么？

2. 怎样判断卡套管件的质量优劣？

3. 试分析工程中铝塑管卡套连接渗漏的原因。

三、铜管卡套连接

纯铜管卡套连接属于铜管连接方式中的非加工压紧式连接。加工压紧式连接需现场将铜管管端加工成喇叭口后才能连接，如分体式空调器制冷剂用纯铜管的连接采用的就是加工压紧式接头方式。

（一）结构组成

铜管卡套连接是靠锁紧螺纹对卡环（球面状鼓形铜箍环）的压紧力来保持连接部位严密性的，连接时拧紧螺母，使配件内球面状鼓形铜箍环受紧固而封堵管道连接处的缝隙。铜管卡套管件如图 2—70 所示，图 2—71 所示为铜管卡套连接。

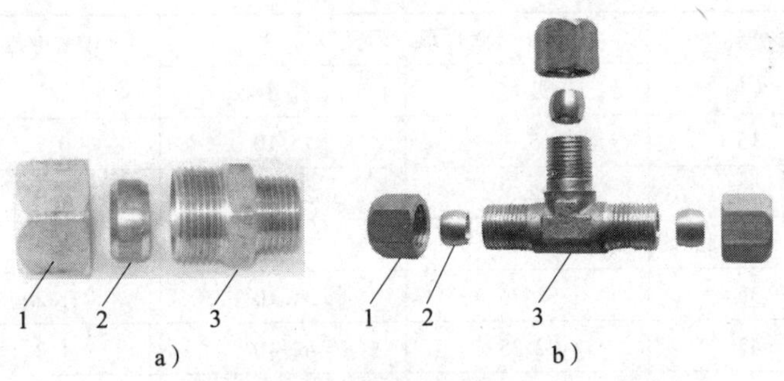

图 2—70　铜管卡套管件

a）外螺纹直接头　b）三通

1—铜螺母　2—铜箍环　3—管件本体

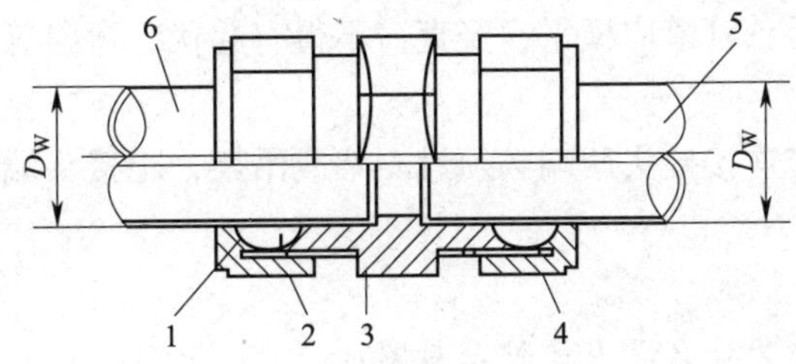

图 2—71　铜管卡套连接

1—铜螺母　2—铜箍环　3—等径直接头　4—螺纹　5、6—纯铜管　D_W—铜管外径

（二）使用范围

铜管卡套连接适用于以水为介质的铜管管道连接，用于公称直径不大于 50 mm、系统工作压力不大于 1.0 MPa 的明装管道。铜管分为硬态和半硬态两种。

（三）连接工艺操作技术

1. 铜管宜采用滚轮式切管器切断，要求管口断面与管子中心线垂直，应使用专用工具将管口整圆，管口应无毛刺等缺陷。

2. 安装前应清洁鼓形铜箍环和连接件的接头部位。

3. 按连接的先后顺序将铜螺母和铜箍环套在连接管上，将管子插入铜管接头的止管缘口，并回抽 1 ~ 2 mm（热膨胀间隙），或管头部带上 1 ~ 2 圈聚四氟乙烯生料带，注意铜管一定要垂直于管件底平面。用手旋紧螺母，检查连接管段是否平直、尺寸是否准确，确认无误后，再用两扳手将铜螺母拧紧到 1/3 ~ 2/3 圈，铜箍环咬入管子并使管子产生微小变形。

4. 卡套连接时铜箍环刃口应切入铜管，但不得旋得过紧，以免损坏螺母和螺纹。

5. 卡套连接时严禁使用管钳拧紧螺母。

6. 铜管卡套连接应符合表 2—23 的尺寸要求。

表 2—23　　铜管卡套连接安装尺寸　　mm

公称直径 DN	铜管外径 DN	管件承口内径 D		铜管壁厚 t	插入深度 L
		最大	最小		
15	15	15.3	15.10	0.7	13
20	22	22.3	22.10	0.9	15
25	28	28.3	28.10	0.9	16
32	35	35.35	35.10	1.2	18
40	42	42.35	42.10	1.2	20
50	54	54.35	54.10	1.2	24

（四）连接质量检验

1. 卡套连接完成后，管道应横平、竖直，不得有起伏、弯曲等现象，不得有局部的凸起和凹陷。

2. 水平连接的卡套连接接头两端必须设支架或吊架，距接头端面应不大于 50 mm。

想一想

1. 铜管卡套连接为什么没有橡胶密封圈？

2. 铜管卡套连接为什么有严格的管件、管材尺寸公差配合技术要求？

复 习 题

1. 什么是卡套连接？这种连接方式有什么优缺点？
2. 铝塑管卡套连接的专用工具主要是什么？应怎样正确使用？
3. 以铝塑管为例，说明卡套连接的主要工序。
4. PE－X、PE－RT 管材采用卡套连接时应注意哪些问题？
5. 如何保证铝塑管卡套连接的施工质量？
6. 纯铜管卡套连接和 PE－X、PE－RT 管卡套连接有什么异同？

第七节 挤压式连接

挤压式连接是以带有特种密封圈的承口管件连接管道，用专用工具钳压承口部位使其径向压缩紧固密封的一种连接方式，又称钳压式连接方式。钳压后的承口断面呈六角形、梅花形或多边形。目前工程中应用较广泛的挤压式连接包括卡压式连接、环压式连接和内插卡压式连接三种类型。

挤压式连接方式构成管件的数量少，结构简单，安装方便，接头质量受人为因素的影响小，连接后不可拆卸，可用于隐蔽工程中不需经常拆卸的场合。可以采用挤压式连接方式连接的管子有 PAP 管、薄壁不锈钢管、铜管、铝塑复合管（PAP 管）、PE－X 管、PE－RT 管等。碳钢管的卡压式连接和环压式连接是近几年发展起来的新技术。

挤压管件适用的工作压力：给水系统为 1.6 MPa；压缩空气系统为 1.0 MPa；燃气系统为0.5 MPa。卡压管件适用的工作温度：给水系统 <110℃；燃气系统为 －20～70℃。O 形密封圈材料的选用：给水系统为耐高温三元乙丙橡胶（EPDM）；燃气系统为耐高温丙烯腈聚丁橡胶（HNBR）。

本节主要介绍薄壁不锈钢管、PAP 管、PE－X 管及 PE－RT 管的挤压连接技术。

一、薄壁不锈钢管及管件

薄壁不锈钢管是指由壁厚与外径之比不大于 6%、壁厚为 0.6～4.0 mm 的不锈钢带或不锈钢板，通过制管设备用自动氩弧焊等焊接制成的管材。

（一）薄壁不锈钢管和管件的材质

建筑给水薄壁不锈钢管所用的管材和管件应具有国家认可的产品检测机构的产品检测报告和产品出厂质量保证书；生活饮用水用的管材和管件还应具有卫生部门的认可文件。不同系列牌号的不锈钢管应采用与其相同牌号的管件。管材、管件的选材可根据其用途按表 2—24 的规定执行。

表 2—24　　薄壁不锈钢管和管件的材质及用途

牌号（统一数字代号）				用途
新牌号		旧牌号		
(S30408)	06Cr19Ni10	(304 型)	0Cr18Ni9	冷水管、热水管、直饮水管
(S30403)	022 Cr19Ni10	(304L 型)	00Cr19Ni10	
(S31608)	06 Cr17Ni12Mo2	(316 型)	0Cr17Ni12 Mo2	冷水管、热水管、直饮水管、耐腐蚀性要求高的场所
(S31603)	022 Cr17Ni12Mo2	(316L 型)	00Cr17Ni14 Mo2	

（二）薄壁不锈钢管的规格

采用不同连接方式的薄壁不锈钢管接口应采用与其配套的不锈钢管件。管子和管件尺寸与公差应分别符合现行国家标准或行业标准的规定。

按照现行国家标准《不锈钢卡压式管件组件》（第 2 部分　连接用薄壁不锈钢管）（GB/T 19228. 2—2011）的规定，建筑给水系统使用的薄壁不锈钢管的基本尺寸见表 2—25。

表 2—25　　薄壁不锈钢管的基本尺寸　　mm

公称尺寸 *DN*	钢管外径		外径允许偏差 *C*	厚度 *s*		厚度允许偏差
	Ⅰ系列	Ⅱ系列		s_1	s_2	
10	12.7	—	±0.10	0.8	0.6	±10%
15	16	15.9		1.0	0.8	
	18					
20	20	22.2	±0.11	1.2	1.0	
	22					
25	25.4	28.6	±0.14	1.2	1.0	
	28					
32	32	34	±0.17	1.5	1.2	
	35					
40	40	42.7	±0.21	1.5	1.2	
	42					
50	50.8	48.6	±0.26	1.5	1.2	
	54					
60	60.3	—	±0.32	1.5	1.5	
	63.5					
65	76.1	—	±0.38	2.0	1.5	
80	88.9		±0.44	2.0	—	
100	101.6		±0.54	2.0	—	
	108					

注：1. 表中的数据摘自《不锈钢卡压式管件组件》（第 2 部分　连接用薄壁不锈钢管）（GB/T 19228. 2—2011）。

2. Ⅰ、Ⅱ系列卡压式管件的外形尺寸不同。

3. 优先选用Ⅰ系列。

1. 薄壁不锈钢管的标记

不锈钢卡压式管件连接用薄壁不锈钢管产品标记由产品名称或代号、管子外径×壁厚、材料牌号和标准编号组成。

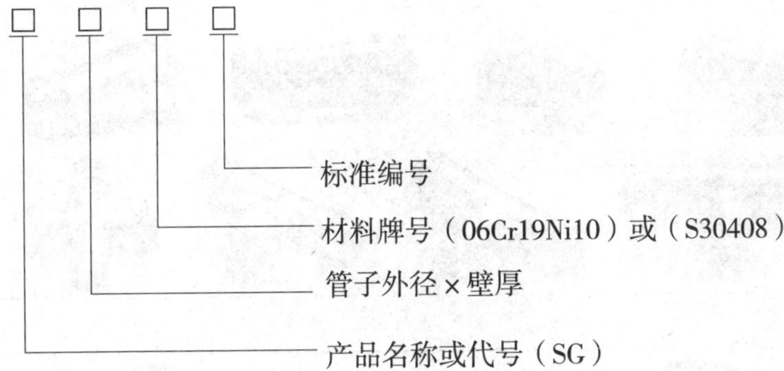

标记示例：不锈钢管　50.8×1.2　06Cr19Ni10　GB/ T 19228.2—2011

表示公称直径 *DN*50、管件连接用管子外径为 50.8 mm、壁厚为 1.2 mm、材料为 06Cr19Ni10 的不锈钢卡压式管件连接用薄壁不锈钢管。

2. 薄壁不锈钢管的标志

经检验合格后的不锈钢管，应在每一根不锈钢管上做标志。标志内容应包括制造商名称或商标、材料牌号、规格尺寸和标准编号。

（三）挤压式管件

按照薄壁不锈钢管不同的接口方式，挤压式管件的规格种类较多，主要有卡压式管件、环压式管件和内插卡压式管件三大类。卡压式管件分为 D 型承口管件和 S 型承口管件两种。

采用卡压式、内插卡压式连接的管件，其内径和外径允许偏差应分别符合国家标准《不锈钢卡压式管件组件》（第 1 部分　卡压式管件）（GB/T 19228.1—2011）、城镇建设行业标准《薄壁不锈钢内插卡压式管材及管件》（CJ/T 232—2006）的规定。采用环压式管件应参考行业标准或其他标准。挤压式管件的类型如图 2—72 所示。

a）

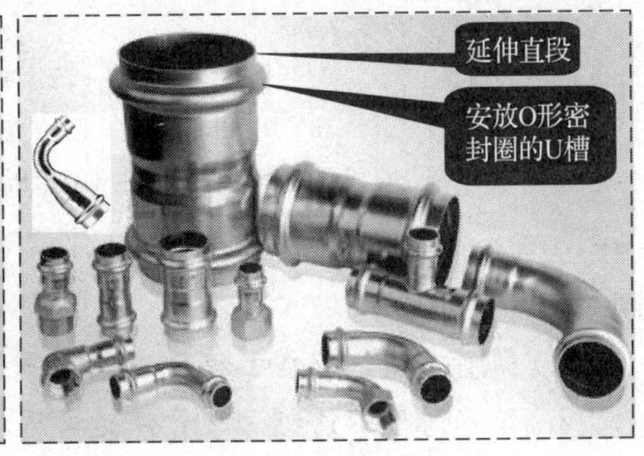

b）

c）

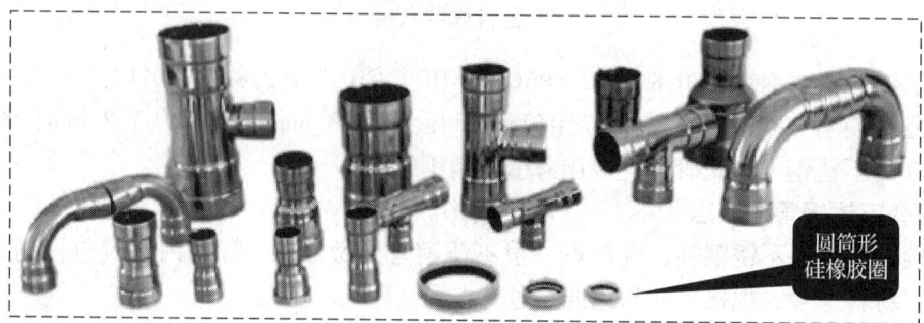

d）

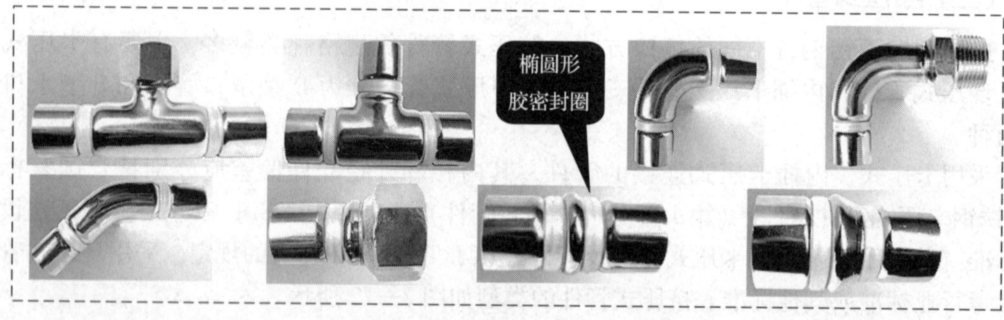

e）

图 2—72　挤压式管件的类型

a）D 型卡压管件　b）S 型单密封卡压管件（双卡压式）

c）S 型双密封卡压管件（双卡压式）　d）环压管件　e）内插卡压管件

想一想

1. 薄壁不锈钢管在工程应用中有什么优点？
2. 给水薄壁不锈钢管及管件的材质与普通装修用不锈钢型材有何区别？
3. 仔细观察图 2—72 中不同类型的挤压式管件，你能说出其密封原理吗？

二、挤压式连接方式专用工具

（一）卡压钳

卡压钳是挤压式连接专用的卡压工具，卡压钳分为液压直连式、液压分体式、电动直连式和电动分体式，如图 2—73 所示。图 2—74 所示为液压分体式卡压钳的结构。一般 *DN*≤32 mm 时采用六角形或梅花形卡压模头，*DN*≥65 mm 时采用环形卡压模头（电动分体式卡压钳）。

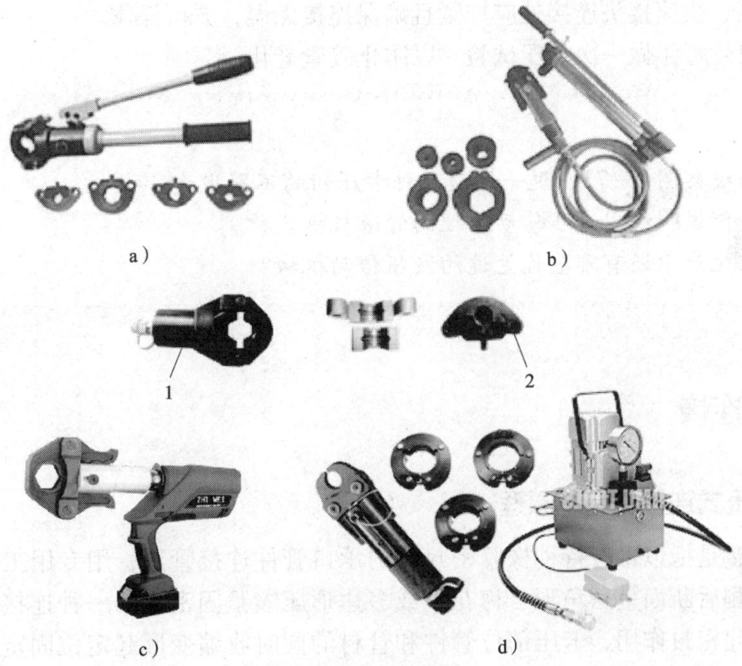

图 2—73　卡压钳

a）液压直连式　b）液压分体式　c）电动直连式　d）电动分体式

1—卡压钳座　2—卡压模头

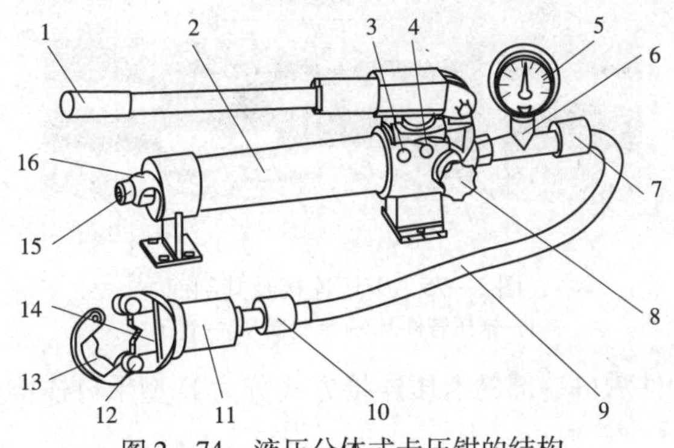

图 2—74　液压分体式卡压钳的结构

1—手柄　2—储油缸　3—高压单向阀　4—高压安全阀　5—压力表　6—三通阀　7—快速接头　8—卸载阀　9—高压油管　10—快速接头　11—钳座　12—定位销　13—上钳口　14—下钳口　15—注油口　16—挂钩

管道进行卡压连接时一般应采用配套的电动卡压工具，所使用的卡压工具应配备不同规格的卡压模头。

另外，管子进行卡压连接时还要使用割刀、刮刀、划线器（画笔）、除毛刺器和六角量规等工具。

（二）卡压工具使用安全规范

1. 不准超过工具的最高工作压力，不得随意调整调压阀预定的压力。
2. 不能带压注油。
3. 各螺纹、快速接头连接处应拧紧且确保连接无误，方可操作。
4. 高压胶管每年做一次加压试验，以防止胶管老化。

想一想

1. 仔细观察图 2—73，说一说这几种卡压钳的不同用途。
2. 试举例说明利用液压传动原理的管道机械名称。
3. 工业生产中还有哪些你见过的液压传动机械？

三、卡压式连接

（一）卡压式连接的基本原理

卡压式连接是指以带有特种橡胶密封圈的承口管件连接管道，用专用工具钳压承口的一侧或左右两侧后断面呈六角形、梅花形或多边形压缩紧固密封的一种连接方式。橡胶密封圈受挤压后起密封作用，卡压部位管件和管材的同时收缩变形起定位固定作用，实现了抗旋转功能；同时，由于密封圈的压缩，卡压部位变形，中间小、两头大，使变形产生了可靠的密封效果，实现了抗拉拔功能。卡压连接及其剖面如图 2—75 所示。

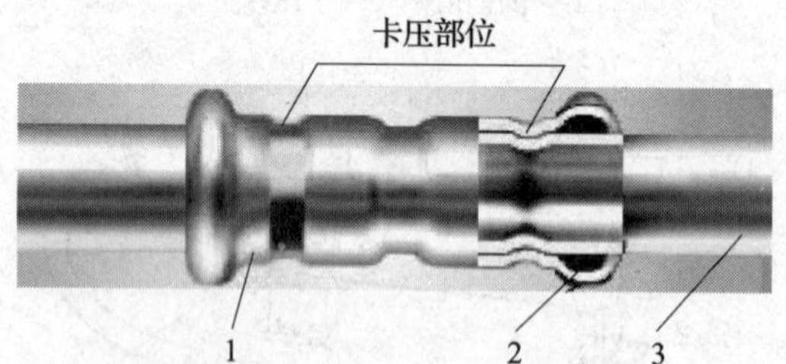

图 2—75　卡压连接及其剖面
1—卡压管件　2—密封圈　3—管子

卡压式连接根据管件承口端部的卡压连接方式分为 D 型承口连接和 S 型承口连接。

（二）D 型承口卡压连接

D 型承口连接是指管件承口端部无延伸直段的卡压式连接方式，为单卡压、单密封连

接。根据卡压后管件承口外形的不同，分为卡压六角式连接和卡压梅花式连接两种。D型承口连接如图2—76所示。

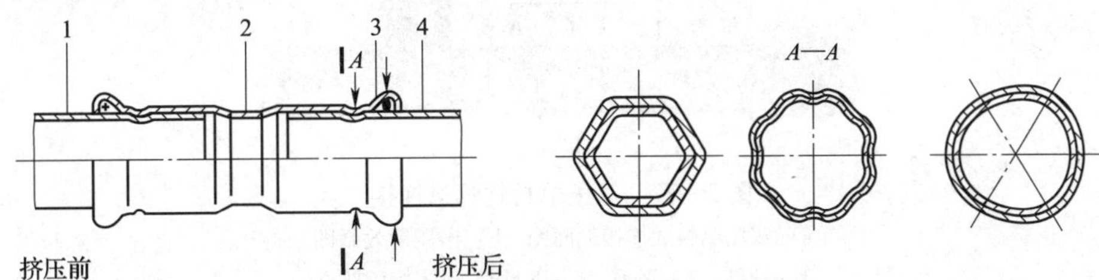

图2—76　D型承口连接（单卡压）

1—卡压前管子　2—双承直接头　3—密封圈　4—卡压后管子

1. 卡压六角式管道连接

*DN*15～*DN*60卡压后的管子、管件承口外形呈六角形；*DN*65～*DN*100卡压后的管子、管件承口外形呈椭圆形。

2. 卡压梅花式管道连接

*DN*15～*DN*50卡压后的管子、管件承口外形呈六角梅花形；*DN*65～*DN*100卡压后的管子、管件承口外形呈八角梅花形。

（三）S型承口卡压连接

S型承口卡压连接是指管件承口有延伸直段的卡压式连接方式，也称双卡压连接。S型承口卡压连接是在单卡压技术的基础上改进后的卡压连接方式，在管子和管件的连接处两端均用卡压钳卡压，压缩成两个六边形，从而提高了抗拉拔能力和抗旋转能力。管道接口的密封性、安全性、稳定性更高。

S型承口卡压连接分为双压单封（一个密封圈）式管道连接和双压双封（两个密封圈）式管道连接两种方式。双卡压双密封式用于大口径管道连接，其安全性、可靠性更高。

1. 双压单封式管道连接

双压单封式管道连接的结构是管件承口有一个U形密封槽，在其左右两侧卡压，如图2—77所示。

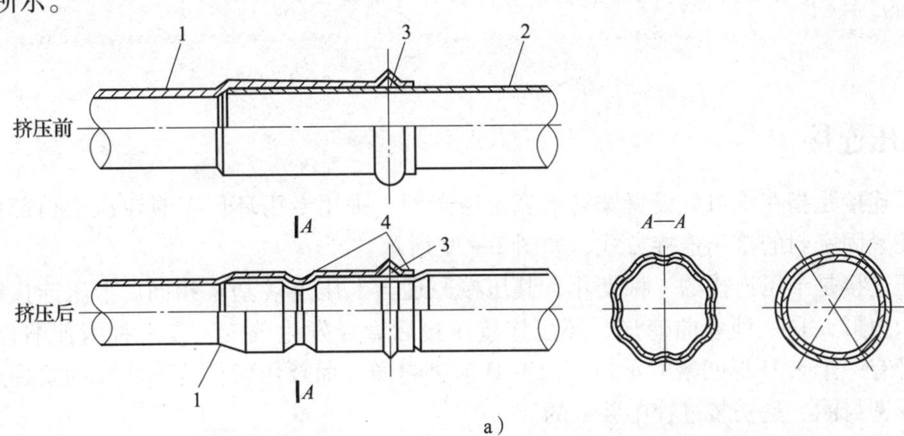

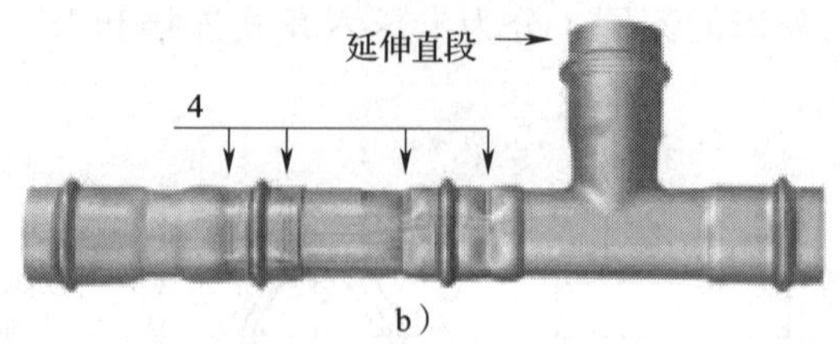

b）

图 2—77　双压单封式管道连接

a）双压单封式连接剖面图　b）卡压后效果图

1—管件　2—管子　3—密封圈　4—挤压部位

2. 双压双封式管道连接

双压双封式管道连接是管件承口有两个 U 形密封槽，两侧卡压，如图 2—78 所示。

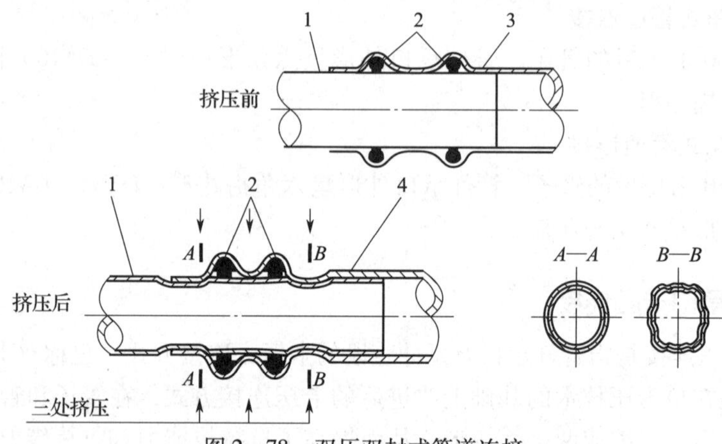

图 2—78　双压双封式管道连接

1—管材　2—双密封圈　3—双卡压管件　4—管件

想一想

1. 单卡压和双卡压的主要区别是什么？
2. 卡压后断面的不同几何形状中为什么都有棱角设计？

四、环压连接

环压连接是指在承口处设置圆筒形宽带密封圈，采用专用环压工具钳压承口部位后呈环状压缩紧固密封的挤压连接方式，如图 2—79 所示。

环压连接是卡压连接的一种变化，其压接原理与卡压连接基本相同。卡压连接钳压后断面是六边形，是一种弯曲变形，环压连接压接后直径发生改变，是一种引伸缩径变形，卡压管件有一个带 U 形凹槽的承口，内置 O 形密封圈，而环压管件为不收口的阶梯承口内装圆柱形密封圈，是安装过程中装入的。

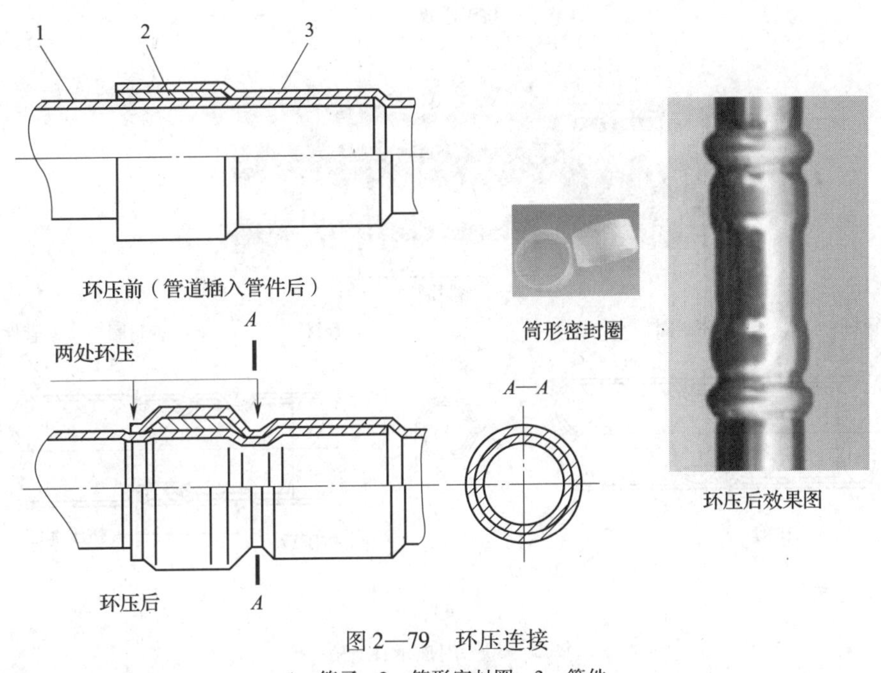

图 2—79　环压连接
1—管子　2—筒形密封圈　3—管件

想一想

环压连接工具和卡压工具有什么不同？

五、内插卡压连接

内插卡压连接是指以带有密封圈的管件插入管材的挤压式连接方式，如图 2—80 所示。

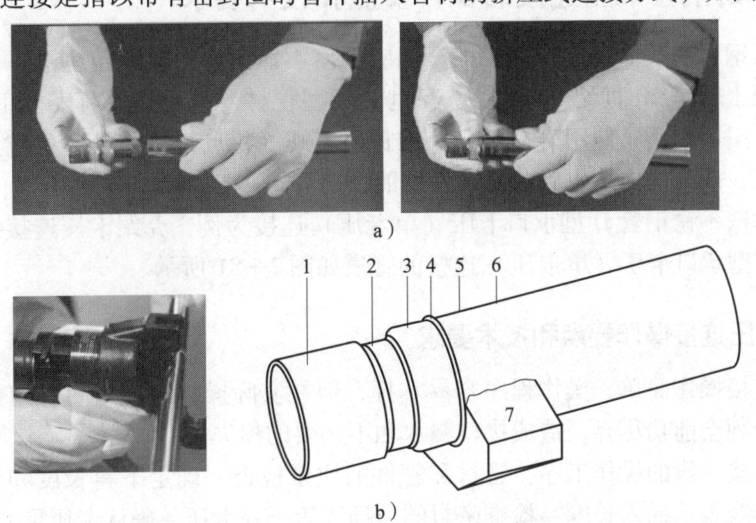

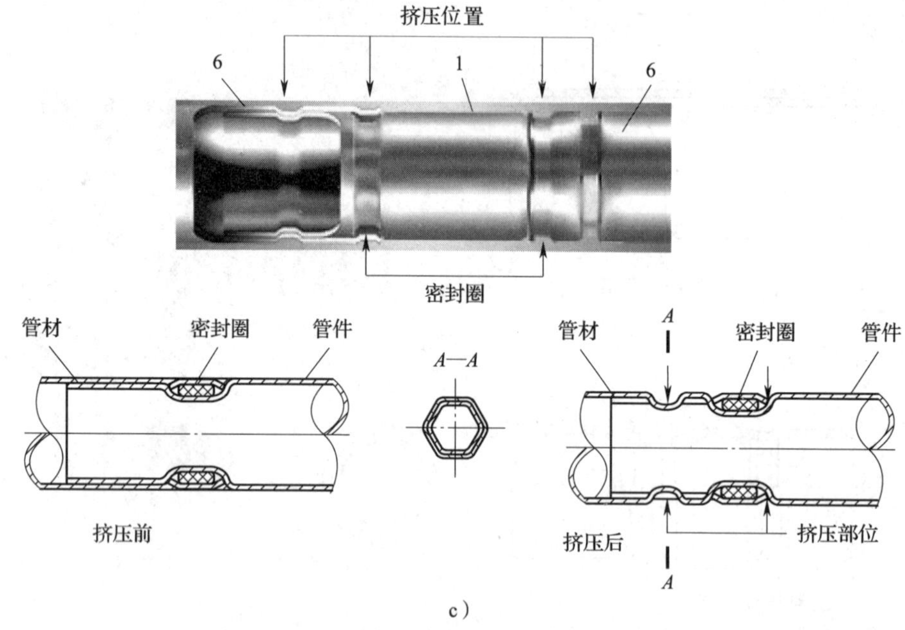

c）

图 2—80　内插卡压连接

a）管道插接　b）管道卡压操作　c）内插卡压剖面图

1—等径直接头（管件）　2—安放密封圈的凹槽　3—管件凸台

4—管子端口　5—密封圈位置（已被管子遮挡）　6—管子　7—卡压钳口

想一想

仔细观察图 2—80，分析内插卡压管件结构和卡压管件有什么不同？

六、薄壁不锈钢管卡压连接的操作要点和技术要求

薄壁不锈钢管及其卡压式连接的推广和应用使不锈钢管的应用范围进一步扩大。我国的薄壁不锈钢水管是 20 世纪 90 年代末问世的新型管材，由于其具有安全卫生、强度高、耐腐蚀性好、坚固耐用、使用寿命长、免维护、美观等特点，目前已大量应用于建筑给水和直饮水管道，成为国内给水管道系统发展的新趋势。

这里以薄壁不锈钢管 D 型承口卡压（单卡压）连接为例，介绍卡压连接的操作要点和技术要求。D 型承口卡压（单卡压）连接的管道如图 2—81 所示。

（一）卡压连接操作要点和技术要求

卡压式连接操作简单，操作程序容易掌握，但在实际操作时应对每一道操作工序进行质量把关；否则会前功尽弃，造成接口漏水和不必要的损失。

卡压式连接一般的操作工序：管材和管件的质量检查→确定下料长度和管子的切割→管端修整→划线表示插入长度→检查密封圈→插入管子→卡压→确认卡压尺寸。

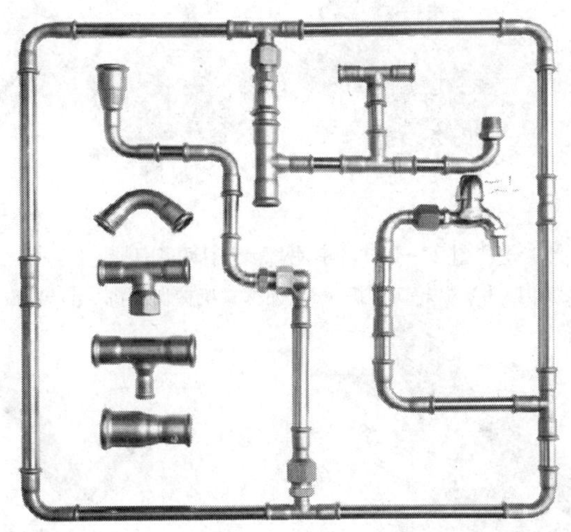

图 2—81 薄壁不锈钢管 D 型承口单卡压连接的管道

1. 管材和管件的质量检查

安装采用的管材和管件应符合国家现行有关产品标准，其实物与资料应一致，并附有产品说明书和质量合格证书。

安装前应对管材和管件的外观与接头认真检查，管材、管件上的污物和杂质应及时清理干净。不得采用对管材和管件有腐蚀的溶剂进行清洗，并确认管材和管件没有损伤及变形。

2. 确定下料长度和管子的切割

按照施工图样要求计算好下料尺寸。管子的切割长度应保证施工图尺寸和管件的插入长度，管子的插入长度可根据实际管件尺寸或按表 2—26 选择。

表 2—26　　卡压式连接管子插入管件的长度　　mm

公称直径	插入长度		公称通径	插入长度	
	Ⅰ系列	Ⅱ系列		Ⅰ系列	Ⅱ系列
*DN*15	20 ±3	21 ±3	*DN*50	35 ±4	52 ±4
*DN*20	21 ±3	24 ±3	*DN*60	—	—
*DN*25	23 ±3		*DN*65	53 ±5	
*DN*32	26 ±4	39 ±4	*DN*80	60 ±5	—
*DN*40	30 ±4	47 ±4	*DN*100	75 ±5	—

不锈钢管宜采用专用电动切管机或手动切管器切割，不锈钢专用切管工具较多，图 2—82 所示为几种不锈钢管专用切割工具。

切割薄壁不锈钢管时，应根据薄壁不锈钢管的规格，选用合适的专用切割工具进行管子的切割，如图 2—83 所示。

a） b） c） d）

图 2—82 不锈钢管专用切割工具

a）手工割刀 b）砂轮切割机 c）便携式机械切割机 d）机械切割机

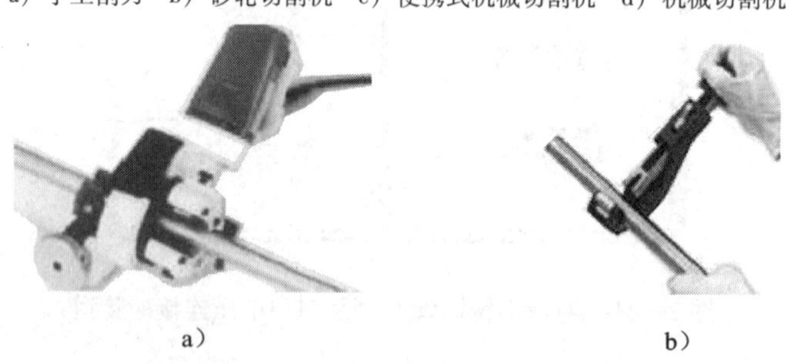

a） b）

图 2—83 薄壁不锈钢管的切割

a）机械切割 b）手工切割

3. 管端修整

切断后的管端如带有毛刺、切屑或黏附有异物，为避免其刺伤管件内的密封圈，应使用专用的修边器或专用锉刀将管端的毛刺等杂物完全除去，如图 2—84 所示。

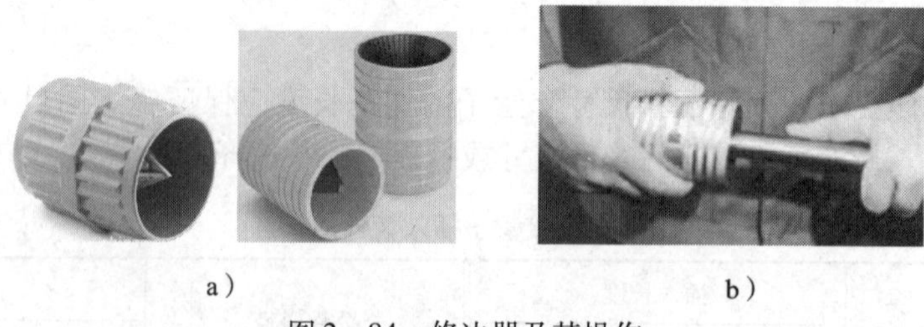

a） b）

图 2—84 修边器及其操作

a）修边器 b）修边器的操作

禁止使用在其他金属上使用过的除毛刺器或锉刀，以免对不锈钢管产生腐蚀。

4. 划线表示插入长度

使用划线器或划线工具在管端划线并做出插入长度的记号，以保证管子插入管件有足够的长度，避免卡压后漏水或脱落，造成严重的安装事故，如图 2—85 所示。

5. 检查密封圈

插入管子前，应检查管件内的密封圈是否正确地安装在管件的 U 形槽内，如有必要，可对密封圈进行调整。

6. 插入管子

插入管子前，再次确认划线标记是否正确，插入管端无毛刺等杂物。插入管子时要将管子慢慢、笔直地插入管件内，如管子插入后歪斜，宜导致密封圈的损伤。

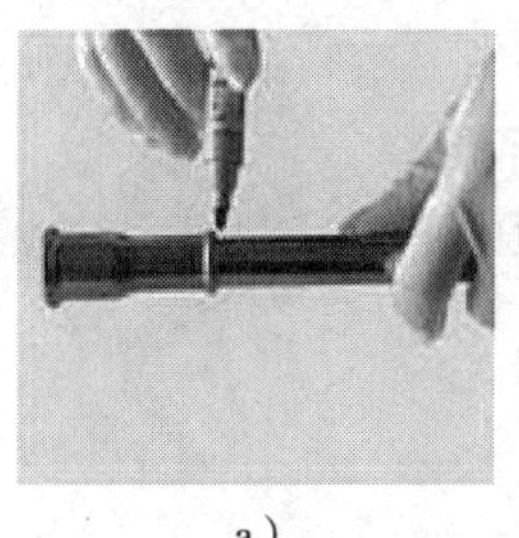
a）

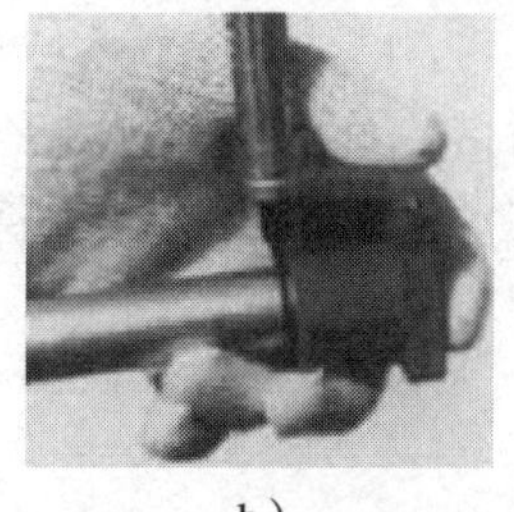
b）

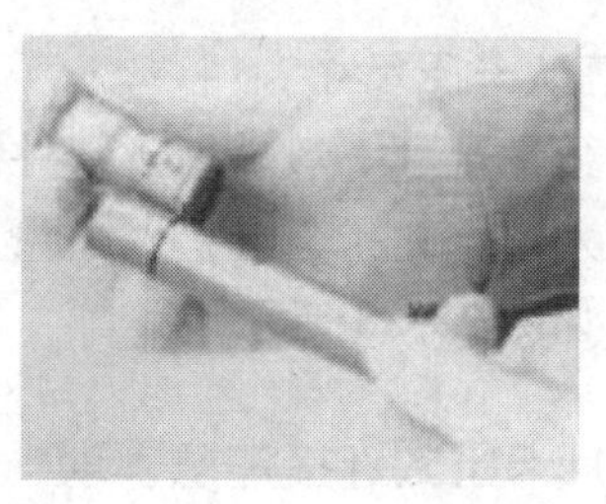
c）

图 2—85　划线表示插入长度
a）用画笔画线　b）用划线器划线　c）划线检查

插入时如管子过紧，可在管子上蘸点水，不得使用油脂润滑，以免油脂使密封圈变质失效。

管子插入的长度以管件端部距划线记号 2 mm 以内为宜。管子与管件的装配如图 2—86 所示。

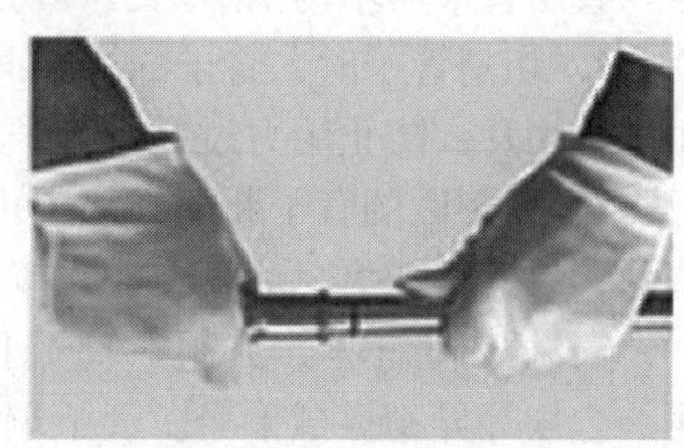
图 2—86　管子与管件的装配

7．卡压

当确认一切正常后才能进行卡压作业。卡压工具根据管子的规格进行选择。

对管子进行卡压时，把卡压工具钳口的环状凹槽对准管件的端部内装有密封圈的环状凸部进行卡压作业。卡压操作时注意不要让管子脱出管件。

对于带管螺纹的管件，宜在螺纹紧固后进行卡压，以免造成卡压好的管件因紧固螺纹而松动或松脱，造成管子漏水。

电动直连式卡压钳卡压操作过程：管子插入管件位置正确后，打开卡压器的固定钳口，将卡压的管件部位放入固定钳口和移动钳口之间，使两钳口的环状凹槽对准管件的环状凸部（内有密封圈），锁好固定钳口和移动钳口支架的连接销钉，并使卡压器钳口垂直于管子，然后扣动卡压器开关，移动钳口开始向前移动，从而使被卡压管件在两钳口形成的模具中被卡压封紧，最大卡压压力可达 43 MPa，当卡压器的油泵发出“砰”的响声时，表明卡压已到位，然后立即松开开关并按下复位按钮，使移动钳口退回，拉出销钉，打开固定钳口取出管子，即完成卡压操作。卡压后，管件卡压部位呈六角形向内收缩压紧状态，同时管件密封部位也被卡压收紧，管子与管件之间实现密封连接。

管子的卡压操作过程如图 2—87 所示。

a）

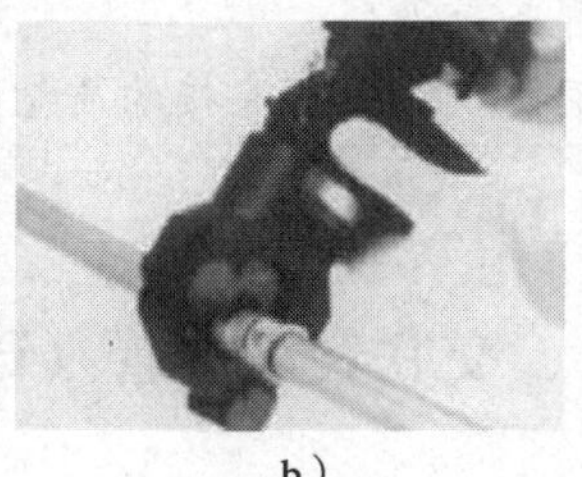
b）

c）

图 2—87　管子的卡压操作过程
a）卡压准备　b）电动卡压　c）手动卡压

8. 确认卡压尺寸

用六角量规（一般随卡压管件附带）确认卡压尺寸是否到位，卡压六角处能完全卡入六角量规即表示卡压到位。卡压尺寸的确认如图 2—88 所示。

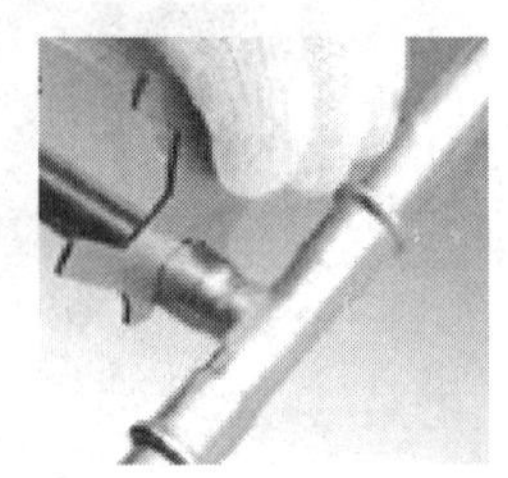
图 2—88　卡压尺寸的确认

（二）卡压式连接注意事项

1. 不锈钢管操作现场宜干净、整洁，防护手套、工作服及施工工具也应干净，无油脂或其他污物。

2. 不锈钢管端部必须妥善保护，以避免压扁或变形。

3. 管子卡压切管的部位应用抹布或棉纱将管子表面的油污、杂物或泥土完全擦拭干净。管子宜采用不锈钢专用工具切割。

4. 切割管子时，管子的切断面应保持圆形，切断线应与管子轴线成直角。以适当的力量进行切管，防止用力过猛将管子切成扁平状或椭圆状。

5. 切割后的管子断面必须进行修整，应将切断面的切屑、毛刺用锉刀或专用工具完全清除，以防止切屑、毛刺在插入接头管件时刮伤 O 形橡胶密封圈及其他附属品。

6. 插入管子前，必须在管子上划出插入长度线，并将附着在接头管件及管子上的油、泥、尘埃等异物擦拭干净。管子端部及压接接头管件的密封圈有异物附着时，接合后可能发生漏水，不得使用。

7. 进行卡压前，应能正确操作卡压工具，必要时仔细阅读卡压工具使用说明书。

8. 卡压接合的部位如发生松动，可在同一地方再压接一次。

对于薄壁不锈钢管的连接方式，近几年国家相关部门先后颁布了多个技术规程、规范，以指导这一新工艺能正确推广应用。主要有中国工程建设标准化协会颁布的《自动水灭火系统薄壁不锈钢管道工程技术规程》（CECS 229—2008）、《建筑给水排水薄壁不锈钢管连接技术规程》（CECS 277—2010）、《环压连接管道工程技术规程》（CECS 305—2011），国家质量监督检验检疫总局颁布了《薄壁不锈钢管道技术规范》（GB/T 29038—2012）。在冷热水、消防、排水工程中推广使用挤压式连接方式。

关于铜管的卡压连接，可参照薄壁不锈钢管卡压连接进行。

想一想

1. 卡压连接的操作工序是什么？
2. 卡压连接时应注意哪些事项？
3. 讨论怎样保证薄壁不锈钢管卡压连接的质量。

七、铝塑复合管（PAP）、交联聚乙烯管（PE－X）卡压式连接

（一）铝塑复合管（PAP）卡压式连接

铝塑复合管也可进行卡压连接，只是其卡压管件与薄壁不锈钢管不同，如图 2—89

所示。从图中可以看出，铝塑管卡压管件与薄壁不锈钢管卡压管件不同。铝塑管卡压管件依靠管件上的密封圈进行密封，而卡压件与管件分开，卡压件为一金属管箍（一般用不锈钢制作，又称不锈钢套）。钢套上一般有一个或多个小孔，这样便于观察铝塑管插入的深度。

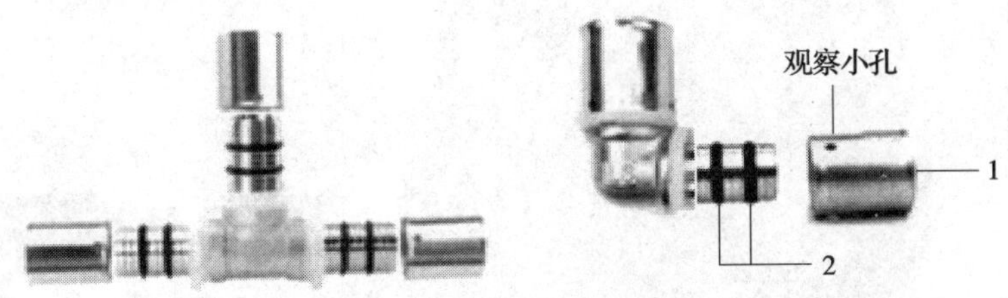

图 2—89　铝塑管卡压管件

1—不锈钢套　2—双 O 形橡胶密封圈

铝塑管采用卡压连接时，管子应全部敷设到位后逐一完成卡压，其卡压连接基本工序：切割→整圆与倒角→套管→卡压。

铝塑管卡压连接基本操作要点和技术要求如下：

1. 切管后用倒角器将切后管端倒内、外角，去除毛刺。

2. 检查管件密封圈是否在凹槽中，不得涂油。对于燃气管道，要检查密封圈是否为黄色氢化丁腈橡胶。

3. 先将不锈钢套套在管子上，然后将管子轻轻旋入管件接口，直到管件止位处。

4. 按住专用压力卡钳柄部，使钳口套在已装好的管件上，稍用力向后推，保证上、下钳口间隙相等（浮动夹头式），并使卡钳端面靠在管件端面上，保持与管材轴线垂直。

5. 按卡压工具使用说明书所示的方法对管件加压，达到所要求的压力时停止加压，此时钳口完全闭合，延时 1 ~2 s。

6. 按卡压工具使用说明书的要求使卡钳放松，卸下钳口，取出管子，完成管子的一次卡压。

7. 连接后的不锈钢套外圆柱表面应有 3 个压紧凹槽。

8. 采用卡压连接时，注意不应有漏卡压的接头。

铝塑管卡压连接操作如图 2—90 所示，图 2—91 所示为铝塑复合管卡压效果及卡压专用工具。

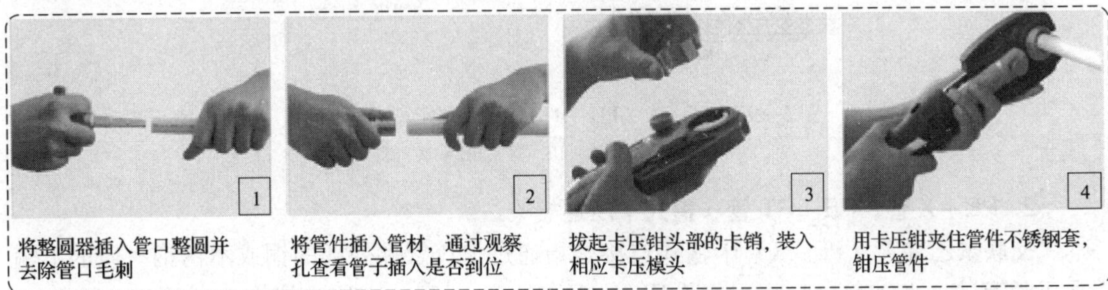

图 2—90　铝塑管卡压连接操作

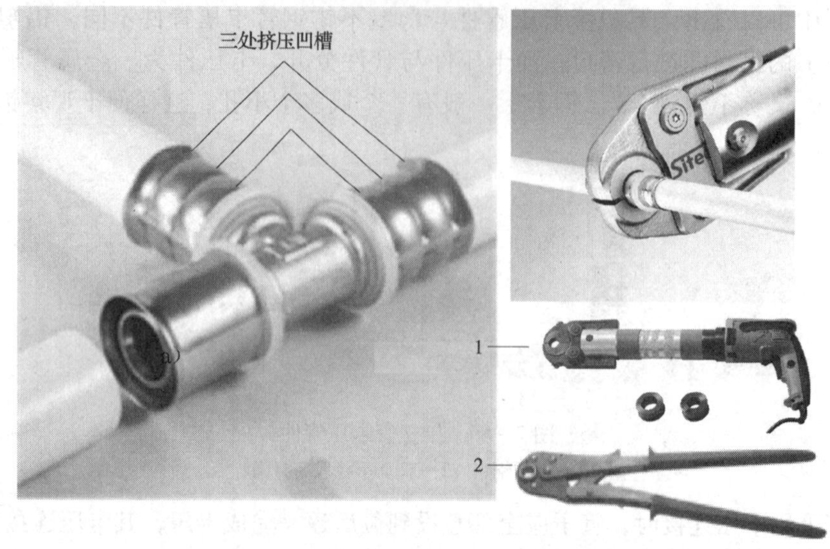

图2—91　铝塑复合管卡压效果及卡压专用工具

1—电动卡压钳　2—手动长钳

（二）交联聚乙烯管（PE－X）、耐热聚乙烯管（PE－RT）卡压式连接

PE－X、PE－RT 管卡压式连接与铝塑管基本相近，区别在于 PE－X、PE－RT 管卡压式连接管件没有密封圈，依靠 PE－X、PE－RT 管材本身的弹性记忆功能，通过不锈钢套、铜或不锈钢卡箍环的挤压以及管件本体齿形插口端的咬合作用，使管道接口达到密封和紧固的效果。*dn*25 以下管接口可采用手动长钳进行卡压连接。

1. PE－X 管、PE－RT 管不锈钢套卡压式连接

PE－X 管、PE－RT 管不锈钢套卡压式连接如图 2－92 所示。其操作工序和铝塑管卡压连接方法相同，这里不再讲述。

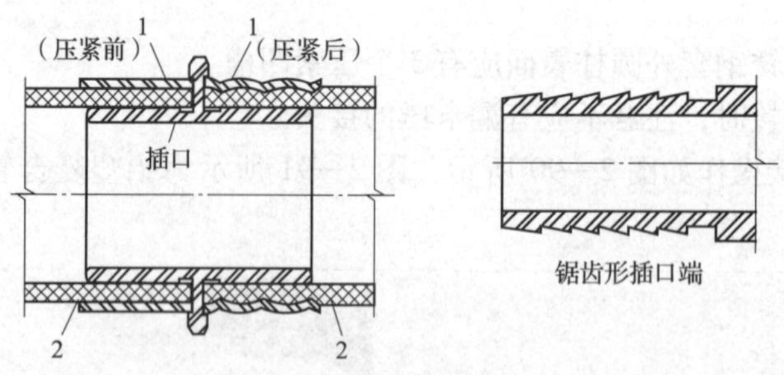

图2—92　PE－X（PE－RT）管不锈钢套卡压式连接

1—不锈钢套　2—PE－X（PE－RT）管

2. PE－X 管、PE－RT 管卡箍式卡压连接

交联聚乙烯管（PE－X）卡箍式连接是指通过卡压管件外部的铜或不锈钢材质的卡箍来压紧管材，达到密封和紧固的作用，如图 2—93 所示。这种连接方式适用于 16 mm≤*DN*≤32 mm 冷、热水管。热水管 *DN*≤32 mm 时采用一个卡箍，*DN*＞32 mm 时采用两个卡

箍。卡箍式连接所用的钳压工具也是电动卡压钳或手动长钳。$DN \leqslant 25$ mm 可采用手动长钳。卡箍钳压后须用专用定径卡板检查卡箍周边，以不受阻为合格。

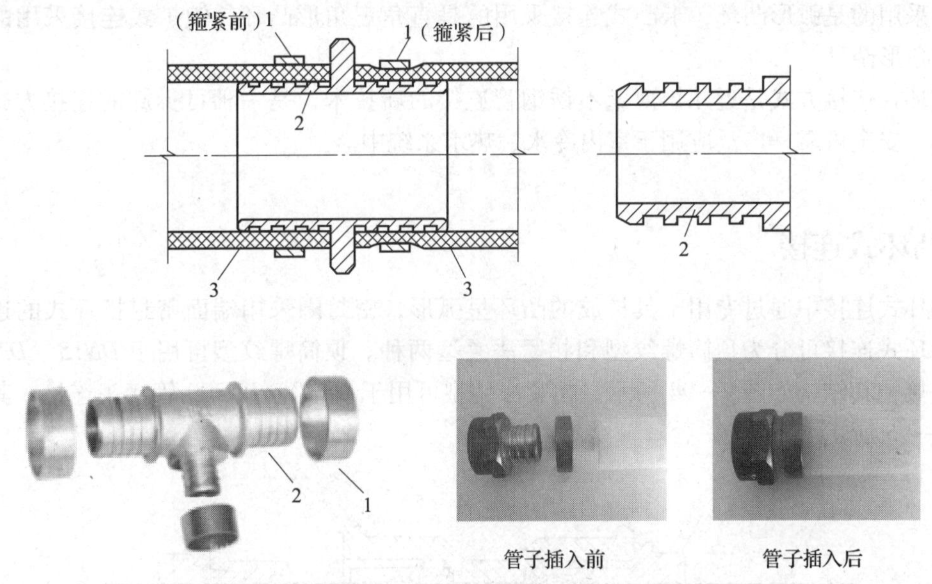

图 2—93 PE－X（PE－RT）管卡箍式卡压连接

1—卡箍 2—插口 3—插口端

想一想

1. 对铝塑管卡压连接与薄壁不锈钢管卡压连接进行比较。
2. 讨论怎样保证铝塑管卡压连接的质量。

复 习 题

1. 挤压式连接包括哪几种类型？
2. 卡压钳有哪几种类型？各有什么用途？
3. 挤压式连接有什么优缺点？
4. 简述卡压连接的操作要点和技术要求。

第八节 扩环式连接

扩环式连接方式是指利用不锈钢优良的韧性和塑性，在管材的端部以凸环作为密封锁紧的支点，在凸环部位装上密封圈，将管材插入管件，并用紧固件纵向锁紧固定的一种连接方式。扩环式连接包括凸环式连接、卡凸式连接和锁扩式连接三种。这三种连接方式的主要区别在于凸环的形状不同，因而密封方式、密封原理、密封圈形状也有所区别。凸环式连接采用的是弧形凸环，卡凸式连接采用的是直角三角形凸环，锁扩式连接采用的是不等边三角形凸环。

扩环式连接方式是近几年薄壁不锈钢管连接的新技术，是一种可拆卸的连接方式。施工便捷，安全可靠，广泛应用于室内冷水、热水系统中。

一、凸环式连接

凸环式连接中通过专用工具扩成的凸环呈弧形，密封圈采用端面密封扩环式的连接方式。凸环式连接可分为顶筒螺纹型和扣紧法兰型两种。顶筒螺纹型可用于 *DN*15 ~ *DN*50 管接头连接，其结构如图 2—94 所示。扣紧法兰型可用于 *DN*40 ~ *DN*300 管接头连接，其结构如图 2—95 所示。

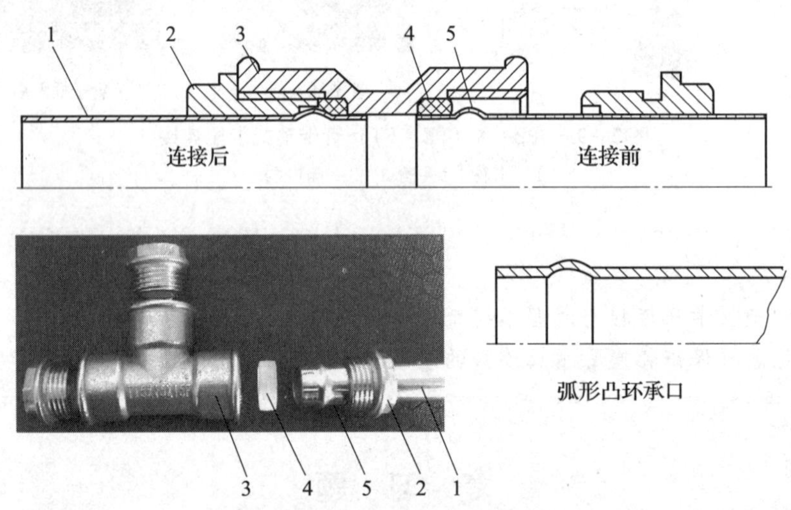

图 2—94　顶筒螺纹型管接头的结构

1—管子　2—顶筒　3—管接头　4—长方形硅胶密封圈　5—弧形凸环

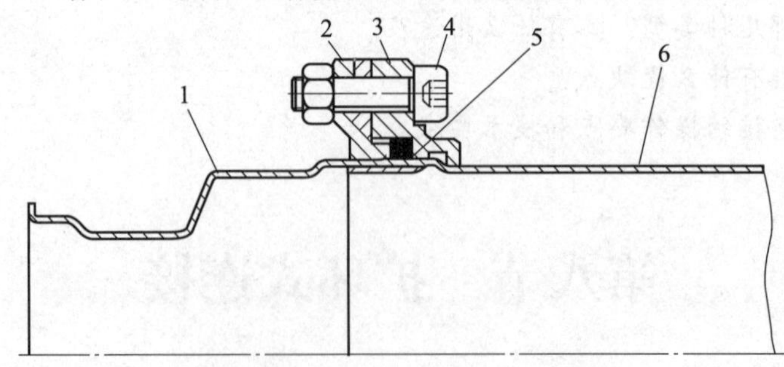

图 2—95　扣紧法兰型管接头的结构

1—管接头　2—凸台阶松套法兰　3—凹台阶松套法兰　4—螺栓　5—密封圈　6—管子

（一）凸环顶筒螺纹型连接

如图 2—96 所示，凸环顶筒螺纹型连接应按下列步骤操作：

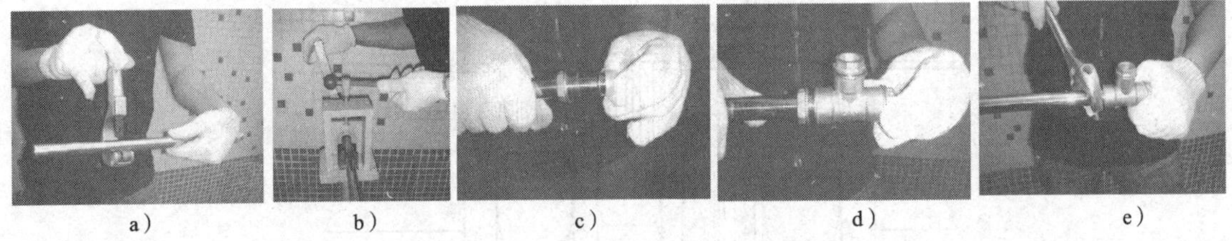

a） b） c） d） e）

图 2—96 凸环顶筒螺纹型连接

a）下料 b）扩凸环 c）套入顶筒、密封圈 d）手工安装顶筒 e）用活扳手拧紧顶筒

1. 用专用扩凸环机在管子端部扩弧形凸环。

2. 在确定凸环符合要求后，将管子的另一端套进顶筒（注意顶筒装入方向）。

3. 在已扩凸环的管子端部套上橡胶密封圈，然后把管子连密封圈一起插入管件内。

4. 将已套在管子上的顶筒旋入管接头内，用扳手拧紧，使顶筒、管子与管接头紧密结合在一起。

拆卸时，先把顶筒旋离管接头，然后拔出管子。

（二）凸环扣紧法兰型连接

凸环式扣紧法兰型连接应按下列步骤操作：

1. 确认凸环合格后，将凹台阶松套法兰由管子另一端套入。

2. 在凸环承口长度上套入长方形硅胶密封圈，紧贴凸环锥面并嵌入凹台阶内，不得有破损、扭曲现象，不可用润滑油。

3. 将带凹台阶松套法兰和密封圈的凸环承口段插入带翻边端面的管接头内，使翻边端面与密封圈紧贴。

4. 将凸台阶松套法兰扣在管接头翻边端面的背后，使凸台阶紧压翻边，并对齐上下盖螺孔位置。

5. 用六角扳手将内六角螺栓对称地把法兰上、下盖连接闭合，使夹在凸环锥面和翻边端面之间的密封圈被压缩变形，达到无缝隙密封的要求。

二、卡凸式连接

卡凸式连接是指凸环呈直角三角形或圆弧形，密封圈采用端面密封方式，在凸环处有一防滑橡胶圈的扩环式连接方式。

卡凸式连接密封原理：以专用扩管工具在管端的适当位置由内壁向外径向辊压，使管子形成一道凸缘环，然后将带锥台形三元乙丙胶密封圈的管端插进承口管件中，拧紧锁紧螺母，靠凸缘环推进压缩锥台形三元乙丙胶密封圈而起密封作用。

卡凸式连接可分为螺母型和法兰型两种。卡凸式连接的螺母型可用于 *DN*15 ~ *DN*50 管接头连接（见图 2—97），法兰型可用于 *DN*50 ~ *DN*300 管接头连接（见图 2—98）。

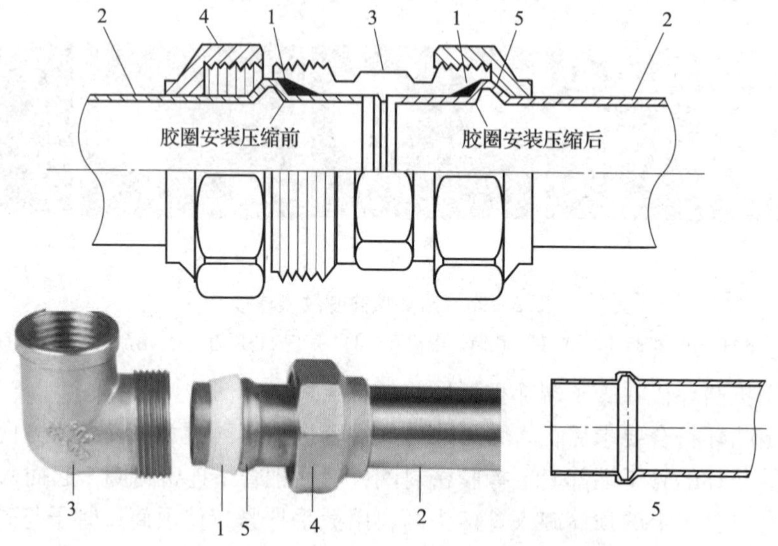

图 2—97　卡凸式管件螺母型接头的结构

1—锥形密封圈　2—管子　3—管件　4—锁紧螺母　5—凸缘环

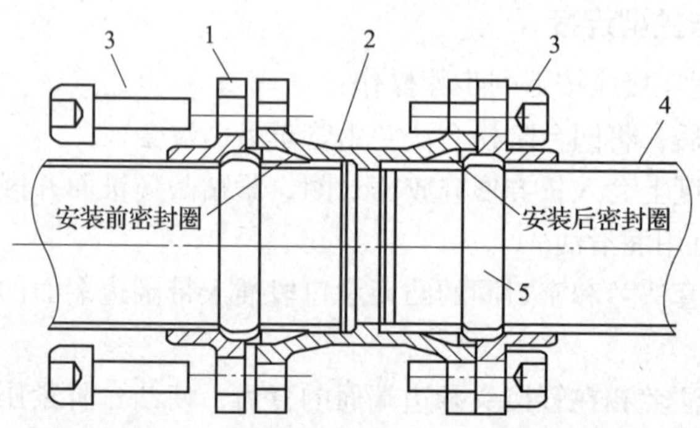

图 2—98　卡凸式管件扣紧法兰型管接头的结构

1—锁紧法兰　2—法兰管件　3—螺栓　4—管子　5—凸缘环

卡凸式螺母型和法兰型连接的操作步骤同凸环式连接操作基本相同，这里不再详述。

三、锁扩式连接

锁扩式连接是指凸环呈不等边三角形，密封圈为楔形的扩环式连接方式，如图 2—99 所示。

锁扩式螺母型和法兰型连接的操作步骤同凸环式连接操作基本相同，这里不再详述。

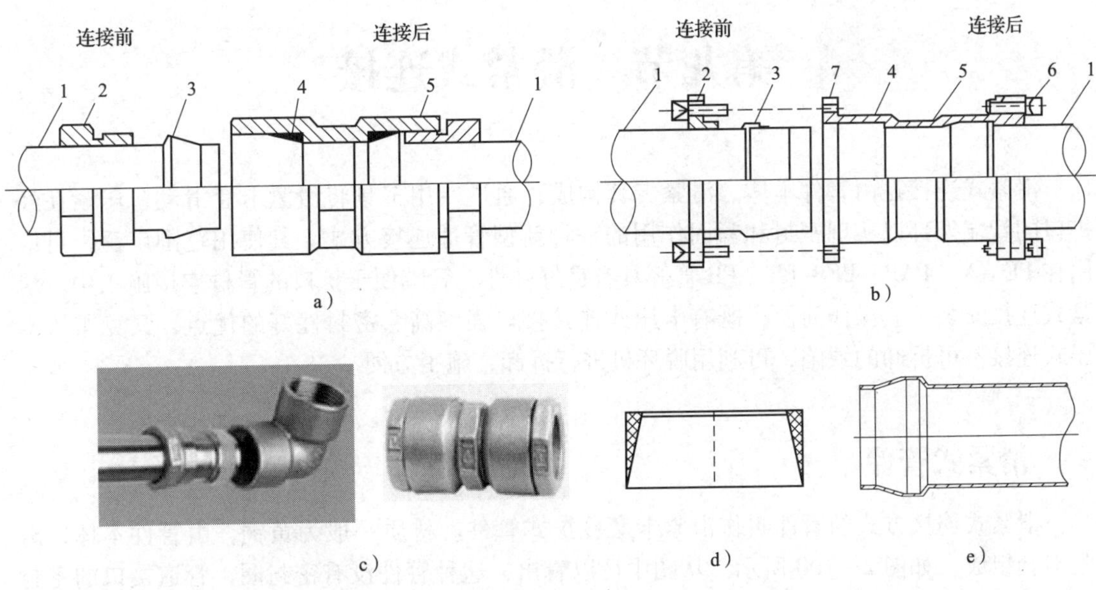

图 2—99 锁扩式连接

a）锁扩式螺纹型连接 b）锁扩式法兰型连接 c）管件 d）密封圈 e）管端隆锥

1—管子 2—锁紧螺母（法兰） 3—隆锥 4—密封圈 5—管件 6—内六角螺栓 7—螺纹孔

想一想

扩环式连接的三种方式密封圈相同吗？为什么？

总 结

1. 各种挤压式连接方式的施工方法基本相同，区别在于钳座的模头形状不同、钳压力不同、钳压后形状不同。

2. 扩环式连接三种方式的实质是相同的，区别在于凸环的形状不同，相应的密封方式、密封原理、密封圈形状等也有所区别。

3. 利用专用工具扩凸环时，凸环的技术参数应符合相应的技术标准。

复 习 题

1. 讨论扩环式连接的三种方式管道接口的密封原理。
2. 普通碳素钢管能否应用扩环式连接方式进行管道连接？为什么？
3. 比较挤压式连接和扩环式连接各自的特点。

第九节　滑紧式连接

滑紧式连接是由管件本体、滑紧卡套构成，通过专用工具将滑紧卡套滑动，压紧在经扩口的管端外部以实现密封和紧固作用的一种新型管道连接方式。其使用范围广泛，可应用在 PE－X、PAP、PE－RT、PB 管等具有良好弹性、管端便于扩口的管材连接施工中。滑紧式连接安装工具操作简便，既有卡压式连接接口强度高、密封性好的优点，又克服了卡压式连接不可拆卸的缺陷，可利用脱环机进行拆卸，施工方便。

一、滑紧式管件

滑紧式连接方式的管件叫作滑紧卡套冷扩式管件。材质一般为黄铜，由管件本体、滑紧卡套组成，如图 2—100 所示。从图中可以看出，这种管件没有密封圈，管道接口的密封完全靠管件本体上设置的多条环形凸筋压缩具有弹性的管子达到密封的目的，避免了因密封圈破损、老化引起的漏水隐患。

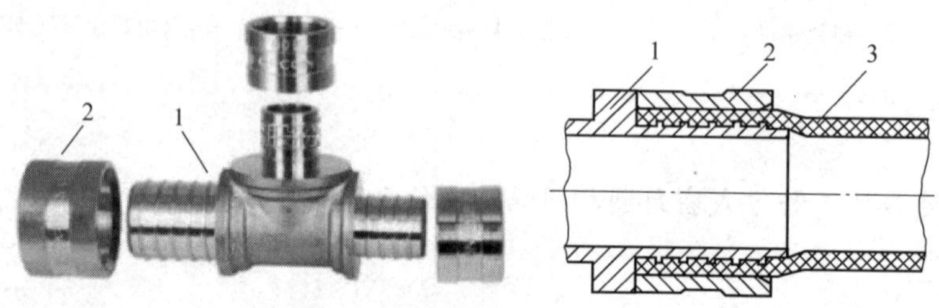

图 2—100　管件与管子的连接

1—管件本体　2—滑紧卡套　3—管子

二、滑紧式连接方式工作原理

滑紧式连接方式又称胀压式连接。其工作原理是利用管子的弹性，将管子通过专用工具冷扩后套在管件连接部位，再将卡套滑动至连接部位，将已扩口的管子压缩在管件的凸筋中，实现密封和紧固。

三、滑紧式连接方式工具

滑紧式连接方式主要操作工具有滑紧器、与管件配套的扩管模头、平面嵌件和 U 形嵌件，如图 2—101 所示。嵌件的作用是固定管件。由于管件的外形各异，所以嵌件有平面和 U 形的区分，以满足安装多种管件的需要。

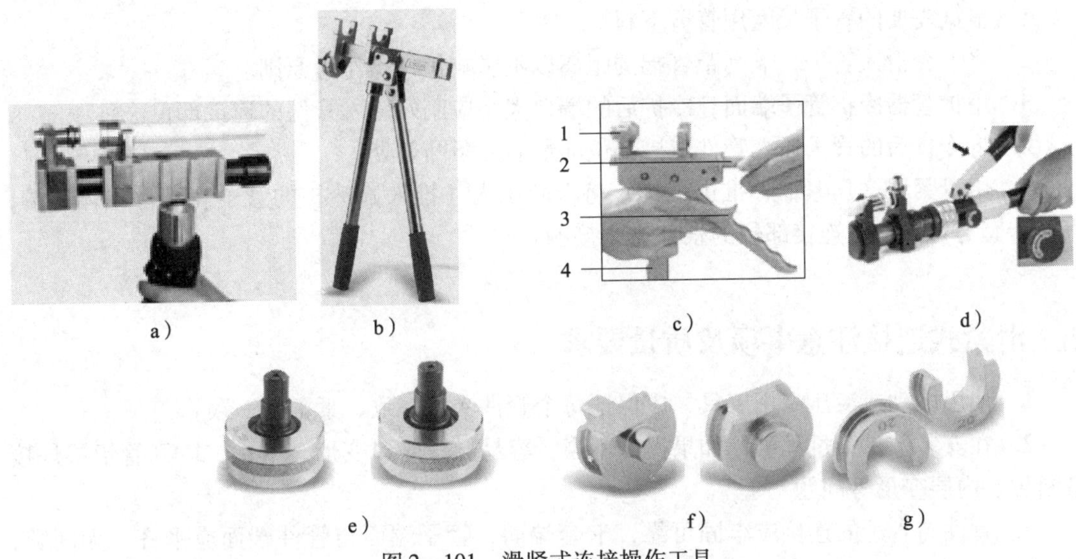

图 2—101　滑紧式连接操作工具

a）电动滑紧器　b）大口径机械滑紧器　c）手动滑紧器

d）手动液压滑紧器　e）扩管模头　f）平面嵌件　g）U 形嵌件

1—卡座　2—滑动拉杆　3—活动手柄　4—固定手柄

四、滑紧式连接方式操作步骤

滑紧式连接方式主要操作步骤如图 2—102 所示。

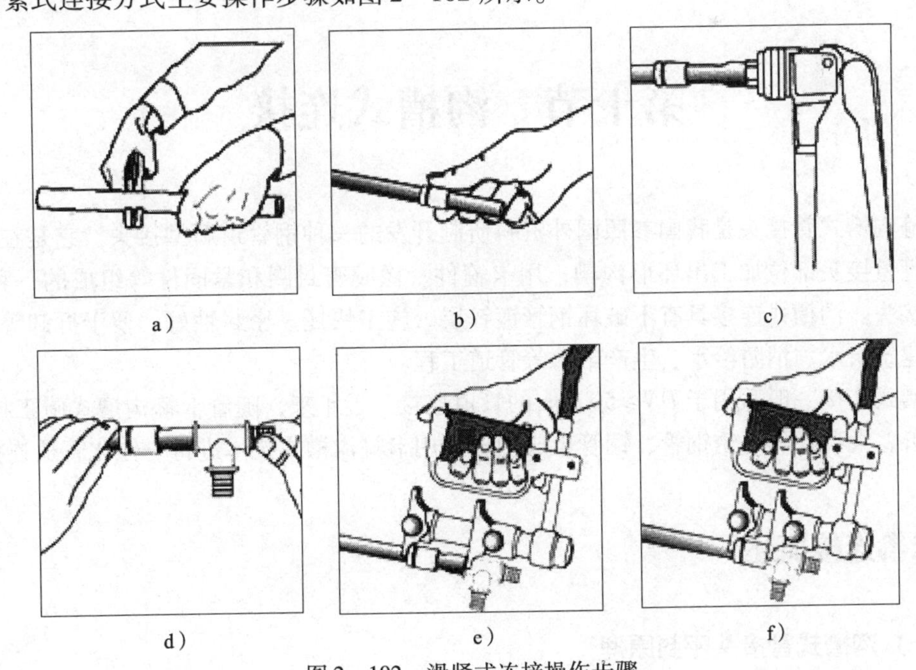

图 2—102　滑紧式连接操作步骤

a）管材下料　b）卡套滑入　c）管端扩口　d）滑入管件　e）滑紧卡套　f）安装结束

1. 根据需要的管子长度用管剪下料。

2. 将卡套滑入管子，卡套距管端的距离以不影响扩口操作为原则。

3. 用扩管器冷扩管子端面，冷扩后的端口大小应刚好套入管件的连接部位。

4. 将冷扩后的管子插入管件连接部位的最后一条凸筋处。

5. 用滑紧器（压紧器、推进工具）将卡套压入（推入）冷扩的管子和管件本体一端，直至卡套与管件本体连接部位的根部完全接触。

五、滑紧式连接注意事项及质量要求

1. 使用电动或液压专用工具，应保证每个管件受力一致、紧密度一致。

2. 在安装及扩管过程中，如果操作不当，容易导致管口变形、开裂、PAP 管铝层焊接带断裂、内层变形等问题。

3. 管件与管子的连接应牢固可靠，卡套端面、管子端面与管件端面应平齐，无间隙，无松动。

复 习 题

1. PE－X 管采用卡压、卡箍、滑紧连接方式时为什么在管件接口处没有橡胶密封圈？

2. 讨论比较 PE－X、PE－RT 管在采用卡箍或滑紧连接时，因 PE－X、PE－RT 管同一外径时有不同壁厚类型的管子，应注意管件和管子的公差配合问题。

第十节　沟槽式连接

卡箍沟槽式管接头是我国参照国外资料研制开发的一种钢管道新型接头，它是在管子、管件等管道接头部位加工出环形沟槽，用卡箍件、橡胶密封圈和紧固件等组成的一种套筒式快速接头。沟槽式连接具有不破坏钢管镀锌层、施工快捷、密封性好、便于拆卸等优点，可用于建筑给水、消防给水、生产给水等管道工程。

沟槽式连接一般适用于 $DN \geqslant 50$ mm 的管道连接。近年来，随着卡箍沟槽式施工技术的不断完善，大口径的不锈钢管、铜管也成功地应用卡箍沟槽式技术进行一体化管道连接。

一、卡箍连接概述

（一）沟槽式管接头密封原理

卡箍沟槽式管接头的结构如图 2—103 所示。安装时，在相邻管端套上 C 形异型橡胶密封圈后，用拼合式卡箍件连接。卡箍件的内缘就卡在沟槽内并用紧固件紧固，橡胶密封圈中心空腔在水、真空压力等内、外压力作用下压紧橡胶与管壁的接触面，达到密封的目的，且内压力越大密封效果越好，可以保证管道的密封性。

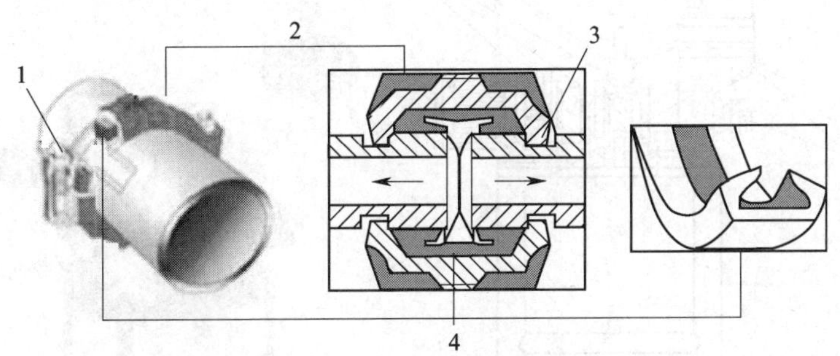

图 2—103　卡箍沟槽式管接头的结构

1—螺栓、螺母　2—卡箍　3—沟槽　4—橡胶密封圈

（二）卡箍连接管件

卡箍连接有其专用的连接管件，常用的卡箍连接管件如图 2—104 所示。

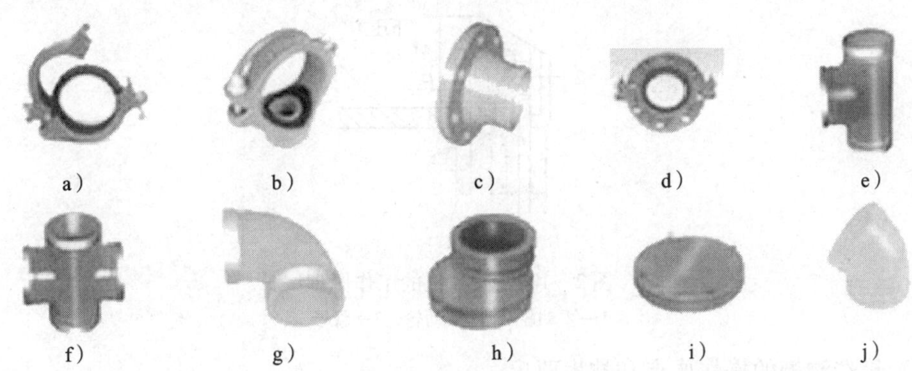

图 2—104　卡箍连接管件

a）刚性卡箍　b）机械三通　c）短管法兰　d）卡箍法兰　e）三通
f）四通　g）90°弯头　h）偏心大小头　i）盲板　j）45°弯头

（三）卡箍连接专用工具

卡箍连接专用工具主要有滚槽机和开孔机。

1. 滚槽机

卡箍连接的管端沟槽采用专用的滚槽机加工。滚槽机主要由动力系统、液压传动系统、机械传动系统、工作系统和支撑系统五大部分组成，如图 2—105 所示。

（1）滚槽机的工作原理

滚槽机是根据液压传递原理，利用两个滚动轮对其中间管壁的不断挤压而形成沟槽的，如图 2—106 所示。滚槽机的特点是采用液压加压，吨位大，适应性强，压轮更换方便，生产效率高。

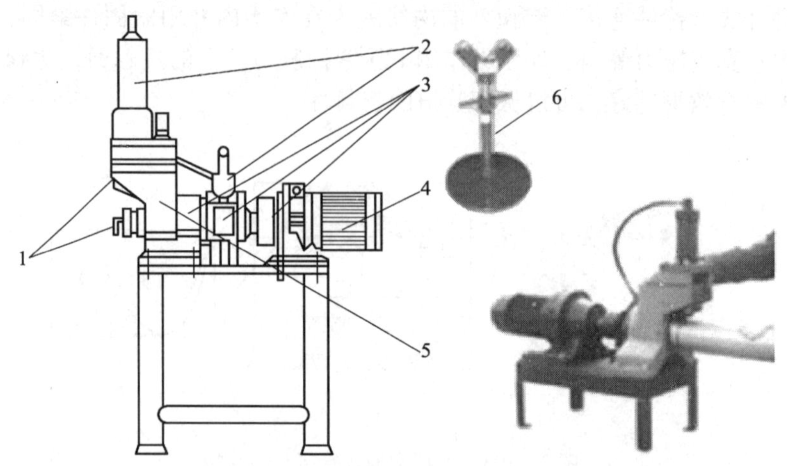

图 2—105　滚槽机

a）构造　b）外形

1—工作系统　2—液压传动系统　3—机械传动系统
4—动力系统　5—支撑系统　6—管子支撑架

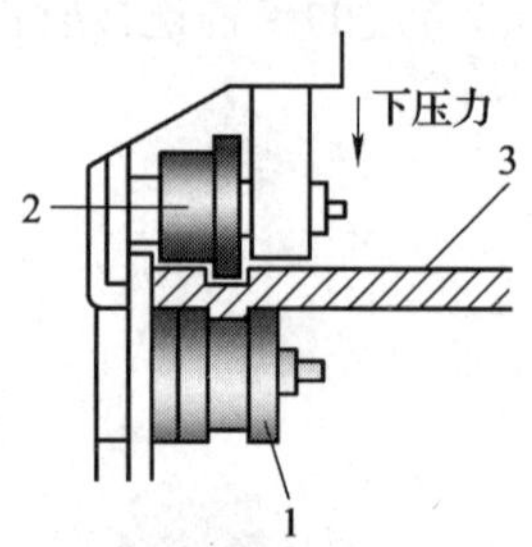

图 2—106　滚槽机的工作原理

1—主动轮　2—从动轮　3—管子

（2）管端沟槽的操作要点和技术要求

管端沟槽的标准程度直接关系到沟槽连接的质量，因此，管端沟槽的加工应在熟悉沟槽机的操作要领后进行。管端沟槽的尺寸应符合表 2—27 的规定。管端沟槽加工的基本操作工序：管口处理→管道就位→滚槽→沟槽检查，如图 2—107 所示。

表 2—27　　钢管最小壁厚和沟槽尺寸　　mm

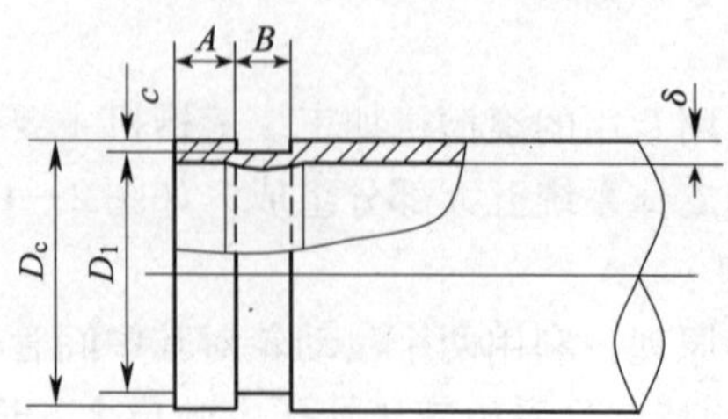

续表

<table>
<tr><th>公称直径
DN</th><th>钢管外径
D_c</th><th>最小壁厚
δ</th><th>管端至
沟槽边尺寸
$A_{-0.5}^{\ 0.0}$</th><th>沟槽宽度
$B_{\ 0.0}^{+0.5}$</th><th>沟槽深度
$c_{\ 0.0}^{+0.5}$</th><th>沟槽外径
D_1</th></tr>
<tr><td>20</td><td>27</td><td>2. 75</td><td rowspan="4">14</td><td rowspan="4">8</td><td>1. 5</td><td>24. 0</td></tr>
<tr><td>25</td><td>33</td><td>3. 25</td><td rowspan="3">1. 8</td><td>28. 4</td></tr>
<tr><td>32</td><td>42</td><td>3. 25</td><td>38. 4</td></tr>
<tr><td>40</td><td>48</td><td>3. 50</td><td>44. 4</td></tr>
<tr><td>50</td><td>57</td><td>3. 50</td><td rowspan="4">14. 5</td><td rowspan="5">9. 5</td><td rowspan="5">2. 2</td><td>52. 6</td></tr>
<tr><td>50</td><td>60</td><td>3. 50</td><td>55. 6</td></tr>
<tr><td>65</td><td>76</td><td>3. 75</td><td>71. 6</td></tr>
<tr><td>80</td><td>89</td><td>4. 00</td><td>84. 6</td></tr>
<tr><td>100</td><td>108</td><td>4. 00</td><td>16</td><td>103. 6</td></tr>
<tr><td>100</td><td>114</td><td>4. 00</td><td rowspan="6">16</td><td rowspan="6">9. 5</td><td rowspan="6">2. 2</td><td>109. 6</td></tr>
<tr><td>125</td><td>133</td><td>4. 50</td><td>128. 6</td></tr>
<tr><td>125</td><td>140</td><td>4. 50</td><td>135. 6</td></tr>
<tr><td>150</td><td>159</td><td>4. 50</td><td>154. 6</td></tr>
<tr><td>150</td><td>165</td><td>4. 50</td><td>160. 6</td></tr>
<tr><td>150</td><td>168</td><td>4. 50</td><td>163. 6</td></tr>
<tr><td>200</td><td>219</td><td>6. 00</td><td rowspan="3">19</td><td rowspan="8">13</td><td rowspan="2">2. 5</td><td>214. 0</td></tr>
<tr><td>250</td><td>273</td><td>6. 50</td><td>268. 0</td></tr>
<tr><td>300</td><td>325</td><td>7. 50</td><td rowspan="6">5. 5</td><td>319. 0</td></tr>
<tr><td>350</td><td>377</td><td>9. 00</td><td rowspan="5">25</td><td>366. 0</td></tr>
<tr><td>400</td><td>426</td><td>9. 00</td><td>415. 0</td></tr>
<tr><td>450</td><td>480</td><td>9. 00</td><td>469. 0</td></tr>
<tr><td>500</td><td>530</td><td>9. 00</td><td>519. 0</td></tr>
<tr><td>600</td><td>630</td><td>9. 00</td><td>619. 0</td></tr>
</table>

a）

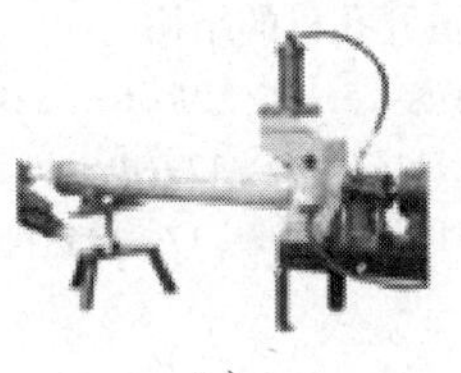
b）

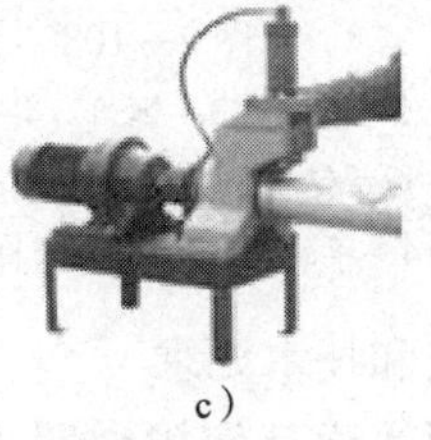
c）

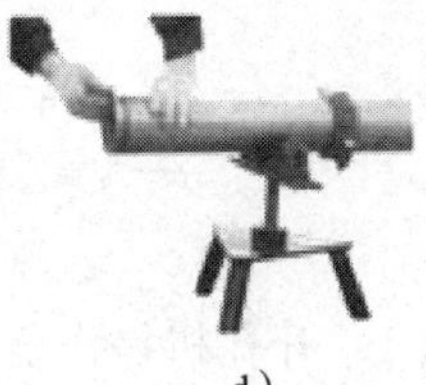
d）

图 2—107　管端沟槽的加工

a）管口处理　b）管道就位　c）滚槽　d）沟槽检查

1）检查工件所要加工的钢管口应平整，无圆度误差、毛刺等缺陷，焊管内的焊缝应磨平，其长度不小于最小工作面，一般为 60 mm。

2）将需要加工沟槽的钢管架设在滚槽机主动轮和托架上，托架放置在管子重心的位置。

3）调整钢管，使其处于水平位置或使托架处略高一点，将钢管端面与滚槽机主轴的位置贴紧。

4）启动滚槽机电动机，慢慢扳动轴泵手柄，使从动轮滚压钢管至要求的沟槽深度为止，停机。

5）检查沟槽的深度和宽度，应符合表 2—27 的要求。

6）卸荷，取出钢管，完成一次操作。

7）完成管端沟槽后，应对沟槽外观进行检查。管端至沟槽段的表面应平整，无凹凸、无滚痕；沟槽圆心应与管子同轴。

2. 开孔机

卡箍沟槽管路系统不允许用气割的方法开支管孔洞，必须用机械加工的方法开孔，以防止气割高温损坏管道防腐层。分支管道是利用成品机械螺纹三通、机械卡箍三通、四通（支管口径均小于主管），现场利用开孔机在主管中开孔，从主管中接出支管。

（1）管道开孔机的结构和工作原理

管道开孔机的结构如图 2—108 所示。主要由手电钻、调节丝杆、开口的刀具、导向杆、V 形架、链条等组成。其工作原理是靠手柄和调节丝杆推进不断旋转的刀具切削钢管，加工出需要的孔。

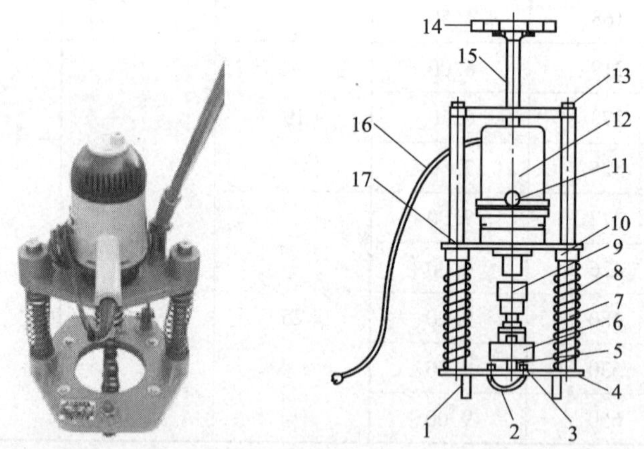

图 2—108 管道开孔机的结构

1—V 形架 2—链条 3—螺母 4—底盘 5—定位刀 6—刀具 7—导向杆 8—弹簧 9—扳手钻夹头 10—导向套 11—手柄 12—电动机 13—紧固螺母 14—手轮 15—调节丝杆 16—电源线 17—电钻机座

（2）开孔机操作要点和技术要求

操作开孔机前应仔细阅读其使用说明书，在熟悉其工作性能和操作要点后方可操作。管道开孔操作的基本工序：管道固定→钻孔→清理管口，如图 2—109 所示。

a）

b）

c）

图 2—109 管道开孔操作

a）管道固定 b）钻孔 c）清理孔口

1）插好电源，打开电动机开关，检查设备的运转情况，确认运转正常后，关机。

2）将开孔机底盘上的 V 形架骑附在管道上，调整链条的长度，并用插销定位，然后紧固链条另一端的螺母，使开孔机牢固地定位在管子上。

3）钢管开孔直径可参考表 2—28 确认，然后装夹合适的开孔器。

表 2—28　　钢管开孔基本尺寸参考　　mm

支管外径	开孔直径	支管外径	开孔直径
21.3	38	60	65
26.8		75.5	79
33.5		88.5	90
42.3	46	114	115
48.0	54		

注：机械螺纹三通与沟槽开孔尺寸相同。

4）启动电动机，再次确认开孔机运转情况，开孔器应运转正常。

5）扳动（压下）手柄，使开孔器徐徐向下，接近管子时，观看开孔位置是否正确；反之，应关机并重新调整位置后再开机。

6）开孔时，手柄下压应缓慢，并不断地用切削液冷却开孔器。

7）开孔结束后，关闭电动机，卸下机器。小心轻放，不得在地上拖拉机器。

8）开孔直径应不小于支管外径。

9）采用支管接头时，支管的最大允许直径应符合表 2—29 的要求。

表 2—29　　采用支管接头时支管的最大允许直径　　mm

主管直径 *DN*	支管直径 *DN*		主管直径 *DN*	支管直径 *DN*	
	机械三通	机械四通		机械三通	机械四通
50	25	—	150	80	65
65	40	32	200	125	100
80	40	40	250	150	100
100	65	50	300	200	100
125	80	65			

注：机械四通指两端对称的最大支管管径。

（四）沟槽接头安装要点和技术要求

管端滚槽完毕，准备好相应配套的卡箍，就可以进行管道沟槽接头的安装操作。沟槽接头安装要点和技术要求见表2—30。

表2—30　　沟槽接头安装要点和技术要求

操作示意图	操作要点和技术要求
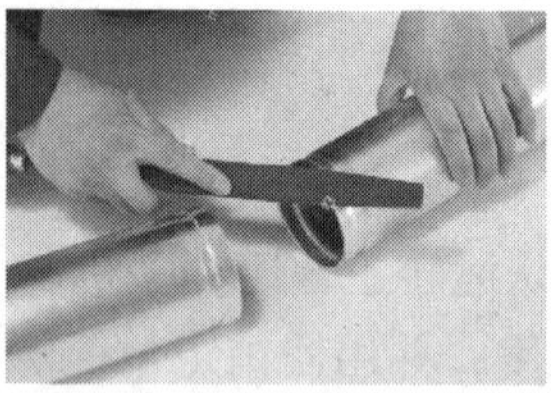	参照相关标准加工好沟槽，去除毛刺，确保待装管密封面平整、圆滑
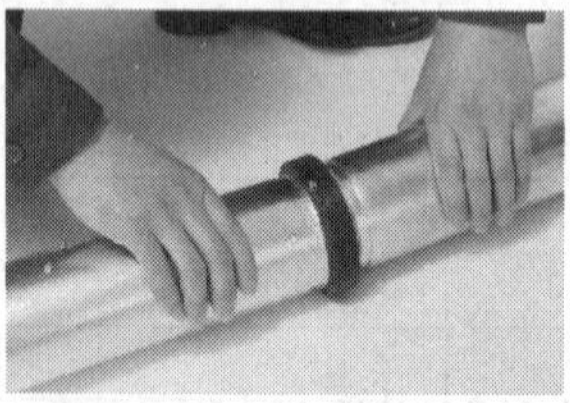	1. 检查橡胶密封圈，如有破裂应及时更换 2. 橡胶密封圈安装在两接口的中间部位，不得安装在沟槽内
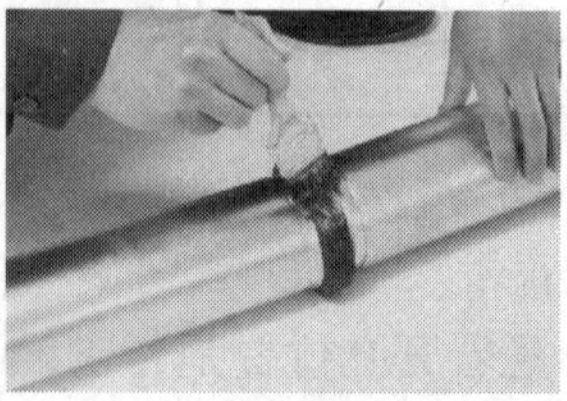	校直管道中轴线，两端口处留有间隙，在橡胶密封圈上涂抹润滑剂（润滑剂可用肥皂水或清洁剂，不得采用润滑油）
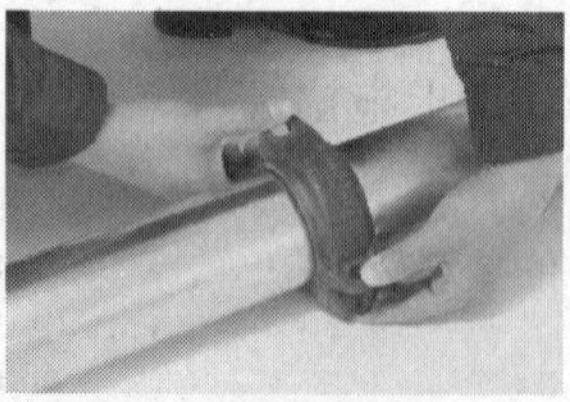	在橡胶密封圈外侧安装卡箍件，双手（必要时使用木锤）压紧卡箍件
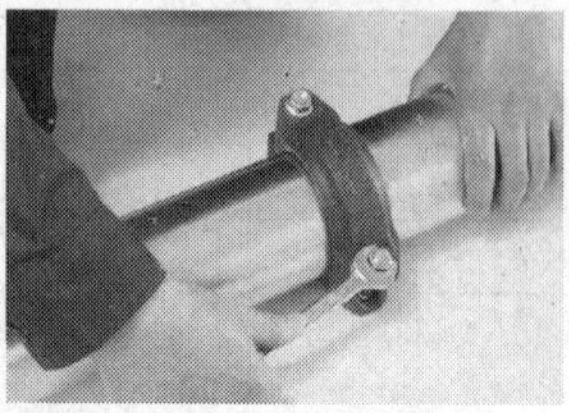	1. 安装紧固件时应均匀、交替拧紧螺栓，拧紧力矩适中，以防止螺栓受损，目测橡胶密封圈是否在卡箍件内，两接口处避免起皱 2. 检查并确认卡箍件内缘圆周在沟槽内，紧固件是否旋紧

复　习　题

1. 什么是卡箍接头？卡箍连接有什么优点？其管子规格有什么要求？
2. 参照图 2—103、图 2—104 讨论卡箍连接的密封原理。
3. 参照图 2—107 讨论管端滚槽加工的操作过程和要领。
4. 参照图 2—109 讨论管道开孔的操作过程和要领。
5. 参照表 2—30 讨论卡箍连接实际操作工序。

实　训　二

任务 1　管道的螺纹连接

一、实训目的

掌握管螺纹的加工过程和操作要点，能够按规定尺寸进行管道的螺纹连接，基本能够选用螺纹管件，了解管道套丝机的操作过程。

二、工具和机具

工作台、管子压力钳、台虎钳、手动试压泵、电动套丝机、砂轮切割机、锤子、钢锯弓、管子钳、管子割刀、管子铰扳、圆锉、管子板牙、钢卷尺、皮尺、钢直尺等。

三、实训材料

1. 焊接钢管和镀锌焊接钢管。

2. 管件（镀锌或非镀锌）：管接头（管箍）、异径管接头、弯头、异径弯头、三通、异径三通、四通、异径四通、补芯（内外接头）、活接头等各种规格的管配件。

3. 消耗材料：钢锯条、割刀片、机油、线麻、铅油、生料带、液体密封剂等。

四、实训要求

（一）安全事项要求

1. 用管子钳装管件时，一定要一手扶住钳口，一手抓住钳柄用力，钳口张开大小要适当，以免用力时管子钳因打滑跌下砸伤手脚。

2. 稍长一些的直管子和管子铰板应水平放置。

（二）技能训练要求

1. 管子切口应平直。

2. 管端螺纹应标准。

3. 螺纹连接应标准。

4. 螺纹连接处的密封填料应清理干净。

5. 操作完毕，操作工具应摆放整齐，操作现场应清扫干净。

五、实训过程

1. 教师先进行全程螺纹连接的示范、砂轮切割机切管的操作示范、电动套丝机的操作示范，学生在旁观看。

2. 教师可根据实际情况画出管道螺纹连接图（见图 2—110，供参考），然后指导学生进行管道的螺纹连接。

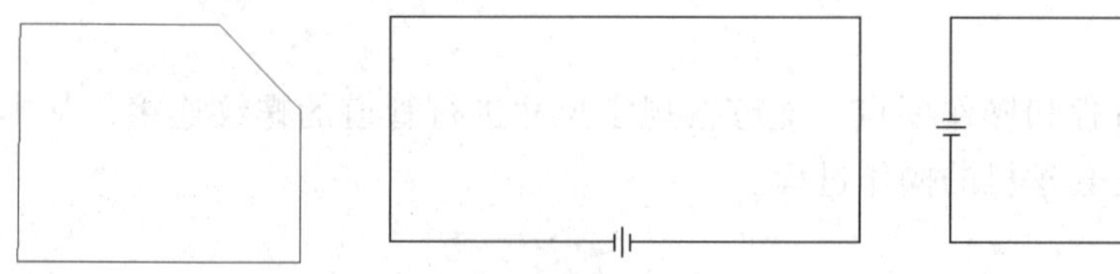

图 2—110　螺纹连接草图

3. 按教师所给图样尺寸要求下料，先将管子一头的螺纹套好，涂或缠上密封填料（注意密封填料的缠绕方向应与螺纹方向一致），并套上所需管件，然后将另一头所需的管件用比量法下料割断，套螺纹后再连接。

4. 管件拧紧后，外面要留有 2 ~ 3 牙的螺纹（规范要求）。外露螺纹主要是为了多次拆装后仍能保证密封性和维修方便。

5. 管子下料时，注意下料长度与图样尺寸之间的关系，保证下料准确，节约用料。尤其是安装活接头、短螺纹等，管件下料长度的计算和螺纹连接的装配技术难度较大，要特别注意。

6. 螺纹大小要适当，以能用手拧进管件 2 ~ 3 牙为宜。

7. 管道连接完成后，将螺纹连接处的密封填料清理干净。

8. 操作结束后将工具摆放到教师指定位置，把操作场地清理干净。

六、说明与建议

1. 螺纹连接时，开始先进行直管段训练，用管箍、弯头、三通、四通、活接头连接管段，对螺纹连接操作熟练后，再进行各类形状的管道螺纹连接。

2. 螺纹连接宜先长管，后短管；先小规格，后大规格。

3. 必要时，可在加工草图上添加螺纹阀门，供学生训练阀门的安装。

4. 学生对螺纹连接较熟练后，可进行水压试验。其目的是让学生检验自己的操作水平，同时也对水压试验有一个初步的感性认识。

5. 根据教学安排，也可进行塑料管道的承插连接和铝塑管连接。

任务 2　管子的弯曲

一、实训目的

掌握弯管的操作要点，能够用手动弯管器进行弯管操作，基本能够在弯管机上进行弯管操作。

二、工具和机具

手动弯管器、电动或液压弯管机，锤子、管子割刀、石笔、钢锯弓、平锉、半圆锉、钢卷尺、90°角尺、万能角度尺等，图 2—111 所示为液压弯管机的结构，其外观如图 2—112 所示。

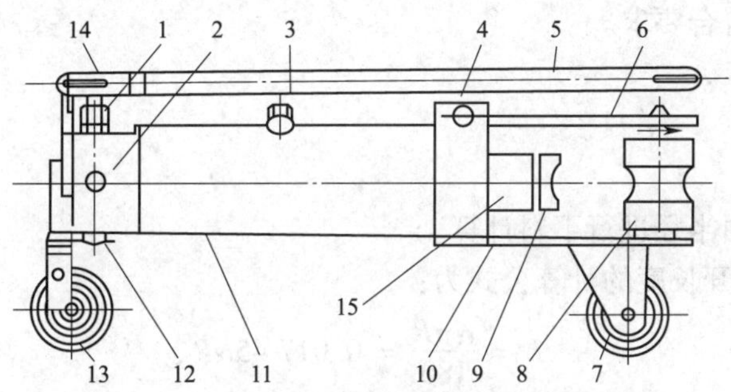

图 2—111　液压弯管机的结构

1—柱塞泵　2—开关　3—注油口　4—液压缸座　5—手柄　6—上模板　7—后轮　8—支撑轮　9—弯管模　10—下模板　11—液压缸　12—滤油器　13—前轮　14—手柄座　15—顶杆

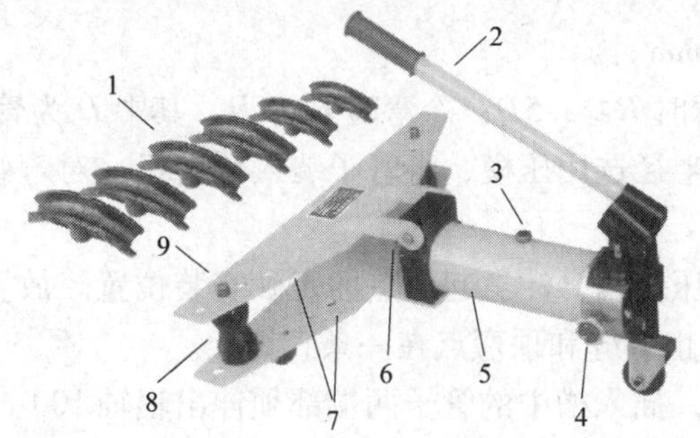

图 2—112　液压弯管机的外观

1—弯管模　2—手柄　3—注油口　4—开关　5—液压缸　6—顶杆　7—上、下模板　8—支撑轮　9—支撑销

三、实训材料

*DN*50 以内的焊接钢管。

四、实训要求

（一）安全事项要求

1. 注意安全用电。
2. 弯管机工作时，非操作人员不得乱动各类控制开关，以防发生意外。
3. 操作人员严禁戴手套作业。
4. 液压弯管机在有载荷时禁止将高压快速接头卸下，以防发生意外。

（二）技能训练要求

1. 弯管操作的工序应正确。
2. 熟悉电动弯管机的操作要点和安全要求。
3. 能够熟练测量弯管的角度。
4. 弯管质量应符合要求。

五、实训过程

1. 首先按照弯曲半径进行下料计算。

弯管弯曲部分展开长度的计算公式为：

$$L = \frac{\alpha \pi R}{180} = 0.017\ 45\alpha R$$

当 $\alpha = 90°$时，$L = 1.57R$

式中 L——弯曲部分的展开长，mm；

α——弯曲角度，(°)；

R——弯曲半径，mm。

施工规范规定：热弯时 $R \geqslant 3.5D$；冷弯时 $R \geqslant 4D$，其中 D 为管子外径。

2. 根据管径和弯曲半径选用压模，将管子装入弯管机，对弯管机进行空载试验，检查运转情况。

3. 将管子放在成形压模内，注意起弯点的正确安装位置。放置管子时，要将管子焊缝和顶弯点错开 45°角，禁止焊缝和顶弯点在一条直线上。

4. 调整管子的位置，插入槽中的管子两端部须伸出辊轴 100 mm 以上，然后开始弯管。

5. 启动电动液压弯管机开始弯管，注意管子的变化。弯管工作完成后，将弯管机卸压、回位并取出弯管。

6. 测量弯管的角度，分析误差产生的原因。

7. 考虑到弯管的回弹角度，所以实际弯管时要比所需角度大2°~3°（回弹角度与管子材质有关，今后实际弯管时可用试弯管的方法确定）。

8. 将弯管机的配件整理好，并清理操作现场。

六、说明与建议

1. 教师应先在手动弯管器和电动弯管机上进行示范操作。
2. 学生先用手动弯管器进行弯管，熟练后再在电动弯管机上弯管。
3. 根据学生的操作水平可增加弯管的难度，如进行来回弯的制作等。
4. 在焊工的配合下可进行热煨弯的操作。
5. 弯管质量符合要求。

第三章　阀门和补偿器安装

学习目标

1. 熟悉常用阀门型号的意义，能根据代号正确识别常用阀门，会用阀门手册查阅特殊阀门。

2. 掌握常用阀门和补偿器的构造特点、使用范围、安装工艺及标准。

3. 能够按照工艺标准安装、维护阀门和补偿器。

在管道工程中，阀门是对输送介质的流量、流速、压力、温度等参数实现控制的重要元件。根据其构造不同，有些阀门可以通过自身的特殊机构实现自动控制，如安全阀、止回阀、减压阀、浮球阀等。有些阀门则要通过机械的驱动方式来实现控制，如闸阀、截止阀、蝶阀等。根据驱动方式不同，又有手动、气动、液压传动和电力驱动等阀门。阀门的种类繁多，用途各异，一般都由专门的企业生产。为了安装、使用、维修的方便，国家对阀门的生产实行标准化、系列化管理，各制造、安装、使用单位必须严格执行，以保证管道工程的质量和安全，实现产品的互换性和技术交流，提高生产效率，降低生产成本。

管道在输送冷、热介质时管壁温度会发生很大变化，由于物体热胀冷缩的性质，管道的长度会随着管壁温度的变化而变化，这就是管道的热伸长或冷缩短的现象。为了保证管道系统安全、可靠地运行，必须在管道中安装消除管道伸长量或缩短量的装置，这种装置称为补偿器。补偿器按照补偿方式不同，分为自然补偿器和人工补偿器。

第一节　阀门类型

一、阀门型号

为了制造、安装、使用和维修方便，国家及有关部门对阀门的相关技术参数制定了统一的标准代号，使工程技术人员能够根据代号正确识别各类阀门。

（一）阀门型号的意义

根据机械行业标准《阀门 型号编制方法》（JB/T 308—2004）的规定，国产的任何一种阀门都必须有一个特定的型号。这个型号包括阀门的类型、驱动方式、连接形式、结构形式、密封面材料或衬里材料、压力代号及阀体材料七个单元，其中第5单元与第6单元用横线隔开，各单元的排列顺序及各代号的意义见表3—1。

表3—1 阀门型号的单元组成及各代号的意义

1单元		2单元		3单元		4单元	5单元—6单元			7单元	
汉语拼音字母表示阀门类型①		一位数字表示驱动方式②		一位数字表示连接形式		一位数字表示结构形式	汉语拼音字母表示密封面或衬里材料③		数字表示公称压力④（10 MPa）	汉语拼音字母表示阀体材料⑤	
Z	闸阀	0	电磁动	1	内螺纹	见表3—2	T	铜合金	直接用10倍的兆帕单位（MPa）数值表示	Z	灰铸铁
J	截止阀	1	电磁－液动	2	外螺纹		X	橡胶		K	可锻铸铁
X	旋塞阀	2	电－液动	4	法兰式		N	尼龙塑料		Q	球墨铸铁
D	蝶阀	3	蜗轮	6	焊接式		F	氟塑料		T	铜及铜合金
Q	球阀	4	正齿轮	7	对夹		B	锡基轴承合金（巴氏合金）		C	碳钢
H	止回阀	5	锥齿轮	8	卡箍		H	Cr13系不锈钢		I	铬钼系钢
A	弹簧载荷安全阀	6	气动	9	卡套		P	渗硼钢		P	铬镍系不锈钢
GA	杠杆式安全阀	7	液动				Y	硬质合金		R	铬镍钼系不锈钢
Y	减压阀	8	气－液动				J	衬胶		V	铬钼钒钢
S	蒸汽疏水阀	9	电动				Q	衬铅		L	铝合金
L	节流阀						C	搪瓷		H	Cr13系不锈钢
G	隔膜阀									Ti	钛及钛合金
T	调节阀									S	塑料
U	柱塞阀										
P	排污阀										

注：①用于低温（低于－46℃），保温、带波纹管等阀门，在类型代号前分别加“D”“B”“W”。

②手动和自动阀门省略本部分。

③密封面如用阀体直接加工时，代号用“W”表示。

④当介质最高温度超过425℃时，标注最高工作温度下的工作压力代号。

⑤当 $PN\leqslant1.6$ MPa 由灰铸铁制造和 $PN\geqslant2.5$ MPa 由碳钢制造时，则省略本部分。

第4单元用数字表示阀门结构形式，其代号见表3—2。

这里要说明的是一些特殊的阀门的型号与上述编制方法略有不同，如水力控制阀、散热器恒温阀等。详见本章“水力控制阀、散热器恒温控制阀”的相关内容。

表 3—2　　阀门结构形式代号

<table>
<tr><th>代号
类型</th><th>0</th><th>1</th><th>2</th><th>3</th><th>4</th><th>5</th><th>6</th><th>7</th><th>8</th><th>9</th></tr>
<tr><td rowspan="4">闸阀</td><td colspan="5">明杆</td><td colspan="2">暗杆</td><td rowspan="4">—</td><td>暗杆</td><td rowspan="4">—</td></tr>
<tr><td colspan="3">楔式</td><td colspan="2">平行式</td><td colspan="2">楔式</td><td>平行式</td></tr>
<tr><td>弹性</td><td colspan="2">刚性</td><td colspan="2">刚性</td><td colspan="2">刚性</td><td>刚性</td></tr>
<tr><td>闸板</td><td>单闸板</td><td>双闸板</td><td>单闸板</td><td>双闸板</td><td>单闸板</td><td>双闸板</td><td>双闸板</td></tr>
<tr><td rowspan="2">截止阀</td><td rowspan="2">—</td><td rowspan="2">直通式</td><td colspan="2" rowspan="2">—</td><td rowspan="2">角式</td><td>直通式</td><td colspan="2">平衡</td><td rowspan="2">—</td><td rowspan="2">—</td></tr>
<tr><td>Y 形</td><td>直通式</td><td>角式</td></tr>
<tr><td rowspan="2">球阀</td><td rowspan="2">—</td><td rowspan="2">浮动
直通式</td><td colspan="2" rowspan="2">—</td><td colspan="2">浮动三通式</td><td rowspan="2">—</td><td rowspan="2">固定
直通式</td><td colspan="2" rowspan="2">—</td></tr>
<tr><td>L 形</td><td>T 形</td></tr>
<tr><td>蝶阀</td><td>杠杆式</td><td>垂直板式</td><td>—</td><td>斜板式</td><td colspan="6">—</td></tr>
<tr><td rowspan="2">止回阀</td><td rowspan="2">—</td><td colspan="3">升 降</td><td colspan="4">旋 启</td><td colspan="2" rowspan="2">—</td></tr>
<tr><td>直通式</td><td>立式</td><td>角式</td><td>单瓣式</td><td>多瓣式</td><td>双瓣式</td><td>蝶式</td></tr>
<tr><td rowspan="4">安全阀</td><td colspan="9">弹簧</td><td rowspan="4">脉冲式</td></tr>
<tr><td colspan="3">封闭</td><td>不封闭</td><td>封闭</td><td colspan="4">不封闭</td></tr>
<tr><td>带散热片</td><td rowspan="2">微启式</td><td rowspan="2">全启式</td><td colspan="3">带扳手</td><td>带控制
机构</td><td colspan="2">带扳手</td></tr>
<tr><td>全启式</td><td>双弹簧
微启式</td><td>全启式</td><td>微启式</td><td>全启式</td><td>微启式</td><td>全启式</td></tr>
<tr><td>疏水阀</td><td>—</td><td>浮球式</td><td colspan="3">—</td><td>钟罩
浮子式</td><td>—</td><td>双金属
片式</td><td>脉冲式</td><td>热动
力式</td></tr>
<tr><td>隔膜阀</td><td>—</td><td>屋脊式</td><td>—</td><td>截止式</td><td colspan="2">—</td><td>闸板式</td><td colspan="3">—</td></tr>
<tr><td>旋塞阀</td><td colspan="3">—</td><td>填料
直通式</td><td>填料 T 形
三通式</td><td>填料
四通式</td><td>—</td><td>油封
直通式</td><td>填料 T 形
三通式</td><td>—</td></tr>
</table>

（二）阀门型号示例

1. Z942W－1，表示电动楔式双闸板闸阀。

闸阀，电动，法兰连接，明杆楔式双闸板，阀座密封面材料由阀体直接加工，公称压力为 *PN*0.1，阀体材料为灰铸铁。

2. Q21F－40P，表示外螺纹球阀。

球阀，手动，外螺纹连接，浮动直通式，阀座密封面材料为氟塑料，公称压力为 *PN*4.0，阀体材料为铬镍不锈钢。

3. $G6_K41J-6$，表示气动常开式衬胶隔膜阀。

隔膜阀，气动常开式，法兰连接，屋脊式结构并衬胶，公称压力为 *PN*0.6，阀体材料为灰铸铁。

4. D741X－2.5，表示液动蝶阀。

蝶阀，液动，法兰连接，垂直板式，阀座密封面材料为铸铜，阀瓣密封面材料为橡胶，公称压力为 *PN*0.25，阀体材料为灰铸铁。

二、普通常用阀门

阀门的种类繁多，应用范围很广泛，且不断有新型阀门开发出来。阀门的种类可按用途、材质、结构、驱动方式、连接形式、公称压力等进行分类。如按驱动方式不同，阀门可分为手动阀（靠人力操作手轮、手柄或链轮等驱动的阀门）、动力驱动阀（利用各种动力源进行驱动的阀门，如电磁阀、气动阀和液动阀等）和自动阀（利用介质本身的能量而动作的阀门，如恒温阀、安全阀、浮球阀等）三类。

普通常用阀门有闸板阀、截止阀、蝶阀、球阀、浮球阀、旋塞阀和止回阀等，如图3—1所示。

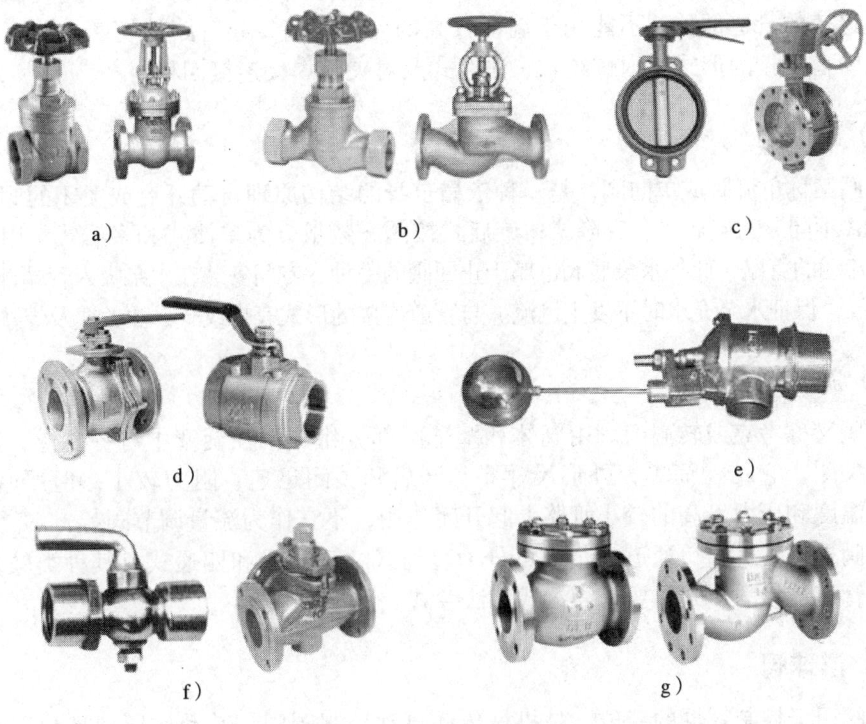

a） b） c） d） e） f） g）

图3—1 普通常用阀门

a）闸板阀 b）截止阀 c）蝶阀 d）球阀 e）浮球阀 f）旋塞阀 g）止回阀

（一）闸板阀

闸板阀简称闸阀。按阀杆不同可分为明杆式和暗杆式；按阀板形式不同可分为平行式、楔式及弹簧板式。主要用于一般汽、水管道的管路启闭控制，与管路连接的形式分为螺纹、法兰、焊接和卡箍四种，其中小规格以螺纹连接为主，大规格以法兰连接为主。

（二）截止阀

截止阀按介质流向不同可分为直通式、直流式及直角式三种。用于一般汽、水管路的启闭及流量的调节，其中以直通式应用最为广泛。直通式截止阀又分为高压截止阀及专用截止阀。截止阀与管路连接形式分为螺纹式、法兰式及焊接、卡套连接。

（三）蝶阀

蝶阀按传动方式可分为手动、蜗轮传动、气动及电动四种。主要用于室外大口径、低压给水管道及室内消防给水主干管上。在管路中起全开、全闭及调节介质流量的作用。应用较为广泛的蝶阀有杠杆式蝶阀、对夹式蝶阀、衬胶衬塑对夹式蝶阀等。蝶阀与管道的连接方式为法兰连接、对夹连接两种。

（四）球阀

球阀可分为直通式、三通式及多通式三种，主要用于低温、高压、黏度较高的介质和要求开关迅速的管道部位，不能用于温度较高的介质管路，起管路的切断、分配及改向的作用。与管道连接的形式有内螺纹式、法兰式及对夹、焊接连接四种。

（五）止回阀

止回阀又称单流阀或单向阀，是一种依靠自身的结构原理自动开启或关闭的阀门。按阀瓣启闭方式不同分为旋启式、升降式；旋启式按阀瓣数量分为单瓣式和多瓣式。用于只允许水流单向流动的管路，此外水泵底阀也属于止回阀的一种，专门安装在水泵吸入管端部，防止杂质流入水泵，保证水泵充水时不发生倒流。与管道连接的形式有螺纹式、法兰式及焊接连接。

（六）旋塞阀

旋塞阀又称考克或转心门。由阀体和塞子两部分组成，在旋塞中有一孔道，当旋转时即开启或关闭。它结构简单，外形尺寸小，开启和关闭迅速，阻力较小，但严密性较差。通常用于温度和压力不高的较小管路上起开闭作用，不宜作为流量调节阀。

旋塞阀根据其进出口通道的个数可分为直通式、三通式和四通式，其种类较多，用途广泛。与管道连接的形式主要有螺纹式和法兰式。

（七）浮球阀

浮球阀用于控制容器的液位，是机械传动自动控制阀门。其动作原理是利用浮球的升降来带动阀芯的关闭，与管道连接的形式主要有螺纹式和法兰式。

想一想

1. 在阀门型号单元组成中，哪几个单元是用字母表示其含义的？
2. 观察图3—1中的阀门，说出你见过的类型，它们用在什么地方？
3. 说出利用机械传动自动控制阀门的种类。

三、新型阀门

（一）弹性座封闸阀

弹性座封闸阀又称橡胶软密封闸阀，它由整体包覆橡胶的弹性闸板和流道呈直线形（阀门底部无凹槽）的阀体接触形成密封，如图 3—2 所示。阀门采用球墨铸铁精密铸造而成，其几何尺寸精确，结构紧凑，密封性能极佳，质量比普通闸阀减小 20%～30%，安装及维修方便。

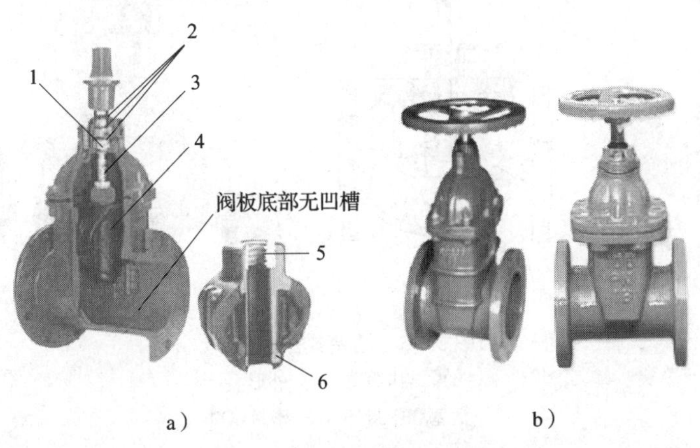

图 3—2　弹性座封闸阀

1—止推轴承　2—O 形密封圈（3 个）　3—阀杆　4—整体包覆耐油橡胶板　5—内螺纹　6—阀板

弹性座封闸阀具有以下特点：

1. 阀体底部没有凹陷的密封槽，全开时阀门如同一段管道，流道为直线，流阻小，不会堆积和夹杂异物。

2. 闸板整体包覆一层厚度均匀的优质耐油橡胶，关闭时闸板以橡胶压在阀体密封面上形成密封，关阀力矩很小，密封可靠。

3. 当管道受力弯曲或有微量拉伸时，包覆在闸板上的橡胶因具有弹性，可自动补偿管道的微量变形，继续保持可靠的密封。

4. 闸板整体包覆橡胶，不会出现闸板锈蚀污染介质的情况，确保介质洁净、无污染，是一种新型的环保阀门，非常适用于城市直饮水系统。

5. 阀杆采用三重 O 形环密封圈密封设计，可减少漏水现象，并可在有压及不断水的情况下更换密封圈，

6. 阀杆安装止推轴承，可以减小摩擦，从而降低了阀门的操作扭力。启闭所需扭力为普通闸阀的 1/2，开启操作省力、轻巧。

弹性座封闸阀型号示例：RSDZ45X－16Q

RSDZ：表示弹性座封闸阀；4：表示正齿轮传动；5：表示法兰连接；X：表示法兰阀板及衬里材料为橡胶；16：表示公称压力为 1.6 MPa；Q：表示阀体材料为球墨铸铁；该阀

门为手动驱动方式。

弹性座封闸阀克服了普通闸阀的密封性能较差，缺乏弹性，易锈蚀以及管道冲洗时杂物容易淤积在阀底凹槽，造成阀门无法关闭严密而漏水等诸多缺陷。所以，广泛用于建筑、电力、医药、食品等行业的管道工程，作为调节和截流装置使用。

（二）活塞式截止阀

活塞式截止阀属于新型截止阀，其基本结构和外形与普通截止阀相似，外形有闸阀式和截止阀式，如图3—3所示。

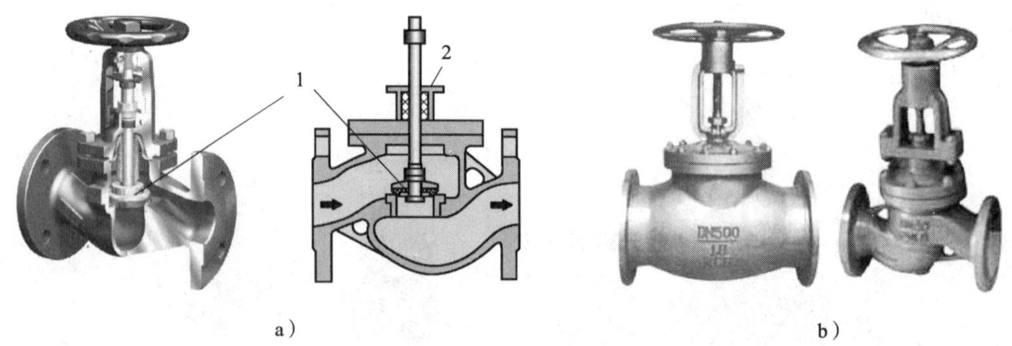

图3—3　活塞式截止阀
a）结构简图　b）外形
1—活塞和密封环　2—密封填料

活塞式截止阀的密封阀芯是一个活塞，活塞下平面环形凹槽内设有活塞环（高级弹性、复合非金属材料），活塞环与其相配合的环形阀座紧密配合，使其达到密封效果。当阀门关闭时，活塞能将附着在阀环上的杂质清除，即使是含纤维或污染性的介质，也能有效清除后实现可靠的密封，不会损坏密封面，因此可以保证完美的密封作用。

活塞式截止阀安装在管道上后，可长时间使用，完全无须保养，只是阀轴需要定期添加润滑油，使其转动顺畅。若活塞阀环使用一段时间后不能再用，便可更换，无须拆除阀门。

该阀门结构紧凑、合理，密封性能好，目前广泛应用于蒸汽、给水等系统管路中。

（三）新型止回阀

新型止回阀采用最新的结构设计及先进工艺制造技术，提高阀门的密封性能，延长阀门的使用寿命，克服了普通止回阀安装位置上的限制，降低了管道水锤压力。新型止回阀主要包括节能消声式、蝶式、对夹薄型、梭式、静音式、橡胶瓣式、双瓣式及缓闭微阻式等形式。止回阀适用于给排水、消防及暖通系统，可安装于水泵出口处，防止水倒流及水锤对泵机的损坏。

1. 消声止回阀

消声止回阀又称节能消声止回阀或静音止回阀。消声止回阀阀体内采用流线型设计，过流量增大，水头损失小。阀瓣采用弹簧加载，使阀门处于长闭状况，其快速关闭能有效地减小水锤压力，密封性能好，关闭无噪声，体积小，质量轻。可适应垂直、水平、倾斜等安装位置。消声止回阀的结构和外形如图3—4所示。

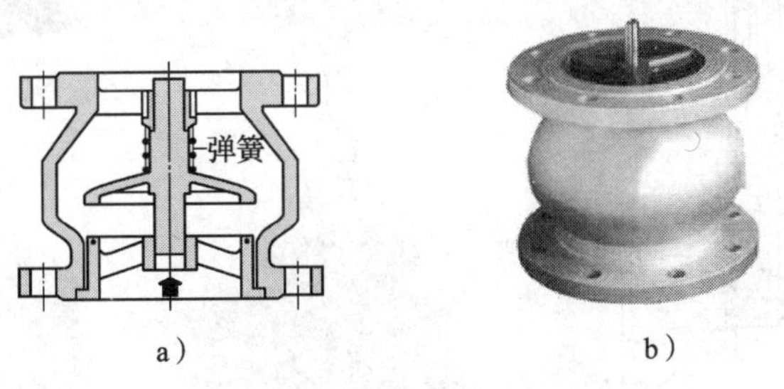

图3—4　消声止回阀（法兰式）

a）结构简图　b）外形

2. 双瓣止回阀

双瓣止回阀主要由阀体、阀瓣、阀杆及弹簧等组成，阀体薄且轻巧，由于阀瓣启闭行程缩短以及弹簧作用可加强关闭效果，因而减小水锤压力及水击噪声。主要用于给水系统中高层建筑及小区给水管道工程。由于双瓣止回阀的构造长度比普通止回阀短，对有安装空间限制的场所更为适宜。对夹式双瓣止回阀的结构和外形如图3—5所示。

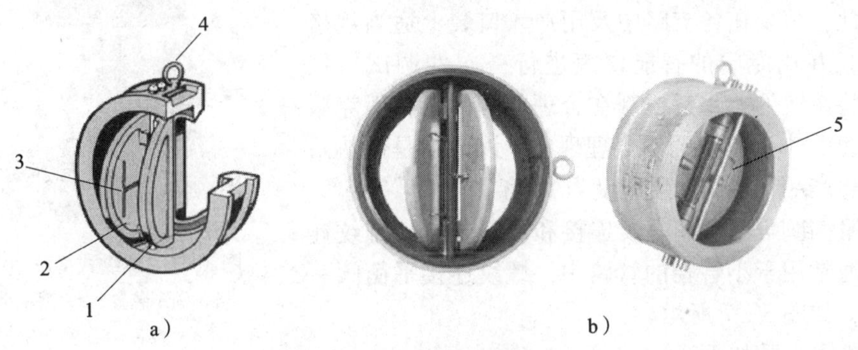

图3—5　对夹式双瓣止回阀

a）结构简图　b）外形

1—密封圈　2—阀板　3、5—弹簧　4—吊装环

（四）平衡阀

平衡阀属于调节阀的范畴，利用阀门的开启度而合理分配流量，实现流量的定量输配，达到节能的目的。平衡阀目前在供热和空调系统中应用较为广泛。

1. KPF平衡阀

KPF平衡阀在外形和结构上基本与普通截止阀相似。该平衡阀采用抛物面形阀芯，使阀门具有良好的密封性能和稳定调节的功能。阀杆上的锁定装置在流量调节好后可以锁定阀门，从而限制了人为的任意调节。在阀体的进口上有测压小阀，便于测定阀门的流量，使能源得到合理的分配和使用。KPF平衡阀的结构如图3—6所示。

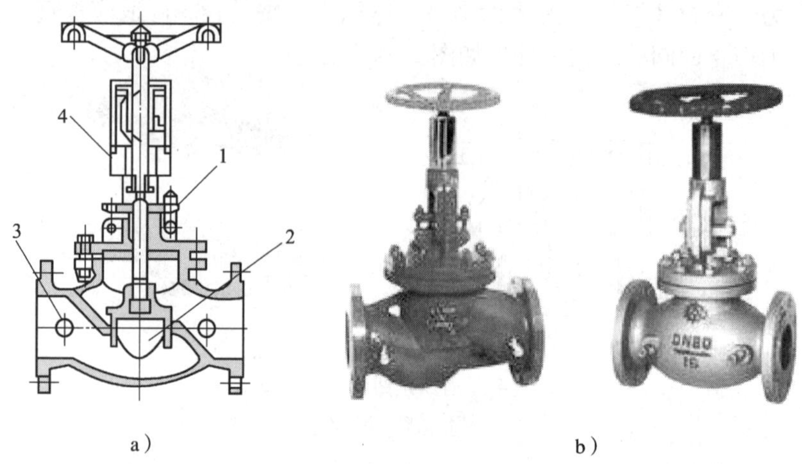

图 3—6　KPF 平衡阀的结构

1—阀盖密封　2—抛物面阀芯　3—测压小孔　4—锁定装置

KPF 平衡阀是一种具有特殊功能的阀门，具有良好的流量特性，可以有效地解决供热和空调系统中存在的室温冷热不均问题。由于该平衡阀设有开启度指示、开度锁定装置及用于流量测定的测压小阀，因此，只要在各支路中及用户入口装上适当规格的平衡阀，并用专门的智能仪表进行一次性调试后锁定，便可将系统的总水量控制在合理范围内，从而克服了“大流量、小温差”的不合理现象。该产品是供热系统中的理想产品，最高介质温度为 100℃。

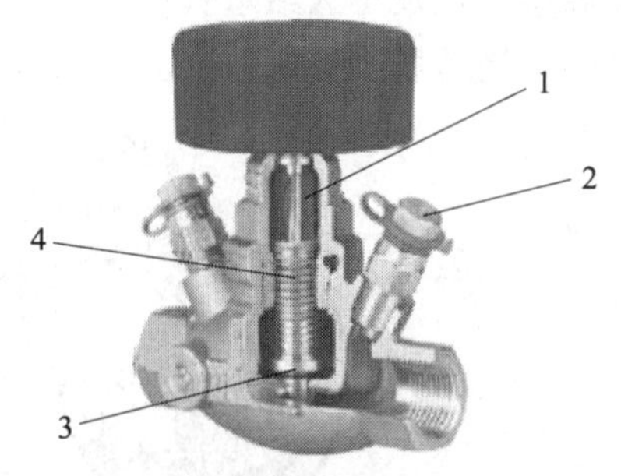

图 3—7　螺纹式 KPF 平衡阀

1—锁定装置　2—测压小孔

3—阀芯　4—阀盖密封

KPF 平衡阀可以采用螺纹连接和法兰连接，螺纹连接平衡阀通常用于小管径的管路中，螺纹连接平衡阀一般为铜质，如图 3—7 所示。

主要技术参数如下：

产品型号：KPF－16；公称压力 *PN*：1.0、1.6 MPa；公称直径 *DN*：15～400 mm；阀体强度试验压力：2.4 MPa；阀座严密性试验压力：1.76 MPa；介质温度：≤120℃；适用介质：水、蒸汽。

2．液晶数字锁定平衡阀

液晶数字锁定平衡阀是一种较为理想的新型节能平衡阀，与 KPF 型产品的区别是阀体设有液晶数字显示，可准确、直观地调节压降和平衡流量至任意位置，并可随即锁定控制。该平衡阀主要应用于建筑采暖管道系统，安装在管网系统的主干、分支干、室内供水干管、分支主管及多台锅炉的热媒管道上，用以改善管道流量分配，解决管网存在的热力失调问题，达到平衡管道流量和节约能源的目的。液晶数字锁定平衡阀如图 3—8 所示。

主要技术参数如下：

产品型号：SP15F－10 型；公称压力 *PN*：1.0、1.6 MPa；公称直径 *DN*：15～400 mm；工作温度：0～120℃；适用介质：水、油和其他液体。

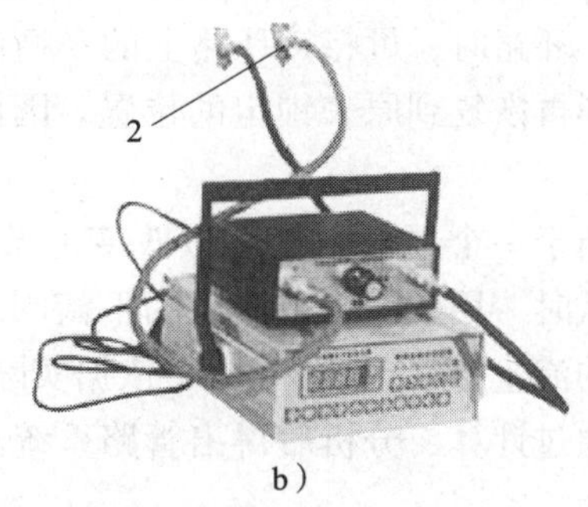

图 3—8 液晶数字锁定平衡阀

a）平衡阀 b）液晶显示仪表

1—锁孔 2—测压小孔

3. 平衡阀的安装要点

平衡阀可安装在供水管路上，也可安装在回水管路上（每个环路中只需安装一处）。对于热力站的一次环路侧来说，为方便平衡调试，建议将平衡阀安装在水温较低的回水管路上。总管上的平衡阀宜安装在供水总管水泵后（水泵下游），以防止由于水泵前（阀门后）压力过低可能发生的水泵气蚀现象。

由于平衡阀具有流量计量功能，为使流经阀门前、后的水流稳定，保证测量精度，在条件允许的情况下应尽量将平衡阀安装在直管段处。阀前、阀后离管件分别应有 5 倍、2 倍管径长的直管段，如图 3—9 所示。装在水泵出口管路上的平衡阀与水泵应有 10 倍管径长的直管段。

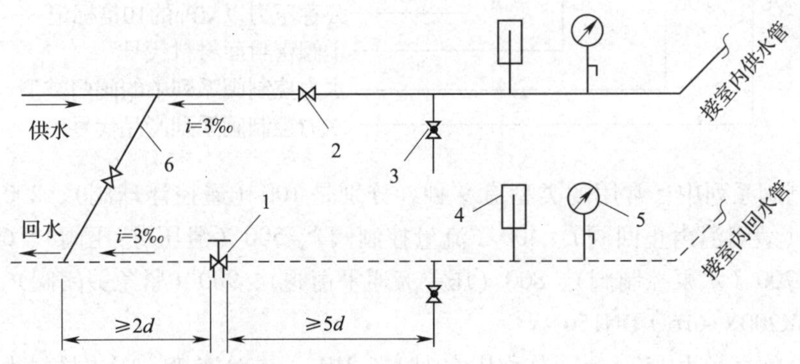

图 3—9 平衡阀在热力入口的安装示意图

1—平衡阀 2—截止阀或柱塞阀 3—泄水球阀 4—温度计 5—压力表 6—*DN*25 循环管

当安装有平衡阀的新系统连接于原有供热（冷）管网时，必须注意新系统与原有系统的水量分配平衡问题，以免安装了平衡阀的新系统（或改造系统）的水阻力比原有系统高，从而达不到应有的水流量，一般应在原有系统的入口处加设平衡阀。

管网系统安装完毕并具备测试条件后，使用专用智能仪表对全部平衡阀进行调试整定，并将各阀门的开度锁定，使管网实现水力工况平衡。在管网系统正常运行过程中，不应随意变动平衡阀的开度，特别是不应变动开度锁定装置。

在检修某一环路时，可将该环路上的平衡阀关闭，此时平衡阀起到截止阀截断水流的作用，检修完毕再恢复到原来锁定的位置。因此，安装了平衡阀一般可以不必再安装截止阀。

平衡阀相当于一个局部阻力可以改变的节流元件，利用其前后压差可以计算出流量。在管网平衡调试时，用软管将被调试的平衡阀的测压小阀与专用智能仪表连接，仪表可显示出流经阀门的流量值（或压降值），依据实际流量需要，向仪表输入该平衡阀处要求的流量值后，仪表通过计算、分析后得出管路系统达到水力平衡时该阀门的开度值，最后调整锁定。

（五）水力控制阀

水力控制阀是指利用水力（水压）控制原理，通过不同结构的导管和元件组成的多用途自动控制类阀门的总称。它由一个主阀及其附设的导管、导阀、密封阀、球阀和压力表等组成。根据使用目的、功能及场所的不同可分为遥控浮球阀、可调式减压阀、缓闭消声止回阀、流量控制阀、泄压/持压阀、水力电动控制阀、水泵控制阀、压差旁通控制阀、紧急关闭阀等。广泛应用于介质温度不高于 80℃、工作介质为清水的生产、生活及消防等给水系统。

1. 水力控制阀型号的编制方法

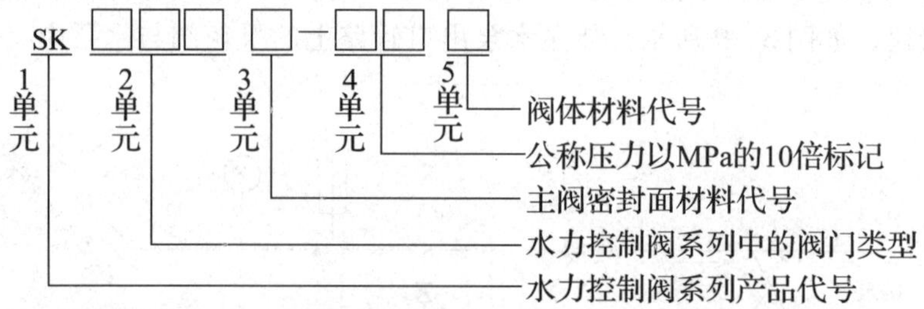

水力控制阀系列中，常用的类型有 9 种，分别是 100（遥控浮球阀）、200（可调式减压阀）、300（缓闭消声止回阀）、400（流量控制阀）、500（泄压/持压阀）、600（水力电动控制阀）、700（水泵控制阀）、800（压差旁通平衡阀）、900（紧急关闭阀）。

示例：SK200X－16Q DN150

表示：公称直径为 150 mm、公称压力为 1.6 MPa、法兰连接、阀体材料为球墨铸铁的可调式减压阀类水力控制阀。

水力控制阀分为活塞式和隔膜式两大类。公称压力分为 *PN*1.0 MPa、1.6 MPa、2.5 MPa 三种，隔膜式公称直径 *DN*50 ~ *DN*500，活塞式公称直径 *DN*350 ~ *DN*800。水力控制阀一般为法兰连接。

2. 水力控制阀的工作原理

各类水力控制阀的工作原理基本相同，均由附设的导管和阀件来控制主阀的开启，从而达到各种控制的目的。水力控制阀主阀的工作原理见表 3—3。

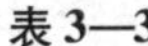

表 3—3　　水力控制阀主阀的工作原理

状态	工作原理	图示
全闭状态	当主阀进口端水压分别进入阀体及控制室，且主阀外部的球阀同时关闭，此时主阀处于全闭状态	
全开状态	当主阀外部的球阀全开时，此时控制室内水压全部释放到大气中，所以主阀呈全开状态	
浮动状态	调节主阀外部的球阀开度，使流经针阀与球阀的水流达到平衡，此时主阀处于浮动状态	

3．遥控浮球阀

水力控制阀的种类较多，下面以遥控浮球阀为例介绍水力控制阀的工作原理。

遥控浮球阀主要由主阀、针阀、球阀、浮球阀、微型过滤器（安装在针阀前）等组成水力控制接管系统，调定后，自动控制液面高度。遥控浮球阀的结构简图、外形和安装示意图如图 3—10 所示。

工作原理：当管道从进水端给水时，由于针阀、球阀、浮球阀是常开的，水通过微型过滤器、针阀、控制室、球阀、浮球阀进入水池，此时控制室不形成压力，主阀开启，水塔（池）供水。当水塔（池）的水面上升至设定高度时，浮球浮起关闭浮球阀，控制室内水压升高，推动主阀关闭，供水停止。当水面下降时，浮球阀重新开启，控制室水压下降，主阀再次开启继续供水，保持液面的设定高度。

遥控浮球阀直接利用液面控制，不需要其他装置和能源，保养简便，液面控制准确度高，不受水压影响，密封可靠。广泛用于高层建筑、生活区等供水管网系统的水塔、水池等设施的液面控制。

4．水力控制阀的特点

水力控制阀的种类较多，各类水力控制阀的特性及用途见表 3—4。

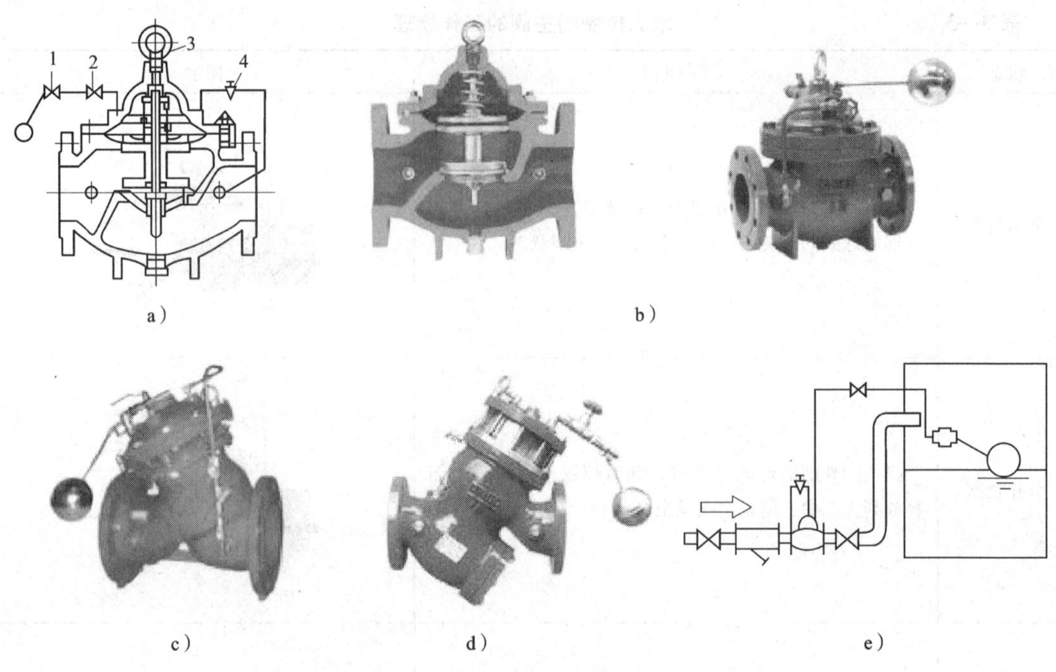

图 3—10　遥控浮球阀

a）结构简图　b）活塞式　c）隔膜式　d）过滤活塞式　e）安装示意图

1—浮球阀　2—球阀　3—吊装环　4—针阀

表 3—4　　各类水力控制阀的特性及用途

类　别		特性及用途	安装简图
遥控浮球阀		利用水位控制浮球升降来控制主阀的开启和关闭，达到自动控制设定液位的阀门 主要安装于水池、水箱或高架水塔的进水口处	100X（遥控浮球阀） 弹性座封闸阀 水箱 H41X止回阀 过滤器
可调式减压阀		利用水作用力控制调节导阀，使阀后水压降低，无论进口压力波动还是出口流量变化，出口的静压和动压均稳定在设定值上。出口压力在一定范围内可调节 适用于生活、消防、工业给水系统	过滤器 200X 减压阀 弹性座封闸阀

续表

类　别	特性及用途	安装简图
缓闭消声止回阀	 可调控开启和关闭速度的止回阀，启停泵运转时，可配合调节至最佳启闭速度 适用于高层建筑，减少水锤及水击现象发生，可以达到安静的启闭效果	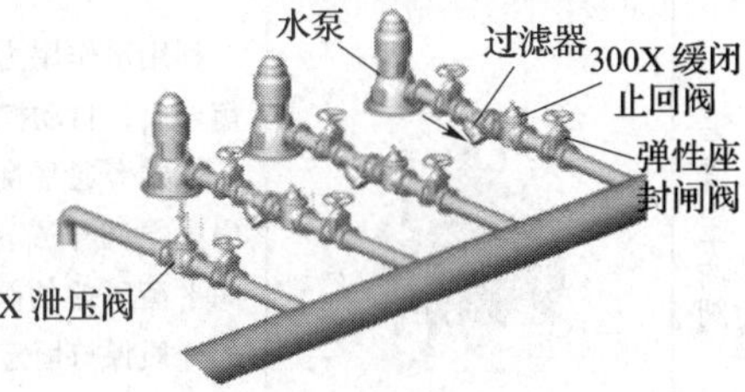 水泵 过滤器 300X 缓闭止回阀 弹性座封闸阀 500X 泄压阀
流量控制阀	 通常安装在配水管道上，可预先设定其上的向导阀于某一固定流量，使主阀上游压力变化而不影响下游水量 常用在流量需控制的给水管道上	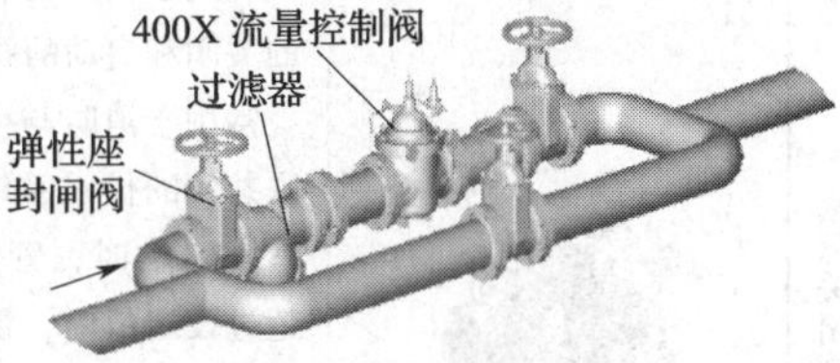 400X 流量控制阀 过滤器 弹性座封闸阀
泄压/持压阀	 利用水的作用力控制导阀，使主阀自动排除部分水来稳定阀前管道设定压力，当压力恢复到设定压力以下时，主阀自动关闭，阀门的泄压、持压在一定范围可调 适用于高层消防系统	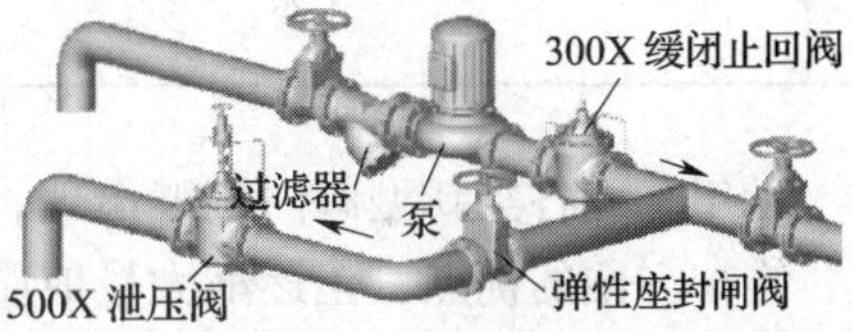 300X 缓闭止回阀 过滤器 泵 500X 泄压阀 弹性座封闸阀
水力电动控制阀	 利用电信号遥控电磁导阀，遥控开启和关闭管路系统，实现远程操作 可取代启闭闸阀或蝶阀的大型电动操作机	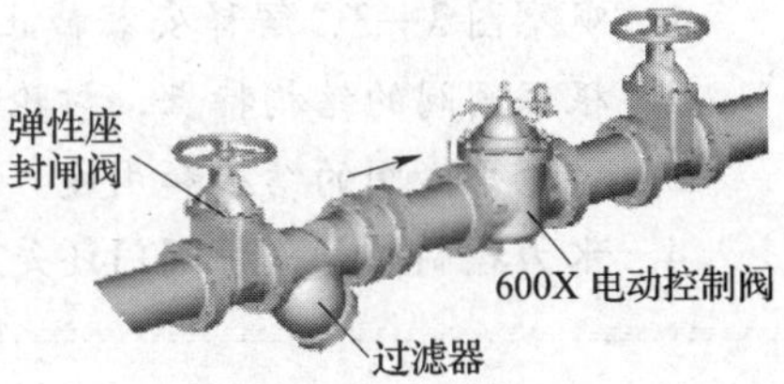 弹性座封闸阀 600X 电动控制阀 过滤器
水泵控制阀	 与缓闭止回阀作用相同，安装在水泵管路上，停泵前，可先将主阀关至90%再停泵，余下10%再关闭，可完全防止水锤和水击现象发生	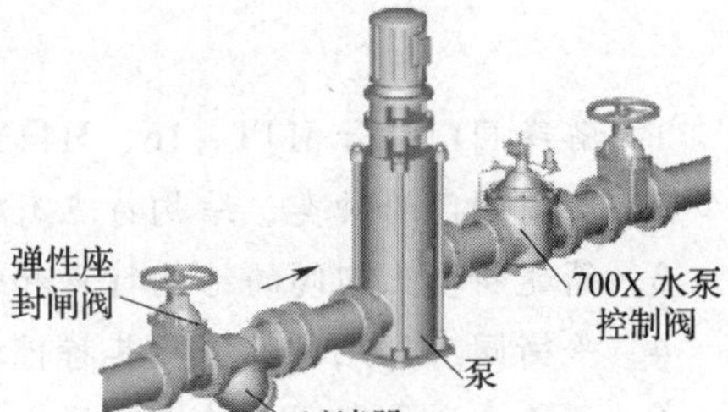 弹性座封闸阀 700X 水泵控制阀 泵 过滤器

续表

类别		特性及用途	安装简图
压差旁通平衡阀		利用水作用力和调节压差平衡导阀，自动控制阀门的开度 压差旁通平衡阀是一种用在中央空调导流、供水、回水之间平衡压差的阀门，使管路中的介质保持恒定的压差值	弹性座封闸阀 800X 压差旁通平衡阀
紧急关闭阀		利用水作用力自动控制阀门的关闭和启动的阀门 常用于消防与生产或生活并联共用的供水系统中。当消防系统启动时，管道压力升高，超过设定值时，能自动关闭生产、生活用水管道。当消防供水结束后，管路压力下降至设定值，自动恢复生产、生活用水	蝶阀 泵 300X 紧急关闭阀 生活用水 过滤器 300X 止回阀 消防用水

近年来，各类新型阀门相继出现，其种类和规格很多，这类阀门以其优良的性能和安装、维护方便的优点，正逐渐大量地应用于管道设备安装工程中。

想一想

1. 观察图3—3，解释安装截止阀时要求低进高出的原因。
2. 根据闸阀的结构特点，讨论闸阀在使用中的注意事项。
3. 讨论平衡阀的结构和用途。
4. 水力控制阀是一种阀门还是一类阀门？主要用途是什么？

复　习　题

1. 解释阀门型号 J11T－16、H44Y－40I 中各单元的意义。
2. 常用阀门的种类、结构特点有哪些？各用于什么地方？
3. 简述新型止回阀的结构特点和使用范围。
4. 平衡阀有哪几种类型？其特性各是什么？各用于什么地方？
5. 压差旁通平衡阀的特性及用途是什么？
6. 水力控制阀的类型有哪几种？简述其结构特点和适用范围。

第二节 阀门安装

本节主要介绍供暖系统中使用的安全阀、减压阀、疏水阀、温控阀、热量表的类型、基本结构及其组合安装的要点。

一、阀门安装的一般要求

（一）阀门安装前的试验

1. 阀门试验的规定

（1）阀门安装前应做强度和严密性试验。试验应在每批（同牌号、同型号、同规格）数量中抽查10%，且不少于一个。对于安装在主干管上起切断作用的闭路阀门，应逐个做强度和严密性试验。

（2）阀门的强度和严密性试验应符合以下规定：阀门的强度试验压力为公称压力的1.5倍；严密性试验压力为公称压力的1.1倍；试验压力在试验持续时间内保持不变，且壳体填料及阀瓣密封面无渗漏。阀门试压的试验持续时间应不少于表3—5的规定。

表3—5 阀门试压的试验持续时间

公称直径 *DN*（mm）	最短试验持续时间（s）		
	严密性试验		强度试验
	金属密封	非金属密封	
≤50	15	15	15
65～200	30	15	60
250～450	60	30	180

2. 阀门的试验

（1）阀门试验台

阀门的强度试验和严密性试验一般在阀门试验台（见图3—11）上进行。阀门试验台操作简单，使用时按要求操作即可，但应注意禁止使阀门超压试验。

（2）强度试验

强度试验的目的是检验阀门壳体的强度（承压能力），其试验压力应符合上述规定。

阀件做水压强度试验时，应尽量将体腔内的空气排尽，再往体腔内充灌洁净水。对止回阀做试验时，压力应当从进口一端引入，将出口一端堵塞；闸阀、截止阀、闸板或阀瓣做试验时应打开，压力从进口引入，将另一端堵塞。带有旁通的阀件做试验时，旁通阀也应打开，将出口一端堵塞。

图 3—11　阀门试验台

（3）严密性试验

严密性试验的目的是检验阀门关闭的密封性能，其试验压力应符合上述规定。

水和蒸汽用阀件应以水作为介质进行严密性试验；轻质石油产品（汽油、煤油）和其他温度大于 120℃ 的石油蒸馏产品用的阀件，用煤油作为介质进行严密性试验。

对闸阀做试验时，应保持体腔内压力和通路一端压力相等。试验方法是将闸阀关闭，介质从通路一端引入，在另一端检查其严密性。在压力逐渐除去后，从通路的另一端引入介质，重复进行上述试验。或者在体腔内保持压力，从通路两端进行检查，这样做一次试验即可。

对截止阀做试验时，阀杆处于水平位置，将阀瓣关闭，介质按阀件上箭头指示的方向供给，在另一端检查其严密性。

对直通旋塞做试验时，应将旋塞调整到全关位置，压力从一个通路引入，从另一端通路进行检查，然后将旋塞旋转 180°重复进行试验。对三通旋塞做试验时，应将旋塞轮流调整到关闭位置，从旋塞关闭的一端通路进行检查。

对止回阀做试验时，压力从介质出口通路的一端引入，从另一端通路进行检查。

对焊阀门的严密性试验应单独进行，强度试验一般可在系统试验时进行。阀体和阀盖连接部分填料的严密性试验应在关闭件开启、通路封闭的情况下进行。严密性试验不合格的阀门必须解体检查，并重新进行试验。试验合格的阀门应及时排尽内部积水。密封面应涂防锈漆（需脱脂的阀门除外），然后把阀门关闭，再封闭出、入口。阀门的传动装置机构应进行清洗和检查，要求动作灵活，可靠，无卡涩现象。

（二）阀门安装的一般要求

1. 阀门的选用

使用何种阀件，应首先根据设计选用。阀件的用途、介质的特性、最大工作压力、介质最高温度及介质的流量或管道的公称通径都必须满足设计要求。

2. 阀门的检查

（1）阀件安装前应检查产品合格证，并核对型号规格及公称压力，且必须进行外观检查，阀门的铭牌应符合国家标准《通用阀门标志》（GB/T 12220—1989）的规定。

（2）首先检查阀件的填料是否完好，压盖螺栓是否有足够的调节余量；其次检查阀杆是否灵活，有无卡涩和歪斜现象。

3. 阀门安装的通用要求

（1）阀门的开关手轮应放在便于操作的位置，水平管道的阀件，其阀杆一般应安装在上半圆周范围内，法兰或螺纹连接的阀件应在关闭状态下安装。

（2）成排阀门的排列应整齐、美观，在同一平面上中心允许偏差为 3 mm。

（3）各种阀门的安装方向应与介质的流向一致。

（4）埋地管道的阀门应设阀门井室。

（5）焊接阀件与管道连接时，封底焊宜采用氩弧焊，以保证内部平整、光洁。焊接时，阀件不宜关闭，以防止因过热而变形。

（6）安装铸铁等材质较脆的阀件时，应避免因强力连接或受力不均匀而引起损坏。

（7）安装法兰式阀门时，紧固螺栓应对称或十字交叉地进行。

（8）安装螺纹式阀门时应保证螺纹完整无缺，并按介质的不同要求涂以密封填料，拧紧时宜用扳手，以保证阀体不致变形和损坏。为了便于拆卸，在阀门的出口处应加装活接头。

（9）止回阀应注意垂直与水平安装的不同要求。

（10）对夹式蝶阀与水表不能直接连接，否则会造成阀板卡住，不能完全打开。一般通过直短管过渡连接，直短管的长度应不小于 8 倍水表口径，如图 3—12 所示。

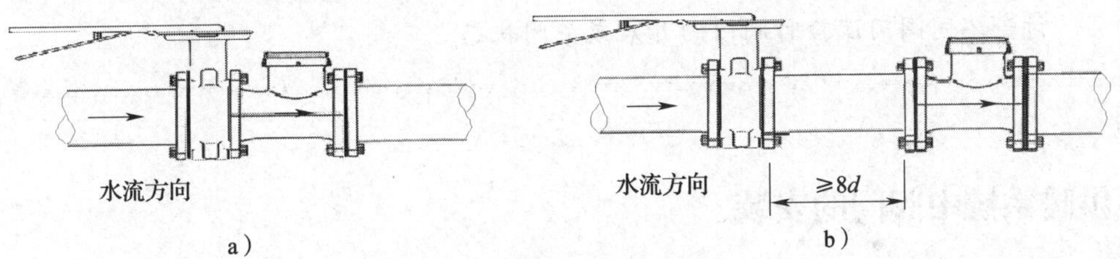

图 3—12　对夹式蝶阀

a）错误　b）正确

（11）阀门在搬运时不允许随手抛掷，以免损坏；吊装时不得用手轮作为吊装的承重点，以免阀杆与手轮断裂，如图 3—13a 所示，造成阀门跌落事故。正确的做法是将绳扣按图 3—14 所示的结扣形式拴好在阀体与阀盖的连接法兰处，如图 3—13b 所示；也可用绳索穿在阀门支架内，如图 3—13c 所示，但用这种方法起吊时不宜摆晃，适用于竖直吊装。

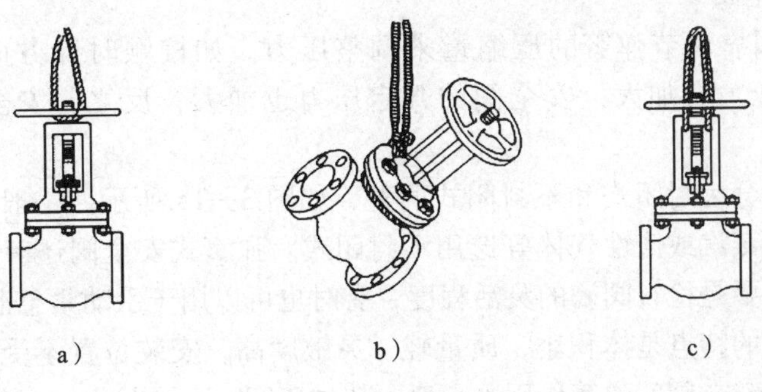

图 3—13　阀门的吊装方式

a）错误　b）、c）正确

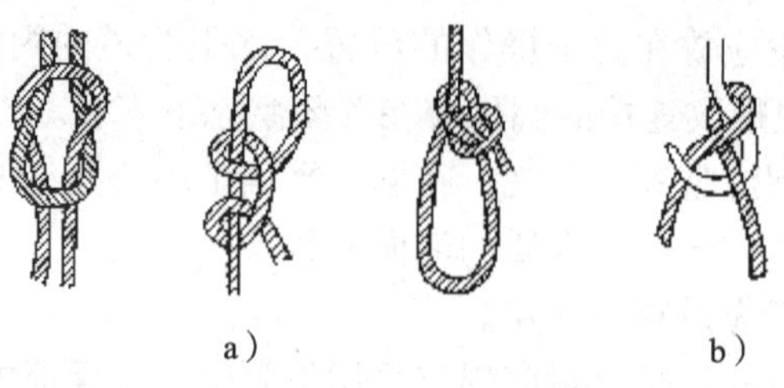

图 3—14 常用的绳扣形式

a）麻绳结扣 b）吊钩扣

（12）安装高压阀件前，必须复查产品合格证和试验记录。不合格的阀件不能进行安装。

（13）电动自控阀在安装前应进行单体调试，包括开启、关闭等动作试验。

想一想

1. 观察图 3—11 所示的阀门试验台，讨论阀门试验的过程。
2. 讨论不同阀门试验时阀门的开启或关闭状态。

二、供暖系统中阀门的安装

（一）安全阀的安装

安全阀是设备和管道的自动保险装置，用于锅炉、容器等有压设备和管道上。当设备和管道中的介质压力超过最高许可工作压力时，安全阀可自动开启排泄（并发出响声），使设备和管道不致因超压而遭到破坏或造成事故；当设备压力低于最高许可工作压力时，安全阀便自动关闭，使系统在工作压力下能够正常运行。

安全阀按构造不同，主要分为弹簧式安全阀、杠杆式安全阀和脉冲式安全阀。

1. 弹簧式安全阀

弹簧式安全阀靠调节弹簧的压缩量来调整压力。如按顺时针方向旋转弹簧上的调整螺杆时，弹簧压力会加大，安全阀的开启压力也加大；反之，安全阀的开启压力会减小。

弹簧式安全阀分为封闭式和不封闭式两种，如图 3—15 所示。一般易燃、易爆或有毒介质选用封闭式，蒸汽或惰性气体等选用不封闭式。弹簧式安全阀还有带扳手及不带扳手的。扳手的作用主要是检查阀瓣的灵活程度，有时也可以用于手动紧急泄压。

弹簧式安全阀的特点是体积小，质量轻，灵敏度高，安装位置不受严格限制，是常用的安全阀。弹簧式安全阀的弹簧作用力一般不超过 2 000 N，因过大、过硬的弹簧达不到应有的精确性。

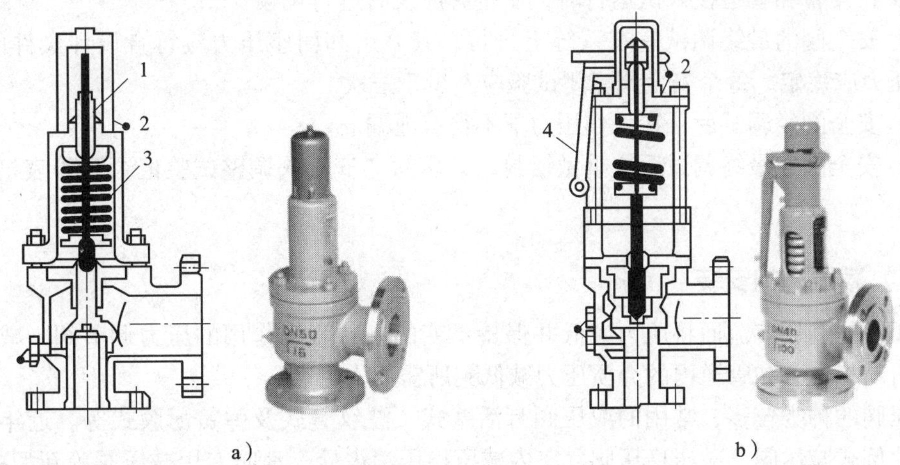

图 3—15　弹簧式安全阀

a）封闭式　b）不封闭式（带扳手）

1—调整螺杆　2—铅封　3—弹簧　4—扳手

2．杠杆式安全阀

杠杆式安全阀又称杠杆重锤式安全阀，是以杠杆和重锤来平衡安全阀的工作压力，杠杆式安全阀靠移动重锤位置或改变重锤的质量来调整压力。其优点是容易调整压力范围，不受介质的热影响，但其灵敏度差，往往因体积庞大而限制了使用范围。杠杆式安全阀如图 3—16 所示。

3．脉冲式安全阀

脉冲式安全阀由主阀和辅阀构成。当压力超过允许值时，辅阀先动作，然后促使主阀动作，如图 3—17 所示。它也靠弹簧的压缩力来平衡阀瓣的压力，主要用于高压和大口径管路系统。

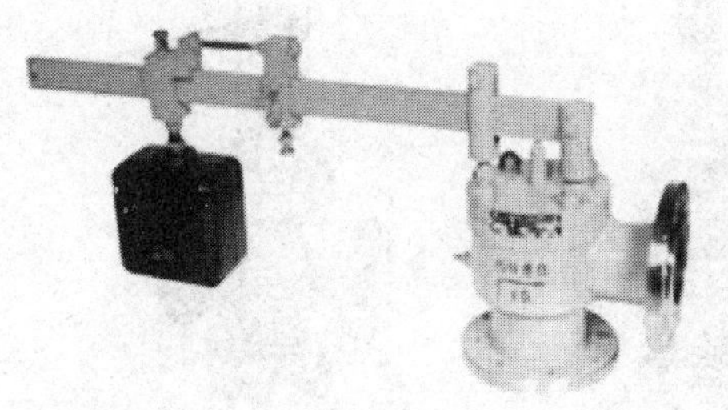

图 3—16　杠杆式安全阀

图 3—17　脉冲式安全阀

4．安全阀的安装要求

（1）安全阀有螺纹连接和法兰连接两种，安装时应按相应的工艺标准连接。

（2）安装安全阀前必须复核产品合格证和试验记录，其型号应与设计型号一致。

（3）安全阀安装完毕，必须检查其垂直度，当发生倾斜时应予以校正。

（4）安全阀放空管的出口位置应符合有关安全要求。

（5）在设备和管道投入试运行时，安全阀应及时进行调校。

（6）安全阀的最终调试宜在系统上进行，其开启和回座压力应符合设计文件的规定。调压时压力应稳定，每个安全阀启闭试验应不少于三次。

（7）安全阀经调试后，在工作压力下不得有泄漏。

（8）安全阀经最终调试后应重做铅封，并填写“安全阀调整试验记录”等表格，以备检查。

（二）减压阀的安装

减压阀是利用节流而将压力减低并保持不变的一种直接作用的压力调节阀，减压阀的作用是自动将设备和管道内的介质压力减低到所需压力。

减压阀的种类较多，常用的减压阀有活塞式、波纹管式及弹簧薄膜式等。近年来相继出现了比例式减压阀、减压稳压阀、室内减压稳压消火栓、消防专用减压阀等新型减压阀。这里主要介绍蒸汽管路通常使用的活塞式减压阀和杠杆式减压阀。

1. 活塞式减压阀和杠杆式减压阀

活塞式减压阀由主阀和导阀两部分组成。主阀主要由阀座、主阀盘、活塞、弹簧等部件组成。导阀主要由阀座、阀瓣、膜片、弹簧、调节弹簧等部件组成。通过调整弹簧压力设定出口压力，利用膜片传感出口压力变化，通过导阀的启闭驱动活塞调节主阀节流部位过流面积的大小，实现减压和稳压功能。

杠杆式减压阀主要由阀体、阀盖、阀杆、阀瓣、阀座及杠杆等部件组成，利用杠杆和重锤达到减压的目的。减压比一般为 0.6 较合适，可配用电动执行装置，实现远程自动操作。

活塞式减压阀和杠杆式减压阀如图 3—18 所示。

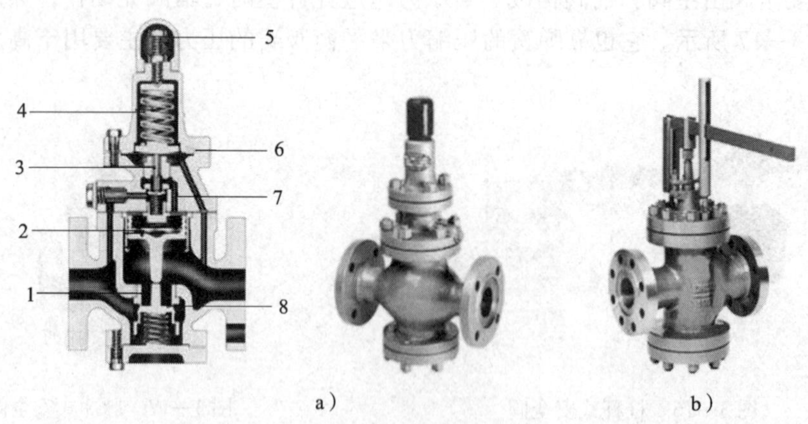

图 3—18　活塞式减压阀和杠杆式减压阀

a）活塞式减压阀的结构和外形　b）杠杆式减压阀的外形

1—主阀　2—活塞　3—导阀　4—弹簧　5—调节螺母　6—顶盖　7、8—膜片

对于用汽量较小的小型采暖系统，可以采用由两个截止阀组成的减压装置。两个截止阀串联安装在管路上，一个作减压用，另一个作关闭用。

2. 新型减压阀介绍

(1) 比例式减压阀

比例式减压阀利用阀内浮动活塞两端截面积不同造成的压力差改变阀后压力，即在管路中有压力的情况下，活塞两端的面积差构成了阀前与阀后的压力差。其减压比例稳定，现生产的标准减压比有2:1、3:1、3:2、4:1等。

(2) 减压稳压阀

减压稳压阀采用了阀后压力反馈机构，既可水平安装，也可垂直安装。在高层建筑给水系统中可以代替分区供水中的分压水箱。在气压罐和变速泵供水系统中，是解决高层底部供水压力过大的问题，延长管路及卫生器具使用寿命的理想产品。

(3) 室内减压稳压消火栓

室内减压稳压消火栓解决了高层建筑中普通消火栓因超压而带来的计算和调试问题，很好地满足了《高层民用建筑设计防火规范》中对压力、流量的要求。减压弹簧用不锈钢制作。同时，保持了原普通型消火栓的内部结构、接口标准及操作方法，使用方便、可靠。

(4) 消防专用减压阀

消防专用减压阀由主阀和导阀组成。减压阀通过导阀调节阀后所需的压力，控制主阀的流量。当阀后压力低于设计值时，导阀立即释放主阀控制室压力，使阀瓣适当地开启。当阀后压力达到设计压力值时，主阀控制室压力增大，使阀瓣开启度变小直到关闭。这种阀门可根据现场需要设定阀后压力，同时，阀后压力不会因为阀前压力的变化而变化，也不会因为阀后流量的变化而改变阀后压力，起到减压和稳压的作用。

3. 减压阀的安装

减压阀通常设有旁通管路，故称减压阀组或减压器。减压阀阀组的安装形式较多，其基本安装形式如图3—19所示。减压阀组的安装高度有两种：一种是沿墙设置在离地面适当高度处，以便于操作、维修；另一种是安装在架空管道上，但必须设置永久性操作平台。

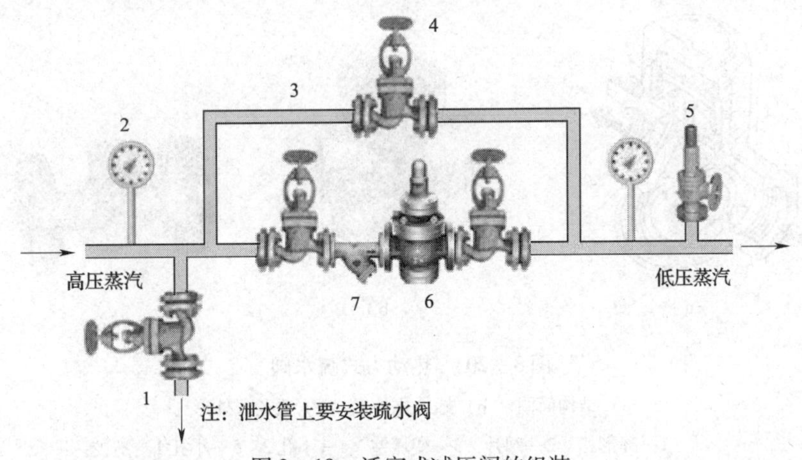

图3—19　活塞式减压阀的组装

1—泄水管　2—压力表　3—旁通管　4—截止阀　5—安全阀　6—减压阀　7—过滤器

(1) 安装减压阀时，减压阀前的管径应与阀体的直径一致，减压阀后的管径可比阀前的管径大1~2号。

(2) 减压阀的阀体必须垂直安装在水平管路上，阀体上的箭头必须与介质流向一致，减压阀两侧应安装阀门，一般采用法兰截止阀。

(3) 减压阀前应装有过滤器，对于带有均压管的薄膜式减压阀，其均压管应接往低压管道的一侧。旁通管是安装减压阀的一个组成部分，当减压阀发生故障检修时，可关闭减压阀两侧的截止阀，暂时通过旁通管供汽。

(4) 为了便于进行减压阀的调整工作，阀前的高压管道和阀后的低压管道上都应安装压力表。阀后低压管道上应安装安全阀，安全阀排气管应接至室外。

(5) 减压板在法兰盘中安装时，只允许在整个供暖系统经过冲洗后安装。减压板采用不锈钢材料，其减压板孔径、孔位由设计决定。

(6) 管道试压后应对减压阀进行冲洗。操作时，应关闭减压器进口阀，打开冲洗阀进行冲洗。在系统送汽前应打开旁通阀，关闭减压阀前的控制阀，对系统进行暖管时同时冲刷残余污物，待暖管正常后再关闭旁通阀，打开减压阀进口控制阀使系统投入运行。

一切正常后，可根据工作压力进行调试，对减压阀进行定压并做出界限标记。

(三) 疏水阀的安装

在蒸汽管道系统中，设置疏水阀（又称疏水器）可以迅速、有效地排除用汽设备和管道中的凝结水，阻止蒸汽漏损，对于防止凝结水对设备的腐蚀、水击、振动及结冻胀裂管路，保证蒸汽系统安全、正常运行具有重要的作用。

疏水阀的种类较多，有热动力式疏水阀（热动力式和脉冲式疏水阀）、浮力式疏水阀（吊筒式和浮筒、浮球式疏水阀）和热膨胀型疏水阀（双金属片和波纹管式疏水阀）等。在此主要介绍通常使用的热动力式疏水阀。

1. 热动力式疏水阀

热动力式疏水阀有螺纹连接和法兰连接两种，其外形和结构如图 3—20 所示。

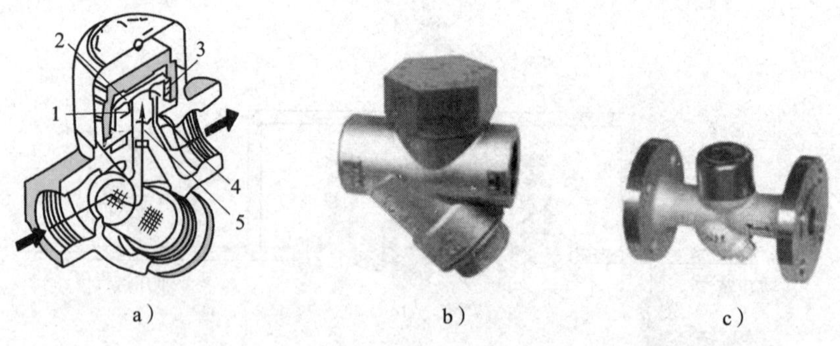

图 3—20 热动力式疏水阀

a）结构简图 b）螺纹式外形 c）法兰式外形

1—环形槽 2—阀片 3—变压室 4—小孔 2 5—小孔 1

工作过程：当凝结水从孔 1 流入时，由于变压室的蒸汽凝缩压力降低，加上水的重度大，作用在阀片下面的力大于变压室作用在阀片上面的力，故将阀片打开；同时，又因水的黏度高、流速低，阀片与阀座间不易造成负压，而且水不易通过阀片与阀盖间的缝隙流入变压室，这样使阀片保持开启状态，经过环形槽从孔 2 排出疏水阀。

当蒸汽从孔 1 流入时，由于蒸汽的黏度低、流速大，使阀片与阀座间容易造成负压，而且蒸汽容易通过阀片与阀盖间的缝隙流入变压室，这样作用在阀片上面的力大于作用在阀片下面的力，故使阀片迅速关闭，阻止蒸汽的泄漏。

由于疏水阀的散热，变压室的蒸汽冷凝后使变压室内的压力降低，当凝结水再次流入孔 1 时，又进行第二个工作循环，工作是间歇进行的。

2. 疏水阀的组装

疏水阀的安装形式较多，其基本组装形式如图 3—21 所示。

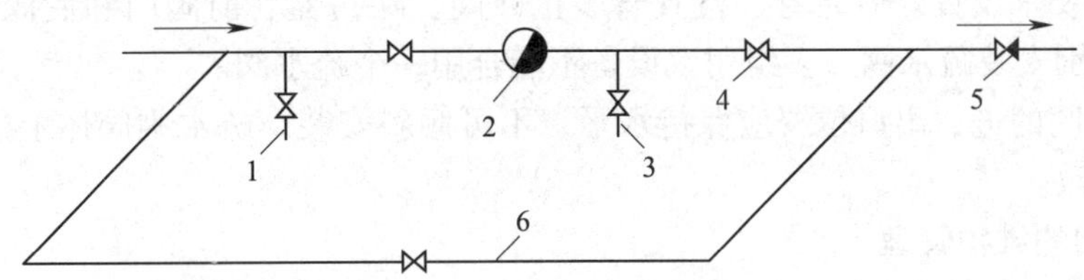

图 3—21　疏水阀的组装形式

1—冲洗管　2—疏水阀　3—检查管　4—截止阀　5—止回阀　6—旁通管

疏水阀组中阀门和配管的作用如下：

（1）疏水阀前后阀门

在管路冲洗、初运行、检修或更换疏水阀时用以切断介质通路。在疏水阀正常运行时常开。

（2）冲洗管

安装在疏水阀前面，管路在通汽运行之前要先用水冲洗。在系统冲洗和初运行时，打开冲洗阀门，以排除污水。用冲洗管启动疏水阀时，待冷凝水由浊变清时关闭。

（3）旁通管

蒸汽系统初运行时凝结水量很大，超过疏水阀的排水能力，所以，在冲洗管阀门关闭后打开旁通管阀门，用以排放大量凝结水。疏水阀检修或更换时可短时间打开旁通管。系统正常运行中间是不允许打开旁通管阀门的，因为蒸汽会从旁通管窜入凝结水管道，影响后面用热设备正常工作和室外管网压力的平衡。通常情况下，疏水阀安装形式中一般不设旁通管。

（4）检查管

用以检查疏水阀的工作状况。当系统运行中疏水阀工作时，打开检查管阀门，如果流出的是凝结水，说明疏水阀工作正常；如果有蒸汽喷出，则说明疏水阀工作失灵；如果汽、水均无流出，则说明疏水阀内部堵塞，需要检修或更换。

（5）止回阀

若疏水阀后的冷凝水集合管高于疏水阀时，应在疏水阀的后切断阀与冷凝水上升管之间安装止回阀。止回阀的作用是防止回水管网窜汽后压力升高，甚至超过供热系统的使用压力。有的疏水阀本身能起止逆作用（如热动力式疏水阀），对能起止逆作用的疏水阀可以不安装止回阀。如凝结水排至大气或单独排至集水箱，由于没有反压作用，所以也不必安装止回阀。

（6）过滤器

由于采暖系统管路中有渣垢、杂质，故疏水阀前端必须设置过滤器，热动力式疏水阀因自身具有过滤作用，一般不需要另装过滤器。过滤器或疏水阀带有的滤网需要经常清洗，以免堵塞。

3．疏水阀安装要求

（1）疏水阀应安装在便于检修的地方，并尽量靠近用热设备凝结水排水口。蒸汽管道疏水时，疏水阀应安装在低于管道的位置。

（2）应按要求设置好旁通管、检查管、止回阀、除污器、前阀门和后阀门等的位置。用汽设备应分别安装疏水阀，多组用汽设备不能合用一个疏水阀。

（3）疏水阀的进、出口位置应保持水平，不可倾斜安装。疏水阀阀体上的箭头应与凝结水的流向一致。

4．疏水阀的维护管理

保证疏水阀正常工作的重要环节之一是对疏水阀的维护管理。疏水阀的组件工作时动作频繁，极易发生磨损和杂质卡住等故障。因此，经常性检查和管理是十分必要的。

检查疏水阀工作情况的方法如下：

（1）打开疏水阀的检查管、阀门进行检查。

（2）用手触摸疏水阀外壳及前后接管的温度，以判断故障发生的地点和原因。当发现疏水阀工作不正常时，必须立即采取措施，进行冲洗、更换或修复，保证其正常工作。

（四）散热器恒温控制阀的安装

1．散热器恒温控制阀的工作原理

散热器恒温控制阀分为手动温控阀和自动恒温阀两种。这里主要介绍自动恒温阀。

散热器恒温控制阀（简称恒温阀）是与供暖散热器配合使用的一种专用阀门，可设定室内温度，通过温包感应环境温度产生自力式作用，无须外力即可调节流经散热器的热水流量，从而实现室温恒定的节能效果。

恒温阀由阀体部分和温控器控制部分（阀头）组成，其外形如图 3—22 所示。温控器由内部充满特殊感温介质的金属波纹管构成。当室内温度上升时，波纹管内部感温介质受热后体积增大，造成波纹管膨胀，推动阀杆成比例关闭阀门。当室内温度下降时，波纹管受弹簧张力作用收缩，推动阀杆成比例打开阀门。因此，当房间有其他辅助热源时（如白天的太阳光及其他发热体等），阀门自动关小使散热器的进水量减少，达到节能的目的。

散热器恒温阀体的材料一般为黄铜镀镍，公称压力不大于 1 MPa，介质温度不高于 100℃，温度调节刻度：0 ~ 5 挡，温度调节范围：5 ~ 25℃。每一挡刻度都对应一个室温，防冻温度为 5℃。一般卧室为 16℃，起居室（客厅）为 20℃。常用的规格有 *DN*15、*DN*20、*DN*25 三种。

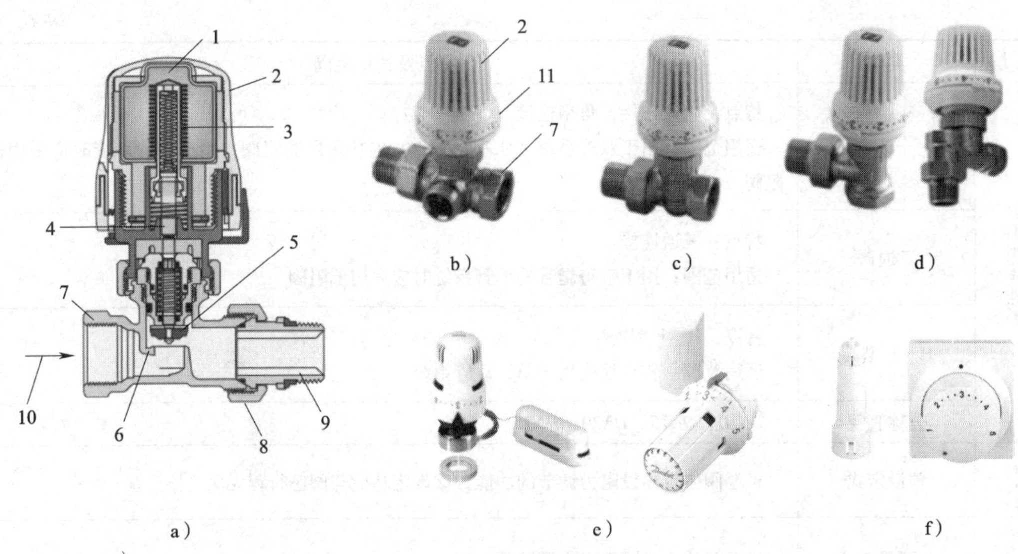

图 3—22 散热器恒温阀

a）恒温阀结构简图 b）三通式 c）直通式 d）直角式 e）外置温包式 f）远程调控式

1—温包 2—温控器 3—波纹管 4—阀杆 5—阀芯

6—阀座 7—阀体 8—活接锁母 9—密封球头 10—水流方向 11—室温标尺

2. 恒温阀的分类、特点及应用

根据恒温阀的不同结构，其分类、特点及适用范围见表 3—6。

表 3—6 **恒温阀分类、特点及适用范围**

分类	类别		特点及适用范围
温包感温介质	气液混合体		特点：介质为一种低沸点液体，经常处于气液混合状态，反应速度最快，节能效果最佳。但对温包密封要求非常严格 适用范围：目前在国内应用较少
	液态		特点：介质一般为甲醇或甲苯等，液态温包灵敏度较高，运行状态稳定 适用范围：较为普遍
	固态		特点：介质多为石蜡等，固态温包灵敏度稍低，反应滞后，使用寿命较短，但价格便宜，易加工，体积相对液体温包小 适用范围：在国内有部分应用
阀头结构形式	感温包内置式		特点：温包内置于温度设定装置（调节阀）中，与阀体在一起。此时温包周围的空气畅通，直接感受室温适用范围：散热器明装
	感温包外置式	远程传感	特点："远程传感，在阀上调节"。温包独立外置，温度设定装置与阀体在一起，装在散热器入口处，温包通过自带的毛细管传递压力，控制阀门的动作 适用范围：恒温阀安装处不能反映室内真实温度但便于阀门操作的场合。如散热器周围有窗帘遮挡、暖气罩或其他热源干扰，但不影响阀门手轮的调温操作
		远程调控	特点："远程传感，远程调节"。温包与温度设定装置均外置，安装后与阀体不在一起，温包通过毛细管连接阀体 适用范围：恒温阀安装处不能反映室内真实温度，如散热器暗装在柜内或其他空间狭小、不便于阀门手轮操作的场合

续表

<table>
<tr><th>分类</th><th colspan="2">类别</th><th>特点及适用范围</th></tr>
<tr><td rowspan="5">恒温阀体外形</td><td rowspan="2">两通阀</td><td>直通式</td><td rowspan="2">特点：直通连接、角型连接
适用范围：用于双管系统（水平、垂直）时应采用高阻阀；用于单管系统时应采用低阻阀</td></tr>
<tr><td>直角式</td></tr>
<tr><td colspan="2">三通阀</td><td>特点：三通连接
适用范围：用于带跨越管的单管系统时应采用低阻阀</td></tr>
<tr><td colspan="2">H、F 型阀</td><td>特点：H、F 型连接
适用范围：较少地应用于单、双管系统</td></tr>
<tr><td colspan="2">公称直径</td><td>DN10、DN15、DN20、DN25</td></tr>
<tr><td rowspan="2">恒温阀体功能</td><td colspan="2">预设定式</td><td>恒温阀体带预设阻力调节的功能，该设定功能与阀芯行程无关</td></tr>
<tr><td colspan="2">非预设定式</td><td>恒温阀体不带预设阻力调节的功能</td></tr>
</table>

3. 散热器恒温阀的型号

根据建筑工业行业标准《散热器恒温控制阀》（JG/T 195—2007）的规定，其型号由五个单元组成。

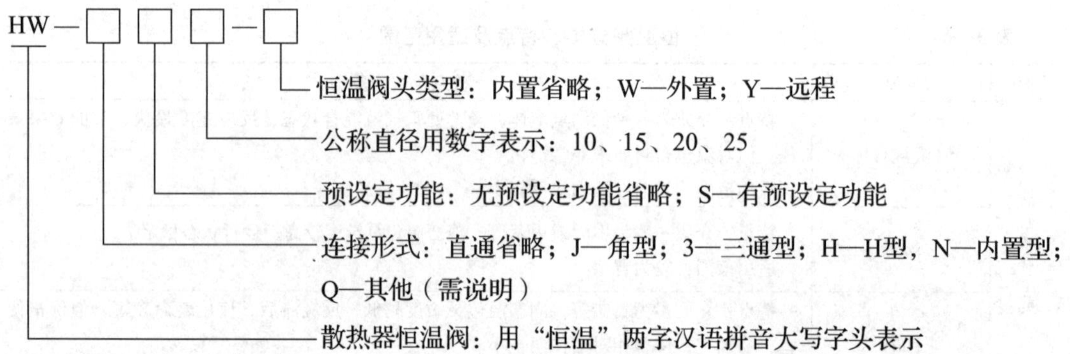

型号示例：

HW－JS25－W：恒温阀由公称直径为 25 mm 的角型预设定式阀体与外置温包式阀头构成。

HW－15：恒温阀由公称直径为 15 mm 的直型无预设定式阀体与内置温包式阀头构成。

4. 散热器恒温阀的安装要点

（1）恒温阀在安装前，应对管道和散热器进行彻底的清洗，当采用铸铁散热器时，必须是内腔无砂型的，热力入口必须安装过滤器，以免由焊渣及其他杂物引起功能故障。若在旧的采暖系统进行改装时，应在散热器温控阀前端安装过滤器。

（2）恒温阀应能通过阀体的特殊构造，或使用专用工具在供暖系统正常运行的条件下，具有能够带水、带压检查、清堵或更换阀芯的功能，从而能够避免因恒温阀堵塞而造成大面积泄水检修，以免造成浪费，影响供暖。

（3）恒温阀的安装方式如图 3—23 所示。

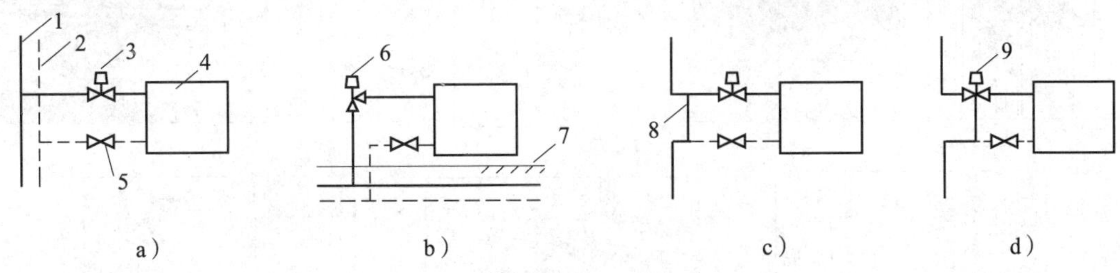

图 3—23　恒温阀的安装方式

a）明装双管系统　b）暗装双管系统　c）两通阀单管跨越系统　d）三通阀单管跨越系统

1—供水管　2—回水管　3—直通（两通）恒温阀　4—散热器　5—截止阀

6—直角恒温阀　7—地面　8—跨越管（旁通管）　9—三通恒温阀

（4）恒温阀在安装时必须保证感温包（传感器）部分处于一个气流畅通、远离高温物体表面、相对开放的空间，确保恒温阀的温包能够充分感应到室内环流空气的温度，以确保恒温阀的动作准确。内置式温包恒温阀不应安装在暖气罩中、窗帘后面、窗台板下以及阳光直接照射的地方，如图 3—24 所示，这时温包感受的是周围局部高温，不是均匀、准确的房间温度。内置式传感器的温包必须保证水平安装，不能竖直向上安装，并注意阀体箭头方向与介质流向一致。

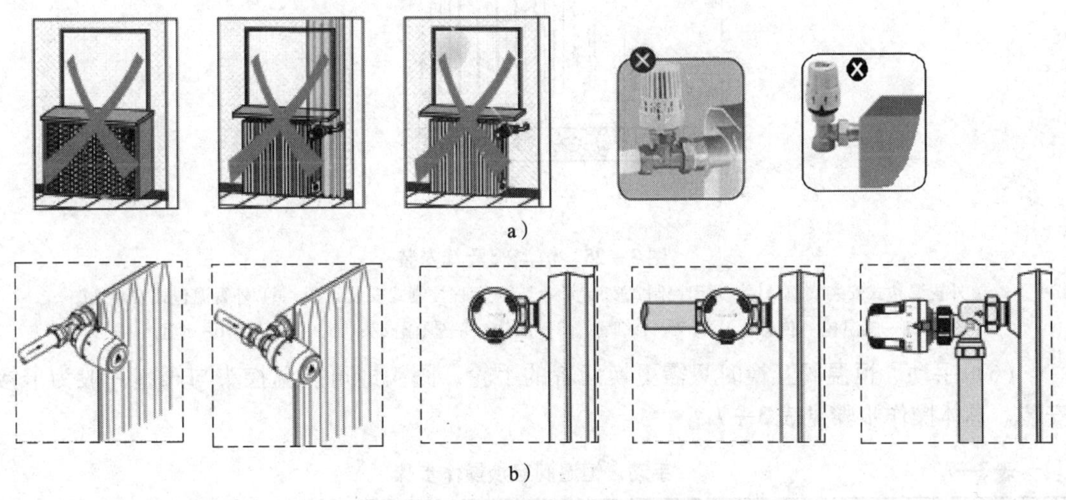

图 3—24　内置式温包恒温阀的安装

a）错误　b）正确

（5）当感温温包被遮挡，表面温度受其他散热物体影响，以及位置受限必须竖直安装时，应采用带外置温包式或远程调控式恒温阀，由于温控头分开设置，感温温包远离散热器或窗户，能真正代表室温。温控头通过毛细管（一般长 2 m）对调节阀进行控制。恒温阀及其安装如图 3—25 所示。

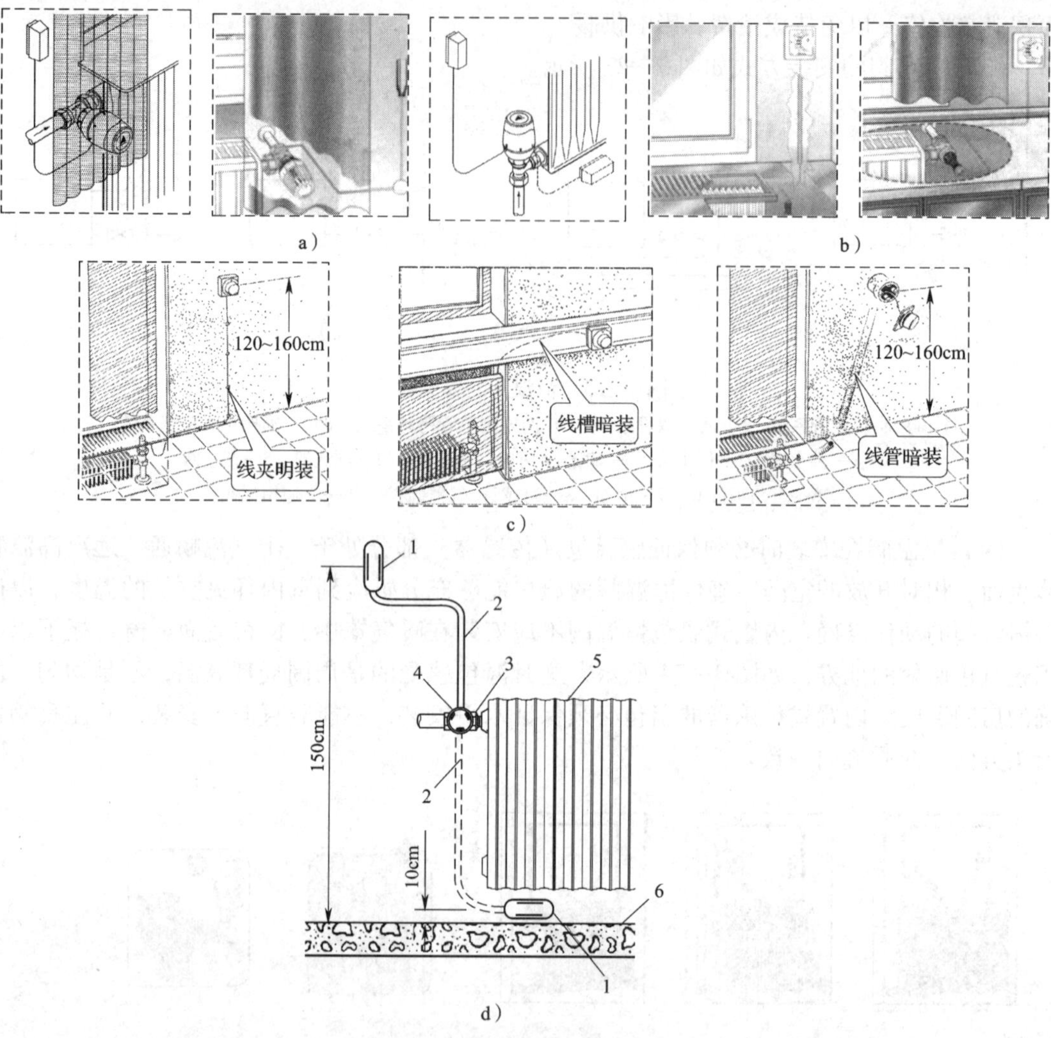

图 3—25　恒温阀及其安装

a）外置温包式安装实例　b）远程控制式安装实例　c）远程控制式安装详图　d）外置温包式安装详图

1—感温包（传感器）　2—毛细管　3—阀体　4—恒温阀头　5—散热器　6—地面

（6）手动、恒温阀互换时只需更换两者的手轮、阀头即可。温控头与阀座一般为卡接安装。具体操作步骤见表 3—7。

表 3—7　　手动、恒温阀互换操作步骤

操作示意图					
操作要点	用旋具取下阀盖	拔出手轮	卸下塑料卡套	装上锁闭圆环	装上恒温阀头

（7）恒温阀头上的室温标尺（见图3—26）规定了温度的调节范围，其中“＊”为防冻温度，用于无人房间。

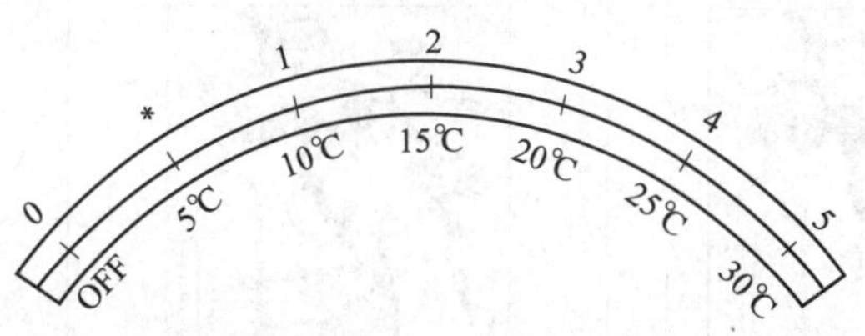

图3—26 恒温阀的室温标尺

温度限定：恒温阀只能在此限定的温度范围内旋转（调节温度）。温度锁定：锁定设定的某一温度值。温度限定、温度锁定以及解除温度限定、锁定的操作技术要点见表3—8～表3—10。

表3—8　　温度限定操作技术要点

操作示意图		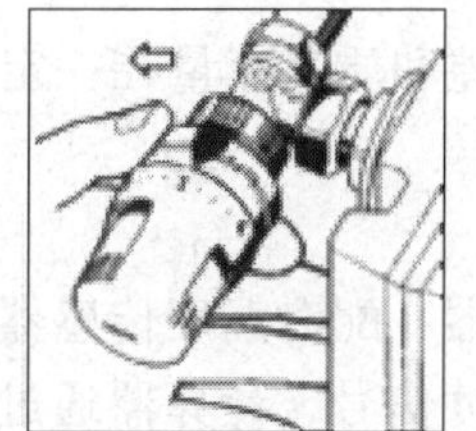	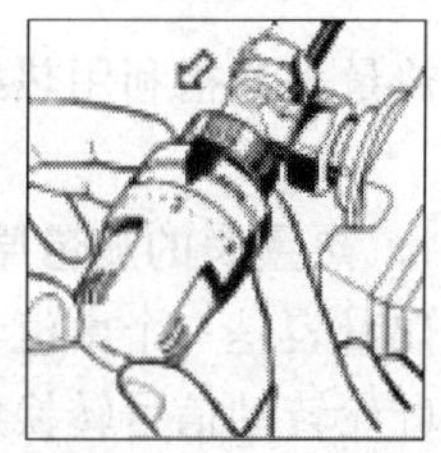
操作技术要点	将调节手柄旋转到全开位置，使用一字旋具将恒温器下端的圆环推向阀门方向到底	将调节手柄旋转到所需限定的最高刻度，将恒温器下端的圆环逆时针旋转到底	将圆环推回恒温器。在此状态下，恒温器只能在0到限定的刻度之间调节

表3—9　　温度锁定操作技术要点

操作示意图		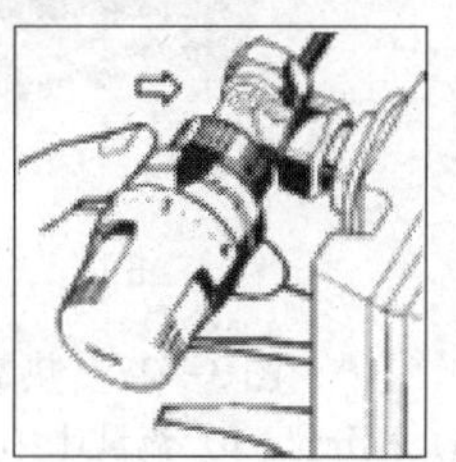	
操作技术要点	将调节手柄旋转到全开位置，使用一字旋具将恒温器下端的圆环推向阀门方向到底	将调节手柄旋转到所需限定的刻度，将恒温器下端的圆环顺时针旋转到底	将圆环推回恒温器。在此状态下，恒温器锁定在设定刻度上

表 3—10　　解除温度限定、锁定操作技术要点

操作示意图	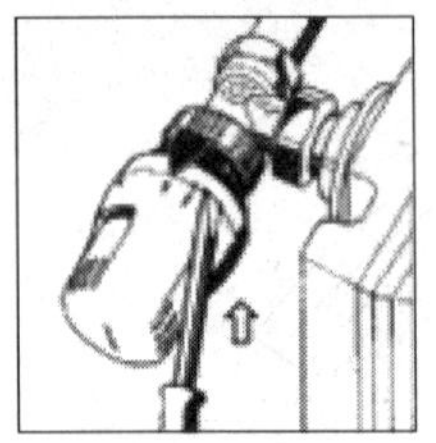	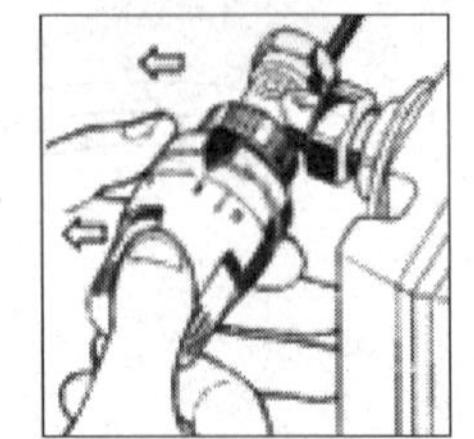	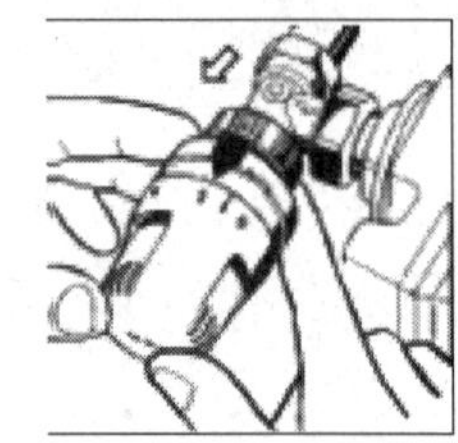
操作技术要点	用一字旋具将恒温器下端的圆环推向阀门方向到底	将恒温器手柄旋转到全开位置，将圆环逆时针旋转到底，圆环上的箭头与恒温器上的“RESET”相对应	将圆环推回恒温器。在此状态下，恒温器解除限定及锁定

(五) 热量表的安装

热量表是指利用热媒的温差和质量流量在一定时间内的积分自动累计热计量的仪表装置。

1. 热量表的测量原理

热量表是一个由流量传感器、配对温度传感器、计算器组成的组合式仪表。流量传感器将叶轮转动信号转换成电脉冲信号，计算器通过记录脉冲数对流过的高温水进行累计测量，通过配对的温度传感器测量进水、回水的温度并传送给计算器，计算器根据系统入口和出口处的温度计算热焓差、水的质量流量及水流经的时间，从而可计算出采暖系统实际消耗的热量。图 3—27 所示为几种常见的热量表。

a)

b)

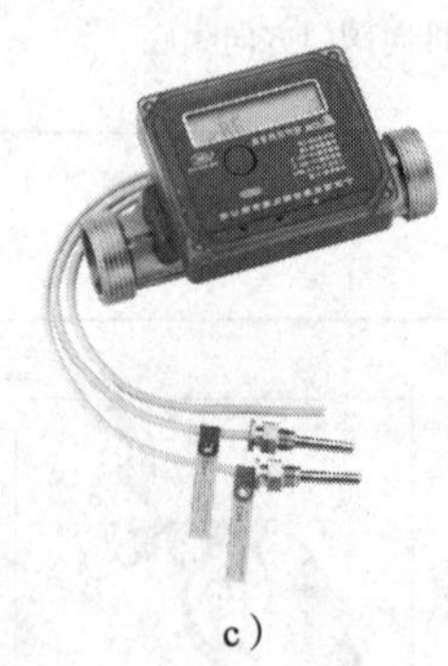

c)

图 3—27　热量表
a) 积分仪　b) 流量计　c) 温度传感器

2. 热量表的种类

热量表的种类和规格较多，一般按流量计种类和结构形式划分为以下几种：

按流量计种类划分
- 机械式热量表：通过测定叶轮转速来测量热水的流量
- 超声波热量表：通过超声波射线直射或反射的方法测量热水的流量
- 电磁式热量表：利用法拉第定律测量热水的流量

按结构形式划分{组合式热量表：积分仪与流量计装在一起，一对温度传感器与其分开
分体式热量表：积分仪装在墙上或表箱里，流量计、温度传感器与其分开
一体化热量表：积分仪、流量计和一对温度传感器安装成一体}

机械式热量表流量的测量精度相对不高，表阻力较大，容易堵塞，易损件较多，因此对水质有一定的要求。超声波、电磁式热量表流量的测量精度高，压损小，不易堵塞，价格较高，使用寿命长。小规格的热量表一般采用螺纹连接，大规格的热量表采用法兰连接。

3. 热量表的安装形式

热量表的安装分为螺纹连接和法兰连接两种形式，如图3—28所示。

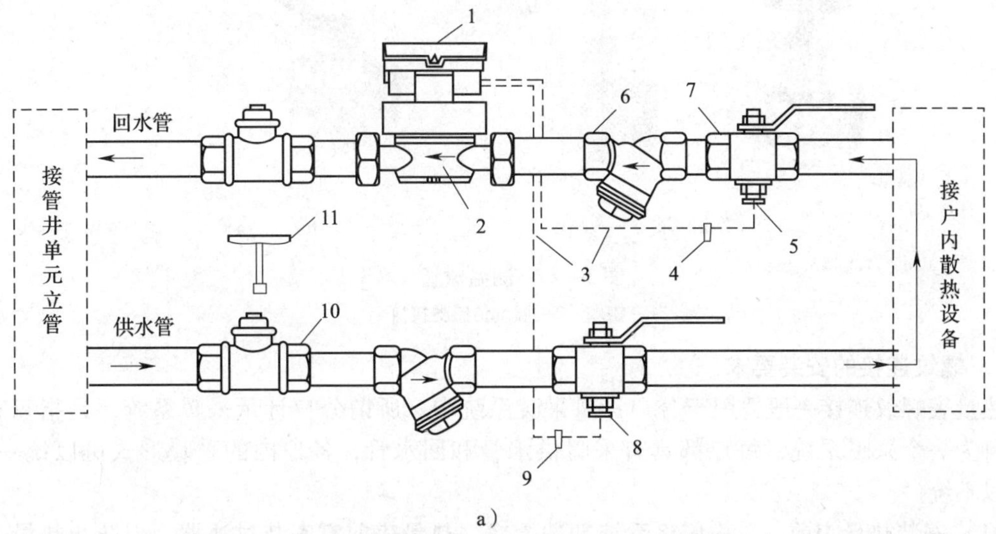

a）

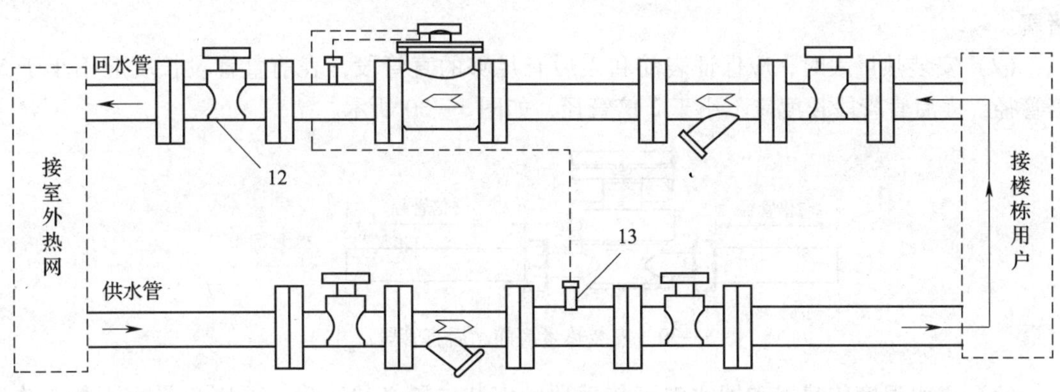

b）

图3—28 热量表的安装形式

a）螺纹连接安装 b）法兰连接安装

1—计算器（积分仪） 2—流量计 3—温度传感器信号线 4—回水温度传感器信号线蓝色标签 5—回水温度传感器 6—过滤器 7—测温球阀 8—供水温度传感器 9—供水温度传感器信号线红色标签 10—锁闭阀 11—锁闭阀钥匙 12—截止阀或柱塞阀 13—传感器焊套

螺纹连接形式中使用的测温球阀和测温锁闭阀是两个较特殊的阀门。测温锁闭阀通过专用钥匙关闭管路，具有传感、调节、锁闭三种功能，内置专用弹子锁，根据使用要求，可分为单开锁和互开锁。测温锁闭阀既可在供热计量系统中作为强制收费的管理手段，又可在常规采暖系统中起调节作用。当系统调试结束后即锁闭阀门，避免用户随意调节，以维持系统的正常运行。测温球阀是在普通球阀的阀体上制造有安装温度传感器的接口，具有传感、调节、关闭的功能，不具有锁闭的功能，如图 3—29 所示。法兰连接形式中，需要在管子上现场用管道开孔器开孔，焊接专门连接温度传感器的焊套，该焊套的安装工艺等同于安装温度计。

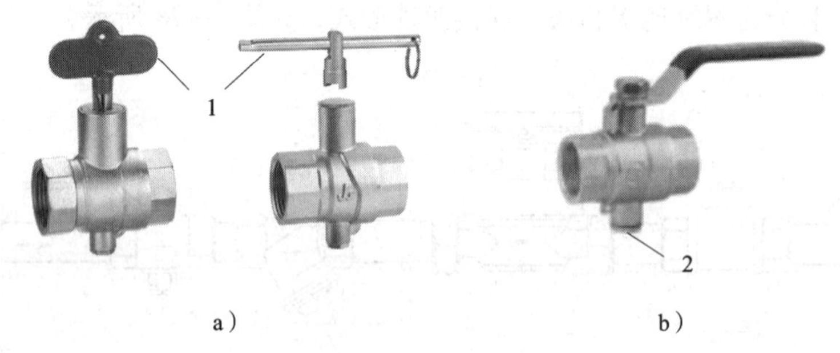

图 3—29　测温球阀

1—钥匙　2—温度传感器接口

4. 螺纹连接的安装要求

热量表螺纹连接一般适用于分户计量采暖系统中。所谓分户计量采暖系统，是指每家住户自为一个采暖系统，每户都具有采暖供水管和回水管，各户内的采暖形式可以统一，也可以不统一。

（1）安装热量表前，首先应将系统冲洗干净。热量表前宜安装过滤器，以防止热量表堵塞。

（2）安装热量表时，应保证表前和表后有足够的直管段，表前直管段长度应不小于 5 倍管径，表后直管段长度应不小于 2 倍管径，如图 3—30 所示。

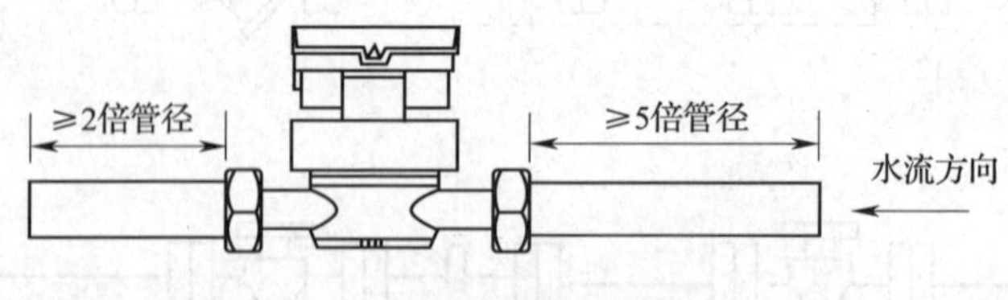

图 3—30　安装热量表前、后直管段尺寸

（3）进水温度传感器和回水温度传感器的安装位置必须正确，否则热量表不能工作。热量表的两个温度传感器颜色不同，可按说明书安装。一般安装时应将红色标签的温度传感器安装在进水管测温球阀或热量表上（通常在表体测温孔内），将另一个蓝色标签的温度传感器安装在回水管上。

（4）超声波热量表应水平安装在管道的最低点，垂直安装在水流向上的竖直管段上；否则，会因为管段未充满水或管段集聚空气而造成热量表计量不准或不计量。旋翼式的机械式热量表只能水平安装，不允许垂直方向安装，如图 3—31 所示。图 3—31a 中 *A*、*B* 处为正确安装位置，*C*、*D* 处为错误安装位置；图 3—31b 中 *A* 处为正确安装位置，*B*、*C*、*D* 处为错误安装位置。

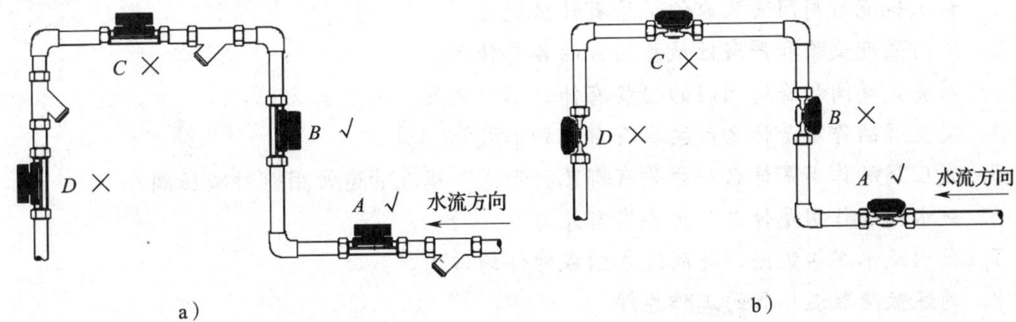

图 3—31 超声波、机械式热量表的安装位置
a）超声波热量表 b）机械式热量表

（5）当热量表水平安装时，仪表面板要保持水平，特殊情况需要倾斜时，倾斜角度应不超过 30°。热量表的安装方向应与热介质流动方向一致。

（6）热量表（主要指流量传感器）设置在供水管或回水管均可，具体由设计确定。一般热量表宜设置在回水管上，因回水管水温较低，可延长热量表的使用寿命。为防止盗热现象，热量表也可设置在供水管上，如需要，在订货时应予以明确。

（7）安装热量表时，可先用一根与热量表相同长度的直管（有些热量表自带）代替热量表安装在管路中，通水冲洗管道。待管道中的杂物冲洗干净后，可换装热量表。如果管网不冲洗干净，则有可能使热量表不能准确测量，甚至损坏热量表。

（8）热量表在使用时应保持仪表洁净、干燥，且勿使液体流入计算器。当电量显示不足时，应及时与维修人员联系进行更换。

5. 法兰连接的安装要求

法兰连接一般适用于单位供暖进口处，可安装在供水或回水管路上。

（1）安装热量表前必须清洗供暖管道。

（2）热量表应水平安装。

（3）供暖管道中水流方向应与热量表上所标的水流箭头方向一致。

（4）供水管和回水管上的温度传感器应严格按出厂说明书安装，并加可靠的铅封。

（5）法兰垫片应选用耐高温的材质。

想一想

1. 安全阀的铅封有什么作用？
2. 讨论安全阀、新型减压阀的安装工艺和安装要求。
3. 讨论散热器恒温阀头要求水平安装的原因。
4. 什么是散热器恒温阀？它是怎样控制温度的？
5. 热量表和热水表的作用相同吗？为什么？

复习题

1. 施工规范对阀门安装前的试验有什么规定？
2. 阀门强度试验和严密性试验的目的各是什么？
3. 对夹式蝶阀和普通阀门的安装有什么不同之处？
4. 安全阀的作用是什么？主要有哪几种形式？
5. 减压阀的作用是什么？主要有哪几种形式？蒸汽管道常用哪种减压阀？
6. 疏水阀的作用是什么？主要有哪几类？
7. 画出疏水阀组装图，并简述各组成部件的作用。
8. 简述散热器温控阀的工作原理。
9. 散热器温控阀的种类有哪些？
10. 简述散热器温控阀的具体安装工艺。
11. 什么是热量表？它是怎样测量热量的？
12. 简述螺纹连接热量表的具体安装工艺。

第三节　补偿器安装

由于输送介质温度的高低或周围环境的影响，管道在安装与运行时温度相差很大，会引起管道的伸长或缩短。当管道伸缩产生的作用力达到一定程度时，将会使管道和支架遭到破坏。为了补偿管道的伸缩，使管道系统安全、稳定地运行，必须在管路上安装使管道有伸缩余地的装置，这种装置就是补偿器。

补偿器补偿的方法是将直管分成若干一定长度的管段，每段两端用固定支架，中间用活动支架，每段中间配置补偿器（见图3—32），使该管段的热变形得以伸缩，从而减小热应力的破坏。

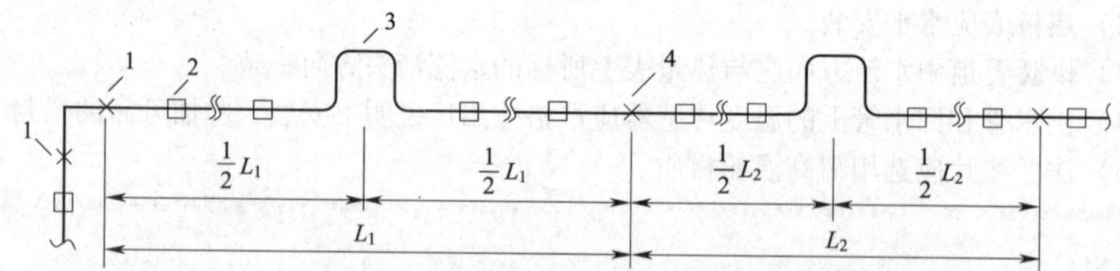

图3—32　方形补偿器在热力管道中的布置

1—端部固定支架　2—活动支架　3—方形补偿器　4—中部固定支架

一、管道热伸长量的计算

供热管道投入运行后，常因温度变化较大而产生热膨胀，管道的热伸长量可按下式计算：

$$\Delta L = \alpha L(t_2 - t_1)$$

式中　ΔL——管道的热伸长量，mm；

α——管道材质的热膨胀系数，mm/（m·℃），钢材可取0.012 mm/（m·℃）；

L——计算管道的长度，m；

t_2——管内介质的工作温度，℃；

t_1——管道安装时的环境温度，℃。

上述公式中有关数据取值说明如下：

1．当管道敷设在地下或室内时，t_1取0℃；当管道架空敷设时，取当地采暖室外设计温度。

2．t_2取值：热力管道取介质的最高温度；煤气管道采用蒸汽吹扫时，取80～120℃；氧气、乙炔、压缩空气管道取30～40℃。

【例】一根热水采暖系统干管两固定支架之间的直管段（钢质）为40 m，热水最高温度为95℃，安装时环境温度按－5℃计算，求此管段的热伸长量。

【解】根据公式计算此管段的热伸长量：

$$\Delta L = \alpha L(t_2 - t_1) = 0.012 \times 40 \times (95 + 5) = 48 \text{ mm}$$

想一想

讨论并举例说明实际生活中的热伸长现象及补偿方法。

二、补偿器的安装

管道系统设置补偿器时，首先应考虑利用管道本身结构弯曲部分的补偿作用，称为自然补偿器（Z形、L形），然后再考虑人工补偿器。常用的人工补偿器有方形补偿器、波形补偿器、套筒型补偿器和球形补偿器四种。

（一）自然补偿器的安装

1．结构与类型

利用管道敷设时的自然弯曲管段（如L形、Z形和空间立体弯）吸收管道的热伸长变形称为自然补偿。L形补偿器是一个直角弯，其长臂的长度一般控制在20～25 m的范围内，而且避免长臂与短臂的长度相等；否则，其补偿能力越差，弯头处应力越大。Z形补偿器是在管道上的两个固定点之间由两个90°角组成的管段。Z形补偿器的垂直臂长度通常根据现场实际确定，两个水平臂的总长度一般控制在45 m以内。自然补偿器如图3—33所示。

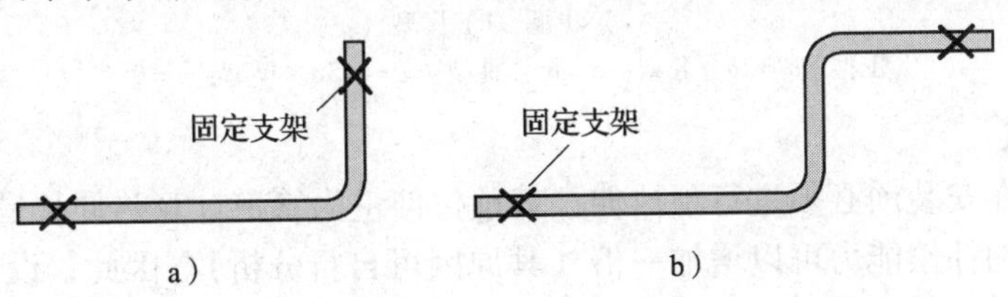

图3—33　自然补偿器

a）L形补偿器　b）Z形补偿器

布置管道时，应尽量利用所有管路原有弯曲的自然补偿，当自然补偿不能满足要求时，才考虑装设置各种类型的人工补偿器。当弯管转角小于150°时，可用作自然补偿；弯管转角大于150°时不能用作自然补偿。

自然补偿器的优点是装置简单、可靠，不另占地和空间。其缺点是管道变形时产生横向位移，补偿的管段不能太长。

2. 安装要点

自然补偿器安装简单，安装时应注意固定支架的位置及其牢固性。

（二）方形补偿器的安装

1. 结构与类型

方形补偿器是由四个90°弯头和一定长度的相连管段组成的，一般采用无缝钢管煨弯制作。当管径较大时，可以采用煨制弯管焊接而成。方形补偿器有四种结构类型，如图3—34所示，图中 a 所在管段通常称为方形补偿器的水平臂，b 所在管段通常称为方形补偿器的垂直臂。

方形补偿器须用优质无缝钢管制作，最好用整根管子弯制而成。$DN<150$ mm 时可用冷弯法制作；$DN>150$ mm 一般采用热弯法制作。弯管弯曲半径通常为3～4倍的管外径。当大的补偿器需要用几根管子连接时，其焊口位置应设在垂直臂的中间，因为此处的弯曲应力最小。

方形补偿器的拼装应在平台上进行，四个弯头应在同一个平面内，平面扭曲偏差应不大于3 mm/m，全长不得大于10 mm。补偿器平行臂的长度偏差应不超过±10 mm。

供热管网一般采用方形补偿器，当方形补偿器不便使用时，才选用其他类型的补偿器。方形补偿器制造及安装方便，轴向推力小，补偿能力大，运行可靠，无须经常维修，但其外形尺寸较大，单向外伸长臂较长，占地面积和占用空间较大，需增设管道支架，热媒流阻较大。

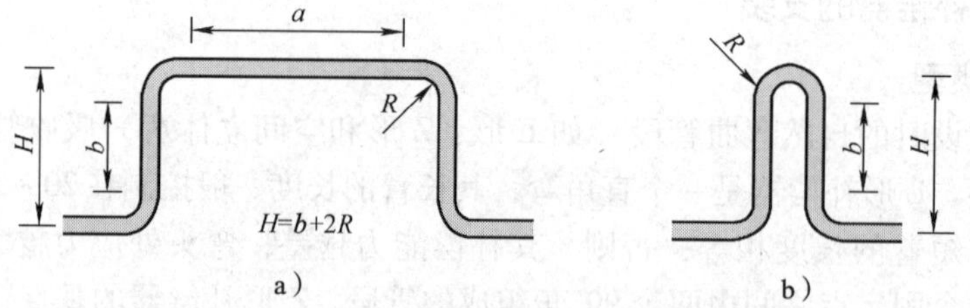

图3—34　方形补偿器类型（Ⅱ型和Ⅲ型未画出）

a）Ⅰ型　b）Ⅳ型

Ⅰ型：$a=2b$　Ⅱ型：$a=b$　Ⅲ型：$a=0.5b$　Ⅳ型：$a=0$

2. 安装要点

方形补偿器在安装前必须进行预拉伸，其预拉伸量为管道计算热伸长量 ΔL 的一半，这样使方形补偿器的补偿能力可以增加一倍（其原因可自行分析）。因此，设计人员在选用方形补偿器的型号时均按预拉伸过的方形补偿器考虑，这样实际选用型号比理论计算型号小一些，如果安装前不进行预拉伸，方形补偿器的补偿能力是不够的，这一点必须重视。

图 3—35 所示为方形补偿器受力状态，L_1 为制作时水平臂的长度尺寸。

安装方形补偿器时一般采用两种方法，一种是先将补偿器按要求拉伸好，中间用钢管或角钢临时定位焊，待管道安装完毕，再将临时支撑去掉，即所谓的“先拉后安”。这种方法通常使用的拉伸工具是拉管器、千斤顶等，一般适用于安装较小管径的补偿器。

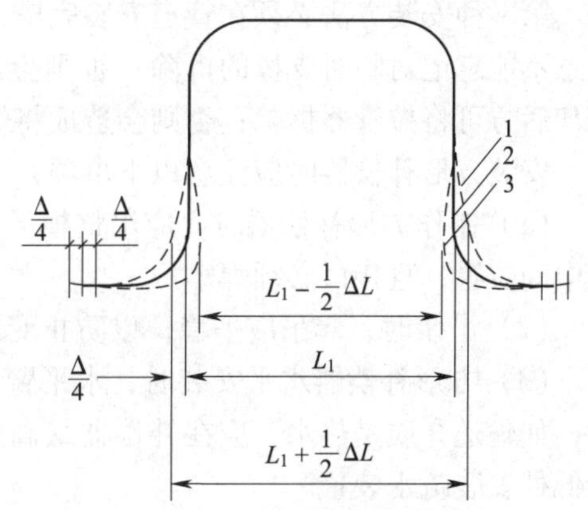

图 3—35　方形补偿器受力状态

1—安装时位置状态　2—制作时位置状态（自由状态）
3—工作运行时的位置状态

另一种方法是在安装方形补偿器时，先将未拉伸补偿器的一端与管道找平并焊接牢固，另一端与直管末端预留补偿器一半的间隙（焊缝不包括在内），然后把拉管器（或千斤顶）安装在待焊的接口上，拧紧拉管器螺栓，拉开补偿器到管子接口处对齐焊好。如图 3—36a、b 所示。另外，还可以采用两个拉管器，补偿器与焊接管端留有 $\Delta L/4$（焊缝不包括在内）的间隙，然后冷拉安装方形补偿器，如图 3—36c 所示。这种方法即所谓的“边拉边安”，在工程上应用较多。

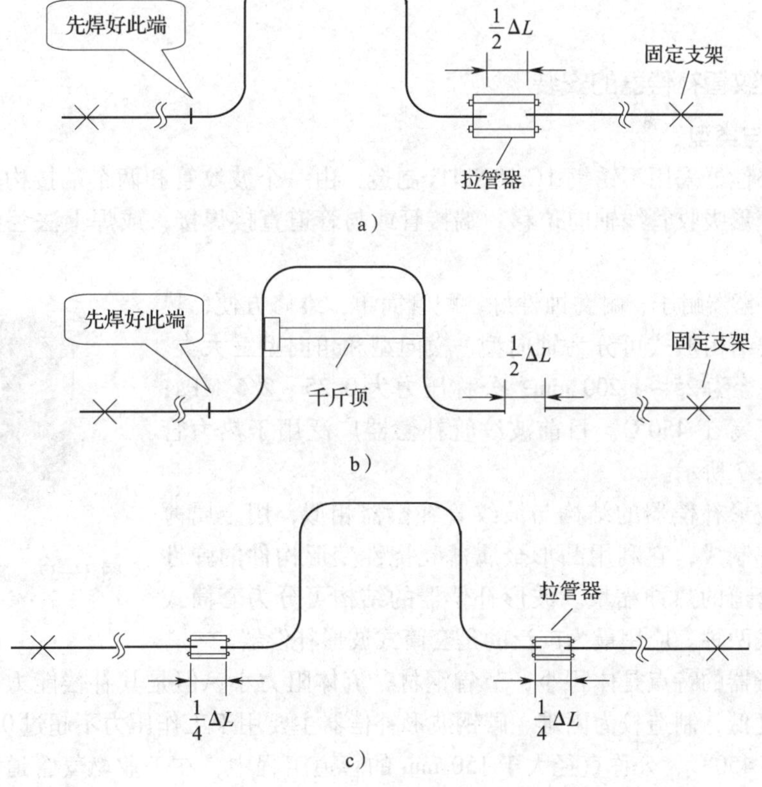

图 3—36　方形补偿器预拉伸方法

a）用一个拉管器一端拉伸　b）用千斤顶一端撑顶　c）用两个拉管器两端拉伸

第一种安装方法必须在管道安装完毕，固定支架达到规定强度后，才能拆除临时支撑，注意不能忘记对临时支撑的拆除；否则会造成工程事故。第二种安装方法必须在焊缝完全冷却后方可将拉管器拆除；否则会造成将焊缝拉开、开裂的现象。

安装方形补偿器时应注意以下事项：

（1）制作方形补偿器时，应用整根无缝钢管煨制，如需要接口，其接口应设在垂直壁的中间位置，且接口必须焊牢。

（2）吊装时，起吊应平稳，以防止变形。

（3）方形补偿器水平安装时，水平臂应与管道的坡度一致，垂直臂应平行。垂直安装时，如输送介质是热水，应在补偿器最高处安装放气阀；如输送介质是蒸汽，应在补偿器最低处安装疏水装置。

（4）两个固定支架之间应设导向支架，导向支架应保证使管子沿规定的方向做自由伸缩。

（5）方形补偿器两侧的第一个支架宜设置在距方形补偿器弯头弯曲起点 0.5 ~ 1.0 m 处。支架应为滑动支架，不得设导向支架或固定支架，以保证在补偿器伸缩时，若管道有微量的横向移动不会使管道的膨胀应力集中到支架上去。

（6）考虑到管道膨胀后会使托架中心与支撑架中心相重合，安装导向支架和滑动支架的托架时，应以支撑架中心线为标准，将托架沿着管道膨胀的反方向移动管道热伸长量一半的距离。

（三）波纹管补偿器的安装

1. 结构与类型

波纹管补偿器采用不锈钢 1Cr18Ni9Ti 制造，由一个波纹管和两个端接构成，可通过波纹管的柔性变形吸收管线轴向位移。端接管或与管道直接焊接，或焊上法兰再与管道法兰连接。

波纹管补偿器耐压、耐腐蚀性好，配管简单，维修方便，热补偿量大。按结构形式可分为轴向型、横向型和角向型三大类。产品的公称直径为 25 ~ 1 200 mm；公称压力为 0.25 ~ 2.5 MPa；工作温度小于等于 450℃。目前波纹管补偿器广泛用于热力管道，如图 3—37 所示。

图 3—37　波纹管补偿器

另一种波形补偿器的结构与波纹管补偿器相似，用金属薄板压制并拼焊制成，它利用凸形金属薄壳挠性变形构件的弹性变形来补偿管道的热伸缩量。波形补偿器的结构可分为套筒式和不带套筒式两种。应用最为广泛的是套筒式波形补偿器。

波形补偿器的特点是体积小，节省钢材，流体阻力小，但是其补偿能力小，轴向推力大，耐压强度低，制造较为困难。碳钢波形补偿器主要用于工作压力不超过 0.7 MPa、工作温度为 -30 ~ 450℃、公称直径大于 150 mm 的管道工程中，在工业燃气管道工程上应用最为普遍。

2. 安装要点

波纹管补偿器安装前应进行预拉伸，其拉伸方法较为简单，只需调整补偿器上的小拉杆螺母即可，然后与管道法兰连接。

需要注意的是，补偿器上的小拉杆主要是运输过程中的刚性支撑及用于补偿器预拉伸调整，而非受力构件。现场安装完成后，应使小拉杆处于自由状态。

（四）套筒型补偿器

1. 结构与类型

套筒型补偿器又称填料函式补偿器，是以插管和套筒的相对运动来补偿管道的热伸缩量，以填料函来实现密封。套筒型补偿器按壳体材料不同可分为铸铁和钢两种，按结构形式不同可分为单向和双向。铸铁补偿器的工作压力不超过1.3 MPa，钢补偿器的工作压力不超过1.6 MPa，最高使用温度为350℃。主要用于公称直径 $DN>150$ mm、工作压力 $PN\leqslant$ 1.6 MPa、安装位置受到限制的热力管道，用于补偿管道的轴向伸缩及任意角度的轴向旋转。

套筒型补偿器的特点是补偿量较大（一般可达250～400 mm），占地面积小，安装简单，承压能力大，流动阻力较小。但轴向推力较大，造价较高，需要经常维修及更换填料，且易渗漏，当管道产生横向位移时，容易将填料圈卡住。套筒型补偿器如图3—38所示。

图3—38　套筒型补偿器

a）单向伸缩　b）双向伸缩

1—套筒　2—填料压紧螺栓　3—伸缩端

2. 安装要点

安装单向套筒型补偿器时，可将套筒端与固定支架管端连接，导管侧应设导向支座。双向套筒型补偿器应设在两导向支架间，套筒用固定支架固定。

安装套筒型补偿器时，应先将补偿器拉开至最大长度，再推进去伸缩余量，保证补偿器中心线与管道中心线一致。插管应安装在介质流入端。

近年来，国内许多生产厂家开发研制了大批套筒型补偿器的新产品，在管道工程中已得到推广与应用，新型套筒型补偿器包括无推力补偿器、柔性石墨填料补偿器、自导式高温补偿器、平衡式补偿器、一次性套筒型补偿器等。

无推力套筒型补偿器的主要特点是利用补偿器的特殊结构，从根本上消除了热介质管道的主导推力——内压推力，从而大大减小了管道对固定支架的推力。广泛应用于直埋、地沟、架空铺设的管道。适用介质有水、蒸汽、油、煤气、酸及碱等。公称压力小于2.5 MPa，公称直径可达1 000 mm，使用温度不高于400℃。

一次性套筒型补偿器又称 Y 接头，是近年新兴的热介质管道采用一次性补偿直埋铺设的技术。直埋管道回填土时应将补偿器裸露，按设计对管道进行预热，待补偿器吸收相应的管道膨胀量，达到设计规定的预热温度后，再将补偿器的活动总管焊接或进行法兰连接。由此可知，整个管路不再做伸缩位移，管道在安全工作范围内承受抗拉或抗压强度。公称压力小于 2.5 MPa，公称直径可达 1 000 mm，管道补偿量为 140 ~ 360 mm，安装长度为 530 ~ 1 125 mm。

（五）球形补偿器

1. 结构类型

球形补偿器（又称球形接头）主要应用于管道转弯处，主要依靠球体的角位移来吸收或补偿管道一个或多个方向上的横向位移。该补偿器具有补偿量大、无盲板力、对固定管架的作用力小的特点。密封采用可注组合密封技术，实现长期可靠密封。球形补偿器应 2 ~ 3 个为一组配套使用，才能用于吸收或补偿管道的横向位移。单个球形补偿器没有补偿能力，可作为管道万向接头使用。

球型补偿器主要应用于城市集中供热管道、热电厂蒸汽管道、电站大型锅炉送煤粉和排灰管道、冶金行业的高炉送风（气）管道和各种冷却管道、其他需要考虑热胀冷缩的各种管道等。球形补偿器及其安装如图 3—39 所示。

2. 安装要点

（1）安装前，应将球体调整到所需角度，并与球心距管段组成一体。

（2）安装时应紧靠弯头，使球心距长度大于计算长度。

（3）安装方向宜保证介质从球体端进入，由壳体端流出。

（4）垂直安装球形补偿器时，壳体端应在上方。

（5）补偿器的固定支架或滑动支架应按照设计规定选用及安装。

（6）运输、装卸球形补偿器时应防止碰撞，并应保持球面清洁。

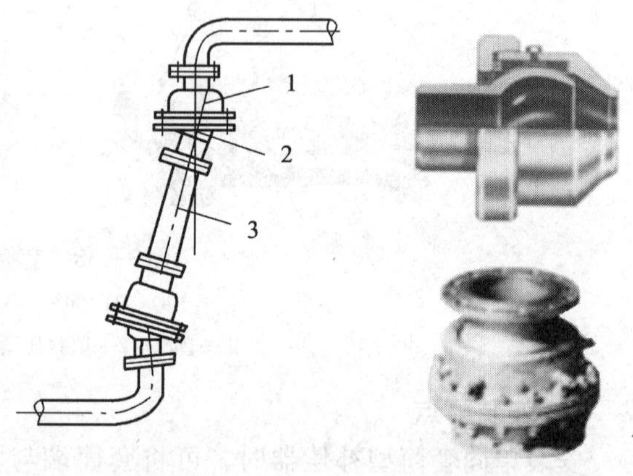

图 3—39　球形补偿器及其安装
1—壳体端　2—球体端　3—球心距管段

想一想

1. 讨论自然补偿器实际安装的操作过程。

2. 讨论并分析当方形补偿器预拉伸量为热膨胀量一半时，为什么其补偿能力增大一倍？

3. 讨论波纹管补偿器、套筒型补偿器和球形补偿器实际安装的操作过程。

复 习 题

1. 什么是补偿器？管道热补偿的方法是什么？

2. 一蒸汽管两固定点之间的距离为50 m，饱和蒸汽的温度是143℃，安装管道时的环境温度为-5℃，试计算此蒸汽管段运行时的热伸长量。

3. 什么是自然补偿？自然补偿器和人工补偿器各有哪几种形式？

4. 自定尺寸，画出方形补偿器的四种类型。

5. 方形补偿器安装前为什么必须进行预拉伸？

6. 简述方形补偿的安装要点。

7. 简述波纹管补偿器的安装要点。

8. 简述球形补偿器的安装要点

实 训 三

任务1 常用阀门的检修

一、实训目的

能够进行普通阀门的一般检修，并掌握普通阀门检修的技术要领。

二、工具和机具

活扳手、梅花扳手、套筒扳手、管子钳、锤子、旋具、錾子、钢丝钳、硬度较高的自制有钩铁丝（或钢丝）、手动试压泵等。

三、实训材料

各种常用阀门、常用阀门的密封材料（如石棉绳）和专用密封圈、清洗液（如汽油）等。

四、实训要求

（一）安全事项要求

1. 在工作台上检修阀门时，阀门在工作台上应夹持牢固，以防操作时因阀门松动而跌下伤人。

2. 在管路上维修阀门时应特别注意安全，防止有腐蚀、有毒、有害的介质危害身体健康，必要时应采取保护措施。

3. 在高处修理阀门时，使用的梯子应有专人扶持，操作人员应佩戴安全带。

（二）技能训练要求

1. 拆卸阀门时，要将阀门中的所有配件逐一放好。必要时，在配件上做标记存放。

2. 在拆卸时应尽可能不损坏阀门中使用的密封垫片。若不慎破损，应进行更换。

3. 旋紧调节压盖时不要过分用力，以防止压盖脱扣或造成破裂。调节压盖的螺栓要对称紧固，螺栓的松紧程度以不渗漏为标准。

4. 对于较大阀门更换填料时，除应保持良好的密封性外，还需保证阀杆转动灵活。

5. 阀门修理后应清点检修工具，以防止工具掉入阀件中而不被发现。

6. 更换下的专用密封圈及其他磨损配件要另行存放或销毁，以防止他人使用。

五、实训过程

阀门检修的一般操作程序如下：

拆卸填料压盖→清理旧填料→填充新填料→安装填料压盖→对检修后的阀门试漏。

（一）闸板阀检修操作工序

1. 在管道上安装的阀门在现场检修，已拆卸的阀门在工作台上检修。

2. 用工具卸下固定阀门手柄的螺钉，将阀门手柄从阀杆上卸下。若拆卸有困难时，可借助锤子进行敲打。

3. 调节压盖为螺纹连接时，可用管子钳直接将调节压盖卸下；调节压盖用螺栓紧固时，先卸下紧固螺栓，再卸下调节压盖。

4. 调节压盖卸下后，用旋具（或其他工具）将填料压盖撬下来。

5. 用自制有钩铁丝把填料函内的旧填料清理干净。清理时要认真、仔细，必要时采用清洗液清洗填料函。

6. 将用铅油浸泡过的盘根（或细石棉绳）按顺时针方向围绕阀杆缠绕 3 ~ 4 圈，填料函过深需要分层缠绕时，各层填料要错开 180°；若填料为专用密封圈，放密封圈时要注意先后顺序，不可放错，因为密封圈是成套作用的（地下给水管道阀门常用密封圈）。

7. 填料更换完毕，将填料压盖压在填料函上，采用拆卸调节压盖的相反顺序将调节压盖紧固。

8. 用手动试压泵或管道系统的介质压力检测已检修的阀门。若阀门渗漏，对调节压盖的位置进行调整，直到不渗漏为止。严重渗漏时，可重新检修直到合格为止。

9. 重新装好阀门手柄。

（二）热动力式疏水阀检修操作工序

1．清洗过滤网

将过滤网压盖卸下（一般为螺纹压盖），取出过滤网，用干净的水（或清洗液）将过滤网清洗干净。若过滤网损坏，要进行更换。将清洗后的过滤网放入阀体中，拧紧过滤网压盖。

2．清洗阀片

将阀盖打开（一般使用管子钳卸下阀盖，阀盖拆卸困难时，可采用一边敲打一边拆卸的方法），把阀片从阀片槽中取出进行清洗。同时也要清洗阀片槽，并用铁丝疏通阀片槽中的两个小孔，用水检测两小孔是否已疏通。两小孔疏通后，将阀片放入阀片槽中，同时拧紧阀盖。

六、说明与建议

1．阀门检修是管道安装常用的技能，应让学生经常训练。
2．检修阀门时，可让学生检修不同结构的阀门。
3．最好能安排学生检修正在实际使用的阀门。
4．检修重要管路的阀门时，教师应在旁边进行指导和监督，防止损坏阀门。
5．填料及密封圈要有出厂合格证，不能以次充优，造成阀门的再次检修。

任务2　弹簧式安全阀的安装与调试

一、实训目的

能够进行安全阀的安装及调试，并掌握相关的技术要求。

二、工具和机具

活扳手、钢丝钳、划规、剪刀、米尺、水平尺、钢丝刷等。

三、实训材料

弹簧式安全阀、橡胶板、石棉板、石棉橡胶板、螺栓、螺母、弹簧垫片、铅封块、砂布等。

四、实训要求

（一）安全事项要求

1．安全阀搬运和就位时，必须两人以上合作进行。

2. 在高空安装安全阀时，安全阀就位后，先将两个螺栓放入法兰孔中，用手拧紧螺母，严防安全阀掉落。

（二）技能训练要求

1. 对观测安全阀开启压力的压力表进行基本检验，其精度等级应不小于1.5级。
2. 能够熟练装配法兰。
3. 能够熟练加装法兰垫片。
4. 能够正确、熟练地紧固法兰盘。

五、实训过程

安全阀安装与调试操作程序如下：准备和检查→安装→调试。

（一）检查和准备

1. 按照设计要求，检查安全阀型号是否与设计图样的型号相符；安全阀铅封是否完整。

2. 用水平尺检测连接安全阀的法兰，看其水平度是否符合安装要求。

3. 用钢丝刷或砂布等清除连接法兰和安全阀法兰上的涂料及污物。清除完毕，检测法兰上是否有划痕，划痕程度须符合安装要求。

4. 用米尺测量法兰规格，用划规在石棉橡胶板上划出法兰垫片的图样，再用剪刀沿图样剪出法兰垫片（若使用成品垫片，可省去这道工序，但应检查成品垫片是否与法兰相符）。

5. 将安全阀及垫片等运到连接法兰处，放稳、放好。

（二）安装

1. 将法兰垫片放在连接法兰口上。

2. 用人工或机械方法将安全阀放在连接法兰口上，同时调节安全阀的位置，使安全阀的排放口朝向设计要求的方向。

3. 将螺栓及弹簧垫片放入法兰螺孔中，放一个螺栓应带一个螺母，全部螺栓放完后再施力紧固。

4. 先用手将全部螺母拧紧，然后再使用扳手加力。用扳手紧固螺栓时，要对角（两个螺孔在一条直线上）紧固，以保证安全阀的平整度。按此顺序紧固所有螺母。

（三）调试

弹簧式安全阀是靠弹簧的压缩量来确定开启压力的。弹簧的压缩量越大，开启压力越大；弹簧的压缩量越小，开启压力越小。调试步骤如下：

1. 用钢丝钳将安全阀上的铅封剪断，用扳手卸掉封盖上的螺栓、螺母，打开安全阀上

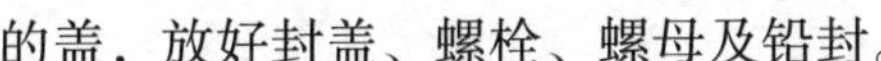

的盖，放好封盖、螺栓、螺母及铅封。

2．用扳手旋转弹簧上的压紧螺母。按顺时针方向旋转弹簧上的螺母，弹簧压力会加大，安全阀的开启压力也加大；反之，安全阀的开启压力会减小。

3．观察压力表的读数，按安全阀设计的开启压力，用扳手旋转（顺时针方向或逆时针方向）弹簧上的螺母，使安全阀的开启压力符合设计要求。

4．按拆卸安全阀封盖的相反顺序装好封盖，用铅块将铅封重新做好。

5．安全阀调试合格后，填写安全阀调试记录。

六、说明与建议

1．安全阀的安装和调试属于技能要求较高的操作，学生进行操作时，教师应在旁边进行指导。

2．若实际调整时工作压力较大，教师可与学生一起操作。

3．若没有实际系统，可自制一管道，用压力泵进行安全阀的调试。

4．实际安装时，应注意保护安全阀法兰的密封面，以免造成安全阀报废。

第四章　供暖系统安装

学习目标

1. 熟悉室、内外供暖系统组成、运行特点。
2. 掌握室、内外供暖系统设备及附件的基本作用。
3. 掌握室、内外供暖系统管道、设备及附件安装工艺和标准。
4. 能够按照室、内外供暖系统管道工艺标准安装常用供暖系统。

供暖就是根据热平衡的原理，在冬季以一定的方式向建筑物供应热量，以维持人们日常生活、工作和生产活动所需的环境温度。

供暖系统是指从热源来的热水或蒸汽，经输送管网送往用户，直至到达每一个以供暖为目的的热用户，如图 4—1 所示。

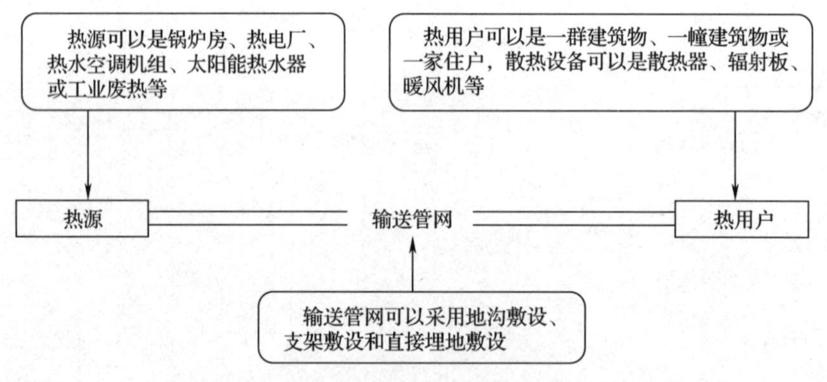

图 4—1　供暖系统的组成

对一个具体的供暖系统而言，输送管网将热源的热水或蒸汽输送到散热设备，在散热设备内降温（对热水而言）或冷凝（对蒸汽而言）成低温水或凝结水，再由管路系统送回热源加热，这样反复循环。在这个闭路循环管网系统中，必须建筑、安装一系列构筑物、设备、管道及其配附件所组成的综合体。根据闭路管网系统的大小和集中的程度，热用户可能是一群建筑物、一幢建筑物或一个散热设备等。

对于每一幢建筑物或一家住户，即室内供暖管网系统而言，热用户是每一个房间的散热器，这种室内供暖系统称为室内采暖工程或称采暖系统。对于室外供暖管网系统而言，可能是一群建筑物、一幢建筑物或通风、空调、热水供应的设备，这种室外供暖系统称为集中供暖系统，或称为区域供暖系统。

集中供暖系统是指以区域锅炉房或热电厂提供热媒（热水或蒸汽称为热媒，是指传递热量的中间媒介物），将热媒经集中性供暖管网输送给一个或几个区城，以至整个城市的工业及民用热用户的热能供应方式，它是一种大型的集中供暖设施。

集中供暖具有燃料利用率高，节约能源；减少对环境的污染，保护和改善城市环境卫生；机械化、自动化程度高，改善劳动条件，节省人力；减少占地面积等诸多优点。因此，在《中华人民共和国环境保护法》中明确规定“在城市要积极推广区城供热”。

采暖系统常见的分类方法如下：

1. 按热媒的性质不同，分为热水采暖系统、蒸汽采暖系统和热风采暖系统。

2. 按热媒的压力和温度不同，分为低温低压热水采暖系统、高温高压热水采暖系统、低压蒸汽采暖系统和高压蒸汽采暖系统。

3. 低温热水地面辐射采暖系统。

另外，近几年我国刚刚兴起一种发热电缆与电热膜采暖系统。随着电力供应的市场化趋势，供电部门陆续推出了一些鼓励大负荷用电的政策，发热电缆、电热膜采暖因此得以发展起来。发热电缆的供热原理类似于地板辐射采暖，而电热膜则通常结合房间的吊顶布置，由于采用了较先进的电热膜发热技术加热室内空气达到取暖目的，其热效率远高于普通电暖气类设备。电热膜不占用室内空间，而且使用安全可靠，因此在新型采暖设备中具有一定优势。

目前，在北美一些国家采用挂镜线或踢脚板式散热器采暖系统，这种采暖系统采用特制铸铁散热器进行散热。在房间挂镜线 2.5 m 高处，做高约 8 cm、宽约 3 cm 的镜线散热器；或在位于踢脚板处，做高约 8 cm、宽约 3 cm 的踢脚板散热器，看上去像是普通的挂镜线或踢脚板，在室内看不到管道和普通散热器。采暖系统采用水平串联系统，该系统可在每户设置一套采暖系统，用热流量计计费，有利于物业管理及节省能源。这种系统在北美已经被采用，在我国尚不多见。

本章主要叙述室内采暖系统和室外采暖管道的有关知识。

第一节 室内热水采暖系统安装

采暖系统通常是指室内采暖系统，以热水为热媒的采暖系统称为热水采暖系统。按热媒参数的温度不同，热水采暖系统可分为低温热水采暖系统（供水温度为95℃、回水温度为70℃）和高温热水采暖系统（供水温度为 110 ~ 150℃、回水温度为70℃）；按循环动力不同，热水采暖系统可分为自然循环热水采暖系统和机械循环热水采暖系统。

一、热水采暖的形式

（一）自然循环热水采暖系统的形式

1. 自然循环热水采暖系统工作原理

对于热水采暖系统，驱使热水在系统中流动的力称为作用压力或循环动力。依靠供水与回水的密度差引起的压力差为循环动力进行循环的系统，称为自然循环，又称重力循环。自然循环热水采暖系统的工作原理如图4—2所示。

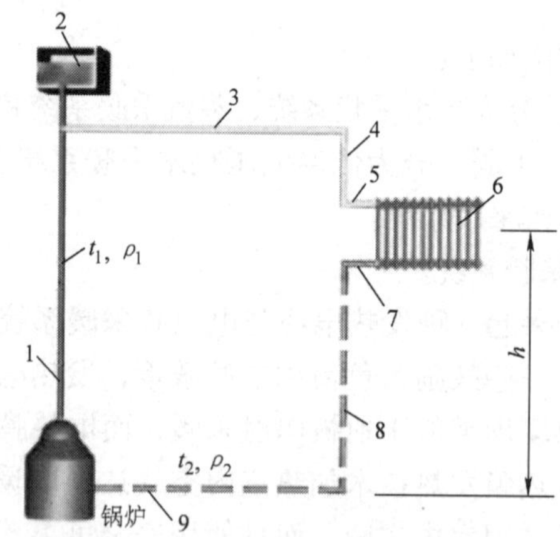

图4—2　自然循环热水采暖系统工作原理

1—总立管　2—膨胀水箱　3—供水干管　4—供水立管　5—供水支管　6—散热器　7—回水支管　8—回水立管　9—回水干管

在图4—2所示的采暖系统中，假如忽略水在管道中的冷却，认为水温只在系统中的锅炉（加热中心）和散热器（冷却中心）内升高和降低，而在管道中热水没有温降。经过对系统水力分析和计算可知，系统的作用压力为

$$\Delta P = (\rho_2 - \rho_1)gh$$

式中　ΔP——自然循环系统作用压力，Pa；

h——加热中心至散热中心的垂直距离，m；

ρ_1、ρ_2——供水及回水的密度，kg/m^3；

g——重力加速度，$g = 9.81\ m/s^2$。

上述就是驱使热水在系统中流动的作用压力计算式。这个公式说明：当供、回水温度一定，即ρ_1、ρ_2一定时，作用压力ΔP的大小仅和散热器中心与锅炉加热中心之间的垂直距离h有关。h越大，作用压力ΔP越大，意味着热水流动越快，流得多，热交换充分，热量散发得就多。如果h为零，那么作用压力为零，热水就流动不起来，系统就不能供暖。

系统工作前先从膨胀水箱往系统内充满水，且使系统内的空气排尽。水在锅炉内被加热升高温度，水温由t_2（回水温度）升高到t_1（供水温度），由于水受热膨胀，密度由ρ_2降到ρ_1。热水由供水总立管上升，经干管、立管、支管进入散热器；水在散热器中放出热量，温度降低，密度升高；回水经回水支管、立管、干管流回锅炉，再次被加热，形成自动的顺时针方向的循环流动。

2. 自然循环热水采暖系统形式

自然循环热水采暖系统的基本形式有双管系统和单管系统，如图 4—3 所示。

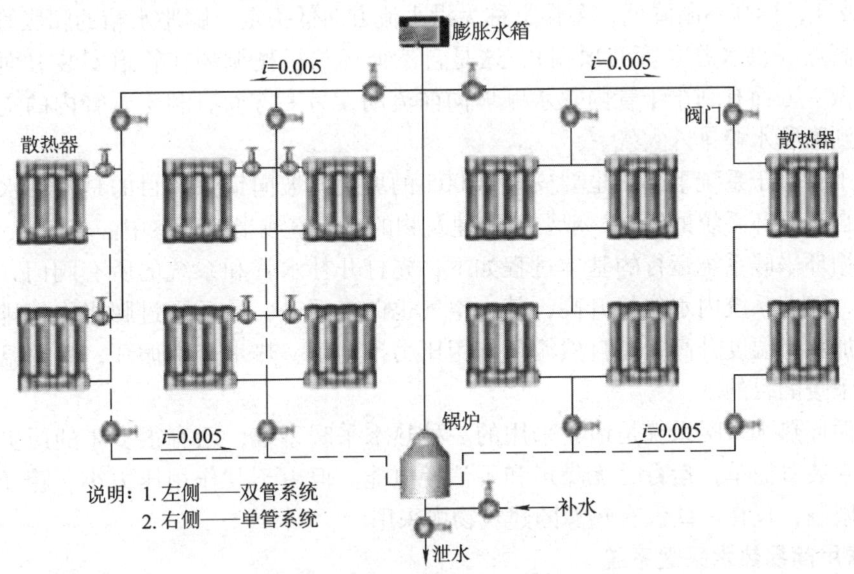

图 4—3　自然循环热水采暖系统

（1）双管系统

双管系统就是供水管同时给各层散热器供给相同温度的热水，放热后同时流出，这种系统供水立管和回水立管分别设置，如图 4—3 左侧部分。

在双管系统中，热水通过每层散热器组成单独的循环环路，由于各层散热器中心与锅炉加热中心的距离不同，因此通过上层散热器环路的作用压力大于通过下层散热器环路的作用压力，这就意味着上层散热器要比下层散热器通过的热水流量多，放出的热量也多，这种上热、下不热的现象称为垂直失调现象。

产生垂直失调现象是双管系统的缺点，为了减轻垂直失调，可通过各层散热器支管上设置的阀门调节热水流量。

（2）单管系统

单管系统是热水逐次通过各层散热器，热水经供水管先进入上层散热器，放出部分热量，温度降低一些后再进入下层散热器，继续放热，水温又降低一些，最后由回水管流回锅炉。因此，进入各层散热器的水温是不同的。这种系统供水立管与回水立管合用，如图 4—3 右侧部分。

单管系统只有一个环路，作用压力也只有一个，其散热中心位于上、下两层散热器之间，因此不产生垂直失调现象，这是单管系统的优点。

在单管系统中，由于热水是按顺序自上而下流过各层散热器，故称单管顺流式系统。单管系统形式简单，施工方便，造价低，运行时不发生垂直失调，是国内目前一般建筑广泛应用的一种形式。它最严重的缺点是散热器不能单独调节，原因是供水支管上不能设置调节阀门。

（3）自然循环热水采暖基本运行过程

图 4—3 所示的两种采暖系统都是上供下回式系统，水平供水干管位于系统上部，安装 0.005 的坡度，标高不断降低，习惯上称为沿水流方向低头走。膨胀水箱的膨胀管接在系统管道的最高点（供水总立管的顶端），这是自然循环与机械循环在管道安装方面的不同之处。这样做一方面有利于干管内热水顺坡向前流动，另一方面有利于干管内的空气逆水流向上，走到膨胀水箱排入大气。

回水干管位于系统下部，也要安装 0.005 的坡度，坡向锅炉，目的是使回水能自流回到锅炉。自然循环系统的锅炉一般要建在建筑物的地下室或半地下室中。

自然循环采暖系统运行的基本过程如下：先打开补水管和系统的所有阀门，让给水充进系统中，随着系统内水位的升高，其中空气也向上浮升，最后通过膨胀水箱排出；水在锅炉内被加热，温度升高，在自然循环作用压力推动下，热水产生循环；室内温度逐渐上升，实现采暖的目的。

自然循环热水采暖系统是最早采用的一种热水采暖系统，已有很多年的历史，至今仍在应用。它装置简单，运行时无噪声和不消耗电能。但由于其作用压力小、管径大、作用范围受到限制，仅在一些没有热源的建筑物内采用。

3. 家用简易热水采暖系统

家用采暖是一种简易的自然循环热水采暖系统，其中的热源是一种具有加热水套的煤炉，这种煤炉称为家用采暖炉。家用采暖炉具有做饭、供应淋浴热水和采暖的功能，在没有供暖热源的住户家庭里得到了一定的应用。

家用简易热水采暖系统的配管形式如图 4—4 所示。

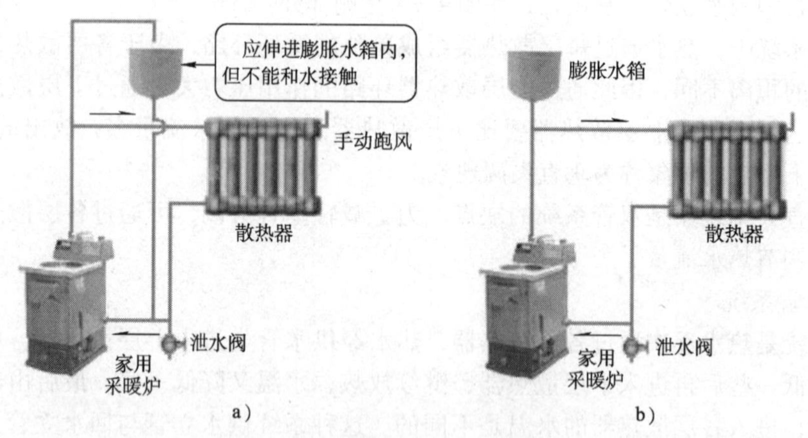

图 4—4 家用简易热水采暖系统

a）膨胀水箱与回水干管连接 b）膨胀水箱与供水干管连接

家用简易热水采暖系统的配管、安装要点如下：

（1）在条件允许的情况下，尽可能使散热器与采暖炉加热水套的中心高差增大。工程经验证明，散热器与采暖炉加热水套的中心高差不应小于 100 mm。

（2）应选用内壁光滑且不易生锈的管材，如质量优良的热镀锌焊接钢管、铝塑复合管等。管材规格不宜小于 *DN*20。

(3) 采暖炉的进出口上宜分别安装一个活接头。

(4) 每组散热器宜安装一个手动跑风，连接散热器的水平支管不宜过长。

(5) 若只连接一组散热器，在系统中不宜安装任何阀门（泄水阀除外）；若连接多组散热器，阀门宜安装在散热器的立支管上，且一组散热器宜安装一个阀门；阀门宜选用流动阻力较小的闸阀或球阀。

(6) 配管时，以系统流动阻力最小为原则，如管路的距离最短、弯曲较少等。

(7) 膨胀水箱宜选用透明的塑料水箱，这样便于观察水位。

(8) 在条件允许的情况下，系统中宜充注软化水。

(9) 供、回水管的坡度宜大一些。

(10) 非采暖季节，系统宜充满水进行湿保养。

家用简易采暖系统工作前，从膨胀水箱向系统内慢慢充水，要设法让系统内的空气排尽，建议对系统进行冲洗，然后再充水排气。系统水充满后，炉子开始生火，水套中的水被加热，系统开始产生循环，散热器就向房间散热。

（二）机械循环热水采暖系统的形式

1. 机械循环热水采暖系统工作原理

在自然循环热水采暖系统中，热水是靠供、回水密度差造成的作用压力来流动循环的，适用于小型建筑物的采暖系统和家用简易采暖系统。当建筑物供暖半径大、需要较大的作用压力时，必须采用机械循环热水采暖系统，其基本组成如图 4—5 所示。

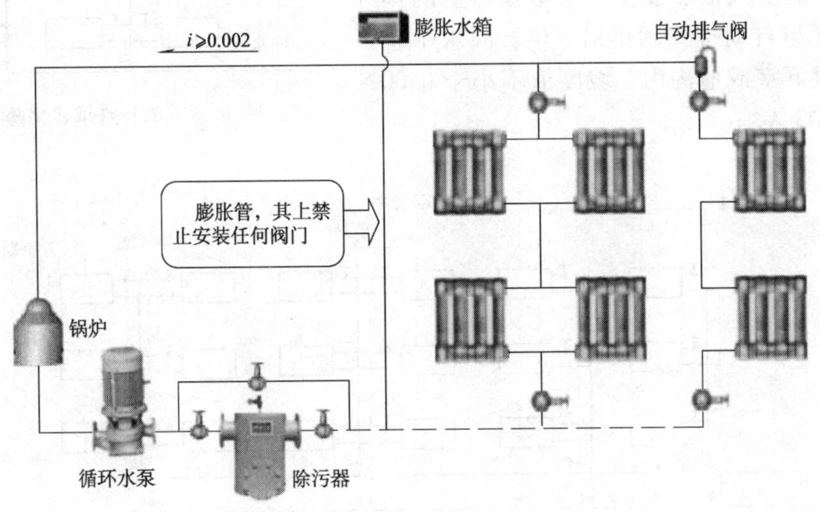

图 4—5　机械循环热水采暖系统

机械循环热水采暖系统是由热水锅炉、采暖管道、散热设备、循环水泵、除污器、集气罐或自动排气阀和膨胀水箱等设备组成的密闭系统。其系统作用压力主要由循环水泵提供，强制热水在系统中循环流动，来克服系统沿程能量损失和局部能量损失，使系统安全、正常地运行。

机械循环上供下回式热水采暖系统水平敷设的供水干管应沿水流方向设上升坡度，坡度值不应小于0.002，一般为0.003左右。其系统末端最高点设集气罐或自动排气阀，以便空气能顺利地和水流同方向流动，集中到自动排气阀处排出。回水干管也应沿水流方向设下降坡度，坡度值不应小于0.002，一般为0.003左右，以便集中泄水。

2. 机械循环热水采暖系统的形式

机械循环热水采暖系统形式，按管道敷设方式的不同，可分为垂直式和水平式系统。此外，还可分为异程式与同程式采暖系统。

(1) 垂直式系统

1) 上供下回式。上供下回式机械循环热水采暖系统有单管和双管两种形式。单管式又可分为单管顺流式和单管跨越式两种。

单管跨越式是在楼层多的单管系统中，上部几层装设跨越管，在跨越管或散热器支管上装设阀门，使立管中的热水一部分流入本层散热器，另一部分直接通过跨越管与散热器出水混合，进入下一层散热器。单管跨越式采暖系统可调节进入散热器的流量，弥补了单管顺流式不能调节的缺点。单管跨越式采暖系统的结构如图4—6所示。目前，单管跨越式采暖系统的支管常安装三通调节阀进行流量的调节，达到建筑节能的目的。

2) 双管下供下回式。双管下供下回式采暖系统的供水干管和回水干管均敷设在所有散热器之下，热水由下而上流向各层散热器，如图4—7所示。系统中的空气依靠设在顶层散热器上的排气阀或空气管与自动排气阀排出。供、回水干管一般敷设在地下室或地沟内，坡度值不小于0.002，一般为0.003左右。

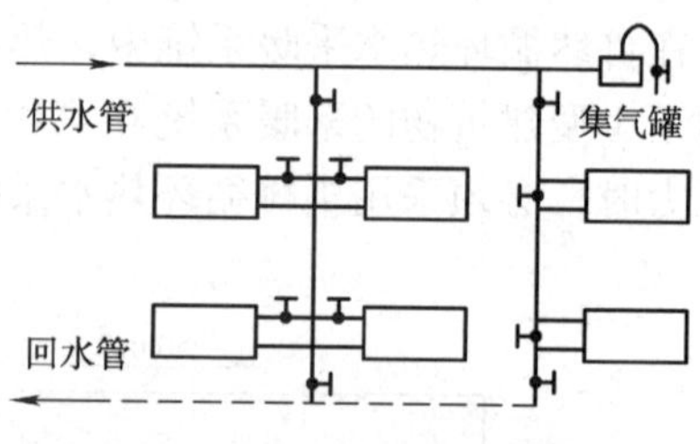

图4—6 单管跨越式采暖系统

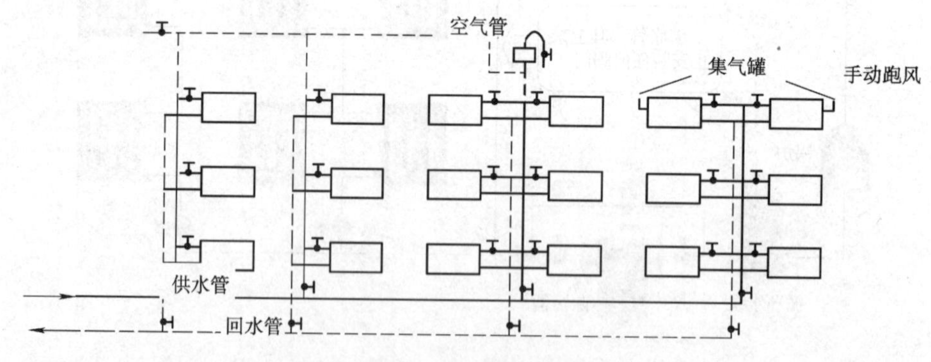

图4—7 双管下供下回式采暖系统

3) 中供式。中供式采暖系统是将供水干管设在建筑物中间某层顶棚之下，适用于顶层梁下和窗户之间不能布置供水干管的采暖系统，如图4—8所示。上部的下供下回式系统要解决好排空气问题，下部的上供下回式系统要缓和垂直失调问题。

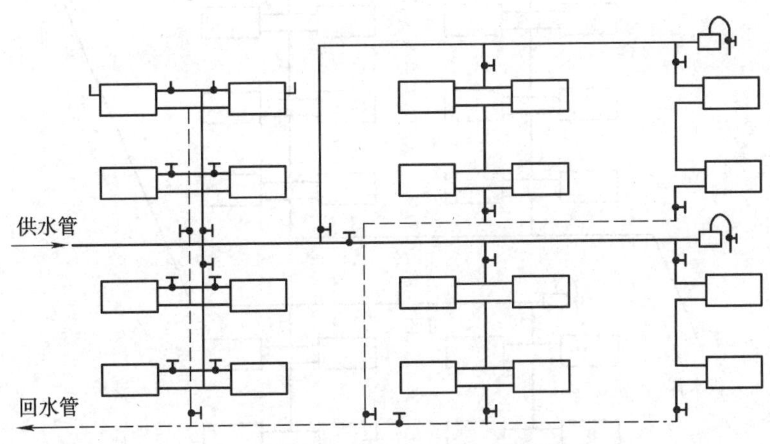

图 4—8　机械循环中供式采暖系统

4）下供上回（倒流）式。下供上回（倒流）式采暖系统是将供水干管设在所有散热器之下，回水干管设在所有散热器之上，膨胀水箱连接在回水干管上，回水经膨胀水箱流回锅炉房，经循环水泵送入锅炉，如图 4—9 所示。其特点是有利于通过膨胀水箱排气，不需设排气设备；供水总立管较短，无效热损失少；底层散热器温度高，可减少其散热面积，有利于布置散热器。该系统多采用单管顺流式。

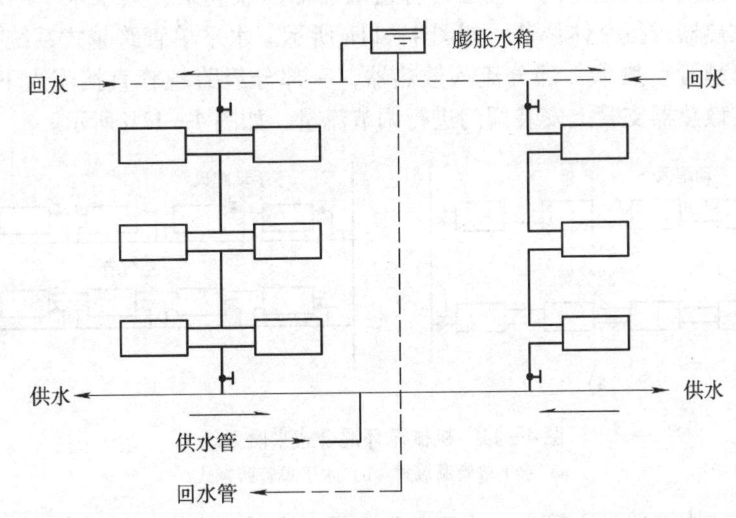

图 4—9　机械循环下供上回式（倒流式）采暖系统

5）混合式。混合式系统是由下供上回式（倒流式）和上供下回式两组串联组成的系统，如图 4—10 所示。在混合式系统中，Ⅰ区系统直接引用外网高温水（130℃），采用下供上回式系统。经散热器散热后，Ⅰ区的回水温度（95℃）应满足Ⅱ区的供水温度（95℃）要求，Ⅱ区采用上供下回式低温热水采暖系统，供水温度 95℃，回水温度 70℃。

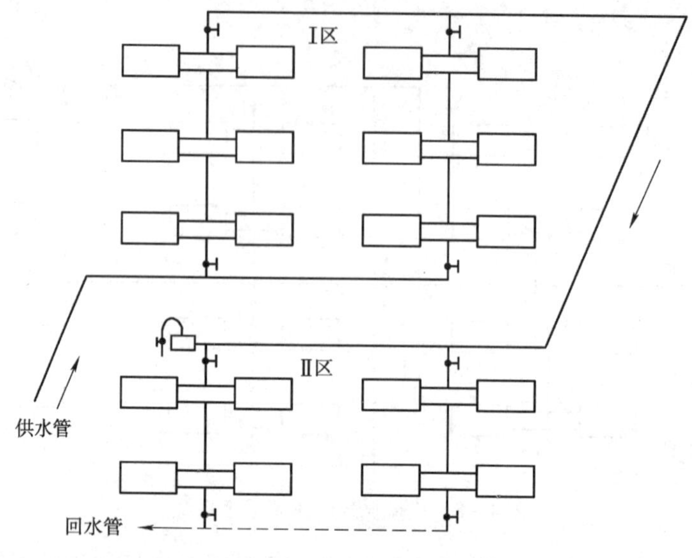

图 4—10　机械循环混合式采暖系统

（2）水平式系统

水平式系统按供水管与散热器的连接方式不同，可分为水平单管顺流式和水平单管跨越式两类。这两种连接方式在机械循环和自然循环系统中都可应用。

水平单管顺流式系统是将同一楼层的各组散热器串联起来，热水水平顺序流过各组散热器，不能对散热器进行个体调节，如图 4—11a 所示。水平单管跨越式系统是在散热器支管间连接一段跨越管，热水一部分流入散热器，一部分经跨越管直接流入下一组散热器，这种形式允许在散热器支管上安装阀门进行调节流量，如图 4—11b 所示。

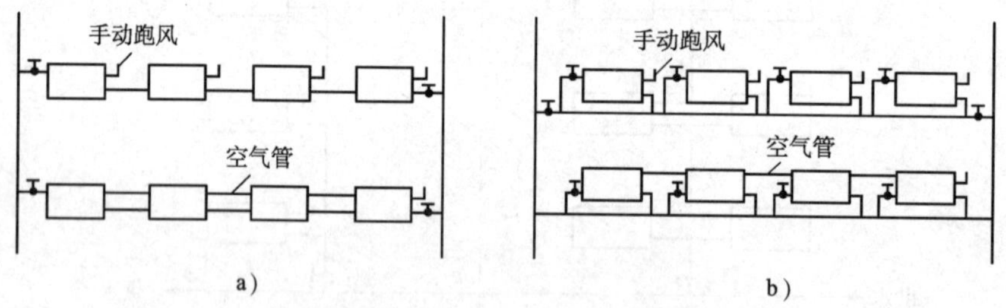

图 4—11　机械循环混合式采暖系统
a）水平单管顺流式　b）水平单管跨越式

水平式系统结构简单，立管少，施工安装方便，顶层不必设膨胀水箱，可利用楼梯间、厕所等位置设膨胀水箱，造价比垂直式系统低，对用户可进行分户计量管理和调节。目前常用于对热媒进行分户计量管理和调节的小区建筑采暖系统中。

（3）异程式系统与同程式系统

上述介绍的各种采暖形式（图 4—10 除外），在供、回水干管走向布线方面都有如下特点：通过各个立管的循环环路的总长度并不相等。从图 4—12a 中可以看出，通过立管Ⅰ循环环路的总长度，比通过立管Ⅱ的短。这种布置形式称为异程式系统。

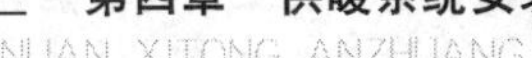

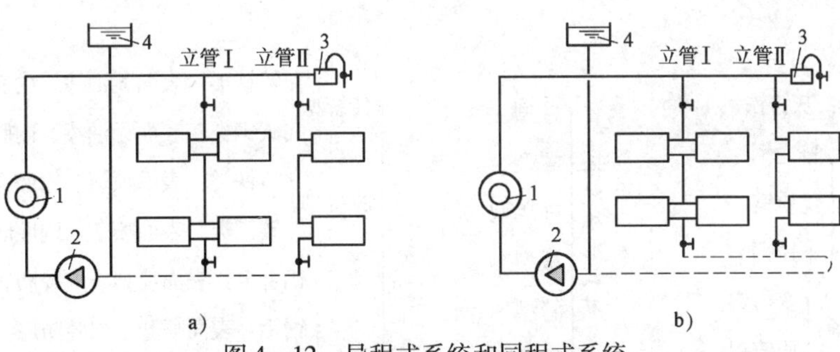

图 4—12　异程式系统和同程式系统

a）异程式系统　b）同程式系统

1—锅炉　2—循环水泵　3—集气罐　4—膨胀水箱

异程式系统供、回水干管的总长度短，但在机械循环系统中，由于作用半径较大，连接立管较多，因而通过各个立管环路的压力损失较难平衡。有时靠近总立管最近的立管，即使选用了最小的管径 *DN*15，仍有很多的剩余压力。初调节不当时，就会出现近处立管流量超过要求，而远处立管流量不足。在远、近立管处出现流量失调而引起在水平方向冷热不均的现象，称为系统的水平失调。

为消除或减轻系统的水平失调，在供、回水干管走向布置方面，可采用同程式系统。同程式系统的特点是通过各个立管的循环环路的总长度相等，如图 4—12b 所示。通过最近立管Ⅰ的循环环路与通过远处立管Ⅱ的循环环路的总长度相等，因而压力损失易于平衡。由于同程式系统具有上述优点，当采暖系统范围大、立管多时，常采用同程式系统。但同程式系统管道的材料消耗量通常要多于异程式系统。

想一想

1. 自然循环热水采暖系统循环作用压力是怎样产生的？讨论增大循环作用压力的方法。

2. 讨论家用简易热水采暖系统形式和配管、安装要点。

3. 根据所学的机械循环热水采暖系统形式，观察你所居住的小区住宅楼采暖系统属于哪种形式？

二、散热器安装

散热器是通过热媒将热源产生的热量传递给室内空气的一种散热设备。散热器的内表面一侧是热媒（热水或蒸汽），外表面一侧是室内空气。当热媒温度高于室内空气温度时，散热器的金属壁面就将热媒携带的热量传递给室内空气。因此，散热器在室内采暖系统中起着十分重要的作用。近年来，随着住宅产业的快速发展，居住生活质量的不断提高，分户热计量建筑节能政策的逐步实施，多样性的新型散热器既节能又满足了不同居住环境的需求。

（一）散热器的类型

散热器按四种不同的分类方法可分为以下种类。

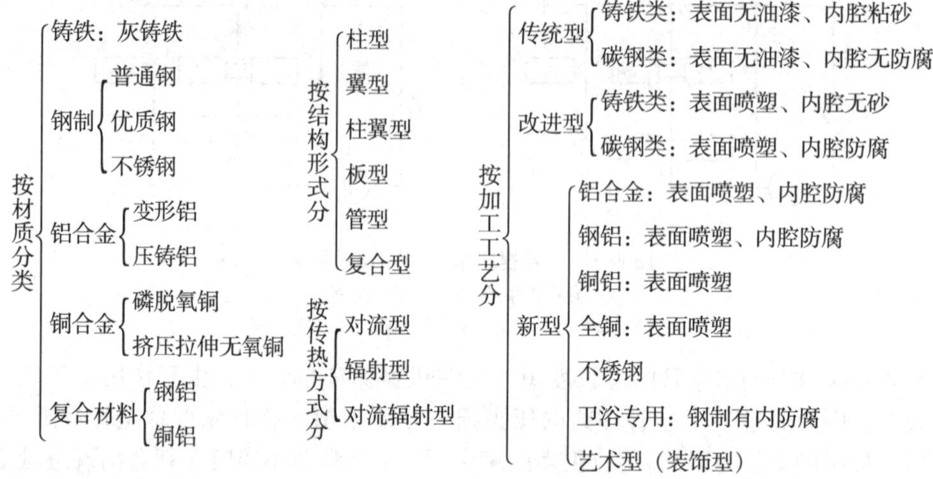

1. 铸铁散热器

铸铁散热器结构简单，自然耐腐蚀，热舒适性好，使用寿命长，造价低，过去很长一段时间是散热器市场的主导产品。但其金属耗量大，承压能力低，制造、安装和运输劳动强度大。常用的铸铁散热器有翼型、柱型和柱翼型三种形式。

铸铁散热器型号标记：

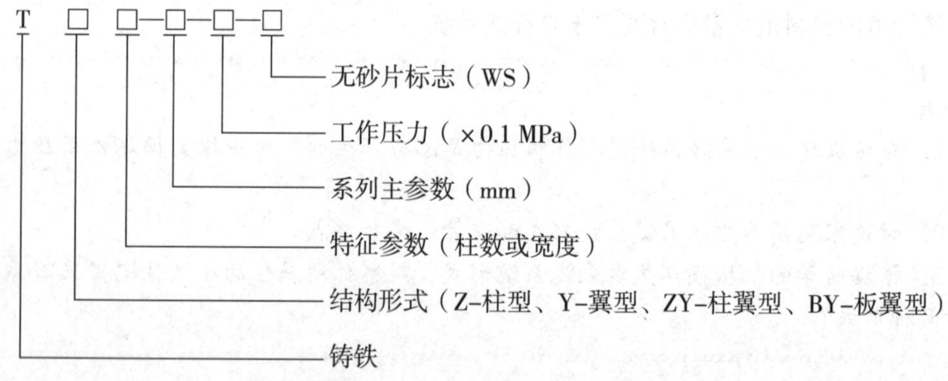

注：散热器以同侧进出口中心距为系列主参数，以 100 mm 为级差基数，主参数范围为 100 ~ 900 mm。

型号示例：

TZ4 - 600 - 8 表示铸铁四柱同侧进出口中心距为 600 mm、工作压力为 0.8 MPa 的普通散热器。

TZ4 - 500 - 8 - WS 表示铸铁四柱同侧进出口中心距为 500 mm、工作压力为 0.8 MPa 的无砂散热器。

(1) 翼型散热器

翼型散热器以其表面铸有翼片（肋片）而得名。翼片可增加散热面积，并且有利于对流散热。翼型散热器分为长翼型、圆翼型和板翼型三种，如图 4—13 所示。

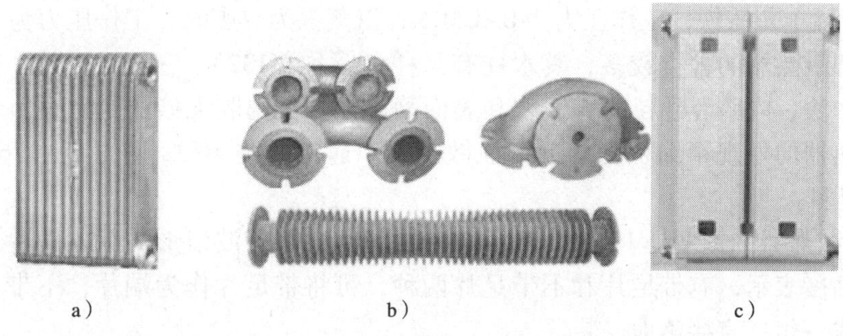

a) b) c)

图 4—13 铸铁翼型散热器

a) 长翼型（两片组装） b) 圆翼型及其组装配件 c) 板翼型（两片组装）

长翼型散热器的外形如图 4—13a 所示，其外表有许多竖向肋片，内部为扁盒状空间。高度通常为 60 mm，常称为 60 型散热器。每片的标准长度 L 有 280 mm（俗称大 60）和 200 mm（俗称小 60）两种规格，宽度为 115 mm。

圆翼型散热器是一根内径为 *DN*75（或 *DN*50）的管子，如图 4—13b 所示，其外表面带有许多圆形肋片（也有带方形肋片）。圆翼型散热器的长度有 750 mm 和 1 000 mm 两种，两端带有法兰盘，可将数根并联成散热器组，与管道采用法兰连接。

翼型散热器制造工艺简单，造价较低，耐腐蚀，但金属耗量大，承压能力低，传热性能不如柱型散热器，易积灰、难清理、外形不美观，不易恰好组成所需面积。一般用于空间大的建筑物，如工业厂房或蔬菜温室等空间的采暖。

板翼型散热器是改形后的翼型散热器，保留了翼型散热器散热量大的优点；正面改成带简单图案的平面形状，易于清理灰尘；侧面保留翼片，增大散热面积；同时增加了美感，适合居室安装。长翼型、板翼型铸铁散热器的工作压力不应低于 0.4 MPa。

(2) 柱型散热器

柱型散热器是单片的柱状连通体，每片各有几个中空的立柱相互连通，可根据散热面积的需要，把各个单片组对成一组。柱型散热器种类较多，图 4—14 所示为几种铸铁柱型散热器。

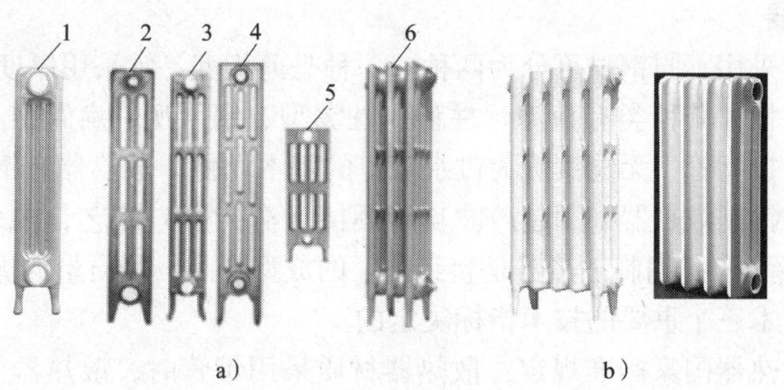

a) b)

图 4—14 铸铁柱型散热器

a) 普通型 b) 内腔无砂型

1—二柱（M132） 2—三柱 3、4—四柱 5—五柱 6—整组（四柱带足 3 片组装）

柱型散热器的最高工作压力：对普通灰铸铁，热水温度低于130℃时，工作压力为0.5 MPa；对稀土灰铸铁，工作压力为0.8 MPa；以蒸汽为热媒时，工作压力为0.2 MPa。

铸铁柱型散热器的种类较多，其水柱有二柱（常称M132）、三柱、四柱、五柱等，外形有表面无油漆、内腔有砂粒的普通型和表面静电喷塑、内腔无砂的精致型。新型内腔无砂型铸铁散热器的外观精细程度接近钢柱散热器。通常二柱M132型、四柱760型、四柱813型应用较多。

M132型散热器的宽度是132 mm，两边为柱状，中间有波浪形的纵向肋片。四柱散热器的规格以高度表示，有带足片和不带足片两种，可将带足片作为端片，不带足片作为中间片，组对成一组，直接落地安装。

铸铁柱型散热器与翼型散热器相比，传热系数高，散出同样热量时金属耗量少，每片散热面积小，易组成所需散热面积，

（3）柱翼型散热器

柱翼型散热器是柱型、翼型的换代产品，保留了各自的优点，正面做成平面形状，便于清理，侧面有面翼片（肋片），从外形上可分为单柱（单水道）和双柱（单水道）两种。柱翼型散热器单片散热面积大，整组外形较美观。有内腔无砂型的可满足分户热计量的需要，是现阶段铸铁散热器中应用最广泛的一种。辐射对流散热器也属柱翼型散热器。图4—15所示为常用的几种柱翼型散热器。

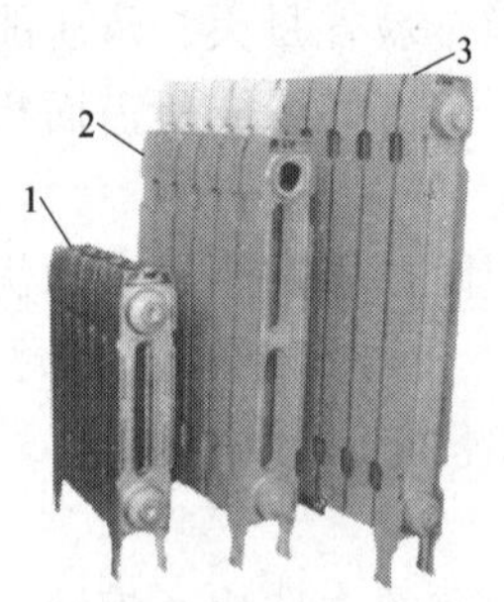

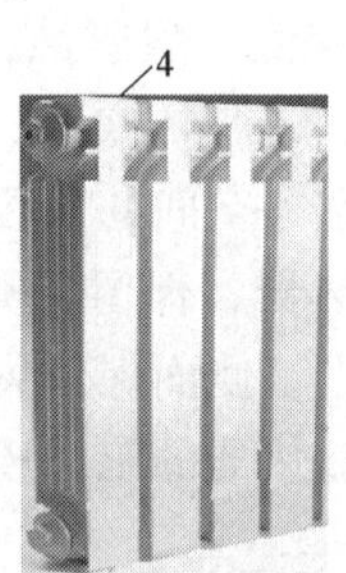

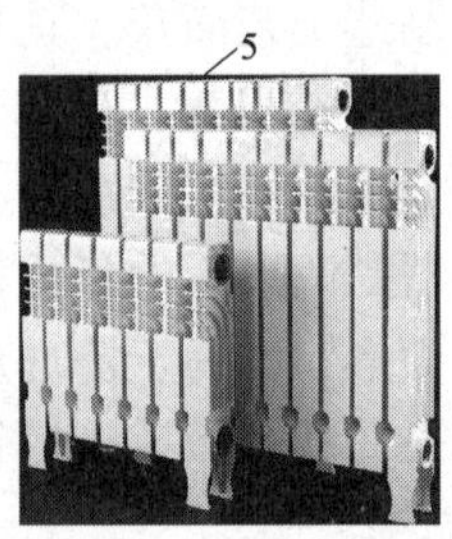

图4—15　铸铁柱翼型散热器
1、2—双柱　3、4、5—单柱

2. 钢制散热器

钢制散热器因采用不同钢材可分为两种。一种是薄板型，常采用厚度δ为1.2～1.5 mm的优质碳素冷轧钢板，其种类有板型、柱型、柱翼型、钢管型、扁管型、装饰型等；另一种是管基型，以焊接钢管、无缝钢管为过水流道的基本元件，散热器有钢串片、翅片管等。目前市场上的品牌钢制散热器采用超声波自动焊接（激光焊）工艺，内表面进行防腐处理（钢串片、翅片管除外）。钢制散热器是整组出厂的成型产品，其质量的优劣是由焊接工艺、钢材材质和防腐技术三个重要的技术指标决定的。

最新的钢制散热器国家标准规定，散热器材质采用钢管时，散热器分为厚壁流道散热器和薄壁流道散热器。厚壁流道散热器成品流道壁厚不应小于1.8 mm，其材质应符合GB/T 699—1999《优质碳素结构钢》或GB/T 700—2006《碳素结构钢》的要求；薄壁流道散热器成品流道壁厚不应小于1.0 mm，其材质应符合GB/T 699—1999《优质碳素结构钢》

中镇静钢的要求。散热器材质采用钢板时，材质应符合 GB/T 13237—2013《优质碳素结构钢冷轧钢板和钢带》中镇静钢的要求，其流道材料壁厚应大于 1.2 mm，散热器成品流道壁厚不应小于 1.0 mm。

钢制散热器型号标记：

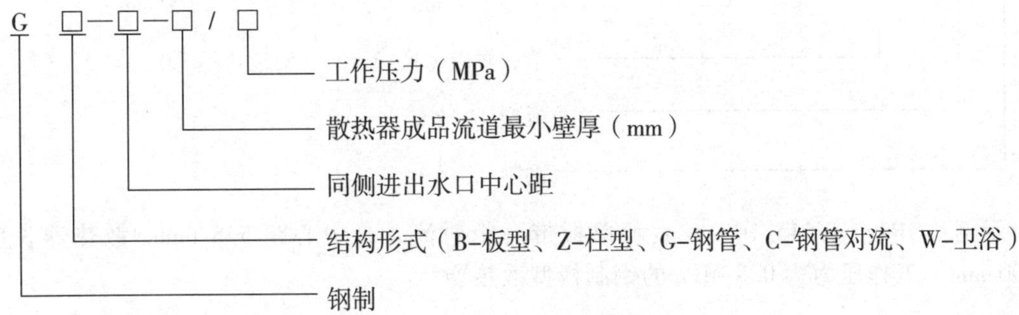

注：制造厂可在上述标记的基础上增加其他必要的信息，如外形尺寸、组合片数、散热量、接口管径等；在结构形式中可加入表示该散热器特征的参数，如板型 B22 表示双板双对流片，Z3、G3 表示三柱，C2/20 表示两根 *DN*20 管等。

型号示例：GZ3－500－1.5/0.8 表示同侧进出口中心距 500 mm，散热器产品流道最小壁厚 1.5 mm，工作压力为 0.8 MPa 的钢制三柱型散热器。

（1）闭式钢串片对流散热器

由焊接钢管或无缝钢管、钢片、联箱及管接头组成，如图 4—16 所示。散热片串在钢管外面，两端折边 90°形成封闭的竖直空气通道，具有较强的对流散热能力。散热片与钢管之间采用锡焊或其他金属材料焊接，或采用胀管连接，使用时间较长时会出现串片与钢管连接处有间隙松动，影响传热效果。出厂时表面应喷涂防锈底漆和面漆。闭式钢串片对流散热器的耐压使用条件是：热水热媒为 1.0 MPa；蒸汽热媒为 0.3 MPa 以下。闭式钢串片对流散热器对水质没有要求，主要用在工业厂房和车间的蒸汽系统中，不适于卫生间、浴室等潮湿场所。

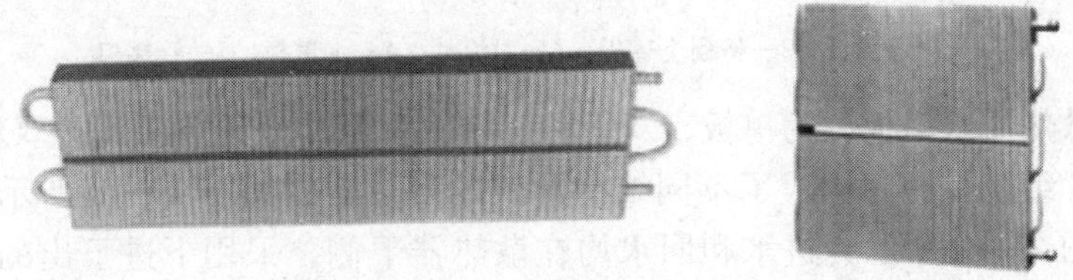

图 4—16　闭式钢串片对流散热器

（2）板型散热器

钢制板型散热器是由两片厚度 1.2 mm 以上的冷轧薄钢板压制水槽板对焊在一起，由连接弯头或三通将单板、双板、三板及对流片进行同侧连接、异侧连接、水平连接和下进下出连接的散热器，大多在散热器的背面焊接有对流片。为提高散热器的美观性，上端装有格栅盖板，两侧装有侧盖板，盖板均可拆卸。

钢制板型散热器型号标记：

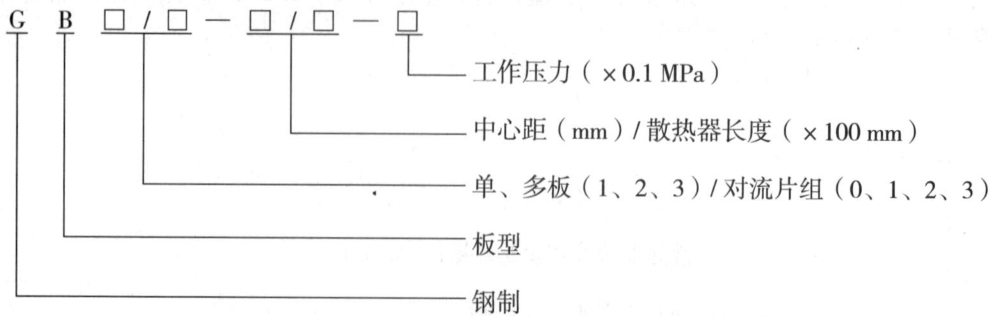

示例：GB1/1－545/10－8 表示单板带一组对流片、中心距 545 mm、散热器长度 1 000 mm、工作压力为 0.8 MPa 的钢制板型散热器。

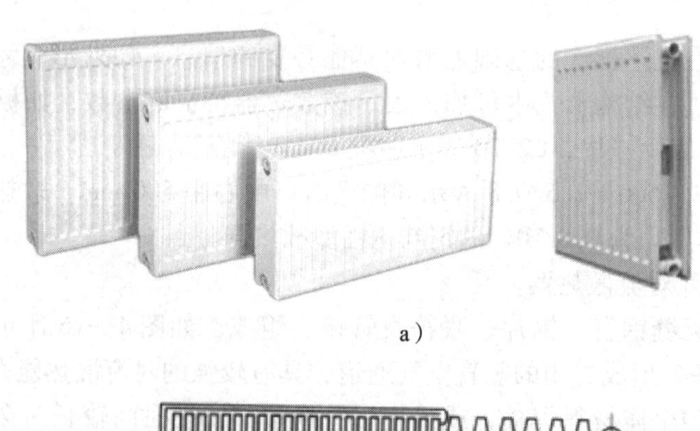
a）

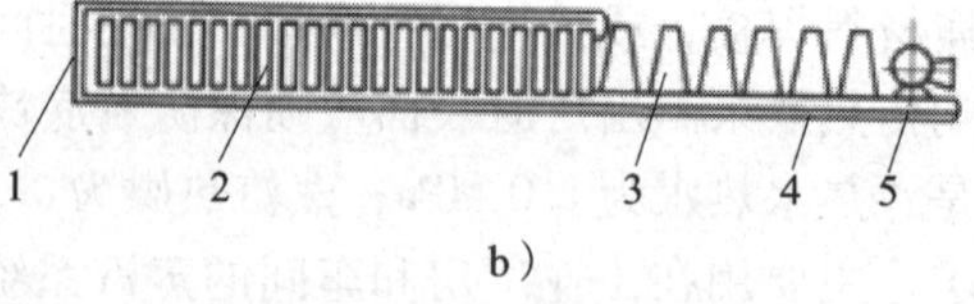

b）

图 4—17 钢制板型散热器

a）外形 b）结构

1—侧边盖板 2—格栅上盖板 3—对流片 4—水道板 5—管接口

钢制板型散热器水道板分为单板、双板和三板，对流片分为单对流、双对流和三对流。水道板和对流片组合在一起构成了不同结构形式的散热器，如图 4—18 所示。散热器的接口形式多样，图 4—19 所示为进水和回水均在散热器下侧，采用下进下出的接口形式，这种接口形式简洁、美观。

钢制板型散热器适用于以热水为热媒的闭式采暖系统，非采暖季节应满水保养。热水中溶解氧不应大于 0.1 mg/L，pH 值应在 10～12、氯离子含量不应大于 300 mg/L，热媒温度不高于 120℃，其他水质指标应符合 GB/T 1576—2008《工业锅炉水质》的规定。如果不能满这些条件，则必须选择有可靠质量保证的内防腐钢制板式散热器。

钢制板式散热器质量轻，外形时尚美观，承压大，散热性能优良，初期多为国外产品，近年国内也有厂家生产。

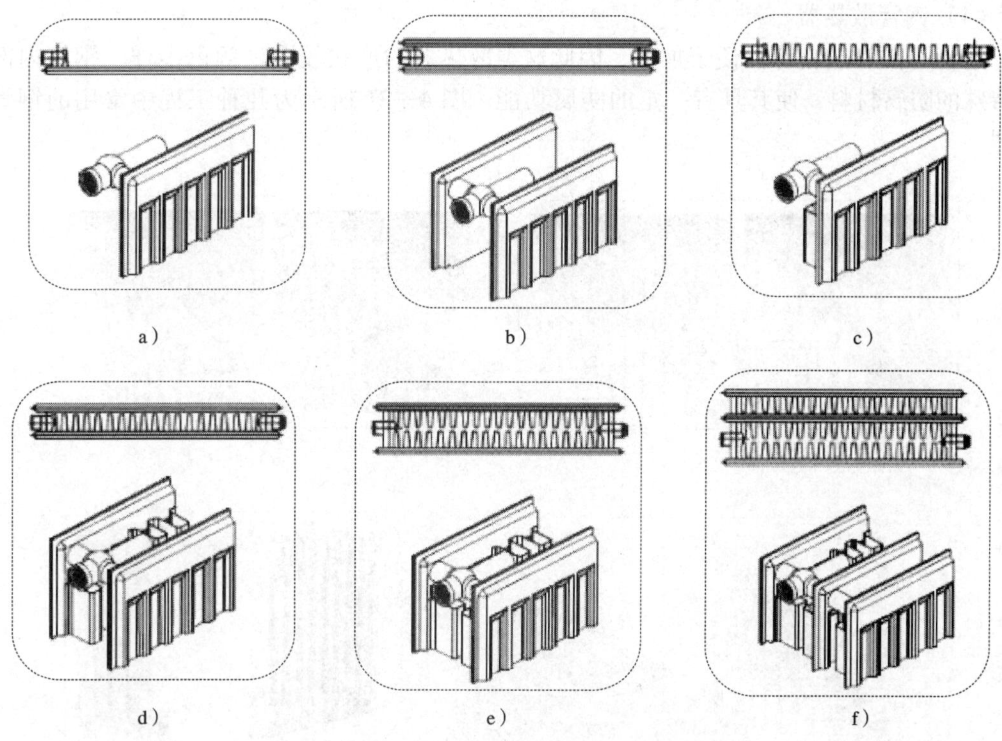

图 4—18　钢制板型散热器的几种常见形式

a）单板　b）双板　c）单板单对流　d）双板单对流　e）双板双对流　f）三板三对流

（3）钢板柱型散热器

钢板柱型散热器是由厚 1.2 ~ 1.5 mm 的冷轧薄钢板经冲压加工焊接而成的，其形状和结构与铸铁柱型散热器相似，如图 4—20 所示。因易氧化腐蚀，早期出现的该类产品已逐步退出市场，取而代之的是钢管散热器。

图 4—19　带内置阀芯的下供下回板型散热器

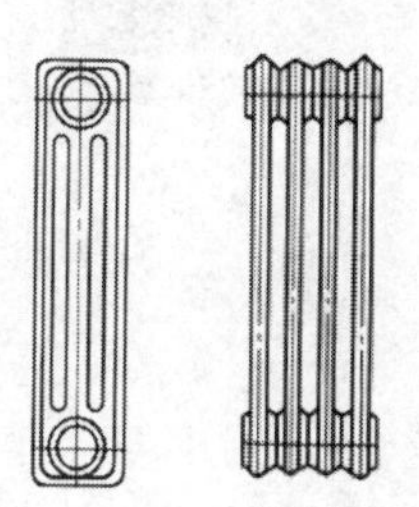

图 4—20　钢板柱型散热器

（4）钢管散热器

钢管（圆管或扁管）便于加工，因此这类散热器的形状较多，颜色多样，钢管内部采用特殊的防腐材料，使其具有一定的防腐功能。图4—21所示为几种工程中常用的钢管散热器。

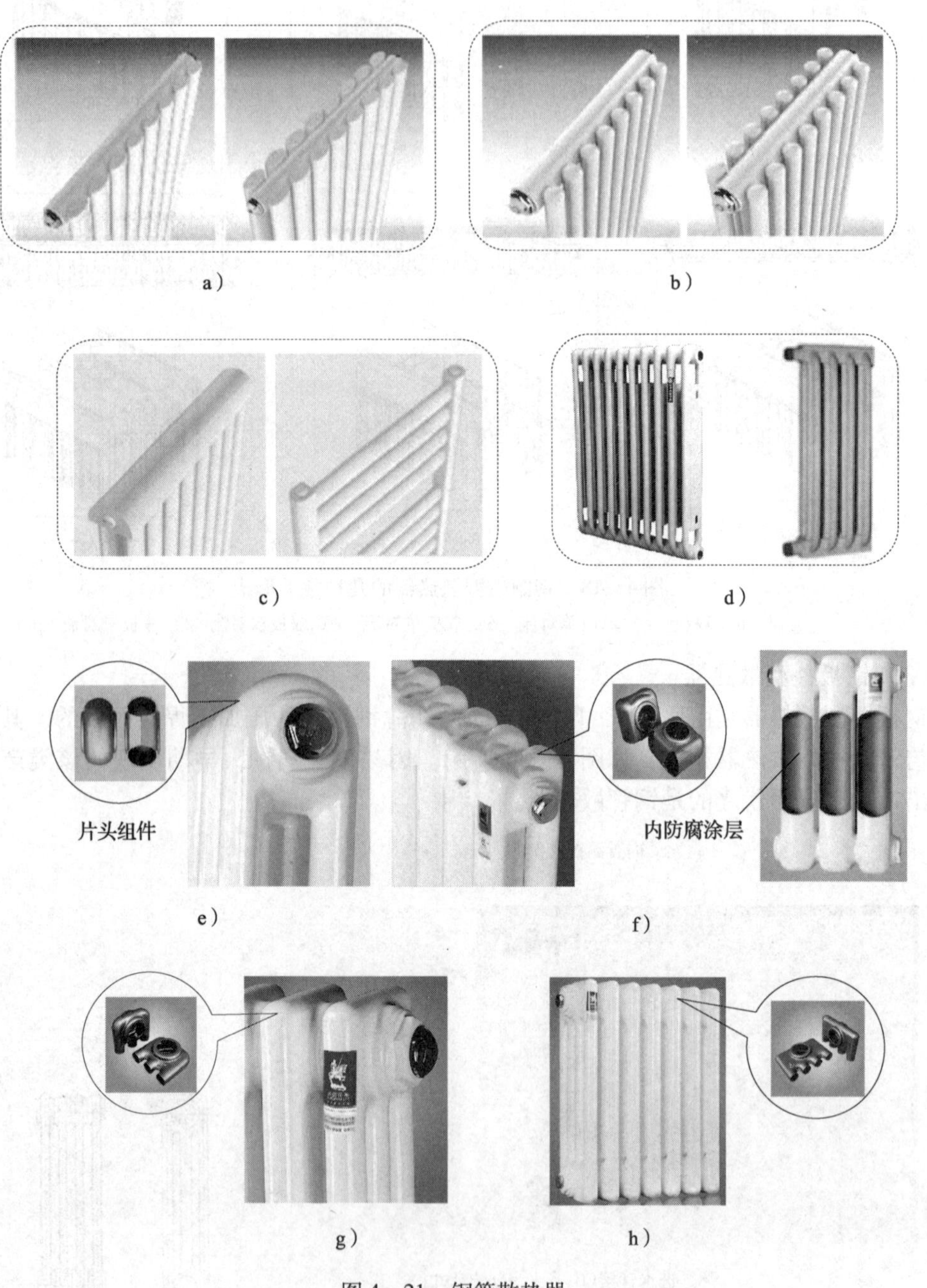

图4—21 钢管散热器

a）椭圆管单排、双排型 b）圆管单排、双排型 c）D形管插接型
d）混合型 e）圆片头型 f）方片头型 g）圆管三柱 h）圆管四柱

钢管散热器型号标记：

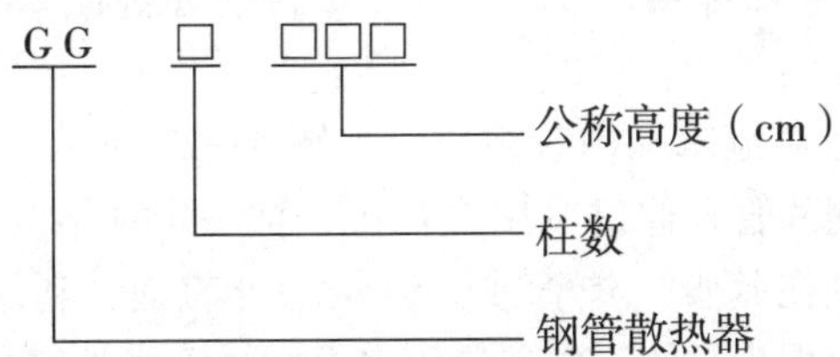

标记示例：GG2060 表示二柱 60 cm 高钢管散热器；GG3150 表示三柱 150 cm 高钢管散热器。

图 4—21a、b、c 中的散热器分别是椭圆管、圆管 D 形管搭接或插接组合焊接而成。图 4—21d 是几种不同的型材组合而成。图 4—21e、f、g、h 中的散热器是通过专用圆形或方形无缝整体片头组件和椭圆管或圆管组合对接焊接而成。

钢管散热器的使用条件是：适用于以热水为热媒的闭式采暖系统，非采暖季节应满水保养。热水中含氧量小于或等于 0.1 g/m^3，pH（20℃）值大于或等于 8（有内防腐措施除外），氯离子质量分数不大于 120×10^{-6}，最大工作压力 1.0 MPa。不符合热媒水质要求的或内防腐涂层质量不合格的钢管散热器均可造成渗水漏水的现象，图 4—22 所示为钢管散热器腐蚀漏水实例。

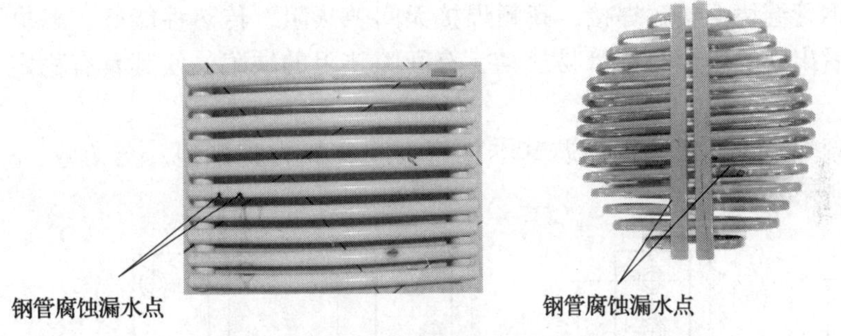

图 4—22 钢管散热器腐蚀漏水实例

（5）钢制翘片管对流散热器

钢制翘片管对流散热器是以对流散热为主的一种新型散热器。

型号标记：

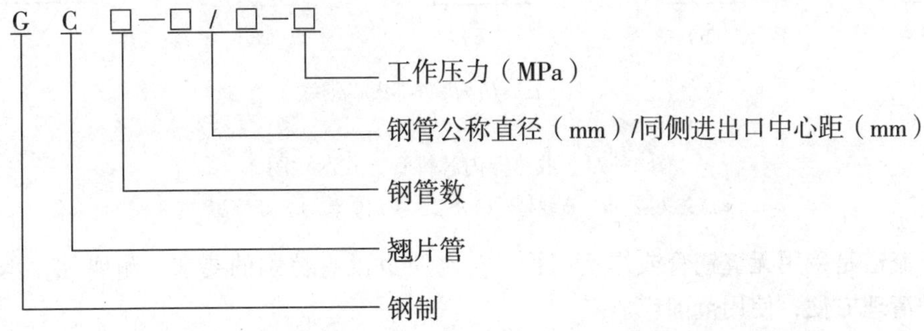

型号示例：GC4－25/300－1.0

GC4 为钢制翘片管 4 根管排列，25/300－1.0 为钢管直径 25 mm，同侧进出口中心距 300 mm，工作压力 1 MPa。

钢制翘片对流散热器由对流罩和内芯组成，如图 4—23 所示。对流罩是薄板冲压、喷漆而成，可自由拆装。内芯翘片管是通过专用绕片机，把一定规格的实齿或开齿薄钢带靠机械的作用力紧密、均匀地缠绕在基管（焊管或无缝钢）外表面，利用高频焊接设备，将钢带、钢管同时瞬间加热，使其熔焊为一体，内芯是用多根翅片管横排组合通过联箱串联组成。

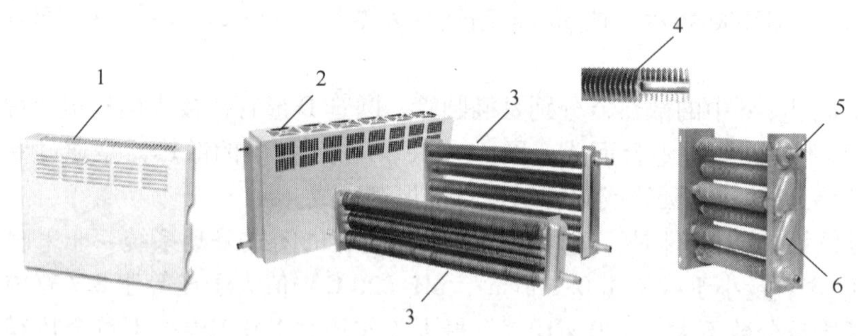

图 4—23　钢制翘片管对流散热器

1—对流罩　2—整体散热器　3—内芯　4—高频焊翘片管　5—水管接口　6—联箱

翅片与钢管缠绕全接触焊接，高频焊接无间隙热阻，传热性能好；解决了过去钢串片散热器使用后出现的串片与钢管易松动、有间隙热阻的缺陷，使其具有稳定、持久的高散热效率。

钢制高频焊翅片管散热器内芯基本排管方式一般为直排型、交叉型、S 型和 L 型等，如图 4—24 所示。

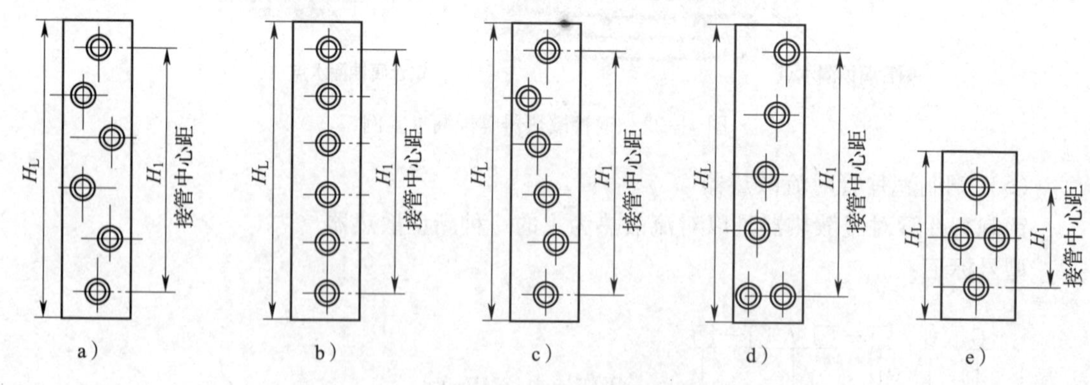

图 4—24　散热器内芯排管方式示意图

a）交叉型　b）直线型　c）S 型　d）L 型　e）十字型

由于流道是采用无缝钢管或焊接钢管，对水质也没有特别的要求，耐腐蚀，承受压力高，维护清理方便，使用范围广。

3. 铝合金散热器

一般铝制散热器采用铝制型材挤压成形，如图 4—25 所示。铝制散热器的材质为耐腐蚀的铝合金，经过特殊的内防腐处理，采用焊接连接形式加工而成。铝制散热器质量轻，热工性能好，使用寿命长，可根据用户要求任意改变宽度和长度。其外形美观大方，造型多变，可做到供暖、装饰合二为一。图 4—25 所示为几种铝合金散热器。

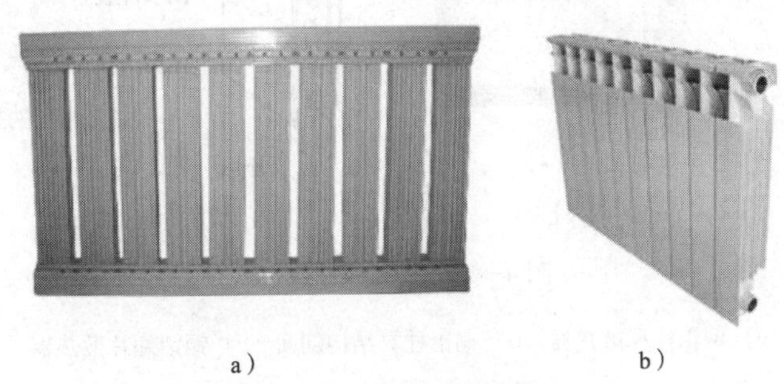

图 4—25　铝合金散热器

a）普通铝合金散热器　b）压铸铝散热器

铝制散热器型号标记：

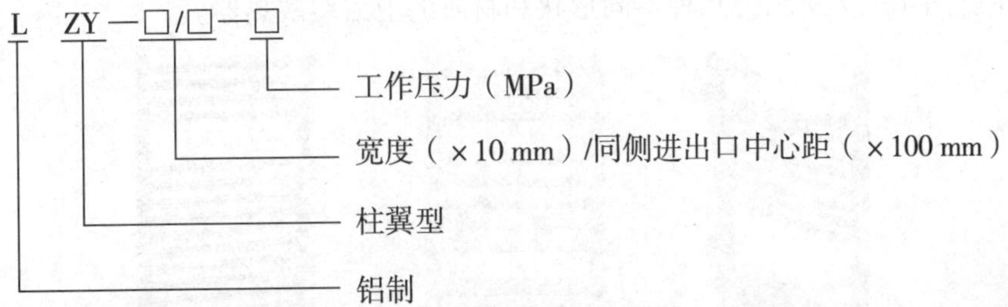

铝制散热器适用于以热水为热媒的采暖系统。铝制散热器易受碱腐蚀，有可靠内防腐处理的铝制散热器可用于 pH 值不大于 12 的锅炉直供系统，氯离子含量不大于 120 mg/L，散热器工作压力不小于 0. 8 MPa，热媒温度不高于 95℃。

4. 复合型散热器

复合型散热器是由两种及两种以上材料组成的散热器。这类散热器可发挥组成材料各自的优势，使散热器的综合性能得到进一步完善，如利用铜、铝两种材料良好的导热性；利用铜、不锈钢的化学稳定性、耐压高等特性。复合型散热器有铜管铝柱翼复合型、钢管铝柱翼复合型、不锈钢管铝串片对流型（不锈钢水道对流散热器）、铜管铝翘片对流型（全铜水道对流散热器）等。复合型散热器的结构组成、工作原理基本相同，这里主要介绍铜铝柱翼复合型散热器。

铜铝柱翼复合型散热器是利用专用设备把铜管过盈胀入铝翼管型材中，管口翻边后插入上下横置联箱（铜管），通过硬钎焊焊接（见图 4—26a、b），两种材料紧密结合，热阻几乎为零。散热器与水接触部分为铜管，无腐蚀。散热器质量轻，安装方便。

铜铝复合散热器适用于以热水为热媒的采暖系统，散热器工作压力为 1. 0 MPa，热媒温度不高于 95℃，pH 值 7 ~ 12，氯离子、硫酸根含量分别不大于 100 mg/L。其他指标应根据采暖系统供水情况，分别符合 GB/T 1576—2008《工业锅炉水质》、HG/T 3729—2004《射频式物理场水处理设备技术条件》标准中关于供暖水质的规定。

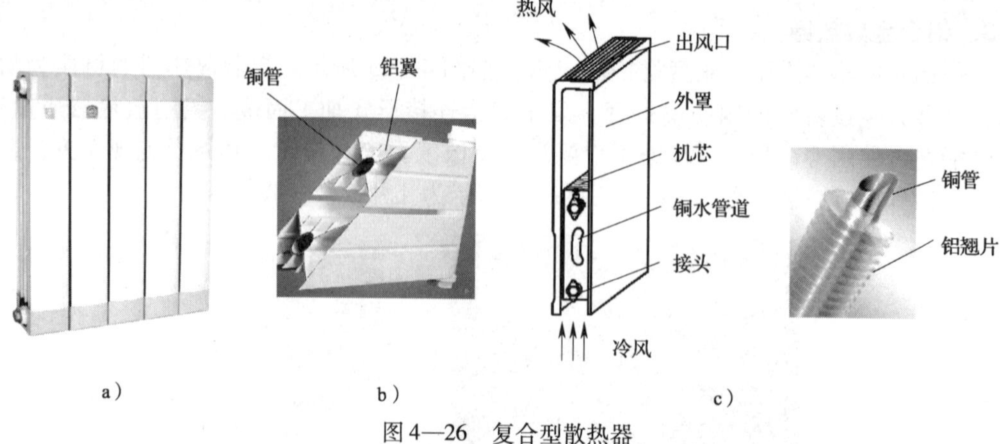

图 4—26　复合型散热器

a）铜铝柱翼散热器　b）铜铝柱翼结构剖面　c）铜铝翅片散热器

5．卫浴型散热器

卫浴型散热器是指常用于卫生间、浴室、厨房等场所，具有装饰和其他特定辅助功能的散热器，可搭毛巾、浴巾或衣物。按生产材质的不同，卫浴型散热器可分为钢质、不锈钢质和铜质。图 4—27 所示为几种不同形状和材质的卫浴型散热器。

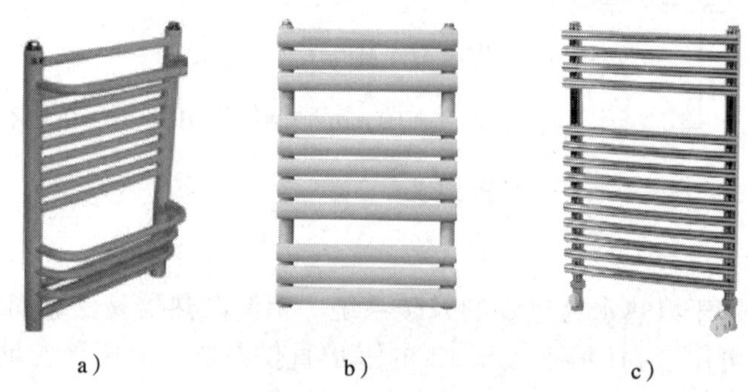

图 4—27　卫浴型散热器

a）背篓形　b）梯形　c）不锈钢型

卫浴型散热器型号标记：

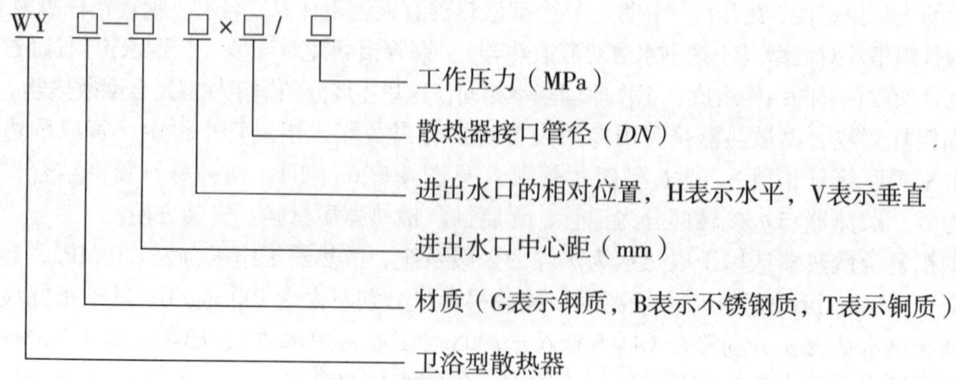

标记示例：WYG－500 H×20/1.0 表示进出水口水平中心距为 500 mm、接口管径为 *DN*20、工作压力为 1.0 MPa 的钢质卫浴型散热器。

卫浴型散热器用于以热水为热媒的采暖系统，散热器工作压力不低于 1.0 MPa，热水中的溶解氧含量不大于 0.1 mg/L，其余条件和铜铝复合散热器使用条件相同。钢制卫浴型散热器需做内防腐处理。

6. 装饰型散热器

装饰型散热器是集采暖功能与装饰性完美结合的一类个性化散热器，能满足特殊建筑装修的整体需要，最大的特点是色彩鲜艳，把丰富的艺术想象元素巧妙地融入散热器的结构中。为了既能达到外观的艺术效果，又便于加工制作，这类散热器大多采用钢管加工制作。图 4—28 所示是几款钢质装饰型散热器。

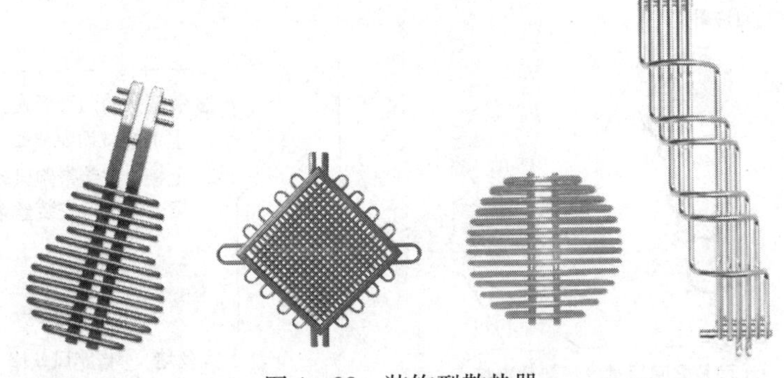

图 4—28　装饰型散热器

未来散热器将会朝着更加节能、环保和美观、实用的方向不断创新与发展。

（二）散热器的选择

1. 散热器的选择方法

在选择散热器时，应根据实际情况，选择经济、实用、耐久、美观的散热器。应考虑系统的工作压力，选择承压能力符合要求的散热器；有腐蚀气体的生产厂房或相对湿度大的房间，应选择铸铁散热器；热水供暖系统选择钢制散热器时，应采取防腐措施；蒸汽采暖系统不得选用钢制柱型、板型、管型散热器；散发粉尘或防尘要求较高的生产厂房，应选用表面光滑、积灰易清理的散热器；民用建筑选用的散热器尺寸应符合要求，且外表面光滑、美观，不易积灰。

2. 散热器的基本要求

（1）热工性能好。要求散热器的传热系数要大。

（2）金属热强度大。

（3）具有一定的机械强度，承压能力高，价格便宜，经久耐用，使用寿命长。

（4）规格尺寸多样化，结构尺寸小，少占有效空间和使用面积。

（5）外表面光滑，不易积灰，积灰易清理；外形美观，易于与室内装饰相协调。

（三）散热器的组对

散热器安装包括散热器就位安装和管道连接两项内容。由于散热器的种类较多，类型不同，其就位安装、管道连接方法也不同。成型类散热器直接进行散热器就位安装和管道连接即可，如钢制板式、钢制管式和钢串片散热器，用钢板、钢管在制造工厂整体焊制完成，运到施工现场后直接与散热器支管连接；铸铁圆翼型散热器采用法兰连接。散装类散热器（主要是铸铁柱形散热器）在安装前，先在施工现场按图样要求组对成整体后，再进行就位安装和管道连接。下面以铸铁柱形散热器为例，叙述散热器的组对过程。

1. 散热器组对配件及用量计算

（1）组对配件

散热器组对配件有对丝、补芯、丝堵和垫片，如图 4—29 所示。

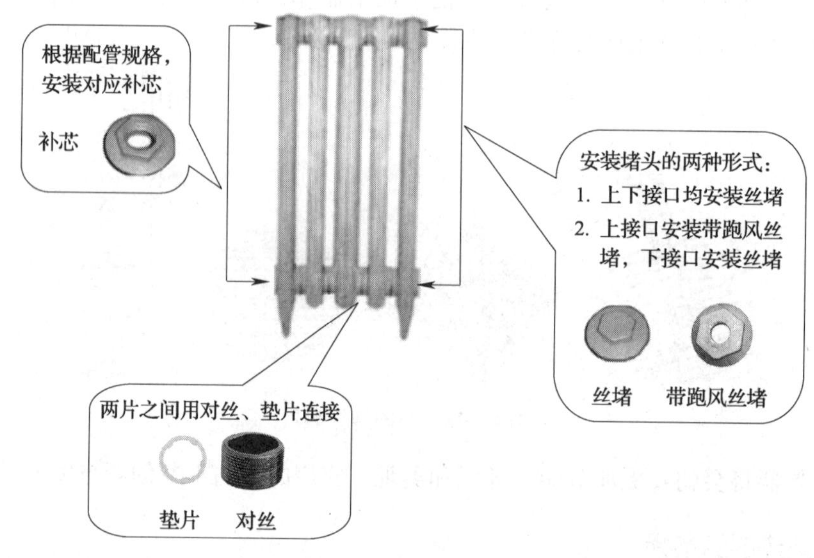

图 4—29　散热器组对配件

对丝：散热器片与片之间的连接配件称为对丝。对丝一端为正螺纹，另一端为反螺纹，规格有 *DN*40、*DN*32 和 *DN*25 三种，常用的规格为 *DN*40。

补芯：散热器与管道的连接配件称为补芯。补芯的规格通常有 *DN*15、*DN*20 和 *DN*25 三种。补芯有正螺纹和反螺纹两种，通常采用正螺纹。

丝堵：用于封堵散热器不接管道出口的配件称为丝堵，又称为堵头。丝堵有带螺纹孔（安装手动跑风）和不带螺纹孔两种。丝堵有正螺纹和反螺纹两种，通常采用反螺纹（与补芯相反）。

对丝、补芯和丝堵通常材质为铸铁，个别高档的散热器采用铜、不锈钢等材质。

垫片：通常为成品，根据采暖介质选用。垫片常用橡胶石棉板、耐热橡胶板及石棉板，温度超过 100℃时只能用石棉板。另外，在较高档的散热器中，采用橡胶内衬金属的垫片。每个对丝、补芯和丝堵均需配装一个垫片。

（2）配件用量计算

1）单组散热器组对配件计算：

$$对丝数 = （单组片数 - 1）\times 2$$

垫片数 =（单组片数 +1）×2

补芯数 = 每组 2 个

丝堵数 = 每组 2 个

2）多组散热器组对配件计算：

对丝数 =（总片数 - 总组数）×2

垫片数 =（总片数 + 总组数）×2

补芯数 = 总组数 ×2

丝堵数 = 总组数 ×2

注意：提供材料计划时，可按具体情况增加消耗数量。补芯宜采用正螺纹，堵头宜采用反螺纹。

2．散热器组对工具和固定构件

（1）组对工具

组对工具又称为组对钥匙，一般用圆钢自制加工而成，如图 4—30 所示。需要不同长度的组对钥匙至少三把，两把短的组对用，一把长的拆卸修理用。

（2）固定构件

散热器固定构件的类型较多，成型的散热器一般采用配套的成品托架固定。柱形散热器一般采用拉杆和脱钩固定。散热器落地安装时采用拉杆，挂墙安装时采用托钩（有时落地安装也采用托钩）。拉杆和托钩有成品的，也有自制的。托钩有带膨胀螺栓的（又称膨胀托钩）和不带膨胀螺栓的两种。拉杆和托钩均有不同的规格，使用时根据散热器的宽度选择。散热器拉杆和托钩如图 4—31 所示。

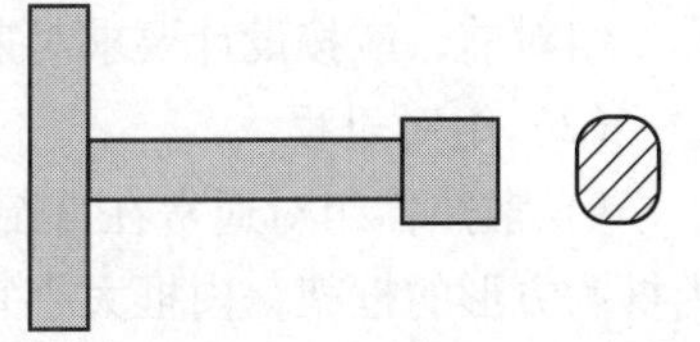

图 4—30　组对钥匙

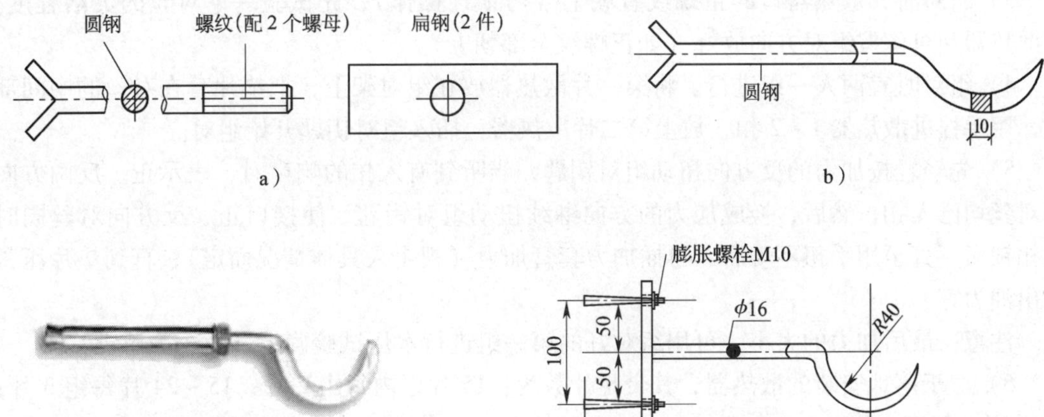

图 4—31　散热器拉杆和托钩

a）拉杆组件　b）托钩　c）膨胀托钩

3. 散热器的组对

(1) 组对准备

组对前应按施工图样列出用量表，确定所需散热器、对丝、补芯、丝堵和垫片等组对材料和长度合适的组对钥匙，然后按用量表对进入现场的材料进行清点。在清点材料时，一定要注意材料规格必须与设计要求一致。

检查散热片是否有裂纹、砂眼，体腔内是否有砂、土等杂物；散热器螺纹是否良好，连接口密封面是否平整，同侧两端连接口的密封面是否在同一平面内。

检查时将一片连接口密封面平整的散热片放在工作台上作为标准，用粉笔在连接口密封面上涂一层粉笔灰，然后将要检查的散热片放在上面，使其两端相对，并用手轻轻摇动，若有晃动，就表明被检查的散热片密封面不平整，其面上有白粉笔的地方就是凸起处。修整的方法可用细锉将凸起处锉平，锉时应交错进行，不能朝一个方向锉，以免影响密封。

垫片种类有石棉垫、石棉橡胶垫、耐热硅胶垫等。其厚度为 1.0 ~ 1.5 mm，不能用双垫。石棉板分为高压、中压、低压三种型号，常用的是中压板和低压板冲制的垫片。石棉中压垫片在使用前应在机油里浸泡，石棉橡胶垫和耐热硅胶垫可以直接使用。耐热硅胶垫作为一种新的密封件，环保无毒、耐高温、密封效果好，使用方便，在工程中已得到广泛应用。

组对前，应按设计要求对散热器进行刷油，油漆完全干后方可组对。

(2) 组对过程

1) 散热器组对通常在自制的组对架上进行。组对架是一个用方木、槽钢或角钢制成的内框为方形的框架，内框大小宜比散热器稍大一些。

2) 清除净散热器的对口，使其露出金属光泽。若用废钢锯条清除时，注意不要破坏散热器对口的密封面。

3) 组对时，散热器口的正螺纹宜朝上（习惯性操作），先试验一下对丝的灵活程度。把散热器和对丝按组对方向放好（如正螺纹全部朝上）。

4) 组对时宜两人一组进行。将第一片散热器放在组对架上，把垫片套在对丝的中间部位，用手拧进散热器 1 ~ 2 扣，放上第二片散热器，插入组对钥匙开始组对。

5) 先轻轻按加力的反方向扭动组对钥匙，当听到有入扣的响声时，表示正、反两方向的对丝均已入扣，然后，换成加力的方向继续扭动组对钥匙，使接口正、反方向对丝同时进扣锁紧，直至用手扭不动后，再插加力套管加力（视个人具体情况而定），直到垫片压紧挤出油为宜。

注意：最后加力的大小，可用组对好的第一组进行水压试验确定（凭个人感觉）。

6) 对于落地安装的散热器，其带足片数为：15 片以内每组 2 片；15 ~ 24 片每组 3 片；25 片以上每组 4 片。

(3) 组对质量标准

1) 散热器组对应平直、紧密，组对后的平直度应符合表 4—1 的规定。

2) 组对散热器的垫片应符合下列规定：

①组对散热器垫片应使用成品，组对后垫片外露不应大于 1 mm。

表 4—1　　组对后的散热器平直度允许偏差

项次	散热器类型	片数	允许偏差（mm）
1	长翼型	2～4	4
		5～7	6
2	铸铁片式 钢制片式	3～15	4
		16～25	6

②散热器垫片材质当设计无要求时，应采用耐热橡胶垫。

（4）水压试验

1）单组散热器水压试验时，其接管宜按图 4—32 所示进行。

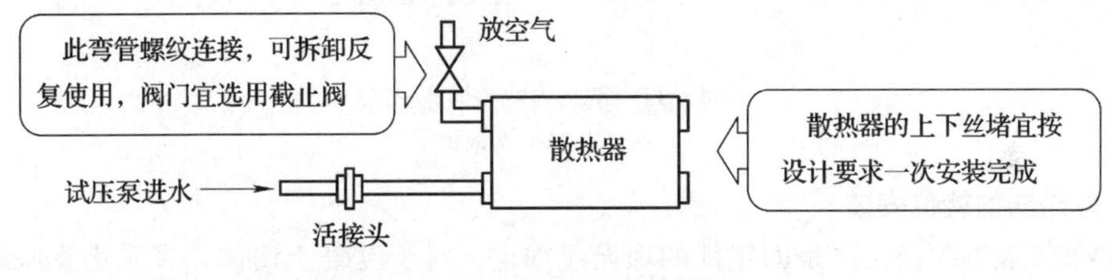

图 4—32　单组散热器水压试验接管步骤

2）单组散热器水压试验质量标准。散热器组对后，以及整组出厂的散热器在安装之前应做水压试验。试验压力如设计无要求时应为工作压力的 1.5 倍，但不小于 0.6 MPa。试验时间为 2～3 min，压力不降且不渗不漏。

（四）散热器安装的基本规定

1. 散热器布置的一般要求

一般设计中根据对流换热的原理，多把散热器布置在房间的外窗口下，垂直安装在墙上，这样，经散热器加热的空气沿窗口上升，阻挡由窗缝渗透进来的冷空气直接进入室内工作区。在有些情况下，散热器也可以布置在内墙或内部柱子上；在浴室则宜采取高挂式。

散热器垂直中心线与窗口中心线基本一致，同一房间的散热器安装高度应一致。散热器上表面距窗台面应大于 100 mm，最小不小于 50 mm；下底面离地面 150 mm 以上为宜，最小不小于 60 mm。当散热器底部有管道通过时，其底部离地面净距一般不小于 250 mm。

2. 散热器的安装形式

根据散热器是否敞开，散热器安装可分为明装、半暗装和暗装三种形式。一般情况下，散热器敞开明装；美观要求高的用装饰罩或格橱遮挡，称为暗装；装在窗台下壁龛内不加遮挡称为半暗装。根据固定方式分为挂墙式和落地式两种，如图 4—33 所示。新型散热器表面通过静电喷涂附着力很强的高档油漆涂料（一般为塑粉），美观耐用，一般不提倡暗装。对于幼儿园、老年居住建筑内设置的散热器应设防护罩。

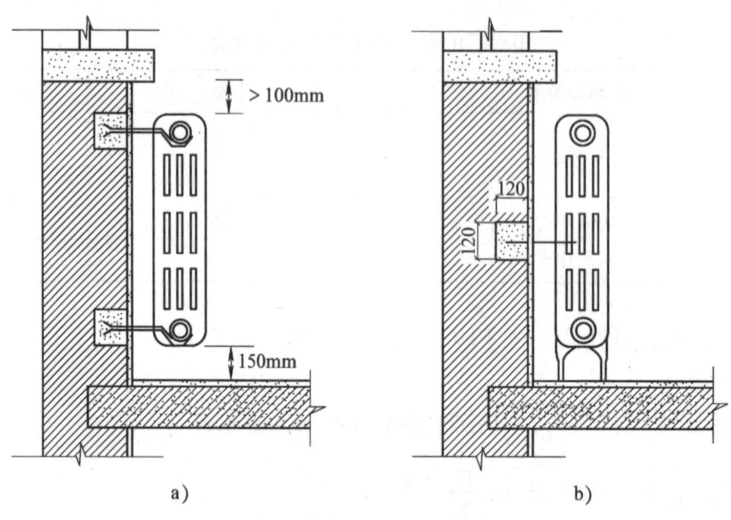

图 4—33　散热器的安装形式

a）挂墙式　b）落地式

3．散热器的就位安装

散热器安装的关键工序是固定件的埋设或固定，对于混凝土墙体，多采用膨胀螺栓固定托钩；实心砖墙采用膨胀螺栓固定托钩或栽托钩的方式；对于空心砖墙采用栽托钩或拉杆的方式，同时应采用带足的散热器落地安装。下面以混凝土或砖墙采用膨胀螺栓托钩挂装散热器为例，说明铸铁柱型散热器安装的基本工序。

（1）划线

利用定位划线尺（见图 4—32a），根据安装位置及高度，在外窗下墙上划出散热器安装位置的中心线，确定散热器托钩或拉杆的位置。

划线尺由上横尺、下横尺、竖尺和线坠组成。上、下横尺上等距离刻划好散热片的长度（包括密封垫片的厚度）标记。竖尺上划散热器中心线（铅垂线），两边划尺寸刻度线。上、下横尺的上边线为散热器上、下托钩的高度线。

划线时，首先把划线尺靠在安装散热器的墙上，使吊线坠的线与中心线重合，也与窗口中心线重合，留够离窗台面的距离，这时上、下横尺水平。然后按散热器中心距在墙上划出“丰”型线，如图 4—34b 所示。图 4—35 所示为铸铁柱型散热器划线实例。

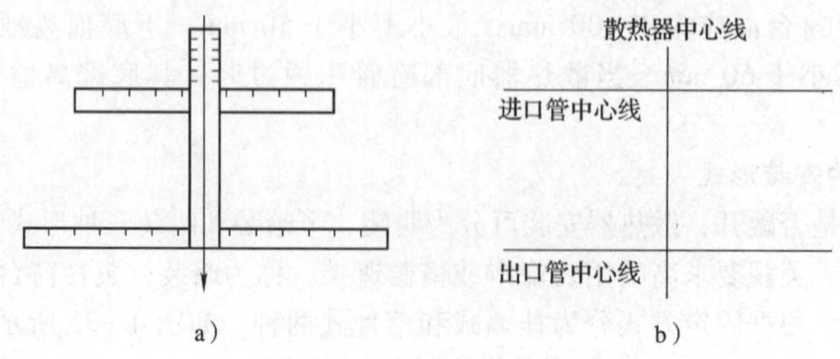

图 4—34　散热器安装定位划线尺和划线示意图

a）定位划线尺　b）划线示意

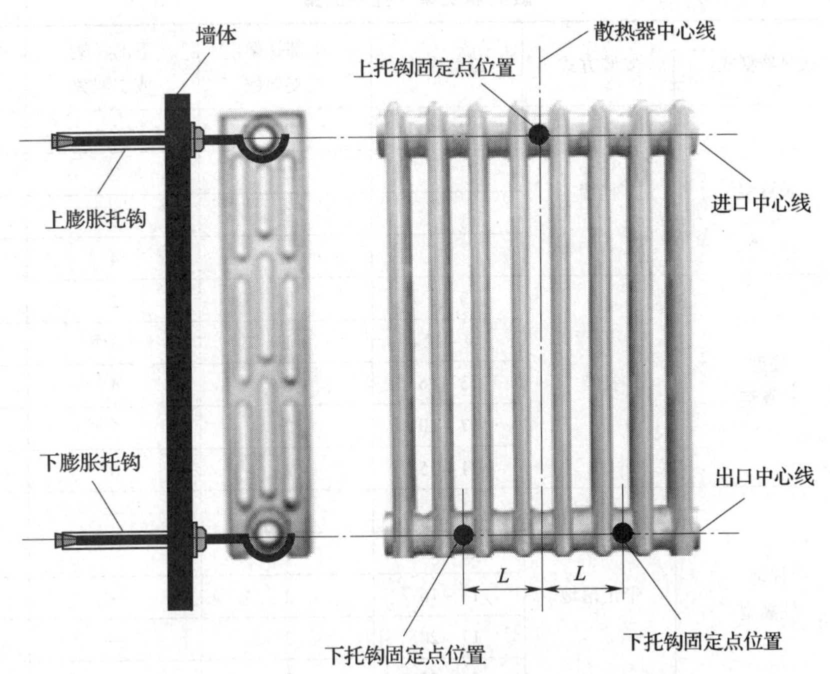

图 4—35 铸铁柱型散热器划线实例

（2）打孔固定托钩

散热器安装线划好后，按需要的托钩数，分别定出上、下各托钩的位置并做标记十字线。用电锤在墙上按划线的位置打孔，托钩孔洞的深度以散热器背面距墙面 30 mm 为基准进行换算确定，电锤钻头的选择应根据膨胀托钩的规格配套选择，如 M12 的膨胀托钩，应选择 ϕ14 mm 钻头。先检查托钩的规格及质量是否符合规范或设计要求。用扳手安装膨胀托钩，使其达到紧固状态。

（3）散热器就位

经水平尺、卷尺校对托钩位置尺寸准确无误后，将散热器（应先安装好补芯和丝堵）轻轻抬起落座在托钩上，再次用水平尺找平、找正。

4．散热器安装的质量标准

（1）铸铁或钢制散热器表面的防腐及面漆应附着良好，色泽均匀，无脱落、起泡、流淌和漏涂缺陷。

（2）散热器支架、托架安装位置应准确，埋设牢固。散热器支架、托架数量应符合设计或产品说明书要求；如设计未注明时，则应符合表 4—2 的规定。

（3）散热器背面与装饰后的墙内表面安装距离，应符合设计或产品说明书；如设计未注明，应为 30 mm。

（4）散热器安装允许偏差应符合表 4—3 的规定。

表 4—2　散热器支架、托架数量

项次	散热器型式	安装方式	每组片数	上部托架或支架数	下部托架或支架数	合计
1	长翼型	挂墙	2～4	1	2	3
			5	2	2	4
			6	2	3	5
			7	2	4	6
2	柱型 柱翼型	挂墙	3～8	1	2	3
			9～12	1	3	4
			13～16	2	4	6
			17～20	2	5	7
			21～25	2	6	8
3	柱型 柱翼型	带足落地	3～8	1	—	1
			8～12	1	—	1
			13～16	2	—	2
			17～20	2	—	2
			21～25	2	—	2

表 4—3　散热器安装允许偏差和检验方法

项次	项目	允许偏差（mm）	检验方法
1	散热器背面与墙内表面距离	3	尺量
2	与窗中心线或设计定位尺寸	20	
3	散热器垂直度	3	吊线和尺量

（五）新型散热器的安装

1. 新型散热器安装的一般规定

（1）新型散热器的表面已经过高档喷漆处理，外观精美，铜、铝材质较软，所以安装时应采取相应的技术措施，以保证散热器的正常使用。

（2）安装前确认散热器包装的完整，放置时应采取防振、防磕碰措施，不能以任何方式拖拽散热器。散热器应存放在干燥、防雨的安全地方。

（3）安装散热器处的内饰墙面已经施工完毕。

（4）新型散热器除铸铁材质外，其余材质均是整组焊接后出厂，不需要单片组对，这为施工提供了方便。在与管道连接时切记注意保护四个接口螺纹，尤其是没有补芯保护接头直接与管道连接的散热器（目前市场上大多数是这种接口配置的散热器），因铜、铝材质强度较低，易损伤其接口，施工现场无法修复，造成整组报废或需返厂修理。正确的做法是：用手试扣、对扣，确认螺纹对正后，用扳手（不宜用管钳）逐渐加力将其拧紧，严禁用力过大，以免损坏螺纹。

2. 新型散热器的支架类型

（1）支架类型

钢制、铜铝复合和卫浴三类典型的新型散热器支架如图 4—36 所示。钢制散热器因质量较重，应采用金属膨胀螺栓、双钩整体金属挂件或单钩金属挂件。铝合金、铜铝复合散热器由于质量较轻，采用金属或塑料胀管膨胀螺栓。卫浴散热器考虑到卫生间比较潮湿，且散热器体积小、质量较轻，多采用塑料挂件、塑料胀管固定。

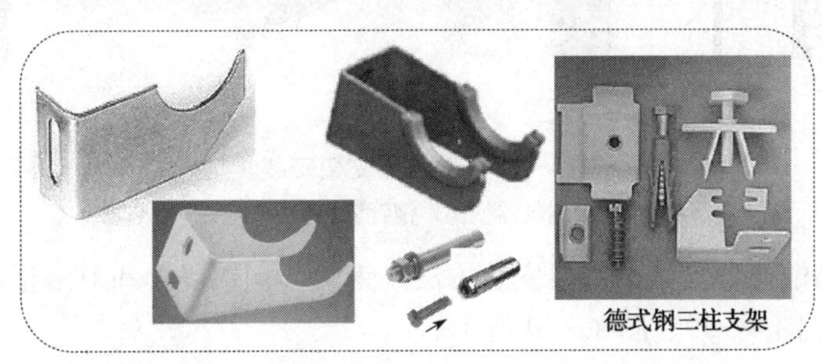

a）

b）

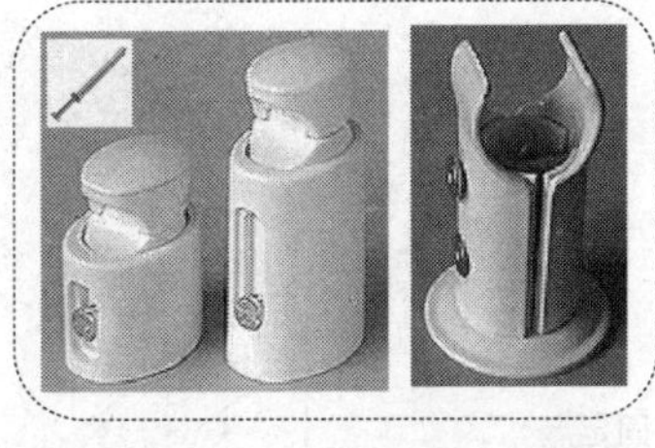

c）

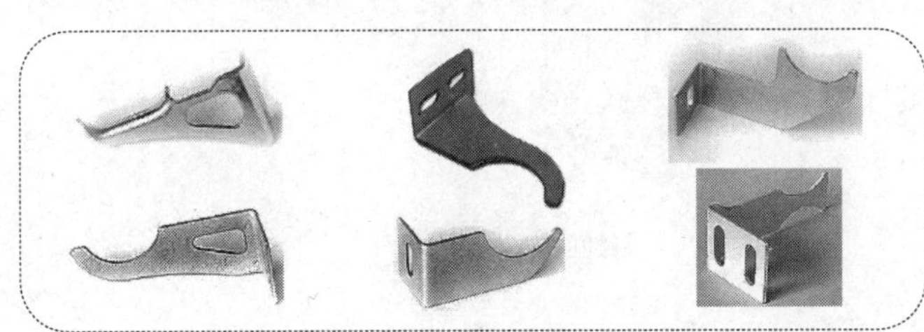

d）

图 4—36 典型的新型散热器支架

a）钢管散热器支架 b）钢制板型散热器支架 c）卫浴散热器支架 d）铝合金、铜铝复合散热器支架

（2）安装实例

图 4—37 所示为散热器支架安装实例。

（3）支架安装方法

1）支架基准线的确定。支架划线的基本步骤是：首先确定散热器布置的位置，即散热器中心线的位置；然后划出三条基准线，即散热器中心线、散热器进、出口管道中心线；再根据不同类型的散热器支架，划出支架定位孔和三条基准线的相对位置点（固定点）。

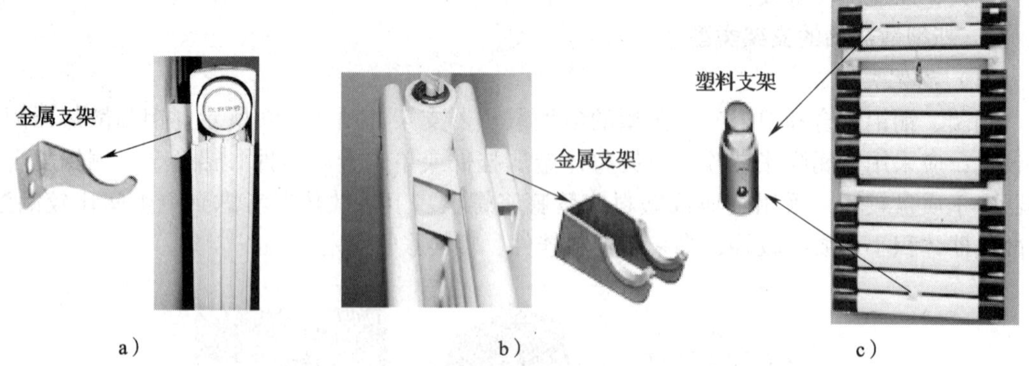

图 4—37　散热器支架安装实例

a）铜铝复合散热器　b）钢管散热器　c）卫浴散热器

2）三种新型散热器支架的划线安装方法。钢管、铜铝复合和卫浴型散热器的安装方法分别如图 4—38、图 4—39、图 4—40 所示。

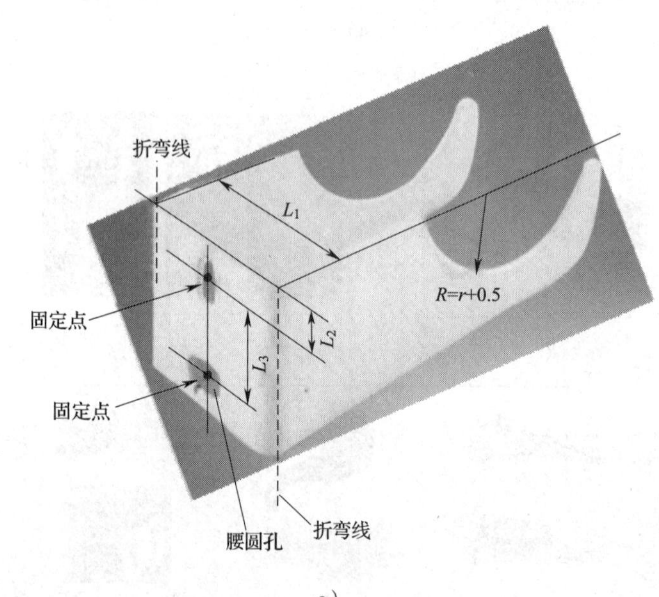

a）

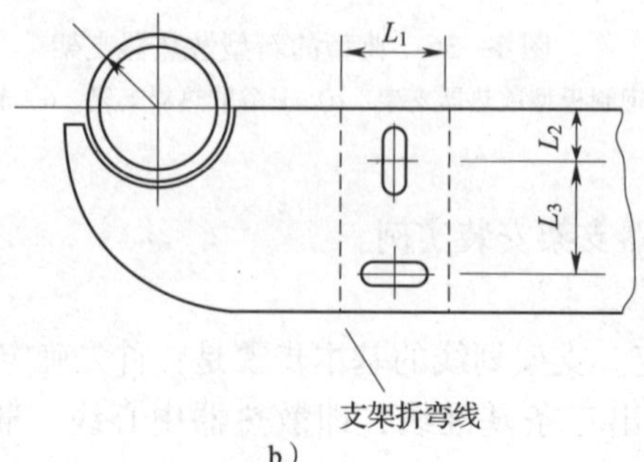

b）

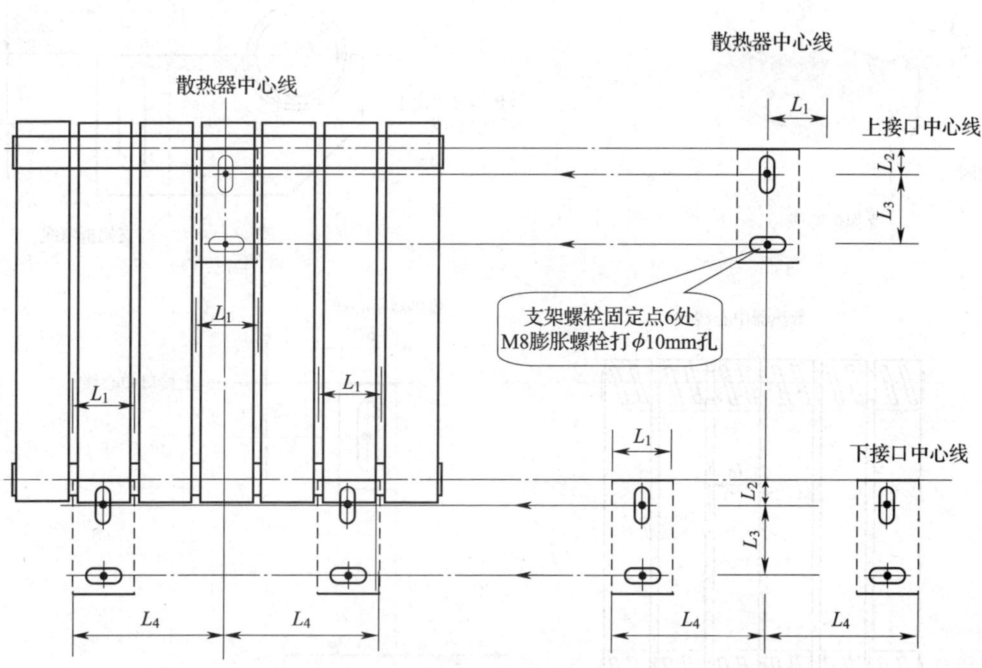

c）

图 4—38 钢管散热器支架安装示意图

a）支架实物划线 b）支架展开图 c）支架安装简图

卫浴散热器是一种专用散热器，材质一般是钢、铜、铝等，特点是体积小、质量较轻。考虑到卫生间比较潮湿的使用环境，多采用塑料支架、可调距离的夹紧式固定方法。图 4—40 为椭圆管与钢管焊接散热器的安装示意图。

3）两种不同弧度支架的划线方法。新型散热器常见的金属弧形支架有两种，一种是小弧度型，另一种是半圆弧型。两种支架的划线的方法不同，如图 4—41 所示。

（4）新型散热器的接管方式

新型散热器的接管方式有九种，如图 4—42 所示。最常用的是图 4—42a 所示的同侧上进下出和图 4—42f 所示的下进下出两种方式。图 4—42a 是通用的接管方式，标准散热量等技术参数就是在这种接管方式下测得的数据，这种接管方式适用于接口中心距 1 000 mm 以下的横向布置散热器安装。图 4—42f 所示的接管方式适用于接口中心距 1 000 mm 以上的竖向布置散热器的安装，主要用于落地窗或飘窗因距地面距离小无法布置横向散热器，改为相邻侧面墙布置竖向散热器的情况，具体安装方式如图 4—43 所示。

在特殊情况下，也可按图 4—42b ~ e 和图 4—42g ~ i 所示七种方式接管。为了保证热媒水在散热器中充分散热，图 4—42e ~ h 所示四种接管方式的散热器内部要设置导流挡板，以同侧下进下出散热器挡板为例的内部挡板结构组成如图 4—44 所示。不设置挡板（堵板）会造成循环短流的故障，不能有效地发挥散热器的散热功能。

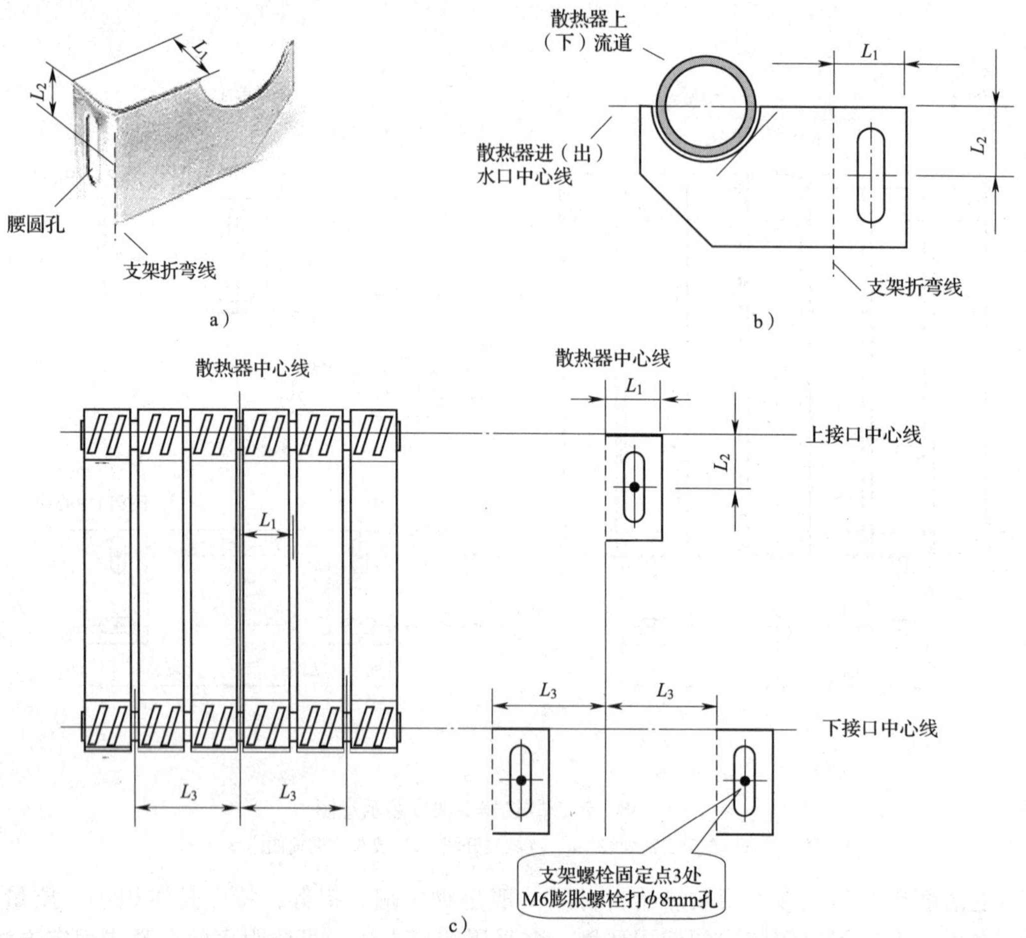

图 4—39　铜铝复合散热器支架安装示意图

a）支架实物　b）支架展开图　c）支架安装简图

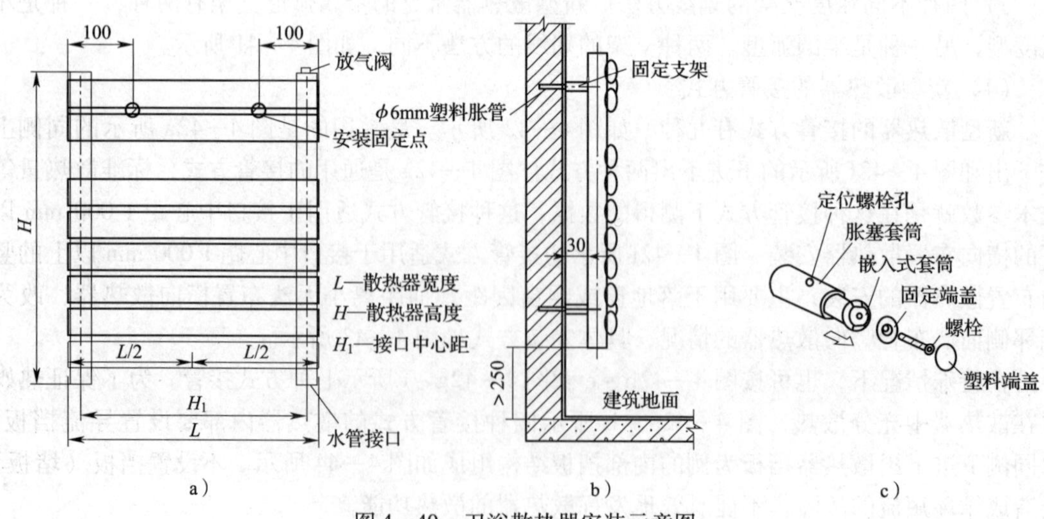

图 4—40　卫浴散热器安装示意图

a）正面安装图　b）侧面安装图　c）支架结构图

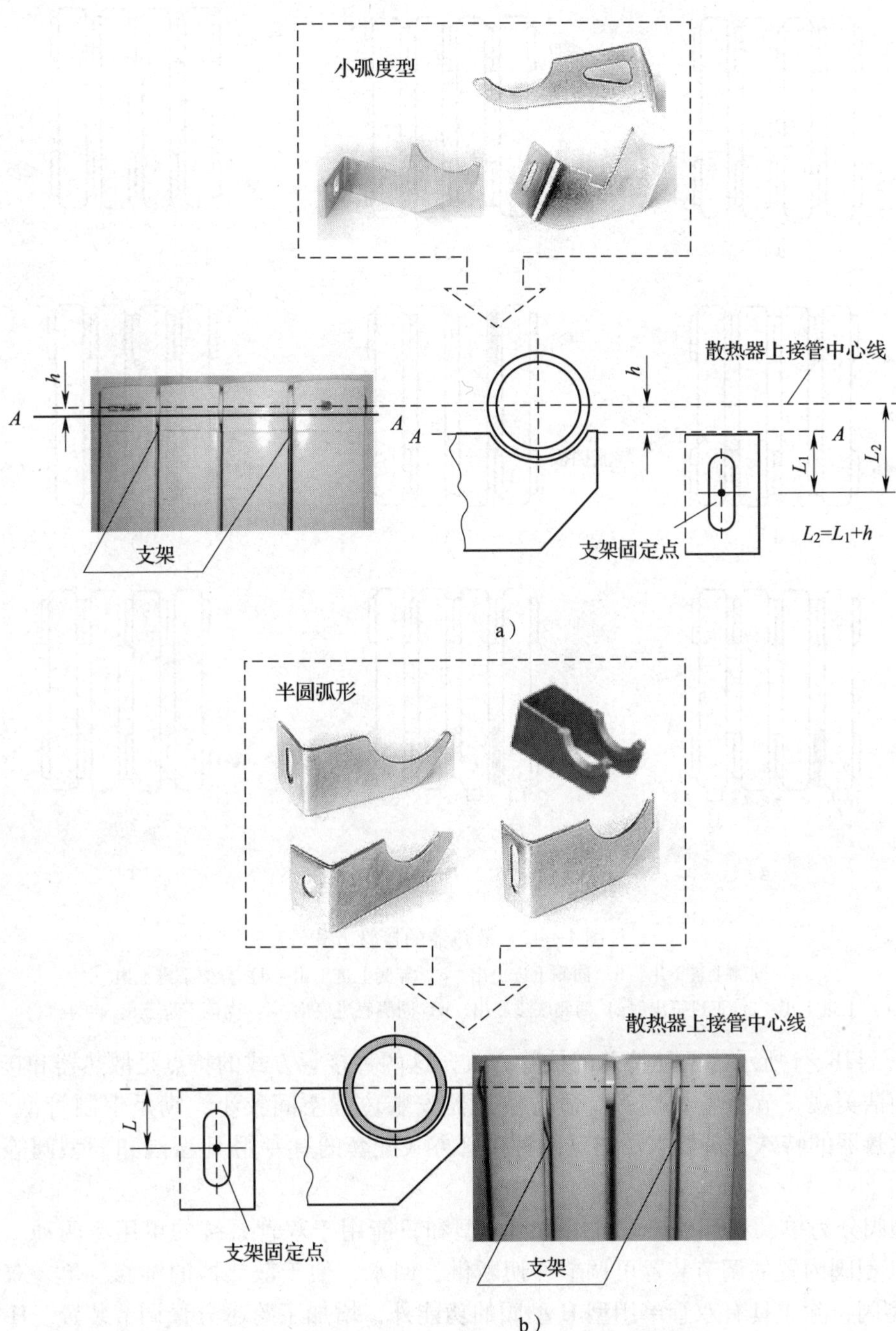

图 4—41　常见的两种弧度散热器支架划线示意图

a）小弧度型　b）半圆弧度型

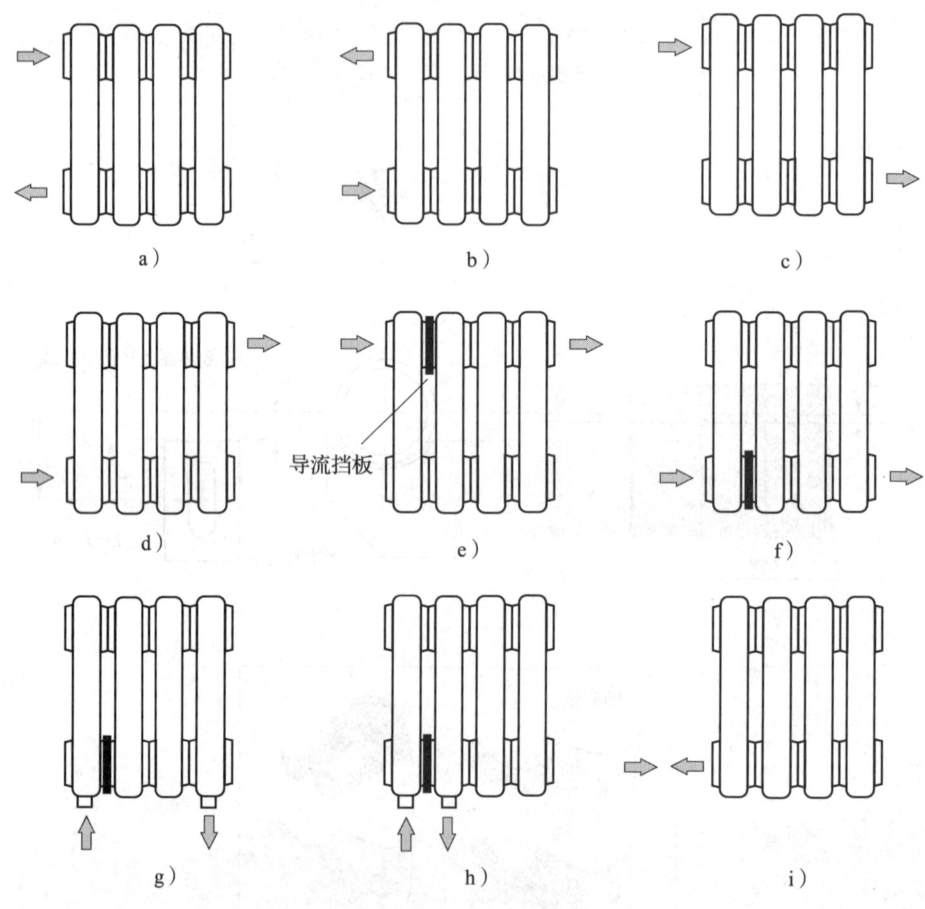

图 4—42　散热器的接管方式

a）同侧上进下出　b）同侧下进上出　c）异侧上进下出　d）异侧下进上出

e）上进上出　f）下进下出　g）两侧底进底出　h）同侧底进底出　i）同侧下进下出（单接口）

图 4—42h、i 所示为两种特殊的接管方式，这两种接管方式的特点是散热器和接管衔接紧凑、简洁美观，节省管材接头。适合散热器安装位置空间狭小，满足钢制管型、板型、装饰型散热器的特殊安装要求。与这两种接管方式配套的有专用 H 型阀和 F 型阀等组合阀件。

H 型阀分为单、双管系统均可用的两用型和只能用于双管系统的单用型两种。双管单用型的 H 型阀内置的调节装置可调节、切断供、回水，便于散热器的维修。单、双管两用型的 H 型阀，除了具有双管单用型 H 型阀的功能外，增加了跨越分量调节装置。H 型阀的流量调节一般通过内六角扳手完成。从结构上，H 型阀可分为直通型和角型两种。直通型 H 型阀用于与地面进出水管连接，角型 H 型阀用于与墙面进出水管连接。H 型阀的规格是 *DN*15、*DN*20。图 4—45 所示为两种类型的 H 型阀，图 4—46 所示为 H 型阀接口类型的散热器。

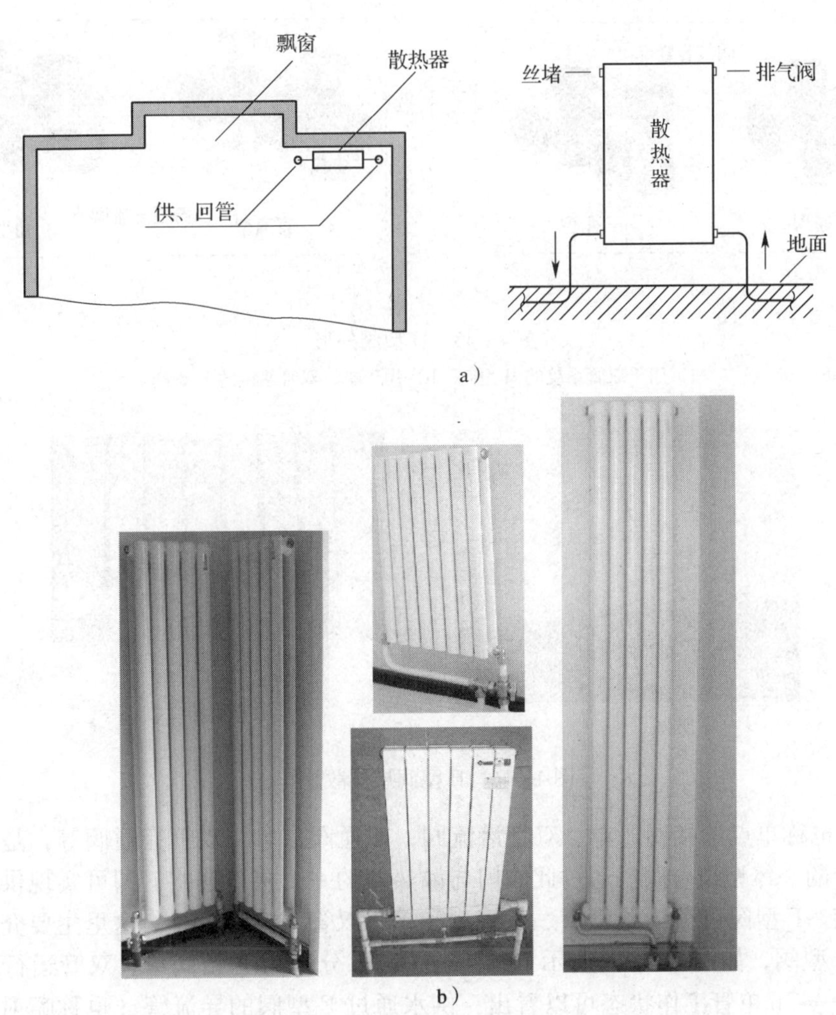

图 4—43　下进下出散热器安装示意图

a）下进下出散热器位置　b）下进下出散热器安装实例

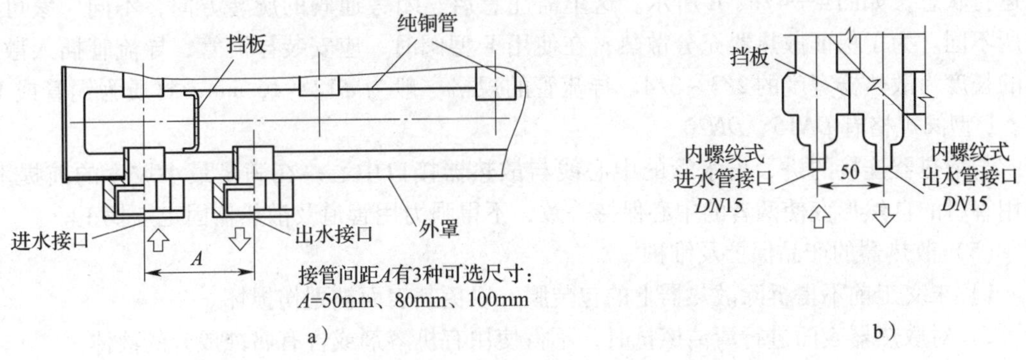

图 4—44　同侧下进下出散热器内部挡板结构图

a）铜铝复合散热器　b）钢管散热器

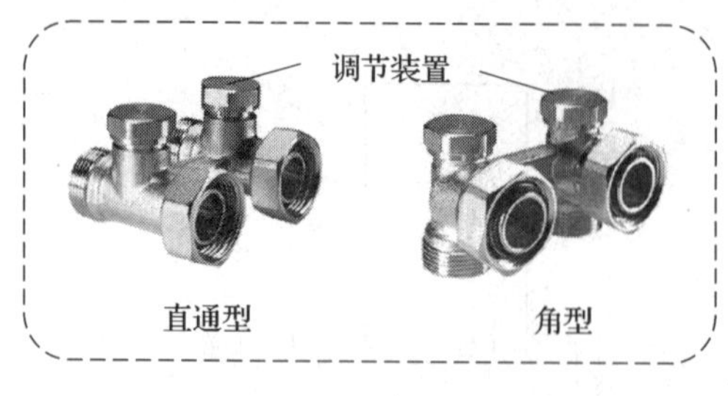

a）

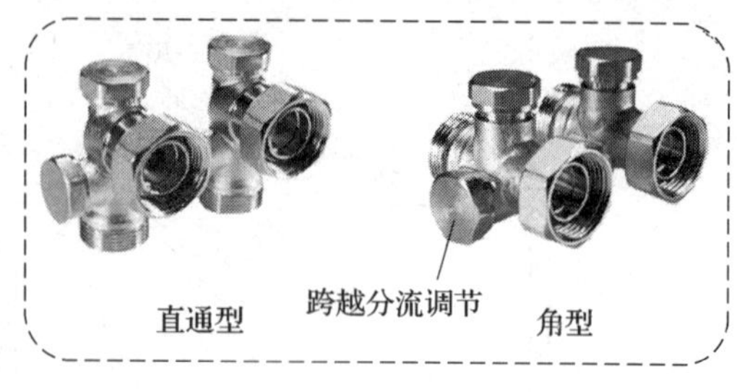

b）

图 4—45　H 型阀外形

a）用于双管系统的 H 型阀　b）用于单、双管系统的 H 型阀

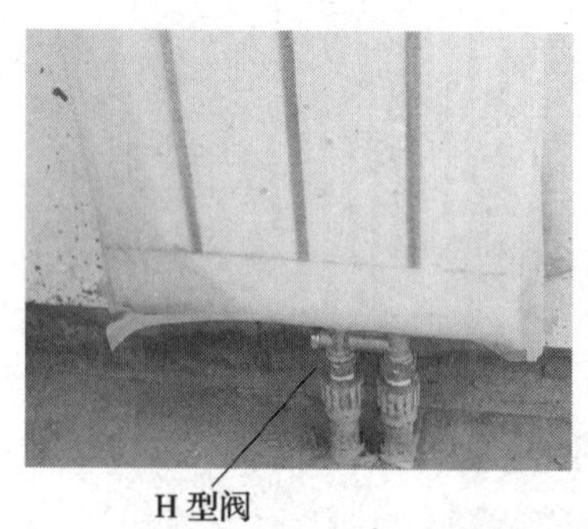

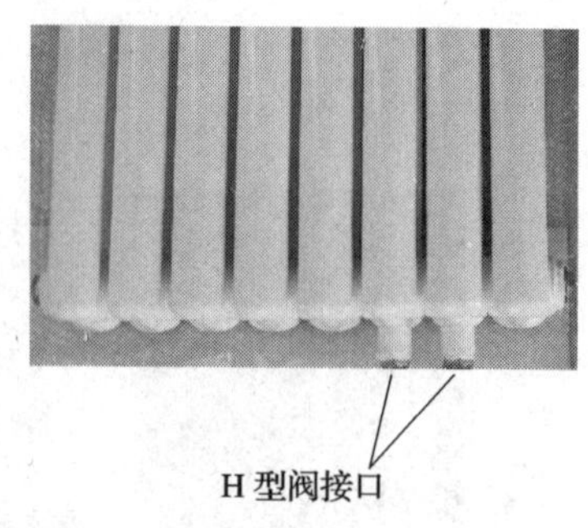

图 4—46　H 型阀接口散热器

F 型阀也称单点连接阀，单、双管潜流阀，四通阀，单、双管旁通阀等，是一种内部集成跨越管的一体型组合阀。通过此阀门与散热器的一个接口连接，即可实现供水管和回水管的连接。F 型阀可分为单管型、双管型和单、双管互换型三种。这里主要介绍单、双管互换型 F 型阀，如图 4—47a 所示。图 4—47b、c 分别为 F 型阀单、双管运行的工作状态。从图 4—47b 单管工作状态可以看出：供水通过 F 型阀的导流管（也称喷射管、布水器、适配尾管、探管、潜流管等）进入散热器，回水通过喷射管外侧的环形空腔流入回水管。双管的工作状态是：打开 F 型阀后塑料盖，用内六角扳手关闭旁通阀，阀门则进入双管运行状态，如图 4—47c、d 所示。这里需注意启、闭旁通阀的旋转方向，不同厂家可能有所不同。为了保证散热器充分散热，在使用 F 型阀时，应安装导流管，导流管插入散热器的长度为散热器宽度的 2/3 ~ 3/4。导流管的规格一般为 ϕ12 ~ 16 mm，材质为铜管或 PB 管。F 型阀规格有 *DN*15、*DN*20。

与散热器连接的进、出水管的中心线与散热器接口中心，在满足最小坡度的前提下，利用管材的自然形变使两者的中心保持一致，不得强力用管道及散热器固定点找正。

（5）散热器的产品保护及维护

1）未交工前不得拆除散热器上的包装膜，以免其表面被划伤损坏。

2）对散热器表面进行清洁擦拭时，不得使用有机溶剂或含有腐蚀成分的液体。

3）散热器的排气宜使用专用工具（排气钥匙）进行操作，排气应缓慢进行，以免损坏排气阀引起漏水事故，如图 4—48 所示。

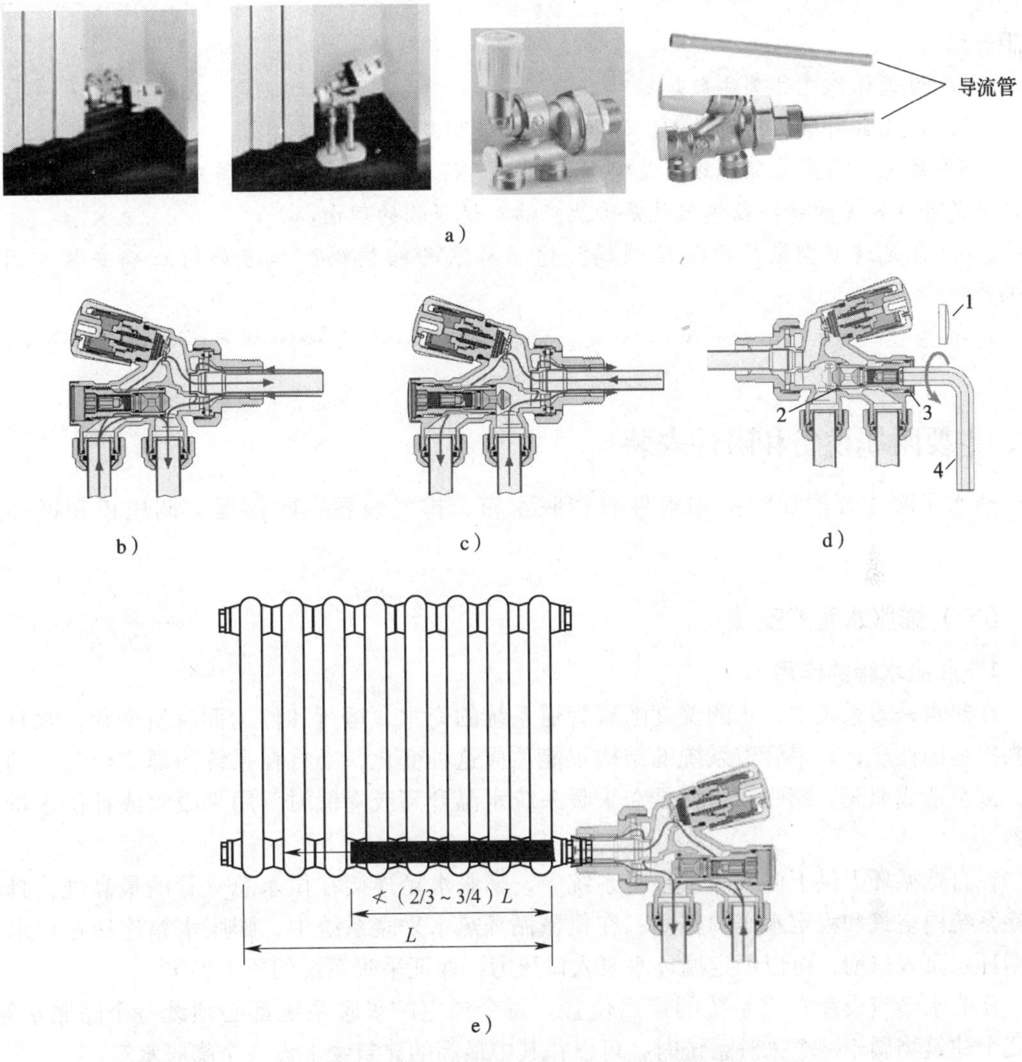

图 4—47 F 型阀及工作状态示意图

a）F 型阀及应用实例 b）单管工作状态 c）双管工作状态 d）单、双管转换 e）F 型阀导流管安装示意图

1—塑料保护盖 2—旁通阀 3—活塞杆 4—内六角扳手

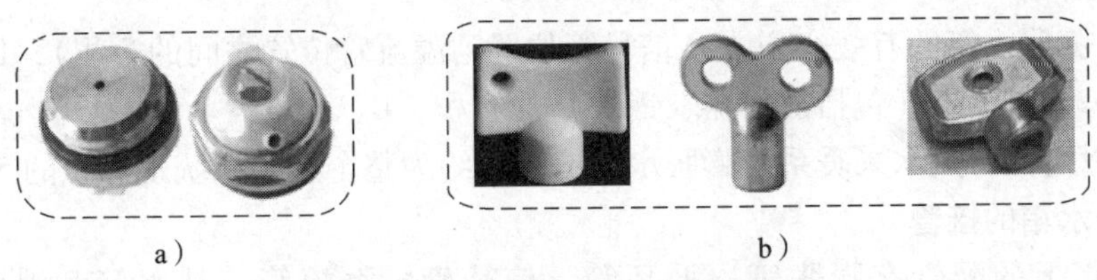

图 4—48 散热器手动排气阀及钥匙

a）散热器手动排气阀 b）排气阀钥匙

4）在冬季试水后，应及时排空散热器及系统中的水，保证系统中管道及设备不被冻裂。

想一想

1．说说你都见过哪些散热器？

2．讨论常用散热器的类型、结构特点和使用范围。

3．你见过的最美观散热器是哪种类型？怎样看待新型散热器美观和功能的关系？是不是外观较差的铸铁散热器就是淘汰产品？说说你的理由。

4．你见过F型散热器温控阀吗？你了解它的结构吗？知道如何正确安装使用吗？

三、主要附属设备和附件安装

热水采暖主要附属设备和附件有膨胀水箱、排气装置、除污器、调压板和循环水泵。

（一）膨胀水箱的安装

1．膨胀水箱的作用

在热水采暖系统中，水的温度随着管道系统的充水、运行和停运而有所变化。水具有热胀冷缩的性质，如果管道系统的结构不能适应这种变化，必将在系统内部产生较大的压力，甚至造成泄漏。膨胀水箱就是在采暖系统水温升高或降低时，用来吸收或补偿水量的容器。

在自然循环上供下回式热水采暖系统中，膨胀水箱连接在供水总立管的最高处，具有排除系统内空气和稳定水压的作用；在机械循环热水采暖系统中，膨胀水箱连接在回水干管循环水泵入口前，可以恒定循环水泵入口压力，保证采暖系统的压力稳定。

膨胀水箱应设在管道系统的最高位置。每个独立的采暖系统都必须设一个膨胀水箱。当几个建筑物属于一个采暖系统时，可以在其中最高的建筑物上设一个膨胀水箱。

膨胀水箱有圆形和方形两种形式，一般由薄钢板、角钢等材料焊接而成。水箱的容积主要与管道系统的水容量和水温变化值有关，其体积可用下列公式近似计算：

$$V \approx 0.05V_g$$

式中 V——膨胀水箱的有效容积（从信号管位置到溢流管位置之间的容积），L；

V_g——管道系统（包括散热器、锅炉）的容积，L。

由此可以看出，热水采暖系统膨胀水箱的容积约为整个采暖系统水容积的5%。

2．膨胀水箱的接管

膨胀水箱上的配管有膨胀管、循环管、信号管、溢流管、补水管和泄水管，如图4—49a所示。膨胀水箱与机械循环系统的连接方式如图4—49b所示。

膨胀管：从膨胀水箱底部接出，是系统与膨胀水箱的连接管。膨胀管上不允许安装阀门。

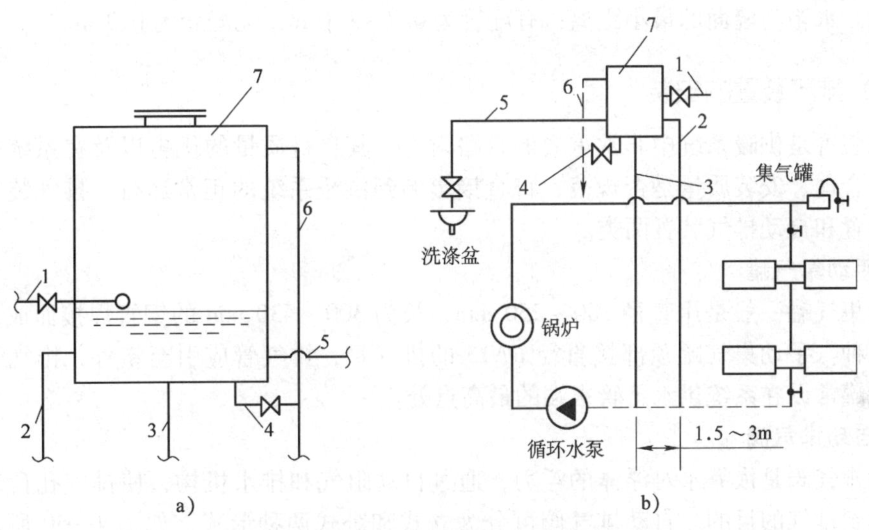

图 4—49 膨胀水箱配管与采暖系统的连接

a）膨胀水箱配管 b）膨胀水箱与采暖系统的连接

1—补水管 2—循环管 3—膨胀管 4—泄水管 5—信号管 6—溢流管 7—膨胀水箱

循环管：从水箱下部侧面接出，机械循环系统循环管接至定压点前的水平回水干管上，在膨胀管的连接点向前 1.5 ~ 3 m 处。其作用是让热水有一部分通过膨胀管和循环管缓慢流动不冻结。循环管上不允许设阀门。

信号管（检查管）：从水箱侧面距水箱底部 150 mm 处接出，检查膨胀水箱水位，决定系统是否补水，控制系统最低水位；接至锅炉房内洗涤盆上方，末端设阀门。

溢流管：控制系统最高水位，从膨胀水箱上部距顶板 100 mm 处接出至排水设施。溢流管上不允许设阀门。

泄水管：清洗、检修时放空水箱用。可与溢流管一起接入排水设施，管上设阀门。

补水管：补水管上设置浮球阀，向膨胀水箱自动补水。补水管上要安装止回阀，以防止水倒流。

膨胀水箱的接管管径可参照表 4—4 执行。

表 4—4 **膨胀水箱的接管管径**

容积（m^3）	膨胀管（mm）	循环管（mm）	信号管（mm）	溢流管（mm）	泄水管（mm）	补水管（mm）
<1.5	25	20	20	40	32	20
>1.5	32	25	20	50	32	25

3. 膨胀水箱的安装

膨胀水箱按图样加工后，应做除锈、刷漆处理，箱内壁刷红丹防锈漆两遍，箱外刷红丹防锈漆一遍、银粉漆两遍。安装在非采暖的房间时应保温，常用石棉灰铁丝网，再抹 10 mm 厚的麻刀白灰保护壳。水箱底部应设支座，其长度应超出底板 100 ~ 200 mm，高度大于300 mm，材料选用方木、砖和混凝土。水箱间的高度应为2.2～2.6 m，应有良好的采光和通风。水箱与墙面的最小距离：有配管为0.7～1.0 m；无配管为0.3 m。

（二）排气装置的安装

排气装置是供暖系统中非常重要的管路附件，其自身质量的优劣以及在系统中设置的位置是否合理、安装质量是否规范，将直接影响到供暖系统的正常运行。排气装置分为手动排气装置和自动排气装置两类。

1. 手动集气罐

手动集气罐一般是用直径100～250 mm、长为300～430 mm的钢管焊接而成，分立式和卧式两种。手动集气罐顶部接直径*DN*15的排气管，排气管应引至室外，排气管上装阀门。集气罐常设在系统供水干管末端的最高点处。

2. 自动排气阀

自动排气阀是依靠水对浮体的浮力，通过自动阻气和排水机构，使排气孔自动打开或关闭，达到排气的目的。自动排气阀可分为立式和卧式两种形式，如图4—50所示。小体积铜质带自闭阀（阻断阀）的自动排气阀在安装时，其迎水流的前端可不装阀门，在拆卸排气阀维修时，自闭阀可自动关闭管路，维修方便。自闭阀的工作原理是：内置弹簧在排气阀和自闭阀组装为一体正常工作时，呈压缩状态，自闭阀打开；在拆卸排气阀时弹簧呈自由状态，关闭管路，如图4—50c所示。自闭阀的结构组成如图4—50d所示。自动排气阀在供暖系统中的安装位置如图4—51所示。在图4—51c中，供水干管最高处不能高于排气阀。

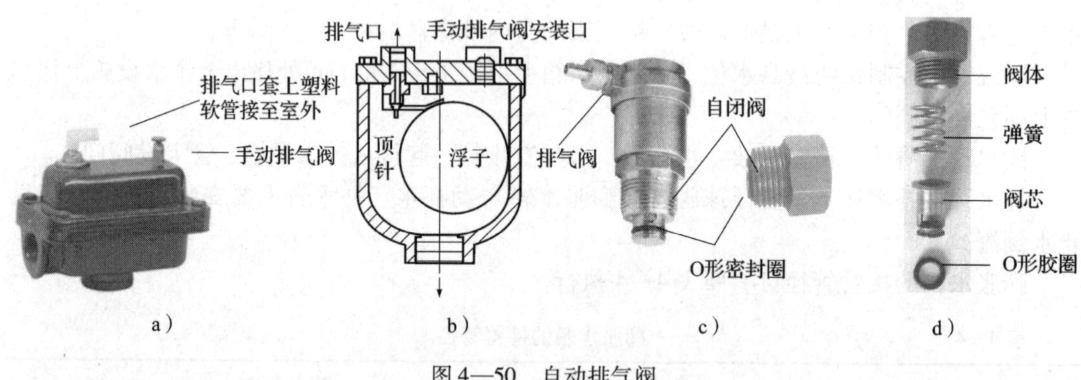

图4—50　自动排气阀

a）卧式自动排气阀　b）立式自动排气阀剖面图　c）带自闭阀的自动排气阀　d）自闭阀的结构组成

当排气阀内无空气时，阀体中的水将浮子浮起，通过杠杆机构将排气孔关闭，阻止水流通过。当系统内的空气经管道汇集到阀体上部空间时，空气将水面压下去，浮子随之下落，排气孔打开，自动排除系统内的空气。空气排出后，水又将浮子浮起，排气孔重新关闭。

为了便于检修和更换自动排气阀，在自动排气阀前宜设截止阀（带自闭阀的自动排气阀前可不装截止阀），系统运行时常开。排气口常接塑料管引向室外，排气管上不装阀门。

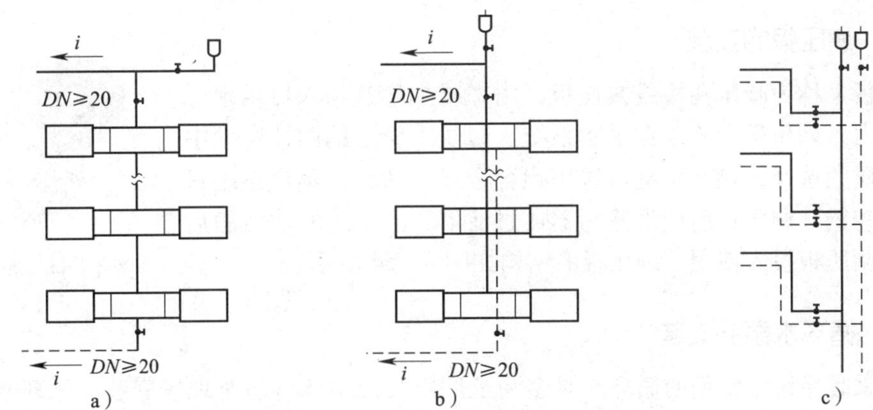

图 4—51　自动排气阀在供暖系统中的安装位置

a）单管跨越式系统　b）双管系统　c）分户热计量系统或中央空调水系统

3. 手动排气阀

手动排气阀又称手动跑风，它适用于工程压力 $P\leqslant$ 600 kPa、工作温度 $T\leqslant100$℃的水或蒸汽采暖系统的散热器上。手动排气阀多用于水平式和下供下回式系统中，安装在散热器上部丝堵的螺孔上，以手动方式排除空气。手动排气阀的种类较多，如图 4—52 所示。

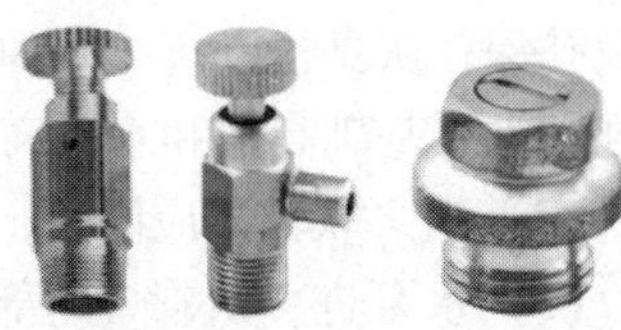

图 4—52　手动排气阀

（三）除污器的安装

除污器用来截流、过滤管路中的杂质和污物，保证系统内水质洁净，减少阻力，防止堵塞调压板及管路。除污器一般应设置于采暖系统入口调压装置前、锅炉房循环水泵的吸入口前或热交换设备前，另外在一些小孔口的阀前（如自动排气阀）也应设除污器或过滤器。

除污器的形式有立式直通、卧式直通和卧式角通三种。热水采暖系统常用立式直通除污器，如图 4—53 所示。除污器的型号可根据接管直径选择。除污器前后应设阀门，安装时不允许装反；可设旁通管供定期排污和检修时使用。

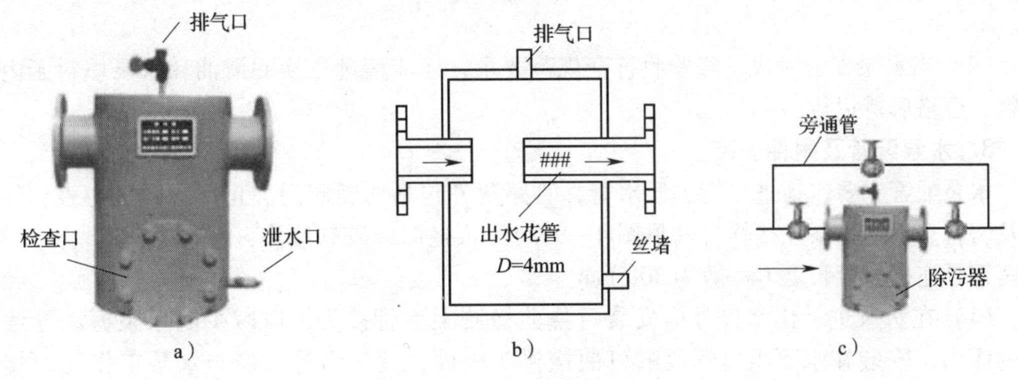

图 4—53　立式直通除污器

a）外形图　b）结构简图　c）接管示意图

（四）调压板的安装

调压板又称为减压孔板或减压板，用来减少建筑物入口供水干管上的压力。调压板常安装在采暖系统入口供水管上的两片法兰中间，其材质的选择，热水系统可选用铝合金或不锈钢，蒸汽系统只能选用不锈钢。调压板前应设除污器或过滤器，当系统冲洗洁净后方可装入调压板投入使用。调压板的结构如图 4—54 所示。

图 4—54　调压板

（五）循环水泵的安装

热水采暖系统中常用的循环水泵多为工厂组装成整体再运至现场安装。循环水泵的安装与调试工艺流程为：安装准备工作→水泵安装→水泵配管及附件安装→水泵试运转。

1. 安装准备工作

（1）水泵安装前，应按施工图复核水泵基础尺寸、标高、地脚螺栓预留孔的位置、尺寸及孔深；认真检查离心泵和电动机的型号、规格，清点泵零部件及配件，应无损坏、无锈蚀；水泵基础高度和水泵高度的组合尺寸应符合设计要求。

（2）水泵联轴器应同心，相邻两个平面应平行，其间隙为 2～3 mm。

（3）水泵进、出管口内部和管端应清洗干净，法兰密封面不应破坏。

（4）按照设计图样中水泵的位置，在水泵基础表面弹出纵向中心线，以便安装时控制水泵位置。

2. 水泵安装

（1）使用人工或其他搬运方法将水泵搬运到水泵基础上。水泵就位时，应保证水泵纵向中心线与基础中心线重合。

（2）水泵定位前将地脚螺栓穿好，就位后进行横向调整定位。小型水泵可用钢直尺、水平尺配合找平，用平垫铁和斜垫铁垫在地脚螺栓的两侧。

（3）水泵找平后，可进行地脚螺栓二次灌浆。将灌浆部位用水冲洗干净，灌浆用细石混凝土并捣实，随时注意地脚螺栓的垂直度和位置，保证地脚螺栓与基础结为整体。在水泵底部与基础面的缝隙中填塞砂浆并和基础面抹平压光，拧紧地脚螺栓和底座上的全部螺栓。

（4）当水泵安装完成，经验收符合规范要求，还应清理更换润滑油和水泵填料函内的填料，合格后待运行。

3. 水泵配管及附件安装

水泵配管主要包括进水管、压水管，管路附件包括切断阀门、止回阀、压力表、异径管及弯管、不锈钢泵连接软管（见图 4—55a）、可挠曲橡胶软接头（见图 4—55b、c）等。不锈钢泵连接软管长度 L 一般为 300 mm。

（1）在水泵进、出水口处应安装可挠曲橡胶柔性管接头，以减少因水泵振动导致管道的应力。安装在水泵出口管段的可曲挠接头配件，其压力等级应与水泵工作压力相匹配。

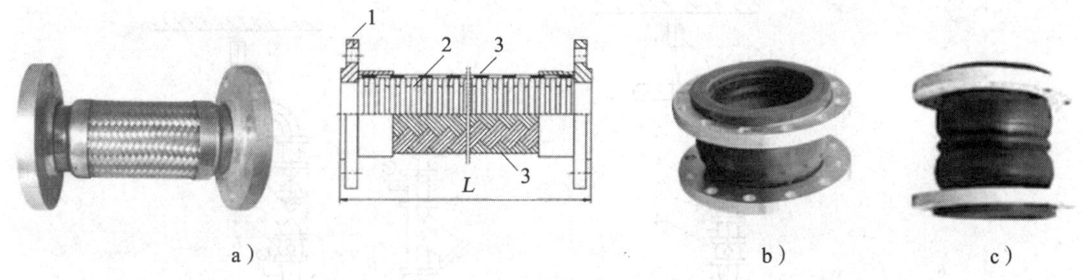

图 4—55 可挠曲软管和接头

a）不锈钢泵连接软管 b）单球橡胶软接头 c）双球橡胶软接头

1—法兰盘 2—内层波纹管 3—外层不锈钢丝编制网套

（2）在水泵进、出口管段上安装可挠曲橡胶软接头时，必须设置在阀门和单向阀的内侧靠近水泵一侧，以防止接头被水泵突然停止运转时产生的水锤压力破坏。

（3）可挠曲橡胶软接头应在不受力的自然状态下安装，严禁出现极限偏差状态。法兰连接的可挠曲橡胶软接头的特制法兰与普通法兰连接时，螺栓的螺杆应朝向普通法兰一侧。每一端面的螺栓应对称、逐步均匀地加压拧紧，所有螺栓的松紧程度应保持一致。

法兰连接的可挠曲橡胶软接头串联安装时，应在两个接头的松套法兰中间加设一个用于连接的平焊法兰。以平焊法兰为支柱体，同时使橡胶接头的端部压在平焊钢法兰面上，做到接口处严密。

可挠曲橡胶软接头及配件应保持清洁和干燥，避免阳光直晒和雨雪浸淋；应避免与酸、碱、油类和有机溶剂相接触；其外表严禁刷油漆。

（4）水泵的进、出口均应装设可拆卸的法兰短管或法兰弯管，其长度一般为 100 ~ 450 mm。出水管应采用同心异径管变径，止回阀应靠近变径管安装。

（5）常见的单级单吸卧式离心水泵的配管安装如图 4—56 所示。

4. 水泵试运转

当水泵及配管安装完毕，水泵接线工作完成后，便可接通电源，测试接地电阻及电动机的绝缘情况，合格后即可进行水泵带负荷单机试运转。水泵试运转的操作程序一般为：启动前的检查→水泵机组启动→水泵运行检查→水泵停车。

（1）启动前的检查

1）启动电动机前，可手盘电动机轴，检查有无刮壳或扫膛情况，联轴器手动应灵活。电动机运行时应检查电动机旋转方向，电动机旋转方向应与水泵标志箭头一致；检查启动电流是否正常、电动机轴承温升是否正常、有无异常声响等。

2）检查曲轴箱内的润滑油（脂）的质量和油位，润滑油（脂）应加至曲轴箱容积的 1/3 ~ 1/2，润滑油（脂）牌号应与水泵说明书中要求的牌号相符。

3）检查各部位的螺栓是否安装完好，有无松动、脱落、漏装等现象。

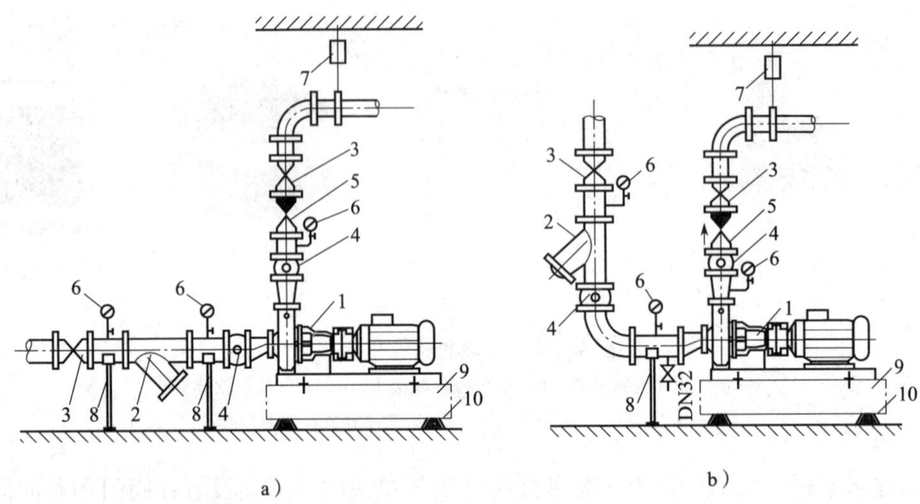

图 4—56　单级单吸卧式离心水泵配管安装示意图

a）吸口阀件水平布置方式　b）吸口阀件垂直布置方式

1—水泵（含电动机）　2—Y 型过滤器　3—阀门　4—可挠曲软接头　5—止回阀　6—压力表　7—弹性吊架　8—弹性托架　9—钢筋混凝土或型钢基座　10—橡胶或弹簧减振器

（2）水泵机组启动

打开水泵进、出水管阀门，关闭水泵出水管上的压力表阀。连续运行 2 ~ 3 次“启动—停车”的操作，当水泵出水正常后即可打开压力表阀。

（3）水泵运行检查

水泵正常运转后，应检查的项目有：检查填料函压盖滴水情况，检查水泵机组的振动、异常声响、轴承温升变化等情况，观察出水管压力表的表针有无较大范围的跳动或不稳定情况，检查出水流量及扬程情况。

（4）水泵停车

运行中的水泵需要停车时，应先关闭电源，后关闭进、出水管上的阀门。对长期停运的水泵机组，可在轴承、填料函压盖的加工面上涂抹全损耗系统用油，以防锈蚀。

想一想

1. 你知道家中和水有关的家电中在哪个位置设置了过滤器？作用是什么？
2. 除污器安装在采暖系统的什么位置？安装时是否有方向？为什么？
3. 膨胀水箱的膨胀管为何严禁装阀门？
4. 水泵安装哪个位置需要设置止回阀？有什么作用？
5. 水泵安装哪个位置需要设置软接头？有什么作用？

四、热水采暖系统管道的安装

室内采暖系统在土建主体结构完成、墙面抹灰后开始安装，但其中预留孔洞、预埋件可配合土建施工进行。

室内采暖管道主要是指入口装置、主立管、横干管、立管和连接散热器的支管等。

室内采暖管道的安装工序是：安装准备→管道支架安装→供、回水干管安装→立管安装→散热器就位及支管安装→系统试压→系统冲洗→防腐和保温→系统调试。

应在每一施工部位的管道安装中或安装后，用施工规范规定的支架使其保持相对稳定，以保证后一部位安装中量尺下料的准确及连续施工。

对于焊接钢管的连接，当管径小于或等于 32 mm 时，应采用螺纹连接；管径大于 32 mm 时，采用焊接。

管道穿过墙壁和楼板，应设置金属或塑料套管。安装在楼板内的套管，其顶部应高出装饰地面 20 mm；安装在卫生间及厨房内的套管，其顶部应高出装饰地面 50 mm，底部应与楼板底面相平；安装在墙壁内的套管，其两端应与饰面相平。穿过楼板的套管与管道之间的缝隙宜用阻燃密实材料填实，且端面应光滑。管道的接口不得设在套管内。

（一）安装前的准备工作

1. 识读施工图

施工前，应对施工图仔细阅读和熟悉，配合土建施工做好预留孔洞和预埋件工作。

2. 材料和工具准备

按施工图和有关施工规范要求，提出采暖工程所需的管材、散热器、阀门及其他设备和材料的种类、规格和数量，准备好施工所需的工具和机具。

3. 预制加工

对于一些可以预制的管件和支架等，按照施工图进行管件、支吊架、管段预制等项目的加工、预制。

（二）入口装置的安装

热水采暖入口装置一般设在用户的地下室或建筑物的底层，有进行系统调节、检测和统计供应热量的仪表设备。装设的主要仪表设备有温度计、压力计、调节阀及过滤器等。供水管和回水管之间设连通管，并设有阀门，如图 4—57 所示。

热水采暖入口装置装设旁通阀的作用是在用户停止供暖时，将入口处供、回水管上的阀门关闭后打开旁通阀，使室外热网入户支管中的水能循环流动，以避免水冻结。在用户采暖时，须将旁通阀关闭严密，否则会造成水流短路而引起室内系统不热。

在用户入口装置的最低点设泄水阀，必要时可排空室内采暖系统中的水。

当室外热网的压力高于室内采暖系统的工作压力时，在采暖系统入口处还应装设调压板。

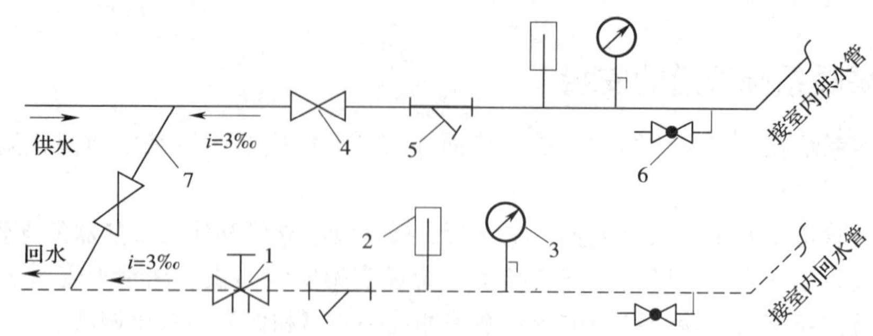

图 4—57　热水采暖系统入口

1—平衡阀　2—温度计　3—压力表　4—截止阀或柱塞阀　5—过滤器　6—泄水球阀　7—旁通管

（三）供、回水干管安装

供、回水干管是连接数根采暖立管的水平供暖管道。室内的干管不需要保温，但地沟内的干管均需保温，保温管外表面与地沟壁净距为 100 mm。供水干管距墙 150 mm，回水干管距墙 250 mm（地沟敷设）。

干管的安装程序为：干管的定位、划线→支架和套管安装→干管上架→对口焊接→干管分支与变径→干管装设排气阀和泄水装置→干管水压试验→干管防腐与保温。

1. 干管的定位、划线

按图样设计要求确定管道的走向和轴线位置，在墙或柱上弹出管道安装的定位坡度线。热水采暖干管坡度一般为 0.003，不得小于 0.002。

在地沟内或高层建筑设备层内，当多种管道平行敷设时，应采用打钢钎、拉钢丝的方法确定各平行管道的位置、标高，以此作为各管道安装的中心线和坡度线。管道坡度的基准应取管底标高，以方便管道支架的制作与安装。

2. 支架、套管的安装

采暖干管沿墙、柱安装时，应根据施工规范和设计要求的规定确定管中心线与墙、柱的距离，并根据管道坡度线确定干管安装的基准线。干管支架应设置固定支架和活动支架。支架的安装方式宜采用埋设法。支架埋设法的安装步骤是：放线→支架安装位置划线、打洞及浇水、挂线→插埋支架→校验支架并养护。

3. 干管上架及对口焊接

干管上架前，应检查各管段的平直度、椭圆度，以保证干管对口间隙均匀。

对于小管径的采暖干管，可采用人力扛抬上架；对于较大管径的采暖干管，可采用倒链工具上架。当使用单梯时，应安排专人扶梯；当使用合梯时，应用铁丝或绳子绑拉合梯，防止滑梯。干管上架后，应找平、口对正，避免错口，然后再进行焊接。

4. 干管分支与变径

当干管与分支干管处于同一平面上的水平连接时，其水平分支干管应从采暖总立管上开孔，将乙字弯改为羊角弯，从而形成方形补偿器以具有热补偿能力，不能采用 T 形连接，如图 4—58a 所示。

热水采暖供、回干管变径时，应采用偏心大小头且管顶平连接，以利于系统内空气的排出，如图 4—58b 所示。

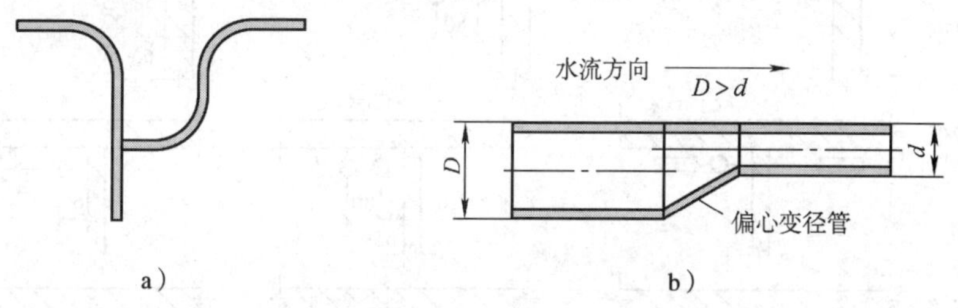

图 4—58　热水采暖干管的分支和变径的做法

a）干管的分支　b）干管的变径

5. 干管的过门安装

有些热水采暖系统，其采暖回水采用明装的方式。管道从门窗或其他洞口处绕行时，转角处如低于或高于管道水平走向，其最高点或最低点应分别安装排气和泄水装置。明装干管过门时，一般有两种方式：一种是在门下做一个小地沟绕过；另一种是从门上绕过，如图 4—59 所示。

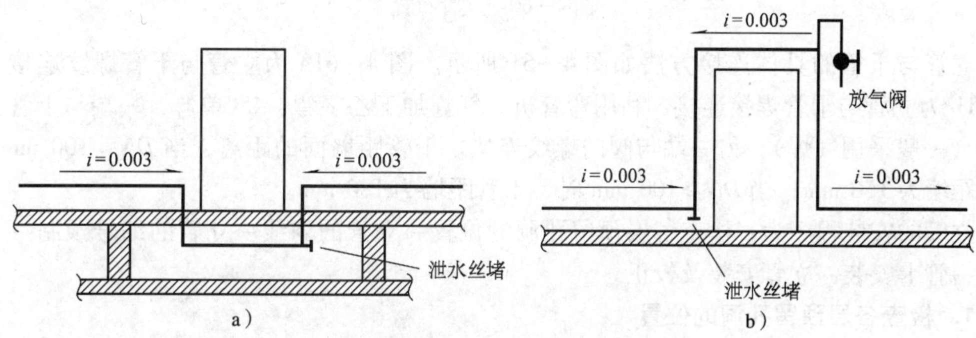

图 4—59　回水干管过门的做法

a）从门下小地沟绕过　b）从门上绕过

6. 干管安装排气阀和泄水装置

采暖供水干管最高点应安装手工集气罐或自动排气阀，用于排除系统中的空气，以利于热水循环，其中排气管应接至室外。

7. 干管水压试验、防腐与保温

当供、回水干管和供水总立管安装完毕，以及采暖立管口（干管上焊接螺纹管接头）安装后，可进行水压试验，检查其焊口、法兰接口的承压能力和严密性，合格后，焊口防腐、地沟内的回水干管进行保温，将回水立管螺纹管接头按要求连接至地面上后盖沟盖板。

（四）立管安装

采暖立管一般明装，当对美观要求较高时才采用暗装。立管明装时，一般布置在外墙墙角、柱角及窗间墙处，如图 4—60 所示。暗装时，一般敷设在预留的墙槽内。

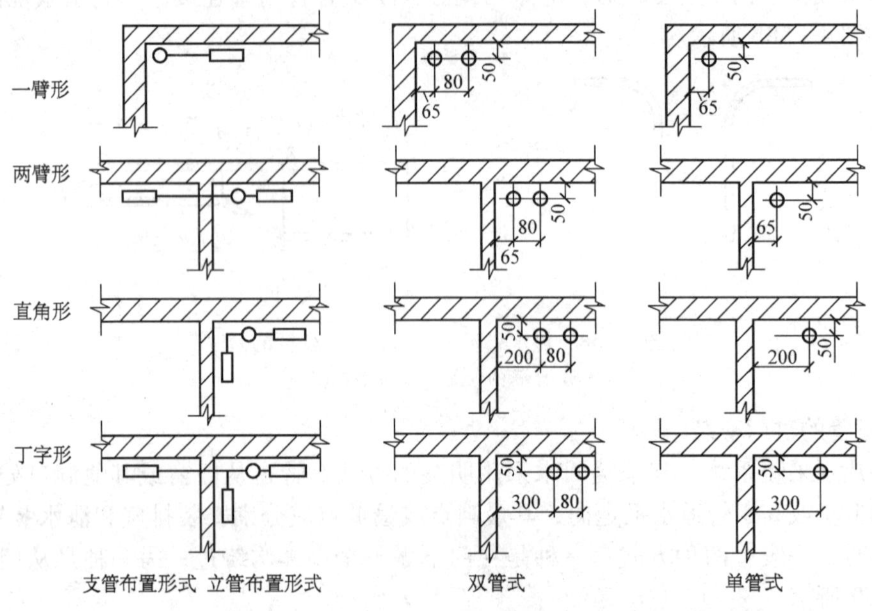

图 4—60　立管布置

立管与干管的具体连接方法如图 4—61 所示。图 4—61a 为立管与干管螺纹连接。图 4—61b 为立管与干管焊接连接，利用弯管机、气焊加工乙字弯、45°单弯，一端与干管开口焊接（一般采用气焊），另一端与阀门螺纹连接。干管距墙面的距离，当 $DN < 100$ mm 时，干管距墙为 150 mm；当 $DN \geqslant 100$ mm 时，干管距墙为 180 mm。

立管的安装程序为：检查各层预留孔洞的位置→立管的划线→立管的编号预制→套管制作→管卡安装→立管安装及校正。

1．检查各层预留孔洞的位置

首先在采暖干管开出的立管短管阀门处挂线绑上一根线坠，进行吊线校正预留孔洞的位置是否在立管的基准线上，否则应修整孔洞。

2．立管的划线

首先在各层散热器上、下补芯中心处用水平尺量出带坡度的水平线，再与立管的垂直基准线相交成十字线来确定立管的长度。

3．立管的编号、预制

采暖立管预制前应按施工图画出每一副立管的草图，自上而下进行编号。根据十字线，顶层从活结头中心量至第一个十字线处，量出立管的安装尺寸（减去配件的结构尺寸后，即为立管的净尺寸）；从第二个十字线量至第三个十字线处，量出下一层立管的安装尺寸，以此类推自上而下分别量出各层各立管的尺寸并进行编号预制。

4．套管制作

立管的套管应采用大于立管管径两号的钢套管，其长度应根据楼板的厚度、饰面厚度及高出地面长度来确定。首先对选定的钢管除锈、刷漆，再量尺寸、划线，最后用砂轮切割机切割成所需长度，即为钢套管。

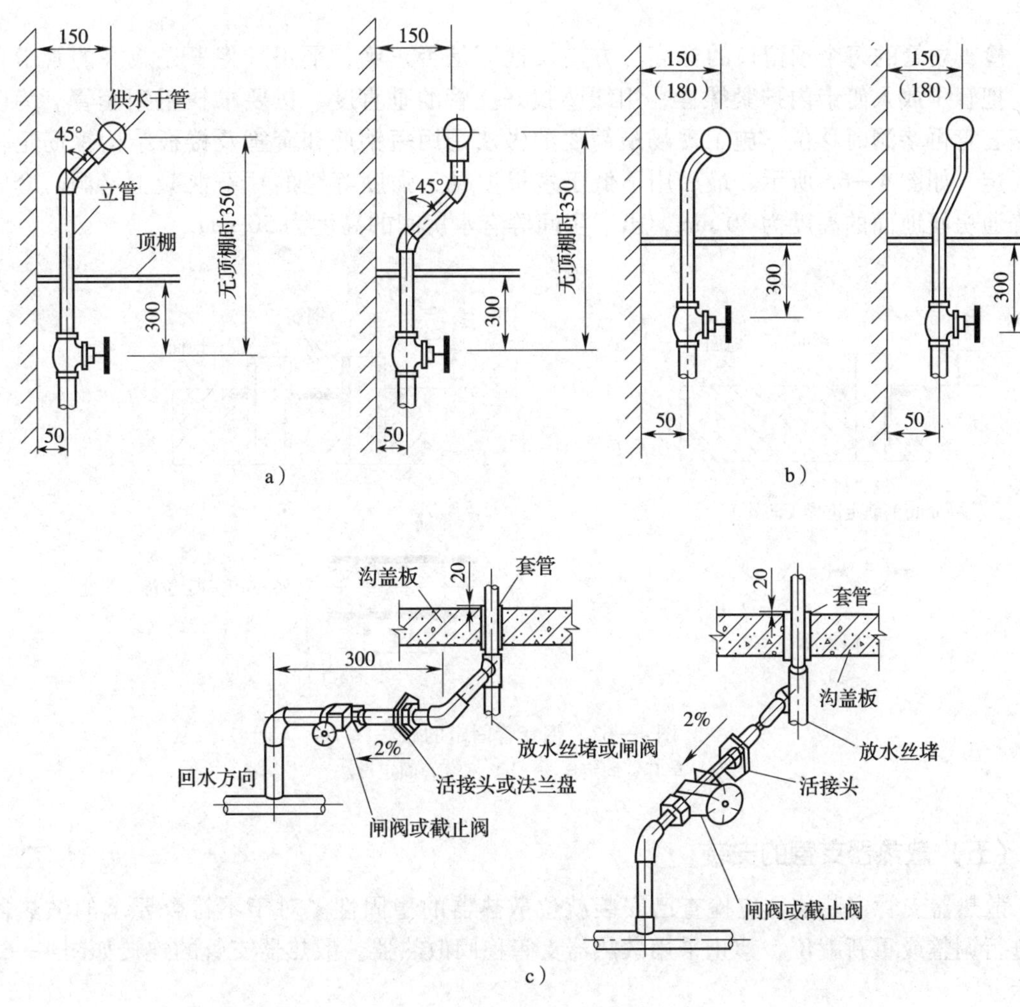

图4—61 立、干管的连接

a）立管与干管螺纹连接 b）立管与干管焊接连接 c）地沟内立管与干管的连接

5. 管卡安装

采暖立管安装前，应根据立管垂直基准线和管卡安装高度（距地坪1.5~1.8 m）划线确定管卡安装位置，用冲击钻打孔洞栽卡或安装膨胀螺栓管卡。管卡分为单立管卡和双立管卡，管卡中心距墙50 mm。当层高小于4 m时，在立管上每层安装一个管卡；当层高大于4 m时，在立管上每层安装两个管卡，要均匀安装。

6. 立管安装及校正

根据立管的编号和施工图，先将钢套管穿在管子上，按编号从第一节立管开始安装。上行下给式立管由顶层往下逐层安装；下行上给式立管由首层往上逐层安装。安装时，把上层的立管螺纹抹上铅油缠麻或生料带，对准下层立管的接口旋转入扣，用一把管钳咬住管件，另一把管钳拧管子，当拧至螺纹外露2~3扣、预留口平整为止，并清理麻丝。按上述方法依次安装完整条立管，然后打开立管卡子，将立管装入卡子内并紧好卡子。

检查立管的每个预留口的标高、方向及抱弯是否正确、平正，将事先栽好的管卡松开，把管子放入管卡内拧紧螺栓，用线坠找好立管的垂直度，按要求扶正钢套管。为防止钢套管再堵洞时移位，施工现场最简便的做法是用短钢筋和套管及楼板结构钢筋定位焊固定，如图 4—62 所示。最后用不低于楼板混凝土强度等级的豆石混凝土堵洞。套管出普通房间地面的高度为 20 mm，出卫生间等有水房间的高度为 50 mm。

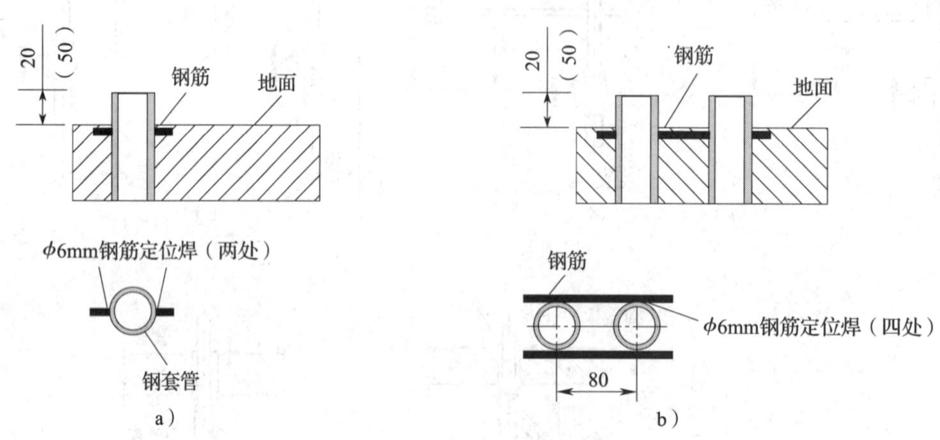

图 4—62　钢套管固定的做法
a）单套管固定做法　b）双套管固定做法

（五）散热器支管的安装

散热器支管安装前，应检查已安装就位散热器的稳固性。对于不符合要求的散热器应进行调整或重新就位，禁止采用散热器支管稳固散热器。散热器支管的连接如图 4—63 所示。

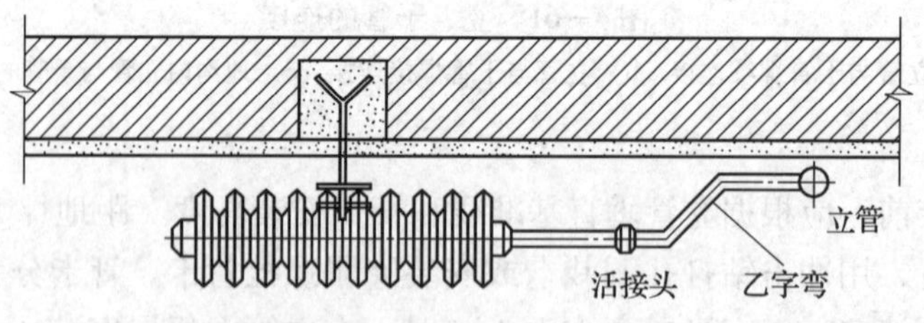

图 4—63　散热器支管的连接

安装时，应先把预制好的乙字弯两端螺纹均匀地涂抹铅油缠麻或生料带，一端上活接头，另一端与散热器补芯相连，若不合适可用气焊烘烤调整。然后将石棉橡胶垫片或麻垫装入活接头内并旋紧活接头锁母，此时，活接头处不应塌腰和弓腰，由立管至散热器补芯的支管坡度必须均匀。

供、回水支管的坡度应基本一致。供水支管的坡度为 1%，坡向散热器；回水支管应坡向供水立管。当支管长度小于或等于 500 mm 时，坡降为 5 mm；支管长度大于 500 mm

时，坡降为 10 mm。散热器双侧连接时，应按较长支管的长度确定坡度。

支管穿越墙体时，应选用大于支管 2 号管径的钢套管。安装时，套管口应与墙体饰面平齐。当散热器支管长度超过 1.5 m 时，应在支管上安装管卡。

采暖系统的试压和试运行操作过程见《供暖系统水压试验及试运行》。

（六）室内采暖系统安装质量标准

本质量标准包括室内蒸汽采暖系统安装和其他管材的安装。

1. 主控项目

（1）管道安装坡度，当设计未注明时，应符合下列规定：

1）汽、水同向流动的热水采暖管道和汽、水同向流动的蒸汽管道及凝结水管道，坡度应为 3‰，不得小于 2‰。

2）汽、水逆向流动的热水采暖管道和汽、水逆向流动的蒸汽管道，坡度不应小于 5‰。

3）散热器支管的坡度应为 1%，坡向应利于排气和泄水。

（2）补偿器的型号、安装位置及预拉伸和固定支架的构造及安装位置应符合要求。

（3）平衡阀及调节阀型号、规格、公称压力及安装位置应符合设计要求，安装完后应根据系统平衡要求进行调试并做出标记。

（4）蒸汽减压和管道及设备上安全阀的型号、规格、公称压力及安装位置应符合设计要求，安装完毕后应根据系统工作压力进行调试并做出标记。

（5）方形补偿器制作时，应用整根无缝钢管煨制。如需要接口，其接口应设在垂直臂的中间位置，且接口必须焊接。

（6）方形补偿器应水平安装，并与管道的坡度一致。如其臂长方向垂直安装，必须设排气及泄水装置。

2. 一般项目

（1）热量表、疏水器、除污器、过滤器及阀门的型号、规格、公称压力及安装位置应符合设计要求。

（2）钢管管道焊口尺寸的允许偏差应符合国家标准的规定。

（3）采暖系统入口装置及分户热计量系统入户装置应符合设计要求，安装位置应便于检修、维护和观察。

（4）散热器支管长度超过 1.5 m 时，应在支管上安装管卡。

（5）上供下回式系统的热水干管变径应顶平偏心连接，蒸汽干管变径应底平偏心连接。

（6）在管道干管上焊接垂直或水平分支管道时，干管开孔所产生的钢渣及管壁等废弃物不得残留在管内，且分支管道在焊接时不得插入干管内。

（7）膨胀水箱的膨胀管及循环管上不得安装阀门。

（8）当采暖热媒为 110～130℃的高温水时，管道可拆卸件应使用法兰，不得使用长螺纹接头；法兰垫料应使用耐热橡胶板。

（9）焊接钢管管径大于 32 mm 的管道转弯，在作为自然补偿时应使用煨弯。

（10）管道、金属支架和设备的防腐和涂漆应附着良好，无脱皮、起泡、流淌和漏涂缺陷。

（11）管道和设计保温的允许偏差应符合表 4—5 的规定。

表 4—5　　管道及设备保温的允许偏差和检验方法

项次	项目		允许偏差（mm）	检验方法
1	厚度		0.1δ -0.05δ	用钢针刺入
2	表面平整度	卷材	5	用靠尺和楔形塞尺检查
		涂抹	10	

注：δ 为保温层厚度。

（12）采暖管道安装的允许偏差应符合表 4—6 的规定。

表 4—6　　采暖管道安装的允许偏差和检验方法

项次	项目			允许偏差	检验方法
1	横管道纵、横方向弯曲（mm）	每 1 m	管径≤100 mm	1	用水平尺、直尺、拉线和尺量检查
			管径＞100 mm	1.5	
		全长（25 m 以上）	管径≤100 mm	≤13	
			管径＞100 mm	≤25	
2	立管垂直度（mm）	每 1 m		2	吊线和尺量检查
		全长（25 m 以上）		≤10	
3	弯管	椭圆率：$\frac{D_{max}-D_{min}}{D_{max}}$	管径≤100 mm	10%	用外卡钳和尺量检查
			管径＞100 mm	8%	
		折皱不平度（mm）	管径≤100 mm	4	
			管径＞100 mm	5	

注：D_{max}、D_{min} 分别为管子的最大外径和最小外径。

1. 采暖管道穿墙、楼板时为何要装套管？给水管道穿墙、楼板时要装套管吗？
2. 有施工人员说“采暖管道安装要横平竖直”，这种说法对吗？
3. 采暖干管变径有何规定？为什么？
4. 采暖系统排气阀装在何处？有何作用？
5. 采暖干管分支时为何要做成羊角形式？

复　习　题

1．什么是供暖？什么是供暖系统？

2．什么是集中供暖？它有哪些特点？

3．自然循环热水采暖系统由哪些设备组成？

4．什么是双管系统？什么是单管系统？双管系统产生垂直失调的原因是什么？

5．讨论家用简易热水采暖系统的形式和配管、安装要点。

6．机械循环热水采暖系统主要有哪些形式？

7．机械循环上供下回式系统供水干管的坡向怎样确定？为什么？

8．什么是同程式系统？什么是异程式系统？

9．根据所学知识，画一个机械循环上供下回式热水采暖系统图，要求：

(1) 三根立管。立管形式分别为双管式、单管式单侧连接和单管式双侧连接。

(2) 两层散热器。

(3) 设备和部件应齐全。

(4) 同程式系统并标注干管坡向和坡度。

10．什么是散热器？散热器按材质、结构形式和换热方式不同各分为哪几类？

11．怎样选择散热器？

12．铸铁柱形散热器组对时，需要哪些配件和工具？

13．现有9片6组、12片8组、15片16组和19片6组的散热器需要组对，计算其组对需要的配件数量？

14．简述组对散热器的过程和操作要点。

15．简述新型散热器就位安装的过程和操作要点。

16．简述单点连接F型阀在单管系统中的工作原理。

17．热水采暖系统的主要附属设备和附件有哪些？

18．膨胀水箱有什么作用？一般安装在何位置？有哪几种形状？

19．膨胀水箱上有哪些接管？哪些应安装阀门？哪些不应安装阀门？

20．画出膨胀水箱在热水采暖系统中的接管图。

21．热水采暖系统中的排气装置有哪些？通常在什么地方安装？

22．简述调压板的安装过程。

23．简述整体式水泵的安装过程。

24．室内采暖管道一般在什么情况下开始安装？室内采暖管道主要是指哪些管道？

25．室内采暖管道安装的工序是什么？

26．采暖管道套管安装有哪些规定？

27．采暖入口装置的安装工序是什么？

28．散热器支管安装的具体工序是什么？

29．室内采暖管道安装的要点是什么？

30. 简述室内采暖系统安装的质量规范。

第二节　分户热计量采暖系统安装

根据《中华人民共和国节约能源法》的规定，新建建筑和既有建筑的节能改造应当按照规定安装用热计量装置。供热计量的目的在于推进城镇供热体制改革，在保证供热质量、改革收费制度的同时，实现节能降耗。

分户热计量采暖是对住宅工程按热量计量收费和分室控温而进行设计、施工的新型采暖系统，它将促进供暖的商品化，提高住宅采暖的节能和科学管理水平。分户热计量采暖是以住宅的户（套）为单位，采用热量直接计量或热量分摊计量两种方式计量每户的供热量。热量直接计量方式是采用户用热量表直接结算的方法，对各独立核算用户计量热量。热量分摊计量方式是在楼栋热力入口处（或热力站）安装热量表计量总热量再按户间分摊，用户分摊的主要方法是散热器热分配计法。

为了实现分户热计量的相关技术要求，在户内系统中应安装用热计量装置、室内温度调控装置和供热系统调控装置。这些设备安装在专用分户箱或管道井中，与户内采暖管路、散热器、温控阀等组成户内热计量采暖系统。分户热计量采暖系统适用于新建建筑和既有建筑的改造。本节主要介绍新建建筑中的分户热计量采暖系统。

热量分摊计量方式是采用户内热分配表加楼栋总热量表的热计量方式，这种方式一般采用垂直式采暖系统，根据不同的建筑供暖类型又可分为垂直单管跨越式系统和垂直双管系统两种形式。采用户用热量表计量方式时，配套的管路系统应采用多户共用立管分户独立采暖系统。

一、热量分配表分户热计量采暖系统

热量分配表分户热计量采暖系统由建筑物热力入口装置（见图4—64）、水平干管、压差控制阀或流量控制阀、分支立管、支管、散热器、温控阀、蒸发式或电子式热分配表等组成。常用的系统形式有两种，即垂直单管跨越式系统（见图4—65）和垂直双管系统（见图4—66）。

（一）建筑物热力入口装置

1. 热力入口装置的设置

有地下室的住宅，一般设在可锁闭的专用空间内。无地下室的住宅，宜设置在室外管沟入口检查井内，或在底层楼梯间休息平台板下设置小室。对于改建工程，建筑物内没有专门隔断间时，宜采用设置在建筑物外地面上或室内可利用的墙体上，有钢板箱或木质箱作为防护，并设检修门。

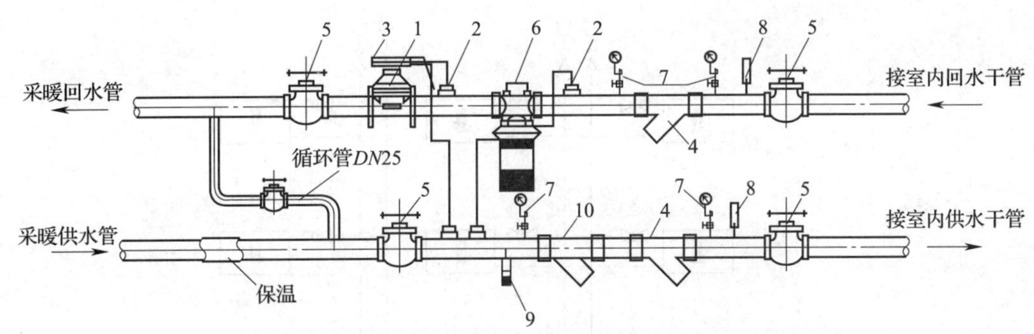

图 4—64 典型建筑物热力入口示意图

1—流量计 2—温度、压力传感器 3—积分仪
4—水过滤器（60 目）5—截止阀 6—自力式压差控制阀或流量控制阀
7—压力表 8—温度计 9—泄水阀（*DN*15） 10—水过滤器（孔径 3 mm）

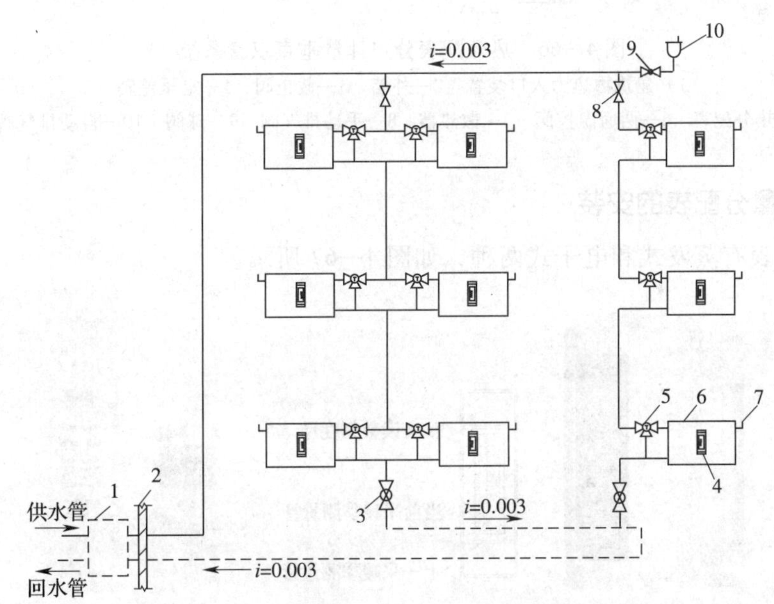

图 4—65 热分配表分户计量垂直单管跨越式系统

1—建筑物热力入口装置 2—外墙 3—定流量阀 4—热分配表
5—三通温控阀 6—散热器 7—手动排气阀 8—截止阀 9—球阀 10—自动排气阀

2．热力入口装置做法

根据不同的热计量户内系统形式，应设置自力式压差控制阀或流量控制阀。为保证热量表及户内管道不堵塞，在热力入口供水管上应设两级过滤器，在顺水流方向第一级宜为孔径不大于 3 mm 的粗过滤器，第二级宜为 60 目的细过滤器。进入热表流量计前的回水管上应设不小于 60 目的过滤器。

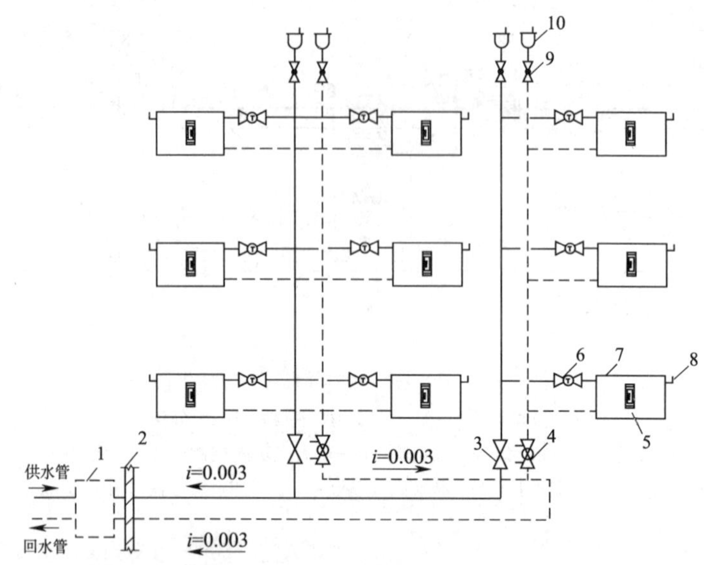

图 4—66　热分配表分户计量垂直双管系统

1—建筑物热力入口装置　2—外墙　3—截止阀　4—定压差阀
5—热分配表　6—两通温控阀　7—散热器　8—手动排气阀　9—球阀　10—自动排气阀

（二）热量分配表的安装

热量分配表有蒸发式和电子式两种，如图 4—67 所示。

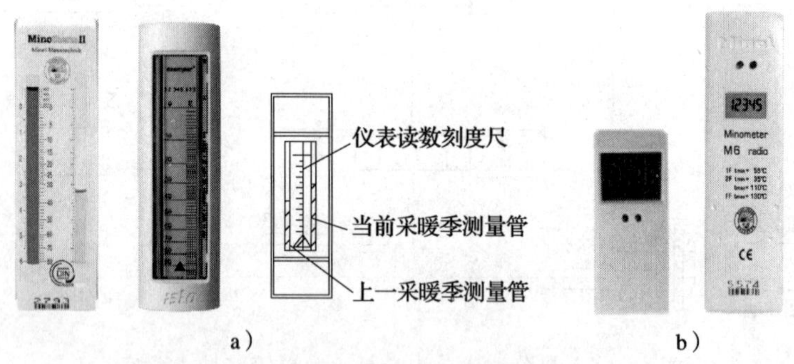

图 4—67　热量分配表

a）蒸发式热量分配表　b）电子式热量分配表

1. 蒸发式热量分配表

蒸发式热量分配表是以测量表内化学液体的蒸发量为计量依据的。分配表中有充满带色液体的细玻璃管，管顶有小孔，分配表在和散热器紧贴侧有导热板，散热器的热量传递到管内，使液体蒸发并从小孔排出，液面下降。由于液体的蒸发和散热器的平均温度与室温之差以及供暖时间有关，因此液体的标高刻度即可反映用户的用热量。蒸发式热量分配表应在热媒温度为 60～110℃的范围内使用。

2．电子式热量分配表

电子式热量分配表通过两个温度传感器分别测量散热器表面的平均温度与室内温度，其温差值相对于供暖时间积分的数值通过 LCD 显示。热量的显示可以现场读数，也可远传读数，管理方便。

3．热量分配表的安装方法

热量分配表应安装在散热器正面的平均温度处，即散热器宽度的中间，垂直向上 3/4 处。安装方法采用紧固件夹紧或焊接螺栓的方式使导热板紧贴在散热器的表面，如图 4—68 所示。

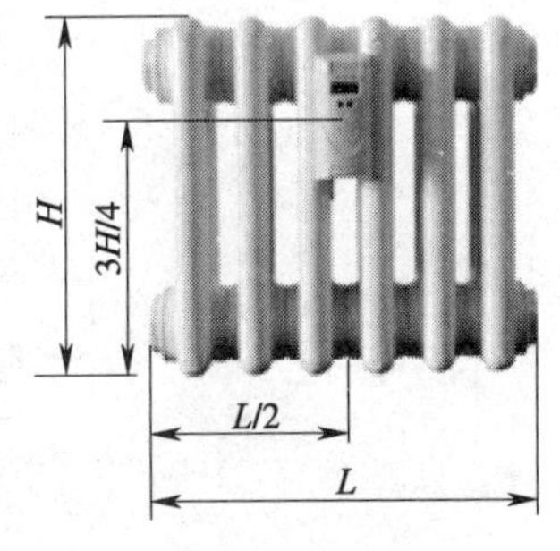

图 4—68　热量分配表安装示意图

热量分配表不是直接测量用户的实际热量，而是测量每个住户的用热比例，由设于楼入口的热量总表测算总热量，供暖结束后，由专业人员读表，通过计算得出每户的实际用热量。

热分配表适用于新建和改造的散热器供暖系统，优点是经济、方便安装。特别是对既有供暖系统的热计量改造比较方便，灵活性强，不需改造户内管道，只需在建筑物热力入口处加装总热量表和配套阀件，即可完成热计量系统的全部改造工程。缺点是测量受散热器类型、散热器位置、散热器与热分配表间的热交换参数（要在实验室进行匹配试验，得出的散热量数据才可应用）等多方面的影响，试验测量工作量较大；结果不直观，后续计算工作量大；安装位置、安装方法有严格的规定，需由专业人员操作；蒸发式热量分配表每年需入户更换玻璃管和抄表。电子远传式分配表无须入户读表，但是价格较贵。

二、共用立管分户计量采暖系统

共用立管分户计量采暖系统是集中设置各户共用的供、回水立管，从共用立管上引出各户独立成环的采暖支管，支管上设置热计量装置、控制阀门等。共用立管分户计量采暖系统既可分户热计量、分户控制，同时又可解决传统采暖系统的垂直热力失调问题。

共用立管分户计量采暖系统可分为户外采暖系统（建筑物内共用采暖系统）和户内采暖系统两部分。

（一）户外采暖系统

户外采暖系统由建筑物热力入口装置、共用的供、回水水平干管和共用的供、回水立管组成，如图 4—69 所示。

1．建筑物热力入口装置

建筑物热力入口装置如图 4—64 所示。

2．共用水平干管

建筑物内共用水平干管，对于多层住宅一般设置在地沟内；对于高层住宅通常设置在地下室和设备层。共用水平干管应有不小于 3‰的坡度，并应方便共用立管的布置。

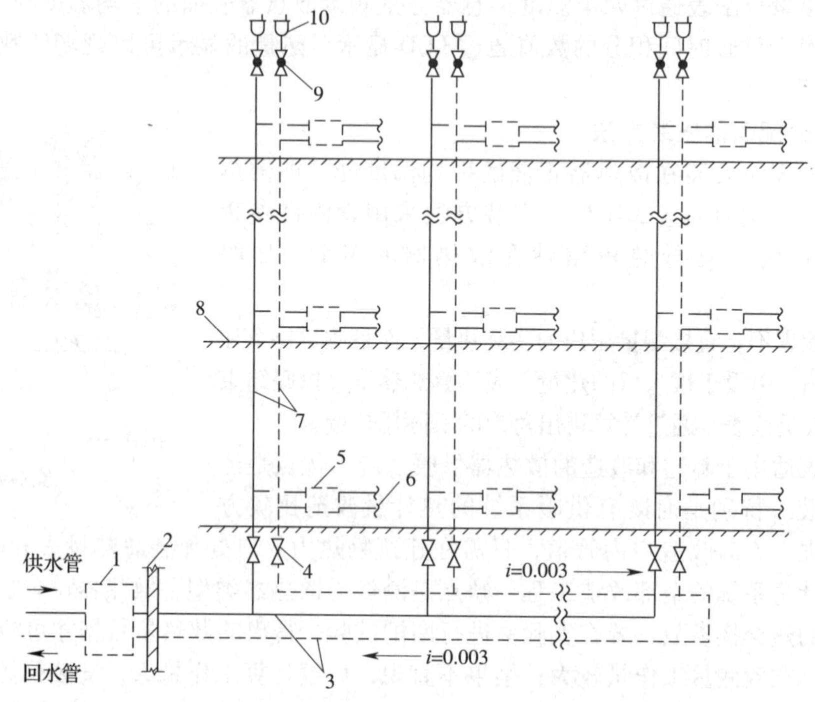

图 4—69　共用立管分户热计量采暖户外系统

1—建筑物热力入口装置　2—建筑物外墙　3—共用供、回水干管

4—截止阀（可根据工程需要设置成自力式压差控制阀或自力式流量控制阀）

5—入户装置　6—户外分界点　7—共用供、回水立管　8—楼层　9—球阀　10—自动排气阀

3. 共用立管

建筑物内各共用立管压力损失接近时，共用水平干管宜采用同程系统布置。一般采用下供下回式，顶端设置自动排气阀，其每层连接的户数由设计决定。共用立管一般设在专用的管道井内。

（二）户内采暖系统

户内采暖系统应与采用的热计量方式相配套。一般是采用一户一个独立的循环环路系统。这一独立的户内采暖系统是由入户装置、户内供回水管道、散热器及室温控制装置等组成。

1. 入户装置

入户装置包括入口锁闭调节阀、户用热量表、一对温度传感器、热量表前安装不低于 60 目的水过滤器及回水管上的锁闭阀等部件，如图 4—70 所示。图 4—70 为一井两组合式热量表、分支管不大于 *DN*25 时的安装方式。当多于两户且分支管径较大及热量表要求较长直管段时，应调整管井尺寸。管井内的水平、垂直管段应按照施工规范的要求在适当的位置设置管卡支架。若分支管不允许煨弯时，可按图 4—71 所示的调整尺寸布置管道。

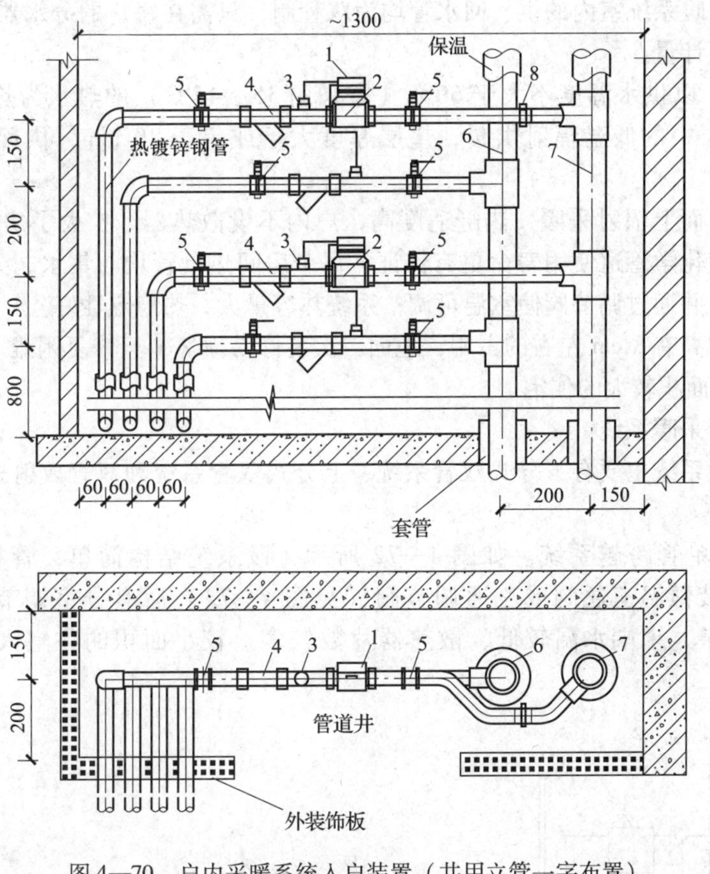

图 4—70　户内采暖系统入户装置（共用立管一字布置）

1—积分仪　2—流量计　3—温度传感器　4—水过滤器

5—锁闭球阀或球阀　6—供水立管　7—回水立管　8—活接头

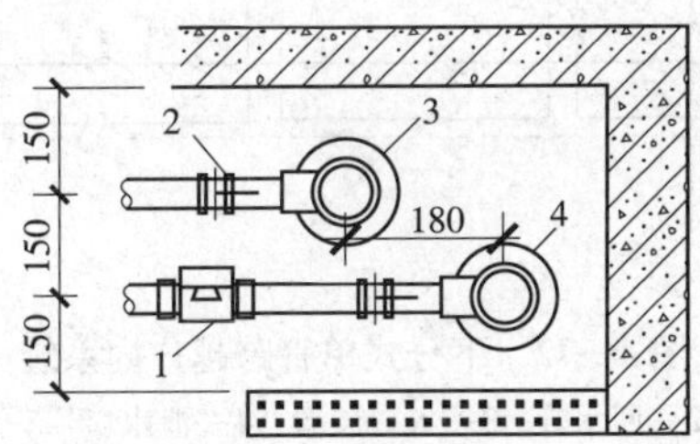

图 4—71　户内采暖系统入户装置（共用立管错位布置）

1—积分仪　2—锁闭球阀或球阀　3—供水立管　4—回水立管

2. 户内采暖系统形式

为实施分户计量，每户住宅均应自成一个独立的系统，从共用立管接管点至户内的采暖循环管路称为户内系统。户内采暖系统可采用地面辐射采暖系统和散热器采暖系统。

（1）地面辐射采暖系统

地面辐射采暖系统室内的供、回水管均为双管制，只需在每户的分水器前安装热量表，就可以实现分户计量。

系统特点：以供水温度不大于60℃（宜采用35～45℃）的热水为热媒，将加热管铺设于楼板垫层中的低温辐射供暖，垫层厚度大于或等于80 mm，供回水温差不大于10℃。

优点：由下而上辐射采暖，热舒适度高，户内不设散热器，扩大了房间的使用面积；热媒温度低，使化学管道使用寿命更有保证；每个房间热盘管均与集水、分水器的一组供回水支管连接，并通过调节阀使室温可调；系统热容量大，热稳定性好。

缺点：对层高有8 cm左右的占用，地面二次装修易损坏，且修复困难。适用于层高大于2.9 m、房间面积较大的住宅。

（2）散热器采暖系统

散热器采暖系统主要有下分式双管系统、上分式双管系统和双管放射式系统、低温地板辐射系统等。

1）下分式单管跨越系统。如图4—72所示，该系统结构简单，管材管件用量少，施工方便，安装恒温三通阀或三通调节阀（见图4—73）后有分室调节功能。缺点是设计计算较复杂，末端水温较低，散热器片数较多。较小面积的住宅大都采用这种形式。

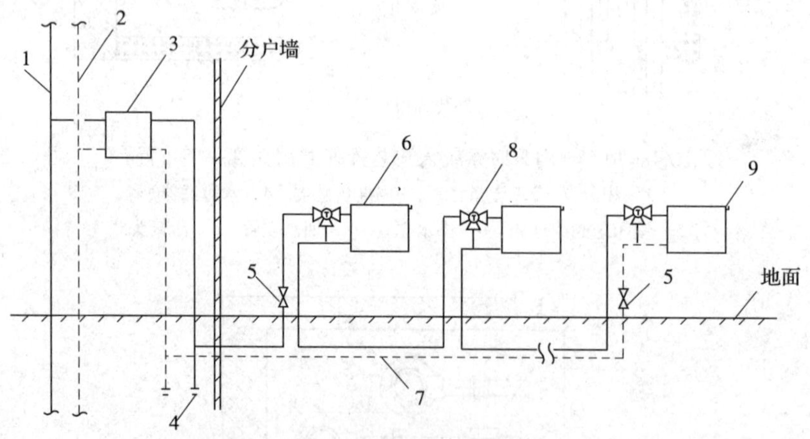

图4—72　下分式单管跨越户内系统

1—供水管　2—回水管　3—入口装置　4—泄水口　5—户内关断阀

6—散热器　7—户内管道　8—三通温控阀　9—手动排气阀

2）下分式双管户内同程式系统。如图4—74所示，这种系统属双管并联式，散热器上安装恒温两通阀或手动调节阀后，有较好的分室调节功能。由于散热器是并联的，系统阻力小，各组散热器等温降，水力平衡好，供暖效果优。不足之处是系统结构较复杂，管材、管件、阀门用量较多，安装、隐蔽工程量大。适用于较大面积的户型，是目前主要采用的户内形式。

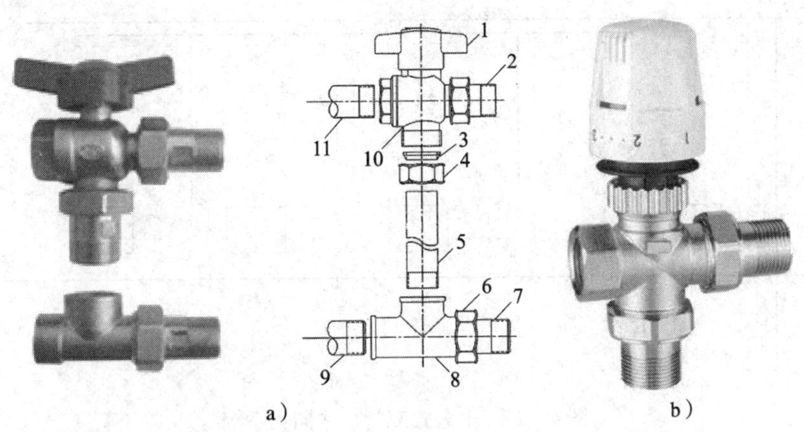

a）　　b）

图 4—73　单管系统三通阀

a）三通调节阀 b）三通恒温阀

1—手柄　2—接散热器进水口　3—密封圈　4、6—锁母　5—跨越管
7—接散热器回水口　8—配套三通　9—接回水支管　10—三通阀本体　11—接供水支管

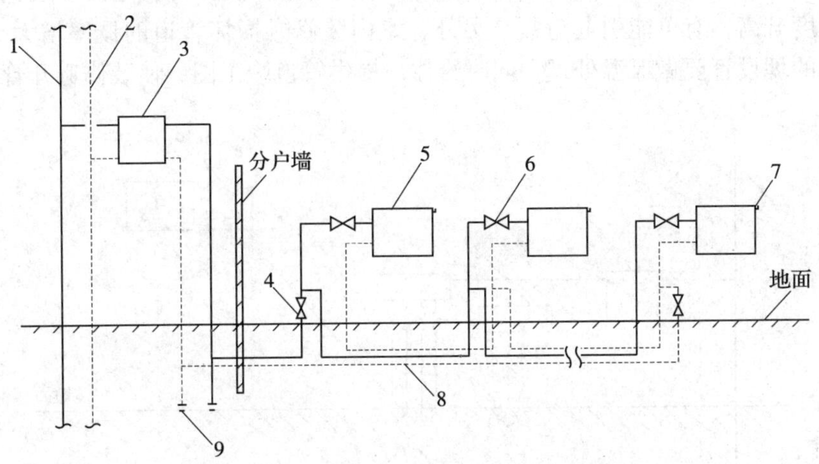

图 4—74　下分式双管户内同程系统

1—供水管　2—回水管　3—入口装置　4—户内关断阀　5—散热器
6—调节阀　7—手动排气阀　8—户内管道　9—泄水口

注：1. 本图户内管道采用非热熔塑料管。
2. 若户内管道采用热熔塑料管，分支三通可敷设在地面垫层内，在三通接头处预留检查口。

3）上分式双管户内同程式系统。如图 4—75 所示，该系统供、回水管布置在本层顶板下，无须加垫层，可降低楼板载荷。缺点是由于采暖水平管及立管外露在室内，按要求设置坡度，影响美观，不便于住户二次装修。适合垫层内不便埋设管道、对美观要求不高或有较高楼层、有吊顶的住宅。

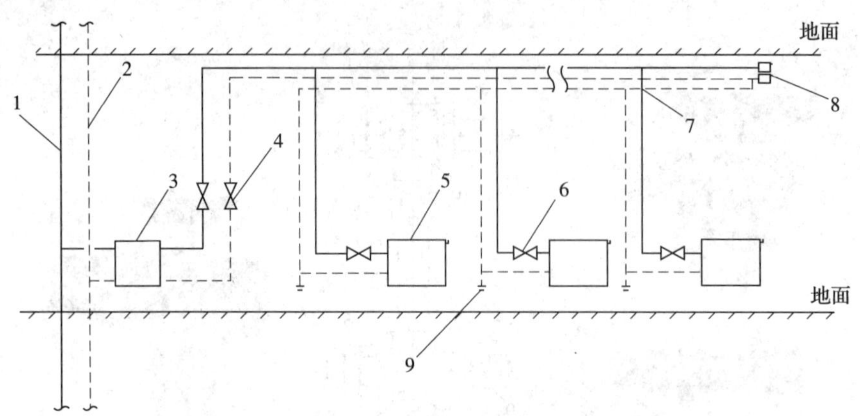

图 4—75　上分式双管户内同程系统

1—供水管　2—回水管　3—入口装置　4—环路调节阀　5—散热器
6—调节阀　7—户内管道　8—自动排气阀　9—泄水口

4）放射式双管系统。如图 4—76 所示，该系统每组散热器均用整根管道连接，管道接头少，整体采暖效果好；由于装有分水、集水器，散热器支管加恒温阀和手动调节阀，使系统具有集中调节和分室调节的功能。缺点是当户内房间较多时，地面垫层内的管道多，会使地面温度升高，有可能引起龟裂，另外，室内装修时损坏管道的概率增大。解决方法是对地坪内的埋设管要做保温处理，同时给住户提供管道竣工图，使装修避开管道位置。

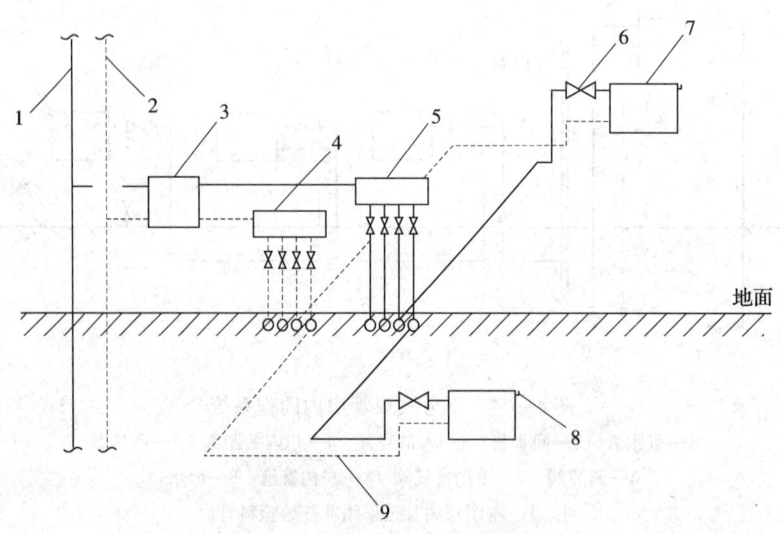

图 4—76　双管放射式户内系统

1—供水管　2—回水管　3—入口装置　4—集水器　5—水分器
6—调节阀　7—散热器　8—排气阀　9—户内管道

（3）管道连接技术要点

分户热计量采热系统与传统的采暖系统不同，它有两个突出的特点，一是管材埋地暗装，二是采用塑料或塑料复合管。为了保障施工质量，管道连接必须注意以下几点：

1）管道主要采用埋地敷设，埋地管的做法如图4—77所示。为防止地面龟裂，埋设在填充层内的管道宜采取绝热措施，放射式双管系统管道密集的部位应采用塑料波纹套管。

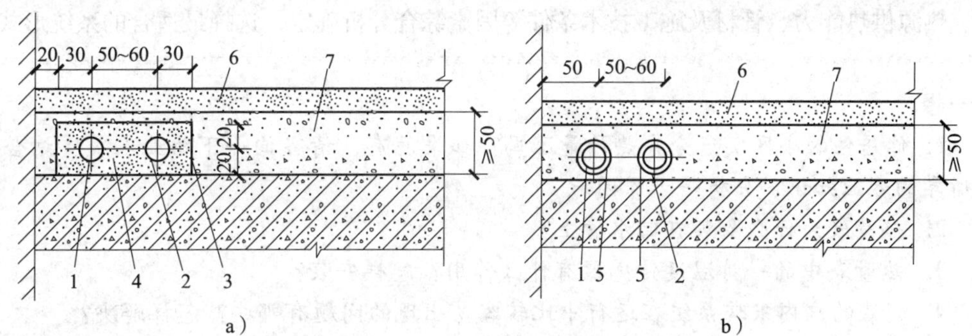

图4—77　户内采暖系统埋地管道做法

a）有管槽的埋地管道做法　b）直埋管道做法

1—供水管　2—回水管　3—成品管槽（可选用）

4—复合硅酸盐保温材料　5—塑料波纹套管　6—面层　7—填充层

2）分户热计量采热户内系统普遍采用塑料及塑料复合管材，不同的管材应采用不同的连接方法。

3）埋入垫层内的管件应与管道同材质，且是热熔型管材。一般采用PP－R管、PB管、PE－PT管。

4）垫层内不能有任何卡套管件接头。

5）水平管与散热器分支管连接时，只能在垫层外用铜制管件连接。

6）塑料管及塑料复合管弯曲时，不得出现硬折弯现象，塑料管的弯曲半径不应小于管道外径的8倍，塑料复合管的弯曲半径不应小于管道外径的5倍。

7）管槽一般沿房间墙角预留，埋地管道安装完成后，应在毛地面上准确标注供回水管的埋设位置，如用自喷漆喷涂“下有暖气管道，严禁施工”等醒目字样，防止后续地面施工损坏管道。户内采暖系统埋地管道管槽位置及做法如图4—78所示。

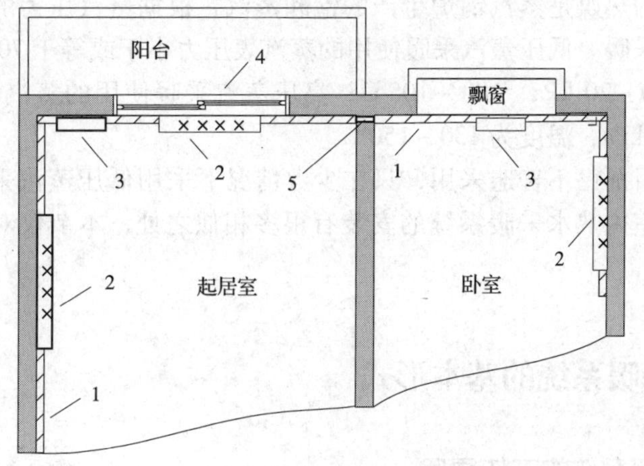

图4—78　户内采暖系统埋地管道管槽位置及做法

1—管槽　2—地面警示字样　3—散热器　4—活动门　5—过墙套管

（4）户内采暖系统形式的选择

户内供暖系统多种多样，各有利弊，应根据不同的建筑条件、物业装修标准、功能使用要求、热源供热能力、管材及施工技术条件等因素综合分析确定，选择最适合的系统形式。

想一想

1. 你居住的小区实行分户热计量了吗？如果没有，请咨询一下物业人员，结合自己所学的专业知识，分析一下原因。

2. 热量表为什么要装在回水管上？

3. 热量表中的一对温度传感器有什么作用？怎样安装？

4. 新装的户内采暖系统在运行中比较容易出现的问题有哪些？怎样解决？

复 习 题

1. 热量分配表有几种类型？如何安装？
2. 什么是分户热计量系统？分户计量的方式有哪几种？
3. 分户热计量采暖系统和传统的供暖系统有何区别？
4. 分户热计量户内采暖系统的形式有哪几种？各有什么特点？
5. 分户热计量采暖系统采用的管材有哪些？管道连接有哪些技术要点？
6. 对既有建筑如何进行热计量？

第三节　室内蒸汽采暖系统安装

蒸汽采暖系统的热媒是蒸汽锅炉生产的饱和蒸汽，根据蒸汽压力的高低，分为低压蒸汽采暖和高压蒸汽采暖。低压蒸汽采暖使用的蒸汽表压力小于或等于 70 kPa，温度为 100 ~ 114℃，一般常用 10 ~ 20 kPa、100 ~ 105℃；高压蒸汽采暖使用的蒸汽表压力大于 70 kPa，一般常用 200 ~ 400 kPa，温度为 130 ~ 150℃。

蒸汽采暖系统目前已不普遍采用，只在少数情况下采用低压蒸汽采暖。室内低压蒸汽采暖系统的安装和室内热水采暖系统的安装有很多相似之处，本节仅对室内低压蒸汽采暖系统进行叙述。

一、低压蒸汽采暖系统的基本形式

（一）蒸汽采暖系统的工作原理

蒸汽采暖系统的工作原理如图 4—79 所示。蒸汽锅炉产生的蒸汽，沿管道流入散热器内，在散热器中凝结并放出汽化潜热，凝结水沿管道回流到系统凝结水箱，然后经给水泵加压送入锅炉内再加热。散热器上安装排气阀排放散热器内的空气。散热器出口安装疏水器是为了阻止蒸汽的通过，而使凝结水通过。

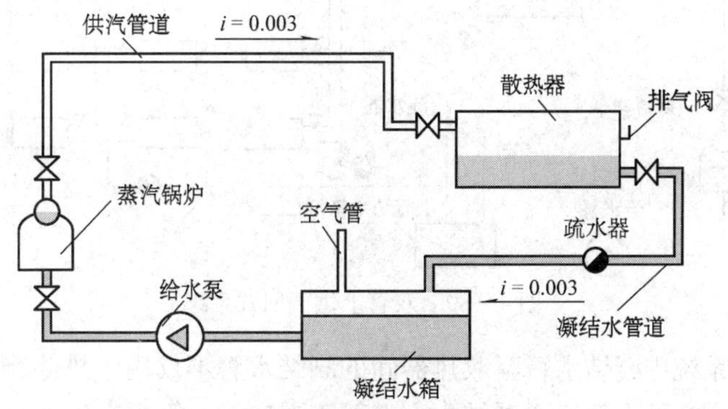

图 4—79　蒸汽采暖系统的工作原理

（二）蒸汽采暖系统的特点

1. 蒸汽采暖系统的优点

（1）蒸汽采暖系统比热水采暖系统节省管材，节省散热设备面积，初期投资小。

（2）供汽时热得快，停汽时冷得快。

（3）静水压力比热水采暖系统小得多。

（4）电力消耗比热水采暖系统少。

2. 蒸汽采暖系统的缺点

（1）卫生条件和舒适感差，易扬尘和烫伤人，空气干燥。

（2）热损失大，浪费能源。

（3）管道工作条件较差，系统使用年限较短。

（4）有水击现象，造成噪声污染，严重时破坏系统和设备。

（三）低压蒸汽采暖系统的基本形式

1. 双管上供下回式系统

与热水采暖相似，低压蒸汽采暖双管上供下回式系统由蒸汽锅炉、分汽缸、供汽管路、散热器、疏水器、凝结水管路、水箱、水泵、补给水处理设备等组成，如图 4—80 所示。

运行过程：从蒸汽锅炉出来的蒸汽，由主蒸汽管进入分汽缸，由分汽缸分配到各个分支管路，依靠蒸汽本身具有的压力，通过室外管道送到各建筑物的系统入口处，不需要减压时直接送到散热设备；需要减压时，通过减压装置减压后送到散热设备。蒸汽放热后的凝结水通过疏水器进入回水管，依靠重力或者余压进入蒸汽锅炉，或进入凝结水箱由给水泵加压进入锅炉。如果回收的凝结水量小，应有补给水系统，把经软化处理的水连同凝结水一起注入给水箱，由给水泵送进锅炉，重新被加热成为蒸汽。

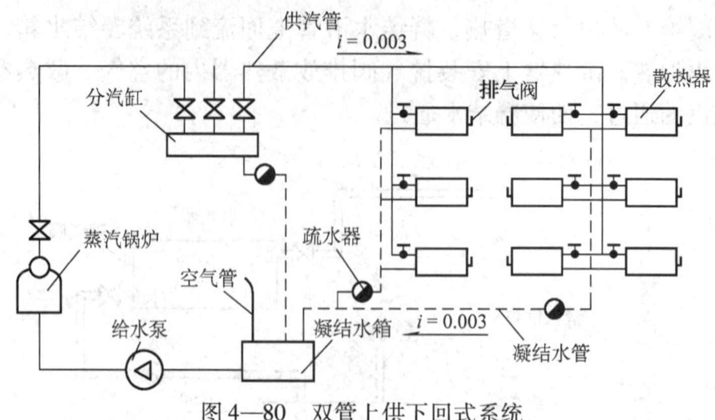

图 4—80 双管上供下回式系统

图 4—80 所示系统中凝结水箱至散热器间的凝结水管不仅用于排除凝结水，也作为流通空气之用。这个管道断面下部流通凝结水，上部流通空气，管内空气通过凝结水箱上的空气管与大气相通，当系统停止送汽时空气由此进入系统。这样做的目的是防止系统在停止运行后内部产生真空。如果系统真的形成真空，就可能从系统不严密处吸入大量空气，增大了管道连接点的缝隙，不利于系统的运行。这种管道也称为通气式凝结水管或干式凝结水管。

与热水采暖不同，供热干管沿蒸汽流向做向下降的坡度（习惯上称为“低头走”），这样做有利于干管中沿途凝结水的排除，因此干管末端和最后一根支立管的管径要加大，一般不小于 *DN*25。

2. 双管下供下回式系统

双管下供下回式系统的供汽干管和凝结水干管敷设在地下室或特设的地沟内。运行时，凝结水与蒸汽逆向流动易产生水击现象，如图 4—81 所示。

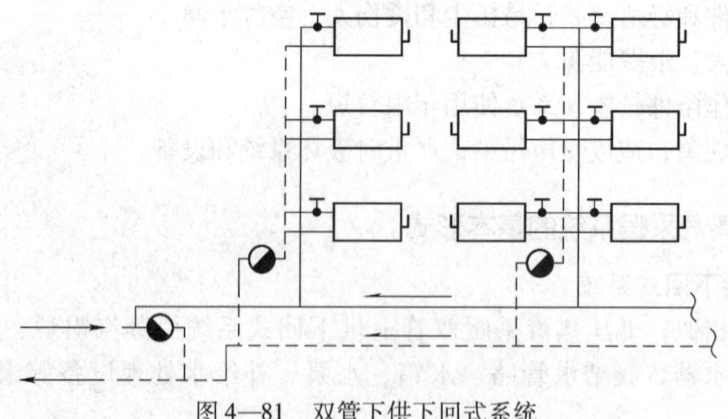

图 4—81 双管下供下回式系统

3. 双管中供式系统

供汽干管敷设在次顶层，蒸汽立管从干管接出向上和向下供汽。双管中供式比双管上供式立管短，节省管材，如图 4—82 所示。

此外，还有单管上供下回式系统和单管下供下回式系统，其系统和热水采暖相似。单管上供下回式系统的供汽干管敷设在系统的上部，立管既输送蒸汽又排凝结水，汽水一起向下流动，不易发生水击现象。单管下供下回式系统汽水逆向，运行时噪声大。

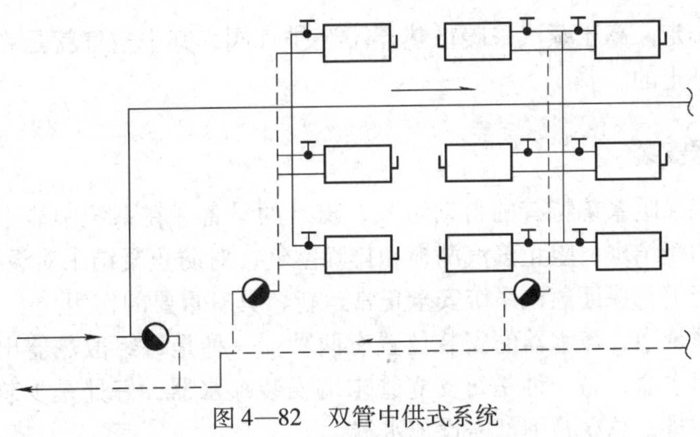
图 4—82　双管中供式系统

想一想

1. 蒸汽采暖系统怎样工作？为什么现在住宅楼的采暖系统是热水采暖，而不采用蒸汽采暖？

2. 观察图 4—80 至图 4—82，图中的蒸汽采暖系统都是双管布置，为什么？这和热水采暖系统形式相同吗？

二、散热器和附属设备安装

（一）散热器安装

蒸汽采暖不同于热水采暖，通气前散热器内充满空气，当水蒸气进入后部分蒸汽冷凝成水，于是散热器内存在三种物质：蒸汽、凝结水和空气。凝结水最终流到底部，低压蒸汽密度比空气小，处在上部，空气占据中下部，如图 4—83 所示。

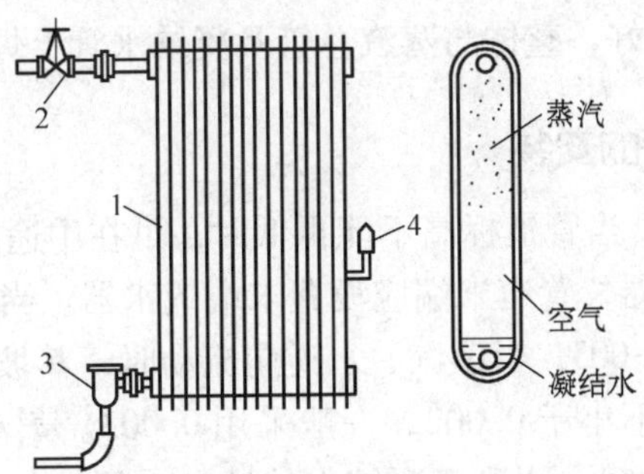

图 4—83　低压蒸汽采暖散热器安装图
1—散热器　2—阀门　3—疏水器　4—自动排气阀

在蒸汽采暖系统中，要想使散热器正常、持续地散热，必须及时排除其中的凝结水和空气。因此，散热器出口要装疏水器，其作用是阻气、排水。排除空气一方面靠装在散热器下部 1/3 高度处的自动排气阀，同时还利用蒸汽的压力把空气同凝结水一起通过疏水器压入凝结水管道排走。高压蒸汽采暖散热器不装排气阀，其中空气就是在蒸汽压力的作用下跟凝结水一起排走的。

（二）疏水器安装

疏水器是蒸汽采暖系统特有的自动阻汽、疏水的设备。在系统中能迅速有效地排除蒸汽设备和管道中的凝结水，阻止蒸汽漏损和排除空气，对防止凝结水对设备的腐蚀、水击、振动及结冻胀裂管道，保证蒸汽系统安全正常运行，具有重要的作用。

在蒸汽采暖系统中，疏水器的安装位置有两种：一种是每组散热器出口支管上安装一只，习惯上称为回水盒；另一种是每支立管末端安装疏水器，好处是少装疏水器，节省投资，减少维修工作量。总立管下部需设疏水器。

想一想

1. 蒸汽采暖系统中为什么要装疏水器？

2. 蒸汽采暖系统中的散热器排气阀和热水采暖系统中的散热器排气阀安装位置有什么不同？为什么？

三、蒸汽采暖系统管道安装

低压蒸汽采暖系统管道和热水采暖系统管道有很多相同点，在此仅介绍低压蒸汽采暖系统管道安装的要点和技术要求。

（一）入口装置的安装

低压采暖系统的入口装置包括蒸汽入口总管上安装的总阀（截止阀）、压力表、安全阀、减压装置、疏水器和泄水阀等。其作用是控制系统热媒的流通或关断，检测热媒参数。如图4—84所示，安装时应注意蒸汽总管、凝结水总管的安装坡度及坡向，疏水器和泄水阀的位置。疏水器预先组装好，整体与蒸汽总管及凝结水管上焊接的螺纹短管连接。

（二）蒸汽干管、立管的安装

蒸汽干管应“低头走”，当管道标高不能再低时，可在中途抬头，然后继续“低头走”。中途抬头处应设置中途疏水器，管道末端应设置末端疏水器。当蒸汽、水同向流动时，其坡度不小于0.002，一般采用0.003；当蒸汽、水逆向流动时，其坡度应不小于0.005；凝结水管道应“低头走”，其坡度不小于0.002，一般采用0.003。蒸汽干管变径时应采用底平的偏心异径管连接（见图4—75），以利于凝结水的排出，避免水击现象的发生。

在下分式系统中，立管不应与水平蒸汽主管的顶部相连，而应从蒸汽主管的两侧接出，以免立管中的凝结水下落时阻塞蒸汽主管中的汽流。

在上分式系统中，立管不应与水平蒸汽主管的底部直接相连，而应从蒸汽主管的顶部接出后再转弯返下，以免蒸汽主管中的凝结水流入立管进入散热器中影响散热。

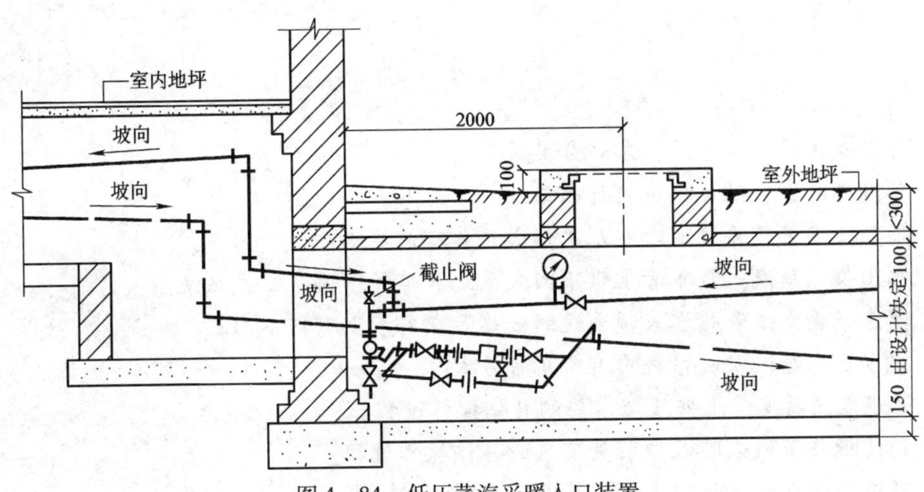

图 4—84　低压蒸汽采暖入口装置

(三) 蒸汽采暖支管的安装

支管与散热器的连接有同侧连接和双侧连接两种。在供汽支管上应安装截止阀，在凝结水支管上应安装疏水器，并应考虑支管的安装坡度，取值为 0.01。

(四) 凝结水管道的安装

蒸汽系统凝结水干管从门下小地沟通过时，应同时设空气绕行管或放空气管，如图 4—86 所示。从门上绕行的管道上装 15 mm 的放空气管，并设阀门。一般安装在距地面 1.5 m 处，应便于操作。在门下小地沟的管子末端装泄水阀或丝堵，便于在系统停用时将水放掉。当凝结水管道安装需要变径时应采用同心异径管连接。

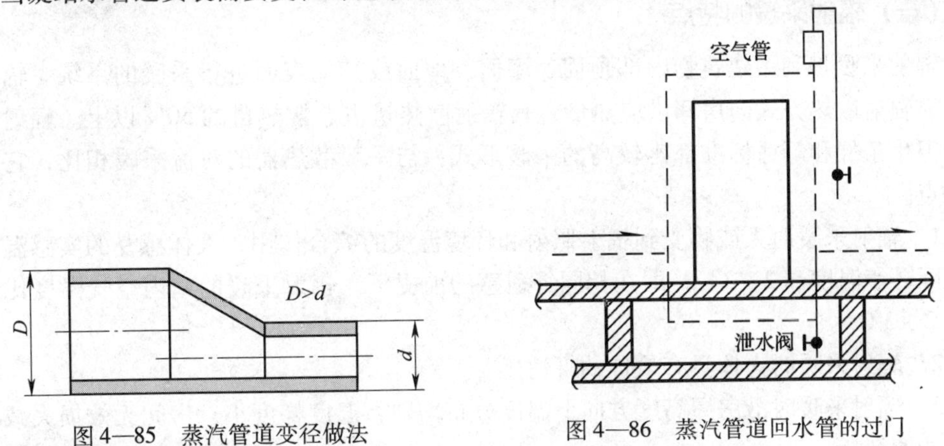

图 4—85　蒸汽管道变径做法　　图 4—86　蒸汽管道回水管的过门

想一想

1. 蒸汽干管的坡向是怎样规定的？为什么？横干管变径有什么技术要求？
2. 蒸汽采暖系统中疏水器的安装位置有什么规定？

复 习 题

1. 什么是蒸汽采暖系统？怎样分类？
2. 蒸汽采暖系统的优缺点是什么？
3. 低压蒸汽采暖系统有哪些基本形式？各有何特点？
4. 画出低压蒸汽采暖单管上供下回式系统和单管下供下回式系统。
5. 蒸汽采暖系统和热水采暖系统的散热器在安装上有何不同？
6. 疏水器在蒸汽采暖系统中有哪几种方式？
7. 简述散热器支管上安装疏水器的具体操作过程。
8. 简述低压蒸汽采暖入口装置安装的具体操作过程。
9. 蒸汽采暖回水管过门怎样安装？
10. 简述蒸汽采暖系统安装的全部工序。

第四节 辐射采暖和热风采暖

一、辐射采暖

（一）辐射采暖的特点

辐射采暖是利用建筑物内部顶面、墙面、地面或其他表面进行采暖的系统。辐射采暖主要靠辐射散热方式向房间供应热量，其辐射散热量占总散热量的50%以上。辐射采暖是一种卫生条件和舒适标准都比较高的采暖形式，与一般散热器的对流采暖相比，它具有以下特点。

1. 辐射采暖时人或物受到辐射照射和环境温度的综合作用，人体感受的实感温度比室内实际环境温度高2～3℃，即在相同舒适感的前提下，辐射采暖的室内空气温度比对流采暖低2～3℃。

2. 辐射采暖时人体具有最佳的舒适感。

3. 辐射采暖时沿房屋高度方向上温度分布均匀，温度梯度小，房间无效损失减小，可减少能源消耗。

4. 辐射采暖不需要在室内布置散热器，少占用室内有效空间，便于布置家具。

5. 辐射采暖减少了对流散热量，室内空气的流动速度降低，避免了室内尘土飞扬，有利于改善卫生条件。

辐射采暖的形式和种类较多，在此对辐射板进行基本概述。

（二）辐射板的基本构造

辐射板采暖属于中温辐射采暖，它是利用钢制辐射板散热来加热室内空气、提升室内温度，以达到室内采暖的目的。

钢制辐射板的主要部件有加热管、连接管、前面板、后面板和隔热材料层，如图4—87所示。加热管采用焊接钢管，有*DN*15、*DN*20、*DN*25三种规格。前面板和背面板采用热轧薄钢板和冷轧薄钢板，钢板厚度一般为0.5～1.0m。隔热材料可因地制宜，采用玻璃棉、矿渣棉等。

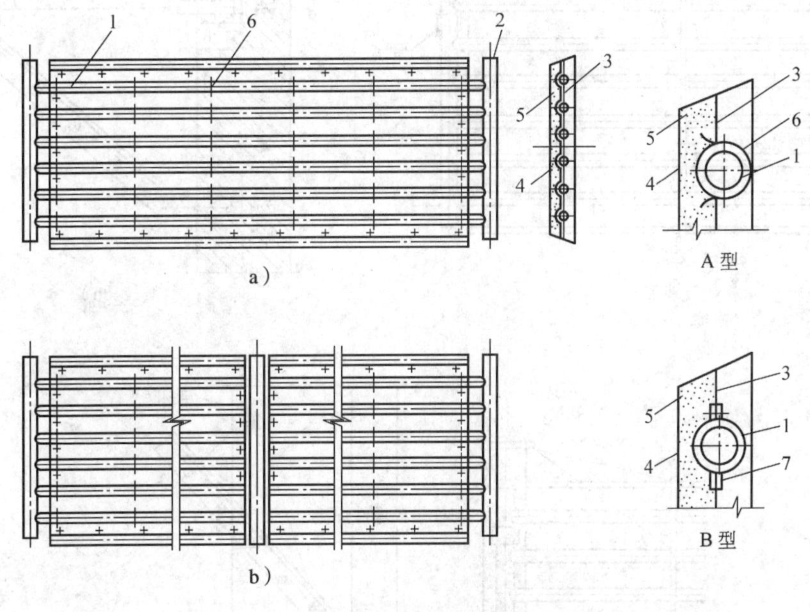

图4—87 钢制辐射板

a）块状板 b）带状板

1—加热管 2—连接管 3—前面板 4—背面板 5—隔热层 6—U形螺栓 7—管卡

根据钢制辐射板的长度不同，可分为块状辐射板和带状辐射板两种形式。块状辐射板的长度一般不超过钢板的自然长度，通常为1 000～2 000 mm。带状辐射板的长度一般为3.6 m或5.4 m。

钢制辐射板按其结构分为A型和B型两种形式。A型辐射板加热管外壁周长的1/4嵌入钢板槽内，用U形螺栓固定；B型辐射板加热管外壁周长的1/2嵌入。

钢制辐射板按背面处理方式分为单面辐射板和双面辐射板。

（三）辐射板的安装

辐射板的安装形式基本上有水平安装、倾斜安装和垂直安装三种。

1. 水平安装

辐射板在屋架或梁的下弦水平安装在采暖区域上部，使热量向下辐射。方法是在梁上预埋构件或钢屋架下部焊上吊环，再用吊绳和螺栓把辐射板水平吊装固定，如图4—88a所示。水平安装时，应有不小于0.005的坡度，坡向回水管。

2. 倾斜安装

辐射板倾斜安装在采暖区域上部，使热量倾斜向下方工作区辐射，倾斜角度（与水平面的夹角）分为30°、45°和60°三种。方法是在墙上埋设吊架，用吊绳靠墙安装（见图4—88b）；或在柱上焊接吊环，用吊绳在柱间安装（见图4—88c）；还有一种是在干管上用吊绳安装。

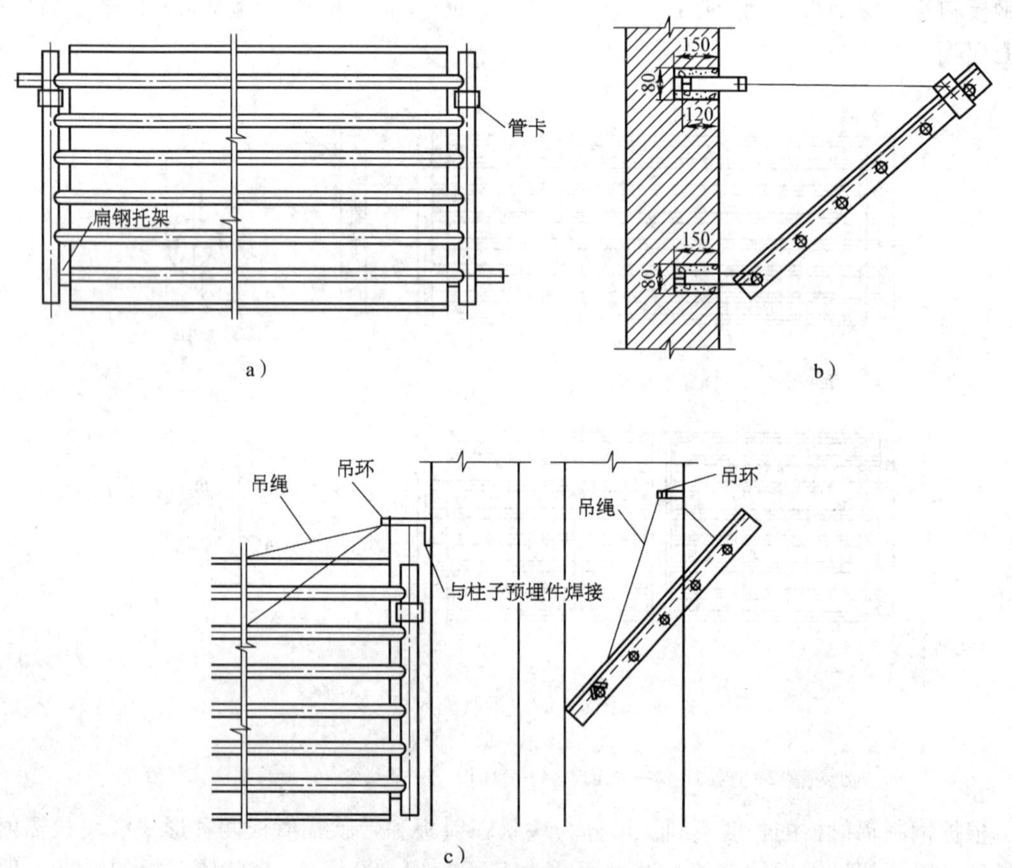

图4—88　辐射板安装形式

a）辐射板安装支架在墙上水平安装　b）在墙上倾斜安装　c）辐射板在柱间倾斜安装

3. 垂直安装

垂直安装的形式有两种，一种是沿厂房外墙边垂直安装，使之向室内辐射；另一种是安装在厂房两跨之间向两侧辐射。前者采用背面保温的单面板，后者采用背面不保温的双面板。

对于垂直安装的辐射板，由于工作区所能利用的热量仅占总辐射热量的一半左右，并随着安装高度的增大而减小，所以宜安装在较低处。而对于倾斜安装的辐射板，随着安装高度的增大，必须使倾斜角度也相应增大；安装高度很大时，应使其接近于水平安装。

辐射板在车间的安装高度有较大的范围，其最低安装高度见表4—7。

表 4—7 辐射板的最低安装高度

热媒的平均温度（℃）	水平安装（m）	垂直安装（m）	倾斜（与水平面夹角）安装（m）		
			30°	45°	60°
110	3.2	2.3	2.8	2.7	2.5
130	3.6	2.5	3.1	2.9	2.8
150	4.2	2.8	3.3	3.2	3.0

（四）辐射板与管道的连接

块状辐射板与管道并联，支管与干管连接时应有两个 90°弯管，用来消除干管热伸缩造成位移的影响；带状辐射板与管道串联，管道采用焊接或法兰连接，如图 4—89 所示。

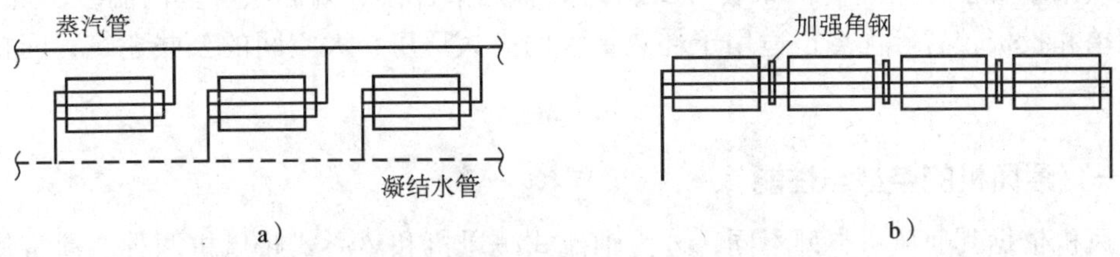

图 4—89 辐射板与管道的连接示意图

a）块状辐射板并联 b）带状辐射板串联

（五）金属辐射板安装质量标准

1. 辐射板在安装前应做水压试验，如设计无要求时试验压力应为工作压力的 1.5 倍，但不得小于 0.6 MPa。

2. 水平安装的辐射板应有不小于 0.005 的坡度，坡向回水管。

3. 辐射板管道及带状辐射板之间的连接应使用法兰连接。

另外，还有低温辐射采暖和高温辐射采暖。低温辐射采暖的主要形式有金属顶棚式，顶棚、地面或墙壁埋管式，空气加热地面式，电热顶棚式和电热墙式等。其中顶棚、地面或墙壁埋管式近几年得到了广泛的应用，它比较适合于民用建筑与公共建筑中考虑安装散热器会影响建筑物协调和美观的场合。

高温辐射采暖按能源类型的不同，可分为电红外线辐射采暖和燃气红外线辐射采暖。电红外线辐射采暖设备应用较多的是石英管或石英灯辐射器。石英管红外线辐射器的辐射温度可达 990℃，其中辐射热占总散热量的 78%。

燃气红外线辐射采暖，是利用可燃气体或液体通过特殊的燃烧装置进行无焰燃烧，形成 800 ~ 900℃的高温，向外界发射出波长为 2.4 ~ 2.7 μm 的红外线，在采暖空间或工作地点产生良好的热效应。燃气红外线辐射采暖适合于燃气丰富而廉价的地方，它具有结构简单、辐射强度高、外形尺寸小、操作简单等优点。但为考虑安全应随时注意防火、防爆和通风换气。

想一想

举例说明生活中见到的辐射热传导的实例。

二、热风采暖

热风采暖是以空气作为带热体的。热风采暖的设备主要是暖风机，暖风机主要由空气加热器、通风机和电动机组成。空气加热器中通入热水或蒸汽。在电动机带动下通风机运转，室内部分空气通过加热器加热，温度升高到 30～50℃，暖风机以 6～12 m/s 的速度吹出，与室内空气混合达到整个房间采暖的目的。

热风采暖属于比较经济的采暖方式，它具有热惰性小、升温快、室内温度分布均匀、设备简单和投资较省等优点，适用于耗热量大的高大厂房、大空间的公共建筑、间接采暖的房间等。

（一）暖风机的类型与性能

暖风机依据其通风机类型不同，分为轴流式暖风机和离心式暖风机两种。通常使用的热媒有热水、高温水和蒸汽。暖风机一般由通风机、电动机、换热器（空气加热器）、百叶窗（导流叶片）和支架等组成。

小型暖风机通常采用轴流式风机，其类型很多。轴流式暖风机结构简单、体积较小、气流射程短、风速低、送风量较小，每台暖风机的散热量一般为 100 kW 以内。轴流式暖风机的结构如图 4—90 所示。

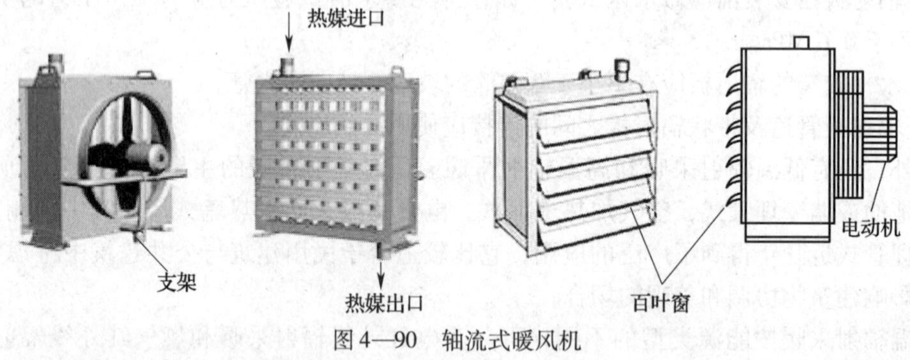

图 4—90　轴流式暖风机

大型暖风机通常采用离心式风机，气流射程长、风速高、送风量大、散热量大，每台散热量一般在 200 kW 以上，一般是地上安装，用地脚螺栓固定，又称为落地式暖风机，如图 4—91 所示。

（二）暖风机的选择与布置

暖风机的选择主要是根据采暖房间热负荷的大小及使用要求，按照暖风机的产品样本或设计手册，选择适合于设计条件下的暖风机种类型号并确定台数。

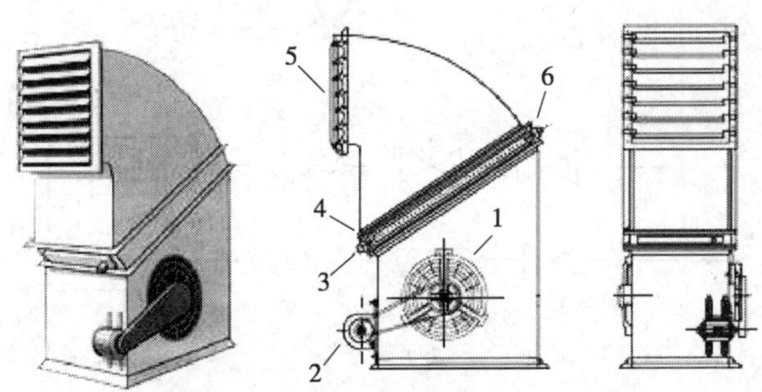

图 4—91　离心式暖风机

1—离心式风机　2—电动机　3—热媒出口　4—加热器　5—导叶片　6—热媒进口

暖风机的布置原则是力求使房间内的空气温度分布均匀。布置时应根据房间的几何形状、工艺设备的布置情况、暖风机气流的作用范围及便于安装管道等因素综合考虑。常见的布置方案有三种。

1. 暖风机在内墙一侧布置，射出的热风吹向外墙和外窗。

2. 暖风机在纵向中轴线上布置，射出的热风交叉吹向前后外墙和外窗。

3. 暖风机环形布置，射出的热风吹向房间环形四周。

（三）暖风机的安装

1. 轴流式暖风机一般悬挂或用支架安装在墙上或柱子上，离心式暖风机一般落地安装。

2. 小型暖风机底部距地面的高度要求：当出口风速小于或等于 5 m/s 时，取 3 ~ 3.5 m；当出口风速大于 5 m/s 时，取 4 ~ 5.5 m。大型暖风机底部距地面的高度要求：当厂房下弦高度小于或等于 8 m 时，宜取 3 ~ 6 m；当厂房下弦高度大于 8 m 时，宜取 5 ~ 7 m；其吸风口底部距地面的高度 h 应符合 $0.3\ \text{m} < h < 1\ \text{m}$。

3. 暖风机组安装必须牢固可靠，所有机型支架应有足够的承载力及防振措施。

4. 暖风机组安装应保持水平，不得倾斜。

5. 具有供热和供冷功能的暖风机和冷风机，应保证冷凝水顺利排除。

6. 在轻质墙体上安装暖风机时，必须把托架、吊架设在构造柱或龙骨上，并参照国家标准图集中相关安装方式施工，同时，墙体的强度和稳定性需由结构专业人员验算。

7. 每个暖风机都要以支管与供热干管及回水干管相连接，图 4—92 是热水型暖风机配管及附件示意图，图 4—93 是蒸汽型暖风机配管及附件示意图。热水型暖风机的进水管一般在下部，上部出水，支管坡度 $i \geq 0.01$，坡向有利于排气和泄水。

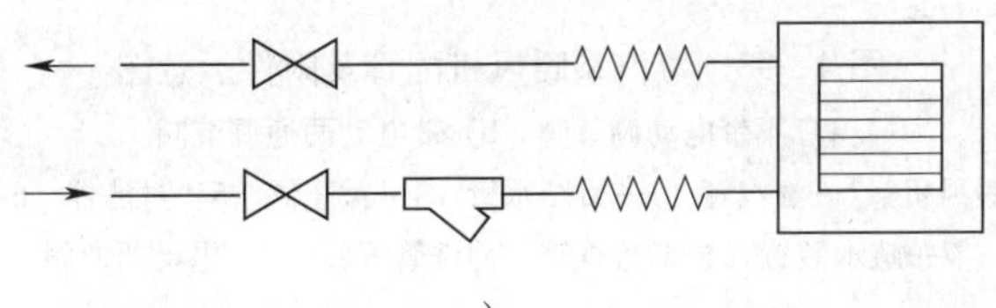

a）

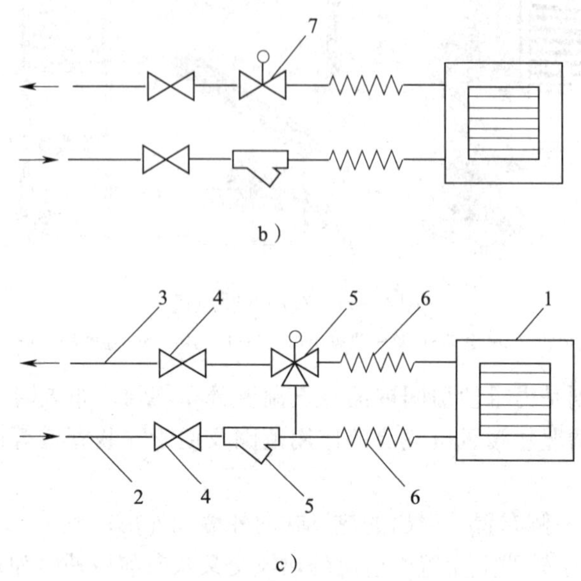

图 4—92 热水型暖风机配管及附件示意图

a) 不带电动调节阀 b) 带电动两通调节阀 c) 带电动三通调节阀

1—热水型暖风机 2—热水供水管 3—热水回水管 4—截止阀 5—过滤器 6—金属软管 7—电动两通阀 8—电动三通阀

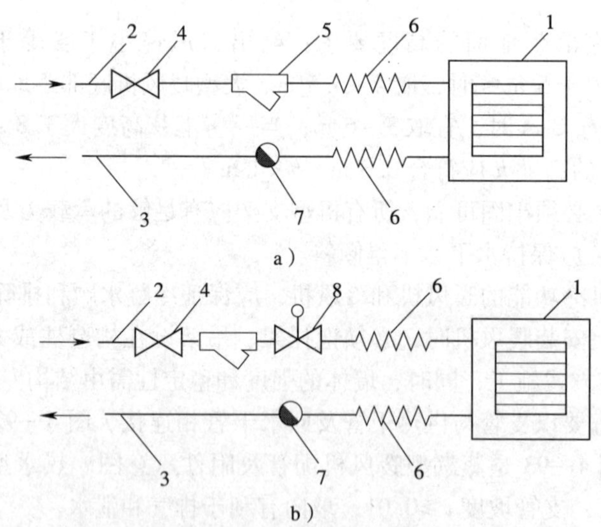

图 4—93 蒸汽型暖风机配管及附件示意图

a) 不带电动调节阀 b) 带电动两通调节阀

1—蒸汽型暖风机 2—蒸汽管 3—凝结水管 4—截止阀 5—过滤器 6—金属软管 7—疏水装置（包括检查管、冲洗管等） 8—电动两通阀

想一想

观察图4—93所示蒸汽型暖风机的蒸汽管为什么采用从上部进入的配管方式？

复 习 题

1. 什么是辐射采暖？它有何特点？
2. 金属辐射板的基本构造是什么？有哪几种类型？
3. 辐射板安装有哪几种形式？各有何安装要点？
4. 什么是热风采暖？暖风机由哪些部件组成？
5. 简述暖风机配管安装的要点。

第五节 地面辐射供暖系统安装

辐射换热的原理是依靠物体表面对外发射电磁波来传递热量。它不需要中间媒介进行热量传递，辐射不但有热量的转移，而且还伴有能量形式的转化。地面辐射供暖系统是以低温热水为热媒或以加热电缆、电热膜为加热元件的地面辐射供暖系统。辐射板表面温度低于80℃时称为低温辐射采暖，按其安装位置分为天棚式、地板式和墙壁式三种形式。近年来随着辐射供暖技术的快速发展，新型的辐射供暖方式在工程中得到广泛应用。

目前广泛应用的地面辐射供暖系统有四种形式：混凝土填充式热水地面辐射供暖系统、预制沟槽保温板热水地面辐射供暖系统、预制轻薄供暖板热水地面辐射供暖系统和加热电缆地面辐射供暖系统。本节主要介绍最常用的混凝土填充式热水地面辐射供暖系统和预制沟槽保温板热水地面辐射供暖系统。

热水地面辐射供暖系统是以供水温度不大于60℃（民用建筑供水温度一般采用35～45℃），供回水温差不大于10℃且不小于5℃的热水作为热媒，将整根耐热塑料管或复合管一次性直接埋设在地板垫层中进行供暖的系统。

地面敷设供暖系统充分运用了“寒从脚起”的人体温感原理，具有室温均匀、卫生舒适、高效节能的优点，可实现分户热计量和分室温控。与传统的对流式采暖相比，其热耗量可减少10%～30%。地面敷设供暖是民用建筑和公共建筑的主要采暖系统之一。

一、地面辐射供暖的基本知识

（一）地面辐射供暖系统的基本构造

辐射地面构造应根据设置位置和采用的类型选择构造层的组成。辐射地面的构造应由下列全部或部分组成：楼板结构层或与土壤接触的地面；防潮层或隔离层（土壤接触的地面采用防潮层，潮湿房间采用隔离层）；绝热层；加热管；填充层；找平层；隔离层（对潮湿房间）；面层。

结构层：指钢筋混凝土楼板结构层以及与土壤接触的经土建技术处理的底层地面，是辐射地面构造的基层。结构层平整度误差较大时，应在其上做水泥砂浆找平层，以保证上部各构造层及加热管的整体稳定性。

防潮层：指防止建筑地基或楼层地面下的潮气透过地面的构造层。一般设置在与土壤接触的一层或地下室各层。

隔离层：指防止建筑地面上各种液体透过地面的构造层。一般设置在有防水要求的地面。

绝热层：指用于阻止或减少热量传递，减少无效热耗的构造层。绝热层分辐射面绝热层和侧面绝热层（边界绝热层）。侧面绝热层设于辐射区与非辐射区、建筑物墙体、柱、过门等结构交接处，用于防止地板热量渗出。

加热管：指用于进行热水循环并加热辐射表面的管道。加热管选用具有一定耐压、耐热能力和一定工作寿命的用于供暖的专用热水管。加热管一般采用耐热塑料管或塑料复合管。

填充层：指在绝热层或楼板基面上设置加热管的构造层，用于保护加热盘管，并且起到均匀蓄热的作用，同时增强地面强度。

找平层：指在垫层或楼板面上进行抹平找坡的构造层。作用是为铺设装饰面层抹平地面或与面砖石材等黏结。

面层：指完成的建筑装饰成品地面。

伸缩缝：也称为膨胀缝、分隔缝，指补偿混凝土填充层和面层等膨胀或收缩用的构造缝，分为填充层伸缩缝和面层伸缩缝。

图 4—94 所示为标准楼层热水地面辐射供暖系统地面基本构造。

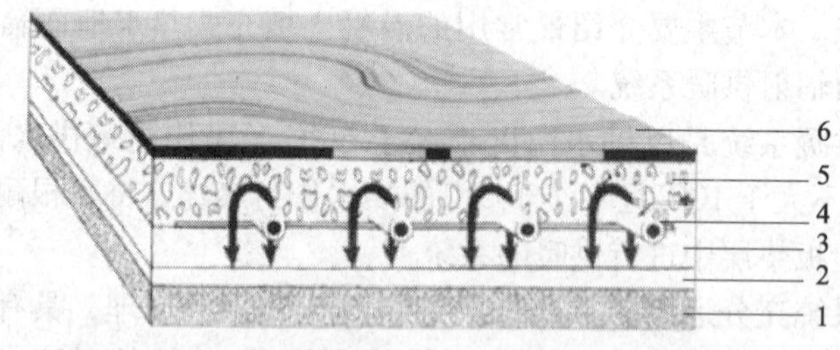

图 4—94　地面辐射供暖系统基本构造剖面图

1—结构层　2—找平层　3—绝热层　4—加热管　5—填充层　6—地面层

（二）加热管的布置

1．加热管的布置方式

地面辐射采暖常用的加热管布置方式有直列型、双直列型和回折型三种，如图 4—95 所示。

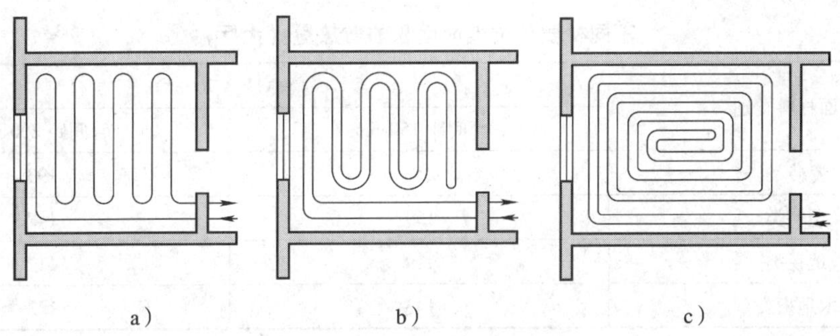

图 4—95 加热管的布置方式

a）直列型 b）双直列型 c）回折型

采用直列型布置，地板表面平均温度沿水的流程方向逐步均匀降低；采用双直列型布置，地板表面温度在小面积上波动大，但平均温度分布较均匀；采用回折型布置，地板表面平均温度也是沿水的流程波动，但平均温度波动将很小，温度分布更均匀。

三种布管方式地面温度分布与波动情况是不一样的，具体采用何种方式，应根据房间用途、房间热工热性，遵循温度均匀分布原则而定。工程上多采用回折型布管形式，其实际布管效果如图 4—96 所示。

图 4—96 加热管回折型布管实例

2. 管的埋深与管间距

加热管沿热流线方向填充层的热阻是变化的，这样使得辐射板表面是不等温面，管顶所对应的地面温度最高；当相邻两加热管中的热水温度相等时，两管中间处的地面温度最低。管的埋深越小，温差越大，地面温度分布越不均匀。因此，埋深减小不仅导致地面温度偏高，而且使地面温度分布也不均匀。

当管间距增大时，两管间热量叠加强度减小，地面温度分布更加不均匀。为了保证地面温度分布的均匀性，工程中一般限定管间距不宜大于 300 mm。当地面散热量大时，即使管间距为 300 mm 也显得过密，此时可通过调整加热管水流量、水温等来适应要求。

由于沿外窗或外墙侧热损失较大，一般应将高温管段优先布置在该处，或在沿外窗、外墙一定范围内布管密些，即缩小管间距。但这些地方布管过密时，沿外窗、外墙侧地面温度偏高，反而加大了热损失。

总之，管间距越小、埋深越大，地板表面温度越均匀，因此施工时应注意。表 4—8 和表 4—9 给出了交联聚乙烯（PE－X）管在不同位置、不同地面材料条件下的供暖散热量及其管路铺设间距，供施工时参考。

3. 加热管的切割与弯曲

加热管应采用专用工具切断，管口应平整并垂直于管轴线。管子在定形弯曲时，严禁用明火或电加热。PE－X 管可采用弯管卡具或电热风机加热弯曲，PP－R 管可直接用弯头，XPAP 管（交联铝塑复合管）可采用弹簧弯管器直接弯曲成形。加热管的弯曲半径规定：PE－X 管、PB 管、PE－RT 管不宜小于 8 倍管外径，XPAP 管不宜小于 5 倍管外径。

表 4—8　　不同材质单位地面面积的散热量（大厅）

地面材料类别	散热量（W/m^2）	
	管间距 150 mm	管间距 200 mm
瓷砖类	212	193
塑料类	159	147
地毯类	119	112
木地板类	143	133

注：1. 供水温度：60℃；回水温度：50℃；室温：18℃。
2. 表中参数适用于大厅地热采暖。

表 4—9　　不同材质单位地面面积的散热量（游泳馆）

地面材料类别	散热量（W/m^2）	
	管间距 150 mm	管间距 200 mm
瓷砖类	152	138
塑料类	114	104

注：1. 供水温度：60℃；回水温度：50℃；室温：28℃。
2. 表中参数适用于游泳馆地热采暖。

（三）地面辐射采暖的主要材料

1. 加热管材

通常使用的加热管材有交联聚乙烯（PE－X）管、三型聚丙烯（PP－R）管、耐热聚乙烯（PE－RT）管、聚丁烯（PB）管和铝塑复合管等。目前工程上多采用管径为 *dn*16、*dn*20 的 PE－RT 管以及相应的连接专用管件。

2. 绝热材料

绝热材料应采用导热系数小、难燃或不燃，具有足够承载强度的材料，且不应含有殖菌源，不得有散发异味及可能危及健康的挥发物。具体工程中应根据绝热材料类型、导热系数、密度、规格、厚度及热阻值等技术参数，按国家现行标准选用。

加热管下面铺设绝热材料，其目的是使热量最大可能地辐射到采暖房间，减少热量的损失。目前工程常用的绝热材料有聚苯乙烯泡沫塑料板（简称“聚苯板”）和发泡水泥两类。聚苯板又分为模塑聚苯板和挤塑聚苯板。

发泡水泥是一种新型绝热材料，是将发泡剂、水泥、水等按配比要求制成泡沫浆料，浇筑于地面，经自然养护形成具有规定密度等级、强度等级和较低导热系数的泡沫水泥。

3. 填充层材料

常用的填充层材料是豆石混凝土和水泥砂浆。豆石混凝土强度等级宜为 C15，豆石粒径宜为 5～12 mm。

水泥砂浆材料应符合下列规定：

（1）应选用中粗砂水泥，且含泥量不应大于 5%。

（2）宜选用硅酸盐水泥或矿渣硅酸盐水泥。

（3）水泥砂浆体积比不应小于1∶3。

（4）强度等级不应低于 M10。

4. 地热专用钢丝网和塑料卡钉

加热管的固定方式有两种，一种是在绝热层表面铺设钢丝网，然后采用塑料扎带将地热管固定在钢丝网上；另一种是采用塑料卡钉将地热管直接固定在复合绝热层上。钢丝网和塑料卡钉均为地板辐射采暖专用型，如图4—97所示。

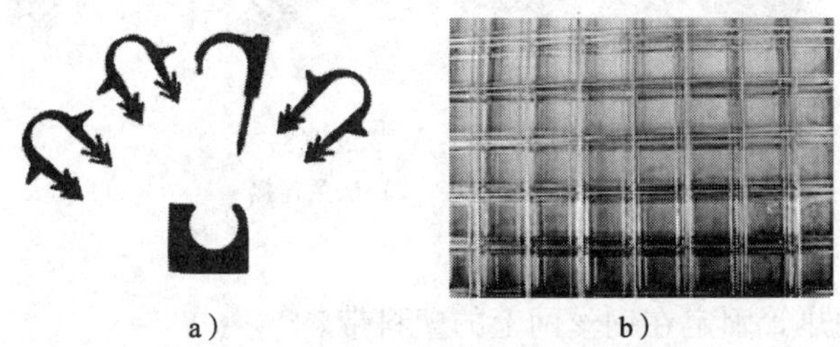

a） b）

图4—97 加热管专用塑料卡钉和钢丝网

a）塑料卡钉 b）钢丝网

表4—10给出了 PE－X 管卡钉支撑间距，供施工时参考。

表4—10 **PE－X 管安装支撑间距** mm

外径	16	20	25	32	40	50	63	75	90	110
水平管	600	600	800	800	1 000	1 000	1 500	1 500	2 000	2 000
立管	800	1 000	1 200	1 200	1 500	1 500	1 500	2 000	2 500	2 500

5. 分水器和集水器

分水器和集水器是用于连接供暖系统供、回水管和各加热管分支环路的配水、汇水装置。分水器和集水器总进、出水管内径一般不小于25 mm，每个分水器和集水器分支环路不超过八路。每个分支环路供、回水管上均应设置可关断阀门。分水器和集水器有国产或进口标准型，通常选用国产标准型。分水器和集水器一般采用铜或不锈钢制作，如图4—98所示。

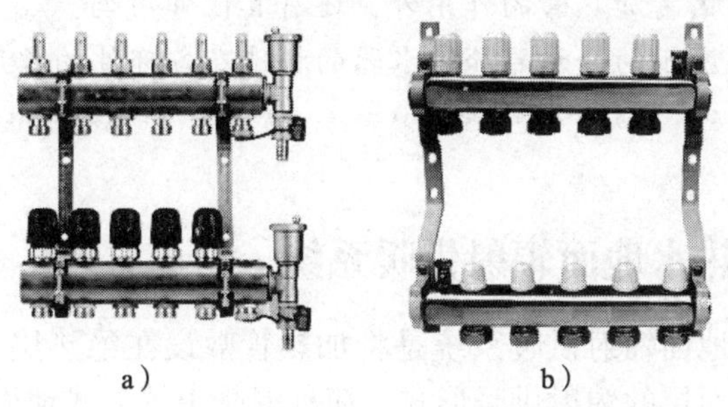

a） b）

图4—98 分水器和集水器

a）分水器 b）集水器

6. Y型过滤器

Y型过滤器一般安装在小型管道系统中，有法兰连接和螺纹连接两种，如图4—99所示。地热采暖选用螺纹连接的Y型过滤器，安装在分水器的进口管上。在供暖系统初次运行前以及后期每次供暖前对过滤网进行清洗，以保持管路畅通。Y型过滤器的安装有方向性。

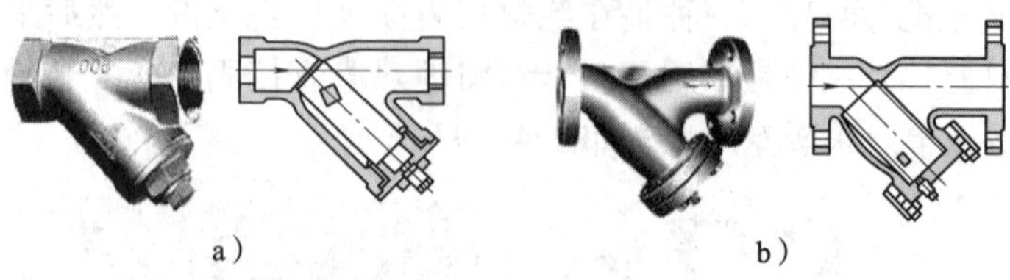

图4—99　Y型过滤器
a）螺纹连接　b）法兰连接

7. 其他材料

（1）扎带：将加热管固定在钢丝网上的塑料带。

（2）铝箔纸：铺设在绝热层和加热管之间，具有防潮和反射热量的作用。地暖专用铝箔纸如图4—100所示。

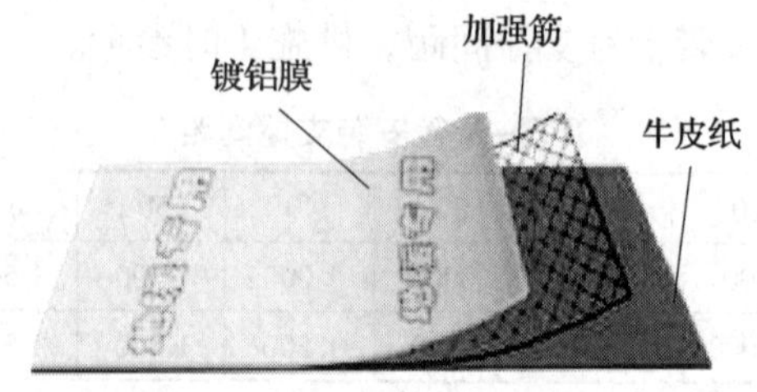

图4—100　地暖专用铝箔纸

想一想

1. 哪一种地面辐射供暖加热管的布置方式使用效果最好？你能提出其他的布管形式吗？

2. 讨论加热管布置形式的优缺点。

3. 钢丝网除了有固定加热管的作用外，还有其他作用吗？

4. 讨论图4—98所示的分水器和集水器的构造及各部件的作用。

二、混凝土填充式热水地面辐射供暖系统

混凝土填充式热水地面辐射供暖系统是将加热管敷设在绝热层之上，需填充混凝土或水泥砂浆后再铺设地面面层的辐射供暖形式，简称混凝土填充式地面辐射供暖。

混凝土填充式地面辐射供暖宜采用瓷砖或石材等热阻较小的面层，不适宜采用架空木地板面层。

（一）混凝土填充式热水地面辐射供暖系统地面构造

采用混凝土填充式地面辐射供暖形式的常见建筑类型有标准层房间、与土壤直接接触的房间和潮湿房间三种，其地面构造分别如图 4—101、图 4—102 和图 4—103 所示。从图中可以看出，为了保证埋设在地面下的加热管能长期正常循环运行，不同构造功能的建筑房间其供暖地面结构各不相同。

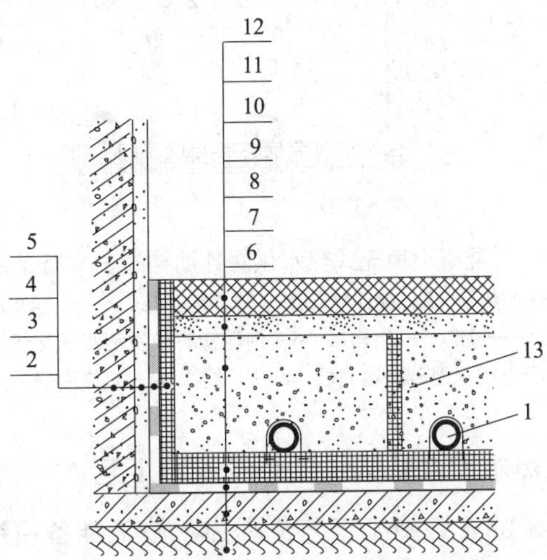

图 4—101 混凝土填充式热水供暖地面构造一（与土壤接触地面）

1—加热管 2—侧面绝热层（边界绝热层） 3、8—防潮层 4—抹灰层 5—外墙 6—夯实土壤 7—与土壤相邻地面 9—泡沫塑料或发泡水泥绝热层 10—豆石混凝土或水泥砂浆填充层 11—找平层 12—装饰面层 13—伸缩缝

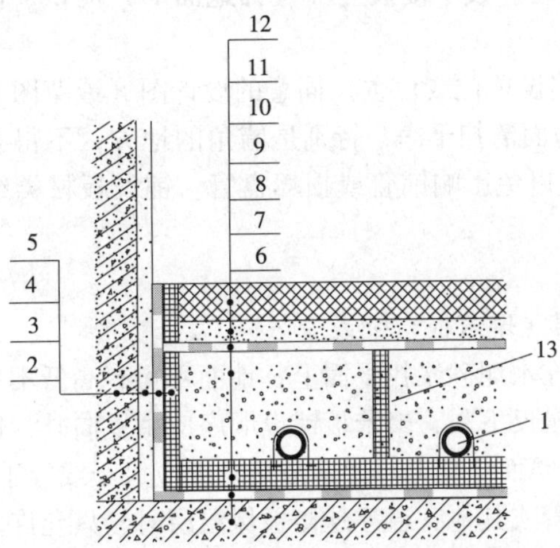

图 4—102 混凝土填充式热水供暖地面构造二（潮湿房间地面）

1—加热管 2—侧面绝热层（边界绝热层） 3、7、10—隔离层（防水层） 4—抹灰层 5—外墙 6—结构层 8—泡沫塑料或发泡水泥绝热层 9—豆石混凝土或水泥砂浆填充层 11—找平层 12—装饰面层 13—伸缩缝

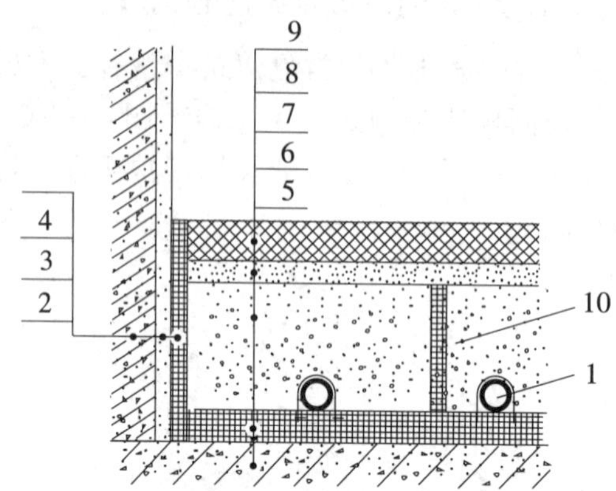

图 4—103 混凝土填充式热水供暖地面构造三（标准层地面）
1—加热管 2—侧面绝热层（边界绝热层） 3—抹灰层
4—外墙 5—结构层 6—泡沫塑料或发泡水泥绝热层
7—豆石混凝土或水泥砂浆填充层 8—找平层 9—装饰面层 10—伸缩缝

（二）混凝土填充式热水地面辐射供暖系统安装工艺

低温热水辐射采暖系统的安装施工工艺流程为：施工准备→铺设绝热层→加热管的铺设→加热管的固定→分水器和集水器安装→水压试验与调试→混凝土填充层的浇捣与养护→地面层的施工。

1. 施工准备

（1）施工条件：建筑工程主体已基本完工，且屋面已封顶；室内装修的吊顶、抹灰已完成；与地面施工同时进行。设于楼板上（装饰地面下）的供、回水地面凹槽已配合土建预留。

（2）具有经业主（建设单位或户主）同意的设计图（或草图)。

（3）清理地面。将地面清扫干净，特别是墙角的地方，不得有凸凹不平的地面，不得有砂石碎块、钢筋头等，以免影响铺管或损坏盘管。铺设板材类绝热层的地面平整度的允许误差为 5 mm 以内。

2. 铺设绝热层

（1）泡沫塑料绝热层（聚苯板）铺设

1）聚苯板必须铺设在水泥砂浆找平面上，地面不得有高低不平的现象。

2）按房间面积进行量尺下料，聚苯板铺设顺序应由里向外，铺设平整，不得起鼓。铝箔应铺设在聚苯板上，铝箔面应朝上。铝箔搭接宽度应大于或等于 20 mm，且用胶带粘牢。

3）凡是钢筋、电线管或其他管道穿越楼板保温层时，只允许垂直穿越，不准斜插，其插管接缝用胶带封贴严实、牢靠。

4）若需在绝热层上铺设钢丝网，应将钢丝网平整铺设，钢丝网搭接处应做固定措施。

（2）发泡水泥绝热层施工

1）施工应准备的机具有专用搅拌机、活塞式或挤压式发泡水泥输送泵、输送管道以及平整绝热层的专用工具等。使用前应对机具进行安全检查。

2）根据施工现场使用的水泥品种，进行发泡剂类型配方后，方可进行现场制浆。

3）在房间墙上标出发泡水泥绝热层浇筑厚度的水平线。

4）发泡水泥绝热层现场浇筑宜采用物理发泡工艺：

水
水泥]→搅拌→浆料
水
发泡剂]→发泡机→发泡
]→输送泵→输送管道→现场浇筑→找平→自然养护。

5）现场浇筑中应随时观察、检查浆料流动性、发泡稳定性，应控制浇筑厚度及地面平整度。发泡水泥绝热层自流平后，应采用刮板刮平。

6）发泡水泥绝热层内部的孔隙应均匀分布，不应有水泥与气泡明显分离层。

7）当施工环境风力大于5级时，应停止施工或采取挡风等安全措施。

8）发泡水泥绝热层在养护过程中不得振动，且不应上人作业。加热管应在养护期结束后敷设。

9）发泡水泥绝热层应在浇筑过程中同步见证取样。

3. 加热管的铺设

（1）按设计图要求进行放线配管，各环路管长度不应超过120 m；连接在同一分水器和集水器的相同管径的各环路长度应接近；同一环路的加热管应保持水平；每一环路加热管不得有接头，填充层内严禁有接头；加热管隐蔽前必须进行严格检查。

（2）热负荷明显不均匀的房间，宜采用将高温管段优先布置于房间热负荷较大的外窗或外墙侧的方式。在靠近外窗、外墙处，管间距可适当缩小，而在其他区域可将管间距适当放大，如图4—104所示。

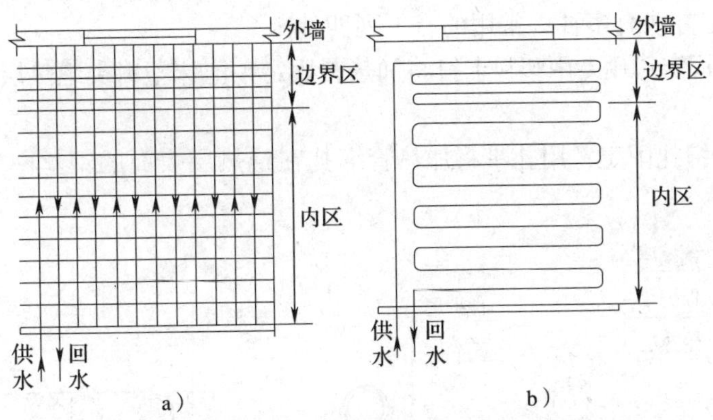

图4—104 热负荷不均匀房间加热管布置形式

（3）加热管不应与房间内生活冷、热水管以及电气线管等敷设在同一构造层内，应用绝热层隔离，如图4—105所示。当管道交叉的数量较多时，宜采用图4—105a所示的方式。管道与绝热层的间隙用绝热材料填实。

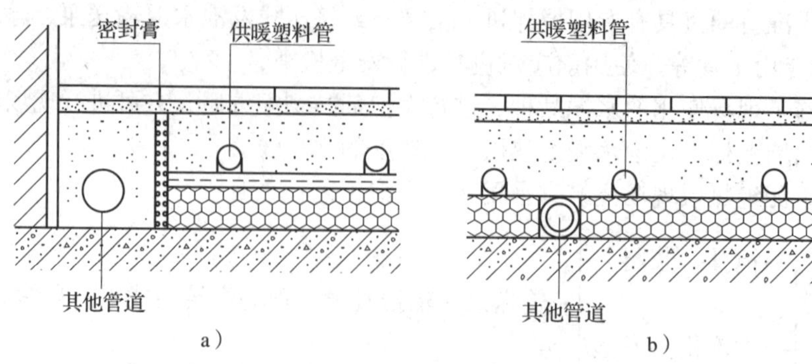

图 4—105　加热管与其他管道交叉的地面做法

（4）加热管与墙面的距离：距离外墙内表面不得小于 100 mm，与内墙距离宜为 200 ~ 300 mm，距卫生间墙体内表面为 100 ~ 150 mm。

（5）加热管敷设间距的误差不应大于 10 mm。180°圆弧的顶部应加以限制，并用管卡进行固定。弯头两端宜设固定卡，加热管直管段间距宜为 500 ~ 700 mm，弯曲管段固定点距离宜为 200 ~ 300 mm。

（6）为了防止采暖后地板膨胀，造成地面隆起或龟裂，应当预先将房间地面分割成若干块，并用绝热板隔离区域。

（7）按所选用的加热管管材施工工艺标准，对加热管进行切断和弯曲。加热管应做到自然释放，不允许出现扭曲现象，以免管道处于非正常受力状态，影响加热管的使用寿命。塑料管弯曲半径不应小于管道外径的 8 倍，复合管不应小于 5 倍。

4．加热管的固定

加热管固定的目的是使其定位，防止在铺设填充层或面层时产生位移。

（1）加热管的固定方式

加热管的固定方式有多种，常用的有下列四种。

1）塑料卡钉固定：用专用塑料卡钉将加热管固定在泡沫塑料类绝热层上，如图 4—106a 所示。

2）塑料扎带绑扎固定：用扎带将加热管绑扎在绝热层表面的钢丝网上，如图 4—106b 所示。

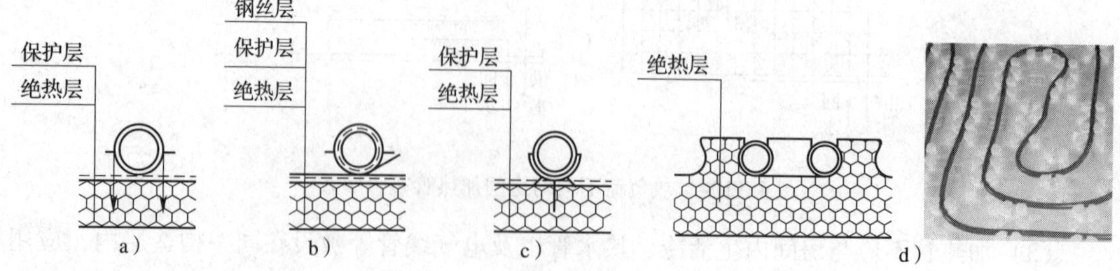

图 4—106　加热管固定方式

a）塑料卡钉固定　b）塑料扎带绑扎固定　c）管托固定卡固定　d）凸台或管槽固定

3）管托固定卡固定方式：用管托将加热管直接固定在发泡水泥或泡沫塑料类绝热层上（包括设有复合面层的绝热板），如图 4—106c 所示。

4）凸台或管槽固定：用带凸台或管槽的绝热层直接将加热管固定，如图 4—106d 所示。例如，地暖工程中使用的表面有“蘑菇”图案凸起的保温板就是一种既有绝热功能，又便于固定加热管的复合保温板。

（2）管网冲洗与管道连接

加热管铺设固定完成后，应对每一道（路）管网进行冲洗，以出水清洁为合格。即可与分水器和集水器连接，最终与采暖管道连接。

5．分水器和集水器安装

（1）检查分水器和集水器的型号、规格、连接方式、分路数目应符合设计要求。

1）分水器和集水器应在加热管敷设之前进行就位安装，以便于加热管精确转向和通入分水器和集水器内。

2）分水器和集水器固定可选用支架、托钩等固定方式，也可采用嵌墙或箱罩安装。分水器和集水器一般暗装在厨房橱柜内或明装在生活阳台上。

3）分水器和集水器与地热管的连接方式有卡环式、夹紧式两种接口。当水平安装时，分水器宜安装在上方，集水器宜安装在下方，中心间距为 200 mm，集水器中心距地面应不小于 300 mm。当垂直安装时，分水器和集水器下端距地面应不小于 150 mm。

（2）分水器前应设置过滤器。加热管始、末端伸出地面至连接分水器和集水器配件的明装管段，应设置在硬质套管或波纹套管内。加热管始、末端伸出地面应用弯管卡固定，可有效地解决管材扭曲、回弹、死折、缩径等缺陷，如图 4—107 所示。加热管与分水器、集水器分路阀门的连接应采用专用插入式连接件，这种管接头和铝塑管接头密封原理相同，其结构是有区别的，如图 4—108 所示。

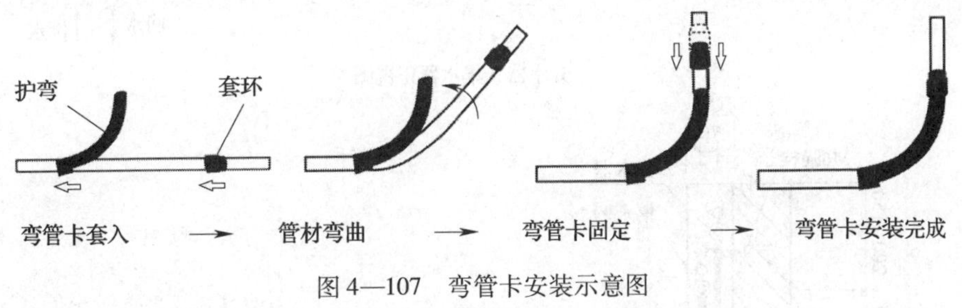

图 4—107　弯管卡安装示意图

（3）分水器、集水器安装及其管路系统的连接，如图 4—109 所示。

6．水压试验与调试

（1）中间验收

地面辐射采暖系统应进行中间验收。其验收过程，以加热管敷设和分、集水器安装完毕进行试压起，至混凝土填充层养护期满再次进行试压止，由施工单位会同监理单位共同进行。

（2）水压试验

浇捣混凝土填充层之前和混凝土填充层养护期满之后，应分别进行水压试验。水压试验合格后，由施工单位、建设单位和监理单位进行隐蔽工程记录并签字。

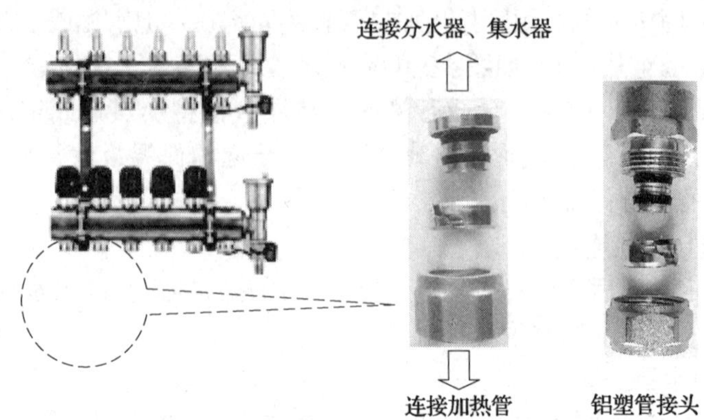

图 4—108　分水器、集水器管接头示意图

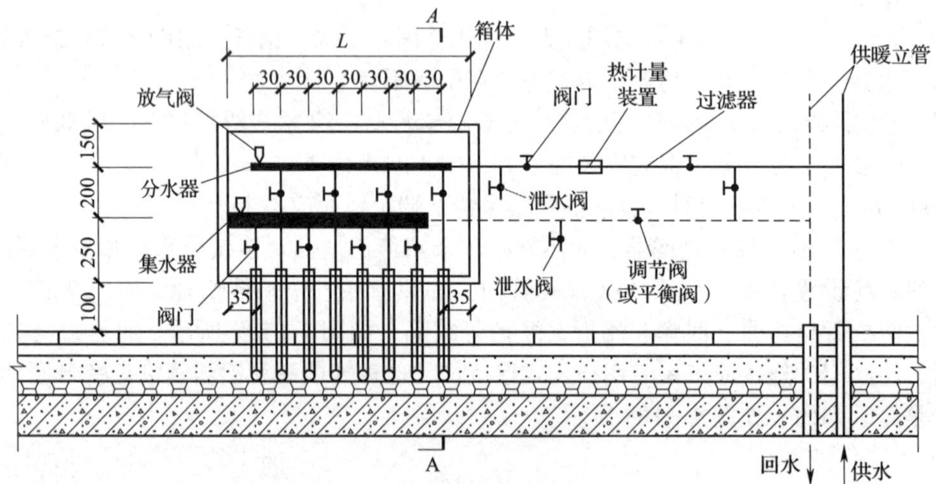

分水器、集水器正视图

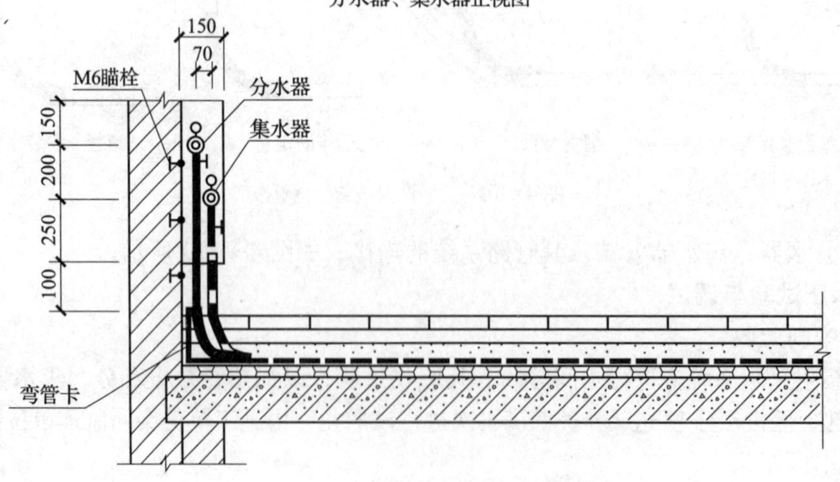

*A—A*剖面

图 4—109　分水器、集水器安装示意图

（3）调试

1）地面辐射采暖系统未经调试，严禁运行使用。调试工作由施工单位在工程施工单位配合下进行。

2）具备供热条件时，调试应在竣工验收阶段进行；不具备供热条件时，经与工程使用单位协商，可延期进行调试。

3）调试时初次送暖应缓慢升温，先将供水温度控制在高于室内空气温度10℃左右，且不应高于32℃，并应连续运行48 h；以后再每隔24 h水温升高3℃，直至达到设计水温。调试过程中应在设计水温条件下连续通暖24 h，调节每一通路水温，使其达到正常范围。

7. 混凝土填充层的浇捣与养护

（1）豆石混凝土填充层上部应根据面层的需要铺设找平层。

（2）没有防水要求的房间，水泥砂浆填充层可同时作为面层找平层。

（3）加热盘管的豆石混凝土填充层厚度不宜小于50 mm，加热盘管的水泥砂浆填充层厚度不宜小于40 mm。

（4）现浇过程中加热管及钢丝网不允许有翘起现象，以免影响加热管上保护层的厚度。

（5）辐射采暖地板面积超过30m²，或长边超过6m时，以及房间门口处，应按要求设置伸缩缝。伸缩缝材料应选用厚度为20 mm的模塑聚乙烯泡沫塑料板，高度应从绝热层的上边缘做到填充层的上边缘；或预制木板条待填充施工完毕后取出，缝槽内满填弹性膨胀膏或玻璃胶。伸缩层、侧面绝热层的做法如图4—110所示。

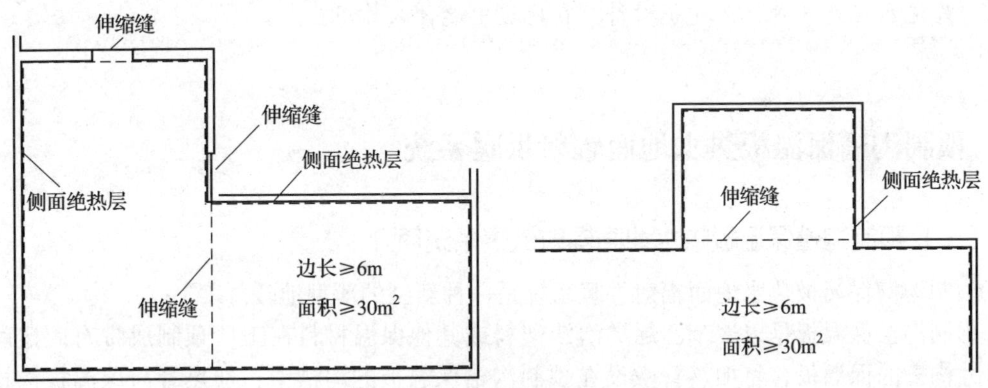

图4—110 伸缩缝、侧面绝热层的做法

（6）加热管应尽可能少地穿越伸缩缝，加热管穿越伸缩缝处应设置长度大于200 mm的柔性套管，如图4—111所示。

（7）填充层施工中，加热盘管内应处于保压状态，且水压不应低于0.6 MPa；填充层养护工程中，系统水压不应低于0.4 MPa。进行豆石混凝土浇捣时，混凝土标号以及豆石粒径应符合设计要求，可掺入适量防止龟裂的添加剂。

（8）水泥砂浆填充层的养护时间不少于7天，或抗压强度达到5 MPa，方可上人行走；豆石混凝土的养护周期不应少于21天。

8. 地面层的施工

在填充层养护期满后，地面上应设置明显标志，严禁在地面上运载重物，不得进行打

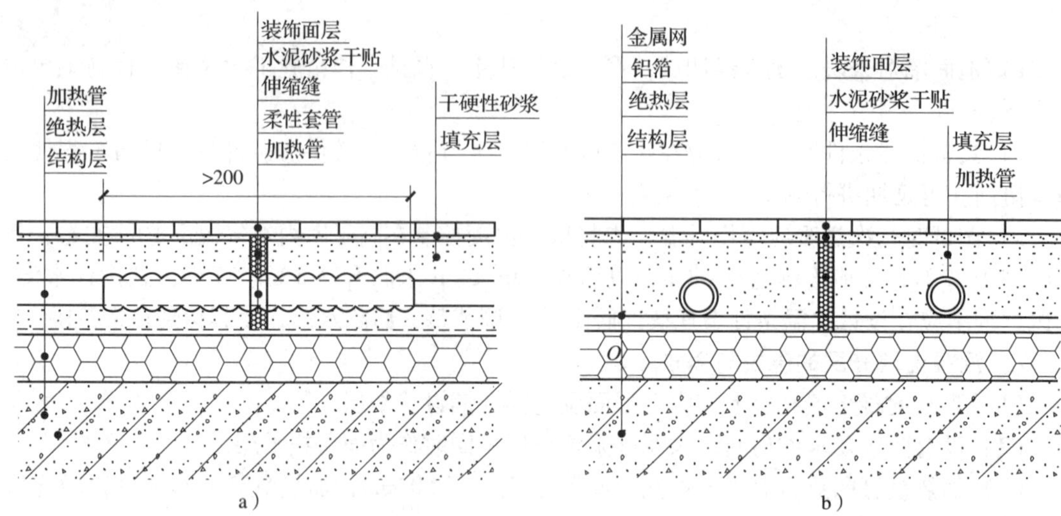

图 4—111　加热管与伸缩缝平行或垂直（穿过）做法

a）加热管与伸缩缝平行做法　b）加热管与伸缩缝垂直做法

洞、钉凿、撞击等作业，不得放置高温物体。地面层及找平层施工时，不得剔凿填充层或向填充层楔入任何物件。

想一想

发泡水泥是一种什么建筑材料？在地暖中起什么作用？

三、预制沟槽保温板热水地面辐射供暖系统

（一）预制沟槽保温板热水地面辐射供暖系统简介

预制沟槽保温板热水地面辐射供暖系统是一种新型的薄型地暖。

预制沟槽保温板是以聚苯乙烯类泡沫塑料或其他保温材料在工厂预制成带有固定间距和尺寸沟槽的保温板，将加热管敷设在预制沟槽保温板的沟槽中，加热管与保温板沟槽尺寸吻合且上皮持平，上铺均热层，可不设填充层即可铺设面层的地面敷设供暖形式。

均热层是采用预制沟槽保温板供暖地面时，铺设在加热管之下或之上、或上下均铺设的可使加热部件产生的热量均匀散开的金属板或金属箔。均热层材料的导热系数一般要大于 237 W/（m·K），常用的是铝箔和铝板。铝箔的厚度一般为 0.1 ~ 0.3 mm。金属均热层的材料规格由设计人员根据现行规范确定。

预制沟槽保温板是在工厂预制的、用于现场拼装敷设加热管或加热电缆的、带有固定间距和尺寸沟槽的聚苯乙烯塑料泡沫或其他保温材料制成的板块。预制沟槽保温板分为不带金属均热层（地砖型）和带金属均热层（木地板型）两种。

EPE 垫层又称为珍珠棉垫层，是以低密度聚乙烯（LDPE）为主要原料挤压生产的高泡沫聚乙烯制品。EPE 垫层是和木地板配套的面层材料，具有防潮、隔热、隔音的作用。

（二）预制沟槽保温板热水地面辐射供暖系统的特点

1．有利于节能，促进热计量的实施

由于其厚度薄，热响应时间快（一般 30 min 即可），通过温控、混水可以有效降低实际耗能，对用户来讲可确保实现间歇供暖；配合热计量技术节能效果显著；避免了常规地暖热惰性指标偏大、房间升温慢的缺陷。

2．加热管安全性能高

由于预制沟槽保温板凹槽尺寸是配合加热管外径在工厂通过专用开槽机加工而成的，加热管直管段、弯曲管段吻合镶嵌固定在凹槽内，对加热管外表面起到了很好的保护作用，最大限度地降低施工期可能造成的管道表面损伤，保证加热管在设计使用年限内安全使用。

保温板自带的弯头管槽使现场大量的手工弯管工序变得简单易行（类似在弯管机弯模中弯曲管子，质量可靠），弯管成形好，对防止弯曲管道出现“死弯”从技术层面起到了很好的控制作用。

3．施工速度快

由于是标准模板块，管槽模块间距固定，直管段加热管、弯管铺设不用现场测量间距，管子通过凹槽固定，不用或少用安装塑料卡钉，施工质量好，方便快捷。木地板地面可直接铺装在保温板上，可不设豆石、水泥砂浆回填层，施工配合简便。

4．使用范围广

预制沟槽保温板较轻薄，总厚度一般不超过 35 mm，可不设填充层，不影响建筑楼板承重，占据室内层高空间少，保温板及木地板面层均为干法施工，适用于新建住宅或供暖改造工程。

（三）预制沟槽保温板热水地面辐射供暖系统地面构造

典型的预制沟槽保温板供暖地面构造分为带金属均热层的木地板型和不带金属均热层的地砖型两种形式。地砖型适用于各类石材、地砖，木地板型又可分为无木龙骨和有木龙骨两种类型。金属均热层材料由设计人员根据现行规范确定选用。

1．预制沟槽保温板木地板型地面构造

（1）与供热房间相邻的预制沟槽保温板供暖木地板地面的构造如图 4—112 所示。

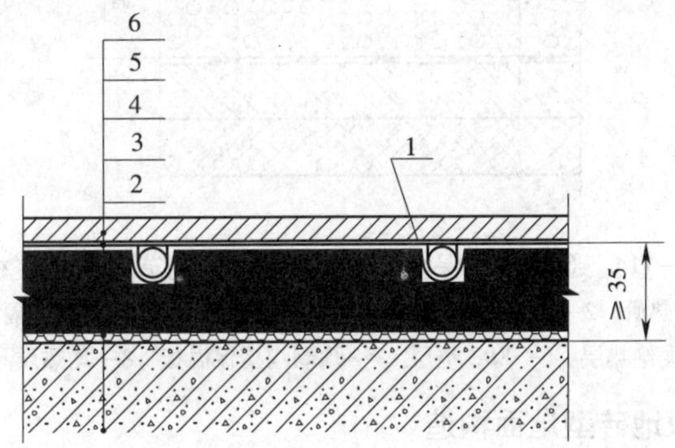

图 4—112　预制沟槽保温板木地板地面的构造（与供热房间相邻）

1—加热管　2—楼板　3—EPE 垫层　4—预制沟槽保温板　5—均热层　6—木地板

（2）与不供暖房间或室外空气相邻的预制沟槽保温板木地板地面的构造如图 4—113 所示。

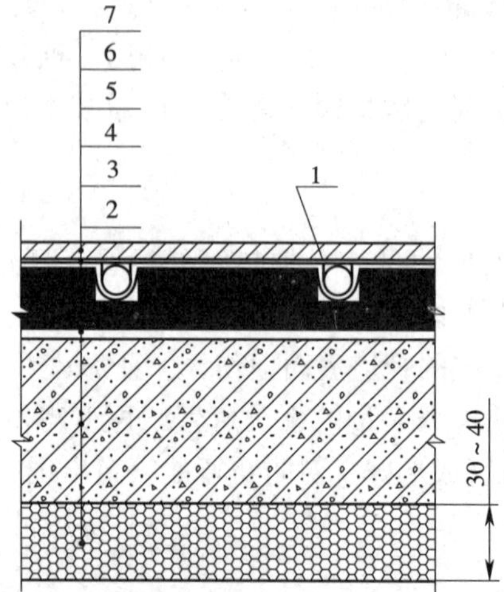

图 4—113　预制沟槽保温板木地板地面的构造（与不供暖房间或室外空气相邻）

1—加热管　2—聚苯板　3—楼板　4—EPE 垫层　5—预制沟槽保温板　6—均热层　7—木地板

（3）与土壤相邻的预制沟槽保温板木地板地面的构造如图 4—114 所示。

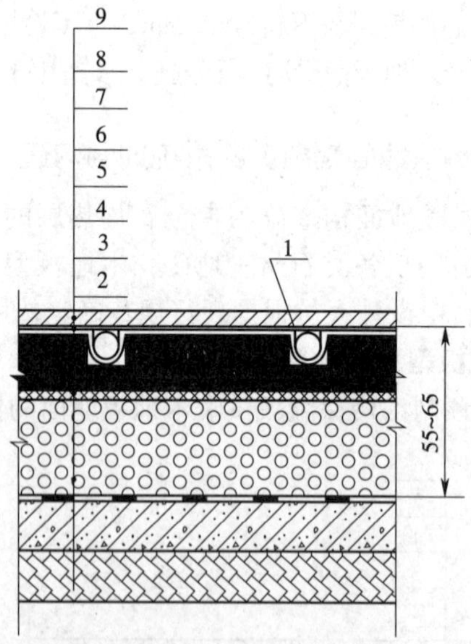

图 4—114　预制沟槽保温板木地板地面的构造（与土壤相邻）

1—加热管　2—夯实土壤　3—与土壤相邻地面　4—防潮层（隔离层）
5—发泡水泥绝热层　6—EPE 垫层　7—预制沟槽保温板　8—均热层　9—木地板

2．预制沟槽保温板地砖型地面构造

预制沟槽保温板地砖或石材板地面的构造如图 4—115 所示。

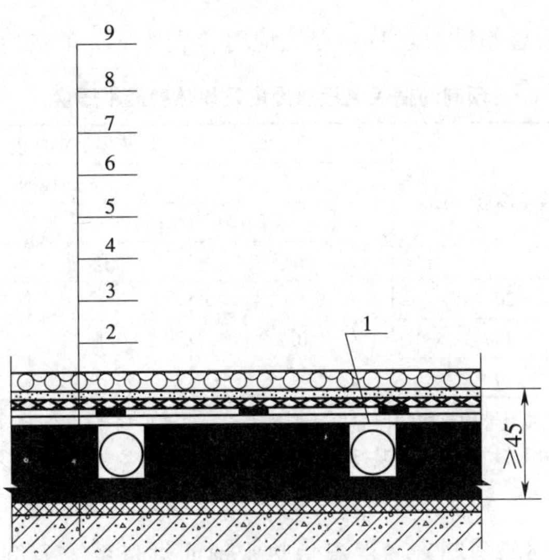

图 4—115　预制沟槽保温板地砖或石材板地面构造（与供暖房间相邻）

1—加热管　2—结构层　3—EPE 层　4—预制沟槽保温板　5—找平层（潮湿房间）
6—隔离层（潮湿房间）　7—金属网　8—找平层和黏接层　9—瓷砖或石材装饰面层

（四）预制沟槽保温板热水地面辐射供暖系统安装

预制沟槽保温板地暖系统的安装可参照混凝土填充式地暖系统的施工工艺。

1. 预制沟槽保温板、绝热层及均热层的选用与设置

（1）预制沟槽保温板、均热层的选用

现场铺设的预制沟槽保温板应根据产品规格尺寸、物理性能、辐射面有效供热量及其反向传热量的测试数据，根据设计要求选用。

预制沟槽保温板及其均热层的沟槽尺寸与敷设的加热管外径应吻合，均热层的导热系数一般要大于 237 W/（m·K）。

（2）绝热层、预制沟槽保温板和均热层的设置

如下层为供暖房间，可不设置绝热层。其他部位绝热层设置应符合下列要求：

1）底层为土壤上部的绝热层宜采用发泡水泥。直接与室外空气接触的楼板以及与不供暖房间相邻的地板，绝热层宜设在楼板下，绝热材料宜采用聚苯板。

2）绝热层厚度应符合表 4—11 的规定值。

表 4—11　　预制沟槽保温板供暖地面的绝热层厚度

绝热层位置	绝热层材料及厚度		
		干体积密度（kg/m³）	厚度（mm）
与土壤接触的底层地板上	发泡水泥	350	35
		400	40
		450	45
与室外空气接触的楼板下	模塑聚苯板		40
与不供暖房间相邻的楼板下	模塑聚苯板		30

注：与供暖房间相邻的地板上或地板下均不需再铺设绝热层。

3）预制沟槽保温板总厚度及均热层厚度应符合表4—12的规定值。

表4—12　预制沟槽保温板总厚度及均热层最小厚度

加热部件类型		保温板总厚度（mm）	均热层最小厚度（mm）			
			木地板面层			
			管间距<200 mm		管间距≥200 mm	
			单层	双层	单层	双层
加热管外径（mm）	12	20	0.2	0.1	0.4	0.2
	16	25				
	20	30				

注：1. 单层均热层：指仅采用带均热层的保温板，加热管上不再铺设均热层时的最小厚度。
2. 双层均热层：指采用带均热层的保温板，加热管上再铺设一层均热层时每层的最小厚度。

2. 安装工艺

这里以供热房间相邻的预制沟槽保温板热水地面供暖系统为例，介绍预制沟槽保温板热水地面供暖系统的安装工艺过程。

安装施工工艺流程为：施工准备→铺设EPE层→确定各房间第一张标准模块铺装位置→标准模块铺装→非标准模块（填充板）拼装→加热管的敷设→加热管的固定→分、集水器安装→水压试验与调试→地面层的施工。

预制沟槽保温板热水地面供暖系统施工工艺可参考混凝土填充式热水供暖系统施工工艺。施工要点是沟槽保温板的拼装以及均热层的设置位置。

（1）沟槽保温板铺设

1）预制沟槽保温板铺装时，可直接将相同规格的标准模块板拼接铺设在楼板基层或发泡水泥绝热层上。当标准块的尺寸不能满足要求时，可用工具刀裁下所需尺寸的保温板对齐铺设。相邻板块上的沟槽应互相对应、紧密依靠。

2）带龙骨的预制沟槽保温板铺装时，应在安装木龙骨后铺设标准模块板和填充板。

3）铺设石材或地砖时，在预制沟槽保温板及加热管上应铺设厚度不小于30 mm的水泥砂浆找平层和黏结层；水泥砂浆找平层上应加金属网，网格间距不应大于100 mm×100 mm，金属直径不应小于1.0 mm。

（2）加热管敷设

1）加热管需现场敷设，施工技术要求同混凝土填充式地暖。

2）通过保温板沟槽直接固定加热盘管，弯头等局部位置可采用少量铝箔胶带黏结平整，或用专用管卡固定。

3）地板木龙骨型加热管应尽量避免穿越主龙骨，可采用加热管集中在龙骨端部穿越的方式，木龙骨在对应的位置开槽。穿龙骨加热管下铺设均热层。

（3）水压试验及成品保护

1）预制沟槽保温板供暖装置户内系统试压应进行两次，分别为面层铺装之前和面层铺完之后。试压标准同混凝土填充式热水供暖系统。

2）预制沟槽保温板嵌管试压合格后，严禁在模块管道表面直接钻孔、切削、踩踏等施工操作。

想一想

绝热层在预制沟槽保温板热水地面辐射供暖系统中起什么作用？

四、地面辐射供暖户内混水系统

地面辐射供暖户内系统的热媒温度、温差及压差等参数与热源匹配时，直接通过热源供暖；户内系统的热媒温度、温差及压差等参数与热源不匹配时，应根据需要采取设置换热器或混水装置等措施。当外网的热媒温度高于60℃时，应在楼栋的热力入口前或户内设置换热器或混水装置。例如当要把散热器供暖系统改为地热辐射供暖时，就要在户内热力入口处设置换热器或混水装置。

混水装置是将热源的一部分高温供水和低温回水进行混合，获得户内所需供水温度的装置。

（一）直接供暖系统（见图4—116）

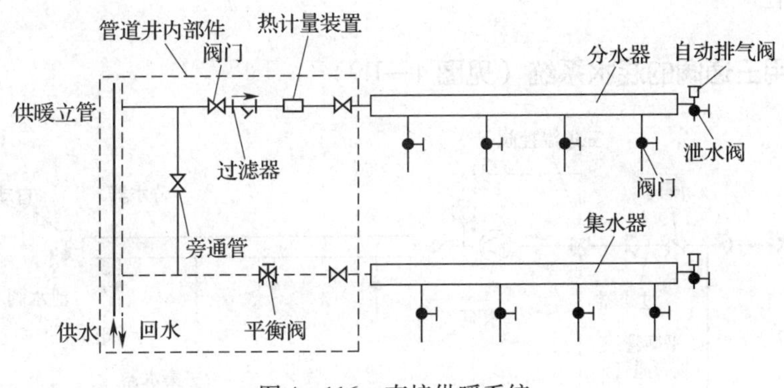

图4—116　直接供暖系统

在分水器的总进水管与集水器的总出水管之间宜设置清洗供暖系统时使用的旁通管阀。

（二）采用换热器的间接供暖系统（见图4—117）

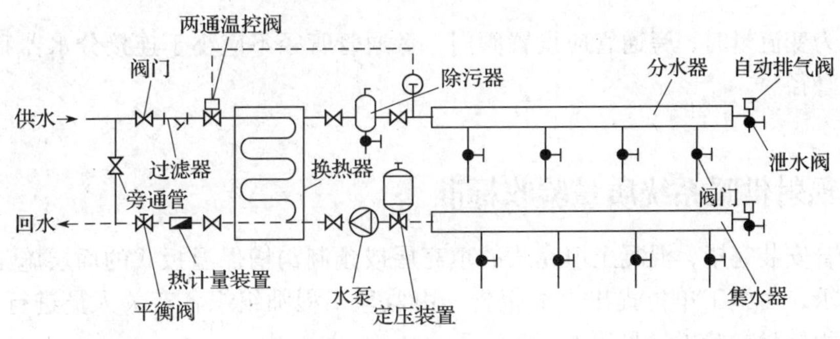

图4—117　间接供暖系统

间接供暖系统通过换热器降温达到户内系统要求。

（三）采用两通阀的混水系统（见图 4—118）

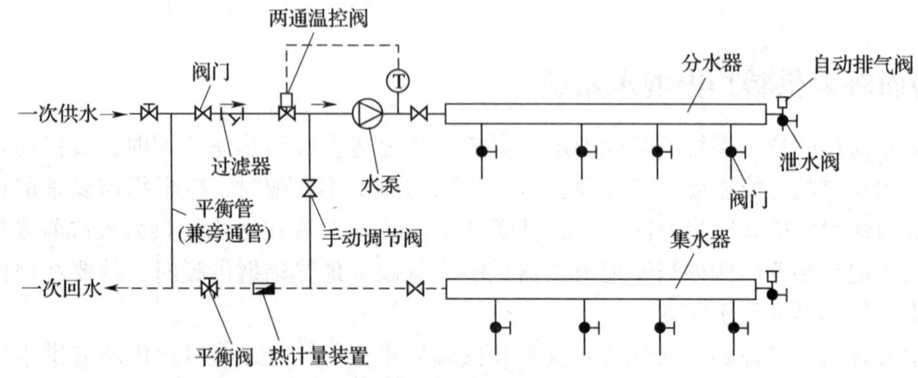

图 4—118　两通阀混水系统（外网为定流量）

当外网为变流量时，旁通管应设置阀门。旁通管管径不应小于连接分水器和集水器的进出口总管管径。

（四）采用三通阀的混水系统（见图 4—119）

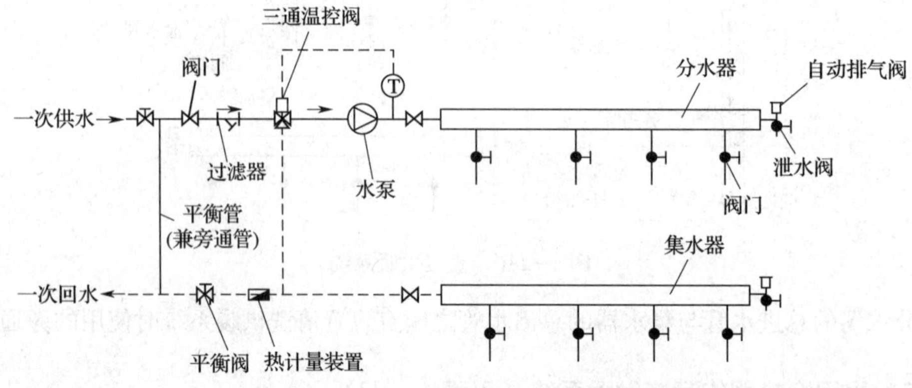

图 4—119　三通阀的混水系统

当外网为变流量时，旁通管应设置阀门。旁通管管径不应小于连接分水器和集水器的进出口总管管径。

五、地面辐射供暖系统质量验收标准

加热盘管安装完毕，混凝土填充式的填充层或预制沟槽保温板式的面层施工前，应按隐蔽工程要求，由施工单位提出书面报告，由监理工程师组织各有关人员进行中间验收，并且填写工程质量检验表（见表 4—13）。

表 4—13 以水为媒介的辐射供暖系统安装工程质量检验表

<table>
<tr><td colspan="6">工程名称</td></tr>
<tr><td colspan="3">分部（子分部）工程名称</td><td></td><td>验收单位</td><td></td></tr>
<tr><td colspan="3">施工单位</td><td></td><td>项目经理</td><td></td></tr>
<tr><td colspan="3">分包单位</td><td></td><td>分包项目经理</td><td></td></tr>
<tr><td colspan="3">专业工长（施工员）</td><td></td><td>施工班组长</td><td></td></tr>
<tr><td colspan="4">施工执行标准名称及编号</td><td colspan="2"></td></tr>
<tr><td>项目</td><td>序号</td><td>内容</td><td>检验依据</td><td>施工单位
评定检查记录</td><td>监理（建设）
单位验收记录</td></tr>
<tr><td rowspan="4">主控
项目</td><td>1</td><td>外径及壁厚</td><td>设计要求</td><td></td><td></td></tr>
<tr><td>2</td><td>加热管埋地接头</td><td>5.4.5、5.4.6</td><td></td><td></td></tr>
<tr><td>3</td><td>加热管水压试验</td><td>5.6.2</td><td></td><td></td></tr>
<tr><td>4</td><td>加热管弯曲半径</td><td>5.4.3</td><td></td><td></td></tr>
<tr><td rowspan="7">一般
项目</td><td>1</td><td>分、集水器安装</td><td>设计要求</td><td></td><td></td></tr>
<tr><td>2</td><td>加热管安装</td><td>5.4.1～5.4.12</td><td></td><td></td></tr>
<tr><td>3</td><td>防潮层、隔离层铺设</td><td>设计要求</td><td></td><td></td></tr>
<tr><td>4</td><td>泡沫塑料绝热层、
预制沟槽保温板铺设</td><td>5.3.2</td><td></td><td></td></tr>
<tr><td>5</td><td>发泡水泥绝热层强度</td><td>4.2.4</td><td></td><td></td></tr>
<tr><td>6</td><td>侧面绝热层、伸缩缝设置</td><td>5.3.3、5.4.14</td><td></td><td></td></tr>
<tr><td>7</td><td>填充层强度</td><td>4.3.1、4.3.2</td><td></td><td></td></tr>
<tr><td colspan="3">施工单位检查评定结果</td><td colspan="3">项目专业质量检查员：
年 月 日</td></tr>
<tr><td colspan="3">监理（建设）单位验收结论</td><td colspan="3">监理工程师：
（建设单位项目专业技术负责人）
年 月 日</td></tr>
</table>

（一）主控项目

1．加热管外径及壁厚

加热管外径及壁厚必须符合设计要求和国家标准。

2. 加热管埋地接头

地面下敷设的盘管埋地部分严禁有任何管件接头。

3. 加热管水压试验

盘管隐蔽前必须进行水压试验，水压试验应符合以下要求：

(1) 水压试验之前，应对试验管道和构件采取安全有效的固定和保护措施。

(2) 试验压力应不小于系统静压加 0.3 MPa，且不得小于 0.6 MPa。

(3) 冬季进行水压试验时，应采取可靠的防冻措施。

检验方法：稳压 1 h 内压力降不大于 0.05 MPa，且不渗不漏。

4. 加热管弯曲半径

加热盘管弯曲部分不得出现硬折弯现象，曲率半径应符合下列规定：

(1) 塑料管不应小于管道外径的 8 倍。

(2) 复合管不应小于管道外径的 5 倍。

(二) 一般项目

1. 分水器、集水器安装

分水器、集水器型号、规格、公称压力及安装位置、高度等应符合设计要求。

2. 加热盘管

加热盘管间距和长度应符合设计要求。间距偏差在 ±10 mm 以内。

3. 绝热层、防潮层、隔离层、填充层及伸缩缝

绝热层、防潮层、隔离层、填充层及伸缩缝应符合设计要求。

一般项目施工技术要求及允许偏差见表 4—14、表 4—15。

表 4—14　　绝热层、保温板、管道部件施工技术要求及允许偏差

序号	项目		条件	技术要求	允许偏差（mm）
1	绝热层	泡沫塑料类	结合	无缝隙	—
			厚度	按设计要求	+10
		发泡水泥	厚度	按设计要求	±5
2	预制沟槽保温板	保温板	结合	无缝隙	—
		均热层	厚度	采用木地板时不小于 0.2 mm	—
3	加热管	弯曲半径 R	塑料管	$11d \geqslant R \geqslant 8d$	-5
			铝塑复合管	$11d \geqslant R \geqslant 5d$	-5
			铜管	$11d \geqslant R \geqslant 5d$	-5
		固定点间距	直管	宜为 0.5 ~ 0.7 m	+10
			弯管	宜为 0.2 ~ 0.3 m	
4	分水器、集水器安装		垂直距离	宜为 200 mm	±10

注：d 为管外径。

表 4—15　　　原始工作面、填充层、面层施工技术要求及允许偏差

<table>
<tr><th>序号</th><th>项目</th><th colspan="3">条件</th><th>技术要求</th><th>允许偏差（mm）</th></tr>
<tr><td>1</td><td>原始工作面</td><td colspan="3">铺设绝热层或保温板前</td><td>平整</td><td>—</td></tr>
<tr><td rowspan="6">2</td><td rowspan="6">填充层</td><td rowspan="2">豆石混凝土</td><td>加热管</td><td rowspan="2">标号，最小厚度</td><td>C15，宜为 50 mm</td><td rowspan="2">平整度 ±5</td></tr>
<tr><td>加热电缆</td><td>C15，宜为 40 mm</td></tr>
<tr><td rowspan="2">水泥砂浆</td><td>加热管</td><td rowspan="2">标号，最小厚度</td><td>M10，宜为 40 mm</td><td>+2</td></tr>
<tr><td>加热电缆</td><td>M10，宜为 35 mm</td><td>+2</td></tr>
<tr><td colspan="3">面积大于 30 m² 或长度大于 6 m</td><td>留 8 mm 伸缩缝</td><td>+2</td></tr>
<tr><td colspan="3">与内外墙、柱等垂直构件</td><td>留 10 mm 侧面绝热层</td><td>+2</td></tr>
<tr><td rowspan="2">3</td><td rowspan="2">面层</td><td rowspan="2" colspan="2">与内外墙、柱等垂直构件</td><td>瓷砖、石材地面</td><td>留 10 mm 伸缩缝</td><td>+2</td></tr>
<tr><td>木地板地面</td><td>留≥14 mm 伸缩缝</td><td>+2</td></tr>
</table>

（三）质量缺陷及预防措施

1．通热后渗漏、盘管环路堵塞的预防措施

（1）在施工全部过程中不允许踏压已铺设好的盘管环路，回填时必须用人力捣固密实，不得使用振捣器施工。

（2）当盘管穿过地面膨胀缝时，一律用膨胀条将分割成若干块的地面隔开，并加装套管。

（3）盘管在填充层及地面内隐蔽前必须先用水冲洗，待冲洗合格后再进行水压试验。试验合格后，盘管与分、集水器连接时，应设专人看管，防止污物进入塑料环路。

2．盘管管径与间距不符合要求的预防措施

严把管材质量关，严禁擅自用其他塑料管替换设计选用的加热管。盘管间距及长度应符合设计要求，其间距偏差不大于 ±10 mm。

复　习　题

1．什么是低温热水辐射采暖？通常有哪几种形式？

2．画出地热采暖地板的结构简图，并标注各层名称。

3．地热采暖通常采用哪些材料？其各自的基本作用是什么？

4．地面敷设热水采暖施工的条件是什么？施工前应特别注意什么？

5．怎样固定加热管？固定加热管时应注意哪些事项？

6．叙述混凝土填充式热水地面辐射供暖系统的施工详细过程。

7．叙述预制沟槽保温板热水地面辐射供暖系统的施工详细过程。

8．叙述混凝土填充式热水地面辐射供暖系统和预制沟槽保温板热水地面辐射供暖系统有什么不同？

9．叙述保证地面采暖施工质量应采取的措施。

第六节　热力站和室外热网安装

一、热力站

为了节能和减轻城市污染，城市的供热已由分散的单用户供暖向区域锅炉房供暖系统和热电厂供暖系统发展，即由一个或几个热源通过热网向一个区域乃至一个城市供暖，热力站成为热量分配、传输、调节和计量的枢纽。热力站多设于独立的建筑物内，并具有比热力入口更完善、设备更复杂、功能更为齐全的特点，其应用越来越广泛。通过热力站易于实现计量、检测的现代化，可以提高供暖管理水平和供暖质量，节约能源。

（一）热力站的分类

按照一次热媒种类的不同，热力站可分为热水热力站和蒸汽热力站两种。热力站既可供热，又可向用户供热水。

1．热水热力站

在热力站内设有水—水换热器，将高温水转换成用户所需一定温度的热水。目前，热水热力站是城市居住小区采用最多的一种换热形式。

2．蒸汽热力站

蒸汽热力站是将一定压力的蒸汽经汽—水换热器转换成一定温度的热水，用于建筑供暖、通风及热水供应，并能将蒸汽直接向厂区供应，以满足生产工艺用汽。

热力站一般集中设在单独的建筑内，供热网路通过其向一个街区或多幢建筑分配热能。一般将从集中热力站向各用户输送热能的管网称为二级供热管网或二次供热网路。

（二）热力站的构成

1．热交换器

热交换器是热力站的核心设备，常用的类型有板式换热器、半即热式换热器、管壳式换热器、容积式换热器和即热容积式换热器。这里主要介绍板式热交换器。

板式热交换器由多片冲压成一定规则形状的波纹沟槽金属薄板（一般采用不锈钢板）组成，在每两片板相邻边缘采用丁腈橡胶等作为密封片，形成介质流槽的通道，如图 4—120 所示。板上开有流体的进出口，使两种介质在各自的流槽内流动并进行热交换。因通道波纹形状复杂，介质虽是低速流入，但在流槽内也会形成湍流，提高了热交换率，同时沟槽多既增加了换热面积，且形成许多支撑点，足以承受介质间的压力差，是一种快速、高效的换热设备。

板式热交换器由波纹板片、密封垫、固定夹紧板、活动夹紧板、夹紧螺栓等组成。

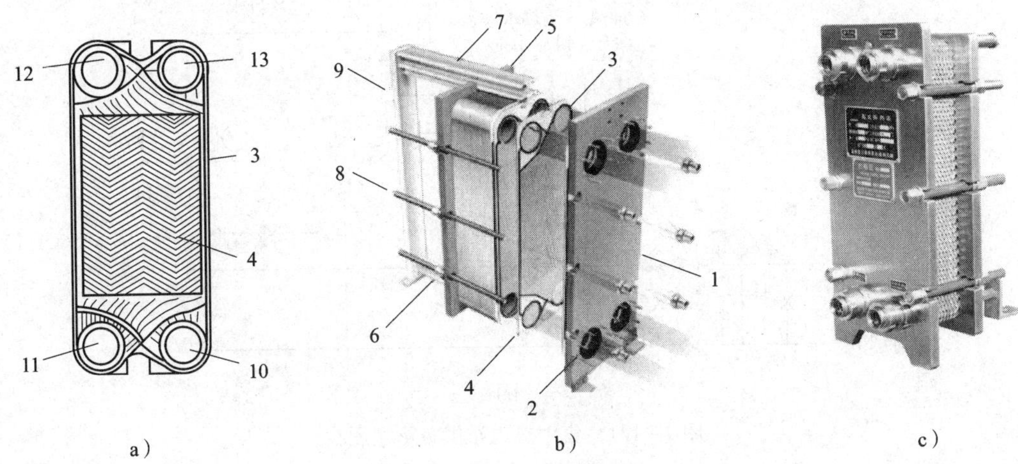

图 4—120 板式热交换器

a）不锈钢波纹板单片 b）板式热交换器组成 c）板式热交换器实物

1—固定夹紧板 2—管接口 3—密封垫片 4—单板片 5—活动夹紧板 6—下导杆 7—上导杆 8—夹紧螺栓 9—支柱 10—冷水进口 11—热媒出口 12—热媒进口 13—热水进口

2. 热力站的构成

热力站主要由循环水泵、水箱、分水器、集水器、板式水—水换热器、管道、压力表、温度计、除污器、调压板或调节阀、泄水阀和循环管等构成。

集中热力站供热示意图如图 4—121 所示。在图 4—121a 中，从集中热力站通往各建筑的二次管路有低温水供暖系统和热水供应系统，热力站内设混水泵抽吸管网的回水与外网的高温水混合后向用户供暖。给水通过磁水器（防止水受热后结垢），经水—水加热器加热后沿热水供应管道将热水送到各用户。热水供应系统中设置循环水泵及循环管道，使热水不断循环流动，保证用户使用热水的需要。在图 4—121b 中，集中热力站一次供水通过水—水热交换器换热后送往各建筑的二次供水管网。

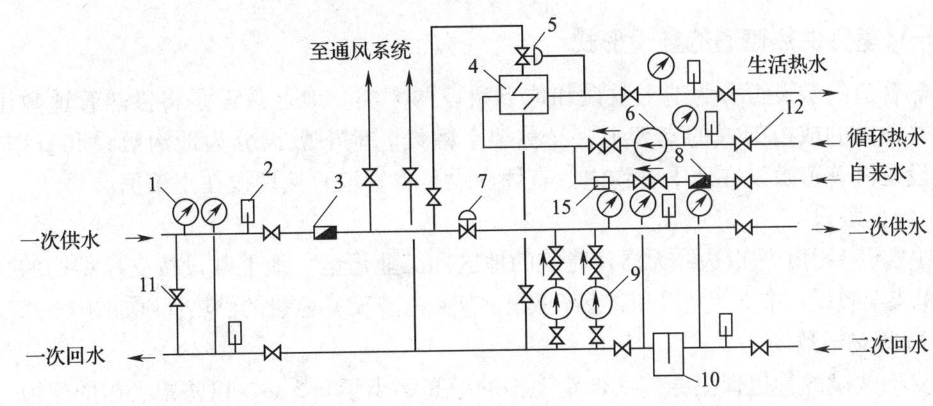

a）

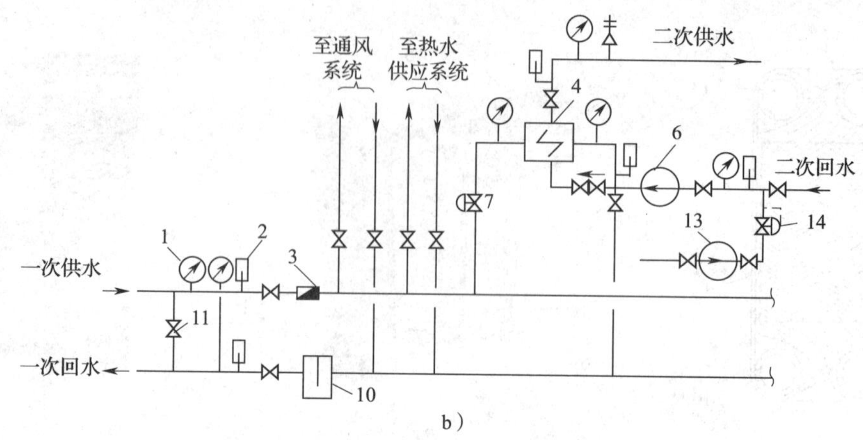

图 4—121　集中热力站供暖示意图

a）直接供暖系统　b）间接供暖系统

1—压力表　2—温度计　3—热网流量计　4—水—水换热器　5—温度调节器　6—循环水泵　7—手动调节阀　8—给水流量计　9—供热混合水泵　10—除污器　11—旁通管　12—热水供应循环管　13—补给水泵　14—补水调节阀　15—磁水器

想一想

1. 你所在学校或所居住的小区是采用燃煤锅炉供暖还是市政集中供暖？你学校有热力站吗？

2. 讨论板式换热器的工作原理。

二、室外热力管网安装

供热管网是指连接热源和热用户的管网，也可称为供热管道，其管内介质通常是热水或蒸汽。由于供热管道是向用户提供热量，因此通常称为热力管道。

（一）室外供热管道的敷设形式

供热管道的敷设可分为地上敷设和地下敷设两大类。地上敷设是将供热管道敷设在地面上一些独立的或桁架式的支架上，又称架空敷设。地下敷设分为地沟敷设和直埋敷设。地沟敷设是将管道敷设在地下管沟内，直埋敷设是将管道直接埋设在土壤里。

1. 地上敷设

地上敷设多用于城市边缘无居住建筑的地区和工业厂区。地上敷设按支撑结构的高度不同分为低支架敷设、中支架敷设和高支架敷设。架空（支架）敷设的供热管道如图 4—122 所示。

（1）低支架敷设

低支架敷设的管道保温结构底部距地面的净高不小于 0.3 m，以防雨、雪的侵蚀。低支架一般采用混凝土浇筑。这种敷设方式建设投资较少，维护管理容易，但适用范围较小，在不妨碍交通、街区扩建的地段可采用低支架敷设。低支架敷设大多沿工厂围墙或平行于公路、铁路布置。

图 4—122 架空（支架）敷设的供热管道

（2）中支架敷设

中支架敷设的管道保温结构底部距地面净高为 2.5 ~ 4.0 m，可在人行频繁、需要通行车辆的地方采用。中支架一般采用钢筋混凝土浇筑或钢支架。

（3）高支架敷设

高支架敷设的管道保温结构底部距地面的净高为 4.5 ~ 6.0 m，在管道跨越公路或铁路时采用。高支架通常采用钢结构或钢筋混凝土结构。

地上敷设的管道不受地下水的侵蚀，使用寿命长，管道质量易于保证，所需的放水、排气设备少，可充分使用工作可靠、结构简单的方形补偿器，且土方量小，维护管理方便；但其占地面积大，不够美观。

地上敷设适用于地下水位高，年降雨量大，地下土质为湿陷性黄土或腐蚀性土质，沿管线地下设施密度大以及地下敷设时土方量太大的地区。

2. 地沟敷设

为保证管道不受外力的作用和水的侵蚀，保护管道的保温结构，并使管道能自由伸缩，可将管道敷设在专用的地沟内，管道的地沟地板采用素混凝土或钢筋混凝土结构，沟壁采用砖砌结构，地沟盖板为钢筋混凝土结构。供热管道的地沟按其用途和结构尺寸，分为通行地沟、半通行地沟和不通行地沟。通行地沟内敷设的供热管道和其他管道如图 4—123 所示。

（1）通行地沟

通行地沟的净高为 1.8 ~ 2.0 m，人行通道净高不小于 0.6 m。地沟可两侧安装管道，地沟断面尺寸应保证管道和设备检修及换管的需要。通行地沟沿管线每隔 100 m 应设一个人孔。整体浇筑的钢筋混凝土通行地沟每隔 200 m 应设一个人孔，其长度应保证 6 m 长的管子进入地沟，宽度为最大管子的外径加 0.4 m，且不得小于 1 m。

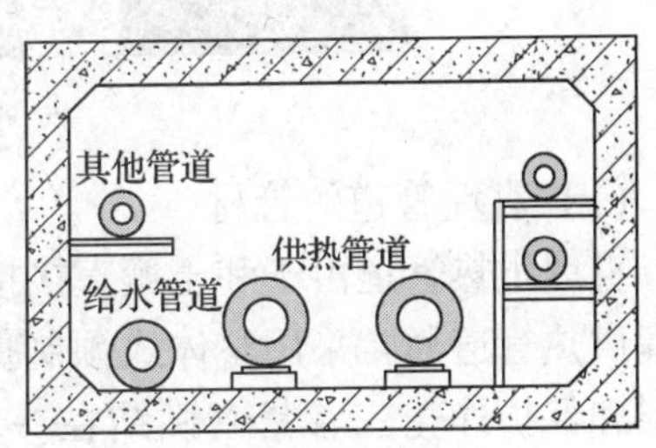

图 4—123 通行地沟内敷设的供热管道和其他管道

通行地沟应设有自然通风或机械通风设施，以保证检修时地沟内温度不超过40℃。运行时地沟内温度不宜超过50℃，管道应有良好的保温措施。地沟内应有照明设施。

通行地沟内的工作人员可以自由通行，并能保证检修、更换管道和设备等作业。其土方工作量大，建设投资高，仅在特殊或必要场合采用，可用在任何时候维修管道时都不允许挖开地面的管段。

（2）半通行地沟

半通行地沟净高不小于1.4 m，人行通道净宽为0.5～0.7 m，每隔60 m应设一个检修出入口。在半通行地沟内，工作人员能弯腰行走，能进行一般的管道维修工作。

（3）不通行地沟

不通行地沟最小高度为0.45 m，管道只能单层布置，以便于检修。地沟内的工作人员不能在沟内通行，其断面尺寸以满足管道施工安装要求来决定。

不通行地沟造价较低，占地较小，是城镇供热管道经常采用的地沟敷设方式，但管道检修时必须掘开地面。当供热管道地沟内积水时，极易破坏保温结构，增大散热损失，腐蚀管道，缩短管道使用寿命。管道地沟底部应敷设在最高地下水位以上，地沟内壁表面应用防水砂浆抹面，地沟盖板之间、盖板与沟壁之间应用水泥砂浆或沥青封缝。地沟要有纵向坡度，以使沟内的水流入检查室内的积水坑里，坡度和坡向通常与管道的坡度和坡向相同，坡度不小于0.002。

3．直埋敷设

直埋敷设是将管道直接埋设在土壤中，管道保温结构外表面与土壤直接接触的敷设方式。这种敷设方式可以节省大量建材和减少施工土方量，但其管道防水较难处理，管道修理不方便，管道热膨胀受到限制。直埋敷设一般用于土壤无腐蚀性，地下水位低，土壤不下沉，渗水性良好，以及不受腐蚀性液体侵入的地区。直埋管道敷设如图4—124所示。

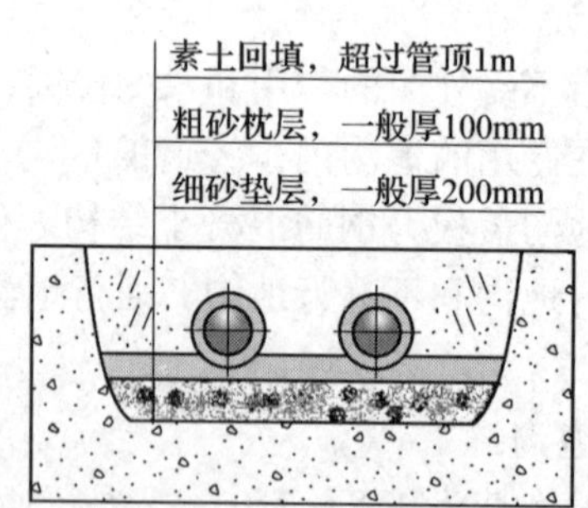

图4—124　直埋管道敷设

（1）直埋管道的管材

直埋供热管道由于和土壤直接接触，因此应具有良好的保温性能和良好的防腐蚀性能。直埋供热管道通常采用整体式预制保温管和耐高温复合保温管，其基本构造是供热管、保温层和保护外壳三者紧密黏结在一起，形成整体式的预制保温结构形式，如图4—125所示。

减阻层：一般采用耐高温纤维毡，目的是增加保温层与钢管的黏结力。

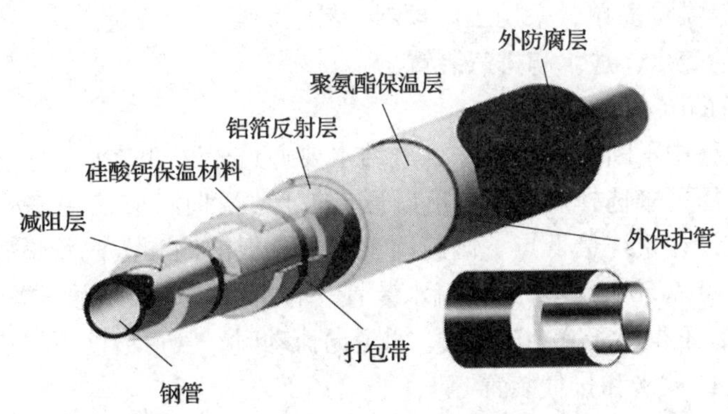

图 4—125　整体式的预制保温管的构造

保温层：一般采用聚氨酯泡沫塑料。聚氨酯泡沫塑料的导热系数在所有的保温材料中几乎是最低的，因此能使管道的热损失降低到最低限度。由于聚氨酯泡沫的闭孔率可达到 92% 以上，因此用聚氨酯泡沫作为直埋管道的保温层，不仅可以起保温隔热的作用，而且能有效地防止水、湿气以及其他各种腐蚀性液体、气体的浸透，防止微生物的滋生和发展。

保护管：一般采用高密度聚乙烯外套管。

外防腐层：一般采用沥青玻璃布。

预制保温管通常在工厂生产，也有部分在现场制造。预制保温管两端应留有约 200 mm 长的裸露钢管，以便在现场管线的沟槽内焊接，最后将接口处做保温处理。

（2）直埋管道的管件

直埋供热管道的管件同其直管一样，通常为成品管件，如图 4—126 所示。

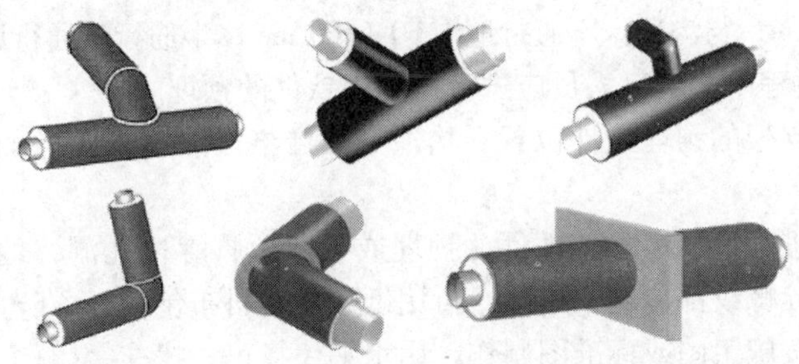

图 4—126　直埋供热管道的常用管件

（3）直接埋地敷设管道的特点

1）不需要砌筑地沟，土方量及土建工程量减少，管道预制、现场安装工作量减少，施工进度快，可节省供热管网的投资费用。

2）占地小，易于与其他地下管道设施相协调。

3）整体式预制保温管严密性好，水难以从保温材料与钢管之间渗入，管道不易腐蚀。

4）预制保温管受土壤摩擦力约束的特点，实现了无补偿直埋敷设方式，简化了系统，节省了投资。

5）保温材料（聚氨酯泡沫）导热系数小，供热管道的散热损失小于地沟敷设。

6）预制保温管结构简单，采用工厂预制，易于保证工程质量。

4．供热管道的疏水、放水和排气装置

（1）蒸汽管道的疏水装置

蒸汽管道在运行中不断产生凝结水，凝结水要通过永久性疏水装置排除。疏水器一般根据排水量和工作压差来选择。疏水器出口管有向上立管时，应该在疏水器后面设止回阀。永久性疏水装置应设在系统最低点、阀门前、流量孔板前侧和蒸汽管道垂直升高之前的水平管段上，直管段每隔 50 m 设永久性疏水装置。管道系统应设坡度，汽、水同向流动时，管道坡度为 0.003，不得小于 0.002；汽、水逆向流动时，管道坡度不得小于 0.005。

（2）热水管道的放水和排气装置

热水管道的敷设应有不小于0.002 的坡度，在坡度最低处设排水装置。为了排除系统内的空气，在管道的最高点设排气装置。放水阀和排气阀直径一般为 15 ~ 25 mm。热水管道每隔 1 000 m 左右应设分段控制阀；对于没有分支的主干管，分段控制阀距离可增大到 2 000 ~ 2 500 m，在两个分段控制阀之间管路最低点需设放水装置，以便检修时排尽管内的水。

（二）室外供热管道的安装

1．地沟敷设和架空敷设管道的安装

地沟敷设和架空敷设管道的室外供热管道安装施工工艺流程为：管沟砌筑→材料检查→管道预制→防锈刷漆→支架安装→管道就位→管道连接→试压冲洗→管道保温。

（1）管沟砌筑

1）按照施工图样，组织人员开挖和砌筑管道沟，地沟尺寸应按地沟内管道的数量确定。地沟内的管道安装位置，其净距（保温层外表面）应符合下列规定。与沟壁：100 ~ 150 mm；与沟底：100 ~ 200 mm；与沟顶：不通行地沟 50 ~ 100 mm，半通行或通行地沟 200 ~ 300 mm。

2）砌筑地沟过程中，施工人员应进行地沟内铁件的预埋。

①地沟内固定支架的预埋铁件位置和构造必须严格按照施工图样的要求，其位置应准确、结构应牢固。

②架空管道要进行地脚螺栓、铁件的预埋或预留地脚螺栓孔洞，地脚螺栓预埋时，要注意找直。可在螺栓螺纹部位刷上机油，再用纸袋或塑料布包扎好，防止损坏螺纹。

③预埋铁件应按施工图或标准图制作，用水平仪找正、找准。

（2）材料检查

1）室外供热管网的管材应按设计要求选择。当设计未注明时，应符合下列规定：

①管径小于或等于 40 mm 时，应使用焊接钢管。

②管径为 50 ~ 200 mm 时，应使用焊接钢管或无缝钢管。

③管径大于 200 mm 时，应使用螺纹焊接钢管。

2）供安装的材料应符合设计要求，管材应有质量证明书，且表面不允许有重皮、铁锈、麻点和裂纹。

3）安装前应对阀门进行严密性试验，试验压力一般为工作压力的 1.5 倍。检查阀芯、阀座及填料结合面的密封性，其质量应符合设计要求。

（3）管道预制

1）支、吊架预制

①按设计图或标准图绘制支、吊架的加工草图，用型钢进行划线或放样。为了节省钢材，划线时应注意材料的合理利用。

②下料时，应尽量使用机械切割方法。若使用气割，切口上不允许有裂纹、夹层和大于1.0 mm的缺陷，并应及时用锉刀清除材料边缘的熔瘤和飞溅物等。

③支、吊架上螺栓孔的加工应使用电钻进行，不允许使用气割。与支、吊架配套使用的U形管卡，应按规格堆放、保管。

④支、吊架焊制后要进行检查、矫正。可以使用火焰加热矫正、纠偏。

2）管件预制

①仔细阅读施工图样，使用弯管机煨制工程需要的弯管或方形伸缩器。

②按照三通主管和支管的规格大小，在硬纸板（或牛毛毡）上进行放样，样板待用。

（4）除锈刷漆

采用钢丝刷等工具对管道除锈，除锈后应立即进行刷漆（如刷防锈漆），刷漆时管端应留有100~200 mm的焊口位置，油漆干后才可以使用。若管道除锈工作可以集中进行或条件允许，可以考虑使用机械方法除锈。

（5）支架安装

供热系统管道支架一般根据不同的用途分为固定支架、活动支架、导向支架和吊架。支架的选型及安装应执行国家标准图集的有关规定。

1）地沟内管道支架安装

①首先在地沟内壁上顶上钎子或木楔拉紧坡线，找好坡度差；根据支架间距值，定出支架位置，并在壁上做上记号打眼或预留洞。

②用水浇湿支架洞，灌入1:2水泥砂浆，把预制好的型钢支架栽进洞内，用小石头填紧；若为Γ形支架，一段栽好后，另一端则焊接在预埋铁件上。

③支座焊接前，应按设计要求的标高、坡度、转角进行找正、找准，发现错误时应采取措施，一直到符合设计要求才可以焊接支座，如图4—127所示。

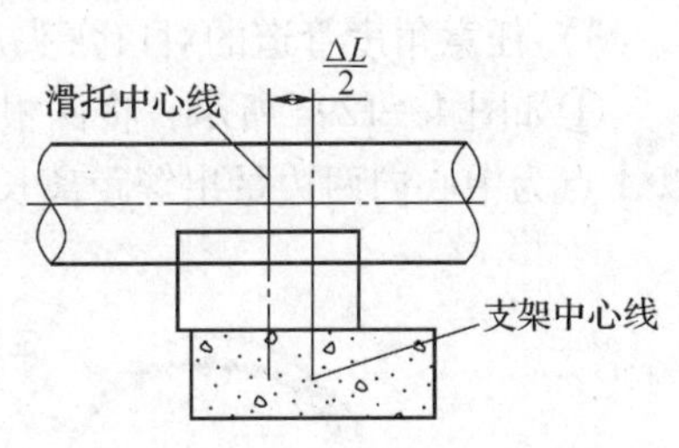

图4—127 活动支架偏心安装

2）架空管道支架安装

①架空敷设的供热管道安装高度，如设计无规定时，应符合下列规定（以保温层外表面计算）：人行地区不小于2.5 m；通行车辆地区不小于4.5 m；跨越铁路时距轨顶不小于6 m。

②支架基础达到强度要求后，采用滑轮等方法将支架在基础上就位，用事先准备好的楔铁将支架找正、找直，必要时可借助水平仪等仪器进行支架就位工作。

③支架采用地脚螺栓连接时，要从四个方向对称、均匀地拧紧螺栓；采用预埋铁件焊接固定时，要焊透、焊牢，不允许有夹渣、咬边、气孔等缺陷，严格保证焊接质量。

（6）管道就位

1）管道就位时的支架位置和强度必须符合设计要求。

2）根据管子规格大小采用合适的下管或吊管方法。

3）管子起重吊装的方法有撬重、滑动、滚动、卷拉、顶重和调重等。对较轻的管子可以采用人工抬运的方法，抬运时要注意配合，防止工伤事故发生。

（7）管道连接

1）室外供热管道连接均应采用焊接连接。室外管道管径一般较大，其切割方式多采用手工气割。目前，一种较新型的切割工具——磁力管道切割机在实际工程中开始使用，如图4—128所示。这种切割机采用氧气和乙炔作为切割气体，机身一般采用铝合金制成，结构紧凑。该机采用永久磁轮吸附在钢管上爬行切割，可进行水平、垂直、仰面方向上的切割，自动切割V形等坡口，具有切割圆周好、操作方便等优点。

2）管道焊接要求如下：

①管道焊接标准应符合焊接工艺质量标准。

②管子焊接前，除检查切口平整度外，对管壁厚度大于或等于4 mm的管子，应在管端加工坡口，坡口形式大多采用V形坡口。坡口的加工方法有手工铲、氧—乙炔火焰切割和坡口机加工等。

③管子对口后应保持在一条直线上，焊口位置在组对后不允许出弯，不能错乱，对口间隙和对口的错口偏差值应符合要求。

④管子对口后，应立即进行定位焊使其初步固定，并应检查对口的平直度，发现对口偏差过大时，应打掉焊点重新对口。定位焊时，每个接口至少定位焊3～5处，每处定位焊缝的长度为壁厚的2～3倍，定位焊缝的高度不得超过管壁厚度的70%。

⑤焊接时，应将管子支撑牢固，不得使管子在悬空或受外力的情况下施焊。凡可转动的管子应转动焊接，尽量减少死口仰焊。较厚的管子应分层施焊，对壁厚为6 mm以下的管道，用底层和加强层两道焊接；管壁厚度超过6 mm时，应增加中间层，采用三道焊接，并使每层焊缝厚度均匀，各层间焊缝搭接缝错开。

3）任意角度管道的对口弯头加工方法如下：

①如图4—129a所示，将两根不同方向的管道，取其中心，用小线拉直、相交于A点。以A点为中心向两边量出等距离长度Aa、Bb，用尺量出a、b两点的长度并做记录。

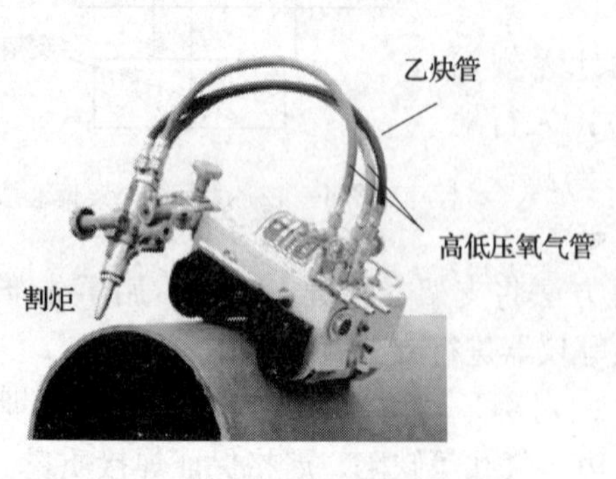

图4—128　磁力管道切割机

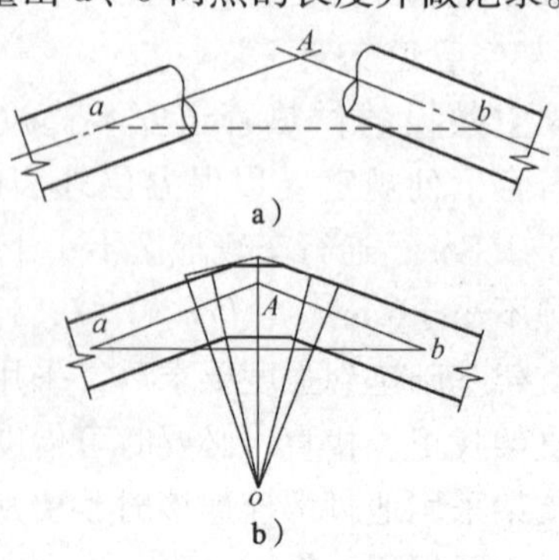

图4—129　任意角度测定与放样

②如图 4—129b 所示，在划样板的纸上划出 *ab* 直线，分别以 *a*、*b* 点为圆心，*aA*、*bA* 为半径划弧相交于 *A* 点，∠*aAb* 便是实际角度。作出样板后进行弯管加工。

③当管道遇到高差时，可采用现场放样制作乙字弯连接。

4）管道补偿器安装要求如下：

①伸缩器对供热管道的运行很重要，因此，安装前应仔细检查伸缩器的型号和质量。

②严格按照施工图样的位置安装固定支架和伸缩器，禁止任意更改固定支架和伸缩器的位置。

③按照施工工艺标准安装伸缩器。

（8）试压冲洗。具体内容详见本章第八节相关内容。

（9）管道保温。试压合格后，进行二次刷漆（设计有要求时）或补刷油漆（焊口等处）。油漆干后，按设计要求对管道进行保温。

2. 无沟直埋式室外供热管道安装

直埋式室外供热管道安装施工工艺流程为：管道定位放线→管沟开挖、沟基放坡及处理→挖工作坑、下管就位→对口焊接→水压试验及验收→焊口处保温接口补口→管沟回填。

（1）按照施工图标注的管道位置走向，结合测量仪器和工具，在地面上划出管道定位线和沟槽开挖线。

（2）直埋敷设的管道，需要先进行开槽挖土。沟槽断面常见的形式有直槽、梯形槽和混合槽，还有一种是埋设两条或两条以上管路的联合槽，如图 4—130 所示。

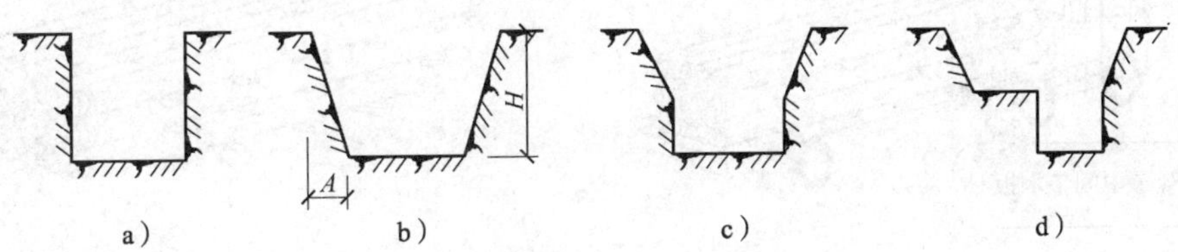

图 4—130 沟槽断面种类

a）直槽 b）梯形槽 c）混合槽 d）联合槽

（3）沟槽挖好后，应根据管材、管径、埋深和土层等条件选择管道基础。要防止由于管道基础处理不当，使管子受力不均匀，造成不均匀下降，从而引起管道连接口处破裂。

（4）管道及附件运到工地及操作现场后，必须进行仔细检查，有缺陷的管材不能下沟安装敷设。同时还要对挖好的沟槽进行坐标和埋设的检查，与设计要求相符合才能进行下一步工作；如与设计要求不符，应及时加以修正和弥补。

（5）直埋管的吊装、运输和存放

1）应使用延展吊杆和吊装带吊装管道和管件产品，禁止任何情况下拖拽管道。吊装过程中应保持平衡，轻起轻放，避免因不平衡吊放导致管道一端触碰地面或车辆。吊装过程中禁止使用钢丝绳，以免损坏管道外护层或管端坡口。使用叉车装管时，应将叉子套上橡胶或塑料套。吊装作业中应注意安全。直埋管的吊装如图 4—131 所示。

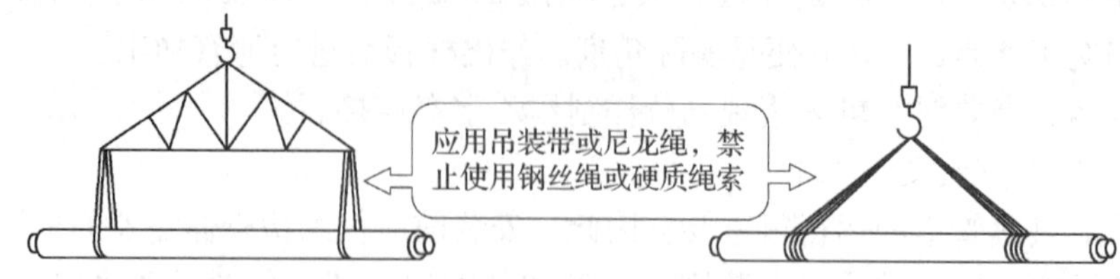

图 4—131　直埋管的吊装

2）捆绑管道时，应使用尼龙绳捆绑、固定管道，尼龙绳与管道间应用软物隔垫，以免损伤管道；禁止使用金属硬物固定或限制管道。底层管道与地面以及相邻管道之间应使用宽度不小于 150 mm 的厚木板隔垫，相邻木板间距不应超过 2 m，垫板应在整个管道长度上均匀分布，垫板端部应安装限位块，防止管道滚落。直埋管的运输如图 4—132 所示。

3）存放管道的地面应平坦、无高出地面的石块或其他硬物，管道与地面间应用木板、捆扎草秸等垫起，垫平方式与运输要求相同。一般情况下，管道的堆放高度不宜超过 2 m。管道长期露天堆放，应用浅色布遮盖，管端应有固定木板。直埋管的存放如图 4—133 所示。

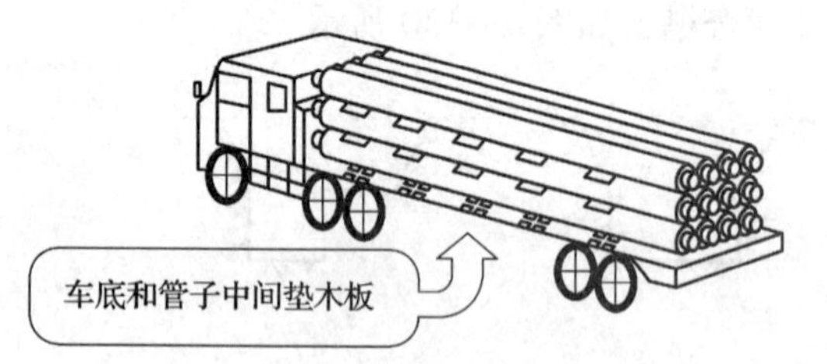

图 4—132　直埋管的运输

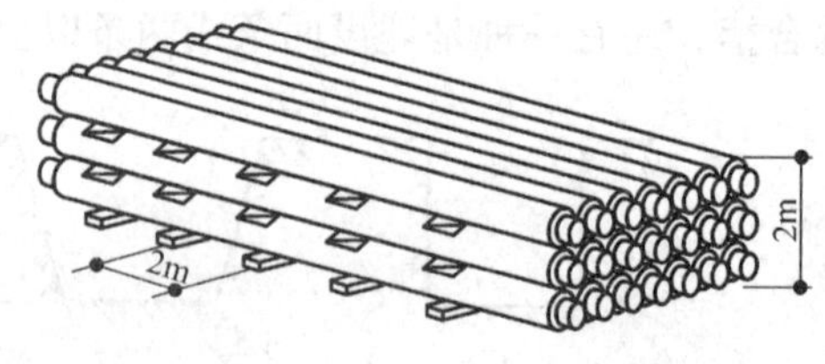

图 4—133　直埋管的存放

（6）直埋管一般是单节下沟，但是在具有足够强度的管材和接口的条件下，可采用在地面预制接长后再下到沟里。下管可用人工立管压绳索法下管，也可利用装在塔架上的滑轮、链条葫芦等设备下管。

（7）直埋管应尽量使用同一规格的管子，使用不同直径的管子时，应在变径处用固定支墩隔开。在管道的分支处、分支阀门处，应设置补偿器给予隔开。当三通支管直径较大时，必须对三通进行加强、加固。

（8）保温管道下料切割时，必须保证下料长度的准确性。在保温壳外壁划线后，可用钢锯先将保温层切开，保温层切口应尽可能保持平整，保温层切割的宽度以保证能够焊接为好，不可任意切割或切口宽度较大。

（9）无沟直埋式室外供热管道敷设时，应有 0.002 的坡度。设置补偿器时，应安装在检查井内，管道弯曲部分应布置在管沟内。直埋管应安装波纹管伸缩器，如图 4—134 所示。

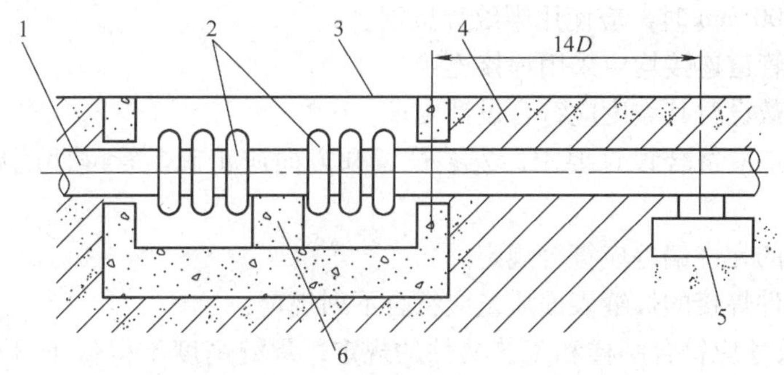

图 4—134 直埋管上波纹伸缩器的安装

1—保温管 2—波纹伸缩器 3—地面 4—土层 5—滑动支架 6—井内固定支架

（10）管道压力检测可采用水压试验或无损探伤进行检查。

（11）沟槽土方回填工作必须在管道压力试验合格后才能进行。回填土一般应分层回填，分层夯实，使其密实度达到回填要求。及早回填可保护管路的正常位置，避免沟槽坍塌，而且可以尽早恢复地面交通。

回填时，应对原状土地基予以处理，如弯头下部用沙土回填；对于敷设在回填土、碱性等腐蚀性土壤中的管道，应在管道周围 300 mm 范围内换以无腐蚀的素土回填。

回填方法是从沟底两侧同时填起，并及时夯实，然后再从管顶回填，填至 0.5 m 处夯实，以后每层回填厚度不得超过 0.3 m，并层层夯实至地面为止。地面上的隆起高度不得小于 0.2 m，使之略呈拱形，以免日后因土的沉降而造成地面下凹。

回填土一般使用沟槽原土，不得将砖、石块等填入沟内。沟槽采用排水措施时，应将水排尽后再回填。

3. 室外供热管网安装的质量标准

（1）主控项目

1）检查井室、用户入口处管道布置应便于操作及维修，支架、吊架、托架稳固，并满足设计要求。

2）平衡阀及调节阀型号、规格及公称直径应符合设计要求。安装后应根据系统要求进行调试，并做出标志。

3）补偿器的位置必须符合设计要求，并应按设计要求或产品说明书进行预拉伸。管道固定支架的位置和构造必须符合设计要求。

4）直埋无补偿供热管道预热伸长及三通加固应符合设计要求。回填前应注意检查预制保温层外壳及接口的完好性。回填应按设计要求进行。

5）直埋管道的保温应符合设计要求，接口在现场发泡时，接口处厚度应与管道保温层厚度一致，接口处保温层必须与管道保温层成一体，符合防潮防水要求。

（2）一般项目

1）室外供热管网的管材应符合设计要求。当设计未注明时，应符合下列规定：

①管径小于或等于 40 mm 时，应使用焊接钢管。

②管径为50～200 mm时，应使用焊接钢管或无缝钢管。

③管径大于200 mm时，应使用螺纹焊接钢管。

2）室外供热管道连接均应采用焊接连接。

3）管道水平敷设时其坡度应符合设计要求。

4）除污器构造应符合设计要求，安装位置和方向应正确。管网冲洗后应清除内部污物。

5）管道焊口的允许偏差应符合规定。

6）管道及管件焊接的焊缝表面质量应符合下列规定：

①焊缝外形尺寸应符合图样和工艺文件的规定，焊缝高度不得低于母材表面，焊缝与母材应圆滑过渡。

②焊缝及热影响区表面应无裂纹、未熔合、未焊透、夹渣、弧坑和气孔等缺陷。

7）供热管道的供水管或蒸汽管，如设计无规定时，应敷设在载热介质前进方向的右侧或上方。

8）地沟内的管道安装位置，其净距（保温层外表面）应符合下列规定。与沟壁：100～150 mm；与沟底：100～200 mm；与沟顶：不通行地沟50～100 mm，半通行或通行地沟200～300 mm。

9）架空敷设的供热管道安装高度，如设计无规定时，应符合下列规定（以保温层外表面计算）：人行地区不小于2.5 m；通行车辆地区不小于4.5 m；跨越铁路时距轨顶不小于6 m。

10）防锈漆的厚度应均匀，不得有脱皮、起泡、流淌和漏涂等缺陷。

11）管道保温层的厚度和平整度的允许偏差应符合表4—16的规定。

表4—16　管道及设备保温层的允许偏差和检验方法

项次	项目		允许偏差（mm）	检验方法
1	厚度		+0.1δ −0.05δ	用钢针刺入
2	表面平整度	卷材	5	用2 m靠尺和楔形塞尺检查
		涂抹	10	

注：δ为保温层厚度。

12）室外供热管道安装的允许偏差应符合表4—17的规定。

表4—17　室外供热管道安装的允许偏差和检验方法

项次	项目		允许偏差	检验方法
1	坐标（mm）	敷设在沟槽内及架空	20	用水准仪（水平尺）、直尺、拉线检查
		埋地	50	
2	标高（mm）	敷设在沟槽内及架空	±10	直尺检查
		埋地	±15	

续表

项次	项目			允许偏差	检验方法
3	水平管道纵、横方向弯曲（mm）	每 1 m	管径≤100 mm	1	用水准仪（水平尺）、直尺、拉线和量尺检查
			管径＞100 mm	1.5	
		全长（25 m 以上）	管径≤100 mm	≤13	
			管径＞100 mm	≤25	
4	弯管	椭圆率 $=\frac{D_{max}-D_{min}}{D_{max}}$	管径≤100 mm	8%	用外卡钳和量尺检查
			管径＞100 mm	5%	
		折皱不平度（mm）	管径≤100 mm	4	
			管径 125～200 mm	5	
			管径 250～400 mm	7	

4．安全注意事项

（1）高空作业应扎好安全带，工具使用后必须放入专用袋中，不得置于脚手架和梯子上。

（2）应加强检查架空管道上的固定支座的稳固性，严防其坠落伤人。

（3）多层管道对口焊接时，应在下层与施工完的管道上铺设防火制品，防止外层的塑料薄膜或玻璃丝布、牛毛毡等着火。

（4）在地沟内施工时，应防止沟壁倾塌以及沟边乱石落入地沟。地沟内外应密切配合作业。

（5）地沟内应使用防水导线。

（6）地沟内施工人员必须戴安全帽。

5．施工质量缺陷及预防措施

（1）架空管道发生倒坡、塌腰现象，造成热力管道气阻或水阻的预防措施如下：

管架制作安装时，应严格控制标高。管道敷设找坡时，应用水平尺测定，必要时可用水平仪测定。活动支座及固定支座的安装高度、位置应准确无误。

（2）采用套筒形补偿器的管道装有吊架，造成管道扭曲的预防措施如下：

在管道运行时，由于各段管道移动长度不同，若采用吊架，吊杆会产生不同的摆幅。所以，凡是采用套筒式补偿器的管道应使用导向支架，严禁采用吊架。

（3）滑动支座处保温层脱落，保护层不美观的预防措施如下：

管道保温时，切不可将管道与滑动支架包在一起，以免妨碍管道自由滑动。保护结构找平、找圆后，方可进行保温层外保护壳施工。保护层必须均匀、圆滑、坚固。

（4）管道焊缝出现诸多缺陷，影响焊缝质量的预防措施如下：

当焊缝出现缺陷时，应及时修复，严重者须切割该焊缝的管段，重新对口焊接。对于焊缝或热影响区表面有裂纹，应将焊口铲除，重新焊接。对于焊缝尺寸不符合标准，焊缝加强部分如不足应补焊，如过高、过宽应及时修正。对于焊瘤应铲除。

（5）支架处出现管道接口焊缝的预防措施如下：

管道焊缝不得设在支架处、两支架中间部位，焊缝距支架边缘不小于 150 mm；距弯管的起弯点不小于管外径，且不小于 100 mm，焊缝最佳位置应在两支架间距的 1/5 处。

（6）管道保温结构被地沟内积水浸泡脱落的预防措施如下：

管道施工前，应按设计坡度确定支架的安装位置、标高，如发现管道保温层距沟底不足 100 mm 时，应及时向设计单位提出修改意见，并调整管道标高。

（7）地沟内支架松动，甚至坠落的预防措施如下：

支架栽好后，尚未达到设计强度时切勿敷设管道或承重，支架的制作安装应严格按标准图尺寸及规定进行施工。

（8）直埋式热力管道运行时管道弯曲变形的预防措施如下：

为了减少管道的轴向温度应力，应在以下部位设置补偿器：地沟与直埋两种不同敷设方式的连接处、分支及干线阀两端、L 型管段两端。同时，补偿器安装时必须进行预拉伸。阀门应设支架或支墩。

想一想

1. 观察图 4—124，讨论直埋供热管道怎样施工？
2. 讨论蒸汽管道的永久性疏水装置怎样设置？热水管道怎样设置放水和排气装置？
3. 观察图 4—127，为什么管道支架要偏心安装？
4. 讨论任意夹角弯管的测量和样板的制作。
5. 室外供热管道安装时怎样保证安全施工？
6. 讨论保温管正确的绑扎方法和吊装方式。
7. 讨论实际现场运输保温管的正确方法。

复习题

1. 热力站的热媒有哪几种？热力站由哪些设备及附件组成？
2. 什么叫供热管道？其敷设方式有哪几类？
3. 地沟敷设和架空敷设各有哪几种形式？
4. 什么是直接埋地敷设？其直埋管的构造是什么？
5. 简述地上敷设室外供热管道的安装工艺及操作要点。
6. 简述直埋管道的安装工艺及操作要点。
7. 简述室外供热管网安装的质量标准。

第七节 采暖系统管道计算基本知识

在实际工程中，采暖系统所用的管径及其循环泵的规格是不一样的，同一采暖系统中，不同房间散热器的片数也是不同的。一个采暖系统，锅炉的大小、散热器的数量、管道及附件的规格等的选择、确定，都要经过一系列严格、合理的计算。

一、概述

（一）采暖系统管道计算的目的和任务

采暖系统中，管径的大小与热媒流量有关，热媒流量大，管径就应大；流量小，管径就可以小。当热媒流量一定时，管径的大小会影响热媒的压力损失，管径大，压力损失小；管径小，压力损失大。如果压力损失过大，超过了热媒的作用压力，热媒就可能流不过去。各个环路之间压力损失如果相等，则放热量就会平衡；各个环路之间压力损失悬殊，放热量也会失去平衡，造成各环路冷热不均。

采暖系统管道计算的目的和任务是：确定系统各管道合适的管径，使系统的压力损失在作用压力数值以内；用调整管径的方法，使各环路的压力损失基本相等，以免运行时产生冷热不均的现象；计算出系统的总流量和总压力损失，为选择锅炉、水泵等设备提供数据。

（二）采暖热负荷的计算方法

在寒冷地区，冬季室外温度较低，冷空气会从建筑物的外围结构（如外窗、外门、外墙、屋面及地面）传导到室内，使室内温度降低；同时冷空气又会通过门窗缝隙渗透进来，使室内热量散发到室外。为了达到设计要求的室内温度，就必须通过采暖系统向室内补充热量，当建筑物散失的热量与补充的热量达到平衡时，室内的温度可满足人们工作、生活的需要。

采暖系统在单位时间内向建筑物供给的热量称为建筑物采暖热负荷。采暖系统的计算都要依据采暖热负荷这个数据，所以采暖热负荷是采暖设计的基础数据。

建筑物耗热量由围护结构耗热量和加热由门、窗缝隙渗入室内的冷空气的耗热量两部分组成。围护结构的耗热量又分为基本耗热量和附加耗热量。

1．房屋基本耗热量

房屋基本耗热量是指在单位时间内从建筑物外墙、外门、外窗、屋地面散失的热量。基本耗热量按围护结构的传热系数、传热面积、室内的计算温度等，根据有关公式计算。民用建筑主要房间的室内温度宜为16～21℃，室内计算温度按不同地区均有设计规定。

2. 附加耗热量

附加耗热量是建筑物朝向、高度、门窗缝隙严密程度、风力及外门开启次数等因素所引起的热量损失。附加耗热量计算主要包括朝向修正、风力附加、外门附加及高度附加等部分。通常以上各附加耗热量均按基本耗热量的百分数进行修正计算。

（1）朝向附加耗热量。指建筑物受太阳照射影响而对房屋外围结构传热损失的修正。因为太阳照射强度随地区和建筑物的朝向而不同，故采用不同的修正值。朝向修正值可按下列数据参考选用。

北、东北、西北：0% ~ 10%；东、西：-5%；东南、西南：-10% ~ -15%；南：-15% ~ -30%。

（2）风力附加耗热量。较大的风力对建筑物围护结构表面散热有影响，因此对建筑在不避风的高地、河边、海岸、旷野上的建筑物或厂区特别高出的建筑物，垂直的外围结构一般附加 5% ~ 10%。

（3）高度附加耗热量。指室内温度沿房间高度上升对耗热量的影响。当房间高度在 4 m 以上时，每增高 1 m，高度附加耗热量为房屋围护结构耗热量的 2%。但总的附加率不大于 15%。

3. 渗入冷空气耗热量

渗入冷空气耗热量是指将通过建筑物的外门、窗缝隙渗入室内的冷空气加热至室温所消耗的热量。渗入冷空气耗热量与建筑物外门、窗结构、朝向，室内外计算温度等因素有关，其计算一般按外门、窗的基本耗热量的百分率计算。

4. 采吸热负荷的概算

对某一建筑物，不做详细计算而需知道采暖热负荷，可采用建筑面积耗热量指标（采暖面积热负荷指标）来概算，其公式是：

$$Q = Aq_A = abNq_A$$

式中 Q——建筑物耗热量，即采暖热负荷，W；
A——建筑面积，m^2；
q_A——建筑物采暖面积热负荷指标，W/m^2；
a、b——建筑平面图上轴线尺寸长和宽，m；
N——楼层数。

建筑采暖面积热负荷指标是指同类型的建筑物每平方米建筑面积的耗热量，其数值大小与建筑物所处地区的气象条件有关，还与楼层数、外形尺寸、窗与墙面积比及围护结构传热系数等有关，具体数据可查阅有关设计手册。

（三）热媒流量的计算方法

热媒流量是由热负荷和热媒参数决定的。当热媒参数决定后，流量根据热负荷求出。

热水采暖流量计算公式为

$$G = \frac{3\,600Q}{1\,000c(t_g - t_h)} = \frac{3.6Q}{4.19\Delta t} = 0.86\frac{Q}{\Delta t}$$

当 $\Delta t = 95 - 70 = 25$℃时

$$G = 0.0344Q$$

蒸汽采暖流量计算公式为

$$G = \frac{3\,600Q}{1\,000r} = 3.6\frac{Q}{r}$$

式中 G——热媒的质量流量，kg/h；

Q——采暖热负荷，W；

c——水的比热容，$c = 1.49$ kJ/（kg·℃）；

t_g、t_h——热水采暖供、回水温度，℃；

r——水的比汽化潜热，kJ/kg。

（四）散热器的计算方法

散热器一般应布置在外窗台下，这样由散热器上升的对流热气流就能阻止和改善从玻璃窗下降的冷气流及玻璃辐射作用的影响，使流经工作区的空气较为暖和。对较小进深的房间，散热器也可沿内墙布置，使室内空气形成环流，增强散热器的对流放热。楼梯间的散热器应尽量布置在底层；当散热器数量过多时可布置在下部其他各层，使底层的散热器所加热的空气能够自由上升，从而补偿上部的热损失。为了防止冷裂，双层外门的门斗及外室内不宜布置散热器。

散热器一般明装敷设，这样散热效果好，便于维修清扫。当室内装修有较高美观要求或因热媒温度较高必须防止烫伤时，散热器应暗装或加防护罩。

散热器的计算主要是确定采暖房间所需要的散热器总表面积和散热器片数。散热器的散热面积 F 可按下式计算：

$$F = \frac{Q}{K(t_m - t_n)}\beta_1\beta_2\beta_3$$

式中 F——散热器的散热面积，m^2；

Q——散热器的散热量，W；

K——散热器的传热系数，W/（m^2·℃）；

t_m——散热器内热媒平均温度，℃；

t_n——室内采暖计算温度，℃；

β_1——柱形散热器组装片数修正系数（6 片以下取 0.95，6～10 片取 1.0，11～20 片取 1.05，20 片以上取 1.1）；

β_2——采暖管道安装形式修正系数（明装管道 $\beta_2 = 1.0$，暗装管道 $\beta_2 = 1.03 \sim 1.05$）；

β_3——散热器连接形式修正系数（同侧上进下出：$\beta_3 = 1.0$；其他形式：$\beta_3 = 1.01 \sim 1.4$；其中，同侧下进上出修正系数 β_3 最大）。

利用上述公式求出房间需要的散热器面积 F 以后，按下式求出散热器片数：

$$n = \frac{F}{f}$$

式中 n——散热器的总片数；

f——所选型号散热器每片的散热面积，m^2/片。

最后将总片数分为若干组，可确定每组的片数。为了方便散热器组对安装，铸铁柱型散热器每组的组对数量不宜超过以下数值：细柱型散热器 25 片；粗柱型散热器 20 片；长翼型散热器 6 片。

【例】 已知某房间的耗热量（房间热负荷）为 $Q = 1\ 600$ W，采暖管道和散热器均采用明装，采暖供水温度为95℃，回水温度为70℃，要求房间温度为18℃。若选用每片散热面积为0.26 m²、传热系数为7.8 W/（m²·℃）的柱形散热器，求房间所需散热器的片数。

解：散热器内热水平均温度：

$$t_{pi} = \frac{95 + 70}{2} = 82.5℃$$

散热器与室内空气温度差：

$$\Delta t = 82.5 - 18 = 64.5℃$$

根据所给条件可知 $\beta_2 = 1.0$、$\beta_3 = 1.0$。假设 $\beta_1 = 1.0$，则此房间需要散热器的散热面积为

$$F = \frac{1\ 600}{7.8 \times 64.5} \times 1 \times 1 \times 1 \approx 3.180\ \text{m}^2$$

散热器片数为

$$n = \frac{3.180}{0.26} \approx 12.231\ 片$$

修正后的散热器片数为

$$n_{修正} \approx 12.231 \times 1.05 \approx 12.843\ 片$$

取 $n_{修正} = 13$ 片。

想一想

1. 讨论采暖热负荷的计算过程和方法。
2. 讨论在实际情况下，散热器怎样布置较为合理？
3. 讨论散热器片数的计算方法。

二、采暖系统管道的计算方法

采暖系统管道计算一般选择系统最不利环路进行计算，主要包括压力损失和管径的计算。

（一）作用压力和压力损失

促使热媒克服阻力沿着环路循环流动的推动力称为系统的作用压力，热水采暖自然循环时来自供、回水密度差产生的自然循环作用压力；机械循环时来自循环水泵的扬程；蒸汽采暖时来自蒸汽本身的压力。

热媒在沿管道流动过程中，会产生沿程损失和局部损失。采暖系统沿程损失简化计算

公式为

$$P_f = RL$$

式中 P_f——沿程损失，Pa；

R——单位长度管段沿程损失，Pa/m；

L——管段长度，m。

单位长度管段沿程损失也称为比摩阻，采暖系统计算时，可直接查有关设计手册求得。比摩阻随管径、流量和流速的不同而不同。

局部损失可用理论公式计算，也可用占沿程损失的百分率简化计算。

采暖系统某一环路的总压力损失，是这一环路各管段的沿程损失和局部损失之和。

（二）采暖系统的最不利环路

在采暖系统中，往往存在许多个并联环路。凡是两端有共同的分流点和共同的合流点的管路，就互为并联环路。异程式系统的远、近环路都是并联环路。显然，远环路的总压力损失一般比近环路的总压力损失大。

在一个采暖系统中，总压力损失最大的那个环路，称为最不利环路。最不利环路只有一个，一般是管线最长、热负荷最大的那个环路。

一个采暖系统的总压力损失是指这一系统最不利环路的总压力损失，并不是整个系统所有管路的压力损失之和。

（三）采暖系统管道计算的一般过程

采暖系统管道计算大多采用查表的方法取得数据。需要查用的表很多，主要有采暖管道水力计算表、热水及蒸汽采暖系统局部阻力系数表、最大允许流速表等。这些表都是根据流量计算公式（流量与管径、流速有关）和阻力计算公式（阻力与流速、沿程阻力系数、局部阻力系数有关）编制的，可以在有关设计手册中查得。

采暖系统管道计算时，首先进行管段编号，在各管段注上热负荷和长度，立管也进行编号。计算时按下列步骤进行。

1. 确定系统最不利环路。
2. 确定最不利环路各管段管径，并计算阻力。
3. 确定立管的管径。
4. 利用阻力平衡关系，确定其他立管的管径。

在采暖系统计算中，并不是各环路的阻力必须完全相等，只要阻力误差不超过规定误差即可。

（四）管道计算对管道施工的启示

采暖系统管道的管径是经过细致计算后选定的，既满足流量大小的要求，又满足压力损失（阻力）低于作用压力和各环路阻力平衡的要求。因此，在采暖管道安装施工中应注意以下几个方面。

1. 采暖管道的管径是不能随意改变的。

2. 采暖系统中的阀门、配件等不能随意代用或增减。

3. 采用必要的措施减小不应有的管道阻力，使系统在设计状况下运行。如管道应平直不能有凹陷；管子切割后，切口内部应清理干净；管子煨弯应有足够的弯曲半径，弯曲发生的椭圆率应在允许范围内等。

由管道计算过程可知，在异程式系统中，热媒通过远环路压力损失大，近环路压力损失小，即使近环路采用较小的管径，阻力不平衡的现象还是经常发生。在试运行调节时，一般应利用设在立、支管上的阀门来增加近环路的阻力，以达到压力损失的平衡和放热量的平衡。相比之下，同程式系统各环路压力损失平衡就容易实现。

其他管道在施工时，也应参照上述要求。

想一想

1. 讨论管道计算对管道施工有哪些启示？

2. 结合所学知识，讨论热水采暖系统循环泵的选择过程。

复 习 题

1. 采暖系统管道计算的目的和任务是什么？

2. 什么是采暖热负荷？建筑围护结构耗热量由哪几部分组成？

3. 什么是采暖面积热负荷指标？其影响因素有哪些？

4. 采暖系统管道计算主要包括哪方面的计算？

5. 什么是采暖系统的最不利环路？

6. 采暖系统管道计算的一般过程是什么？

第八节　供暖系统水压试验及试运行

供暖系统管道及设备全部安装完毕，应进行管道系统的试压，以检验管材及设备的机械强度和管道接口的严密性。管道系统在使用前，应对系统进行清洗，以清除管道内所存积的污物。为了保证供暖系统正常运行，使供暖系统运行达到设计要求，应对管道系统进行通热调试。

一、室内采暖系统水压试验及试运行

室内采暖系统水压试验及试运行的施工工艺流程为：系统检查→连接试压管路→水压

试验→系统冲洗→系统通热与调试。

（一）水压试验

根据设计要求计算试验压力，如果试验压力不大于采暖系统最底层散热器的最大试验压力，水压试验可全系统同时进行；否则，应分层进行水压试验。对于较大的采暖系统，可分区、分段进行水压试验。

1．根据水源的位置和采暖系统情况，制定出试压程序和技术措施，再测量出各连接管的尺寸，然后下料、加工管段，连接临时试压管路。

2．检查全系统管路、设备、阀件、固定支架、套管等必须安装无误，各连接处均无遗漏；根据全系统试压或分系统试压的实际情况，检查系统中各类阀门的开、关状态，不得漏检。试验管段阀门全部打开，试验管段与非试压管段连接处应予以隔断。

3．确认系统可以进行加压时，开始向系统充水。系统水充满后，试压开始。

4．升压应缓慢进行，一般分2～3次升至试验压力。在此过程中，每加压至一定数值时，应停下来对管道系统进行全面检查，无异常现象方可再继续加压。

5．试压检查过程中，应对漏水或渗水的接口做上记号，便于返修。

6．系统试压达到合格验收标准后，放掉管道内的全部存水。不合格时应待补修后重新试压，直至合格。

（二）系统冲洗

1．制定管道冲洗的技术措施

检查全系统内各类阀件的关启状态，对不允许冲洗的附件应予以拆除，并用临时短管接通管路。对于减压阀、疏水器，可关闭其进、出口阀门，打开旁通管上的阀门，以保证其不参与冲洗。对于暂不冲洗或已冲洗的管道，可通过阀门的启闭达到控制目的。

2．水平供水干管及总供水管的冲洗

先将自来水管接进供水水平干管的末端，再将供水总立管进户处接至排水管的入口处。打开排水口控制阀，再开启自来水进口控制阀，进行反复冲洗。以此顺序对系统的各个分路供水水平干管分别进行冲洗。冲洗结束后，先关闭自来水进口阀，后关闭排水口控制阀。

3．系统立管及回水水平干管冲洗

自来水连通进口可不动，将排水出口连通管改接至回水管总出口外。关上供水总立管上各个分环路的阀门。先打开排水口上的总阀门，再打开靠近供水总立管边第一个立支管上的全部阀门，最后打开自来水入口处阀门进行第一分支管的冲洗。冲洗结束后，先关闭进水口阀门，再关闭第一个立支管上的阀门。按此顺序分别对第二、第三……各环路上的各根立支管及水平回路的导管进行冲洗。若为同程式系统，则从最远的立支管开始冲洗为好。

冲洗中，当系统排水口的冲洗水为洁净水时可认为合格。全部冲洗后，再以流速1～1.5 m/s的速度进行全系统循环冲洗，延续20 h以上，循环水色透明为合格。

（三）系统通热与调试

1．先联系（或准备）好热源，制定出通暖试调方案、人员分工和处理紧急情况的各项措施。准备好修理、泄水等器具。

2. 工作人员按分工各就各位，分别检查供暖系统中的泄水阀门是否关闭，导管、立管、支管上的阀门是否打开。

3. 向系统内充满水（最好是软化水），开始先打开系统最高点的排气阀门，责成专人看管。慢慢打开系统回水干管的阀门，待最高点的排气阀门见水后立即关闭。然后开启总进口供水管的阀门，最高点的排气阀门必须反复开闭数次，直到系统中的空气排净为止。

4. 充满后即可开始检查，检查中如发现隐患，应尽量关闭小范围的供、回水阀门并及时修理，修理好后随即开启阀门。

5. 全系统运行时，遇到不热处应先查明原因。如需冲洗检修，应先关闭供水和回水阀门，泄水后再先后打开供水和回水阀门，反复放水冲洗。冲洗完后再按上述程序通暖运行，直到运行正常为止。

6. 若发现热度不均，应调整各个分路、立管、支管上的阀门，使其基本达到平衡后，邀请各有关单位检查验收，并办理验收手续。

7. 高层建筑的供暖管道冲洗与通热，可按系统设计的特点进行划分，按区域、独立系统、分若干层等逐段进行。

8. 冬季通暖时，必须采取临时供暖措施，室温应保持5℃以上，并连续24 h后方可进行正常运行。

充水前应先关闭总供水阀门，开启外网循环管的阀门，使热力外网管道先预热循环。分路或分立管通暖时，先从向阳面的末端立管开始，打开总进口阀门，通水后关闭外网循环管的阀门。待已供热的立管上的散热器全部热后，再依次逐根、逐个分环路通热，一直到全系统正常运行为止。

（四）质量标准

1. 主控项目

室内采暖系统水压试验及试运行主控项目质量标准及检验方法见表4—18。

表4—18　　室内采暖系统水压试验及试运行主控项目质量标准和检验方法

项目	质量标准	检验方法
采暖管道水压试验	采暖系统安装完毕，管道保温之前应进行水压试验。试验压力应符合设计要求；当设计未注明时，应符合下列规定： 1. 蒸汽、热水采暖系统，应以系统顶点工作压力加0.1 MPa做水压试验，同时在系统顶点的试验压力不小于0.3 MPa 2. 高温热水采暖系统，试验压力应为系统顶点工作压力加0.4 MPa 3. 使用塑料管及复合管的热水采暖系统，应以系统顶点工作压力加0.2 MPa做水压试验，同时在系统顶点的试验压力不小于0.4 MPa （此条为强制性条文）	1. 使用钢管及复合管的采暖系统，应在试验压力下10 min内压力降不大于0.02 MPa；降至工作压力下检查，不渗、不漏 2. 使用塑料管的采暖系统，应在试验压力下1 h内压力降不大于0.05 MPa；然后降至工作压力的1.15倍，稳压2 h，压力降不大于0.03 MPa，同时各连接处不渗、不漏

续表

项目	质量标准	检验方法
过滤器及除污器的冲洗	系统试压合格后，应对系统进行冲洗并清扫过滤器及除污器	现场观察，直至排出水不含泥沙、铁锈等杂质，且水色不浑浊为合格
采暖系统试运行和调试	系统冲洗完毕应充水、加热，进行试运行和调试（此条为强制性条文）	观察、测量室温应满足设计要求

2．一般项目

室内采暖系统水压试验及试运行一般项目质量标准及检验方法见表4—19。

表4—19　　室内采暖系统水压试验及试运行一般项目质量标准和检验方法

项目	质量标准	检验方法
系统冲洗	冲洗中，管路应畅通，无堵塞现象	观察检查
系统通热	通热过程中，使各环路热力平衡，温度相差不超过1～2℃为合格	测量检查

（五）安全注意事项

1．冲洗过程中，要严防中途停止时污物进入管内。下班应设专人负责看管，也可采取保护措施。

2．冲洗管的排放管应接至排水井（沟），保证排水畅通安全。

3．试压过程中，有关人员应集中注意力观察压力表，严禁超压。凡是失灵或不准确的压力表一律不得使用。

4．冲洗后，应把地沟清理干净，防止地沟中管道的保温层遭到破坏。

5．通热调试后，阀门位置应做上记号，运行中不得随意拧动。

（六）质量缺陷及预防措施

1．冬季水压试验时管道的防冻措施

尽量在冬季前进行水压试验，并且试压后要将水吹净，特别是阀门内的水必须清理干净，否则阀门将会冻裂。工程必须在冬季进行水压试验时，要保持室内在零上温度下进行，试压后要将水排尽。在不能进行水压试验时，可用压缩空气进行试验。

2．压力表针摆动达上限，却未达到试验压力的预防措施

试压时压力表针摆动极大，以指针摆动上限为标准验收，实际未达到试验压力，造成运行时管道接口渗漏。预防措施是采暖系统灌水前应打开最高点的排气阀，直至排气阀冒水再关闭。采暖设备安装前应先进行水压试验，如发现接口渗水应在渗漏部位做记号，指定专人返修，之后重新进行试压。

3．蒸汽冲洗时排气管脱落的预防措施

排气管必须设置可靠的支架，以承受冲洗过程的反冲力，保证冲洗质量。

4. 阀门开启太快造成水击而损坏阀门的预防措施

首次供汽时应先进行暖管，阀门不要开得过大、过快，只要听到汽声即可停止供汽。同时，还应将管道末端的冷空气排空，关闭疏水器两端的阀门，打开旁通阀，待通热正常后再打开疏水器阀，关闭旁通阀。

5. 蒸汽管带汽修理造成人员烫伤的预防措施

供汽中如发现管道系统发生蒸汽泄漏，应立即关闭汽源，放空管内蒸汽，等管道冷却后再进行修理，以免发生烫伤事故。

6. 管道气阻而导致不热或局部不热的预防措施

通热前，必须先检查自动排气阀或集气罐是否正常，必须将系统内气体排净。开始通热时，应设专人检测，待排气阀只流水不带汽泡后方可关闭。

7. 凝结水管不热、疏水器工作失灵的预防措施

应关闭散热器支管阀门，检查疏水器，及时修理或更换。

想一想

1. 试压泵有几种？如何正确操作？
2. 讨论室内供暖系统运行中常见的故障有哪些？如何排除？
3. 散热器不热的原因是什么？

二、室外供热管道水压试验及试运行

室外供热管道安装完毕，应进行水压试验。水压试验合格后，应对管道系统进行冲洗。在管道正式供热前，还要进行通热调试。其施工工艺为：水压试验→冲洗→通热调试。

（一）水压试验

1. 按照设计要求，制定水压试验技术措施。

2. 对系统进行全面检查，确认可以进行试验时，打开系统最高点放气阀。系统充满水后，应再全面检查系统一次，然后进行系统升压和检查。

3. 系统试验压力应等于工作压力的 1.5 倍，但不得小于 0.6 MPa。稳压 10 min，如压力降不大于 0.05 MPa，即可将压力降至工作压力下检查。检查时，可以用质量不大于 1.5 kg 的锤子敲打管道距焊口 150 mm 处。检查焊缝质量，不渗、不漏为合格。

4. 试压合格后，应及时填写水压试验记录。

（二）管道冲洗

1. 热水管道的冲洗

关闭各建筑物热力入口处的进、出口阀门，冲洗顺序为由供水管至回水管，在系统最低点应设置临时排水管。系统管道较短时，整个管网可一次冲洗；管道较长时，可分段进行冲洗。

冲洗时，先用0.3～0.4 MPa压力的自来水进行管道冲洗，当排出口水色和进口水色一致时，即认为冲洗合格。再以1～1.5 m/s的流速进行循环冲洗，延续20 h以上，直到回水干管出口流出的水色透明为止。

2. 蒸汽管道的冲洗

将管道中的流量孔板、疏水器和单向阀等部件拆除，并用临时管道短接。冲洗时先将各冲洗口的阀门打开，再缓慢开大总进气阀，增大蒸汽量进行冲洗，延续20～30 min，直至蒸汽完全清洁时为止。

（三）通热调试

实际工程中，热水管网的通热是与锅炉、热水循环泵及软化补水系统同时运转的。通热前应关闭热网上连接的各用户总阀门，打开循环管阀门，用补水泵向热水管网注满水（软化水），开启循环泵进行外网循环，同时检查管网运行状况。确认正常后关闭热力入口处的循环管阀门，待与室内采暖系统联合运转。

蒸汽管道通汽时，应缓慢打开供汽主阀，先进行暖管。通汽开始时凝结水量太大，应打开疏水装置（一般是疏水阀组的旁通管），待大量凝结水排走后关闭疏水装置，打开疏水阀前、后阀门，让疏水阀投入运行。

（四）质量标准

1. 主控项目

室外供热管道水压试验及试运行主控项目质量标准及检验方法见表4—20。

表4—20　　室外供热管道水压试验及试运行主控项目质量标准及检验方法

项目	质量标准	检验方法
水压试验	1. 供热管道做水压试验时，试验管道上的阀门应开启，试验管道与非试验管道应隔断	开启和关闭阀门检查
	2. 供热管道的水压试验压力应为工作压力的1.5倍，但不得小于0.6 MPa	在试验压力下10 min内压力降不大于0.5 MPa；然后降至工作压力下检查，不渗、不漏为合格
管道冲洗	管道试压合格后，应进行冲洗	现场观察，以水色不混浊为合格
系统调试	管道冲洗完毕应通水、加热，进行试运行和调试。当不具备加热条件时，应延期进行	测量各建筑物热力入口处供、回水温度及压力

2. 一般项目

（1）试验用压力表必须进行校核。

检验方法：试压前进行压力表校验。

（2）管道进行冲洗时，应拆除管道上的单向阀、减压阀及除污器等部件，冲洗结束后，应按原位置进行复位连接。

检验方法：观察检查。

（五）安全注意事项

1．管道试压前，必须校检试验用压力表，严禁使用失灵或误差较大的压力表。

2．热力管网进行蒸汽吹洗时，排气管前方不得站人，防止蒸汽烫伤人。不得将废汽排放至热力地沟或检查井、排水管道。

（六）质量缺陷及预防措施

1．试压时压力表指针摆幅较大，管道有渗漏点的预防措施

管道灌水时，应反复启闭排气阀，将系统内的空气排空后，方可加压。当加压至试验压力时，必须停止加压，观察压力表变化。当管线较长时，应在管道末段增设压力表，严密监视压力表指示压力的下降值。

2．管道内污物沉积造成阻塞的预防措施

管道试压和通热前，必须进行管网分段或分系统冲洗。冲洗水或吹洗蒸汽排出时，必须达到冲洗合格标准。

3．各用户热力不平衡的预防措施

通热调试过程中，应与锅炉房保持联系，严格按相应操作规程进行施工。注意测量建筑物热力入口处的供、回水温度及压力。

想一想

1．讨论室外供热管道水压试验、冲洗和通热调试的过程。

2．讨论室外供热管道水压试验及试运行的质量标准。

3．讨论室外供热管道水压试验及试运行的安全注意事项。

4．讨论室外供热管道水压试验及试运行的质量缺陷及预防措施。

三、采暖系统常见故障及其排除

（一）热水采暖系统常见故障及其排除方法

1．多层建筑双管上供式热水采暖系统经常出现上层散热器过热、下层散热器不热，即所谓垂直热力失调现象。排除方法是关小上层散热器支管上阀门，开大下层散热器支管上阀门。

2．异程式系统经常出现末端散热器不热，即所谓水平热力失调现象。其发生原因一是远环路压力损失大，二是系统末端可能存有空气。排除方法是关小系统始端环路立管上的阀门进行调节，并排尽系统中的空气。

3．下供式系统出现上层散热器不热。可能有两种原因：一是上层散热器中存有空气，应予排除；二是系统充水不满，上层散热器缺水，应补充水至规定水位。

4．局部散热器不热的原因及其排除方法

（1）管道堵塞。用手触摸管道表面，有明显温差的管段，即为管道堵塞之处。采用敲击振动或打开检查的方法，清除堵塞物。

（2）阀门失灵。如属阀芯脱落堵塞管道，应检修或更换阀门。

（3）集气罐集气太多，应打开放气管放掉空气；集气罐安装位置不正确，使系统内空气不能顺利排出而造成气塞，发现后应纠正。

（4）干管敷设坡度不够或倒坡、坡度不均匀；支管倒坡，散热器存有空气排不出。安装时，应保证有正确的坡向、足够的坡度；管子事先应调直，支架标高、间距应符合规范和设计要求。

（5）室内系统与室外系统的供水和回水管接反，发现后要及时改正。

5．回水温度过高的原因及解决办法

（1）热负荷小，循环水量大。要关小系统入口阀门，减少热媒流量。

（2）用户入口处供水管和回水管间连接的循环管上阀门未关或关闭不严，应关严。

（3）锅炉供水温度过高。

6．回水温度过低的原因及解决办法

（1）锅炉供水温度低，应提高供水温度。

（2）循环水量小，热负荷大。要开大供水管阀门，消除管道堵塞现象。

（3）室外管网漏水，系统补水量大。要寻找漏水原因，及时修复。

（4）室外管网热损失大。要检查室外管道保温工程是否有漏项，管道是否泡在水中，或保温层是否有脱落等情况。如有上述情况，应及时将水排掉，修复保温层。

（二）蒸汽采暖系统的常见故障及其排除方法

1．散热器不热

可能是散热器内存有空气，或者是疏水器失灵，凝结水排出不畅。消除办法是放空气或修理疏水器。

2．系统末端散热器不热

可能是末端存有空气，应放掉空气；或由于系统各环路压力不平衡造成，要由立管上的阀门进行调节。

3．发生水击现象

可能是水平管道不平直、有凹陷，或坡向、坡度有问题，凝结水排泄不畅。要调直管道，调整坡向和坡度。

4．系统跑汽漏水

可能是管道连接不合适，或是热膨胀问题没有解决好，或是送汽时阀门开得过急。要保证管道连接质量，正确解决热伸缩补偿问题，送汽时阀门逐渐开大。

想一想

利用所学知识，讨论热水采暖和蒸汽采暖可能还有哪些故障及其排除方法。

复 习 题

1. 供暖系统试压和冲洗的目的是什么?
2. 水压试验的程序是什么?
3. 室内采暖系统水压试验及试运行时，应注意哪些安全事项?
4. 简述室内采暖系统水压试验及试运行的质量标准。
5. 简述室内采暖系统水压试验及试运行的质量缺陷及预防措施。
6. 简述热水采暖系统和蒸汽采暖系统常见故障及其排除方法。

实 训 四

任务 1 识读室内采暖系统图

一、实训目的

掌握室内采暖图的识读方法，能够对室内采暖系统图进行正确识读。

二、实训材料

整套室内采暖系统图和相关资料。

三、实训要求

1. 仔细认真阅读图样。
2. 在识图过程中掌握识图方法。

四、实训过程

某单位办公楼采暖系统图、一层采暖平面图和二层采暖平面图分别如图 4—135、图 4—136 和图 4—137 所示，试进行识读。

1. 清点图样

拿到图样后，首先看图样说明中采暖系统图的张数，然后清点。若发现图样页数不够或图样残缺不齐，必须及时告知有关人员。本例图纸共三张且每张清楚完整，开始识读。

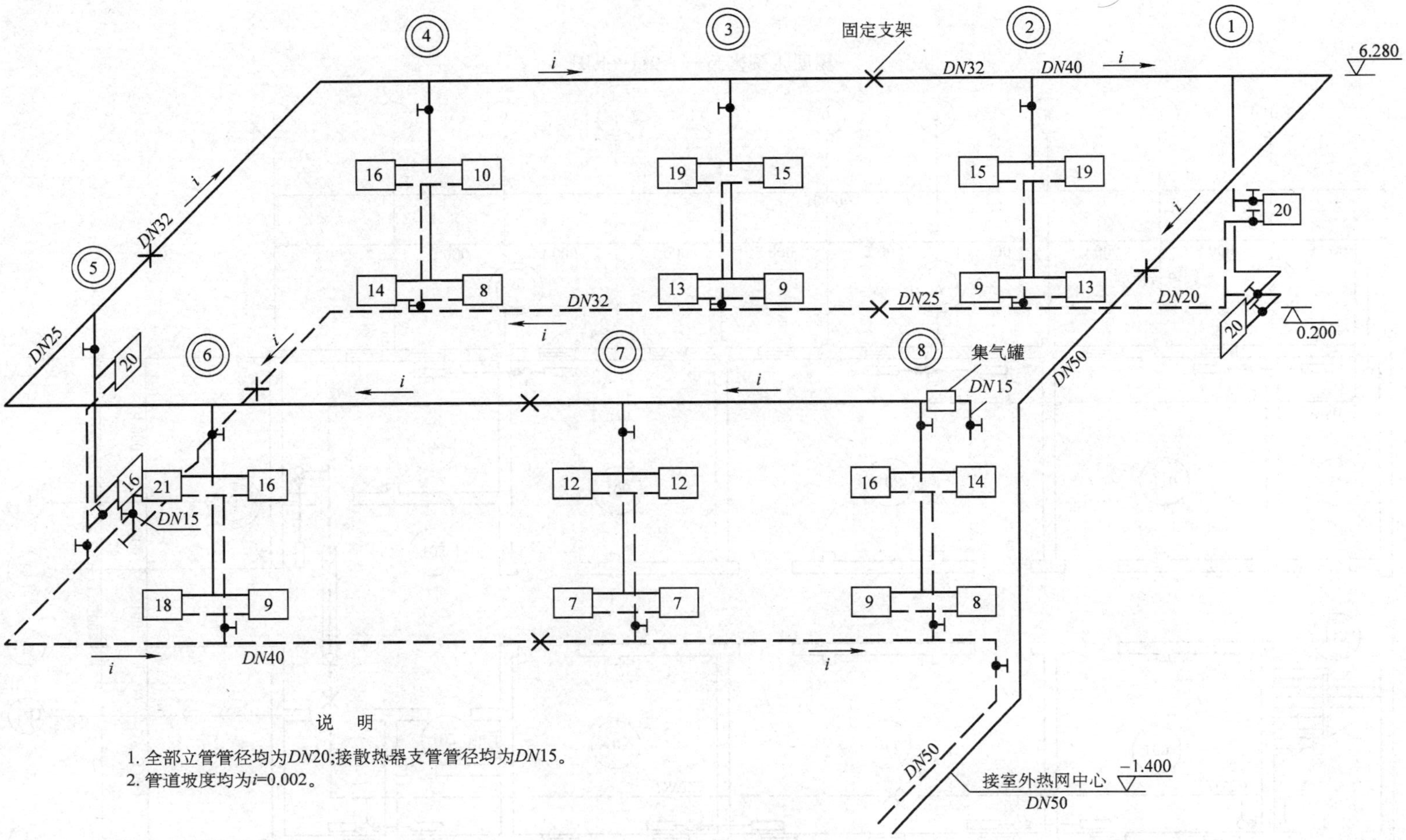

说 明

1. 全部立管管径均为*DN*20;接散热器支管管径均为*DN*15。
2. 管道坡度均为i=0.002。

图 4—135 某单位办公楼采暖系统图

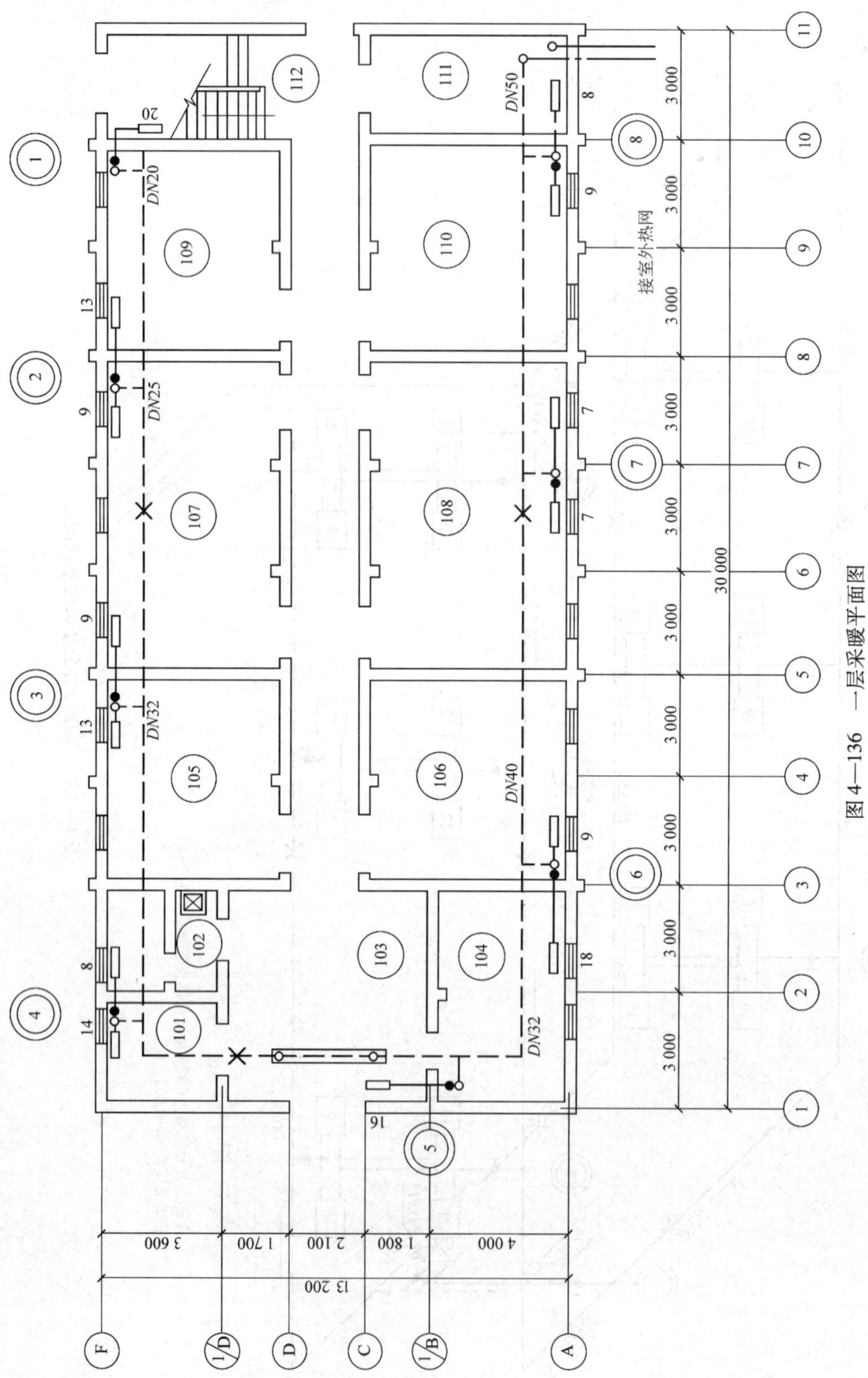

图 4—136　一层采暖平面图

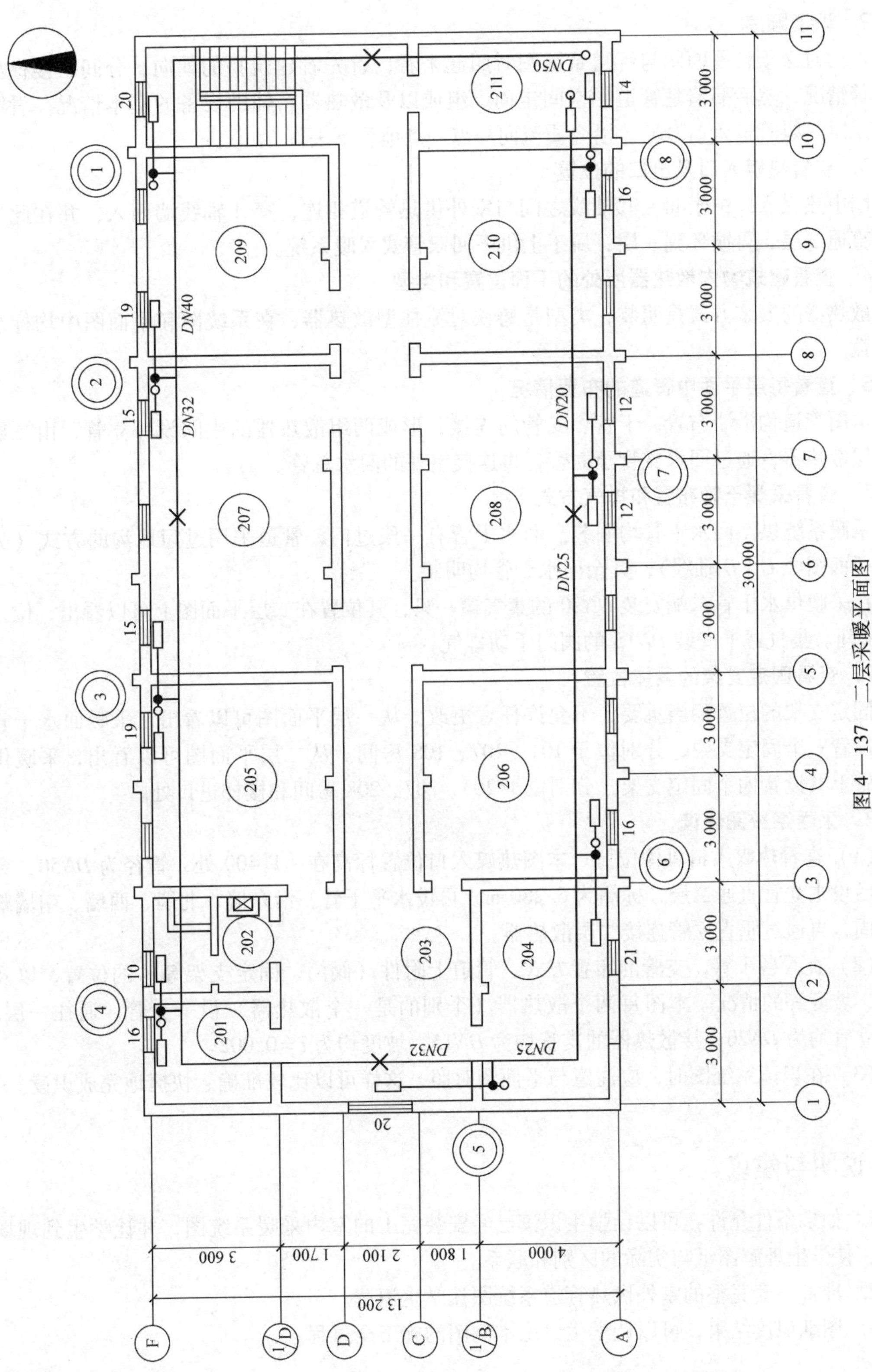

图4—137　二层采暖平面图

2. 识读顺序

识读时必须将平面图与管道系统图对照起来看，首先看建筑物的朝向、分间、楼梯出入口等情况，然后搞清楚管道的空间走向、组成以及散热器、辅助设备的基本情况。看图时从采暖热媒管道入口开始，沿介质流向一点一点地看下去。

3. 查看热媒入口及出口的位置

图中热媒入口位于⑩～⑪轴线之间与室外供热管道相连，穿 *A* 轴线墙而入，并在此设立管直通二层，再循环到一层，属于上供下回双管式采暖系统。

4. 查看建筑物内散热器所处的平面位置和类型

散热器的安装方式是明装，类型是铸铁对流柱型散热器，在系统图和平面图中均标注有片数。

5. 查看每层平面中管道的布置情况

本图管道均沿墙布置，干管、支管的连接，形成两组散热器的中间设一立管，由二层到一层散热器，通过回水支管至立管，再连接室外的回水总管。

6. 查看采暖干管布置和排气方式

采暖系统供、回水干管均明装。回水干管有一段过门，管道采用过门地沟的方式（见一层平面图中 *C*、*D* 轴线），其余回水干管均明装。

在采暖供水干管末端安装 *DN*20 的集气罐一只，其位置在二层平面图上可以看出，位于 211 房间。集气罐上安装 *DN*15 的阀门手动排气。

7. 查看固定支架的具体位置

固定支架的位置相当重要，不允许任意更改。从一层平面图可以看出，采暖回水干管上共设置三个固定支架，分别位于 101、107、108 房间。从二层平面图可以看出，采暖供水干管上共设置四个固定支架，分别位于 203、207、208 房间和楼梯进口处。

8. 采暖系统图识读

（1）查看热媒入口具体位置。本图热媒入口位置标高在 -1.400 处，管径为 *DN*50，穿南墙后设主立管直通二层，标高为 6.280 m，再设水平干管，沿东墙、北墙、西墙、南墙敷设一周，再通过垂直立管连接二层散热器。

（2）查看各干管、支管的布置方式，管道上附件（阀门、固定支架等）的位置，以及管径、坡度等的情况。本图每两个散热器（个别的是一个散热器）设一立管，通往一层。全部立管均为 *DN*20，接散热器的支管均为 *DN*15，坡度均为 $i=0.002$。

（3）在识读系统图时，应注意与平面图对照，这样可以比较准确、快捷地完成识读。

五、说明与建议

1. 如果条件允许，可以让学生识读已经安装完工的室内采暖系统图，并让学生到现场参观，使学生理解图纸与实际的区别和联系。

2. 准备一套完整的室外供热管道系统图让学生识读。

3. 图纸识读结束，可以让学生讨论本例图的施工全过程。

任务2 搭拆简易脚手架

一、实训目的

掌握脚手架搭拆的方法和要求，能够搭拆3 m以内简易脚手架。

二、工具、机具

锤子、钢锯弓、钢丝钳、鲤鱼钳、活扳手、与钢扣件螺母规格一致的梅花扳手、3 m钢卷尺、15 m钢卷尺、线坠等。

三、实训材料

钢制或木制架凳、脚手架架管及钢扣件、架板、14#镀锌铁丝等。

四、实训要求

（一）安全事项要求

1. 钢扣件螺栓紧固要对称、可靠。如出现螺纹滑牙一定要调换，不允许用加垫片或戴两个螺母的方法补救。

2. 不得从高处往下扔扣件、螺母。拆卸扣件时，一定要有人扶住即将松落的钢管，脚手架不得有人停留，防止扣件、钢管突然掉落下来伤人。

3. 作业人员要注意相互协调，服从统一指挥。所有操作人员都应严格遵守高空作业操作规程。

（二）技能训练要求

1. 对立管垂直度若经验不足目测误差过大时，要使用线坠测量。

2. 钢扣件螺栓不能一次拧到位，而要相对分几次拧紧，调整好管子位置后才能最后拧紧。

3. 横管位置要根据架板长度安装，千万不能因横管位置不对，使架板出现探头板（即架板端部悬空太长）。

4. 固定架板的铁丝铰接点应在架板的下面或侧面，铰接紧固之后要把接头部位用手锤打平。

5. 对插入墙内的横管要有足够的长度并加连墙杆紧固。

五、实训过程

脚手架搭拆操作程序为：清场、打管孔→配置管架、管撑→清理钢扣件→搭设管架→放置架板及铰固。

1. 清场、打管孔

清理搭拆脚手架现场。若是靠堵架设，测量好高度和距离，在墙上打出架管孔，用于设置连墙杆，并在相应的地面上划线。

2. 配置管架、管撑

选择合适长度的管架，或按要求搭建的长度测量、断管，并根据搭设高度、长度、宽度，配置好立管、模管、斜撑。

3. 清理钢扣件

选择合适的钢扣件，检查钢扣件有无裂纹及螺栓、螺母、垫片是否齐全，清理扣件应保证徒手拧动螺母到螺杆根部。

4. 搭设管架

从地面开始搭设，两人分工协调操作，紧固扣件，目测扶正立管（也可借助线坠），也可以利用转向扣件，增加斜撑对立管进行支撑定位。立杆间距要求：纵向不大于2 m，横向不大于1.5 m，操作层小横杆间距不大于1 m。在安装第二层水平架管之后可卸下支撑立管定位的斜撑，再沿平行于墙面的方向增设加固斜撑。

5. 放置架板及铰固

根据脚手架搭设长度、宽度，将尺寸适宜的架板搁置在管架上，并用镀锌铁丝铰固结实，不允许有探头板。作业层上的架板应满铺，必要时应设置防护栏杆或防护网。

6. 脚手架的拆除

应按搭设的反程序进行拆除，拆除顺序为：防护网、防护栏杆→架板→斜撑→连墙杆→小横杆→水平架管→立杆。

六、说明与建议

1. 室内采暖系统多在离地面位置操作，学生必须会搭拆简易脚手架。
2. 如果有条件，可以进行半成品脚手架的搭拆训练。

任务3　散热器的组对与就位安装

一、实训目的

掌握散热器组对就位安装工艺流程及技术要点，为全面掌握室内供暖系统安装技术做准备。

二、工具、机具

管钳、管子铰板、管子套丝工作台、散热器组对架、组对钥匙、手动试压泵或电动试压泵、活扳手、一字旋具、钢丝刷、油漆刷、油漆桶、钢卷尺、直尺、水平尺、线坠、冲击钻、锤子等。

三、实训材料

铸铁对流辐射型散热器、对丝、补芯、丝堵、石棉橡胶垫片、散热器托钩或拉杆、砂纸、压力表、截止阀等。

四、实训要求

（一）安全事项要求

1. 使用冲击钻时应注意用电安全。
2. 组对散热器加力时应站稳和缓慢加力，防止滑倒。
3. 散热器除锈时应戴防护眼镜。
4. 刷漆时应注意防火。

（二）技能训练要求

1. 在教师的指导下，编制组对材料统计表。
2. 能够熟练地在墙上划出散热器安装就位线。
3. 能够熟练地辨别散热器、对丝、补芯和丝堵的正、反螺纹。
4. 能够熟练准确地计算出散热器托架距墙的距离。
5. 能够熟练地组对散热器。

五、实训过程

1．熟悉施工图，编制组片和配件统计图表

（1）根据施工平面图、系统图确定房间散热器的位置和片数。

（2）根据散热器片数确定配件数和托架数。

2．检查散热器并除锈、刷漆

（1）检查散热片是否有裂纹、砂眼，腔内是否有砂土等杂物，螺纹是否良好，密封面是否平整等。

（2）用钢丝刷除去散热片表面上的浮锈并用布擦干净。

（3）在散热片表面先刷一遍红丹漆或防锈漆，再刷一遍银粉漆（第一遍漆完全干后，才能进行第二遍刷漆）。待银粉漆干后用废旧锯条刮口（不得横向刮口），也可采用砂纸打磨，除去散热片密封面上的油漆并露出金属光泽。

3. 散热器的组对

（1）先把组对散热器的架子与地面固定牢固，再将正螺纹朝上的散热片放在组对架上，把正螺纹朝下的两个对丝分别拧入散热片 1～2 扣，然后把浸油的石棉橡胶垫套在两个对丝上。

（2）将第二片（中片）的正螺纹朝向上方放在对丝上，用组对钥匙把拧入第一片的对丝逆时针旋转一扣，再顺时针两人同时轻轻旋转，待两个对丝均入扣时，再同时匀速旋转拧紧，使垫片上的油挤出即可。

（3）按统计图表的组对数量，按同样的工序和方法组对完所需散热器组数。

（4）将补芯和丝堵加垫分别拧入散热器边片两侧的上、下接口处（注意补芯和丝堵正反螺纹）。

（5）将组对好的散热器慢慢立起，用运输小车运至试压地点，有序堆放待试压时用。

4. 水压试验

（1）将组对好的散热器抬到试压台上放置平稳，用管钳上好临时丝堵和补芯，安装放气阀，连接好临时管路和手动试压泵或电动试压泵。

（2）打开进水阀向散热器内充水，同时打开放气阀，将散热器内的空气排净，待水灌满后关闭放气阀和进水阀。

（3）启动手动试压泵或电动试压泵，首先升压至试验压力（为工作压力的 1.5 倍且不小于 0.6 MPa），后降至工作压力恒压 2～3 min，压力不降且每个接口不渗漏为合格。

（4）若有接口渗漏，用粉笔在渗漏处做记号，放水并卸下堵头或补芯，用组对钥匙上紧接口或更换垫子，重新试压直到合格。

（5）打开泄水阀放水，重新装上补芯和丝堵，运到集中地点等待就位安装。

5. 散热器就位安装

（1）划散热器托架安装线

利用定位划线尺，根据安装位置及高度，在外窗下墙上划出散热器安装位置的中心线和托架的位置线，并根据托架数量确定其位置。

（2）栽托架或拉杆

用錾子或冲击钻在墙上按划线的位置打好孔洞，用水冲洗孔洞，在托钩或拉杆的位置上挂水平线，使钩子中心线对准水平线，经量尺校对标高准确无误后，填塞水泥砂浆和鹅卵石并抹平压实。

（3）散热器就位安装

待水泥砂浆养护后达到最高强度时，将散热器组轻轻抬起落座在托钩上，用水平尺找平、找正、垫稳后落地安装，将散热器组的拉杆螺母拧紧即可。

6. 质量检验

对安装好的散热器按照安装质量标准进行检验，总结误差原因。

六、说明与建议

1. 教师应先全程示范散热器的安装就位过程，并讲解操作要点，然后学生操作。

2. 教师根据实际情况可组织学生参观或结合生产实习或在教室演示、学生分组训练，教师巡回指导，让学生全面掌握本课题实训内容。

3. 注意传统散热器和新型散热器安装工艺要求的相同点和不同点的理解及运用。

4. 散热器组对与就位时经常出现的问题与解决方法如下：

（1）散热器除锈不彻底，有刷漆流淌现象。除锈时应仔细、彻底，刷漆时刷子不要沾满油漆，要涂刷均匀、不流淌。

（2）对散热器接口面应打磨平整并露出金属光泽，防止接口试压时出现渗漏。

（3）注意不同散热器材质的耐压能力，防止因试验压力过大而打爆散热器。

（4）试压后散热器运输时应轻搬轻放，防止散热器扭曲、振裂、接口松动而漏水。

（5）散热器就位前，应校核安装中心线及托钩位置线，防止划线定位不准给安装造成困难。

第五章 小型工业锅炉安装

学习目标

1. 掌握有关锅炉的基本知识。
2. 了解工业锅炉的基本构造及运行过程。
3. 掌握常见快装锅炉的基本安装工艺和安装技术要求。

相信每个人都对自己家里做饭的炉子比较熟悉，不管使用何种形式的炉子，其作用都是一样的，那就是燃料在炉子中燃烧后，给家里提供需要的热量，用这个热量可以得到可口的饭食和使用的热水等。

虽然家用炉子的形式多种多样，但其基本构造和运行过程相同，下面进行分析。

1．锅

锅用来盛水，同时也要吸收热量，其材料有生铁、铝、铜、不锈钢等。锅的形状基本都是圆形的，因为圆形锅传热、受力均匀，使用安全。自然需要给锅里加水，同时又将锅里的热水取走，反反复复，加水→取水→加水。在锅（或水壶）使用一段时间后，会发现锅的底部出现一层水垢，由于水垢是热的不良导体，因此应采取各种方法将水垢除去，以提高热的利用率，同时也使锅（或水壶）的使用年限增加。

2．炉子

对于蜂窝煤炉子，需要蜂窝煤燃烧的炉膛，为了降低炉壁热损失，炉壁要进行保温。对于燃气炉，需要一个燃烧气嘴。

对于使用固体燃料（如木柴和煤等）的炉子，需要设置一个炉箅，燃料在炉箅上面燃烧，炉箅下面送风。为了防止燃煤和炉箅黏结而使炉箅烧坏，还需进行拨火。

3．燃料

热量是燃料经过燃烧释放出来的，使用的燃料有木柴、煤、燃气等，燃料能提供需要的热量。

4．送风

送风俗称鼓风，其目的是给燃料燃烧提供氧气。送风的方式有自然送风和机械送风（如使用鼓风机等），为了提高自然送风的能力，还可以使用简易的烟囱。

5．排风

燃料燃烧后会产生烟气，烟气对人体健康有害，应使用烟囱将其排放至室外。对于燃气炉子，可使用排气扇将烟气排放至室外。

6．炉渣

固体燃料燃烧后产生的炉渣要及时从出渣口将其取出移走。

为了安全，用加热时间来控制锅内水不被烧干；高压锅上的自动排气阀控制着锅内的压力；使用燃气热水器或电热水器时，都有安全设施。

如果需要大量的热水或需要连续产生热水，显然，家用炉子满足不了这种需求，但锅炉可以连续大量地产生热水。

锅炉的基本构造及运行过程和家用炉子可以说是完全一样的，只不过是锅炉的锅、炉子、燃料的输送、送风、排风、出渣等是一个整体。为了锅炉的安全运行，还需要设置许多控制阀门和安全部件；为了不使锅炉排烟污染大气，还需要设置消烟除尘部件；为了使锅炉具有一定的自动安全功能，还需要设置电气控制系统等。

常说的锅炉，实际上可以认为是一个很大的家用炉子。使用锅炉的目的就是把它看成一个热源，让这个热源提供人们生活或工业生产需要的热水或蒸汽。

观察图 5—1 所示的图片，说说你见过图中哪些炉子，并讨论你见过炉子的构造和运行过程。

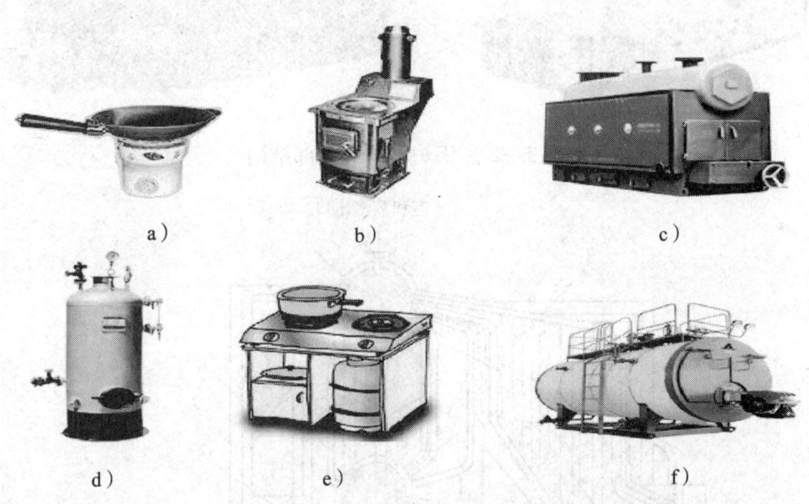

a）　b）　c）　d）　e）　f）

图 5—1　生活中的炉子和供热锅炉

a）蜂窝煤炉　b）家用采暖炉　c）型煤供热锅炉　d）立式燃煤锅炉　e）家用燃气炉　f）燃气（油）供热锅炉

锅炉是供热之源。锅炉和锅炉房设备的任务，就是安全可靠、经济有效地把燃料的化学能转化为热能，进而将热传递给水，以生产热水或蒸汽。

随着工业生产的发展，锅炉设备日益广泛地应用于现代工业的各个部门，成为发展国民经济的重要热工设备之一。如用于动力、发电方面的动力锅炉，用于工业及供热方面的工业锅炉等。

采暖、通风空调工程常用的锅炉有燃煤锅炉、燃气锅炉和燃油锅炉，本课题主要叙述燃煤锅炉的基本构造和运行过程，对燃气锅炉和燃油锅炉的构造和运行过程仅做概述。

第一节　锅炉及锅炉房概述

一、锅炉的基本知识

1. 锅炉的基本组成

锅炉本体和内部结构如图 5—2 所示。锅炉的基本组成及锅炉设备运行过程如图 5—3 所示。

图 5—2　锅炉本体和内部结构

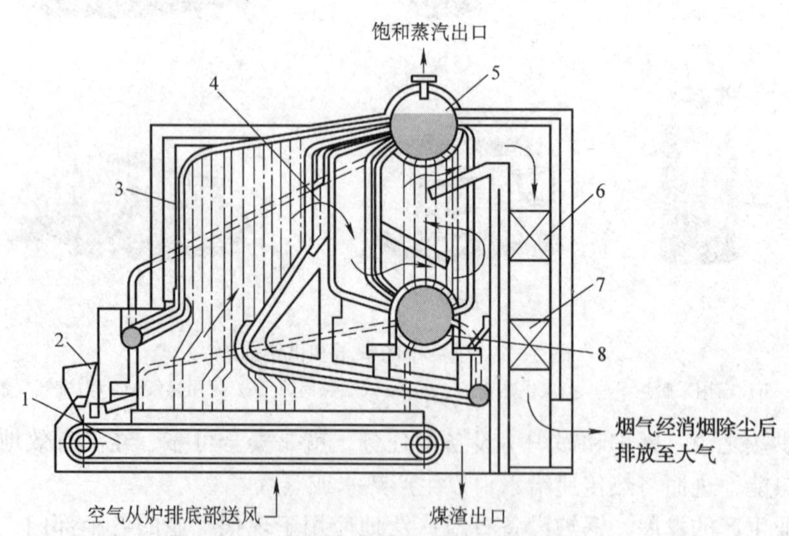

图 5—3　锅炉的基本组成及锅炉设备运行过程

1—链条炉排　2—炉前煤斗　3—水冷壁　4—炉膛出口　5—上锅筒　6—省煤器
7—空气预热器　8—下锅筒

锅炉是利用燃料燃烧后所释放出的热量与水交换而产生出蒸汽或热水的设备。顾名思义，锅炉是由“锅”和“炉”两部分组成。所谓“锅”，就是将高温烟气的热量传给低温的水，将其加热为热水或蒸汽的汽、水系统；所谓“炉”，就是将燃料的化学能转变为热能的燃烧场所。

锅是由锅筒和管束组成的一个封闭热交换器。在炉膛四周布置的排管称为水冷壁管，在炉膛后面的排管称为对流管束（布置在烟道，和烟气的换热方式主要是对流换热）。汽、水系统的作用是使管束内的水不断吸收烟气的热量，以产生一定压力和温度的热水或蒸汽。

炉子是由炉墙、炉排和炉顶组成的燃烧空间，它是使燃料进行燃烧产生高温烟气的场所。

在锅炉本体中，除由锅筒、水冷壁、对流管束组成的主要受热面外，还有辅助受热面，包括蒸汽过热器、省煤器和空气过热器。蒸汽过热器的作用是将锅炉中的饱和蒸汽加热成为过热蒸汽。省煤器的作用是用锅炉的排烟余热来加热锅炉的给水。空气预热器的作用是用锅炉的排烟余热来加热送入炉内的冷空气。通常将以上“炉”和“锅”及各受热面合称为锅炉本体。

对于生产过热蒸汽的锅炉，蒸汽过热器安装在炉膛出口处，从上锅筒出来的饱和蒸汽进入蒸汽过热器后，在炉膛内继续吸热变为过热蒸汽。上锅筒和下锅筒之间连接的管束就是对流管束。

从图5—3中可以看出，为保证锅炉本体安全正常运行，还必须配备一些附属设备，即运煤、除灰系统，送、引风系统，汽、水系统和仪表控制系统，这些系统统称为锅炉房辅助设备。因此，锅炉房设备主要包括锅炉本体和辅助设备两大部分。

锅炉和锅炉房设备运行过程如图5—4所示。

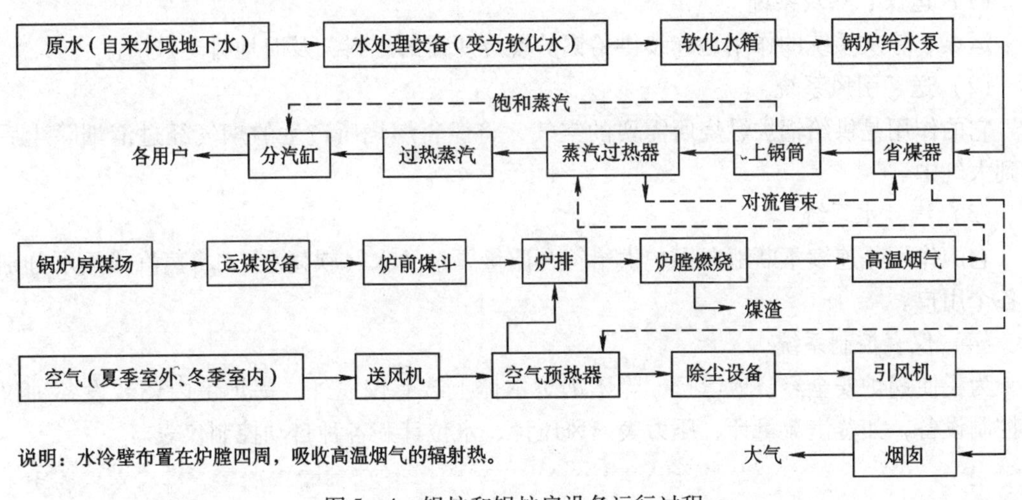

图5—4　锅炉和锅炉房设备运行过程

2. 锅炉的运行过程

锅炉的运行过程为三个同时进行着的过程，即燃料的燃烧过程、高温烟气向水或蒸汽的传热过程及热水或蒸汽的产生过程。其中任何一个过程进行的正常与否，都会影响锅炉运行的安全性和经济性。

(1) 燃料的燃烧过程

煤场→运煤机械或工具（人力、皮带运输机、多斗提升机、电动葫芦、埋刮板输送机）→

炉前煤斗→炉排→炉膛（前拱点火、中间燃烧、后拱燃烬）→除渣设备（螺旋除渣机、马丁除灰机、斜轮除渣机、挂板除渣机）→人工或机械运输至锅炉房煤渣场

大气→送风机（个别进口安装消声器）→空气预热器→炉排底部送风室→炉膛（供煤燃烧需要的氧气，空气变成高温烟气）→炉膛出口→蒸汽过热器（生产过热蒸汽的锅炉有蒸汽过热器，过热器安装在此位置是因为此处烟气温度最高）→对流管束→锅炉烟气出口→省煤器（省煤器安装在锅炉本体外靠近锅炉本体）→除尘器（旋风除尘器、湿式除尘器、冲击式水浴除尘器、管式水膜除尘器、花岗岩水膜除尘器）→引风机（个别进口或出口安装消声器）→烟囱→大气。

（2）高温烟气向水或蒸汽的传热过程

烟气和水的换热方式主要有辐射换热和对流换热两种方式。

水冷壁管（布置在炉膛四周）吸收高温烟气的辐射热。蒸汽过热器（布置在炉膛出口）、对流管束（布置在锅炉本体烟道内）、省煤器（布置在锅炉本体外靠近锅炉本体）和烟气以对流方式换热。锅筒主要吸收辐射热。

（3）热水或蒸汽的产生过程

水吸热和汽化过程主要包括水循环和汽、水分离过程。

3. 锅炉房的辅助设备

锅炉房的辅助设备是保证锅炉安全、经济和连续运行必不可少的组成部分，主要包括运煤、除灰系统，送、引风系统，汽、水系统和仪表控制系统。

（1）运煤、除灰系统

运煤、除灰系统的作用是连续供给锅炉燃烧所需的燃料，及时地排走灰渣。

（2）送、引风系统

它的作用是供给锅炉燃烧所需要的空气，将燃料燃烧所产生的烟气经过消烟除尘后排放到大气中。

（3）汽、水系统

它的作用是连续不断地向锅炉供给符合质量要求的水（软化水），将蒸汽或热水分别送到各个用户。

（4）仪表控制系统

为了使锅炉安全经济地运行，除了锅炉本体上装有仪表外，锅炉房内还装设各种仪表和控制设备，如蒸汽流量计、压力表、风压计、水位计和各种自动控制仪表。

想一想

1. 观察图5—2所示图片，说说你是否对锅炉的结构有了初步认识。

2. 观察家中炉子的使用过程，看看煤或燃气的热量是怎样传递的？

3. 自己烧开水，先用手感觉壶面和壶底的水温，会发现壶面的水温比壶底高。想一想，整个壶内的水最后是怎样全部变成开水的？

4. 家用抽油烟机或换风扇是不是炉子的辅助设备？为什么？

二、锅炉的基本特性、分类和型号

1. 锅炉的基本特性

锅炉的基本特性是表明锅炉容量、参数和经济性的指标。

（1）蒸发量或供热量

蒸发量或供热量也称为锅炉的出力，表明锅炉的容量大小。蒸发量是指蒸汽锅炉每小时产生的额定蒸发量，常用符号“D”表示，单位是 t/h。供热量是指热水锅炉每小时产生的额定热量，常用符号“Q”表示，单位是 MW（兆瓦）。

所谓额定条件就是指锅炉在额定蒸发量、额定蒸汽温度、额定给水温度、使用设计规定的燃料并保证锅炉热效率的运行条件。实际运行时，任一条件的变化都会影响锅炉的出力，因此，司炉人员应严格按锅炉运行规程操作锅炉的运行，保证锅炉在安全、高效率状况下运行，以满足生产和生活的需要。

在实际中，一般热水锅炉产生 0.7 MW 的热量，基本上相当于蒸汽锅炉产生 1 t/h 的蒸汽的热量。例如，供热量为 2.8 MW 的热水锅炉，称其为 4 t/h 的蒸汽锅炉。

（2）压力和温度

压力是指蒸汽锅炉出口或热水锅炉出水处的蒸汽或热水的额定压力（表压力），称为锅炉的额定工作压力，常用符号“P”表示，单位是 MPa。

蒸汽温度一般是指该锅炉在额定压力下的饱和蒸汽温度，常用符号“t”表示，单位是℃。对于生产过热蒸汽的锅炉，还必须表明蒸汽过热器出口处过热蒸汽的温度。

热水锅炉则有额定出口热水温度和额定进口回水温度。

（3）锅炉的热效率

锅炉的热效率是指炉内燃料完全燃烧后发出的热量被有效利用的百分比。所谓有效利用，对于蒸汽锅炉就是生产蒸汽，对于热水锅炉就是用来提高水温。一般工业锅炉的热效率在 60% ~80%，大型电站锅炉的热效率一般在 90% 以上。

此外，还可用煤水比（是指锅炉单位时间内的耗煤量和这段时间内产生的蒸汽量之比）概括衡量锅炉运行的经济性。工业锅炉的煤水比一般为 1∶6 ~1∶7.5。

锅炉热效率有两种方法测定：反平衡法和正平衡法。

反平衡法：计算出锅炉燃烧过程中的各项热损失，然后计算锅炉热效率。锅炉燃料化学能未被利用的部分称为锅炉热损失，它包括排烟热损失——烟气带走的热量；灰渣热损失——灰渣带走的热量；机械不完全燃烧热损失——固体未被燃烧部分；化学不完全燃烧热损失——气体不充分燃料部分；散热损失——炉体等表面散热量。

正平衡法：计算出锅炉产生的有用热量，然后计算锅炉热效率。

工业上常采用反平衡法计算锅炉的热效率。

2. 锅炉的分类

锅炉的类型很多，分类方法也很多，归纳起来大致分类见表 5—1。

表 5—1　　　　锅炉的分类

分类方法	锅 炉 类 型
按用途分类	动力锅炉和工业锅炉。用于带动汽轮机发电或驱动船舶、车辆行驶的锅炉称为动力锅炉。用于工业生产和采暖的锅炉称为工业锅炉。工业锅炉出口压力最大为 2.5 MPa，最大蒸发量为 65 t/h
按压力分类	低压锅炉（$P \leqslant 2.5$ MPa）、中压锅炉（$P = 2.9 \sim 4.9$ MPa）、高压锅炉（$P = 7.8 \sim 10.8$ MPa）和超高压锅炉（$P = 11.8 \sim 14.7$ MPa）
按输出介质分类	蒸汽锅炉、热水锅炉和汽、水两用锅炉
按使用燃料分类	燃煤锅炉、燃气锅炉和燃油锅炉
按燃煤燃烧方式分类	层燃炉、室燃炉和沸腾炉等
按锅筒放置方式分类	立式锅炉和卧式锅炉
按运输安装方式分类	快（整）装锅炉、组装锅炉和散装锅炉
按蒸发量大小分类	小型锅炉（$D < 20$ t/h）、中型锅炉（$D = 20 \sim 75$ t/h）和大型锅炉（$D > 75$ t/h）

3．锅炉的型号

锅炉的型号由三部分组成，表示方法如下：

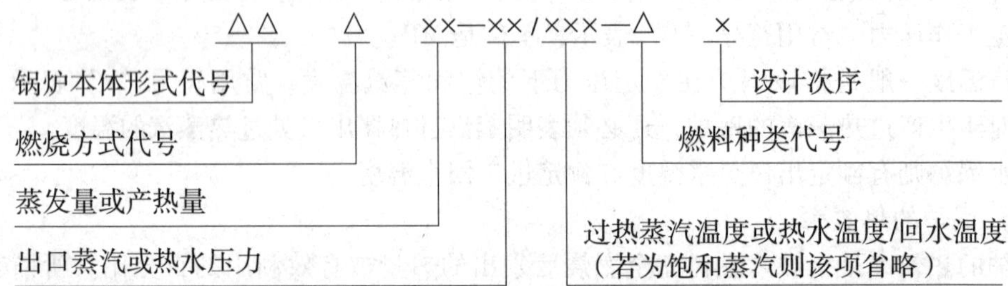

锅炉本体形式代号见表 5—2，燃烧方式代号见表 5—3，燃料种类代号见表 5—4。

表 5—2　　　　锅炉本体形式代号

锅炉本体形式			代号
锅壳锅炉	立式	火管	LH
		水管	LS
	卧式	内燃	WN
		外燃	WW
水管锅炉	单锅筒	纵置	DZ
		横置	DH
		立置	DL
	双锅筒	纵置	SZ
		横置	SH
		纵横置	ZH
	强制循环		QX

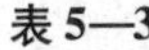

表 5—3　　燃烧方式代号

燃烧方式	代号	燃烧方式	代号
固定炉排	G	往复推动炉排	W
活动手摇炉排	H	振动炉排	Z
抛煤机	P	沸腾炉	F
下饲式炉排	A	半沸腾炉	B
链条炉排	L	室燃炉	S
倒转链条炉排加抛煤机	D	旋风炉	X

表 5—4　　燃料种类代号

燃料种类	代号	燃料种类	代号
烟煤	A	贫煤	P
无烟煤	W	木柴	M
煤矸石	S	油	Y
褐煤	H	气	Q

锅炉型号举例如下。

SHL10 - 1. 3/350 - W：表示双锅筒横置式链条炉排，蒸发量为 10 t/h，出口蒸汽压力为 1. 3 MPa，出口过热蒸汽温度为 350℃，适用于无烟煤，按原型设计制造。

RSW2. 8 - 0. 8/110/80 - 1：表示热水锅炉往复推动炉排，产热量为 2. 8 MW，热水出口压力为 0. 8 MPa，热水出口温度为 110℃，进水温度为 80℃，燃用多种固体燃料，第一次变形设计制造。

KZG2 - 0. 8：表示卧式快装固定炉排，蒸发量为 2 t/h，出口蒸汽压力为 0. 8 MPa，生产饱和蒸汽，燃用烟煤及多种固体燃料，按原型设计制造。

想一想

1. 怎样测出家用天然气灶的热效率？又怎样提高它的使用热效率？
2. 观察图 5—1 和图 5—2 中的锅炉，说出这些锅炉的类型。

三、锅炉的燃料

燃料是指可以燃烧并能放出热能、加以利用的物质。

1. 燃料的分类

燃料按物理状态可分为固体燃料、液体燃料和气体燃料，按来源可分为天然燃料和人造燃料。锅炉常用燃料见表5—5。

表5—5　　锅炉常用燃料

燃料状态	常用燃料
固体燃料	木柴、煤（泥煤、褐煤、烟煤、无烟煤）、煤矸石和油岩石。工业锅炉和采暖锅炉燃用的固体燃料主要是煤
液体燃料	作为锅炉燃料的通常是石油提炼出汽油、煤油、柴油和润滑油等产品后的分馏残余物，即重油或渣油，统称为燃油。燃油中碳和氢的含量很高，水分较低，灰分极少，发热量大约是煤的两倍
气体燃料	锅炉用气体燃料主要有天然气、高炉煤气和焦炉煤气 天然气：主要成分是甲烷（CH_4），燃烧值较高。纯天然气低位发热量为36 209 kJ/m^3，石油伴生气低位发热量为46 460 kJ/m^3。天然气的热值较高，是一种优质的燃气 高炉煤气：是炼铁高炉的副产物，主要成分是一氧化碳（CO），另外还含有大量的灰尘，需要净化后才能使用，燃烧值较低。高炉煤气的低位发热量为3 550～4 200 kJ/m^3 焦炉煤气：是冶金工业中炼焦的副产物，含有大量的氢和甲烷，杂质不多，燃烧值较高。焦炉煤气的低位发热量为18 000～19 300 kJ/m^3

2. 煤的成分分析

煤的基本成分有碳（C）、氢（H）、硫（S）、氧（O）、氮（N）等元素和水分、灰分，其中碳、氢和挥发分性硫是可燃成分，其余的都是不可燃成分。煤的成分分析可分为元素分析（见表5—6）和工业分析（见表5—7）。

表5—6　　煤的元素分析

成分	基本特性
碳（C）	主要可燃成分。1 kg纯碳完全燃烧放出33 900 kJ的热量。碳的着火点很高，含碳量高的煤，着火和燃烧都较困难。如无烟煤含碳量高，着火、燃烧都比较差
氢（H）	重要的可燃成分。1 kg氢安全燃烧放出的热量大约是煤的4.2倍。煤中氢的含量只有2%～4%。氢在煤中大多以碳氢化合物的形式存在，受热后即以气体的形式析出。氢极易着火、燃烧
硫（S）	能燃烧放热，但放热较少，只及碳的30%左右。硫在煤中以三种形态存在，即有机硫、黄铁矿硫和硫酸盐硫。有机硫及黄铁矿硫都能参与燃烧反应，因而总称为可燃硫；而硫酸盐硫不参与燃烧反应，常称为非可燃硫。煤中的可燃硫燃烧可生成SO_2和SO_3等有害气体。非可燃硫以硫酸盐化合物的形式存在，是灰渣的组成部分。因此，硫是一种有害的可燃成分

续表

成分	基本特性
氧（O） 氮（N）	都不能燃烧。它们的存在使煤中的可燃成分减少，因而降低了煤的发热量。煤中的含氧量随煤的种类不同而变，变化范围较大。煤中的含氮量一般不超过1%～2%，且氮是一种有害元素
水分（W）	煤中的水分是有害成分。它不仅相对降低了煤中的可燃质成分，而且在燃烧时还消耗热量。煤中的水分呈两种形态存在：一种是机械地附着在煤表面上的水分，这种水分叫作外部水分；另一种是被煤吸收并均匀分布在可燃质中的化学吸附水和存在于矿物杂质中的矿物结晶水，可燃质中的化学吸附水和矿物结晶水总称为内部水分。内部水分只有在高温下才能除掉
灰分（A）	煤中的灰分是指煤中所含碳酸盐、黏土矿物质以及微量的稀土元素等。在煤燃烧时，它们经过高温分解、氧化后形成灰渣。煤中灰分过多除降低燃料的发热值外，还容易造成燃烧的不完全，产生结渣，对设备造成磨损，污染环境等。含灰分高的煤属于劣质煤

表5—7　　煤的工业分析

成分	基本特性
水分	基本特性同表5—6
灰分	基本特性同表5—6
挥发分	主要是氢、一氧化碳和碳氢化合物组成的气体。它极易着火、燃烧，所以挥发分高的煤很容易点燃，且燃烧完全。挥发分是煤炭分类的重要依据
固定碳	煤中除去一氧化碳和碳氢化合物后的元素碳。因此，固定碳比煤所含的总碳量要少。固定碳比挥发分难以引燃和燃烧。一般来说，固定碳含量高的煤，相应地其发热量也较高，但着火、燃烧困难

注：煤失去水分和挥发分的剩余固态物质，称为焦炭，由灰分和固定碳组成。

3. 煤的种类

根据可燃质挥发分的多少，煤大致分为无烟煤、烟煤、褐煤和泥煤四类。煤是由植物遗体在地下常年演变而形成的，煤的碳化程度与地质条件和地质年龄有关，地质年龄越久，煤的碳化程度越高。煤的种类及其基本特性见表5—8。

表5—8　　煤的种类及其基本特性

煤的种类	基本特性
无烟煤	可燃质挥发分小于10%，灰分和水分也不多，外形坚硬，有明亮的黑色光泽。挥发分逸出的温度为300～400℃，引火困难，但发热量很高，为25 000～32 500 kJ/kg。主要供民用和动力用

续表

煤的种类	基本特性
烟煤	可燃质挥发分为10%～45%，变化范围很大，又可分为贫煤、瘦煤、焦煤、肥煤、气煤、弱黏结煤、长焰煤等。烟煤呈黑色、油亮、易破碎成颗粒状，水分和灰分都不高。挥发分逸出的温度为170℃，容易着火、燃烧，发热量较高，为（2～3）$\times 10^4$ kJ/kg。焦结性强的优质烟煤用于冶金炼焦，其余的都可用作锅炉燃料
褐煤	可燃质挥发分很高，可达40%～60%，水分也很高。褐煤呈褐色，质软易碎。挥发分逸出温度为130～170℃，发热量不高，为10 000～21 000 kJ/kg。褐煤着火点低，不结焦，适宜用作锅炉燃料
泥煤	可燃质挥发分很高，可达70%，水分也很高。呈土色，易破碎。发热量较低，为8 000～10 000 kJ/kg。泥煤易燃，不结焦，适宜用作地方燃料就地燃用

近年来，煤矸石也得到综合利用。煤矸石又称石子煤，夹杂在煤层中，伴随煤的开采而采得。煤矸石质地坚硬如石块，色灰白，灰分多，发热量很低，为4 200～10 000 kJ/kg，一般只能在沸腾炉中燃烧。

4．煤的发热量和标准煤

（1）发热量

煤的发热量是指1 kg煤完全燃烧所放出的以kJ计的热量，单位是kJ/kg。煤的发热量有低位发热量和高位发热量之分。低位发热量是指扣去煤中水分汽化吸热量的发热量。高位发热量是指在实验室测得包括烟气中水蒸气汽化热的煤的发热量。在工程计算中，常用煤的工作质低位发热量。

（2）标准煤

由于各种煤的发热量差异很大，因此不能简单地从耗煤量的多少来判断锅炉效率的高低。为此，可用标准煤的耗量来判断锅炉的效率。

标准煤就是煤的工作质低位发热量等于29 307 kJ/kg的煤。标准煤耗量可按下列公式折算：

$$B_b = \frac{BQ}{29\ 307}$$

式中 B_b——标准煤耗量，kg/h；

B——实际耗煤量，kg/h；

Q——实际用煤的低位发热量，kJ/kg。

为了降低燃煤对大气的污染和提高燃煤的使用效果，我国各地方政府都对燃煤锅炉使用的煤种有一定的限制，例如，小型锅炉规定使用洁净型煤、兰炭，禁止原煤散烧等。

洁净型煤是用一种或数种煤与一定比例的黏合剂、固硫剂、助燃剂经加工制成一定形状和有一定的理化性能（冷强度、热强度、热稳定性、防水性等）的块状燃料。洁净型煤是具有发展中国家特点的洁净煤技术，与烧散煤相比，可节煤 20% ~30%，减少黑烟排放 80% ~90%，颗粒物减少 70% ~90%，二氧化硫减少 40% ~60%。工业层燃锅炉燃用型煤和烧原煤相比，能显著提高热效率、减少燃煤污染物排放。

兰炭是半焦炭的俗称，又称半炭。兰炭中固定碳达 82%，低硫低磷，挥发分为1.5% ~1.7%。此产品可代替焦炭，用于化工、冶炼、铸造等行业；在生产铁合金、金属硅、硅铁、硅锰、电石、化肥等高耗能产品过程中优于焦炭。

想一想

1. 说说你都见过哪些煤？发热量为 26 000 kJ/kg 的煤 5 000 kg 换算为标准煤是多少千克？

2. 查看一些关于煤的资料，分析一下把煤变成煤气后再进行燃烧，煤的综合利用是否能提高？

四、锅炉房设备布置概况

1. 总体布置

（1）锅炉房应尽量按工艺流程来布置工艺设备，使汽、水、燃料、灰渣、空气、烟气等系统流程简短、流畅，使阀门附件少，以减少流动阻力和动力消耗，便于操作、维护和运输。

（2）锅炉房尽量单层布置，如采用多层布置，应将锅炉间分为运输层和出灰层。

（3）如果辅助间为三层，水处理设备、水泵、定期排污膨胀器、机修间、库房、厕所、更衣室、浴室应设在底层，连续排污膨胀器、化验冷却器、化验室、办公室、休息室应设在二层。如果辅助间为一层，则各设备应根据具体情况布置。

2. 锅炉本体的布置

（1）锅炉前端与锅炉房前墙的净距不宜小于 3 m；当需要在炉前进行拨火、清炉操作时，炉前净距应能满足操作要求。链条炉前要留有检修炉排的场地。

（2）锅炉侧面和后面的通道净距不宜小于 0.8 m。当需吹灰、拨火、除渣、安装或检修螺旋除渣机时，通道净距应能满足操作要求。

（3）锅炉的操作地点和通道的净空高度应不小于 2 m，并能满足起吊设备操作高度的要求；当锅筒、省煤器等上方不需要通行时，其净空高度可为 0.7 m。快装锅炉或本体较矮的锅炉，为满足通风要求，除应符合上述条件外，锅炉房屋架下弦标高建议不小于 5 m（如采取措施，可小于此数）。

（4）灰渣斗下部的净空，当人工除渣时，应不小于 1.9 m；机械除渣时，要根据除渣机外形尺寸确定。除灰室宽度，每边应比灰车宽 0.7 m。灰车斗的内壁倾角不宜小于 60°。煤斗下的下底标高，除了要保证溜煤管的角度不小于 60°外，还应考虑炉前采光和检修所要求的高度，一般高于运行层地面3.5 ~4 m。

3. 辅助设备的布置

（1）送、引风机和水泵等设备之间的通道尺寸，应满足设备操作和检修的需要，并且应不小于0.8 m；如果上述设备布置在锅炉房的偏屋内，从偏屋地坪到屋面凸出部分之间的净空高度，应满足设备操作和检修的需要，并且应不小于2.5 m。

（2）机械过滤器、离子交换器、连续排污扩容器、除氧水箱等设备的凸出部位间的净距，一般应不小于1.5 m。

（3）汽、水集水器和水箱等设备前方应考虑有供操作、检修的空间，其通道宽度应不小于1.2 m。

（4）除尘器设于锅炉后部的风机间内，其位置应有利于灰尘的运输和设备的检修。

（5）连接各种设备的管道布置，主要取决于设备的位置。布置时应尽量使管道沿墙和柱子敷设，且大管在内，小管在外；保温管在外，非保温管在内；管道之间，管道与梁、柱、墙和设备之间要留有一定的距离，以满足施工安装、运行和检修的需要。管道布置不应妨碍门、窗的启闭及影响室内采光。

想一想

1. 你去过锅炉房吗？如果去过锅炉房，说说你都看见过哪些设备？如果没有去过锅炉房，你认为锅炉房设备布置有尺寸要求的目的是什么？

2. 采用相互提问的方式，测测自己对锅炉和锅炉房基本知识掌握的程度。

复习题

1. 锅炉和锅炉房的任务是什么？

2. 什么是锅炉？它由哪几部分组成？

3. 锅炉是怎样运行工作的？没有辅助设备的锅炉是否可以正常运行？

4. 是否可以使家里的炉子也变成连续进水和出水？

5. 锅炉运行包括哪几个同时运行的过程？

6. 锅炉房的辅助设备包括哪几个部分？各部分的作用是什么？

7. 锅炉的基本特性有哪些？各自的概念是什么？

8. 锅炉运行有哪些热损失？有什么方法可以降低这些热损失？

9. 什么是工业锅炉？熟悉锅炉的分类方法。

10. 说出下列锅炉型号所代表的意义：QXL2.8 -0.8/95/70 -A；SZL4.2 -0.69/95/70；KZL2 -0.8。

11. 什么是焦炭？什么是洁净型煤？

第二节　锅炉受热部件、燃烧设备和附件

一、锅炉的受热部件

锅炉的受热部件又称为锅炉的受热面，它是指锅炉中高温烟气与水、蒸汽进行热交换的金属表面。锅炉受热面有两大部分：一部分是主要受热部件，也称为锅炉本体的主要受压部件，包括锅筒、水冷壁和对流管束；另一部分是辅助受热部件，包括蒸汽过热器、省煤器和空气预热器。

1．锅炉的主要受热部件

（1）锅筒

锅炉的锅筒又称为汽包，是锅炉最重要的部件。锅筒是用钢板制成的圆柱形容器，两端是凸形的封头。在汽包的一端或两端的封头上开有人孔，以便安装和检修汽包内部装置。人孔成椭圆形，人孔盖板从汽包内侧向外侧用螺栓拉紧。锅筒外形如图 5—5 所示。锅筒的作用是汇集、储存、净化蒸汽和补充给水，增加锅炉运行的安全性和稳定性。

热水锅炉的锅筒内部全部是热水，而蒸汽锅炉的锅筒内部是热水和蒸汽。单锅筒蒸汽锅炉，热水在锅筒的下部，蒸汽在锅筒的上部；而双锅筒蒸汽锅炉，下锅筒内全是热水，上锅筒下部为热水、上部为蒸汽，上、下锅筒用对流管束连接。

图 5—5　锅筒外形

1—上锅筒　2—人孔盖　3—对流管束　4—下锅筒　5—下联箱

上锅筒内部装置有汽、水分离装置，排污装置，加药装置和给水装置等。

汽、水分离装置的作用是保持蒸汽的洁净和降低蒸汽的带水量，以提高蒸汽的品质。常用的汽、水分离装置有汽水分离挡板、孔板、集汽管、锅壳分离器等。

给水装置的作用是将锅炉给水沿锅筒长度均匀分配，避免过于集中在一处而破坏正常

的水循环，同时为避免给水直接冲击锅筒壁，造成温差应力，给水管设置在给水槽中。

连续排污装置的作用是排掉蒸发面附近浓缩的炉水，以降低炉水的含盐量。这种排污方法称为连续排污，又称表面排污。连续排污装置是一根设置在上锅筒、沿着锅筒轴线方向的钢管，其上焊有许多短管，短管端部呈锥形，在水位波动时排污不会中断。

有些锅炉的上锅筒还设置有加药装置，目的是向上锅筒加入碱性盐，使炉水保持碱性，防止酸性水腐蚀锅筒。

在下锅筒（下联箱）内设有排放沉渣、泥渣的定期排污装置。

（2）水冷壁

水冷壁管又称水冷墙，是布置在炉膛四周的辐射受热面。它可以防止高温烟气烧坏炉墙，也防止了熔化的灰渣在炉墙上结成渣瘤。一般情况下，水冷壁吸收的热量为锅炉总热量的50%左右，但其钢材用量却比对流管束低。水冷壁已是现代锅炉的主要受热部件。

水冷壁管通常采用锅炉专用无缝钢管，一般上部固定，下部能自由膨胀。水冷壁连接在上锅筒和联箱上。联箱又称集箱，用较大直径的无缝钢管制成，联箱上除了有连接水冷壁管和下降管的管接头外，底部还有定期排污管。通常有上集箱与下集箱之分。上集箱又分为前上、后上、左上、右上等；下集箱也分为前下、后下、左下、右下等。水冷壁管和联箱如图5—5所示。

（3）对流管束

对流管束通常由连接上、下锅筒间的管束组成，布置在烟道中，受到烟气的冲刷而换热，也称为对流受热面。对流管束也用锅炉专用无缝钢管制成。

对流管束的传热效果主要取决于烟气的流速。提高烟气流速，可使传热增强，节省受热面，但其阻力和运行费用会增加；烟气流速过小，容易使受热面积灰，影响传热。一般烟气流速以8～13 m/s为宜。

烟气冲刷有横向和纵向两种，横向冲刷的传热效果好。对流管束的排列方式有顺排和错排两种，错排的传热效果好，但清灰和检修不方便。对流管束如图5—5所示。

2. 锅炉的水循环

热水锅炉通常采用强制水循环，即采用循环水泵使锅炉内的水进行循环。而蒸汽锅炉内的水循环采用自然循环，即利用水的密度差和高度差产生的静压力差进行循环。

蒸汽锅炉的单回路水循环如图5—6所示，由锅筒、下降管、集箱和水冷壁管组成水循环回路。布置在炉膛内的水冷壁受热后，管内水的温度迅速上升，一部分水汽化，在管内形成汽、水混合物。而布置在炉膛外的下降管中的水，由于不受热，其密度大于汽、水混合物的密度。以图5—6中$A-A$断面分析，显然$A-A$断面两侧的压力不同，从而形成循环，这种循环为自然循环。

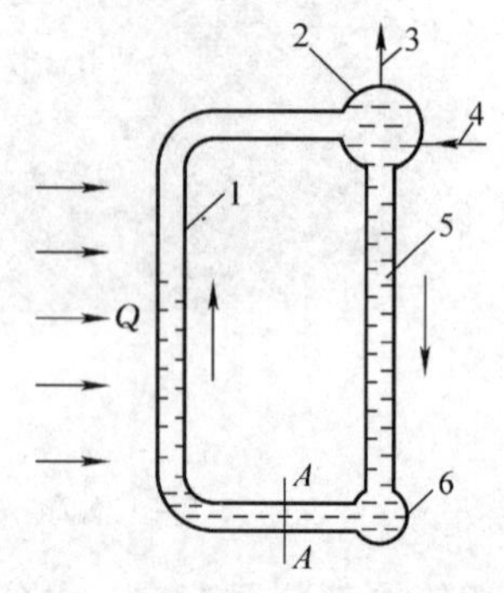

图5—6　蒸汽锅炉单回路水循环

1—上升管　2—上锅筒　3—蒸汽出口管
4—给水管　5—下降管　6—下锅筒（集箱）

虽然对流管束都吸收热量，但水循环也是存在的。因为对流管束前半部分（从烟气流动方向看）的烟气温度高，吸热多；而后半部分的烟气温度低，吸热少。因此前半部分的水向上流（上升管），后半部分的水向下流（下降管），形成水循环。

锅炉的下降管布置在炉外，而且要进行保温，其目的是保证水的温度比炉中管内水的温度低，而且防止烫伤。

在工业锅炉中，通常将整个锅炉的水循环分成几个独立的循环回路，每个回路都有各自独立的上升管、下降管和集箱。

受热面管与集箱的连接采用焊接，与锅筒的连接有焊接和胀接两种，工业锅炉一般以胀接为多。

3．锅炉的附加受热部件

省煤器、蒸汽过热器和空气预热器是锅炉的附加受热面，其设置以实际情况确定。

（1）省煤器

省煤器的作用是利用锅炉尾部烟气的热量加热提高锅炉给水温度，降低排烟温度，减少热损失，提高锅炉效率，节约燃料。

省煤器按材料不同分为铸铁式和钢管式两种；按给水被加热程度可分为沸腾式和非沸腾式两种。工业锅炉常用非沸腾式铸铁省煤器，给水经过加热送入锅炉比蒸汽饱和温度低20～50℃。

常用的铸铁省煤器由数排外侧带有方形或圆形鳍片的铸铁管组成，各管之间由180°铸铁弯头串联连接，如图5—7所示为常用的铸铁省煤器及其构成部件。

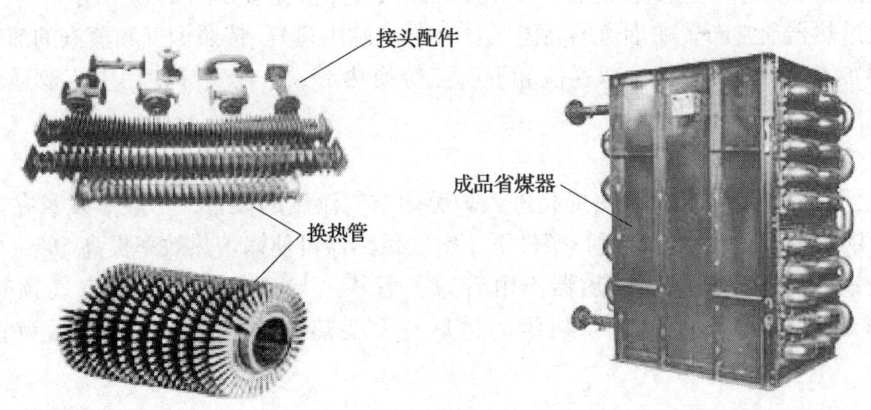

图5—7　铸铁省煤器及其构成部件

为了提高换热效果，锅炉给水从下层进入省煤器，在省煤器管内依次向上流动，而烟气在管外自上而下横向冲刷省煤器，形成逆流式换热。

省煤器应设置旁通烟道，当省煤器发生故障或锅炉升火运行时，烟气则由旁通烟道流过。为了清除积灰，保证烟气流动畅通，在省煤器烟道中还设有吹灰器。

非沸腾式铸铁省煤器的管路连接如图5—8所示。省煤器前、后装有控制阀和单向阀，起控制和防止水倒流的作用。还装有旁通管，当省煤器停用时，给水由旁通管直接进入上锅筒。在进水口处安装的安全阀，能减轻水击产生的影响；在出水口处安装的安全阀，能在省煤器内发生汽化和超压时排放汽、水。放气阀可排除省煤器内的空气。另外，还应装设泄水阀、压力表和温度计等附件。

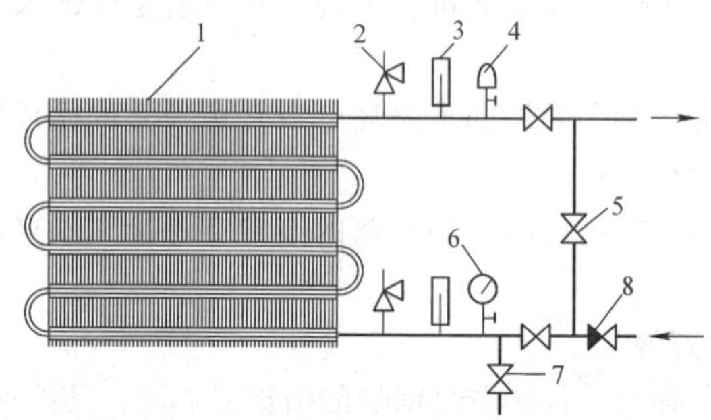

图 5—8　非沸腾式铸铁省煤器的管路连接

1—铸铁省煤器　2—安全阀　3—温度计　4—放气阀

5—旁通管　6—压力表　7—泄水阀　8—止回阀

（2）蒸汽过热器

蒸汽过热器是将锅筒引出的饱和蒸汽在定压下继续加热、干燥，并达到一定的过热温度。

蒸汽过热器按换热方式可分为辐射式、半辐射式和对流式，按放置方式可分为立式和卧式。在工业锅炉中常用立式对流过热器。立式对流过热器由一组蛇形的无缝钢管和集箱组成。过热器和集箱的连接主要是采用焊接。蒸汽过热器盘管如图 5—9 所示。

蒸汽过热器通常布置在烟道的高温区域（如炉膛出口）。按照烟气和蒸汽的流向，可以将过热器布置为顺流、逆流、双逆流和混合流等换热形式。在实际使用中，双逆流和混合流方式应用较多。

（3）空气预热器

空气预热器是利用烟气余热提高进入炉膛内空气温度的设备，一般蒸发量在 10 t/h 以上的工业锅炉才设置。在正常运行条件下，空气预热器可使锅炉热效率提高 5% ~6% 。

工业锅炉常用管式空气预热器，由管束、管板、导流箱等组成。空气预热器布置在烟道省煤器的后面，它是锅炉机组的最后一个受热面。如图 5—10 所示为管式空气预热器。

图 5—9　蒸汽过热器盘管

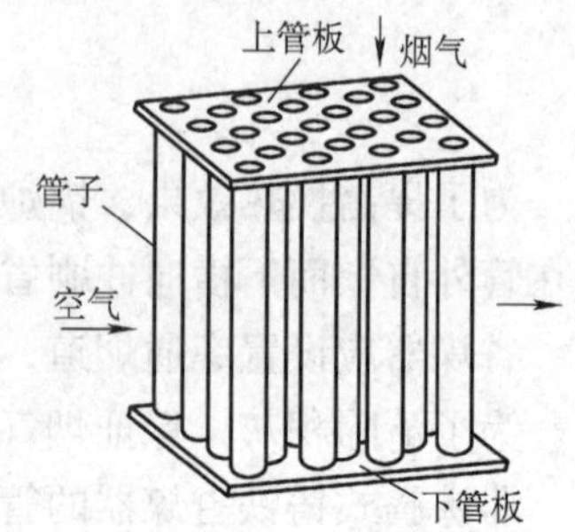

图 5—10　管式空气预热器

想一想

锅炉的哪些受热部件必须设置？哪些受热部件可以根据需要设置？

二、锅炉的燃烧设备

1. 燃烧设备

根据燃料在炉内的燃烧方式不同，燃烧设备可分为层燃炉、室燃炉和沸腾炉三种。

(1) 层燃炉

燃料在炉排上铺成层状，空气主要从炉排下送入，流经燃料层并与之发生反应。常用的有手烧炉、链条炉排炉、往复推动炉排炉等。这类设备适用煤种广，且煤不必特别破碎加工，适用于间断运行，但燃烧效率不高。

(2) 室燃炉

燃料在炉膛内以悬浮状态进行燃烧。常用的有煤粉炉、燃油炉和燃气炉。这种锅炉内不设炉排，燃料通过喷燃器使其以悬浮状态燃烧，因此燃烧完全、迅速，燃料适应性强，燃烧效率高，但设备复杂，耗电多，并不宜间断运行。

(3) 沸腾炉

燃料在适当流速空气的作用下，在沸腾床上呈流化沸腾状态进行燃烧。此类锅炉设备简单，燃烧反应强烈，燃烬率很高，适用于劣质煤，但耗电量大，飞灰量大，管束易受磨损。

2. 常见炉排

常见炉排有固定炉排、链条炉排、往复推动炉排等。

(1) 固定炉排

固定炉排通常由条状炉条组成，少数由板状炉条组成。材料一般用普通铸铁或耐热铸铁。固定炉排的优点是着火条件优越，燃烧时间充分，煤种适应强。其缺点是操作运行的劳动强度大，燃烧呈现周期性的不协调、冒黑烟、效率低、污染环境。

(2) 链条炉排

链条炉排的外形似带式输送机。炉排带动煤层自前往后缓慢移动，煤层厚度可以由煤渣板控制。煤在炉膛内受到辐射加热，依次完成预热、干燥、着火、燃烧，直至燃尽。灰渣则随炉排移动到后部，经过挡渣板落到后部灰斗排出。链条炉排是工业锅炉常用的炉排，如图5—11所示。

图5—11　链条炉排

链条炉排具有以下特点。

1) 着火条件差。因为新煤是落在空炉排上，所以是单面引火的炉型。为了改善燃烧过程、创造较好的着火条件，可以设置点火拱，即前拱。常见的点火拱的形式以抛物线拱的效果最好。对于难以着火的无烟煤，还可以设置低而长的后拱。

2）燃烧过程是沿着炉排方向变化的。炉排前端是准备阶段，需要空气量少；中间是燃烧阶段，需要大量空气；而后段是燃尽阶段，空气量需要也少。因此，平均送风会使两端空气过剩，而中间空气供应不足，这将严重影响燃烧的正常进行，使锅炉热损失增加。为此，一般采用分段送风和二次风。

分段送风就是沿着炉排运动方向将炉排下面的空间分割成几个风室，每个风室之间应严密不漏，且可以单独调节送风量，使供给的空气量与此风室上面炉排段需要的空气量相等或接近。二次风是指从炉排上面送入炉膛的空气，其作用是补充空气的不足，促进完全燃烧，提高锅炉的热效率。

3）必须加强拨火。由于燃料和炉排之间没有相对运动，因此必须从炉膛两侧炉墙上的拨火孔，对炉排上结焦的燃料进行人工拨火。

（3）倾斜式往复推动炉排

往复推动炉排是一种机械推动的阶梯式倾斜炉排，由间隔布置的固定炉排和可动炉排组成，如图5—12所示。其燃烧情况与链条炉排相似，也采用分段送风和适当加入二次风。

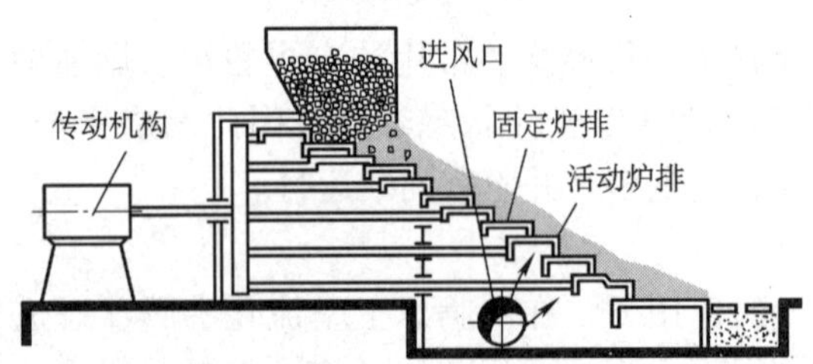

图5—12　倾斜式往复推动炉排

倾斜式往复推动炉排具有以下特点。

1）适用于燃烧水分和灰分较高、热值较低的劣质煤，以及一般易结焦的煤。

2）具有一定的拨火能力，燃烧热效率高。

3）结构简单、制造容易、金属耗量低、耗电少。

4）炉体较高，增加了锅炉房的高度。

5）炉排冷却性差，主燃烧区炉排易烧坏。

6）易产生漏煤、漏风等问题。

想一想

在锅炉运行时，锅炉本体中的烟气压力可以处于正压、负压和零（送、引风平衡）状态，哪种送风状态较好？并对这三种送风状态进行分析。

三、锅炉附件

锅炉附件是确保锅炉安全和经济运行不可缺少的重要组成部件。锅炉附件主要包括压力表、温度计、流量计、液位计、水位报警器、注水器、安全阀、各种汽水阀门及风压表等。

1. 安全阀

安全阀是锅炉的主要安全附件之一。当锅炉压力超过工作压力时安全阀就自动开启，排出蒸汽降低压力；当压力降至工作压力以内时安全阀又自动关闭，从而避免锅炉因超压发生爆炸的事故。

锅炉常用的安全阀有杠杆式和弹簧式两种，如图 5—13 所示。其中杠杆式安全阀应有防止重锤自行移动的装置和限制杠杆越出导架的装置。弹簧式安全阀应有提升把手和防止随意拧动调整螺钉的装置。

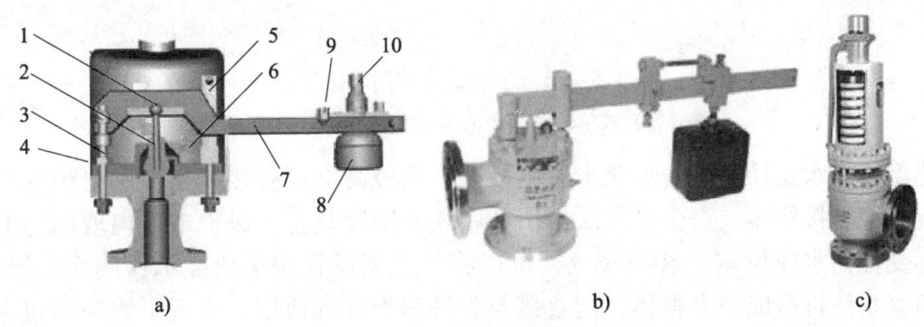

图 5—13 工业锅炉常用安全阀

a）杠杆式安全阀动作示意图 b）杠杆式安全阀 c）弹簧式安全阀

1—受力点 2—阀杆 3—支点 4—阀罩 5—导架 6—阀芯

7—杠杆 8—重锤 9—调整螺钉 10—固定螺钉

蒸发量小于 0.5 t/h 的锅炉本体至少安装一个安全阀，蒸发量大于 0.5 t/h 的锅炉本体至少安装两个以上的安全阀。在省煤器的出口或进口，过热器的出口，都必须装设安全阀。锅炉上的安全阀应安装在锅筒、各类集箱的最高位置。

2. 压力表

压力表是锅炉的主要安全附件之一，用于测量锅炉内的工作压力。对于压力容器及需要监视压力的设备，必须安装压力表，以显示各监测点的压力值。

工业锅炉一般采用弹簧管式压力表，压力表应与表弯及三通旋塞配套使用。锅炉使用的电接点压力表如图 5—14 所示，电接点压力表具有实现远距离控制和自动控制的功能。

3. 水位计

水位计是锅炉的主要安全附件之一，用于指示锅炉内水位的高低。工业锅炉房中常用的水位计有玻璃管式水位计和玻璃板式水位计两种。水位计的两端应分别与上锅筒的汽、水空间相连接。

水位计有单色水位计（或称黑白水位计）、双色水位计（有水是绿色，无水是红色）和传感型平板水位计等。工业锅炉常用水位计如图 5—15 所示。

图 5—14 电接点压力表

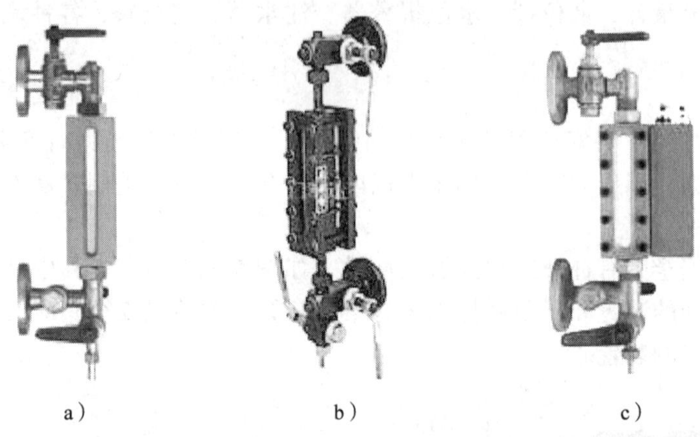

图 5—15　工业锅炉常用水位计

a）板（管）式单色型　b）板式双色型　c）板式传感器型

传感型平板水位计采用防短路水位电极棒，电极筒上设有接线支架和电极保护罩，罩部位附有绝缘管接线座，安全可靠。水位计中还有防腐装置，保护本体内玻璃与电极正常运行，不受任何水质影响。这种水位计可以将传感器设置在水位显示仪侧面，便于操作。由于这两套系统打造成一个整体，能直接与各种锅炉配套使用，实现了锅炉水位直观、可靠的现场显示和水位远传报警或自动控制。该水位计使用工作压力为 1.6 MPa，使用温度为 200℃。

安全阀、压力表及水位计统称为锅炉三大安全附件。

4. 高低水位报警器

高低水位报警器是锅炉的主要安全附件之一。其作用是当锅炉内水位过高或过低时可以发出声光警报，使司炉值班人员能够及时采取措施，控制水位在正常范围内。

锅炉房常用的有浮子式高低水位报警器和电极式水位报警器两种。前者有安装在锅筒内和锅筒外两种；后者一般安装在锅筒外侧，与水位计相邻。电极式水位报警器如图 5—16 所示。

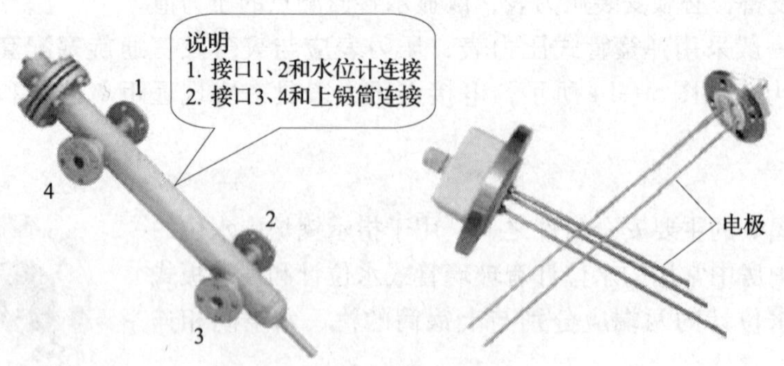

图 5—16　电极式水位报警器

5. 温度计

在锅炉房的各个系统中，需要温度计测量温度的有蒸汽温度、给水温度、空气温度、燃料油温度、各段烟气温度和炉膛温度等。

常用的温度计主要有压力式温度计、双金属温度计、玻璃水银温度计、热电阻温度计和热电偶温度计。其中热电偶或热电阻温度计用于测量烟风道温度，热电偶温度计用于测量炉膛温度。

锅炉房使用的电接点温度计具有直接显示和实现自动控制的功能。电接点温度计如图5—17 所示。

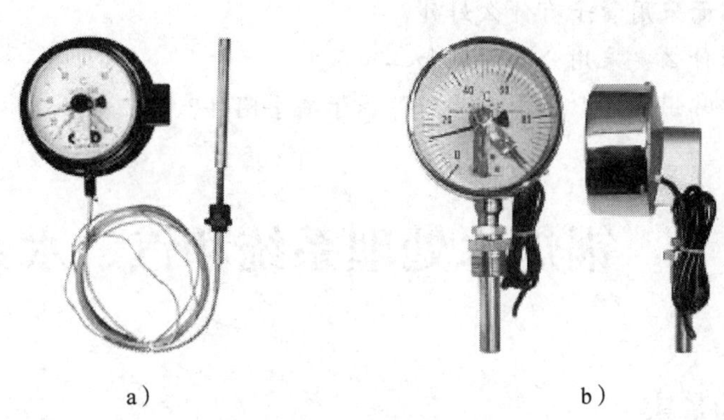

a）　　b）

图 5—17　电接点温度计

a）压力式温度计　b）双金属温度计

6. 吹灰器

在长期运行过程中，锅炉内受热面的管外壁与管束之间会积满灰尘，必须及时清除，否则直接影响烟气流通与锅炉汽、水系统的传热效果。通常在水冷壁管、对流管束及省煤器等处设置吹灰器，高压蒸汽通过多孔吹灰管喷出以清除灰垢。工业锅炉常用固定式吹灰器。

7. 超压报警装置与超温报警装置

蒸汽锅炉为了保证锅炉压力不超过最大工作压力，需要安装超压报警装置即压力控制器，这种压力信号控制的电路开关与配电盘柜连接，当锅炉超压时，可通过电气控制自动停止送风、引风及炉排并控制警铃报警。

热水锅炉为防止水温超过锅炉允许的最高温度，应设置超温报警装置，即电接点压力表和电接点温度计。在锅炉总出口处安装温度计的感温包，在炉前易于观察的位置安装报警装置，通过电气控制柜使引风、送风及炉排停止运行。

想一想

1. 在锅炉附件中，哪些附件必须安装？哪些附件可以根据情况安装？并加以讨论。

2. 工程中常说的锅炉三大安全附件指的是什么？

复 习 题

1. 锅炉的主要受热部件是哪些？它们各自的作用和安装位置是什么？
2. 锅炉的附加受热部件是哪些？它们各自的作用和安装位置是什么？
3. 省煤器的管路系统怎样连接？管路上安装的各附件的作用是什么？
4. 锅炉的受热面采用管子有什么好处？
5. 链条炉排为什么要采用分段送风和二次风？
6. 锅炉有哪些常用附件？其中哪些附件属于安全附件？

第三节 锅炉水处理系统和汽、水系统

一、水中杂质的危害

水是锅炉的重要工作介质，它取源于自然界，而自然界的水是不纯净的，通常含有多种杂质，颗粒最大的称为悬浮物，其次是胶体，最小的是离子和分子，即溶解物质。水中的这些杂质会随锅炉温度的变化发生各种变化，而这些变化对锅炉的正常运行以至锅炉的寿命都将产生很大影响。

悬浮物是指水流动时呈悬浮状态，但又不溶于水的颗粒物质，主要是砂子、黏土及有机腐残质。胶体是许多分子和离子的集合体，它们在水中不能相互结合，而稳定在微小的胶体状态下，不能依靠重力自行下沉。水中的胶体大多是动、植物遗体腐烂后的分解物质和油类等，同时还有一部分铁、铝、硅的化合物组成的矿物胶质体。大量的悬浮物和胶体物质在锅炉中会形成沉积物，引起管道堵塞和水流不通畅事故，甚至引起锅炉爆管。天然水中的悬浮物和胶体杂质，一般通过混凝和过滤处理后大部分可被清除。

水中的溶解物质主要是钙（Ca^{2+}）、镁（Mg^{2+}）、钾（K^{+}）、钠（Na^{+}）等离子组成的盐类和一些溶解性气体如溶解氧（O_2）、二氧化碳（CO_2）等。通常将溶解于水能够形成水垢的钙、镁盐类的总含量称为水的总硬度。钙、镁的重碳酸盐和碳酸盐在水加热至沸腾后就能变成沉淀物析出，它们的含量被称为暂时硬度。另外一些钙、镁盐类在加热至沸腾时不会立即沉淀，只有在水不断蒸发后使水中含量超过极限时才会析出，如氯化钙（$CaCl_2$）、氯化镁（$MgCl_2$）、硫酸钙（$CaSO_4$）和硫酸镁（$MgSO_4$）等，它们称为永久硬度。水中的溶解物质对锅炉的运行会带来以下危害。

首先是产生水垢。在锅炉水被加热或浓缩时，钙、镁盐类就会产生水渣和水垢。水渣是悬游于炉水中的固体物质，大量沉积后也会造成管道的堵塞。而水垢则坚硬密实，有很强的附着能力，贴附在锅炉受热面上，形成硬壳。水垢的导热能力很差，仅为金属的1/50～1/20。由于水垢的存在，破坏了锅炉内正常的传热，使排烟温度升高，锅炉出力降低，造成燃料的浪费。同时，由于传热不良，使受热面壁温大大升高、强度随之剧减，导致管壁变形或裂缝，引起水循环不良、爆管或锅炉爆炸事故。

其次是产生碱腐蚀。在蒸汽锅炉的运行中，锅水不断浓缩，碱性不断增强，在内应力较大的铆焊处碱性腐蚀强烈。所谓碱腐蚀，即在强碱性液体、高温作用下，这些部位发生金属晶格脆化，又称苛性脆化，严重时会引起裂管爆锅事故。

最后是各种电化学腐蚀。水中溶解的氧气和二氧化碳气体，在溶有酸、碱、盐的锅水中会产生电化学腐蚀，在金属受热面上形成麻点状腐蚀，严重时会造成穿孔，引发事故。

此外，随着炉水的浓缩，水中各种有机物质和油脂会在水表面上形成泡沫层，严重时会引起汽水共腾、污染蒸汽、损坏管道阀件事故。

因此，为了避免以上事故，进入锅炉的水应该事先进行处理，即降低水中的钙、镁盐类的含量（称为软化），减少溶解性气体（称为除氧）和去除水中悬浮物（称为过滤），使杂质含量减少到允许的范围内。尤其对大容量、高压力的锅炉，必须有完善的水处理设备。

想一想

讨论用什么方法可以除去水中的杂质？

二、水处理系统及其设备

根据锅炉的容量大小、水质情况，锅炉水处理的方法可分为炉内水处理和炉外水处理。炉内水处理是指向炉内投药的方法，使药剂与水中结垢的物质发生反应，而生成疏松的水渣，然后通过锅炉排污排出，可减轻或防止水垢形成。这种方法简单、方便，但防垢效果不很理想，热损失大，只用在小吨位锅炉或运行时间较短的锅炉中，一般情况较少使用。

炉外水处理是指在水进入锅炉之前进行软化处理，彻底消除水中导致水垢的成分。除软化外，还有过滤、除氧等方法。

1．给水的过滤及过滤设备

当进入锅炉房的原水的悬浮物含量超过 30 ~ 50 mg/L 时，原水就要进行过滤。过滤器是水的离子交换用水预处理的设备之一，使出水悬浮物含量降到 5 mg/L 以下，满足离子交换的要求。工业锅炉房常用的过滤设备是机械压力式过滤器，如图 5—18 所示。

过滤器的滤料有石英砂或活性炭，使用活性炭为滤料的过滤器可以用来除去地表水的胶体物，降低含氧量，并除去游离氯。过滤器按工作形式可分为单流、双流两种。滤料可以有单层、双层、三层滤料，以适应不同的水质。

为了获得较高的过滤速度，进水一般需用水泵加压后再进入过滤器，故又称为机械压力式过滤器。

图 5—18　机械压力式过滤器

机械压力式过滤器安装、操作简单，过滤器的运行程序是过滤和冲洗，冲洗合格后再进行正常过滤。

2. 给水的软化及软化设备

从水的杂质组成看，水中含钙、镁离子越多，水的硬度越大。如果能采用一种含阳离子的物质与水进行化学反应，使钙、镁离子一一换出来，产生一种新的化合物，这种化合物将不会形成水垢，此时水的硬度会降低而变成所需要的水，这种不含钙、镁离子的水即软化水。置换钙、镁离子的过程就是给水的软化，这种方法称为阳离子软化法，又称离子交换软化法，含离子的物质叫作离子交换剂。工业锅炉房常使用的阳离子为钠离子（Na^+），钠离子（Na^+）一般由食盐水（NaCl）提供。

常用的离子交换剂有天然沸石、合成沸石、磺化煤及合成树脂。在锅炉房内，一般常用合成树脂作为交换剂。

离子交换剂一般填充于一个容器中，软化时原水流经容器中的交换剂层，还原时食盐水也同样流经这个容器，使交换剂得以再生。这样的容器叫作离子交换器，其上配有相应的管接口。当食盐水流动的方向和原水流动的方向一致时（一般都是由上至下流动），称为顺流式再生。这种方法由于设备和运行都比较简单，所以使用较普遍。由于使用的是食盐水，习惯上称为钠离子交换器。

交换器的外壳一般用钢板、不锈钢板等材料制成带凸形封头的圆筒体，其顶部和底部都设有管接口。上部管接口接入筒体内，并装有配水漏斗，以使原水或食盐水与交换剂尽可能接触均匀。交换器下部管接口上方设有多孔板，板上铺有不同粒径石英砂组成的垫层，石英砂层上是交换剂层。石英砂可使水流过，而不使树脂流失。

离子交换器运行过程（软化过程）主要分为四个阶段。

（1）软化阶段

原水按一定速度进入交换器，进水速度不宜过快，使原水与交换剂充分反应，符合标准的软化水接入软化水箱内。

（2）反洗阶段

软化进行一段时间后，交换剂就会失去软化的能力，即所谓的失效。交换剂失效后，就要进行还原再生。反洗阶段是还原再生的准备阶段，其目的是松动一下交换剂及洗掉原水在交换剂中遗留的杂质、污物。反洗时水流方向和软化水流方向相反。

（3）还原再生阶段

反洗符合要求后，进行还原再生过程。让还原液（盐溶液）与交换剂进行还原反应，使失效的交换剂获得更多的钠离子而恢复软化的效力。

（4）正洗阶段

在还原的过程中，化学反应结束会生成氯化钙、氯化镁等化合物，还原液本身带有杂质及悬浮物，需通过冲洗将残留在交换剂中的化合物及杂质冲洗并排出。

正洗时水流速度不宜过大，当排出水质符合要求后，开始进行软化阶段。

离子交换器运行过程各阶段的时间控制与交换器本身构造有关，交换器本身带有说明。人工手动操作交换器较少，一般应用于需要软化水较少的锅炉房，工业锅炉房一般使用全自动软化水设备。

全自动软化水设备通过程序控制装置，无须专人操作，安装及配管简便。软水器设计合理，使树脂能有效工作，交换容量充分利用。水质软化过程自动化，实现了离子交换和树脂还原再生过程的自动化。

全自动软化水设备如图 5—19 所示。

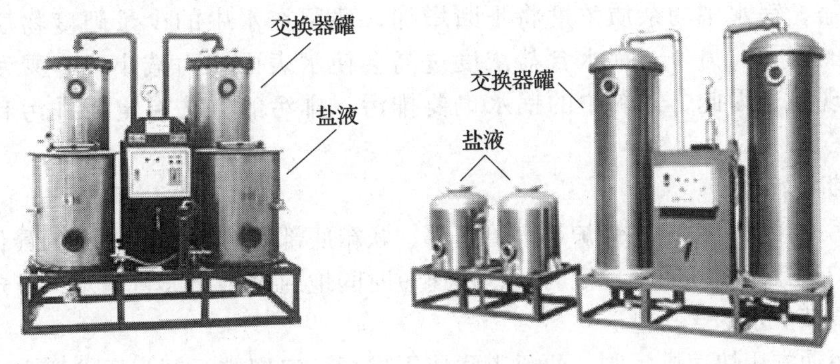

图 5—19 全自动软化水设备

3. 给水的除氧和除氧设备

大型锅炉用水，除必要的软化水系统外，还需设置除氧设备。因水中含有一定量的氧，当水中含氧量较高时，对锅炉及管道均有氧化腐蚀作用。目前，工业锅炉常用的除氧方法有热力除氧、真空除氧、解析除氧和化学除氧等。

常用喷雾式热力除氧器如图 5—20 所示。除氧器由除氧头和除氧水箱两部分组成。给水由除氧头上部的进水管引入，进水管又与互相平行的几排喷水管相连，喷水管出水口处装有喷嘴，水通过喷嘴被喷成雾状。除氧头下部有两层孔板，孔板间有一定的容积，装有不锈钢填料，雾状水滴经填料层后落到水箱里。蒸汽由除氧头下部的进气管进入，通过蒸汽分配器向上流动，析出的气体及部分蒸汽经顶部的圆锥形挡板折流，由排气管排出。

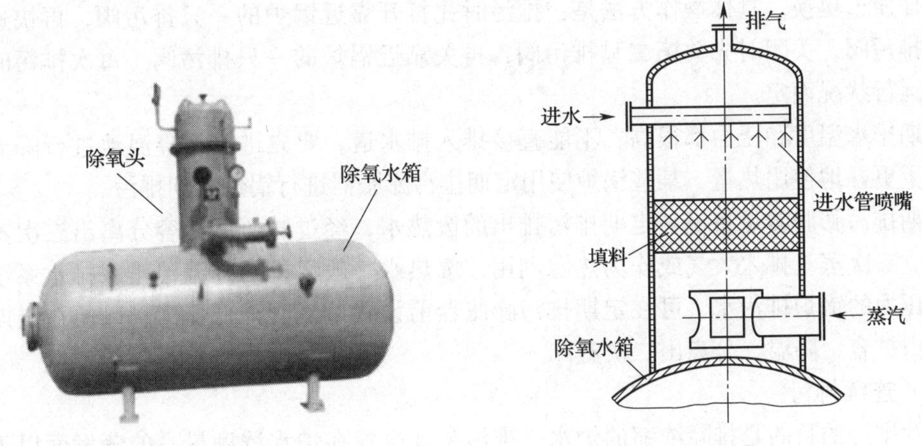

图 5—20 喷雾式热力除氧器

因此，给水在除氧头先被喷成雾状加热，具有很大的表面积，有利于氧气从水中逸出，后又在填料层中呈水膜状态被加热，与蒸汽有较充分的接触，且填料还有蓄热作用，除氧效果较好，对负荷的波动适应性强。

4．锅炉排污

锅炉水虽然经过水处理后已经符合锅炉给水标准，但在蒸汽锅炉中，随着水的不断蒸发、浓缩，锅水中的杂质浓度将不断增加，残留在水中的少量硬度物质又有结成水渣和水垢的能力。另外，锅水含盐浓度过高会使水表面张力减小，容易发生起沫和汽、水共腾现象。因此，锅炉中的锅水也要排污，排污的方法有定期排污和连续排污两种。

（1）定期排污

定期排污的接管一般设在锅炉下锅筒底部、联箱底部等容易积存沉渣的最低点。定期排污是在锅炉运行期间，间隔一定时间，快速短时间地通过排出大量炉水，带走锅炉下部的沉积物，调节炉水的含盐量。

定期排污通常用快速排污阀，两只串联使用进行。定期排污阀门要求严密，而且能快速操作，如图 5—21 所示为几种锅炉用排污阀。

图 5—21　锅炉排污阀

定期排污在操作时要有意识地保护靠近锅炉的一只排污阀，使排污水冲刷第二只排污阀，这样便于更换。具体操作方法是：排污时先打开靠近锅炉的一只排污阀，再快速开启第二只排污阀；关闭时先关第二只排污阀，再关靠近锅炉的一只排污阀。每次排污时间根据锅炉运行状况而定。

定期排水温度和压力都很高，不能直接排入排水道，要先进排污降温池进行降温和降压。为了更好地使用热量，某些锅炉使用定期排污膨胀器进行锅炉定期排污。

定期排污膨胀器是将锅炉定期排污排出的废热水，经过减压、扩容分离出二次蒸汽和废热水。二次蒸汽排入大气或作为热源利用，废热水一般经排污降温池排入排水系统。对于较高压力的锅炉排污水，可在定期排污膨胀器前设置节流阀降低压力，以便在定期排污膨胀器内扩容、降温，分离出二次蒸汽。

（2）连续排污

连续排污的目的是排除浓缩的炉水，排污装置设置在炉水浓度最高的蒸发面以下。连续排污水量较大，其携带的热量也不少。为了节约燃料，提高热量的利用率，连续排污水的热量都要经过排污膨胀器进行回收。高温高压的排污水在膨胀器内，由于体积突然扩大、压力降低而产生二次蒸汽，二次蒸汽常被输入热力式除氧器作为热源。由膨胀器下部排出的热水还可以通过热交换器将软化后的原水预热，最后排走。

连续排污膨胀器也称连续排污扩容器，是带凸形封头的直立式圆筒形金属容器，如图 5—22 所示。高温高压连续排污水进入连续排污膨胀器后，扩容降压后变成二次蒸汽，二次蒸汽从膨胀器上部引出，废热水从底部排出。为了保证安全，膨胀器要有一定的承压能力，且上面应安装有安全阀。

图 5—22　连续排污膨胀器

想一想

1. 自己思考或查阅相关资料，原水软化的方法除离子交换法外，还有哪些方法？
2. 怎样更好地利用锅炉排污水？

三、汽、水系统及其设备

汽、水系统是锅炉房设备的重要组成部分，其作用是连续不断地将经过处理且符合标准的水送入锅炉，并将产生的蒸汽或热水分配送至各热用户。其组成包括给水系统和蒸汽系统。

1. 给水系统

将给水送入锅炉的一系列设备、管道及配件等称为给水系统。

(1) 蒸汽锅炉房的给水系统

蒸汽锅炉房的给水系统可用图 5—23 简单表示，其组成包括软化水设备、给水箱、给水泵、凝结水箱、凝结水泵、给水管道等。蒸汽形成的凝结水依靠重力自流回到凝结水箱，凝结水箱往往设在较低的位置。凝结水由凝结水泵加压送至给水箱，由于凝结水只能回收一部分以及在输送过程中的泄漏，其余的锅炉给水由软水补充，经软化水设备软化后的水也进入给水箱，与凝结水混合后，由给水泵加压送至锅炉。

此种系统比较简单，适用于中小型锅炉房。

(2) 热水锅炉房的给水系统

热水锅炉房的给水系统可用图 5—24 简单表示，其组成包括给水箱、补水泵、循环水泵、分水器、集水器等。其工作过程：经软化水设备处理的软化水储于给水箱中，经补水泵补入采暖循环水泵的吸口处，再由循环水泵压入热水锅炉。

补水泵的工作是间歇性的，当系统缺水时，可开启补水泵补水。目前，大部分锅炉房采用自动补水，自动补水的基本原理就是利用系统压力的变化来控制补水泵的动作。

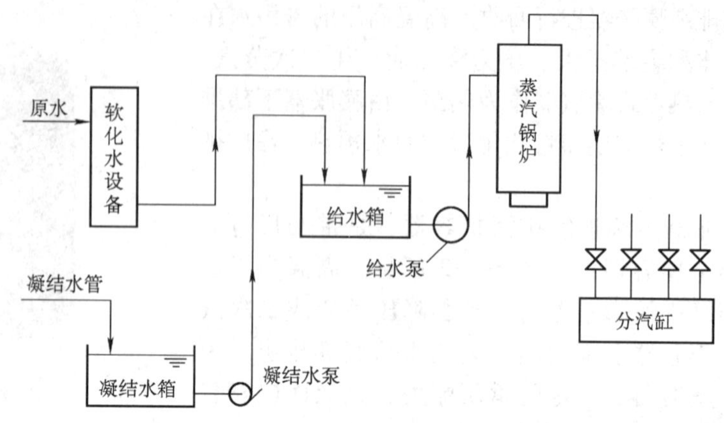

图 5—23　蒸汽锅炉房的给水系统

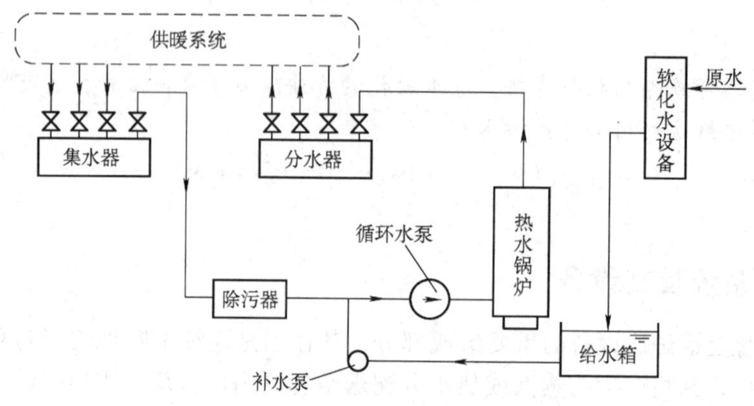

图 5—24　热水锅炉房的给水系统

（3）给水管道

由除氧水箱或给水箱到锅炉给水泵的管道，称为吸水管道；由锅炉给水泵到锅炉给水阀的管道，称为压水管道。吸水管道和压水管道合称为锅炉的给水管道。

工业锅炉一般采用单母管给水系统，如图 5—25 所示。其特点是运行可靠、管道简单、维修方便。但对于常年不间断供热的锅炉房，应采用如图 5—26 所示的双母管给水系统，两根管道同时使用。

2. 给水系统的设备

为保证锅炉安全、可靠、连续地运行，必须保证不断地供给锅炉补给水和选择合适的给水设备。常用的给水设备有给水泵、给水箱等。

（1）给水泵

工业锅炉房常用的给水泵有电动离心式水泵、蒸汽活塞式水泵和蒸汽注水器等。

1）电动离心泵。它广泛应用于锅炉房给水系统，常用的是单吸多级离心泵（DAI 型）和单级单吸悬臂式离心泵（IS 型）。常配备的有给水泵、凝结水泵、软化水泵及循环水泵等。凝结水泵一般不少于两台，其中一台作为备用。软化水泵也应有一台备用。

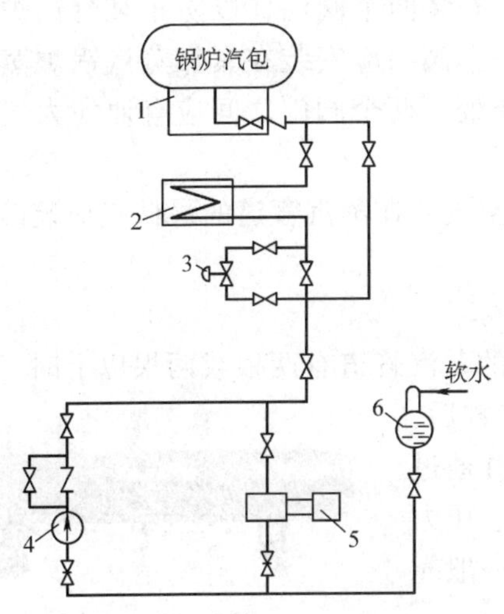

图 5—25　单母管给水系统

1—锅炉　2—省煤器　3—给水调节阀

4—电动给水泵　5—汽动给水泵　6—除氧器

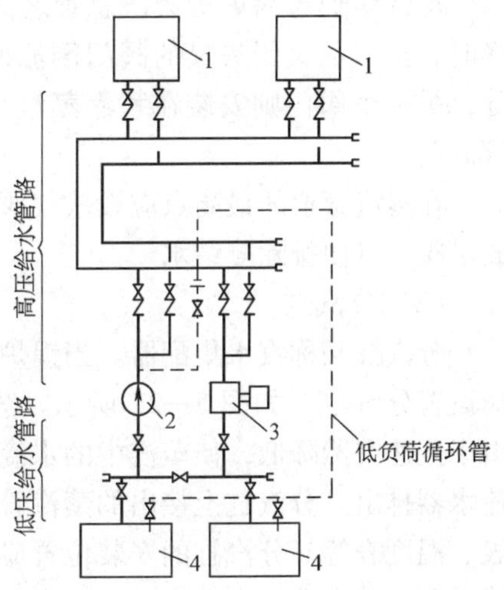

图 5—26　双母管给水系统

1—锅炉　2—电动给水泵

3—汽动给水泵　4—给水箱

2）蒸汽活塞式水泵。它是利用锅炉本身的蒸汽压力向锅炉供水，当锅炉房发生断电或水泵抢修时，蒸汽活塞式水泵可作为备用泵继续工作。蒸汽活塞式水泵的扬程与进气压力和排气压力之差有关，并随其改变而改变。因此，未经制造厂同意，不得任意提高进气压力。

3）注水器。它是利用锅炉本身的蒸汽压力能量将水注入锅炉中的简易给水装置，其基本原理和喷射水泵相似。注水器的优点是结构简单、体积小、价格低、操作方便，热能利用率高，并能使给水预热，但对给水温度有限制，耗用蒸汽多，调节给水量困难。

（2）给水箱

给水箱的作用是储存给水（包括凝结水和软化水），并且经常是经过除氧后品质较高的水，因此对于作为给水箱的除氧水箱要有良好的密封性。储存没有经过除氧的水，给水箱也可以采用开口水箱。

给水箱的形状分为圆形和矩形两种。容量较大的水箱宜采用圆形水箱，以节省钢材；当布置圆形水箱不方便时，才考虑采用矩形水箱。

给水箱一般应设置两个独立的水箱，或将一个水箱分隔成两个，而两个分开的水箱要用串联通管连接起来。当一个水箱检修清洗时，另一个水箱仍能运行使用。

3. 蒸汽系统

蒸汽锅炉房的蒸汽分为两部分，由锅炉引出供自身吹灰和驱动蒸汽泵的部分称为自用蒸汽；由锅炉副蒸汽管供给，从锅炉引至分汽缸，并供给用户的蒸汽占蒸发量的绝大部分，称为主蒸汽，由主蒸汽管供给。主蒸汽管、副蒸汽管及其上的设备附件总称为蒸汽系统。

（1）蒸汽系统

锅炉房蒸汽系统由锅炉引出蒸汽管接至分汽缸，外供蒸汽管道与锅炉房自用蒸汽管道均由分汽缸接出。这样既可避免在主蒸汽管道上开孔过多，又便于集中调节管理。

每台锅炉与锅炉房蒸汽总管之间的管道上应安装两个阀门，以防止某台锅炉停炉检修时，蒸汽从关闭失灵的阀门倒流而入。其中一个阀门应安装在紧靠蒸汽锅炉蒸汽出口处，另一个阀门则安装在紧靠蒸汽总管便于操作处。两个阀门之间应有通向大气的疏水管阀门。

在蒸汽管道的最高点应设放气阀，以便排除空气。在蒸汽管道的最低点应装疏水器或放水阀，以便排除凝结水。

（2）分汽缸

分汽缸又称汽水集配器。当锅炉房至用汽点的蒸汽管道有两根或两根以上时，锅炉房应设置分汽缸，如图 5—27 所示。蒸汽进入分汽缸后，由于流速突然降低，使蒸汽中的水滴分离出来，并通过疏水器排出。分汽缸上接出的蒸汽管应设置阀门、压力表、温度表等。分汽缸的安装位置应方便操作，一般靠墙布置，并离墙面有一定的间隙，以便于检修。

图 5—27　分汽缸

复　习　题

1. 水中有哪些杂质？这些杂质对锅炉运行有什么危害？
2. 锅炉为什么要使用软化水？什么是软化水？
3. 锅炉水为什么要进行除氧？
4. 以图 5—23 为基础，画出增加省煤器和除氧器后的蒸汽锅炉房给水系统图。
5. 以图 5—24 为基础，画出增加省煤器后的热水锅炉房给水系统图。
6. 叙述如图 5—25 所示给水管道的流程，并进行特点分析。
7. 叙述如图 5—26 所示给水管道的流程，并进行特点分析。

第四节　快装锅炉安装

快装锅炉也称整体锅炉。小型工业锅炉是在锅炉厂整体组装成型，运输到施工现场后，只需进行锅炉本体、平台扶梯、除渣机、省煤器的安装，以及送风机、风管、引风机、液压传动装置、除尘器、管道、阀门及仪表、烟囱等辅机和附属设备的安装。由于安装方便，施工工期短，能够迅速投入使用，因而在用热量不大的工业、民用领域得到了广泛的应用。

锅炉安装质量符合要求，是确保锅炉安全运行的重要环节之一。为使锅炉安装质量达到要求，必须加强技术管理工作。在安装前要经过周密调查研究，综合分析，严密构思，力求做到既符合客观实际，又能遵照基本建设程序，在人力、物力、财力上有计划地协同，并在行动上有统一的指挥。

一、安装前的准备工作

1. 锅炉的检查与验收

（1）首先检查设备图样及技术文件是否符合现行《蒸汽（热水）锅炉安全技术监察规程》的要求，锅炉总图上有无锅炉设计审查批准专用章，锅炉是否为具有相应资质锅炉生产厂的产品。

（2）检查锅炉铭牌上型号、名称、主要技术参数是否与质量证明书相符。

（3）对照锅炉制造厂供货清单，检查设备和配件的规格、型号、数量是否相符，有无损坏现象，对于安全附件、阀门还应检查有无出厂合格证。

（4）快装锅炉是在制造厂内制造装配完后出厂的，耐火砖及保温层也都砌筑、充填完毕，因而质量及体积较大，装卸及运输中难免振动，时常出现砖掉、拱塌的现象，在检查时应特别注意。如果出现这种情况，在试运行前必须认真修复。重大质量问题，应做记录，并报告当地锅炉压力容器安全监察部门。

（5）对于检查结果应做好记录，办理验收手续。如有缺件和损坏现象，双方应协商解决，并办理相关的核定手续。

2. 锅炉本体的运搬

快装锅炉由于质量较大，现场运搬一般采用滚运的方法。因牵引负荷较大，常使用卷扬机为动力，若牵引力大于卷扬机额定负载时，要加设滑轮组。

快装锅炉有条形的钢制炉脚，滚运时不必加设排子。用齿条千斤顶将炉体顶起，直接塞入滚杠及道木即可进行滚运。拖拉设备时，应设置人工地锚，不得利用建筑物及电杆，以防损坏。运搬时应注意下列事项。

（1）全体操作人员应听从一个指挥人的信号，指挥者尽量将信号直接传送给卷扬机的操作工；当卷扬机的主要制动器不起作用，而仅有一个手动或脚动附加制动器能起作用时，禁止卷扬机运行。

（2）在沥青路面及泥土地上滚运时，滚杠下应铺垫道木或厚木板；放置滚杠时必须将一头放整齐，防止长短不一，使滚杠受力不均而发生事故；当设备需要拐弯时，滚杠放成扇形面；运搬过程中发现滚杠不正时，只能用大锤锤打纠正。

（3）摆置滚杠时应将四个手指放在滚杠筒内，以防压伤手指。

想一想

怎样正确使用杠杆、滚杠、滑轮、千斤顶？这些起重用具你见过哪些，使用过哪些？

二、锅炉本体的安装

1. 基础验收与放线

清理设备基础包括地脚螺栓预留孔及杂物清除，检查基础尺寸符合要求后，放出下列设备位置线。

（1）基础标高基准线（可在墙柱上用红油漆标注）。

（2）锅炉的纵向中心线。

（3）锅炉的横向位置线。

（4）省煤器纵、横向中心线。

（5）送风机纵向中心线。

（6）除尘器、引风机纵向中心线。

（7）引风机出口中心位置线和烟囱铅垂中心线校对。

用油漆做出划线位置标志，做好记录，检验员复核无误后签字。

2. 锅炉就位

人工就位时可采用道木、滚杠及千斤顶配合工作，将锅炉平稳地落在基础上，使锅炉的纵向中心线及横向轮廓线（或炉排前轴中心线）对准基础上的基准线，并对锅炉进行找正。

3. 锅炉找平、找坡

锅炉横向找平、纵向找坡是快装锅炉安装中的一项重要工作。快装锅炉横向找水平可采用水平尺；纵向找坡度的原则是使排污口的位置较低，便于沉积物排出。对出厂时已考虑了排污坡度的锅炉，基础应是水平的。

锅炉的横向水平应以锅筒为依据找正。当锅筒内最上一排烟管布置在同一水平线时，可打开锅筒上的人孔将水平仪放在烟管上部进行测定。另一种方法是打开烟箱，在平封头上找出原制造的水平中心线，用玻璃管水平测定水平线的两端点即可。

安装找平时，采用垫铁，垫铁每组的间距以 0.5 ~ 1.0 m 为宜，垫铁找平后应用电焊点焊牢固。

4. 平台、栏杆安装

随快装锅炉一起附带的梯子平台部分，应检查是否缺件及变形，安装时应将螺栓拧紧，爬梯上端应焊在锅炉支架上。

想一想

怎样正确使用水平尺？你使用过测平管（软塑料管灌水测水平）吗？分析讨论测平管的正确使用方法。

三、附属设备安装

1. 省煤器的安装

整体快装锅炉的省煤器，一般是整体组装出厂的。安装前要认真检查外壳箱板是否平整，有无碰撞损坏；省煤器肋片管有无损坏；连接弯头的螺栓有无松动；省煤器管法兰四周嵌填的石棉绳是否严密、牢固，不严时必须补填严密。

先吊装省煤器支架，再将省煤器安放在支架上。检查省煤器烟气，进口法兰与锅炉烟气出口法兰的标高、距离及螺栓孔是否相符，再调整省煤器支架座以保证安装精度要求。省煤器找正后，按图样要求进行固定。

对于现场组装的省煤器，组装完后应做水压试验，水压试验合格后再进行就位安装。

2. 除渣机的安装

快装锅炉常用除渣机有螺旋除渣机和刮板除渣机。一般是将电动机、减速机、螺旋轴（或链条、刮板）、机壳及渣斗一起组装为整体出厂的。

安装前应先检查零部件是否齐全，外壳是否有凹坑及变形；核对除渣机法兰与炉体法兰螺栓孔位置是否正确，不合适时应进行修正。

带水封结构的除渣机，在设计水位高度时，应保证水封可靠，以防漏风。水封池应考虑排污的可能性。

3. 辅机及附属设备的安装

（1）炉排的变速箱安装

变速箱通常以装配好的形式运到安装现场，并可整体安装。安装时首先应将变速箱外部锈污清除。打开变速箱端盖，检查齿轮、轴承及润滑油脂的情况，发现异常时应及时处理，油脂变质或积落污物时应清洗、换油。经检查无误后，按图就位安装。

（2）送、引风机的安装

风机在安装前，必须根据图样和清单，核对现场设备的型号、参数是否相符。对风机各部分的机件，特别是叶轮、主轴和轴承等主要机件更应仔细检查，要求其外壳无裂缝、砂眼、碰伤，焊缝处无气孔等，并要按设计规定的各部间隙尺寸进行严格检查，尤其是进风口与叶轮的轴向和径向间隙尺寸。检查机壳本体的垂直度及出、入口角度是否按设计规定，壳体内部不应有遗留的杂物和工具等。在接合面上为防止锈蚀，减少拆卸困难等，应涂润滑油或机械油。

风机全部安装结束后，对底座地脚螺栓进行二次灌浆。经总检查合格后，才能进行分部试运转，但必须在无荷载的情况下进行。

（3）除尘器的安装

安装前应检查除尘器几何尺寸要符合设计要求，如排气连接管至斜锥及排气管的高度，小旋风直径，进气口、排气口、排灰口法兰直径等。

支架经自检无误后再吊装除尘器。除尘器位置找正后，其撑脚与支架焊牢、固定。在各点法兰接口处垫以石棉绳或衬垫密封。最后浇灌支架的地脚螺栓。

（4）烟囱的安装

烟囱在吊装前将每节烟囱在地面上组装好，法兰连接的烟囱要进行调直，将石棉绳填实密封，螺栓要上全拧紧。要有切实可行的吊装方案，尽量采用汽车吊进行吊装。

烟囱应安装于金属支架或单独的基础上，风机的出口烟道要顺着风机旋转方向倾斜向上与烟囱相连接。

想一想

如果整装省煤器检查后要进行水压试验，你是否能进行这项操作？讨论一下，如果省煤器某个连接处漏水，怎样维修？

四、分汽缸及管道的安装

1. 分汽缸的安装

分汽缸按照设计图样规定的位置及支架、标高等尺寸进行安装，在无规定时一般靠墙布置。分汽缸的支架应平稳、牢固。

进出口蒸汽、疏水管道及阀门各法兰间应垫以橡胶石棉板，根据需要将支架固定。安装结束后，随同锅炉本体进行水压试验。分汽缸水压试验合格后，应进行保温，保温材料根据设计要求而定。

2. 管道的安装

锅炉房蒸汽水平管、凝结水管、排污管均应向介质流动方向倾斜，以利于疏水和排污，坡度应为3‰。

排污管道由于会受到排污时汽、水的冲击，不得采用螺纹阀门和螺纹管件。管道要进行可靠的固定，排污管道必须引至室外排污井内。当几台锅炉合用定期排污总管时，必须有妥善的安全措施，而且排污总管上不得装有任何阀门。

每台锅炉的进水管上应装设止回阀和截止阀，两阀应紧接相连，且截止阀在靠近锅炉的一侧；每台给水泵入口处应装闸阀，出口处应装截止阀和止回阀，止回阀应靠近水泵一侧。水泵的吸入管段必须严密，不得漏气，应尽量减少弯头。

与水泵连接的管道应有牢固的支架，既要防止设备振动传到管道系统，也要防止管路的质量压到设备上。

想一想

根据分汽缸的结构和作用，讨论分汽缸安装的具体工序。

五、燃油、燃气锅炉安装

1. 燃油锅炉和燃气锅炉

燃油（气）锅炉的水循环系统和燃煤锅炉基本一致，只是其燃料不同、燃烧方式不同。燃油（气）锅炉结构如图5—28所示。

（1）燃油锅炉

燃用燃料油的锅炉称为燃油锅炉。燃油锅炉工作时，具有一定压力和温度的燃料油，通过喷嘴被雾化成细小的油滴而喷入炉膛，燃烧所需要的空气则借助调风器送入炉内。经炉内高温气加热，油滴受热气化成油气，并与空气混合，达到着火温度时开始着火、燃烧，直至燃尽。

良好的雾化和合理的配风，是保证燃油锅炉燃烧迅速而完全燃烧的基本条件。因此，油喷嘴和调风器是燃油锅炉的关键设备。

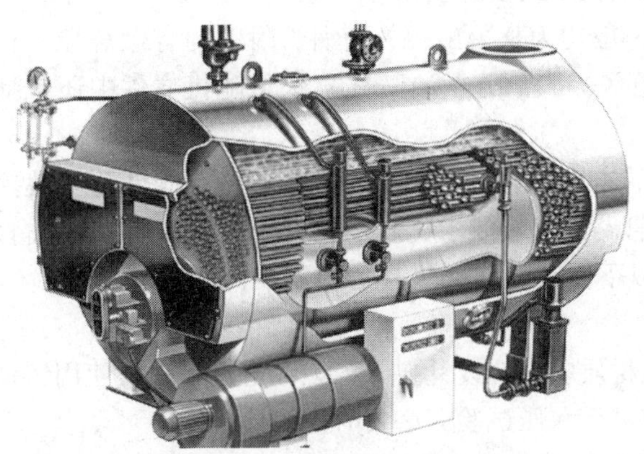

图 5—28　燃油（气）锅炉结构

工业燃油锅炉常用的油喷嘴有机械雾化喷嘴、蒸汽雾化喷嘴和低压空气雾化喷嘴等，广泛应用的调风器是平流式调风器。燃油锅炉的燃烧器如图 5—29 所示。

（2）燃气锅炉

燃气锅炉是燃用气体燃料的锅炉，其结构简单，投资少，易于实现自动化，对环境保护有利。但气源一中断就必须停炉，同时还须有相应的防爆等安全措施。

气体燃料的燃烧，根据燃气和空气是否在进燃烧室之前进行混合，可以分为三种：扩散燃烧、动力燃烧和本生燃烧。扩散燃烧是指事先燃气和空气没有预混合而进入炉膛的燃烧，比较稳定。动力燃烧是指燃气与燃烧所需要的全部空气已完全混合后，再进入炉膛或火道燃烧，燃烧速度快且燃烧完全。本生燃烧是指燃气与燃烧所需要的部分空气量预混合后再进行燃烧，介于两者之间。

燃烧器是燃气锅炉的重要设备。常见的有自然供风燃烧器、引射式燃烧器和鼓风式燃烧器。燃气锅炉的燃烧器如图 5—30 所示。

燃油锅炉和燃气锅炉的类型较多，还有气、油两用锅炉。燃油锅炉和燃气锅炉的结构基本相同，其主要区别就是燃烧器。

图 5—29　燃油锅炉的燃烧器

图 5—30　燃气锅炉的燃烧器

2. 燃油锅炉和燃气锅炉的安装要求

燃油（气）锅炉一般均为整装出厂，随锅炉附带的有燃烧器、自动控制台、水泵、阀门、仪表、烟风道接管等。大部分燃油（气）锅炉随机文件中还包括该锅炉的安装说明书以及安装注意事项。

燃油（气）锅炉的本体安装、水泵安装、水管路及阀件等安装要求基本和燃煤锅炉相同，但其输油（气）管路的安装要求比较严格，安装时应按照输油管道和输气管道的施工验收规范进行施工。以下仅对燃油（气）管道安装做一概述。

（1）材料准备

1）材料的规格、材质应符合设计要求，燃油管道不允许使用铸铁阀门。

2）阀门安装前应进行水压试验，必要时应解体检修。

3）管子安装前必须进行清扫。

4）管道垫片应按设计选用。

（2）配管要求

1）管道及阀件必须要有良好的接地。

2）管道穿墙、楼板应加装套管，套管内不许有管道接口。

3）应按设计要求设置伸缩器。

4）油泵宜采用机械密封。

5）管道防腐施工应在水压试验合格后进行。

（3）其他要求

1）燃气锅炉的释放管和排放管不得直接通向大气，应通向储存和处理装置。

2）两台或两台以上的燃油锅炉共用一个烟囱时，每一台锅炉的烟道上均应配备风阀或挡板装置，并应具有操作调节和闭锁功能。

3）地下直埋油罐在埋地前应做气密性试验，试验压力不得小于0.03 MPa。

检验方法：试验压力下观察30 min，不渗、不漏、无压降为合格。

想一想

1. 你见过燃油或燃气锅炉吗？如果没有见过，是否可以从家里燃气炉子的使用过程，推想出来燃气锅炉的工作过程？

2. 燃油锅炉的燃料为油类，油类的黏度大而不容易输送，你是否可以想出一种燃油采用管道输送的方法？

复 习 题

1. 快装锅炉主要安装哪些部件？

2. 快装锅炉安装时，首先要划哪些基准线？

3. 快装锅炉附件及附属设备都有哪些？

4．水泵出口应安装切断阀和止回阀，切断阀和止回阀的位置是否可以任意安装？为什么？

5．燃油、燃气锅炉安装有哪些基本要求？

第五节　锅炉水压试验及试运行

锅炉的汽、水压力系统及其附属装置组装完毕后必须进行水压试验。

一、水压试验

1．水压试验的目的和要求

锅炉水压试验的目的是在冷状态下检验锅炉各受压部件的焊口、胀口和金属表面的严密性；检验锅炉各受压部件的机械强度是否足够。

锅炉进行水压试验时，应在环境温度高于5℃时进行。寒冷地区冬季进行水压试验时，允许在低于5℃的环境温度下进行，但必须使用热水，且水温一般不超过60℃，同时应采取有效的防冻措施。在正常情况下进行水压试验，进水温度应高于周围空气露点温度，一般应保持在20～30℃。水温过低，锅炉水管表面会结露，易与微量渗水等不严密情况混淆，很难区别；水温过高，渗漏出来的水滴会很快蒸发，不宜发现渗漏的部位。

水压试验的范围为锅炉上一切受到内压的部件和附属装置，如锅筒、省煤器及过热器、本体管路等；主汽阀、出水阀、排污阀和给水截止阀应与锅炉一起做水压试验，安全阀应单独做水压试验。

2．水压试验前的检查与准备

（1）检查项目

1）受压部件的安装是否全部完成。

2）对锅筒、集箱等受压元件应进行内部清理和表面检查，其内应没有杂物、焊渣、污垢。

3）通球试验管子（水冷壁管、对流管束）及其他管子应畅通，然后关闭人孔及手孔。

4）检查胀口和焊口的外表面质量是否符合要求，在焊口和胀口处搭脚手架，以便检查。

5）检查各种安全附件的数量、质量及连接情况；各部分阀门是否安装齐全，操作灵活。

6）核对受热面系统各处的膨胀间隙和膨胀方向。

7）凡与其他系统连接的管道，应加装堵板临时封闭。如相邻锅炉仍在运行时，应将被检查锅炉的主汽阀、进水阀及排污阀用金属堵板暂时堵死。

8）安全阀处增设盲板，不和锅炉本体一起进行水压试验。

9）安装排水管道和放空阀。

（2）准备工作

1）关闭所有的排污阀、放水阀。

2）连接上水（若加热上水时应选择好加热方式并准备就绪）、升压、排水系统，在锅炉最上部应装设放空气阀，并将其打开。

3）准备好试验用手压泵或电动加压泵，不允许将锅炉给水泵作为试验用泵。

4）装设的压力表应不少于两只，其精度等级应不低于 2.5 级；额定工作压力为 2.5 MPa的锅炉，精度等级应不低于 1.5 级。压力表经过校验应合格，其表盘量程应为试验压力的 1.5 ~3 倍，宜选用 2 倍。水压试验的水源的水量要充裕，并应超过锅炉的水容积。

5）水压试验应有一人统一指挥，各部位检查有明确分工，并准备好必需的检查和修理工具，无关人员不得接近。

3. 水压试验

（1）压力规定

锅炉进行水压试验时，水压试验的压力应符合表 5—9 的规定。

表 5—9　　锅炉水压试验的压力

名　称	锅筒工作压力 P/MPa	试验压力/MPa
锅炉本体及过热器	<0.59	1.5P，且不小于 0.20
	0.59 ~ 1.18	P + 0.29
	>1.18	1.25P
可分式省煤器	1.25P + 0.49	

（2）水压试验过程

1）当锅炉充水并排尽空气后，关闭放空阀。

2）当初步检查无漏水现象时，再缓慢升压（可用试压泵进水管升压，并观察压力表的变化情况；锅炉进水速度要均匀，不宜过快）。当压力升到 0.3 ~ 0.4 MPa 时进行稳压，并对锅炉进行一次全面检查，观察是否有漏水现象，必要时可拧紧人孔、手孔和法兰等的螺栓。

3）当水压上升到额定工作压力时，暂停升压，检查锅炉各部分，应无漏水或变形等异常现象。然后应关闭就地水位计，继续升到试验压力，并保持 5 min，其间压力降应不超过 0.05 MPa。最后回降到额定工作压力进行检查，检查期间压力应保持不变。水压试验时，受压元件金属壁和焊缝上应无水珠和水雾，胀口不应有水滴。

4）当水压试验不合格时，应进行返修。返修后应重做水压试验。

5）水压试验后，应及时将锅炉内的水全部放尽。当立式过热器内的水不能放尽时，在冰冻期间应采取防冻措施。

6）每次水压试验应有记录，水压试验合格后应办理签证手续。

（3）水压试验注意事项

1）水压试验过程中，当发现有些部件渗漏时，如压力继续上升，则检查人员应远离渗漏地点；停止升压进行检查时，应先了解渗漏是否有发展，如渗漏没有发展，方可进行仔细检查。

2）锅炉水压试验压力达到额定试验压力时，不许进行任何检查。

3）锅炉的水压试验最好在白天进行。

4）检查中应使用安全灯或手电，而不应使用超过 36 V 的行灯。

想一想

1. 锅炉水压试验的管线（包括给水加热）怎样布置较合理？（请画图说明。）

2. 锅炉水压试验前的检查项目和准备工作都有哪些内容？

二、烘炉、煮炉

锅炉安装完毕且水压试验合格，即可进行锅炉的烘炉、煮炉、严密性试验和试运转。

1. 烘炉

烘炉的目的是将炉墙中的水分慢慢地烘干，以免在锅炉运行时因炉墙中的水分急剧蒸发而出现裂缝。

（1）烘炉前准备工作

烘炉前，应制定烘炉方案，并应具备下列条件。

1）锅炉及其水处理、汽水、排污、输煤、出渣、送风、除尘、照明、循环冷却水等系统均应安装完毕，并经试运转合格。

2）炉体砌筑和绝热工程应结束，并经炉体漏风试运转合格。

3）水位表、压力表、测温仪表等烘炉需要的热工和电气仪表均应安装和试验完毕。

4）锅炉给水应符合现行国家标准《低压锅炉水质标准》的规定。

5）锅筒和集箱上的膨胀指示器应安装完毕，在冷状态下应调整到零。

6）炉墙上的测温点或灰浆取样点应设置完毕，用于测温的热工仪表经过校验合格。

7）应按锅炉安装说明书制定烘炉方法和烘炉升温曲线图。

8）管道、风道、烟道、灰道、阀门及挡板均应标明介质流向、开启方向和开度指示。

9）炉内外及各通道应清理完毕。

10）采用火焰法烘炉时，应备好足够的木材等燃料；用于链条炉排的燃料不应有铁钉等金属杂物。

（2）烘炉方法

烘炉的方法视热源情况而定，常用的烘炉方法有火焰法和蒸汽法两种。蒸汽法烘炉适用于有水冷壁的各种类型锅炉，是用蒸汽加热炉水进行烘炉的一种方法。个别锅炉采用热风法烘炉。工业锅炉应用最为广泛的是火焰法烘炉。

无论采用何种烘炉方法，烘炉之前，应先打开炉门和烟道门，用自然通风的方法，将燃烧室内墙干燥几昼夜，然后再按照制定的烘炉方法进行烘炉。

（3）烘炉过程

1）火焰法烘炉过程如下。

①烘炉前准备工作完成后，往炉内注入软化水至正常水位，并且在烘炉过程中一直维持这样的水位。

②将木柴（无铁钉）集中到炉排中间，约占炉排面积的一半，点燃木柴。初期宜采用文火烘炉，初期以后逐渐加大火焰，并使火势均匀，以后逐日缓慢加大。

③链条炉排在烘炉过程中应注意定期转动，并应防止烧坏炉排。

④烘炉过程中，当木柴燃烧不能继续提高温度时，可以加煤燃烧，使烟气温度提高，此时可启动炉排和送风、引风机，并测量烟气温度来调节燃料的燃烧情况。

⑤烘炉温升应按过热器后（或相对位置）的烟气温度测定。根据不同的炉墙结构，其温升应符合下列规定：重型炉墙第一天温升不宜超过50℃，以后每天温升不宜大于20℃，后期烟温应不大于220℃。砖砌轻型炉墙温升每天应不大于80℃，后期烟温应不大于160℃。耐热浇注料炉墙养护期满后，方可开始烘炉；烘炉温升每小时应不大于10℃，后期烟温应不大于160℃，在最高温度范围内的持续时间应不少于24 h。当炉墙特别潮湿时，应适当减缓温升速度，延长烘炉时间，同时应打开上部检查门使烘炉过程中水蒸气逸出。

2）蒸汽法烘炉过程如下。

①在水冷壁集箱的排污阀处，接入0.3~0.4 MPa的饱和蒸汽，均匀地送入锅炉，用蒸汽不断地加热锅炉内的水，以对炉墙进行烘烤。

②蒸汽加热炉水过程中，锅炉要保持正常水位，水温保持在90℃左右，同时开启必要的挡板和炉门，排除湿气，使炉墙各部均能烘干，并要打开烟门、风门，加强自然通风。

③烘炉后期可在炉膛中间加些燃料，适当用火焰法补烘一段时间，以确保烘炉质量。

（4）烘炉时间

烘炉时间应根据锅炉类型、砌体湿度和自然通风程度来确定，宜为14~16天；但整体安装的锅炉，宜为2~4天。

（5）烘炉合格标准

炉墙在烘炉时不应出现裂纹和变形，同时烘炉满足下列要求之一，应判定为合格。

1）当采用炉墙灰浆试样法时，在燃烧室两侧墙中部、炉排上方1.5~2 m处，或燃烧器上方1~1.5 m处和过热器两侧墙中部，取黏土砖、红砖的丁字交叉缝处的灰浆样品各约50 g测定，其含水率均应小于2.5%。或者挖出一些炉墙外层砖缝的灰浆，用手指碾成粉末后不能重新捏在一起。

2）当采用测温法时，在燃烧室两侧墙中部、炉排上方1.5~2 m处，或燃烧器上方1~1.5 m处，测定红砖墙外表面向内100 mm处的温度应达到50℃，并持续48 h；或测定过热器两侧墙黏土砖与隔热层接合处的温度应达到100℃，并继续维持48 h。

（6）烘炉注意事项

1）烘炉前要尽量延长自然干燥时间，在炉墙砌筑完毕后，打开全部门、孔，定期开启引风机，排除湿气。

2）烘炉达到一定温度后，将有蒸汽产生，另外，为清除锅炉内的浮污，可间断地开启连续排污阀。在烘炉后期应每隔一定时间打开定期排污阀排污，因排污使水位下降，应及时给锅炉加水，一般每小时一次，先进水至高水位，然后进行排污，使水位保持正常位置。

3）烘炉过程中，应定期转动链条炉排，定期清除炉排下的灰渣，以免烧坏炉排。并经常检查炉墙的膨胀情况，当出现裂纹或变形迹象时，应减慢升温速度，并查明原因，采取相应措施。

4）烘炉一开始，就不要中断。烘炉过程应按实际温升情况，绘制实际温升曲线图，作为完工的技术资料。

2．煮炉

煮炉的目的是除去锅炉受热元件及其水循环系统内积存的污物、铁锈及安装过程中残留的油脂，以确保锅炉内部清洁，保证锅炉的安全运行和获得优良品质的蒸汽，并使锅炉能得到较高的热效率。

煮炉最好在烘炉的后期，当炉墙红砖灰浆的含水率降至10%时，或当烘炉合格标准第二款所示温度达到要求时，即可进入煮炉阶段，与烘炉同时进行，以缩短烘炉和煮炉的时间，节约燃料。

（1）煮炉药剂

煮炉所用药品及药量应符合锅炉设备技术文件的规定；当无规定时，应按表5—10的配方加药。

表5—10　　煮炉时的加药配方

药品名称	加药量/（kg/m³水）	
	铁锈较薄	铁锈较厚
氢氧化钠（NaOH）	2～3	3～4
磷酸三钠（$Na_3PO_4 \cdot 12H_2O$）	2～3	2～3

注：1．表内药量按100%的纯度计算。

2．无磷酸三钠时，可用磷酸钠代替，用量为磷酸三钠的1.5倍。

3．单独使用碳酸钠煮炉时，每立方米水中加6 kg碳酸钠。

药品应溶化成溶液加入炉内，配制和加药时，应采取安全措施；加药时，炉水应在低水位。煮炉时，药液不得进入过热器内；锅炉各处的水位计应隔开，只保留玻璃水位计，作为控制水位用。

（2）煮炉过程

1）加入药液和锅炉升火后，逐渐升高锅炉压力。升压前，应打开过热器排污阀，压力升到0.4 MPa，保持12 h，在此期间，将锅炉的手孔、人孔、法兰等处拧紧，用力要均匀。

2）煮炉期间，适当调整锅炉水位，适当进水，但不能过量。煮炉12～20 h后，锅炉可进行少量排污。

3）煮炉期间，应定时从锅炉和水冷壁下集箱取样分析，当炉水碱度低于45 mol/L时，应补充加药。

4）煮炉时间一般为2～3天，煮炉的最后24 h宜使压力保持在额定工作压力的75%左右；当在较低的压力下煮炉时，应适当地延长煮炉时间。

5）煮炉后期对水取样分析，炉水碱度稳定24 h后，煮炉即可结束。然后开始洗炉，这时要不断地进行排污、给水，以降低炉水碱度。排污、给水不宜过快，要保持炉内压力。当炉水碱度已降到正常标准时，再保持1～2 h，洗炉即可结束。然后熄火，并不断排污、给水，降低温度，排水时要打开放空阀，排水不宜过快。

6）煮炉完毕，应清除锅筒、集箱内沉积物，冲洗阀门，检查排污阀有无堵塞。

对于新锅炉，由于出厂到安装时间较短，因此，在碱性溶液煮炉后，可不需停炉察看内部情况，即可进行试运行工作。对于新锅炉由于放置和安装时间较长，有较多的锈皮和脏物，以及使用过的锅炉又重新安装的，要打开锅炉内部，检查并洗净锅筒和集箱内的水垢、锈皮和沉渣。

（3）煮炉合格标准

1）锅筒和集箱内壁无油垢。

2）擦去附着物后金属表面无锈斑。

想一想

讨论实际生产中怎样烘炉和煮炉。

三、严密性试验及试运行

锅炉烘炉、煮炉合格后，即可进行锅炉的严密性试验及试运行，这是锅炉安装的最后一个阶段。

1．严密性试验及试运行的内容和意义

锅炉严密性试验及试运行是在正常运行条件和额定负荷下，检验锅炉安装和制造质量；在正常运行条件下考验锅炉本体所有部件的强度和严密性，检验所有附属设备的运行情况，特别是传动机械在运行时有无振动和轴承过热现象。

锅炉试运行包括锅炉的启动，在额定蒸汽参数和负荷下连续运行48 h（整体出厂的锅炉宜为4～24 h），以及锅炉的停炉。如果在此期间没有发生缺陷和不正常情况，锅炉就可正式投入运行。

锅炉在试运行时，应进行锅炉的调整试验。其目的是调整燃烧室的燃烧工况；检查安装质量，有无漏风、漏水现象。

调整试验的内容包括风机及管道性能试验、炉膛及烟道和风道漏风试验、安全阀校验及热效率试验。通过调整试验，可以获得锅炉在最佳运行方式下的技术经济特性。

2．严密性试验及试运行的步骤及要求

（1）点火前的检查与准备

点火前的检查与准备包括燃烧系统和汽、水系统两个方面。

1）燃烧系统。检查炉内有无杂物；人孔门及着火门已关闭，防爆门动作灵活；检查

烟、风道上的挡板及传动机构，经调试动作应灵活，开度指示正确并与实际相符；挡板的位置应处于启动状态，如送风机、引风机出口挡板应开启，进口调节挡板应关闭；转动机械设备经检查和试运转合格；运煤除灰系统正常。

2）汽、水系统。检查管道，对于不需要的堵板应予以拆除；给水系统、蒸汽系统、疏水系统及排污系统等的阀门开关应灵活，其开关位置应处于启动状态。

（2）进水

锅炉进水一般应是软化水，可由锅炉给水泵给入，也可将进水管接于水冷壁下集箱放水总管上，由下集箱进入。锅炉的进水温度不宜过高，以防止锅筒、集箱等因受热不均而产生过大的热应力，引起这些部件发生弯曲、变形，甚至使焊口产生裂纹而漏水。锅炉进水速度应缓慢，一般锅炉进水持续时间为 1～1.5 h，冬季的进水时间应较夏季长。锅炉进水的水位不应超过正常水位线。

进水完毕，将锅炉给水阀门关闭，校对水位，进行检查。如发现水位下降，则说明有漏水的地方，应检查排污阀、放水阀等是否关紧。反之，水位上升，则可能是给水阀未关紧，应检查并予以消除。

（3）点火与升压

锅炉在点火前，应先启动引风机，调整其挡板开度，维持一定的炉膛负压，使锅炉烟道加强通风 5～10 min，以驱除残留在炉内和烟道中的杂物；随后再启动送风机，调整总风压使其维持在点火时所需风压，同时注意风机启动电流的大小及维持时间。

锅炉点火后，要注意以不能使锅炉整体产生很大的温度差、不应出现局部过热为原则来定升火时间。对水容量较大、水循环差的重型炉墙锅炉，升火时间应适当长些。有两个锅筒的锅炉，升火时可在下锅筒适当放水，上面补充给水，以减少上下之间的温差。锅炉水温应逐渐上升，当蒸汽从空气阀中冒出时，即关闭空气阀，此时可适当加强通风和加强火力，准备升压。

升压是指从锅炉点火到气压升至额定工作压力的过程。升压过程相当于进行锅炉的严密性试验，其目的就是检验锅炉各连接部位的严密性。

升压操作过程如下。

1）当锅炉升压至 0.3～0.4 MPa 时，对锅炉范围内的人孔、手孔、法兰和其他连接螺栓进行一次热状态的紧固。当气压升至额定工作压力的三分之二时，应进行暖管工作，以防止送汽时发生水击事故。

2）继续升压至额定工作压力，并检查人孔、手孔、阀门、法兰和垫片处的密封情况是否良好；锅筒、集箱、管路和支架的膨胀是否正常；锅筒各部是否有被卡住现象；水冷壁和其他管子间是否有摩擦现象产生。

3）有过热器的蒸汽锅炉，应采用蒸汽吹洗过热器。吹洗时，锅炉压力宜保持在额定工作压力的 75%，同时应保持适当的流量，吹洗时间应不小于 15 min。

（4）暖管

从锅炉主汽阀到蒸汽总管（或分汽缸）的一段管道，在未通入蒸汽前温度较低，如不预先暖管，突然将温度和压力均较高的大量蒸汽冲进该管道，就会使管道和附件产生很大的热应力，以及在管道中发生水击。因此，蒸汽管道在投用之前，必须进行暖管。

暖管的操作程序如下。

1）开启管道上的疏水阀，排出全部凝结水，直至正式供汽时再关闭。

2）缓慢开启主汽阀或主汽阀上的旁通阀半圈，待管道充分预热后再全开。如管道发生振动或水击，应立即关闭主汽阀，同时加强疏水。待振动消除后，再慢慢开启主汽阀，继续进行暖管。暖管时，应注意管道及其支架的膨胀情况，如有异常声响等现象应停止暖管，及时排除故障。

3）慢慢开启分汽缸进气阀，使管道气压与分汽缸气压相等，并排除分汽缸内的凝结水。

4）各蒸汽阀门缓慢开启至全开后，应回转半圈，防止阀门因受热膨胀后出现卡住现象，造成不能灵活开关。

（5）通汽与并汽

1）通汽。锅炉房内如果仅有一台锅炉进行运行，将锅炉内的蒸汽输入蒸汽总管或分汽缸的过程称为通汽。锅炉的通汽有两种方法：一是自冷炉开始时即将主汽阀开启，使锅炉与管道同时升压；二是在锅炉升压时将主汽阀关闭，直至接近额定工作压力时再开启主汽阀进行暖管，待管道中压力与锅炉压力相同时再开大主汽阀通汽。

通汽后应检查疏水阀、旁通阀以及其他阀门的开闭状态是否正确；观察压力表，调整燃烧状况；观察给水设备的运行状态，观察水位；检查联锁装置等控制仪表。

2）并汽。如果锅炉房有几台锅炉同时运行，蒸汽总管内已有其他锅炉输入蒸汽，再将新生火锅炉的蒸汽合并到蒸汽总管的过程称为并汽。

开启蒸汽总管和主汽管上的疏水阀门，排除凝结水，当锅炉气压低于运行系统的气压 0.05 ~ 0.1 MPa 时，即可开始并汽。

并汽时应缓慢开启主汽阀的旁通阀进行暖管，待听不到汽流声时，再逐渐开大主汽阀，然后关闭旁通阀以及蒸汽总管和主汽管上的疏水阀。

并汽时要保证气压和水位正常。并汽后，开启省煤器主烟道挡板，关闭旁通烟道，使省煤器正常运行。一切正常后可按照设计要求增加负荷速度，调整燃烧，逐渐提高蒸汽压力、温度和流量，直至达到额定参数和负荷，然后在满负荷下运行。

3. 安全阀的调整定压

（1）安全阀的定压标准

1）蒸汽锅炉安全阀的定压标准。锅筒和过热器的安全阀始启压力调整应符合表 5—11 的规定。锅炉上必须有一个安全阀按表中较低的始启压力进行调整。对有过热器的锅炉，按较低压力进行整定的安全阀必须是过热器上的安全阀，过热器上的安全阀应先开启。

始启压力低的安全阀叫作控制安全阀，始启压力高的安全阀叫作工作安全阀。

表 5—11　　蒸汽锅炉安全阀的始启压力

额定蒸汽压力/MPa	安全阀的始启压力/MPa
<1.27	工作压力 +0.02
	工作压力 +0.04

续表

额定蒸汽压力/MPa	安全阀的始启压力/MPa
1.27~2.5	1.04 倍的工作压力
	1.06 倍的工作压力
省煤器	1.1 倍的工作压力

注：1. 表中的工作压力是指安全阀装设地点的工作压力。

2. 省煤器上的安全阀应在蒸汽严密性试验前用冷水方法进行调整。

调整后的安全阀应检验其始启压力、起座压力及回座压力。在整定压力下，安全阀应无泄漏和冲击现象。安全阀经调整试验合格后，应做标记。

2）热水锅炉安全阀的定压标准

①起座压力较低的安全阀的整定压力应为工作压力的 1.12 倍，且应不小于工作压力加 0.07 MPa。

②起座压力较高的安全阀的整定压力应为工作压力的 1.14 倍，且应不小于工作压力加 0.1 MPa。

热水锅炉上必须有一个安全阀的整定压力按较低压力进行整定。

（2）定压方法

1）在定压之前，先对安全阀的调压情况进行估算。例如，对弹簧安全阀，可用压力试验弹簧压紧力与长度的变化关系；对杠杆式安全阀，按照力矩平衡原理计算重锤离支点的大概距离，从而做到心中有数，争取一次调压成功。

2）对弹簧式安全阀，要先拆下提升手柄和顶盖，用扳手慢慢拧动调整螺钉，调紧弹簧为加压，调松弹簧为减压。当弹簧调整到安全阀能在规定的始启压力下自动排气时，就可以拧紧紧固螺钉。

3）对杠杆式安全阀，要先松动重锤的固定螺钉，再慢慢地移动重锤，移远重锤为加压，移近重锤为减压。当重锤移动到安全阀能在规定的始启压力下自动排气时，就可拧紧重锤的固定螺钉。

定压顺序一般是先调整锅筒上开启压力较高的安全阀，而将开启压力较低的安全阀暂时调到超过较高的开启压力，待开启压力较高的安全阀检验完毕，再进行降压调整开启压力较低的安全阀。

定压工作结束后，应在额定工作压力下再做一次自动排气试验。

安全阀调试工作结束，锅炉在额定负荷下连续运行 48 h，整体出厂锅炉宜为 4~24 h，并保持规定的工作参数。如无异常现象，锅炉即可正式投入运行。

想一想

管道通汽前为什么要进行暖管？

复 习 题

1. 锅炉水压试验的目的和要求各是什么?
2. 用于锅炉水压试验的压力表有何要求?
3. 烘炉的目的是什么?
4. 煮炉的目的是什么?
5. 锅炉严密性试验及试运行的内容和意义是什么?
6. 什么是锅炉的升压?
7. 锅炉安全阀怎样定压?
8. 简述锅炉严密性试验及试运行的工序要求和具体操作过程。

实 训 五

任务1 认识锅炉和锅炉房

一、实训目的

通过对锅炉房的参观实训，使学生对锅炉本体和锅炉房有一个全面的感性认识，对锅炉房各设备的外形和作用有一个基本的掌握，为后续学习打下良好的基础。

二、工具、机具

手电筒、课本、5 m卷尺、草稿纸等。

三、实训材料

4 t及以上的锅炉房或有关锅炉图片、录像、资料。

四、实训要求

1. 安全事项要求

(1) 绝对禁止触摸锅炉房的所有电气按钮和用电设备。

(2) 绝对禁止开闭锅炉房的任何阀门。

(3) 对于正在运行的设备，应在1 m以外观看。

2. 技能训练要求

（1）对照课本看实物，并将不懂的内容进行记录。

（2）教师对学生讲解时，只做到“这是什么，它的作用是什么”就可以了，不必讲解太多。

五、实训过程

对锅炉房进行全面参观，主要参观或掌握下列内容。

1. 锅炉类型、锅炉型号及锅炉房附属设备的类型。
2. 锅炉本体上安装的附件类型、型号及安装位置。
3. 水冷壁管和对流管束的位置。
4. 锅筒上人孔和联箱上手孔的封闭方法。
5. 锅炉房的汽、水系统的组成。
6. 锅炉房各设备的相对位置和相对间距。
7. 锅炉房的运煤、除灰系统的组成。
8. 锅炉房的送、引风系统和消烟、除尘系统的组成。

六、说明与建议

1. 如果暂时没有可以供学生参观的锅炉房，可以让学生观看锅炉录像或锅炉产品说明资料。

2. 教师可以根据学生参观或观看的内容，采用提问和简单回答的方式对学生进行测验，以帮助学生对知识的巩固。

任务 2　识别工业锅炉的炉型

一、实训目的

通过参观锅炉制造厂和观看锅炉有关录像或产品说明书，使学生对工业锅炉常见的炉型有一个全面的感性认识，对工业锅炉的常用基本炉型有一个全面的掌握。

二、工具、机具

多媒体演示室。

三、实训材料

锅炉制造厂、锅炉录像资料和锅炉产品说明书等。

四、实训要求

1. 安全事项要求

（1）遵守锅炉制造厂的相关安全规定。

（2）对于正在运行的机械设备，应在1 m以外观看。

2. 技能训练要求

（1）对照课本看实物，并将不懂的内容进行记录。

（2）观看过程中，可以采用暂停播放的方法，老师指出其中的锅炉部件向学生提问。

五、实训过程

主要观看下列常用炉型的相关资料。

（1）固定炉排锅炉（手烧炉）。

（2）强制循环热水锅炉（有锅筒型和无锅筒型）。

（3）蒸汽锅炉（链条炉排型）。

（4）型煤锅炉。

（5）燃气锅炉。

（6）燃油锅炉。

六、说明与建议

1. 锅炉炉型较多，锅炉资料尽可能选用常用工业锅炉炉型。

2. 实际参观很重要，尽可能安排学生参观锅炉实物。

3. 参观锅炉制造厂时，若遇到与管道工相关的操作项目，可以请锅炉厂技术人员对学生进行现场讲解，条件允许时可以让学生亲自参加实际操作。

4. 在参观锅炉的过程中，可以采用提示的方式让学生回答所参观锅炉的运行过程。

5. 教师可以根据实际情况，确定题目让学生进行讨论。

任务3　弹簧式安全阀和水位计的拆装

一、实训目的

通过对弹簧式安全阀和水位计的拆装，使学生对其结构有一个更加全面的掌握，为今后锅炉运行管理和维修积累知识。

二、工具、机具

管钳、活动扳手、旋具、克丝钳等。

三、实训材料

DN50 弹簧式安全阀一台（法兰式或螺纹式均可），板式水位计一个（锅炉用）。

四、实训要求

1. 安全事项要求

（1）搬运安全阀或板式水位计时，要稳拿稳放，防止脱手伤人。

（2）准备一些创可贴之类的应急药品。

2. 技能训练要求

（1）教师可先进行拆装过程的演示，并对学生讲解拆装要领和注意事项。

（2）开始拆装时，可在教师的指导下进行，防止学生硬性拆卸而损坏实训材料。

（3）拆装过程中损坏的垫片要让学生自己制作，不宜采用成品垫片。

五、实训过程

1. 拆装弹簧式安全阀

（1）打开安全阀的保护盖，调整安全阀调压螺母，使弹簧处于自由或具有最小弹力的状态。

（2）根据安全阀实际外形装配情况，拆卸安全阀。

（3）拆卸过程中，要将各配件摆放整齐。对于特殊的配件，要记住安装工序和位置。

（4）拆卸过程中，注意保护垫片。取出弹簧时，小心弹簧夹手。

（5）拆卸完毕，在掌握了安全阀的结构和工作原理后，重新装配安全阀。

2. 安全阀常见故障及排除方法

（1）泄漏

1）阀瓣与阀座密封面之间有脏物：使用提升扳手或其他方法将阀门开启数次把脏物冲去，若无法冲去则要拆开阀门加以清除并重新装配调试。

2）密封面损伤：将阀门拆开，根据损伤程度采用研磨或车削后研磨的方法加以修复，修复后应保证密封面的平整度，其粗糙度应符合要求。

3）弹簧弹性降低或失去弹性：应采取更换弹簧、重新调整开启压力等措施。

4）开启压力与设备工作压力接近：根据弹簧工作压力适用范围进行重新定压，若已超出工作压力范围，则应更换工作压力级与其相符的弹簧。

（2）排放后压力继续上升

1）选用的安全阀排放量小于设备的安全泄放量：应重新选用合适的安全阀。

2）阀杆中线不正或弹簧生锈，使阀瓣不能开到应有的高度：应重新装配阀杆或更换弹簧。

3）排气管截面不够：应采取符合安全排放面积的排气管。

（3）到排放压力时不开启

1）定压不准：应重新调整弹簧的压缩量或重锤的位置。

2）阀瓣与阀座粘住：应定期对安全阀做手动放气或放水试验。

3）杠杆式安全阀的杠杆被卡住或重锤被移动：应重新调整重锤位置并使杠杆运动自如。

（4）不到排放压力时开启

1）定压不准：应重新调整弹簧的压缩量或重锤的位置。

2）弹簧老化弹力下降：应更换弹簧。

（5）阀瓣频跳或振动

1）弹簧刚度太大：应改用刚度适当的弹簧。

2）调整不当，使回座压力过高：应重新调整调节圈位置。

3）排放管道阻力过大，造成过大的排放背压：应减小排放管道阻力。

（6）排放后阀瓣不回座

这主要是由弹簧弯曲，阀杆、阀瓣安装位置不正或被卡住造成的，应重新装配。

（7）安全阀的维护与保养

1）定期检查运行中的安全阀是否泄漏，卡阻及弹簧锈蚀等不正常现象，并注意观察调节螺套及调节圈紧定螺钉的锁紧螺母是否有松动，若发现问题应及时采取适当措施。

2）应定期将安全阀拆下进行全面清洗、检查并重新研磨，定压后方可重新使用。

3）安装在室外的安全阀要采取适当的防护措施，以防止雨、雾、尘埃、锈污等脏物侵入安全阀及排放管道，当环境低于摄氏零度时，还应采取必要的防冻措施以保证安全阀动作的可靠性。

3．拆装板式水位计

（1）将水位计两端锁紧螺母松开（锁紧螺母较大时可采用管钳拆卸）。

（2）锁紧螺母松开后，要小心仔细地将其和玻璃板（管）分开。进行这项工序时，要注意保护玻璃板。

（3）拆卸水位计上的阀门（一般为旋塞阀）。

（4）拆卸过程中，要将各配件摆放整齐。对于特殊的配件，要记住安装工序和位置。

（5）拆卸完毕，在掌握了水位计的结构和工作原理后，重新装配水位计。

4．水位计常见故障及排除方法

（1）两个水位计指示不一样

1）水位计安装位置不正确，汽、水连通管堵塞：疏通汽、水连通管。

2）受汽、水混合物冲击影响，在引出管区域内形成压差：将汽、水连通管引出压差区，避免汽、水混合物冲击的影响。

（2）水位计造成假水位

1）汽、水连通管较长：将水位计汽、水连通管缩短。

2）由于安装或运行中振动等影响，造成水位计下沉致使水位计内积水造成假水位：排除振动的原因，并校正水位计。

（3）水位呆滞不动

1）锅水中的泥垢或盐类积聚在旋塞内，造成旋塞被堵。汽旋塞堵塞使蒸汽管路不通，水位计中蒸汽被冷凝，水位升高，高于锅筒内实际水位，且水位变动很小：吹洗旋塞阀或连通管，或用其他方法疏通旋塞阀。

2）玻璃管式水位计由于玻璃管长度不够，水位计通路被填料盒中密封填料堵塞，致使水位计充满或高于锅筒实际水位，且水位呆滞：更换玻璃管。

（4）旋塞阀不严，漏水、漏汽

当汽旋塞漏汽时，水位中汽空间压力降低，水位计水位比锅筒水位略有升高。当水旋塞泄漏时，水位计中水位低于锅筒中的水位。

1）旋塞阀质量不合格：更换旋塞阀。

2）旋塞阀接触面磨损，研磨不良：小心研磨旋塞密封面或旋紧填料压盖。

3）压盖或填料过松，填料不足或填料变质：压紧压盖，添加填料或更换填料。

4）平板玻璃与表壳接触不严密，容易产生漏汽：重新装配，保证其严密性。

（5）水位玻璃破裂

1）水位计上下接头（管座）或汽、水旋塞阀中心线不在同一中心线上，玻璃管（板）被扭断：校正或对正接头（管座）中心线。

2）更换的玻璃管（板）未经预热：水位计预热后再进行更换安装。

3）旋塞阀开得太快，冷热变化剧烈：开启旋塞阀时应缓慢，使玻璃管（板）有一个预热过程。

4）玻璃管（板）质量不合格或选用不当：选用合格及符合尺寸的玻璃管（板），更换玻璃管（板）。

5）玻璃管切割时管端有裂口：应用正确的方法切割玻璃管。

6）玻璃管安装时未留膨胀间隙或填料压得太紧：留膨胀间隙或将填料适当地压紧。

7）平板玻璃水位计安装时螺栓旋紧时用力不均：螺栓旋紧时用力应均匀。

8）玻璃管（板）被急剧冷却：防止冷水、冷空气等使水位计急剧冷却。

六、说明与建议

1. 弹簧式安全阀和水位计均为锅炉安全部件，对锅炉安全运行非常重要。锅炉在运行过程中，若其出现故障应及时修理或更换，以保证锅炉的正常安全运行。因此，学生应全面掌握弹簧式安全阀和水位计的拆装技能。

2. 对于本课题的实训考试，教师以拆装方法正确合理为主、操作时间为辅进行考核。

3. 学生基本掌握这项技能后，教师可提出某个故障，让学生面对实物回答或进行必要的操作，进一步提高学生的操作技能和知识应用的能力。

任务4　识读锅炉房系统图

一、实训目的

掌握锅炉房热力系统图的基本构成，能够正确识读锅炉房热力系统图。

二、实训材料

1. 完整的锅炉房热力系统图一套。
2. 有关锅炉房的标准图。
3. 有关锅炉房辅助设备（软化设备、除氧设备、排污设备）的配管图资料。

三、实训要求

1. 识读过程中，应对锅炉房各设备的作用和工作过程进一步熟悉掌握。
2. 识读过程中，应对管道的材质、规格及连接方式进一步熟悉掌握。
3. 识读过程中，如果锅炉房系统图与资料中锅炉房辅助设备（软化设备、除氧设备、排污设备）的配管图不相符，应能掌握其在现有锅炉房中的具体配管。
4. 识读过程中，注意管道相交叉时的图样表示方法。

四、实训过程

锅炉房系统图一般较为复杂，管线较多，但其基本都是由几个单独的部分组成，每个单独部分的管线与热力系统图的连接基本都是一个进管和一个出管，识读时先看主管线，再看各单独部分的管线组成。

给水处理系统基本都是采用软化设备将原水软化后供锅炉使用，目前的软化设备多采用全自动的软化设备，但也有采用人工操作的软化设备。

1. 顺流再生软化设备配管及操作

顺流再生钠离子交换器配管如图5—31所示，通常分用软化、反洗、还原、正洗四个过程。

(1) 软化过程

开阀1、6，关阀2、3、4、5，离子交换剂上的Na^{+}与原水中Ca^{2+}、Mg^{2+}交换，使原水得以软化。

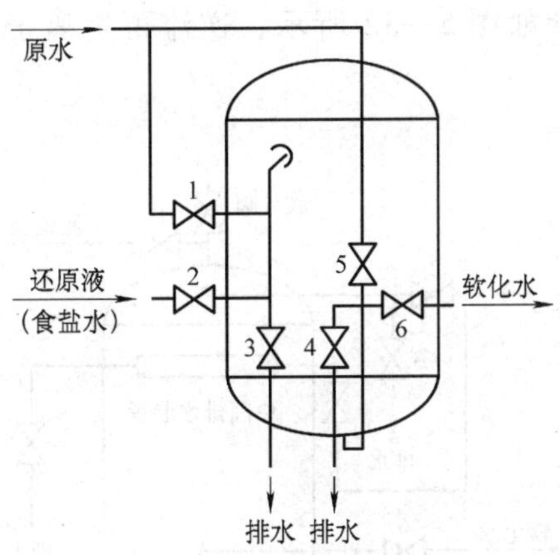

图 5—31 顺流再生钠离子交换器配管

（2）反洗过程

开阀5、3，关阀1、2、4、6，软化剂失效后，逆流反洗（与软化方向相反）将交换剂上面的悬浮物除去。

（3）还原（再生）过程

开阀2、4，关阀1、3、5、6，用还原液（食盐水）使离子交换剂恢复（再生）软化能力。

（4）正洗过程

开阀1、4，关阀2、3、5、6，将剩余还原液及还原时生成的 $CaCl_2$、$MgCl_2$ 冲洗干净，以备重新进行软化。

2. 逆流再生软化设备配管及操作

顺流再生时，交换剂层是由上而下逐层失效的，当停止软化时，底层还未参与交换，通常把这层称为保护层，把还有部分工作能力的中层称为工作层，最上面已失去交换能力的交换剂层称为失效层。顺流再生时，有一个相当于把失效层逐渐下移的过程，再生开始阶段，在软化时没有参与交换的那部分清洁交换剂层（保护层和工作层），必须经历交换和重新被软化的过程，做了无用功，白白浪费了再生液和冲洗用水。为了克服这一缺陷，可以采用逆流再生。

逆流再生时，再生液由下部进入交换器，上部排出。因此，盐液在流动过程中，交换器底部的交换剂总是和新鲜的盐液接触，能保持清洁。交换剂是由下往上，逐渐分层还原的，所以上部的还原效果要较下部差。而水软化时是由上往下，水流越往下，Ca^{2+}、Mg^{2+} 的含量越少，而下面交换剂层的再生质量好，就能保持较高的出水质量。

逆流再生是在罐内增设一套中间排水装置，要求不漏交换剂颗粒，布水均匀，安装牢固即可。为了保证再生液从下部进入后不乱层，通常采用在中间排水装置之上增加一层压实层或低流速逆流再生的方法。保证不乱层是逆流再生运行中的关键。

当再生液采用较高的流速（4 ~ 7 m/h）时，则应从交换器上部送入压缩空气（称顶压），穿过压实层同再生废液一起，由中间排水装置排出。这样，由于交换剂上部压力加大，下部的水流不会窜到上部，就可以防止交换剂乱层，但要添加空压设备。

逆流式再生交换器配管如图5—32所示，逆流再生离子交换器的操作步骤通常如下。

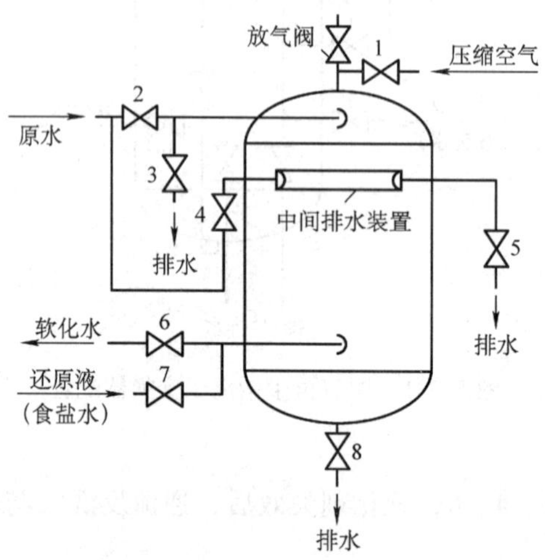

图5—32　逆流式再生交换器配管

（1）软化过程

开阀2、6，其余阀关闭。原水从交换器上部引入，软化水从交换器下部引出。

（2）小反洗

交换器工作（软化）一段时间，在交换器失效并停止运行后，开阀4、3，其余阀关闭。首先将反洗水从中间排水装置引进，并从交换器顶部排出，以冲去交换时积聚在表面层和中间排水装置以上的污物。

（3）排水

小反洗结束后，待压实层的颗粒下降后，开阀5和交换器顶部放气阀，其余阀关闭。放掉中间排水装置上部的水。

（4）顶压

采用压缩空气顶压时，开阀1，其余阀关闭。可从交换器顶部送入一定压力（0.03～0.05 MPa）的压缩空气，以防乱层。

（5）再生

在顶压情况下，开阀7、5，其余阀关闭。可将再生液以4～7 m/h的流速从下部送入，并随同适量的空气从中间排水装置排出。无顶压时，宜采用低速送入再生液。

（6）逆流冲洗

当再生液进完后，开阀1、3、6，其余阀关闭。在有顶压的情况下，将逆洗水从交换器下部送入，进行逆流冲洗（阀6进水，阀3排水）。逆流冲洗通常用质量较好的水（如软化水），水流速为4～7 m/h，一般冲洗30～40 min。

（7）小反洗

逆流冲洗合格后，停止逆流冲洗和顶压，放尽交换器内的剩余空气，然后如工序（2）

的操作方法进行小反洗，将压实层部分的剩余再生液冲尽。

（8）正洗

这是软化的准备阶段，先开阀2、8，其余阀关闭。用水将交换剂层冲洗到出水合格为止，即可开始软化，即开阀6，关阀8。

3．全自动软化设备配管及操作

全自动软化设备的配管较为简单，一般只有一个进水管和一个出水管。操作时只需打开进水阀门和出水阀门，设备自动运行完成软化、还原、反洗、正洗过程。

4．进水过滤和多台软化设备联合运行

对于使用地下水或江河水的锅炉房，原水在进入软化设备前通常要进行过滤处理。当原水的水质符合软化设备水质要求时，再进入软化设备进行软化。

每一个软化设备都有其软化的范围，即降低原水硬度的能力。如果原水的硬度过大，通过一个软化过程后，水质不能满足锅炉水质要求，这时就需要再次软化。

识读软水设备管线图时，应注意原水的过滤管线和多台软化设备联合运行的管线。

5．锅炉排污系统管线

锅炉排污有定期排污和连续排污两种，锅炉排污系统管线如图5—33所示。

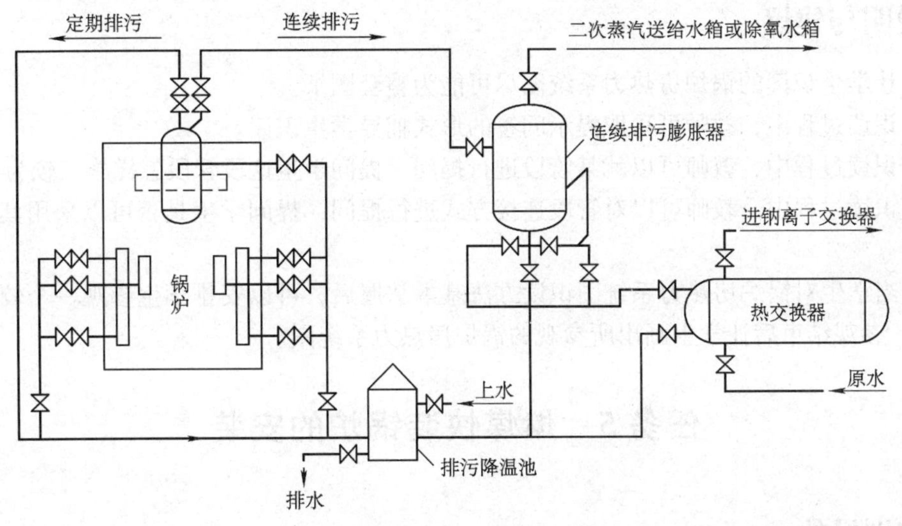

图5—33 锅炉排污系统

锅炉的定期排污由于温度较高，不能直接排入排水管道。应先排入排污降温池降温后，才能排入排水管道。排污降温池要有冷水进入。锅炉的定期排污一般在锅炉的下锅筒和各联箱上设置。

锅炉的连续排污首先进入连续排污膨胀器，在连续排污膨胀器中膨胀蒸发成二次蒸汽和高温水。二次蒸汽送给水箱或除氧水箱，还可以作为其他用途。高温水可以加热原水或作他用。最后，连续排污变成低温水进入排污降温池后排出。

6．热力除氧器管线

热力除氧器是用蒸汽将软化水加热而达到除氧的目的。蒸汽来自分汽缸，软化水来自软化水箱。除氧水箱中的水进入给水泵被加压送至锅炉。除氧水箱上有溢流管和泄水管，均排入排水管道。大气除氧器一般在有蒸汽的锅炉房内使用。

7. 其他管线

(1) 蒸汽锅炉供自身吹灰和驱动蒸汽泵的蒸汽由锅炉副蒸汽管供给。

(2) 蒸汽锅炉的主蒸汽管首先进入分汽缸，再由分汽缸供给其他用户。

(3) 锅炉除渣机一般有进水管道。

(4) 较大引风机一般有冷却水管道。

(5) 热水采暖回水先经过过滤器，然后才进入循环水泵。

(6) 省煤器管线如图 5—8 所示。

(7) 蒸汽锅炉给水管线如图 5—23 所示。

(8) 热水锅炉给水管线如图 5—24 所示。

8. 锅炉房热力系统图识读

(1) 如图 5—34 所示为两台 KZG2－8 型锅炉房热力系统图，试进行识读。

(2) 如图 5—35 所示为某锅炉房管道流程图，试进行识读。

五、说明与建议

1. 让学生识读的锅炉房热力系统图尽可能为整套图纸。

2. 识读过程中，教师可采取提示问答的形式辅导学生识读。

3. 识读过程中，教师可以就某管段进行提问，提问学生这段管段怎样施工较为合理。

4. 识读过程中，教师可以对管段连接方式进行提问，提问学生是否可以采用其他连接方式。

5. 当学生对锅炉房热力系统图识读方法基本掌握后，可以安排学生参观一个较简单的锅炉房，参观结束后让学生画出所参观的锅炉房热力系统图。

任务 5　燃煤快装锅炉的安装

一、实训目的

通过燃煤快装锅炉安装的全面实习，能够对燃煤快装锅炉的安装程序有一个基本的认识，同时对安装过程中管道工所涉及的工作项目有一个全面的掌握。

二、工具、机具

管钳、链条钳、压力案子、手锤、水平尺、钢板尺、配套扳手、撬杠、起重设备、卷扬机、滑轮组、千斤顶、套丝机、煨弯机、电焊机、气割设备、无齿锯、手动试压泵、水准仪、经纬仪、焊缝检测器等。

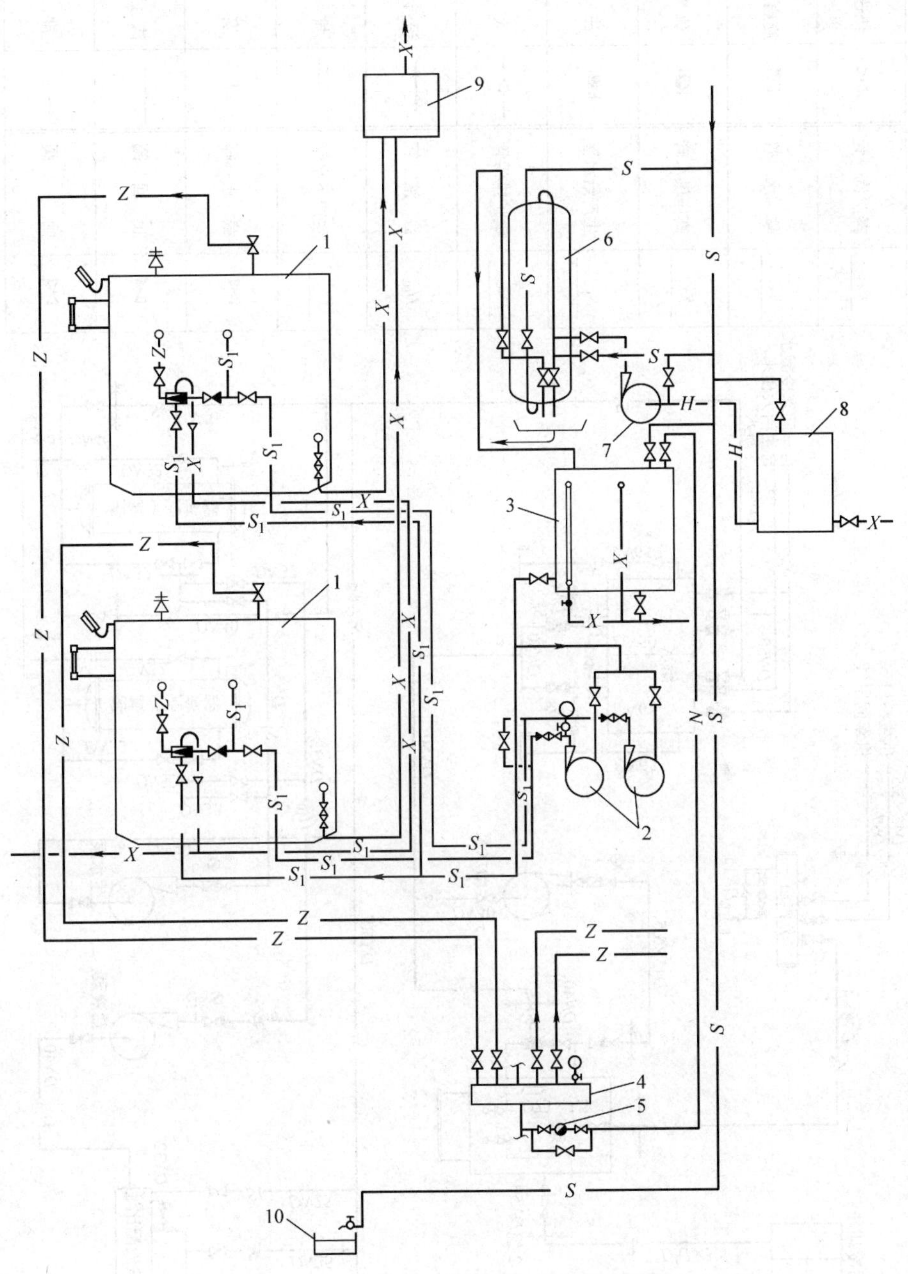

图 5—34　KZG2－8 型锅炉房热力系统图

1—锅炉　2—给水泵　3—水箱　4—分汽缸　5—疏水器　6—钠离子交换器
7—盐水泵　8—盐水池　9—排污冷却池　10—洗涤池

图例说明

图例	名称	图例	名称
Z_8	蒸汽管		快速切断阀
S_8	软水管		旋启式止回阀
S_7	高压供水管		疏水器
S_1	生产给水管		注水器
P_W	锅炉排污管		大小头
H_{10}	盐液管		设计界限
X_1	生产下水管		排汽管
	截止阀		安全阀
	止回阀		法兰连接
	闸阀		排水沟

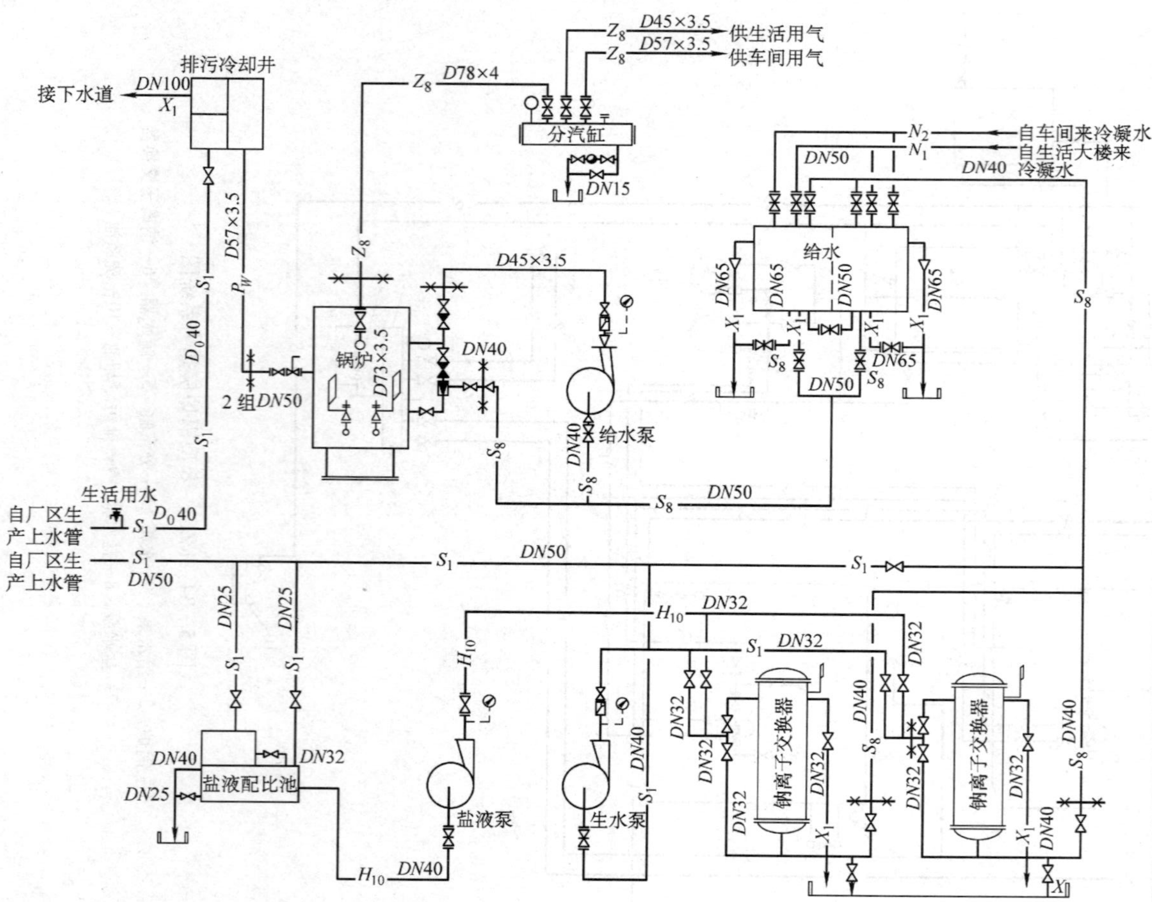

图 5—35 锅炉房管道流程图

三、实训材料

1. 锅炉本体及所属辅助设备及附件。

2. 锅炉随机自带的技术资料。

3. 锅炉安装所需的相关现行国家或行业规范、规程及标准。

四、实训要求

1. 安全事项要求

(1) 请施工现场安全员进行安全教育，主要讲解应注意的安全细节。

(2) 教育学生应遵守施工现场的规章制度。

(3) 做到安全文明施工。

2. 技能训练要求

(1) 请项目负责人介绍工程特点和锅炉安装前期所需要办理各项手续的方法。

(2) 基本掌握锅炉安装前准备工作的内容。

(3) 掌握燃煤快装锅炉的施工程序。

(4) 能够进行燃煤快装锅炉涉及管道工的作业项目。

五、实训过程

快装锅炉安装的基本工艺流程：安装前的准备工作→基础施工及划线→锅炉就位与找正（包括锅炉组件的组装）→炉排及辅机安装与调试→管道及仪表安装（根据情况可和上道工序同时进行）→水压试验→筑炉（有些锅炉没有这一项工作）→烘炉、煮炉→试运行→竣工验收。

1. 安装前的准备工作

锅炉安装前的准备工作除《附录》叙述项目外，具体安装前还应该进行锅炉及附属设备的清点与检验工作。

锅炉及附属设备的清点与检验工作应由使用方（或使用方代理）、施工方及厂方共同参加，验收后应做好记录和签证。

(1) 锅炉厂应提供供货清单及文件清单

1) 供货清单应包括附件、备件的名称、数量、型号及编号，以备验收清点。

2) 文件清单应有设计图纸、锅炉强度计算书、产品合格证、使用说明书及质量技术监督部门的检验证明。

(2) 锅炉及附属设备外观应完好，炉墙、炉拱无裂纹或脱落，受压部件无变形，焊缝无缺陷，否则设备不能验收。

(3) 计量仪表、压力计、温度计、安全阀等附件应有出厂合格证，其精度等级应符合要求，校验应在有效期内，否则仪表不能安装。

（4）锅炉材料的免检条件

1）用于额定热功率≤4.2 MW且额定出水温度＜120℃的热水锅炉和额定蒸汽压力≤0.4 MPa的蒸汽锅炉，主要材料和原始质量证明书齐全，且材料标记清晰、齐全时。

2）对于质量稳定并取得锅炉压力安全监察机构产品安全质量认可的材料。

3）不具备以上两条的锅炉材料，不能免于复验。

2．基础验收和划线

锅炉基础验收和划线工作一般由土建工种完成，验收合格后才允许安装。

（1）锅炉安装前，应划出锅炉纵向和横向安装基准线和标高基准点。

（2）锅炉纵向和横向基准线应相互垂直，条形基础上两中心线应相互平行。

（3）设备基础一般为混凝土结构，应待混凝土强度达到75%以上时，方可吊装设备。

（4）锅炉就位前应检验锅炉基础的尺寸及位置，其允许偏差见表5—12。

表5—12　　锅炉及辅助设备基础的允许偏差和检验方法

项次	项　目		允许偏差/mm	检验方法
1	基础坐标位置		20	经纬仪、拉线和尺量
2	基础各不同平面的标高		0，－20	水准仪、拉线和尺量
3	基础平面外形尺寸		20	尺量检查
4	凸台上平面尺寸		0，－20	
5	凹穴尺寸		+20，0	
6	基础上平面水平度	每米	5	水平仪（水平尺）和楔形塞尺检查
		全长	10	
7	竖向偏差	每米	5	经纬仪或吊线和尺量
		全高	10	
8	预埋地脚螺栓	标高（顶端）	+20，0	水准仪、拉线和尺量
		中心距（根部）	2	
9	预埋地脚螺栓孔	中心位置	+20，0	尺量
		深度	10	
		孔壁垂直度	5	吊线和尺量
10	预埋活动地脚螺栓锚板	中心位置	5	拉线和尺量
		标高	+20，0	
		水平度（带槽锚板）	5	水平尺和楔形塞尺检查
		水平度（带螺纹孔锚板）	2	

3．锅炉就位与找正

（1）起吊设备时，应将绳索固定在吊装环上，应保持设备的端正、平稳，各股绳索受力应均匀，设备吊装应缓慢均匀。

（2）锅炉就位时，应算出应垫垫板的厚度和组数，并将各垫板放置稳固。

（3）起落锅炉时，必须有专人统一指挥，并做好协调工作。

（4）锅炉找平、找正

1）锅炉中心线应与基础上的基准中心线相重叠。

2）锅炉前墙面的垂直投影应与基础横向基准线重叠。

3）对纵锅筒形锅炉，炉前锅筒可略高于炉后，以利于排污。

4）多台锅炉并列安装时，应使锅炉前墙处在同一垂直面上。

5）锅炉安装的坐标、标高、中心线和垂直度的允许偏差应符合表5—13的规定。

表5—13　　锅炉安装的允许偏差和检验方法

项次	项　目		允许偏差/mm	检验方法
1	坐　标		10	经纬仪、拉线和尺量
2	标　高		±5	水准仪、拉线和尺量
3	中心线垂直度	卧式锅炉炉体全高	3	吊线和尺量
		立式锅炉炉体全高	4	吊线和尺量

4．炉排及辅机安装与调试

这项工序一般由钳工和起重工共同完成，管道工只进行相应的配合及配管，其安装质量应符合相关规范质量标准。

（1）铸铁省煤器破损的肋片数应不大于总肋片数的5%，有破损肋片的根数应不大于总根数的10%。根据《蒸汽锅炉安全监察规程》和《热水锅炉安全监察规程》规定，省煤器的出口处或入口处应安装安全阀、截止阀、止回阀、排气阀、排水管、旁通烟道、循环管等。

（2）分汽缸（分水器、集水器）安装前应进行水压试验，试验压力为工作压力的1.5倍，但不得小于0.6 MPa。试验压力下10 min内无压降、无渗漏。

（3）敞口箱、罐安装前应做满水试验；密闭箱、罐应以工作压力的1.5倍做水压试验，但不得小于0.4 MPa。满水试验满水后静置24 h不渗不漏；水压试验在试验压力下10 min内无压降，不渗不漏。

（4）水泵安装的外观质量检查：泵壳不应有裂纹、砂眼及凹凸不平等缺陷；多级泵的平衡管路应无损伤或折陷现象；蒸汽往复泵的主要部件、活塞及活动轴必须灵活。

（5）手摇泵应垂直安装。安装高度如设计无要求时，泵中心距地面为800 mm。

（6）注水器安装高度，如设计无要求时，中心距地面为1.0～1.2 m。

（7）热力除氧器和真空除氧器的排气管通向室外，直接排入大气。

（8）软化设备罐体的视镜应布置在便于观察的方向。树脂装填的高度应按设备说明书要求进行。

（9）各种设备主要操作通道的净距如设计不明确时应不小于1.5 m，辅助的操作通道净距应不小于0.8 m。

5．管道及仪表安装

锅炉本体安装完毕且质量符合要求后，开始进行管道及仪表安装项目，其安装质量应符合相关规范质量标准。

（1）管道连接的法兰、焊缝和连接管件以及管道上的仪表、阀门的安装位置应便于检修，并不得紧贴墙壁、楼板或管架。

（2）电动调节阀门的调节机构与电动执行机构的转臂应在同一平面内动作，传动部分应灵活，无空行程及卡阻现象，其选种及伺服时间应满足使用要求。

（3）锅炉的高、低水位报警器和超温、超压报警器及联锁保护装置必须按设计要求安装齐全和有效。并做好启动、联动试验的试验记录。

（4）安装水位表应符合下列规定

1）水位表应有指示最高、最低水位的明显标志，玻璃板（管）的最低可见边缘应比最低安全水位低 25 mm；最高可见边缘应比最高安全水位高 25 mm。

2）玻璃管式水位表应有防护装置。

3）电接点式水位表的零点应与锅筒正常水位重合。

4）采用双色水位表时，每台锅炉只能装设一个，另一个装设普通水位表。

5）水位表应装放水旋塞（或阀门）和接到安全地点的放水管。

（5）测压仪表取源部件在水平工艺管道上安装时，取压口的方位应符合下列规定。

1）测量液体压力的，在工艺管道的下半部与管道的水平中心线成 0°～45°夹角范围内。

2）测量蒸汽压力的，在工艺管道的上半部或下半部与管道水平中心线成 0°～45°夹角范围内。

3）测量气体压力的，在工艺管道的上半部。

（6）压力表的刻度极限值，应大于或等于工作压力的 1.5 倍，表盘直径不得小于 100 mm。安装压力表必须符合下列规定。

1）压力表必须安装在便于观察和吹洗的位置，并防止受高温、冰冻和振动的影响，同时要有足够的照明。

2）压力表必须设有存水弯管。存水弯管采用钢管煨制时，内径应不小于 10 mm；采用铜管煨制时，内径应不小于 6 mm。

3）压力表与存水弯管之间应安装三通旋塞。

（7）安装温度计应符合下列规定

1）安装在管道和设备上的套管温度计，底部应插入流动介质内，不得装在引出的管段上或死角处。

2）压力式温度计的毛细管应固定好并有保护措施，其转弯处的弯曲半径应不小于 50 mm，温包必须全部浸入介质内。

3）热电偶温度计的保护套管应保证规定的插入深度。

（8）温度计与压力表在同一管道上安装时，按介质流动方向应在压力表下游处安装，如温度计需在压力表的上游安装时，其间距应不小于 300 mm。

（9）蒸汽锅炉安全阀应安装通向室外的排气管。热水锅炉安全阀泄水管应接到安全地点。在排气管和泄水管上不得装设阀门。

（10）锅炉的锅筒和水冷壁的下集箱及后棚管的后集箱的最低处排污阀及排污管道不得

采用螺纹连接。

（11）锅炉本体管道及管件焊接的焊缝质量、管道焊口尺寸的允许偏差应符合《第二单元课题二：焊接连接》中的相关规定标准。无损探伤的检测结果应符合锅炉本体设计的相关要求。

（12）管道、设备、容器防腐和水压试验合格后应进行保温。保温的设备和容器，应采用黏结保温钉固定保温层，其间距一般为200 mm。当需采用焊接勾钉固定保温层时，其间距一般为250 mm。

（13）连接锅炉及辅助设备的工艺管道安装的允许偏差和检验方法应符合表5—14的规定。

表5—14　　工艺管道安装的允许偏差和检验方法

项次	项目		允许偏差/mm	检验方法
1	坐标	架空	15	水准仪、拉线和尺量
		地沟	10	
2	标高	架空	±15	水准仪、拉线和尺量
		地沟	±10	
3	水平管道纵、横方向弯曲	$DN \leqslant 100$ mm	2‰，最大50	直尺和拉线检查
		$DN > 100$ mm	3‰，最大70	
4	立管垂直		2‰，最大15	吊线和尺量
5	成排管道间距		3	直尺尺量
6	交叉管的外壁或绝热层间距		10	

（14）连接锅炉及辅助设备工艺管道安装完毕后，必须进行系统水压试验，试验压力为系统最大工作压力的1.5倍。检验方法：在试验压力10 min内压力降不超过0.05 MPa，然后降至工作压力进行检查，要求不渗不漏。

6．锅炉试压

锅炉的汽、水系统安装完毕后，必须进行水压试验。水压试验的压力应符合表5—15的规定。

表5—15　　水压试验压力规定

项次	设备名称	工作压力 P/MPa	试验压力/MPa
1	锅炉本体	$P<0.59$	$1.5P$ 但不小于0.2
		$0.59 \leqslant P \leqslant 1.18$	$P+0.3$
		$P>1.18$	$1.25P$
2	可分式省煤器	P	$1.25P+0.5$
3	非承压锅炉	大气压力	0.2

注：①工作压力 P 对蒸汽锅炉是指锅筒工作压力，对热水锅炉是指锅炉额定出水压力。

②铸铁锅炉水压试验同热水锅炉。

③非承压锅炉水压试验压力为0.2 MPa，试验期间压力应保持不变。

在试验压力下10 min内压力降不超过0.02 MPa；然后降至工作压力进行检查，压力不降，不渗、不漏；观察检查，不得有残余变形，受压元件金属和焊缝上不得有水珠和水雾。

7. 烘炉和煮炉

(1) 烘炉

新安装的锅炉，在炉墙材料中及砌筑过程中吸收了大量的水分，如与高温烟气接触，则炉墙中含有的水分因为温差过大，急剧蒸发，产生大量的蒸汽，进而由于蒸汽的急剧膨胀，使炉墙变形、开裂。所以，新安装的锅炉在正式投产前，必须对炉墙进行缓慢烘炉，使炉墙中的水分缓慢逸出，确保炉墙热态运行的质量。

由于快装锅炉从制造到实际应用相隔的时间一般较长，而且锅炉在制造厂停留的时间长短不一，以及受自然条件的影响，锅炉内炉墙的自然干燥程度不一。因此，快装锅炉烘炉时，应根据锅炉内部炉墙的实际干湿程度确定烘炉方案。

1) 锅炉火焰烘炉应符合下列规定。

①火焰应在炉膛中央燃烧，不应直接烧烤炉墙及炉拱。

②烘炉时间一般不少于4天，升温应缓慢，后期烟温应不高于160℃，且持续时间应不少于24 h。

③链条炉排在烘炉过程中应定期转动。

④烘炉的中、后期应根据锅炉水水质情况排污。

2) 烘炉结束后应符合下列规定。

①炉墙经烘烤后没有变形、裂纹及塌落现象。

②炉墙砌砂浆含水率达到7%以下。

(2) 煮炉

新安装的锅炉其受热面管、集箱、锅筒的内壁上有锈等污染物，若在运行前不进行处理的话，就会部分附在管壁形成较硬的附着物，导致受热面的导热系数减少，从而影响锅炉的热效率。另一部分则会溶解于水中影响蒸汽的品质，危害蒸汽设备的安全运行。因此，在锅炉运行前，应将内部杂质利用煮炉的方法除去。

所谓“煮炉”，就是给锅炉炉水中加入一些能够将杂质除去的物质，例如，氢氧化钠、磷酸三钠等。锅炉加药时应注意安全，防止碱液飞溅造成事故。

煮炉时间一般应为2~3天，如蒸汽压力较低，可适当延长煮炉时间。非砌筑和浇筑或浇注保温材料保温的锅炉，安装后可直接进行煮炉。煮炉结束后，打开锅筒和集箱检查孔检查。锅筒和集箱内壁应无油垢，擦去附着物后金属表面应无锈斑。

8. 试运行

锅炉在烘炉、煮炉合格后，应进行48 h的带负荷连续试运行，同时应进行安全阀的热状态定压检验和调整。

锅炉带负荷连续48 h试运行，是全面考核锅炉及附属设备安装工程的施工质量和锅炉设计、制造及燃料适用性的重要步骤，是工程使用功能的综合检验。

锅炉在试运行期间，就要按实际要求运行参数对安全阀进行压力调整。锅炉和省煤器安全阀的定压和调整应符合表5—16的规定。锅炉上装有两个安全阀时，其中一个按表中较高值定压，另一个按较低值定压。装有一个安全阀时，应按较低值定压。

表5—16　安全阀定压规定

项次	工作设备	安全阀开启压力/MPa
1	蒸汽锅炉	工作压力 +0.02 MPa
		工作压力 +0.04 MPa
2	热水锅炉	1.12倍工作压力，但不少于工作压力 +0.07 MPa
		1.14倍工作压力，但不少于工作压力 +0.10 MPa
3	省煤器	1.1倍工作压力

9. 竣工验收

当锅炉试运行符合要求后，锅炉安装就要进行竣工验收。竣工验收一般由建设单位、设计单位、监理部门和施工单位共同参与。验收一般包括工程质量验收和竣工资料验收两部分。

六、说明及建议

1. 快装锅炉本体安装工期较短，管道工所涉及的内容较少。如果在教学安排上没有实际的锅炉本体安装，建议老师把某个锅炉本体实际安装过程录像，让学生观看录像并讲解。

2. 实际中不太容易找到一个全过程的锅炉安装让学生参加实训，只要新安装的锅炉还没有完工，学生就可以参加实训，同时邀请项目技术人员进行全过程的技术讲解。

3. 对于已经安装好的设备或管道，学生可以进行现场测量和评定，加深学生对国家质量验收规范的深刻理解。

4. 让学生了解或掌握有关锅炉安装竣工资料所包括的内容。

5. 实训结束后，老师可组织学生讨论下列方面的内容。

（1）快装锅炉安装工艺的详细全过程。

（2）管道工在何时开始施工比较理想。

（3）锅炉安装竣工资料所包括的内容。

（4）快装锅炉安装人员的合理配置。

附录：锅炉安装的报批和验收

锅炉安装是一个技术性较强的施工项目，安装前要进行多方面的准备工作，现对锅炉安装的报批和验收进行介绍。

◆ 主要规范、规程及标准

1. 现行国家或地方政府颁发的《蒸汽锅炉安全技术监察规程》《热水锅炉安全技术监察规程》《压力容器安全技术监察规程》《锅炉压力容器安全监察条例及实施细则》。

2.《工业锅炉安装工程施工及验收规范》GB 50273—1998。

3.《建筑给水排水及采暖工程施工质量验收规范》GB 50242—2002 中锅炉安装内容。

4.《机械设备安装工程施工及验收通用规范》GB 50231—2009。

5.《风机、压缩机、泵安装工程施工及验收规范》GB 50275—2010。

6.《工业金属管道工程施工规范》GB 50235—2010。

7.《起重设备安装工程施工及验收规范》GB 50278—2010。

8.《工业锅炉砌筑工程质量验收规范》GB 50309—2007。

9.《工业锅炉水质》GB/T 1576—2008。

◆ 制定锅炉安装施工方案

1. 工程概况：介绍建设单位、施工地点及环境，工程性质、特点，工程量大小，工程投资情况及建设工期，上级对工程的批件等内容。

2. 施工部署和主要工序的施工方案：制定锅炉安装工艺，确定重点施工项目，快装锅炉应对起重、吊装和大件的运输制定施工方案；散装锅炉应对胀管、焊接工序制定详细的施工方案。

3. 施工进度计划：根据建设单位提供的工期要求，编制具体的进度计划网络图或横道图，并在施工中严格执行。

4. 技术、物资供应计划：根据施工进度的要求，适时地配备合格的人力资源和物资资源，以满足施工现场的需要。

5. 建立质量保证体系和制定安全技术措施。

6. 绘制施工总平面图：将施工现场有关的建筑物、构筑物、运输线路及临时设施绘于一张平面图上，以利于文明施工。

◆ 技术交底

1. 设计交底：由设计人员向施工人员的交底，一般应由建设单位主持。

2. 施工技术交底：由施工单位技术人员向班、组有关人员的交底，其内容包含施工组织设计（施工方案）和施工交底。

3. 技术交底都应形成文字资料并签证齐全。

◆ 锅炉安装报批程序

1. 使用单位到所属地区质量技术监察局特种设备监察处（科）领取《锅炉安装申请表》并携带下述资料。

（1）锅炉安装《申请报告》，应明确锅炉制造厂和锅炉安装单位情况，并加盖使用单位公章。

（2）更换新锅炉的单位，应携带旧锅炉的注册登记资料，先办理注销报废手续。

（3）《锅炉安装申请表》一式三份，由锅炉使用单位和锅炉安装单位共同填写，并加盖公章。

2. 办理锅炉安装报批手续，需携带下述资料。

（1）锅炉出厂资料：锅炉厂供应的全套图纸；受压元件强度计算书；安全阀排放量计算书；锅炉质量证明书；锅炉安装和使用说明书；产品安全质量监督检验证书；进口锅炉

需携带《进口锅炉产品安全质量监督检验证书》。

(2) 锅炉房设计资料：锅炉房平面位置图；锅炉及附属设备平面布置图、立面图及工艺流程图；锅炉房设计说明；锅炉房如设置在高层或多层建筑的地下室、半地下室、楼层中间或顶层，应事先征得安全监察机构的同意；燃气（油）锅炉应有市（省）质量技术监督局特种设备监察处的备案批件。

(3) 安装单位资料：锅炉安装单位的资质证明（《锅炉安装许可证》）；与锅炉安装所需项目的《锅炉、压力容器焊工操作证》；锅炉安装施工方案及施工人员花名册；外地进京单位，应提供市质量技术监督局特种设备监察处批准的同意进京安装锅炉的批件。

3. 报批安装锅炉需由锅炉使用单位和安装单位共同到使用单位所属地区“特设科”办理申报手续。

4. 前述1、2、3项工作完成后，施工单位方可承担与其资质级别相符的锅炉安装任务。

◆ 锅炉安装过程控制与验收的监督

1. 锅炉安装报批后，施工单位应携带《锅炉安装申请表》到建设单位所在地质量技术监督局特种设备检验所办理锅炉安装验收手续。

2. 锅炉设备、管道安装完毕后，应与特种设备检验所联系无损检测及水压试验的安排。

3. 水压试验合格后，锅炉连续运行48 h后，再与特种设备检验所联系锅炉总体验收。

4. 锅炉总体验收合格后，填写《锅炉安装质量证明书》，并由特种设备检验所签署意见加盖公章。

任务6　锅炉验收资料的整理

一、实训目的

掌握锅炉验收资料包括的内容，基本能够整理锅炉验收资料。

二、实训材料

1. 一套完整的锅炉验收资料。
2. 国家现行有关锅炉验收的规范、标准。

三、实训要求

1. 认真阅读完整的锅炉验收资料。
2. 学习验收资料中有关表格的填写要求。
3. 注意保护好锅炉验收资料。

四、实训过程

新安装锅炉带负荷连续48 h试运行合格后，方可办理工程总体验收手续。工程未经总体验收，严禁锅炉投入使用。工程验收应包括中间验收和总体验收。

整体安装的工业锅炉（快装锅炉）安装工程验收应具备下列资料。

1. 开工报告。
2. 锅炉技术文件清查记录（包括设计修改的有关文件）。
3. 设备缺损件清单及修复记录。
4. 基础检查记录。
5. 锅炉本体安装记录。
6. 风机、除尘器、烟囱安装记录。
7. 给水泵或注水器安装记录。
8. 阀门水压试验记录。
9. 炉排冷态试运行记录。
10. 水压试验记录及签字。
11. 水位表、压力表和安全阀安装记录。
12. 烘炉、煮炉记录。
13. 带负荷连续4～24 h试运行记录。

五、说明及建议

1. 锅炉验收资料的整理是锅炉安装竣工的最后一道工序，其验收资料较多，规范要求也较多，学生应基本掌握其整理过程。
2. 最好找两套（一套快装锅炉、一套散装锅炉）完整的锅炉验收资料让学生阅读和理解。
3. 教师可对其中的资料整理过程进行详细的讲解。
4. 若遇到实际的锅炉资料的整理，可让学生参与。
5. 教师可自拟锅炉安装过程的一些数据，让学生进行表格的填写。

第六章　制冷设备与管道安装

学习目标

1. 基本掌握空调系统常用制冷设备安装工艺的技术要点及规范要求。
2. 掌握制冷管道安装工艺的技术要点及规范要求。
3. 掌握制冷系统试运行及维护管理的基本知识。

当天然冷源不能满足工业生产、人们生活需要时，则要采用人工的方法制取冷量，以弥补天然冷源的局限性。人工制冷是通过比较复杂的制冷设备和技术，安装完成制冷系统，以满足不同的使用对象对低温参数的需求。

制冷设备中使用的工作物质称为制冷剂或制冷工质。人工的方法很多，常见的有利用液体汽化的吸热效应实现制冷的蒸汽制冷法、利用气体膨胀产生的冷效应实现制冷的气体制冷法以及利用半导体的热电效应实现制冷的热电制冷法三种。

目前，在制冷空调技术中，主要采用的是蒸汽制冷法，其中又以蒸汽压缩式制冷应用最为广泛。蒸汽压缩式制冷是利用液态工质在汽化时从被冷却物中吸收热量来实现制冷的。其基本工作原理是：制冷剂在压缩机、冷凝器、节流膨胀阀和蒸发器等主要设备中完成制冷剂的压缩、蒸发吸热、节流膨胀和冷凝放热四个热力过程，如图 6—1 所示。

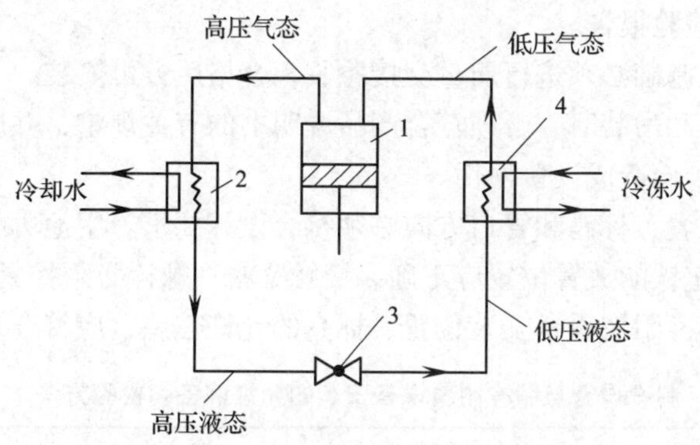

图 6—1　蒸汽压缩式制冷基本工作原理

1—活塞式压缩机　2—冷凝器　3—节流膨胀阀　4—蒸发器

制冷系统为空调末端设备提供需要的冷量，是空调系统的冷源，制冷设备及管道安装质量的好坏，对空调系统有直接影响。安装时，应严格按照国家现行施工规范及产品说明书的技术要求施工。

空调工程中采用的制冷设备通常分为整体式、组装式和散装式三种。小型制冷设备多数都装配成整体式；组装式制冷设备，一般以压缩机组为一组，蒸发系统为一组，它们之间用管道连接而成；散装制冷系统多属大、中型制冷系统，它的四大部件（压缩机、冷凝器、节流阀和蒸发器）及各种辅助设备都是散件供给，安装工作量大，技术要求高。

所谓制冷管道，是指管道内工作介质为制冷剂的管道，而输送冷冻水的管道称为冷冻水或冷媒水管道。连接冷凝器循环水的管道一般称为冷却水管道。制冷管道与冷冻水或冷却水管道有着质的区别，其安装工艺和技术要求较高。

第一节　制冷设备安装与管道配置

一、制冷设备安装

1. 制冷设备安装的一般规定

（1）制冷设备安装一般由多工种配合施工，制冷设备安装前，应对制冷设备及其附属设备进行检查，检查结果应符合下列要求。

1）制冷设备、制冷附属设备的型号、规格、性能及技术参数等必须符合设计要求。设备机组的外表应无损伤，密封应良好，随机附件和配件应齐全。

2）与制冷机组配套的蒸汽、燃油、燃气供应系统和蓄冷系统的安装，还应符合设计文件、有关消防规范与产品技术文件的规定。

（2）制冷设备安装的基本要求

1）制冷设备、制冷附属设备的型号、规格和技术参数必须符合设计要求，并具有产品合格证书、产品性能检验报告。

2）设备的混凝土基础必须进行质量交接验收，合格后方可安装。

3）制冷设备搬运和吊装时，必须符合产品说明书的有关规定，并应做好设备的保护工作，防止因搬运或吊装而造成设备损伤。

4）设备安装的位置、标高和管口方向必须符合设计要求。用地脚螺栓固定的制冷设备或制冷附属设备，其垫铁的放置位置应正确、接触紧密；螺栓必须拧紧，并有防松动措施。

5）制冷设备及制冷附属设备安装位置、标高的允许偏差，应符合表6—1的规定。

表6—1　　制冷设备与制冷附属设备安装的允许偏差和检验方法

项次	项目	允许偏差/mm	检验方法
1	平面位移	10	经纬仪或拉线和尺量检查
2	标高	±10	水准仪或经纬仪、拉线和尺量检查

6）整体安装的制冷机组，其机身纵、横向水平度的允许偏差为1/1 000，并应符合设备技术文件的规定。

7）制冷附属设备安装的水平度或垂直度的允许偏差为1/1 000；并应符合设备技术文件的规定。

8）采用隔振措施的制冷设备或制冷附属设备，其隔振器安装位置应正确；各个隔振器的压缩量，应均匀一致，偏差应不大于2 mm。

9）设置弹簧隔振的制冷机组，应设有防止机组运行时水平位移的定位装置。

2．制冷压缩机安装

制冷设备安装工作一般是先将基础混凝土平面检查验收并处理好，再依据图样在基础上划出设备安装基准线（或称基础放线），如图6—2所示。基础划线结束后，对地脚螺栓孔洞进行修正，同时准备好垫铁和必要的吊装工具，并确定合理的吊装方法。

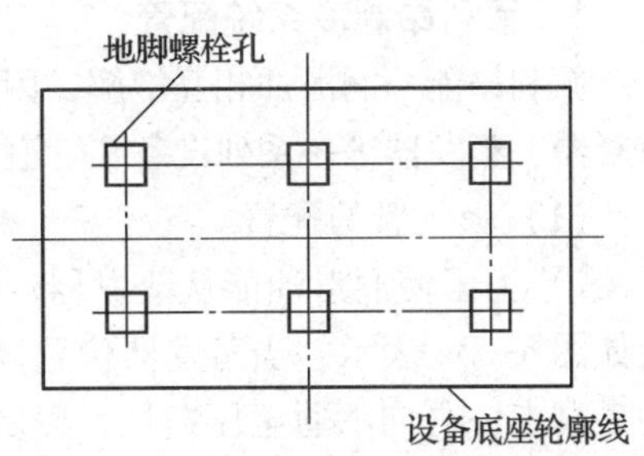

图6—2　制冷设备基础划线

吊装就位后，按安装要求用水平仪、水准仪等仪器初步找平找正，要求基础与设备底座支撑面均匀接触；找平后用水泥砂浆进行二次灌浆，达到规定强度后再进行精调。

3．冷凝器安装

冷凝器下面通常有钢筋混凝土集水池，并兼作基础用。安装卧式冷凝器时，应向集油器或放油口的一端略微倾斜，以利于排油；封头盖上的放汽、放水阀用管子接至地漏。

立式冷凝器安装时必须保持垂直，上部溢水槽挡板不得有偏斜或扭曲现象；吊装时应注意连接管口的方位，操作平台应牢固。

冷凝器与储液器之间都有一定的高差要求，安装时应严格按照设计要求进行，不得任意更改冷凝器的安装高度。

4．蒸发器安装

直立管式蒸发器和双头螺旋管式蒸发器的蒸发管组均放在一个长方形的金属水箱内，搬运水箱时要采取防止变形的有效措施。水箱底与基础之间要设隔热层，通常是在基础上放枕木（枕木尺寸应能保证绝热施工，并做防腐处理），在枕木上铺绝热材料。待水箱找平后，将蒸发管装入，要保证蒸发管组垂直并略倾斜于放油端。各蒸发管组之间的距离要相等。电动搅拌器不得有过紧、过松或卡住现象。

卧式蒸发器安装时，在基础上要放垫木并做防腐处理。如无出厂试验记录，应按设计要求进行气压试验。蒸发器系统试压合格后，其外壳和水箱外壳都应进行绝热处理。

5．储液器安装

根据使用的具体情况，储液器可以不用地脚螺栓而直接放在支座上。安装时应注意储液器与冷凝器的相对高度。

想一想

1. 蒸发器安装时，为什么设备基础与蒸发器之间要放枕木？
2. 讨论一下，制冷机组怎样安装？

二、制冷系统管道的配置

1. 氟利昂制冷系统配管

氟利昂能与润滑油相互溶解，因此必须保证制冷剂从每台压缩机带出的润滑油，在经过冷凝器、蒸发器等一系列设备和管道后，能全部回到压缩机曲轴箱里来，以防止压缩机失油。

（1）吸气管的配置

1）为了使润滑油能从蒸发器流向压缩机，吸气管应有不小于 0.01 的坡度，坡向压缩机如图 6—3a 表示。当蒸发器位置高于压缩机时，蒸发器的回气管应先向上弯曲至蒸发器的最高点，再向下通至压缩机，以防止停机时液态制冷剂流入压缩机，如图 6—3b 所示。

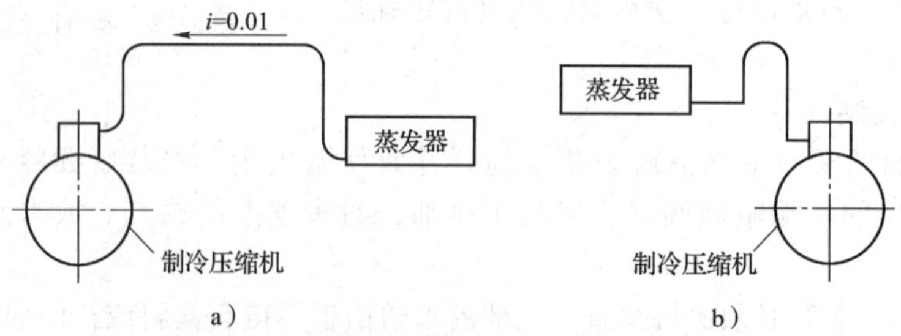

图 6—3　氟利昂制冷压缩机吸气管的配置

2）当氟利昂压缩机并联运行时，回到每台压缩机的润滑油不一定相等，因此必须在曲轴箱上装均压管和油平衡管，使回油较多的压缩机的油通过平衡管流入回油较少的压缩机。为防止润滑油进入未工作的并联的压缩机，应按照图 6—4 所示布置吸气管。

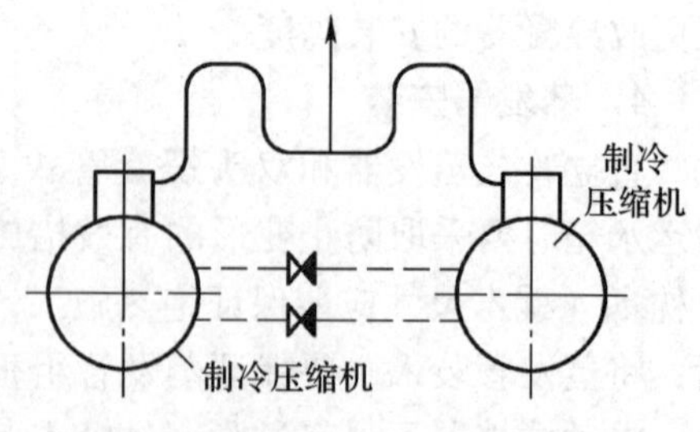

图 6—4　并联氟利昂压缩机的配管

3）多组蒸发器的回气支管接至同一根吸气总管时，应根据蒸发器与制冷压缩机的相对位置而采取不同的配管方式，如图 6—5 所示。

（2）排气管的配置

1）排气管应有 0.01 的坡度，坡向油水分离器或冷凝器，这是为了防止停机时润滑油或冷凝下来的制冷剂液体流回压缩机。

2）为防止液态制冷剂和润滑油流回制冷压缩机，当不设油水分离器时，若压缩机的位置低于冷凝器，则排气管道应设计成 U 形弯管，如图 6—6 所示。

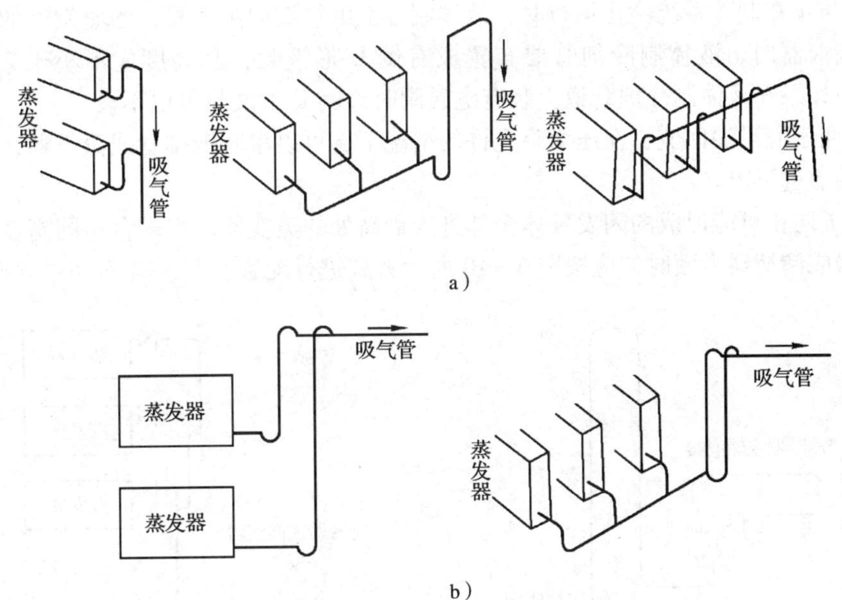

图6—5　多组蒸发器的回气管的连接方式

a）蒸发器高于制冷压缩机组　b）蒸发器低于制冷压缩机组

（3）冷凝器至储液器的配管

1）直通式储液器的接管方式如图6—7所示。应考虑到在储液器内有气体逆向流入冷凝器时，冷凝器内的液态制冷剂仍可流入储液器，应按小于0.5 m/s流体的流速确定其直径。在接管的水平段应有不小于0.01的坡度，坡向储液器。储液器应低于冷凝器，其进液角阀与冷凝器出液口应有不小于200 mm的高差。

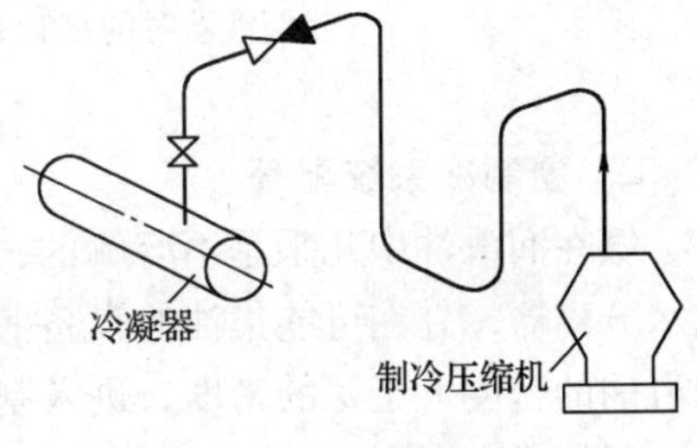

图6—6　排气管配置

2）波动式储液器的接管方式如图6—8所示。除平衡管的连接方式与直通式储液器一致外，由冷凝器底部引来的液态制冷剂从储液器底部进出。也可以不进入储液器而直接到达膨胀阀，故储液器可以起到调节制冷剂循环量的作用，冷凝器与波动式储液器的高差应大于300 mm。

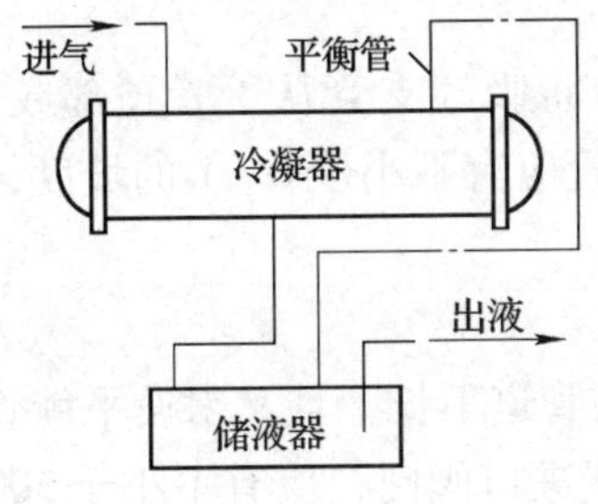

图6—7　直通式储液器的配管

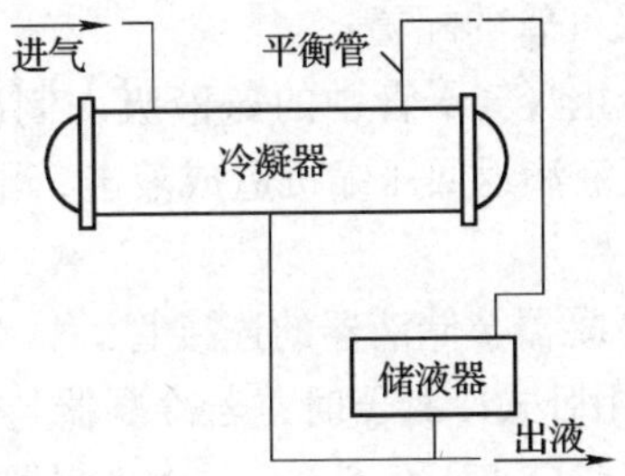

图6—8　波动式储液器的配管

（4）冷凝器或储液器至蒸发器之间的配管

1）为防止在制冷系统停止运行时，液体制冷剂继续流向蒸发器，当蒸发器的位置低于冷凝器或储液器时，液体制冷剂管要布置成有倒 U 形液封，其高度应不小于 2 m，如图 6—9所示。如果在液体制冷剂管道上装有电磁阀时，倒 U 形液封可以不设。

2）为便于润滑油回流，在压力降允许的情况下，可以串联钢排管式蒸发器，排管间接管一般采用上进下出。

3）为了防止可能形成的闪发气体全部进入最高处的蒸发器，当多台不同高度的蒸发器位于冷凝器或储液器上面时，应按图 6—10 所示方式进行配管。

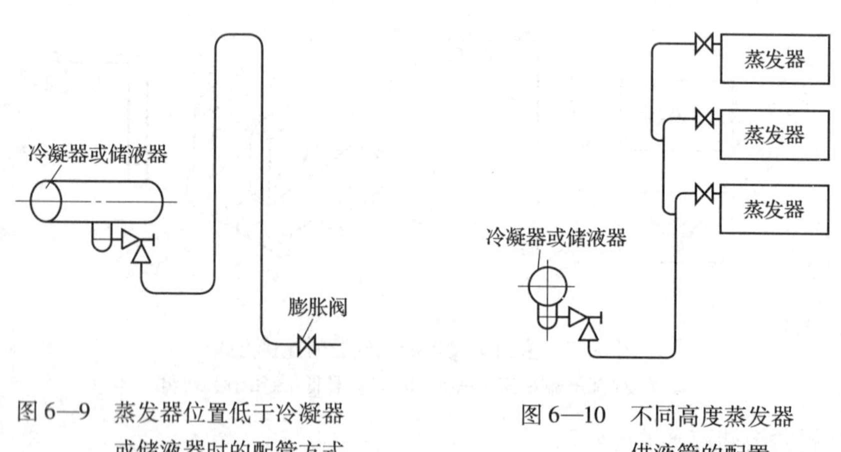

图 6—9　蒸发器位置低于冷凝器或储液器时的配管方式

图 6—10　不同高度蒸发器供液管的配置

2. 氨制冷系统配管

氨在润滑油中几乎是不溶解的，这是与氟利昂的最大区别。在氨制冷系统中，应设置油水分离器，并在可能集油的设备底部安装放油阀。制冷系统中应有放油装置，这是由于润滑油的密度大于氨的密度，进入制冷系统的润滑油会积存在制冷设备底部。

（1）排气管的配置

1）在并联制冷压缩机的排气管上宜装设止回阀，以防止一台压缩机工作时，在停止运行的压缩机出口处积存较多的冷凝液氨和润滑油，重新启动时产生液击事故。

2）压缩机的排气管道应有不小于 0. 01 的坡度，坡向油水分离器，以防止润滑油和冷凝氨液流回制冷压缩机而造成液击。

（2）吸气管的配置

为了防止吸气干管中的氨液吸入制冷压缩机，应将吸气支管从干管顶部或侧面接出。为了防止氨液滴返回压缩机造成液击，压缩机的吸气管应有不小于 0. 01 的坡度，坡向蒸发器。

（3）冷凝器至储液器的连接管

1）采用卧式冷凝器时，若冷凝器与储液器之间的管道不长，且又未设平衡管时，管道内液氨的流速应小于 0. 5 m/s。由冷凝器出口至储液器进口阀门，应有不小于 300 mm 的高度差，如图 6—11 所示。

2）当冷凝器至储液器连接管的液氨流速大于 0.5 m/s 时，冷凝器与储液器之间应设平衡管，如图 6—12 所示。

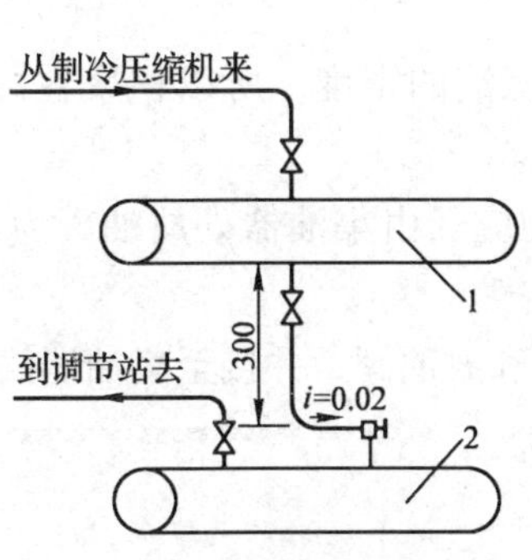

图 6—11　冷凝器至储液器管道连接

1—卧式冷凝器　2—储液器

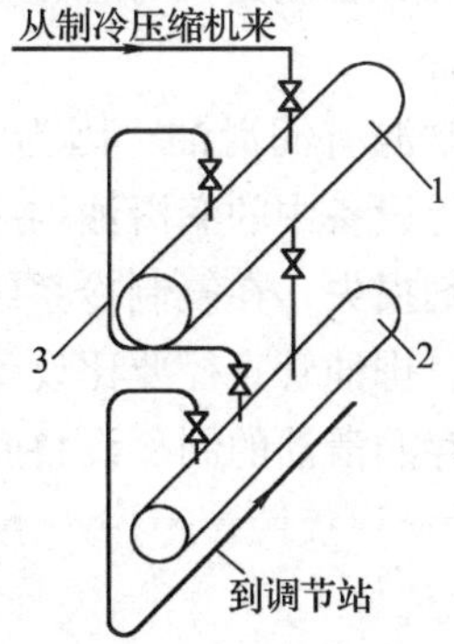

图 6—12　冷凝器至储液器间平衡管连接

1—卧式冷凝器　2—储液器　3—平衡管

3）采用立式冷凝器时，其出液管与储液器进液阀之间的最小高差为 300 mm，如图 6—13 所示。

4）多台立式冷凝器与多台储液器之间液氨管和平衡管的连接方式如图 6—14 所示。

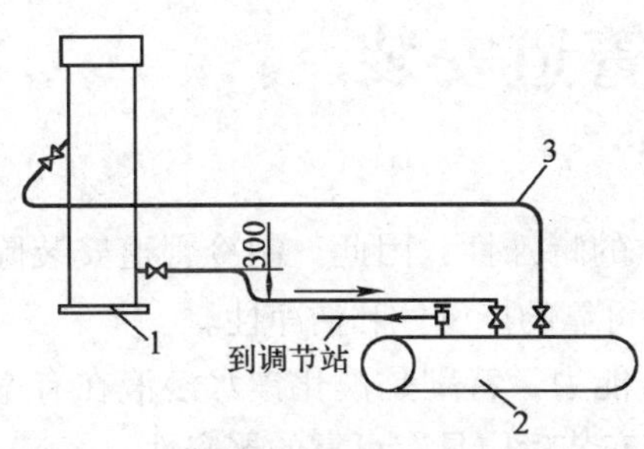

图 6—13　立式冷凝器至储液器管道连接

1—卧式冷凝器　2—储液器　3—平衡管

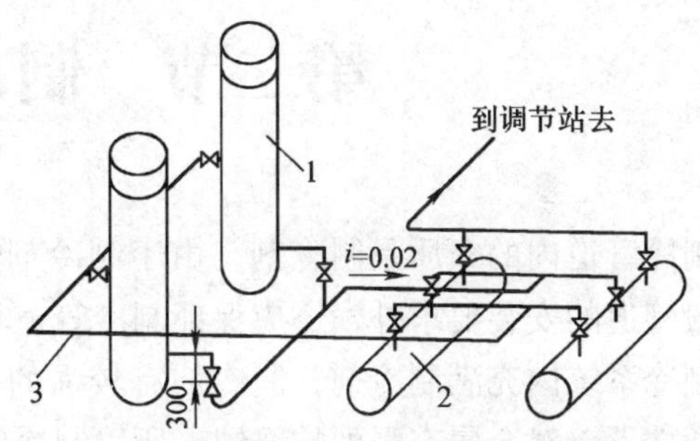

图 6—14　多台立式冷凝器至储液器间平衡管连接

1—卧式冷凝器　2—储液器　3—平衡管

5）冷凝器与储液器的上述各种连接方法中，凡水平管段，均应有不小于 0.03 的坡度，坡向储液器。

（4）储液器至蒸发器的连接管

储液器至蒸发器的液氨管道，可直接经节流机构接至蒸发器。当节流机构采用浮球阀时，在正常运行情况下，其接管应考虑到液氨能通过过滤器、浮球阀进入蒸发器，而在清洗过滤器或检修浮球阀时，液氨能由旁通管经手动节流阀降压后进入蒸发器。

（5）安全阀管路

制冷系统中的冷凝器、储液器和管壳卧式蒸发器等设备上应设置安全阀及压力表。如在安全管上装设阀门时，必须装在安全阀之前，且呈开启状态，并加上铅封。安全管道的管径应不小于安全阀的公称直径。当几个安全阀共用一根安全管时，安全阀总管的截面积应不小于各安全阀支管截面积的总和，并将安全管路接至室外。

（6）排油管路

制冷系统中常混有润滑油，因为润滑油的密度大于氨液的密度，所以积聚在冷凝器、储液器和蒸发器等设备中的润滑油均应由其底部管道排出。

为防止制冷剂损失，在氨制冷系统中，一般情况下均应经由集油器处放油。为了防止液态制冷剂排出，排油管直径要比设备底部的排油管直径大。

所有可能积存润滑油的制冷设备底部都应有放油接头和放油阀，并接至集油器。

想一想

1. 制冷设备安装前检查的内容应符合哪些要求？
2. 制冷设备安装的基本要求是什么？
3. 简述氨、氟利昂制冷系统管道配置的要求。
4. 制冷系统安全阀管路配置有何要求？
5. 画图表示氨制冷系统压缩机进、出管配置示意图，要求有坡度和坡向。

第二节　制冷管道安装

制冷管道内的介质是制冷剂，由于制冷剂性质的特殊性，因此，制冷管道安装除应符合一般管道的安装要求外，还应保证制冷管道具有可靠的严密性和洁净性。

制冷系统内充满制冷剂，制冷剂有较强的渗透能力，特别是溴化锂水溶液在有空气存在的条件下，对金属有强烈的腐蚀，所以制冷管道安装后应具有可靠的严密性。

制冷系统管道内有杂质时，在系统运行中会使杂质带入压缩机的汽缸内造成“拉缸”事故，造成压缩机的损坏。另外也会堵塞调节阀，使调节阀失去调节作用。所以制冷管道安装后应具有可靠的洁净度。

一、管道材料与连接方式

1. 氨制冷系统管道材料与连接方式

（1）管道材料及附件

对于氨制冷系统，工作温度大于 -40℃时，采用10号、20号优质碳素钢无缝钢管；工作温度低于 -40℃时，采用经过热处理的无缝钢管或低合金钢管，不得采用铜管或其他有色金属管（磷青铜除外）。铜和氨作用后会对铜造成腐蚀，使管道发生泄漏。

氨制冷管道使用的各种阀门、仪表等均为特制专用产品，不得用其他产品代替。

（2）连接方式

为了保证管道连接的严密性，管道连接以焊接为主，与设备、阀门连接时采用法兰连接或螺纹连接。法兰连接时，使用 $PN \geqslant 2.5$ MPa 的凸凹面平焊法兰，垫片使用耐油的石棉橡胶板，安装前用冷冻油浸湿并扑加石墨粉。管道采用螺纹连接时，螺纹连接密封填料应使用氧化铅与甘油调制成的密封填料，严禁使用白厚漆和麻丝、铅油。

2. 氟利昂制冷系统管道材料与连接方式

（1）管道材料及附件

常用紫铜或无缝钢管，当管径小于 20 mm 时采用紫铜管；大于 20 mm 时，为了节约有色金属，一般采用无缝钢管。

（2）连接方式

连接方式主要是焊接，与设备、阀门连接采用法兰连接或螺纹连接。为了防止过厚管壁扩口发生裂纹，铜管连接可采用专用接头或焊接，当管径小于 22 mm 时宜采用承插或套管焊接，承口应迎介质流向安装；当管径大于或等于 22 mm 时宜采用对口焊接。

制冷系统中输送乙二醇溶液的管道，不得使用内镀锌管道及配件。燃气系统管道与机组的连接不得使用非金属软管。

想一想

观察室内空调器铜管的连接方式，讨论铜管怎样扩口？

二、制冷管道安装

制冷管道有其不同于其他管道的一面，安装时应严格按照施工规范进行，以保证制冷系统运行的安全性和可靠性。

1. 安装前的准备工作

（1）材料检查

1）制冷系统管道、管件和阀门的型号、材质及工作压力等必须符合设计要求，并应具有出厂合格证、质量证明书。

2）法兰、螺纹等处采用的密封材料应与管内介质的性能相适应。

3）氨制冷系统管道、附件、阀门及填料不得采用铜或铜合金材料（磷青铜除外），管内不得镀锌。

（2）材料清洗

制冷系统对洁净性要求很高，因此用于制冷系统的管道、管件的内外壁应清洁、干燥。

1）氨制冷系统用钢管可用人工、机械方法清除管内杂物。钢管管径较大时使用钢丝刷在管道内壁往复拖拉数十次，直至将管内污物及铁锈等彻底清除，然后用空气吹净。对于小直径的氨用管道、弯头、弯管，可用干净的回丝浸以四氯化碳液体，对管道内壁擦洗。

也可灌以四氯化碳液体，10～15 min 后倒出，再将管道吹干，封存备用。

2）采用紫铜管时，可用四氯化碳溶液充灌清洗。如管内残留氧化皮等污物，可用20%的硫酸溶液进行清洗，然后用冷水冲净，再用3%～5%的碳酸钠溶液中和，最后用冷水冲洗并吹干，封存后待用。

（3）管件制作

1）制冷管道弯管的弯曲半径应不小于3.5D（D为管道直径），其最大外径与最小外径之差应不大于0.08D，且不应使用焊接弯管及皱褶弯管；制冷剂管道分支管按介质流向弯成90°弧度与主管连接，不宜使用弯曲半径小于1.5D的压制弯管。

2）制冷系统管道在煨弯时，最好不采用充砂法。如果必须充砂煨弯，煨弯后应采取措施将弯管内的砂子清理干净。

对于铜管，先用压缩空气吹扫，再用百分比含量为15%～20%的氢氟酸灌入煨管内，浸泡3 h左右，砂粒即被腐蚀。接着用3%～5%的碳酸钠溶液中和，然后用干净热水冲洗、烘干、吹尽。

对于钢管，可向管内灌入浓度为5%的硫酸溶液，浸泡1.5～2 h，再用10%的无水碳酸钠溶液中和，然后用清水洗净、烘干，最后用15%～20%的亚硝酸钠钝化。

3）管道的三通与其他管道制作有所不同，要求支管弯制成弧形，再与主管连接，如图6—15a所示；当支管与干管直径相同且直径小于50 mm时，则需将干管局部扩大一号，再按上述要求焊接，如图6—15b所示；当管道变径时，应采用同心异径管，如图6—15c所示。

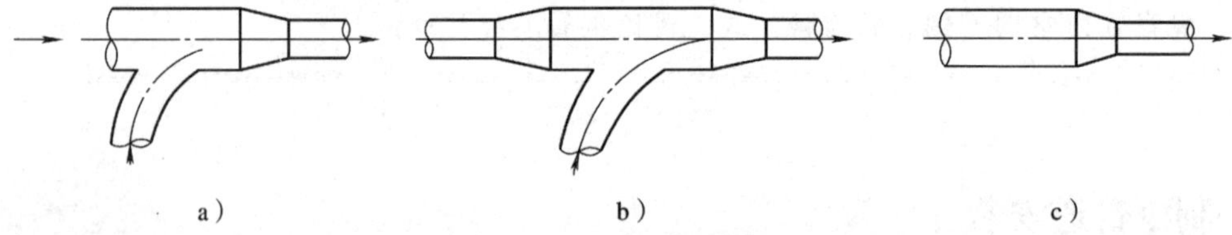

图6—15　制冷管道的三通与变径

2. 管道连接

（1）管道安装要横平竖直，液体管道不应有局部向上凸起的管段，气体管道不应有局部向下凹陷的管段（特殊回油管除外），以免使管道产生“气囊”和“液囊”。

（2）从液体干管引出支管时，必须从干管底部或侧面接出；气体支管引出时，必须从干管顶部或侧面接出；有两根以上的支管从干管引出时，连接部位应错开，间距应不小于两倍支管直径，且不小于200 mm。

（3）制冷管道连接时要有正确的坡度，其坡度与坡向应符合设计及设备技术文件要求。当设计无规定时，应符合表6—2的规定。

表6—2　　制冷管道坡度、坡向

管道名称	坡向	坡度
压缩机吸气水平管（氟）	压缩机	≥10/1 000
压缩机吸气水平管（氨）	蒸发器	≥3/1 000

续表

管道名称	坡向	坡度
压缩机排气水平管	油分离器	≥10/1 000
冷凝器水平供液管	储液器	（1～3）/1 000
油分离器至冷凝器水平管	油分离器	（3～5）/1 000

（4）管道焊接材料的品种、规格、性能应符合设计要求。管道对接焊口的组对和坡口形式等应符合焊接连接中的相关规定；对口的平直度为1/1 000，全长不大于10 mm。管道的固定焊口应远离设备，且不易与设备接口中心线相重合。管道对接焊缝与支、吊架的距离应大于50 mm。管道焊缝表面应清理干净，并进行外观质量的检查。

（5）氨系统的管道焊缝应进行射线照相检验，抽检率为10%，以质量不低于Ⅲ级为合格。在不易进行射线照相检验操作的场合，可用超声波检验代替，以不低于Ⅱ级为合格。

（6）螺纹连接前，应先用煤油或汽油清洗螺纹，除去油腻和污垢，然后将其擦干，再把填料涂抹在螺纹上拧紧。注意勿将填料拧入管内，防止填料干枯后缩小管道流通断面。

填料常用100 g的氧化铅和70 mL的甘油进行配置。在使用时要现场配置，配置量不宜过多，且现用现配，防止填料干枯失效。

（7）由于无缝钢管的直径与焊接钢管不同，往往不能直接加工螺纹。当需要采用螺纹连接时，可用一段加厚焊接钢管或内外径和壁厚与焊接钢管相似的无缝钢管，一端与无缝钢管焊接，另一端加工螺纹与带螺纹的设备连接。

（8）法兰连接时，法兰采用凸凹式密封面，法兰垫片采用2～3 mm的中压石棉板，安装时在垫片两面涂上石墨与全损耗系统用油调制成的密封填料。为了便于维修拆卸法兰螺栓，可在螺栓上涂抹石墨和全损耗系统用油的调和料。

铜及铜合金管道连接采用翻边活套法兰、焊环活套法兰连接。

（9）铜管下料切割时，切口应平整，不得有毛刺、凹凸等缺陷，切口允许倾斜偏差为管径的1%，管口翻边后应保持同心，不得有开裂及皱褶，并应有良好的密封面。

（10）采用承插钎焊焊接连接的铜管，其插接深度应符合表6—3的规定，承插的扩口方向应迎介质流向。当采用套接钎焊焊接连接时，其插接深度应不小于承插连接的规定。采用对接焊接时，组对管道的内壁应齐平，错边量不大于0.1倍壁厚，且不大于1 mm。

表6—3　承插式焊接的铜管承口的扩口深度　mm

铜管规格	≤DN15	DN20	DN25	DN32	DN40	DN50	DN65
承插口的扩口深度	9～12	12～15	15～18	17～21	21～24	24～26	26～30

（11）紫铜管的螺纹连接分全接头连接和半接头连接两种，全接头螺纹连接即配件两端均以螺纹连接；半接头螺纹连接即配件一端为焊接，另一端为螺纹连接。紫铜管的螺纹连接首先要将管口胀成喇叭口形，然后将配件的阳螺纹与配件的阴螺纹接好拧紧，需注意的是喇叭口不能有裂缝。紫铜管的螺纹连接及螺纹连接配件如图6—16所示。

图 6—16　紫铜管的螺纹连接

3. 阀门、仪表安装

（1）制冷管道阀门安装前应进行强度和严密性试验。强度试验压力为阀门公称压力的 1.5 倍，时间不得少于 5 min；严密性试验压力为阀门公称压力的 1.1 倍，持续时间 30 s 不漏为合格。合格后应保持阀体内干燥。如阀门进、出口封闭破损或阀体锈蚀的还应进行解体清洗。

（2）阀门位置、方向和高度应符合设计要求；水平管道上阀门的手柄不应朝下；垂直管道上的阀门手柄应朝向便于操作的地方。

（3）自控阀门安装的位置应符合设计要求。电磁阀、调节阀、热力膨胀阀、升降式单向阀等的阀头均应向上；热力膨胀阀的安装位置应高于感温包，感温包应装在蒸发器末端的回气管上，与管道接触良好，绑扎紧密。

（4）安全阀应垂直安装在便于检修的位置，其排气管的出口应朝向安全地带，排液管应装在泄水管上。安装后应按设计文件要求调试好。

（5）在氟利昂制冷系统中，热力膨胀阀应垂直安装，不能倾斜，更不能倒立安装。感温包应装在蒸发器末端的回气管上，距压缩机的吸气口的距离应在 1.5 m 以上，并与管道一起保温，以减少环境温度对感温包的影响。

如图 6—17 所示，当水平吸气管直径小于 25 mm 时，感温包可以扎在吸气管的顶部；当水平吸气管直径大于 25 mm 时，感温包可以扎在吸气管的下侧 45°处或者侧面中心点。

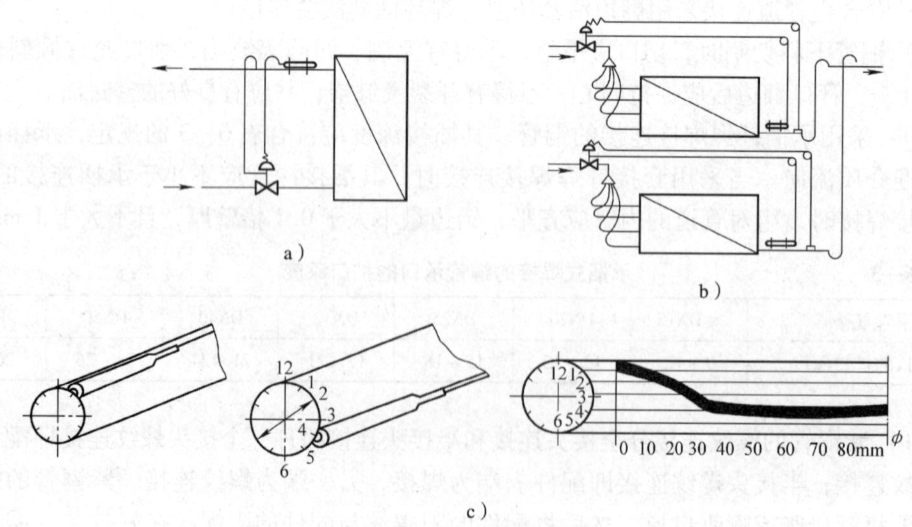

图 6—17　热力膨胀阀安装

a）单蒸发系统　b）多蒸发系统　c）不同管径回气管感温包安装位置

感温包绝不允许贴附在水平吸气管的底部，否则会因积油等原因而使感温包的传感效果不正确。如图 6—18 所示是几个热力膨胀阀安装位置不正确的例子。

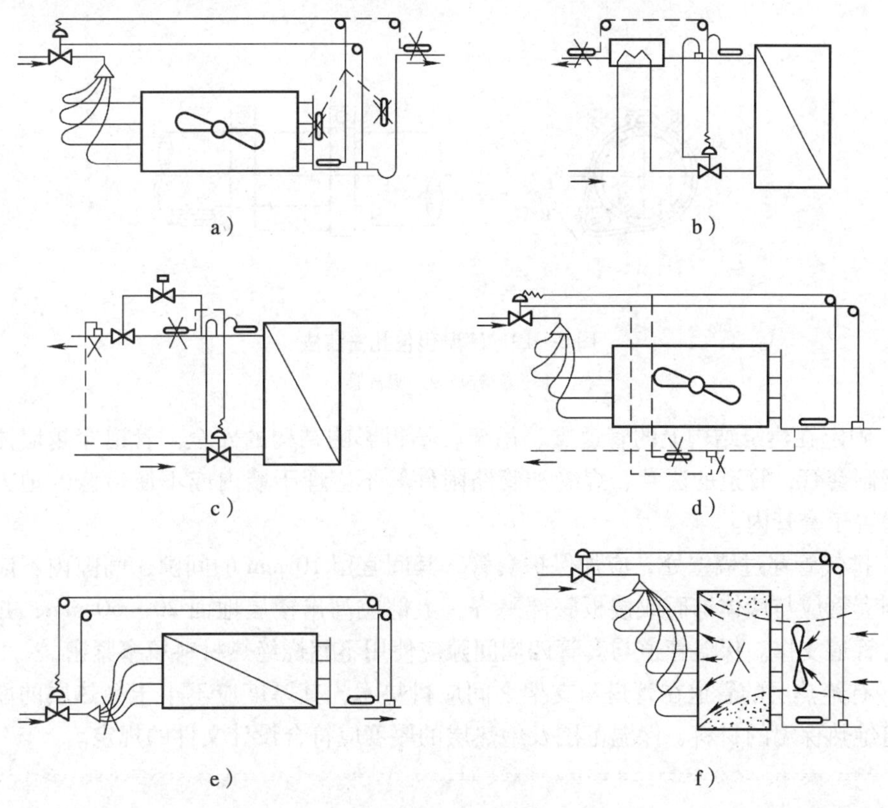

图 6—18　热力膨胀阀安装位置不正确举例

在需要提高感温包反应速度的场合，需要使用标准的感温包，放在单独的套管内，把套管安置在吸气管里，或者直接将感温包放在吸气管内。但由于它的安装、检查都不方便，一般很少采用这种方法。

热力膨胀阀感温包包扎安装方法如图 6—19 所示。首先将包扎感温包的吸气管段上的氧化皮消除干净，以露出金属本色为宜，并涂上一层铝漆作保护层，以减少腐蚀。然后用两块厚度为 0.5 mm 的铜片将吸气管和感温包紧紧包扎，并用螺钉拧紧，以增强传热效果（对于管径较小的吸气管也可用一块较宽的金属片固定）。

（6）氨浮球阀前应设置液体过滤器，以免污物堵塞阀孔；同时应设置旁通管，旁通管上应安装手动调节阀，以便浮球阀检修时使用。浮球阀的安装高度应使其水平中心线与所控制设备的液面相平。

4．制冷管道安装的其他要求

（1）铜管管道支、吊架的形式、位置、间距及管道安装标高应符合设计要求，连接制冷压缩机的吸、排气管道应设单独支架；管径≤20 mm 的铜管道，在阀门处应设置支架；管道上下平行敷设时，吸气管应在下方。

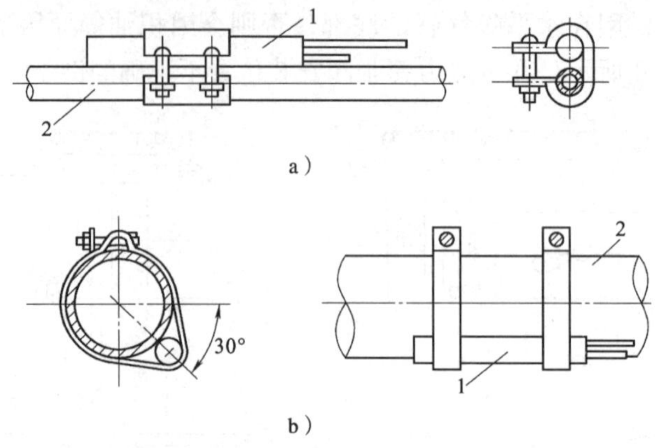

图 6—19　感温包包扎安装法

1—感温包　2—吸气管

（2）固定在建筑结构上的管道支、吊架，不得影响结构的安全。管道穿越墙体或楼板处应设钢制套管，管道的法兰、焊缝和管路附件等不应埋于墙内或不便检修的地方，管道接口不得置于套管内。

（3）排气管穿过墙壁处，应加保护套管，其间宜留 10 mm 的间隙，间隙内不应填充材料。钢制套管应与墙体饰面或楼板底部平齐，上部应高出楼层地面 20 ~ 50 mm，并不得将套管作为管道支撑。保温管道与套管四周间隙应使用不燃烧绝热材料填塞紧密。

（4）有绝热层的管道在管道与支架之间应衬垫木，其厚度应不小于绝热层的厚度。设备和管道绝热保温的材料、保温范围及绝热层的厚度应符合设计文件的规定。

想一想

1. 制冷系统管道的材料及附件有哪些要求？其连接方式是什么？
2. 制冷管道安装前，怎样清洗管材？
3. 简述制冷系统管道安装的要求。
4. 热力膨胀阀应安装在制冷管道的什么位置？怎样安装？

第三节　制冷系统试验和试运转

制冷系统的试验及试运转，通常包括单体试运转、系统试验和系统试运转三部分。对于压缩机成单体安装的制冷装置，通常应进行单机试运转、系统试验和试运转；分体组装或整体组装的制冷装置，若出厂时已充注规定压力的氮气，且机组内压力无变化时，可只做系统实验中的真空试验，充注制冷剂及系统试运转；整体组装式制冷装置，若出厂时已充注制冷剂，且机内压力无变化时，可只做系统试运转。

一、制冷系统试验

制冷系统试验包括系统吹扫、压力试验、真空试验和充制冷剂检漏试验四部分。

1. 系统吹扫

制冷系统是一个洁净、干燥而又严密的封闭式循环系统，对清扫的要求较高，不许有任何杂质存在，系统按要求安装完毕，必须进行吹扫工作。

小型制冷系统吹扫前，首先断开压缩机与制冷系统其他部件的连接口，然后使吹扫介质顺原制冷剂方向吹扫除压缩机以外的整个制冷系统；较大型制冷系统可分段进行吹扫，但注意排污口应设置在各清污段的最低点。

吹扫时，所有阀门（除安全阀）应处于开启状态，如果系统中装有电磁阀，则吹扫时应设法使电磁阀开启。氨系统吹扫介质为干燥空气，氟利昂系统可用干氮气。如采用压缩机本身的压缩空气吹扫，压缩机的排气温度不应超过其允许的最高温度，否则，必须继续吹扫。

吹扫前，可在相关部件中加入适量清洗剂溶液（如三氯乙烯溶液、硫酸液或氟氢酸液等）以便溶解和排除油污，待油污溶解后再进行吹扫。

制冷系统的吹扫排污应采用压力为0.5~0.6 MPa（表压）的干燥压缩空气或氮气，以浅色布检查5 min，无污物为合格。系统吹扫干净后，应将系统中阀门的阀芯拆下清洗干净，并重新组装。

2. 压力试验

制冷系统安装清洗、吹扫合格后，才能对全系统进行压力试验，以检查整个系统的严密性。

（1）氨制冷系统用压缩空气作为试验介质，氟利昂制冷系统用压缩空气或瓶装压缩氮气作为试验介质。试验压力应符合设计和设备文件的规定，当设计和设备技术文件无规定时，应符合表6—4的规定。

表6—4　　制冷系统气密性试验压力（绝对压力）

制冷剂	高压系统试验压力/MPa	低压系统试验压力/MPa
R717、R502	2.0	1.8
R22	2.5（高冷凝压力） 2.0（低冷凝压力）	1.8
R12	1.6（高冷凝压力） 1.2（低冷凝压力）	1.2
R11	0.3	0.3

（2）当高、低压系统区分有困难时，在检漏阶段，高压部分应按高压系统的试验压力进行；保压时，可按低压系统的试验压力进行。

（3）当系统达到规定的试验压力后，在试验压力下，用肥皂水或其他发泡剂刷抹在管道焊缝、法兰等连接处进行系统检漏，应无泄漏。

系统保压时，应充气至规定的试验压力，在 6 h 以后开始记录压力表读数，经 24 h 以后再检查压力表读数，其压力降应按下列公式计算，并应不大于试验压力的 1%；当压力降超过以上规定时，应查明原因消除泄漏，并应重新试验，直至合格。

$$\Delta p = p_1 - \frac{273 + t_1}{273 + t_2} p_2$$

式中 Δp——压力降，MPa；

p_1——开始时系统中的压力（绝对压力），MPa；

p_2——结束时系统中的压力（绝对压力），MPa；

t_1——开始时系统中气体的温度，℃；

t_2——结束时系统中气体的温度，℃。

（4）制冷系统压力试验时应注意以下几点

1）如果条件允许，可以将系统的显示仪表安装到位，利用系统自身压力表进行压力试验的检验。这不仅方便压力试验，也便于日常操作、调整和检修。

2）若发现系统泄漏，但检漏困难时，可对压缩机、冷凝器和蒸发器等各管、部件分开进行压力试验，以缩小检漏范围。

3）压力试验中的压力气源宜采用先经过干燥过滤，再经压缩机压缩后的压缩空气，但试验结束后必须对系统进行严格的真空处理。

4）小型制冷系统的压力试验必须用干燥氮气进行。

3. 真空试验

为了检查制冷系统在真空条件下的严密性，在压力试验合格后，还应对系统进行真空试验。制冷系统的真空试验应符合设计文件的规定。

真空试验是让制冷系统处在适当真空下一定的时间，从真空压力表的读数是否变化来反映空气是否渗入系统，以检验系统的密封性能。对于蒸发压力接近或低于大气压力的制冷系统必须进行这项试验。真空试验通常有以下两种方法。

（1）使用外部机械真空泵进行真空试验

这种方法一般适用于小型制冷系统，如图 6—20 所示为使用外部真空泵对制冷系统进行真空试验。

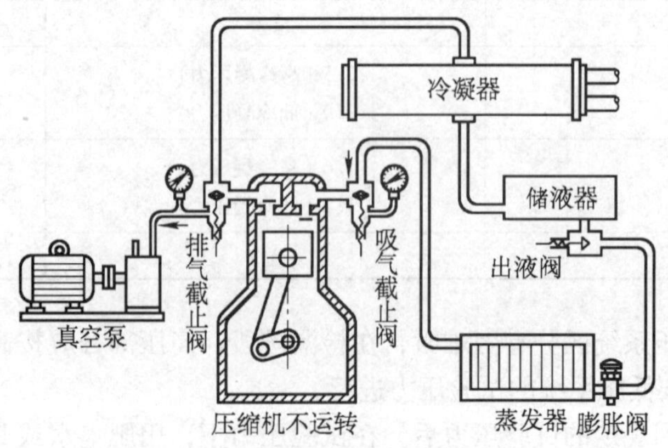

图 6—20　使用外部真空泵对制冷系统进行真空试验

使用真空泵抽真空操作时应注意以下几点。

1）制冷系统至真空泵的连接件及管道都不能有任何泄漏的隐患，自身应具有高度的密封性能。

2）为防止空气回流，在切断真空泵电源前，应先关紧接口阀门。

3）抽真空时，若发现长时间达不到相应的真空度要求，应停机检查各个环节及真空泵是否有间隙，待故障排除后再抽真空。

（2）利用系统中的压缩机进行自抽真空试验

对于较大的制冷系统通常用这种方法进行真空试验，如图 6—21 所示为利用系统中的压缩机进行自抽真空的操作。

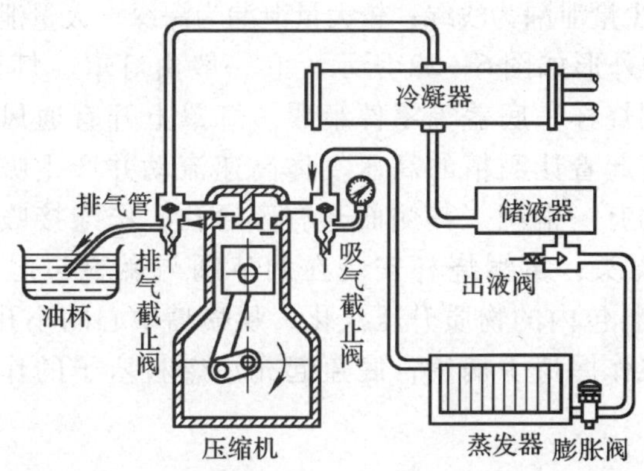

图 6—21　利用系统中的压缩机进行自抽真空的操作

系统自抽真空操作时应注意以下几点。

1）吸气截止阀不要开得太大，否则可能会因来不及排气而打坏压缩机排气阀片。

2）各阀门的阀杆压盖应旋紧，以防阀杆填料渗漏。

3）若有连续或间断的气泡冒出，往往是由于轴封摩擦面不密合而出现渗漏造成的，这时可继续运转 1 ~ 2 h，让其磨合一段时间。

4）若排气口总有气泡冒出，则系统必须重新做气密性检查。

制冷系统真空实验时，系统剩余压力为 20 ~ 30 mmHg 或更低，保持 18 h，系统内压力没有回升为合格。为了精确，试验时最好采用“U”形水银压差计检查。

4．充制冷剂检漏试验

制冷剂具有较强的渗透性，系统虽然经过压力及真空试验，但并不能保证充制冷剂时不渗漏，因此在正式充制冷剂前必须做一次充制冷剂检漏试验。

（1）检漏试验

真空试验合格后，对氨制冷系统，应利用系统的真空度向系统充灌少量的氨；当系统内的压力升至 0.1 ~ 0.2 MPa（表压）时，应停止充氨，对系统进行全面检查。

氨制冷系统充氨后可用肥皂水或酚酞试纸浸水后对系统各焊口、法兰、盘根等接口处进行检查。查漏用的肥皂水可用肥皂粉调制，并可在其中加几滴甘油，使泡沫不易破裂，也可用适当稀释的洗发精代替。酚酞试纸接触氨会呈粉红色，将渗漏处做上标记。修理时一定要将漏氨处局部系统抽空放尽，通大气后方可进行，并要注意室内氨气的浓度。

氟利昂制冷系统可在0.1~0.2 MPa（表压）压力下检漏。使用卤素灯、电子卤素检漏仪及烧红的铜丝进行检漏。当卤素灯内酒精燃烧时的红色火焰遇到氟利昂时变为绿色，绿色越深说明渗漏越严重。当烧红的铜丝接触到氟利昂12蒸汽时变为青绿色。

充液检漏试验合格后，即可对设备或管道保温，同时开始充注制冷剂。

（2）卤素检漏灯

卤素检漏灯是一种常见的小型氟利昂制冷系统检漏仪器，它是以酒精（或丁烷等）为燃料的喷灯。当酒精点燃后，其火焰的颜色会随与其相混合的制冷剂量的多少而改变，利用火焰颜色的变化可判断制冷剂是否泄漏及泄漏的程度。泄漏程度和相应火焰颜色的对应关系为：微漏为微绿；少量泄漏为浅绿；较大量泄漏为深绿；大量泄漏为紫绿。

酒精卤素检漏灯的外形如图6—22所示。它一般由灯罩、灯套、吸入软管、喷嘴、调节阀、燃料包、黄铜烧杯、底盖等零件组成。灯罩上开有通风孔和观察孔，是观察燃烧火焰的窗口；灯套起着让酒精的高压气体高速流动并产生吸入负压的作用，喷嘴装在灯套的中央，上端有一铜网，其侧面开有旁通孔，作连接吸入软管之用；吸入软管的另一端为检漏的探头；黄铜烧杯安装在调节阀与燃料包之间，注入乙醇（或甲醇），点燃加热可令燃料包内的物质升压汽化，从喷嘴中心的小孔喷出、燃烧；燃料包除作燃料储存室外，也作握持手柄用；底盖起充注燃料塞子的作用，并作酒精卤素检漏灯的支撑底座。

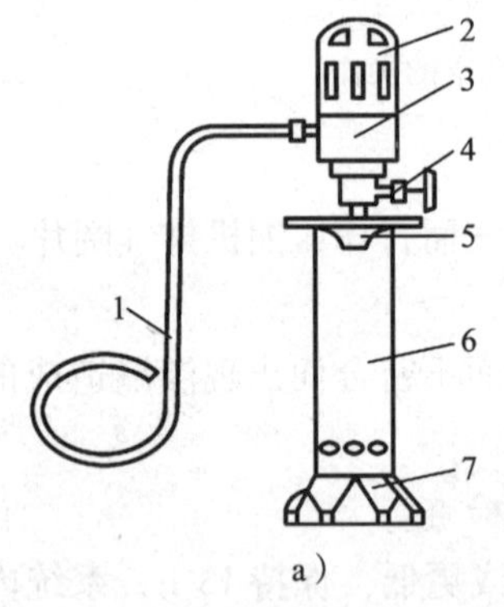

a）

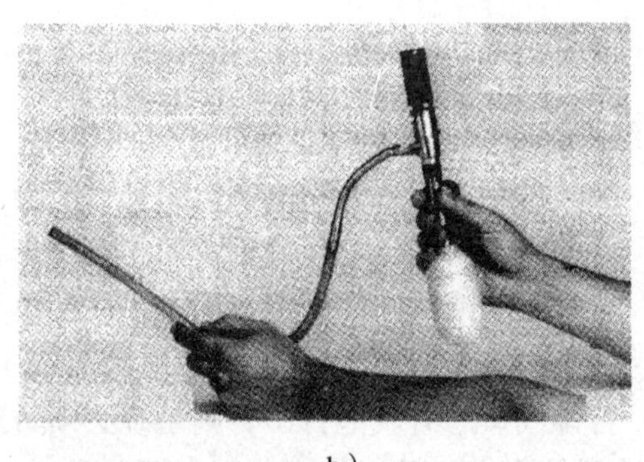

b）

图6—22　卤素检漏灯

a）结构简图　b）检漏示意

1—吸入软管　2—灯罩　3—灯套　4—调节阀

5—黄铜烧杯　6—燃料包　7—底盖

酒精卤素检漏灯的使用方法：使用时先将底盖旋下，注满乙醇（或甲醇）后将底盖旋紧，然后将灯竖立放直，再将乙醇加入黄铜烧杯内并将乙醇点燃，待其将要烧完时就微开调节阀，喷嘴喷出的乙醇就继续燃烧，喷嘴上部有一旁通孔并与软管相接，由于气体高速喷出，使喷射区压力低于大气压，旁通孔就有吸气的能力，检漏时将软管的管口在制冷系统的检查部位慢慢移动。如有渗漏时氟利昂蒸气即经软管吸入，这时火焰呈绿色，随氟利昂蒸气浓度变化而变化。

使用酒精检漏灯时应注意以下几点。

1）只要检查出氟利昂漏点就要赶快把检漏灯移走，以免产生“光气”，对人体造成危害。

2）燃料不纯将造成卤素检漏灯喷嘴堵塞、熄火现象。发生这种现象时应用专用的通针进行喷嘴的疏通。酒精纯度应大于99%。

3）调节阀应经常检查，防止燃料从阀芯泄漏燃烧。

4）卤素检漏灯用完熄火时，不要将阀门关得太紧，以防止灯体冷却收缩，使阀门开裂。

（3）电子卤素检漏仪

电子卤素检漏仪是一种检测制冷系统有没有氟利昂和R134a泄漏的检漏仪器。具有体积小、灵敏度高、使用方便、便于携带的特点，在制冷系统和制冷设备维修行业中得到广泛应用。其外形如图6—23所示。

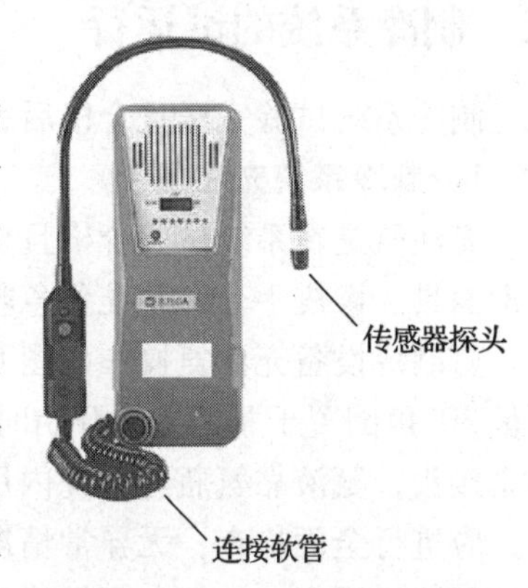

图6—23　电子卤素检漏仪

电子卤素检漏仪是根据六氟化硫等负电性物质对负电晕放电有抑制作用这一原理制成的。当氟利昂气体进入具有特殊结构的电晕放电探头时，就会改变放电特性，使电晕电流变化，经仪器内的电子电路将电晕电流的变化放大变换后以光信号和音响的方式表达出来。

1）电子卤素检漏仪的使用方法

①将电池装入电池盒内，接通电源，把开关拨到“氟利昂”处，会听到“滴、滴、滴”匀速的声音；如要检测R134a，便拨到“R134a”档。

②将传感器探头靠近制冷系统的被检验部位（探头距离被测点3~5 mm），慢慢移动（一般以50 mm/s以下的速度）。当接近泄漏源时，泄漏气体被吸入探头，“滴、滴、滴”的叫声频率会加快，同时，指示灯也开始闪亮，被测气体氟利昂浓度越大，发出的声频越高，闪亮的指示灯数越多。据此就可知道氟利昂的泄漏处。

2）电子卤素检漏仪使用操作简单，使用时应注意以下几点。

①要保持清洁，避免油污、灰尘、水分污染探头。若探头的保护罩已被污染，可小心拆下电池后，旋下保护罩，用航空汽油清洗，吹干后再照原样装好。

②制冷剂浓度太高时，也会污染探头，使灵敏度降低，所以发现大量泄漏时就要关机，不要让检漏仪继续工作。

③使用电子卤素检漏仪时，要防止撞击传感器的探头，更不要随意拆卸，以免扭坏探头。

④电子卤素检漏仪在使用中工作不正常，如啸叫，应检查电池电压是否太低，探头是否已污染或损坏。

（4）氨制冷系统检漏

对于氨制冷系统，除用嗅觉判断外，也可用泡沫检漏或采用化学方法检漏。如采用湿石蕊试纸检漏，遇氨后其颜色由红变蓝；如采用酚酞试纸检漏，遇氨后试纸颜色变为粉色。

颜色越深说明渗漏越严重。在用酚酞试纸检漏时，应将检漏处的肥皂液擦干净，否则酚酞试纸遇肥皂后也会变红，造成错误判断。

想一想

对于制冷系统的检漏，你还有什么方法？

二、制冷系统的试运行

制冷系统试验完毕且合格后，就要对系统充注制冷剂，进行系统的试运行。

1. 制冷系统充注氨

充注氨是在系统试验合格且保温后进行，充注氨前先将系统抽成真空。操作者要戴上防毒面具、橡皮手套，并准备急救药品。充注氨现场严禁吸烟和进行电、气焊作业。

氨制冷设备充注氨操作如图 6—24 所示。充注氨的基本操作方法：氨瓶称量后出口向下呈 30°角倒置于瓶架上，开始时将连接管活接头松开，开启瓶阀，顶出管内空气，然后再上紧接头，氨液靠氨瓶与系统内压力差而冲入。当系统内压力升至 0.1 ~ 0.2 MPa（表压）时，应进行全面检查，无异常情况后，再继续充注制冷剂。当氨瓶底部出现白霜时，表示瓶内氨液已用完，关闭瓶阀及进液阀，用相同的方法换瓶再充注。换下空瓶过称，算出充氨量。当系统内液氨压力达到 0.4 MPa 时，将出液阀关闭，切断高、低压系统，开启冷却水，启动压缩机，使系统氨气冷凝成氨液，储在储液器中。制冷剂充入的总量应符合设计或设备技术文件的规定。最后检查各设备中的氨液量，调整各阀门，使系统正常运行起来。

2. 制冷系统充注氟利昂

制冷系统充注氟利昂有两种方法：一种是从低压端充注；另一种是从高压端充注，如图 6—25 和图 6—26 所示。

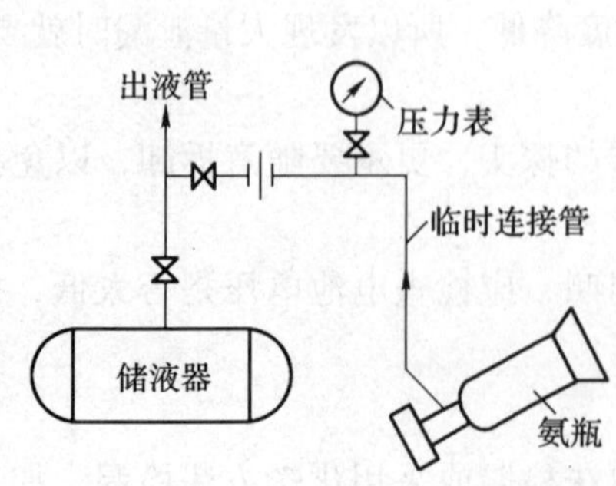

图 6—24　制冷系统充注氨操作

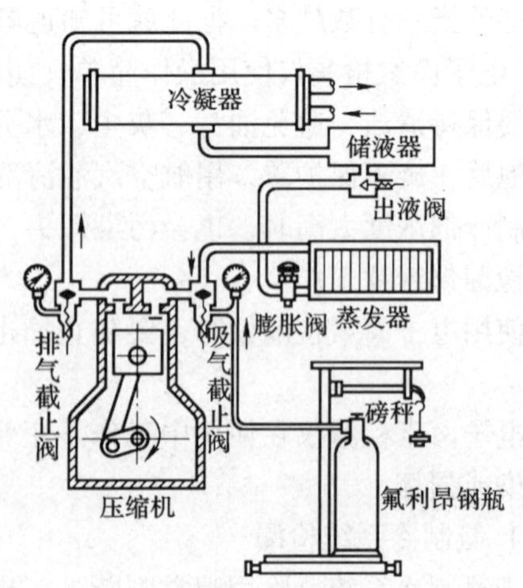

图 6—25　从系统的低压端定量充注氟利昂制冷剂

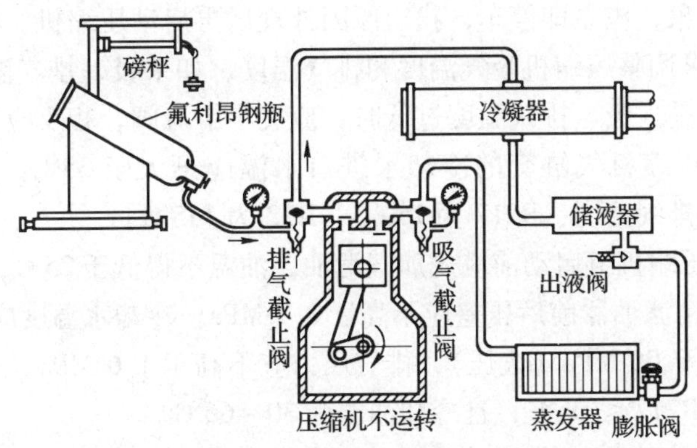

图 6—26 从系统的高压端定量充注氟利昂制冷剂

氟利昂制冷系统经抽真空试验合格后第一次充灌氟利昂时，从压缩机排气阀旁通孔充灌。充灌是利用钢瓶与管路系统中的压力差与高度差来自行灌入系统的，这种方法的优点是快而且比较安全。使用这种灌注方法时，不得启动压缩机。

当系统内氟利昂数量不够、需要补充加入时一般采用低压端充灌法。用这种方法是从压缩机吸气截止阀旁通孔充灌，当加入量足够时，立即关闭钢瓶阀，同时关闭吸气截止阀旁通孔，拆除连接管，充灌工作完毕。

充注氟利昂的操作方法与充注氨基本相同。但应注意氟利昂钢瓶不能开得过大，防止发生冲击现象。

3. 制冷系统负荷试运行与调试

当制冷系统充注完制冷剂后，经过检查确认没有任何问题时，就可以进行制冷系统的试运行。试运行时，管道工、电工、钳工等相应工种人员和技术人员应一起相互配合进行，随时观察制冷系统的运行参数及运行状态，分析并解决出现的故障，直至一切正常。

制冷系统负荷试运转与调试的目的是：全面检查、测定制冷工艺管道设备安装的质量及制冷效果，并达到制冷工艺设计的要求。

制冷系统负荷试运行的条件是：压缩机单机运转正常，制冷设备和系统经过吹洗、试压、真空试验、系统充注制冷剂检漏、管道和设备刷油、保温以及全系统试漏合格后才能进行。

（1）压缩机的运转与调试

1）开车前首先检查压缩机安全装置是否齐全完善，然后检查各运转部分是否有障碍物，如有必须排除。

2）对高、低压管路系统的有关阀门全面检查，除放油阀和排液阀关闭外，其他阀门均应打开。

3）打开有关供水阀门向冷凝器和压缩机冷却水套供水。

4）启动压缩机空负荷运转，应由钳工和电工配合。

5）压缩机运转正常后，先迅速打开压缩机的排气阀，然后慢慢地打开压缩机的吸气阀，如发现有异常现象，应立即停车，找出原因处理后再启动压缩机。

6）根据设计要求调整压缩机吸气温度和排气温度，如果吸、排气温度不正常，应对节流阀的开启度进行调整。吸、排气温度过低时，应关小节流阀，相反应开大节流阀。

7）活塞式制冷压缩机气缸套的冷却水进口水温应不大于35℃，出口水温应不大于45℃。压缩机的最高排气温度：R717为150℃，R22为145℃。

8）螺杆式制冷压缩机组启动前应先加润滑油，油温不得低于25℃，油压应高于排气压力0.15～0.3 MPa，精滤油器前后压差应不高于0.1 MPa；冷却水温度应不大于32℃；压缩机吸气压力不宜低于0.05 MPa（表压），排气压力应不高于1.6 MPa（表压）；压缩机的最高排气温度为R22、R717≤105℃，且冷却油温为30～65℃。

9）离心式制冷压缩机组首先启动油箱电加热，将油温加热至50～55℃，按要求供给冷却水和载冷剂；然后启动油泵、调解润滑系统，使供油正常。按设备技术文件的规定启动抽气回收装置，排除系统中的空气。启动压缩机应逐步开启导向叶片，快速通过喘振区，使压缩机正常工作；油箱的油温宜为50～65℃，油冷却器出口的油温宜为35～55℃；制冷剂为R11的机组滤油器和油箱内的油压差应大于0.1 MPa。

（2）冷凝器的运转与调试

1）冷凝器的运转首先应根据压缩机的制冷能力和冷凝器的热负荷，确定投入运转的台数。

2）冷凝器的运转首先要检查管路及各阀门的开启状态，冷凝器在运行中其出入水管路，进气、出液、安全阀门等必须全部打开，放油阀和放空阀应关闭。

3）冷凝器运转时，冷却水不可间断。

4）冷凝器运转中要经常检查有关阀门的开启度，以保证冷凝器的正常运转。

5）冷凝器需定期放油和放空气。

（3）蒸发器的运转与调整

1）蒸发器运转前应先启动搅拌器（氨气制冷系统），缓慢开启蒸发器回气阀，然后再相应开启供液阀，调整其供液量。

2）开启冷冻水进出口阀门、启动冷冻水泵。

3）蒸发器正常工作时，各蒸发排管表面布满均匀的干霜，不得有不结霜或结霜不均匀现象。

4）蒸发器放油宜每半月一次，放油时应关闭进液阀和出气阀。

（4）储液器的运转与调整

1）储液器在运转前应把放油阀和放气阀关严，打开压力表、液位计、安全阀及平衡管的阀门，然后打开进液阀和出液阀。

2）储液器在正常工作时，储液量应在30%～80%之间，并且输出和输入的液体量应平衡，液面不应有忽高忽低的波动现象。

3）储液器内压力一般不超过1.5 MPa，且应和冷凝压力相一致。

4）储液器放油时，要切断其与工作系统的联系，即关闭进液阀、出液阀和平衡管上的阀门。

（5）制冷系统试运转应注意的问题

1）制冷系统带制冷剂运转应不少于 8 h。

2）系统试运转正常后，停机时必须先停制冷机、油泵（离心式、螺杆式制冷机在主机停车后尚需继续供油 2 min，方可停止油泵），再停冷冻水泵、冷却水泵。

3）试运转结束后应拆检和清理滤油器、滤网、干燥剂，必要时更换润滑油，拆检完毕后将有关装置调到准备启动状态。

4）全部试运转和调试结束后，整理并填写有关记录。

4．制冷系统试运转的故障及排除方法

制冷系统在试运转时，常发生的故障有压缩机吸气温度过高或过低，压缩机的排气温度过高或过低，冷却温度降不下来，蒸发器排管不结霜及制冷剂渗漏等现象。其原因及排除方法见表 6—5。

表 6—5　　制冷系统试运转中常见故障的原因及排除方法

故障	原因分析	排除方法
压缩机吸气温度过高	1．制冷剂过少 2．系统中制冷剂数量不足 3．压缩机吸气管保温不好	1．适当开大节流阀 2．添加适量的制冷剂 3．增加保温层的厚度
压缩机吸气温度过低	1．节流阀开启过大 2．系统内制冷剂数量过多	1．减少节流阀开启度 2．减少系统内制冷剂
压缩机排气温度过高	1．吸气温度过高引起排气温度过高 2．压缩机冷却水套水量不足 3．制冷系统内混有大量空气 4．冷凝器冷却能力不足	1．开大节流阀或适当添加制冷剂 2．增加冷却水量 3．及时排除系统内空气 4．改变冷却情况或加大换热容积
压缩机排气温度过低	1．节流阀开启过大 2．系统内制冷剂数量过多	1．减少节流阀开启度或减少系统内制冷剂 2．防止气缸中吸入湿蒸汽
冷却温度降不下来	1．节流阀开启过小，进入蒸发器制冷剂不足 2．节流阀开启过大 3．节流阀未打开或有堵塞 4．系统制冷剂量少于排管的蒸发量 5．蒸发排管表面霜层很厚，排管内有较厚的油层，降低了传热效率	1．适当开大节流阀门 2．适当关小节流阀门 3．开大或清除节流阀堵塞 4．向系统中加入适量的制冷剂 5．对排管表面进行除霜或对排管内的积油进行排放

续表

故障	原因分析	排除方法
排管不结霜	1. 节流阀开启过小或系统中制冷量过少 2. 冷凝间内蒸发排管进液管道布置不合理，使各排管进液分配不匀 3. 蒸发排管中某部分管路堵塞或管道连接方式有错误	1. 开大节流阀或增大制冷剂量 2. 重新调整蒸发排管的各进液管，使之合理 3. 消除堵塞使之畅通或改正错误的管路连接
制冷系统渗漏	1. 氨制冷系统渗漏 2. 氟利昂制冷系统渗漏 3. 高压或低压系统检出渗漏	1. 用肥皂水或酚酞试纸检漏 2. 用卤素灯或烧红铜丝检漏 3. 停止压缩机运转，将渗漏部位制冷剂抽净。对管道进行修理排除渗漏

5. 制冷系统检修抽液方法

(1) 低压系统检修抽液方法

先关闭储液器的出液阀，启动压缩机并开动冷凝器冷却水，将低压系统内制冷剂抽入高压部分并经冷凝器液化进入储液器内。当低压系统压力为零时，可认为制冷剂已被全部抽入储液器。

(2) 高压系统检修抽液方法

将储液器（瓶）的出口与压缩机上的排气阀连接，关闭压缩机的排气阀，打开吸气阀，对储液瓶不断用水冷却，打开储液瓶阀门，启动压缩机，将高、低压系统内制冷剂全部抽入瓶内。由于钢瓶不断冷却，制冷剂气体液化并储存瓶内，当系统压力为零时，即刻停车，并关闭储液瓶的阀门。

复 习 题

1. 制冷系统试验包括哪几部分内容？
2. 氨制冷系统和氟利昂制冷系统试压介质各有什么要求？
3. 什么是真空试验？其目的是什么？
4. 制冷系统为什么要进行充注制冷剂检漏试验？试验一般有哪些方法？
5. 氨制冷系统怎样充注制氨液？
6. 氟利昂制冷系统怎样充注氟利昂？
7. 简述制冷系统试运转中常见故障的原因及排除方法。
8. 根据制冷系统的运行特性，分析说明制冷系统的压缩机、冷冻水泵（蒸发器循环水泵)、冷却水泵（冷凝器循环水泵）的开机和停机顺序。

实　训　六

任务1　制冷系统图的识读

一、实训目的

能够正确识读一般制冷系统图，为制冷管道的安装和制冷系统的维护积累知识。

二、工具、机具

1. 小型制冷系统图，常见制冷机组或设备的制冷系统流程图。
2. 有关制冷系统流程图的录像或课件。
3. 常见制冷设备的产品说明书。

三、实训要求

1. 保管好图纸。
2. 认真、正确识读制冷系统流程图。
3. 对录像或课件中的流程图进行讨论，并基本能够画出流程图。
4. 讨论制冷系统图中所涉及制冷部件的基本作用。

四、实训过程

1. 电冰箱制冷系统图的识读

电冰箱制冷系统流程如图6—27所示，它是单级压缩式制冷原理的基本应用。节流降压采用毛细管。设置干燥过滤器是为了滤除有形脏物和吸收制冷剂中的水分。热交换器为冷凝器和蒸发器。

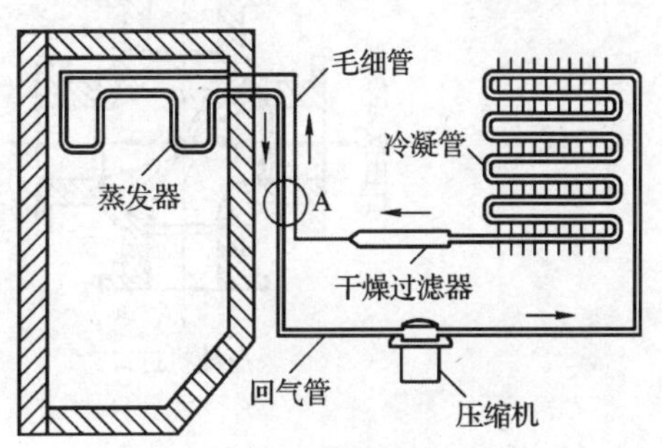

图6—27　电冰箱制冷系统

毛细管为细长的紫铜管，内径一般为0.5～1.2 mm，长度为2～4 m。毛细管结构简单、制造方便，没有运动部件，本身不易产生故障，但对流量的自动调节范围小，而且不能进行人工调节，故它仅用于热负荷比较稳定的制冷系统。毛细管可以多根使用，几根毛细管并联使用时，为使流量均匀，应采用垂直安装的分液器，使制冷剂液体能均匀分配。为达到过冷及保护作用，常将毛细管与回气管并行焊接在一起（图 6—27 中 A 点），或将毛细管穿入回气管内，以提高制冷效果。

制冷系统中的制冷剂及冷冻机油中含有水分，可引起制冷系统的“冰塞”故障。管道接口周围粘附的焊渣和氧化物，以及压缩机运转时产生的金属粉末和制冷系统本身内的杂质，进入毛细管时会产生“脏堵”故障，进入压缩机后会剐伤气缸。这就是制冷系统设置干燥过滤器的目的。

干燥过滤器采用壁厚约为 1 mm 的紫铜管制成，直径一般为 14 ~ 18 mm，管长为 150 ~ 180 mm。在铜管的两端装有过滤网，两个过滤网之间填充干燥剂。在制冷系统中，干燥过滤器安装在冷凝器出口与毛细管进口的管道上。

对于制冷量较大的单制冷系统，如冷藏柜、冷冻柜等。其制冷系统基本等同于电冰箱制冷系统，只是采用电磁膨胀阀替代毛细管对制冷剂进行节流降压，而且可以调节制冷温度。

2. 房间空调器制冷系统图的识读

单制冷房间空调器的制冷流程基本和电冰箱一致。双制（制冷和制热）空调器夏季能制冷，冬季也能制热，可以全年使用，这种空调器也称为热泵型空调器。

热泵型空调器与单冷型空调器相比只是在制冷系统中加设了一个能使制冷剂改变流向的四通电磁换向阀。四通电磁换向阀及流通方向如图 6—28 所示，它是热泵型空调器中的关键部件。它主要通过导阀的电磁作用，改变其冷媒的流向，以达到夏季制冷、冬季制热的目的。四通电磁换向阀总体采用二次开阀方式，由导阀控制换向，从而确保了四通电磁换向阀动作的可靠性。

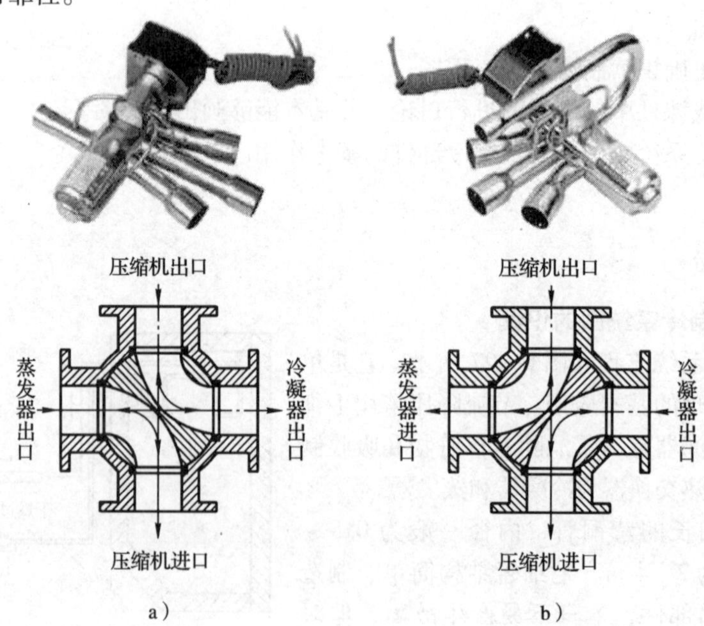

图 6—28　四通电磁换向阀及其夏季制冷、冬季制热制冷剂流向图
a）室内蒸发剂夏季吸热制冷　b）室内蒸发剂冬季放热供暖

热泵型空调制冷系统流程如图6—29所示，制冷剂在系统内流向不同，室内和室外换热器的作用也不同：当夏季制冷时，室内换热器为蒸发器，它可以吸收室内的热量，而室外换热器为向外散发热量的冷凝器；冬季制热时，室内换热器为向外散热的冷凝器，而室外换热器为吸收外部环境热量的蒸发器。

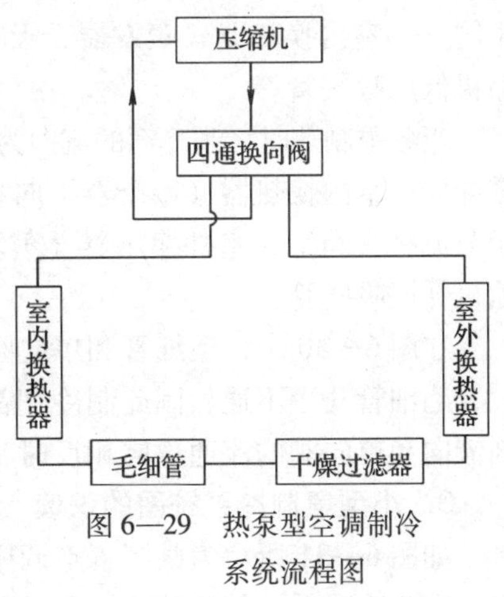

图6—29 热泵型空调制冷系统流程图

热泵型空调器的工作环境温度为5～43℃。当环境温度低于5℃时，空调器的制热效果将明显下降，不能保证室内取暖的需要。而且，室外换热器吸收的热量不足以使制冷剂完全汽化，这样会产生液击现象而损坏制冷压缩机。因此，这种空调器在室外温度过低的寒冷地区不宜使用。

为了扩大热泵型空调器的使用范围，通常在它的制冷系统中加装除霜温度控制器。当环境温度过低使室外换热器结霜时，在除霜温度控制器的作用下，空调器暂时停止制热运行，而转为制冷运行，使室外换热器从制热时的蒸发器转为制冷时的冷凝器，这样高温制冷剂通过室外换热器时就能使霜层融化。化霜结束后，空调器重新转为制热运行。这种带有除霜装置的热泵型空调器能够在室外最低温度为-7℃时使用。

窗式空调器的制冷流程基本和热泵型空调器一致，分体式热泵型双制（制冷制热）空调器制冷系统的流程如图6—30所示。

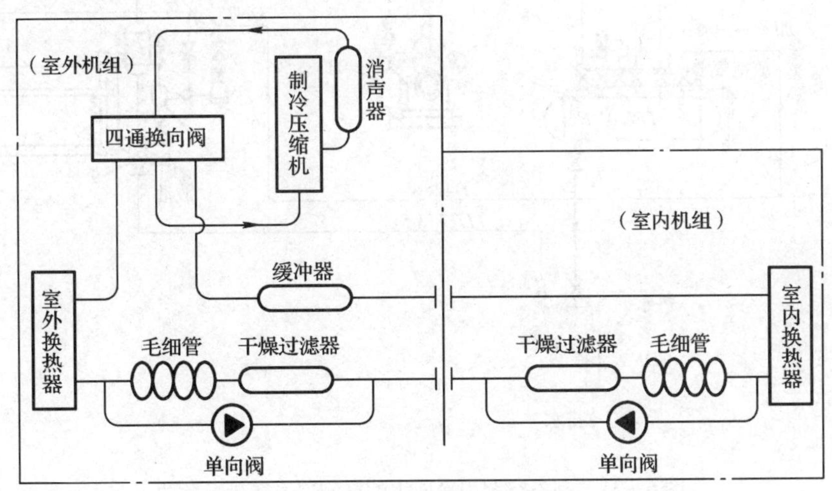

图6—30 分体式热泵型双制空调器制冷系统流程

分体式热泵型空调器在制冷、制热时，制冷剂的流向如下。

当夏季制冷时，制冷剂的流向为：制冷压缩机高压排气管→消声器→四通电磁换向阀→室外换热器（冷凝器，向室外空气散热）→单向阀→干燥过滤器→毛细管（相当于节流膨胀阀）→室内换热器（蒸发器，吸收室内空气热量）→缓冲器→四通电磁换向阀→制冷压缩机低压吸气管。

当冬季制热时，制冷剂的流向为：制冷压缩机高压排气管→消声器→四通电磁换向阀→缓冲器→室内换热器（冷凝器，向室内空气放热）→单向阀→干燥过滤器→毛细管（相当于节流膨胀阀）→室外换热器（蒸发器，吸收室外空气热量）→四通电磁换向阀→制冷压缩机低压吸气管。

在图 6—30 中，毛细管和单向阀并联。当制冷剂正向通过单向阀时，由于毛细管阻力大，毛细管几乎不通，因此制冷剂都从单向阀通过；又由于单向阀只能单向流通，当制冷剂流向和单向阀的流通方向相反时，制冷剂从毛细管中流过。

3．小型氨制冷系统图的识读

如图 6—31 所示为某制备空调用冷冻水的氨制冷系统工艺流程，该系统主要由氨压缩机、卧式冷凝器、氨浮球阀、蒸发器、氨储液器、氨液分离器、氨油分离器、空气分离器、集油器及紧急泄氨器等组成。

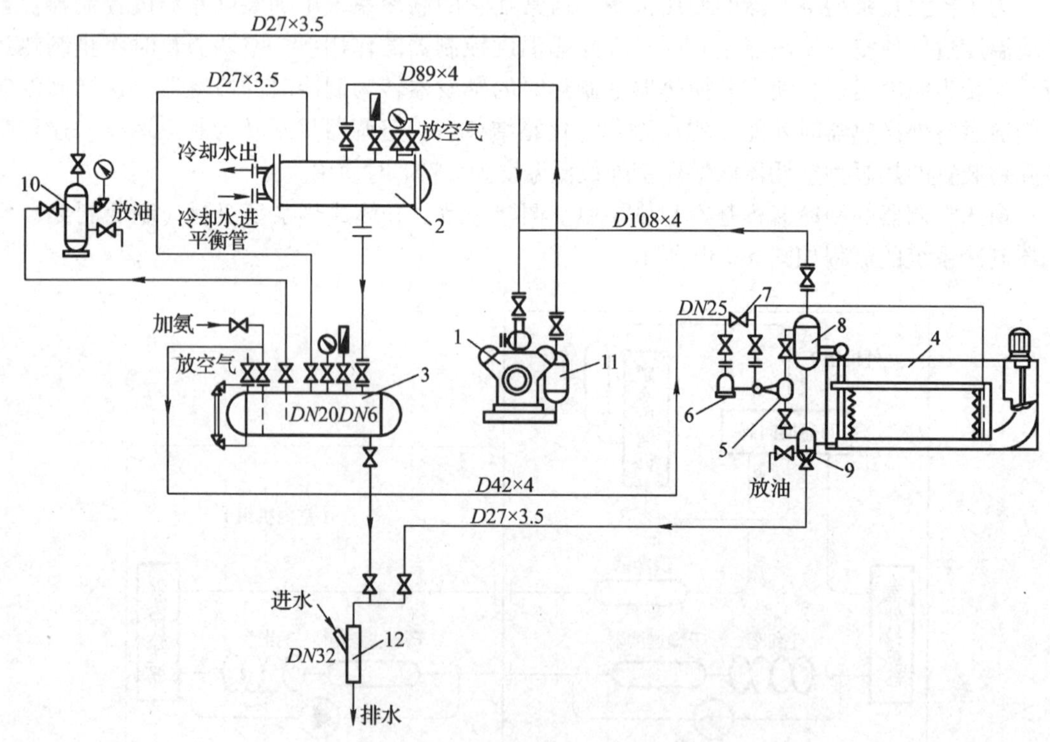

图 6—31　制备空调用冷冻水的氨制冷系统工艺流程

1—氨压缩机（4 V，12．5 A）　2—卧式冷凝器　3—氨储液器　4—双头螺旋管冷水箱
5—氨浮球阀　6—氨过滤器　7—手动调节阀　8—氨液分离器　9—油包
10—储油器　11—氨油分离器　12—紧急泄氨器

制冷系统开始运行时，蒸发器内产生的低温低压氨气被压缩机吸出至氨液分离器，将氨气中从蒸发器夹带出少量氨液滴进行分离，防止液氨吸入压缩机造成湿冲程。经过分离

干燥的氨气被吸入氨压缩机低压汽缸，通过压缩成为高温高压的氨气，由压缩机排气管排至氨油分离器，将氨气中由压缩机汽缸带出的少量润滑油分离出来。除油后的高温高压氨气进入立式冷凝器的上部，并与冷却水进行热交换而凝结成为氨液汇流至储液器。高压氨液由储液器供液管送至氨过滤器，对氨液中的杂质污物进行过滤净化，再流经氨浮球调节阀进行节流降压成为低温低压的氨液，最后进入蒸发器充分气化。低温低压的氨液在蒸发器内不断吸收空调回水的热量而汽化成为低温低压的氨气，又重新被压缩机吸入，从而完成一个制冷循环过程。在上述过程中，氨液在蒸发器内吸热汽化，制备出冷冻水供空调装置（如风机盘管）使用。

本系统中蒸发器内的积油通过小油包排出，储液器的积油可直接排至集油器，并在低压下排出。当制冷机房发生火警等意外事故时，可将蒸发器储液器内的氨液，分两路排至紧急泄氨器，与水稀释后排至排水管道。

4. 氟利昂制冷系统图的识读

氨制冷系统多用于大型制冷，空调制冷多采用氟利昂制冷系统。氟利昂集中式制冷系统流程如图6—32所示，该系统主要由压缩机、冷凝器、热力膨胀阀、蒸发器、干燥过滤器、储液器、回热热交换器及油水分离器等组成。

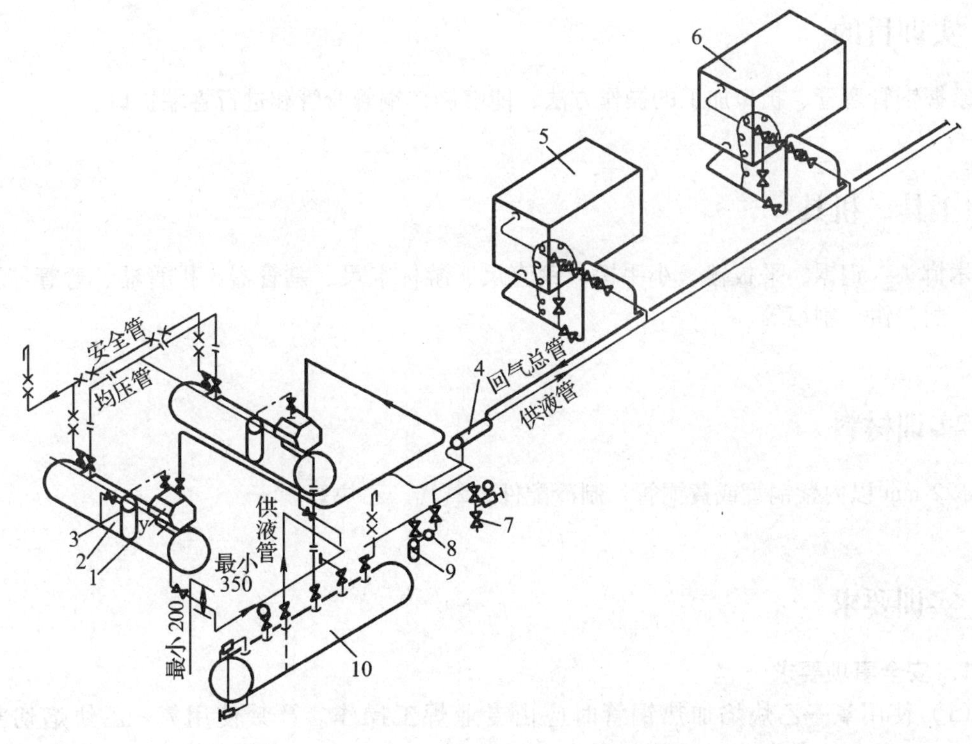

图6—32 氟利昂集中式制冷系统流程

1—压缩机 2—冷凝器 3—油分离器 4—回热热交换器 5、6—空气冷却器
7—加氟站 8—水分指示器 9—干燥过滤器 10—储液器

制冷系统采用两台制冷压缩机，基本流程为：压缩机→油水分离器→冷凝器→储液器→干燥过滤器→回热热交换器（液体制冷剂放热）→热力膨胀阀→蒸发器（空气冷却器）→回热热交换器（气体制冷剂吸热）→压缩机。

五、说明与建议

1. 识读电冰箱（冰柜、冷藏柜等）、房间空调器（单制、双制、辅助加热型等）制冷系统图时，尽可能对照实物观看。

2. 参观一个小型冷库或空调用制冷系统，要基本能够画出制冷流程图。

3. 观看制冷系统流程图课件、录像。

4. 参观前，应对学生进行安全和遵守有关规章制度教育。参观过程中，要对制冷系统的管道及附件进行识别。

任务2　铜管弯管和扩口的加工操作

一、实训目的

掌握铜管弯管、扩口加工的操作方法，能够制作铜管弯管和进行管端扩口。

二、工具、机具

木榔头、钢锯、平板锉、小手锤、钢直尺、游标卡尺、割管器、扩管器、弯管器、倒角器、封口钳、割炬等。

三、实训材料

ϕ22 mm 以内紫铜管或黄铜管、制冷配件、氧气、乙炔等。

四、实训要求

1. 安全事项要求

(1) 使用氧—乙炔焰加热铜管时应由专业焊工操作。严禁使用氧—乙炔焰切割铜管。

(2) 铜管退火时防止烫伤。

2. 技能训练要求

(1) 正确使用各种铜管加工专用工具。

（2）铜管加工专用工具使用完毕应按要求归类存放。

（3）节约材料，爱护工具。

五、实训过程

制冷铜管的连接方式一般采用焊接和螺纹连接，小口径铜管焊接和螺纹连接前，须按要求对铜管管端进行扩口，扩口质量的好坏直接影响到设备的正常使用，应引起足够的重视。

铜管扩口分扩喇叭口和扩圆柱形口两种，如图 6—33 所示。螺纹连接时需扩喇叭口，如铜管与设备（蒸发器或冷凝器）、阀件的连接。铜管焊接时，为了牢固可靠，需扩圆柱形口。

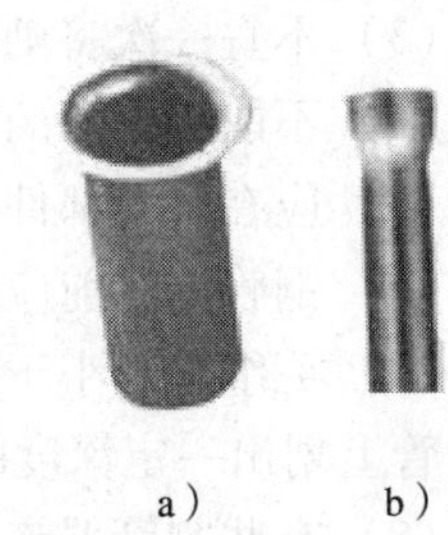

图 6—33　铜管扩口现状
a）喇叭口　b）圆柱形口

1．铜管的调直

实际连接铜管时，对于有弯曲度的铜管要进行调直。调直铜管需放在木制平台上，使用木榔头（或木方尺、橡皮锤）轻轻敲击弯曲部位，逐段调直。铜管调直用木制平台（或硬木板）表面应平整无凹痕，防止管壁在调直过程中，使管子表面产生粗糙痕迹。严禁使用金属手锤调直铜管。

2．铜管的切割

铜管切割应采用锯割、切管器等机械方法，使用钢锯切割铜管时，钢锯条不能再切割钢管等其他材料，防止污染铜管，切割后管口应用平板锉修整。实际中多采用割管器切割铜管。

割管器是切割紫铜管、黄铜管、不锈钢管、铝管等的专用工具，又称切管器。它主要由支架、滚轮、割轮、转柄、销等组成，如图 6—34 所示。

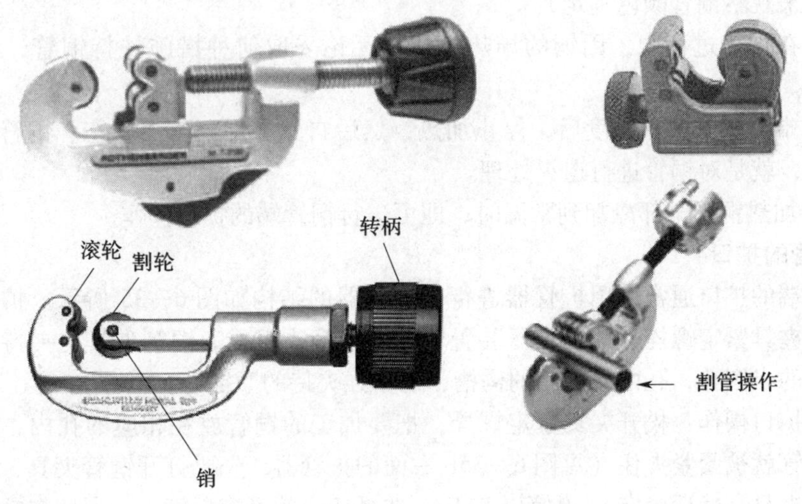

图 6—34　割管器及其割管操作

割管器的使用方法：将铜管夹在割轮与滚轮架之间，割轮与铜管垂直，一只手捏紧铜管，另一只手转动转柄，使割轮的刃口吃入铜管，然后顺时针旋转割管器，边转动边拧紧转柄，直至将铜管割断。割管器有多种规格，不同规格割管器切割管材的直径不同，小型割管器一般可切割 $\phi 3 \sim 32$ mm 的铜管。

割管器使用方便，操作简单，使用时应注意以下几点。

（1）割管器割轮磨损严重或有破损，应及时更换。

（2）割轮的轴向间隙太大，超过 0.5 mm，会造成切割不准、割出螺纹线等现象，不能再用。

（3）不宜一次将割轮的刃口吃得过深，这样容易将铜管压扁或损坏割轮。

（4）不能用铜管的割管器去割铁管、不锈钢管等硬管和棒料。

（5）应在运动部件处加少许润滑油。

（6）铜管割断前应先打磨，去掉氧化层。

（7）毛细管及小于 $\phi 3$ mm 的铜管不能用割管器切割，可用剪刀的刃口在管子上来回转动，管上划出一定深度的刀痕后再用手轻轻折断。

（8）有些割管器带有去毛刺的刮子，以便在管材割断后对管端进行修整。修整时注意不要让金属屑掉进管内。

3. 铜管管端的退火

铜管管端扩口前，为了保证扩口的质量，一般宜先进行退火。铜管退火通常按下列过程操作。

（1）根据铜管直径按要求确定扩口深度，在退火管端量出扩口深度，然后划好记号线。

（2）将铜管放在操作平台上，加工管端伸出平台（比记号线稍长一些），另一端用木板压住，用力不要过大，以铜管平稳不动为准。

（3）使用氧—乙炔焰对伸出平台管端（扩口部位）加热，加热温度为 450℃左右（此温度以经验来观察铜管颜色确定）。

铜管端在加热过程中，因铜的导热极快，无论采取何种措施扶持铜管，都要防止烫伤。

（4）管端加热到要求温度后，停止加热，然后自然冷却到常温状态。铜管加热后再缓慢自然冷却，就是对铜管进行退火处理。

（5）待加热铜管全部冷却到常温时，即可进行铜管端的扩口操作。

4. 铜管的扩口

铜管管端的扩口通常采用扩管器进行，扩管器的结构如图 6—35 所示。扩管器一般由铜管夹具、夹具紧定螺栓、螺纹顶压装置、可换扩管头组成。铜管夹具的夹持面上开有多个直径不同的半圆孔，孔内有凹凸的沟槽，以增强夹持的摩擦力。

铜管的扩口操作：松开夹具紧定螺栓，把要加工的铜管放在相应的孔内，上紧夹具紧定螺栓，铜管就被紧紧夹住（见图 6—35b 右面的扩管器，先要打开铜管夹具，把铜管放进孔内再合上夹具，然后紧定）。铜管夹定后，选择相应的可换扩管头，安装在螺纹顶压装置上，对准铜管中心，顺时针转动顶压装置，就能使铜管端部加工成形。

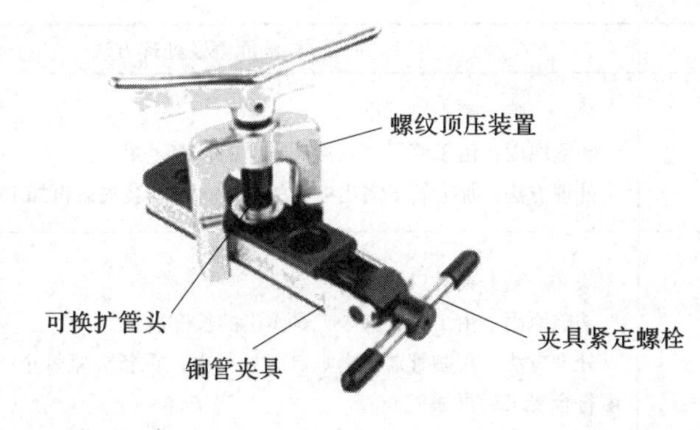

a）

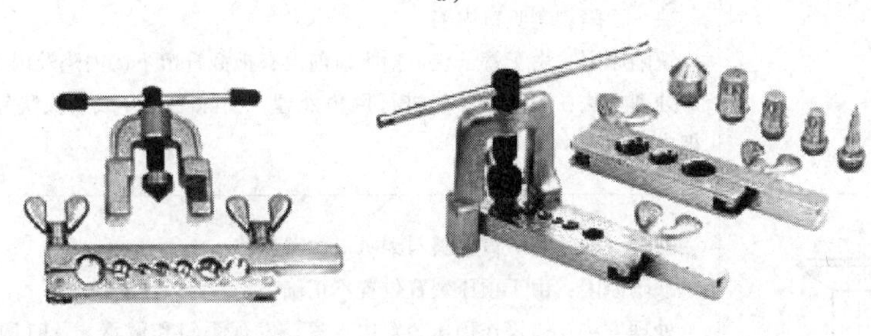

b）

图 6—35　扩管器

铜管的扩口操作是一个技术性较强的操作技能，熟能生巧，操作时应注意以下几点。

（1）实际操作时，可以直接扩口。建议在有条件的情况下，最好把铜管端退火后再扩口。

（2）铜管在扩喇叭口时，露出夹具端面的长度约为铜管直径的 1/2。

（3）圆柱形扩管（又称胀管）伸出夹具的长度约与管径相等。

（4）扩管操作中，在完成 1/2 或 1/3 时应观察是否正中，管口有没有毛刺。如有不正应调整扩管顶压装置的位置；如有毛刺要用锉刀锉去。

（5）铜管扩口时，应采用管壁较厚的铜管（如 0.8 ~1 mm）扩口。

（6）扩管工具和可换扩管头都有一定的规格，使用时应注意其规格与铜管规格的对应。

由于操作不规范，有可能出现缺陷。表 6—6 为铜管扩喇叭口常出现的缺陷和处理方法，表 6—7 为铜管扩圆柱形口常出现的缺陷和处理方法。

表 6—6　　铜管扩喇叭口常出现的缺陷和处理方法

喇叭口缺陷	缺陷原因及处理方法
	喇叭口正确，质量要求：喇叭口端正，中心线与管子中心线重合，无倾斜，大小适中，无内陷，无毛刺，无裂口

续表

喇叭口缺陷	缺陷原因及处理方法
	缺　　陷：喇叭口过小 缺陷原因：由于管子夹入夹具露出的长度过短 处理方法：加大管子露出夹具的长度，重新装夹后再加工
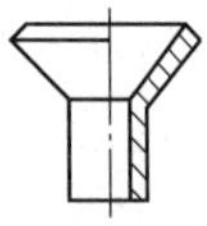	缺　　陷：喇叭口过大 缺陷原因：由于管子夹入夹具露出的长度过长 处理方法：用割管器把喇叭口部分割去，重新夹紧管子，让管子露出夹具的长度符合要求后再加工
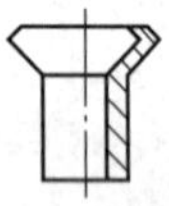	缺　　陷：喇叭口内陷 缺陷原因：由于管子在扩喇叭口前没有把截管留下的内陷及内毛刺去除干净 处理方法：用倒角器先进行倒角处理，去除毛刺，或用尖嘴钳插入管内转动，把内陷纠正
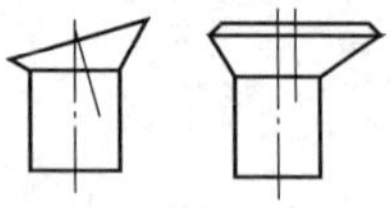	缺　　陷：喇叭口歪斜与喇叭口位置偏移 缺陷原因：由于顶压装置位置不正确 处理方法：边操作顶压装置边观察，发现歪斜和偏移，及时调整顶压装置的位置
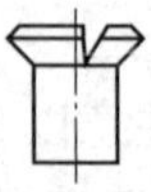	缺　　陷：喇叭口开裂 缺陷原因：由于管子没有退火或扩喇叭口时用力过猛、速度过快 处理方法：操作顶压装置时，用力不可太大，速度不宜太快
	缺　　陷：喇叭口端部出现毛刺 缺陷原因：管子扩口端有毛刺或扩口过程中没有及时去除毛刺 处理方法：铜管端部出现毛刺，应立即停止操作。取下顶压装置，用锉刀把毛刺去掉。有时加工一个喇叭口，要用锉刀去毛刺数次
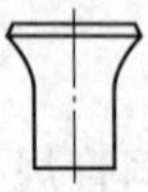	缺　　陷：喇叭口未形成 缺陷原因：由于顶压装置没有旋转到尽头 处理方法：继续旋转顶压装置直至尽头

表 6—7　　铜管扩圆柱形口常出现的缺陷和处理方法

圆柱形口缺陷	缺陷原因及处理方法
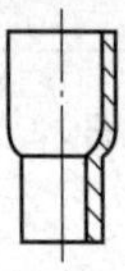	圆柱形口正确，质量要求：胀口端正，中心线与管子中心线重合，无倾斜，长度适中，无内陷，无毛刺，无裂口

续表

圆柱形口缺陷	缺陷原因及处理方法
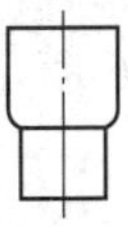	缺　　陷：胀口长度过小 缺陷原因：由于管子夹入夹具露出的长度过短 处理方法：松开夹具，加大管子露出夹具的长度，重新装夹后再加工
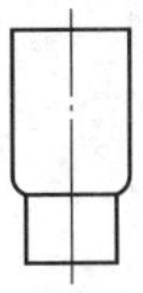	缺　　陷：胀口长度过长 缺陷原因：由于管子夹入夹具露出的长度过长 处理方法：用割管器把胀口部分割去，重新夹紧管子，让管子露出夹具的长度符合要求后再加工
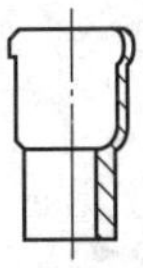	缺　　陷：胀口内陷 缺陷原因：由于管子在胀口前没有把截管留下的内陷及内毛刺去除干净 处理方法：用倒角器先进行倒角处理，去除毛刺，或用尖嘴钳插入管内转动，把内陷纠正
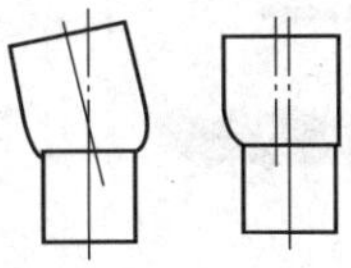	缺　　陷：胀口歪斜与胀口位置偏移 缺陷原因：由于顶压装置位置不正确 处理方法：边操作顶压装置边观察，发现歪斜和偏移，及时调整顶压装置的位置
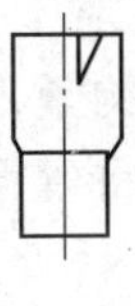	缺　　陷：胀口开裂 缺陷原因：由于管子没有退火或胀口时用力过猛、速度过快 处理方法：操作顶压装置时，用力不可太大，速度不宜太快
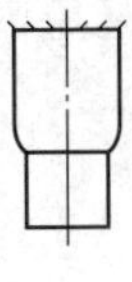	缺　　陷：胀口端部出现毛刺 缺陷原因：管子胀口端有毛刺或胀口过程中没有及时去除毛刺 处理方法：铜管端部出现毛刺，应立即停止操作。取下顶压装置，用锉刀把毛刺去掉。有时加工一个胀口，要用锉刀去毛刺数次
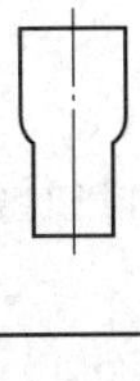	缺　　陷：胀口未形成 缺陷原因：由于顶压装置没有旋转到尽头 处理方法：继续旋转顶压装置直至尽头

5. 铜管的弯曲

铜管弯曲一般不采用热弯，因为热弯后管内填充物（如河砂）不宜清除。为保证弯管质量，实际中常采用弯管器进行铜管的弯管。弯管器是用来弯制管径小于 20 mm 铜管的专用工具。它一般由固定手柄、夹管钩、弯管轮（标有弯曲角度）、导向槽、活动手柄等组成。为了不使弯管内侧的管壁有褶皱现象，弯管器的弯曲半径一般都大于管径的 5 倍。弯管器的种类较多，有手动弯管器、电动弯管器、弹簧弯管器等，如图 6—36 所示为几种弯管器及其弯管操作过程。

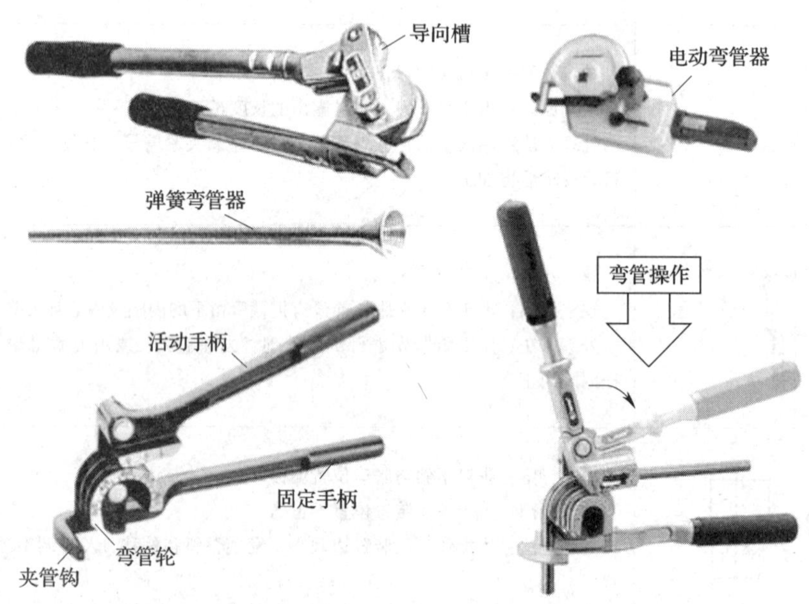

图 6—36　弯管器及弯管操作

弯管器操作过程：弯管时，将管子放入弯管轮的槽沟内，并用夹管钩钩紧，将活动手柄按弯曲方向移动，导向槽紧压管子，直到所需弯曲的角度为止。然后，将弯管退出。弯曲不同的角度时，可观察轮子上的角度尺。

对于管子直径小于 8 mm 的铜管，可采用弹簧弯管器进行弯曲。使用弹簧弯管器可把铜管弯成任何形状。弯管时，用大拇指按住铜管部分，弯曲半径不能太小，避免因弯曲半径过小而使管子压扁变形，甚至破裂而报废。

使用弯管器弯管时，应注意以下几点。

（1）如果条件允许，宜先将铜管的弯曲部位退火。

（2）不同的管径只能用相应的弯管器来弯曲。

（3）弯管时应注意管径与弯管轮沟槽的对应。

6. 铜管的封口

小型制冷管道在维修时，需要将铜管封口。铜管通常使用封口钳进行封口的操作，常用的封口钳及封口操作如图 6—37 所示。

封口钳的使用方法：与使用大力钳相同，根据铜管管壁的厚度，调节钳口调节螺钉，将要封口的铜管放入钳口内的中间位置，用手紧握封口钳的两个手柄，钳口即把铜管夹扁，并锁住铜管。铜管封口后，拨开钳口的开启手柄，钳口在开启弹簧的作用下，自动打开。

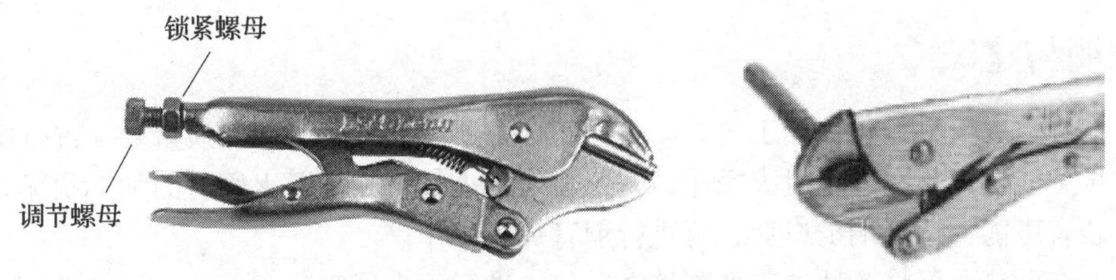

图 6—37 封口钳及封口操作

使用封口钳封口时，应注意以下几点。

（1）使用封口钳时，钳口的空隙要调整合适，钳口空隙调得太大，管道封不死；钳口空隙调得太小，容易将管道夹断。钳口空隙一般调到略小于铜管壁的两倍厚度为宜。

（2）在有压力的管道，例如，制冷系统充注制冷剂后，进行封口时要在管道上钳封两次。先在距离割断的位置 20～30 mm 处钳封一道，松开钳子，再在距离割断位置 50～60 mm处钳封，这时封口钳不要松开，把管道割断、钳扁，试漏后焊接，最后再松开、取下封口钳。

7. 铜管口的修整

使用切管器切割断的管道，往往存在管道端部收缩、有毛刺等缺陷，一般虽然用锉刀可以修正，但效率低，锉削造成的金属屑不易去除，铜管口修整可采用倒角器来完成。倒角器是将三把均匀分布且互成一定角度的刮刀装在一个圆形外壳内（外壳常用塑料制成）。这三把刮刀在一端互成钝角，在另一端互成锐角，如图 6—38 所示。

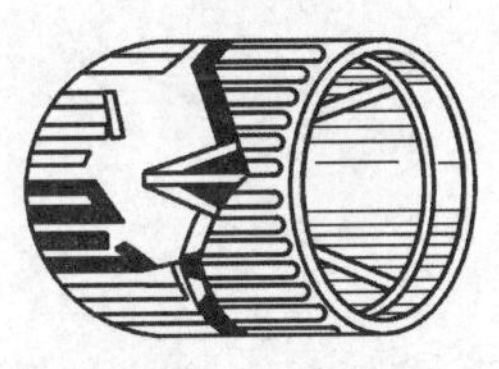
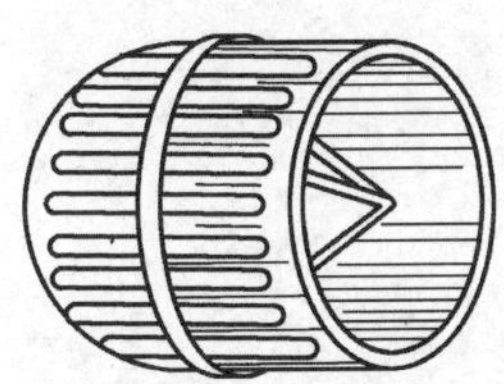

图 6—38 倒角器

倒角器的使用方法：把倒角器一端的刮刀尖伸进管道的端部，左右旋转数次，再把另一端刮刀尖伸进管道的端部，同样左右旋转数次，就能把毛刺去掉，修整好收缩的地方。

使用倒角器修整管口时，应注意以下几点。

（1）管口尽量朝下，以避免金属屑进入管内。

（2）如有金属屑进入管道内，需将其清除干净。

（3）不要用硬物敲击倒角器。

（4）使用后除去倒角器上的金属屑，并在刀刃处加上防锈油。

六、说明与建议

1. 铜管强度较小，各种加工较为简单，实训主要以怎样达到加工质量要求进行操作。
2. 尽可能对铜管端进行退火操作，并比较未退火管材和已退火管材的加工状况。
3. 若有可能，铜管端扩口后，可进行铜管焊接操作。
4. 若有可能，可将各种加工件连接在一起，-进行压力试验。

第七章　空调系统安装

学习目标

1. 掌握有关空气调节技术的基本知识。
2. 掌握常用空调系统设备及附件的安装要点。
3. 熟练掌握空调水系统的安装程序及质量要求。
4. 熟悉冷水机组的常见故障与排除方法。

“空调”是空气调节技术的简称，“空调”这个词语相信大家并不陌生，简而言之，空调就是对自然空气的处理调节，使其满足人们对生产和生活的需要。房间空调器就是一种较简单的空调系统，房间空调器如图7—1所示。

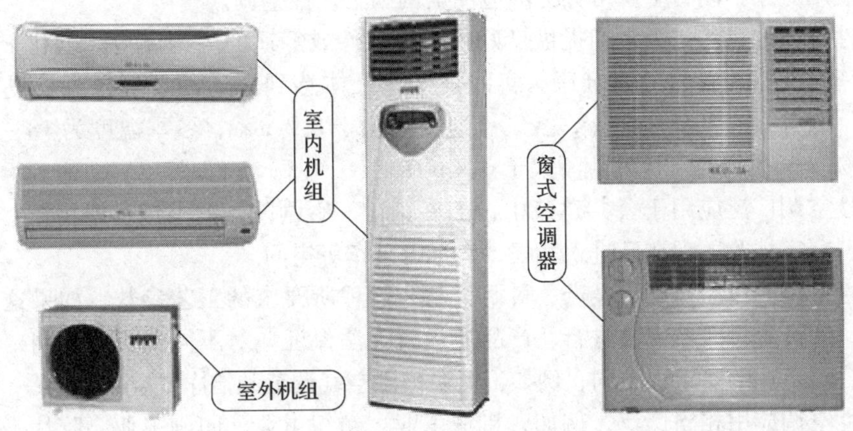

图7—1　房间空调器

空气调节技术的形成是在20世纪初，它随着工业发展和科学技术水平的提高日趋完善。现在，以热力学、传热学和流体力学为主要理论基础，综合建筑、机械、电工和电子等工程学科的成果，形成了一个独立的现代空气调节技术学科分支，它专门研究和解决各类工作、生活、生产和科学实验所要求的内部空气环境问题。

空气调节（Air Conditioning）的意义在于“使空气达到所要求的状态”或“使空气处于正常状态”。

一个内部受控的空气环境，一般是指在某一特定空间（或房间）内，对空气温度、湿度、流动速度及清洁度进行人工调节，以满足人体舒适和工艺生产过程的要求。现代技术发展有时还要求对空气的压力、成分、气味及噪声等进行调节与控制。可见，采用技术手段创造并保持满足一定要求的空气环境，就是空气调节的任务。

一定空间内的空气环境一般要受到两方面的干扰：一是来自空间内部生产过程、设备及人体等所产生的热、湿和其他有害物的干扰；二是来自空间外部气候变化、太阳辐射及外部空气中的有害物的干扰。

空气调节的技术手段主要是：采用换气的方法保证内部环境的空气新鲜；采用热、湿交换的方法保证内部环境的温、湿度，以及采用净化的方法保证空气的清洁度。因此，一定空间的空气调节，并非是封闭的空气再造过程，而主要是置换和热质交换过程。

不同空调房间有不同的空气参数。空调房间室内空气参数，通常用温度基数、湿度基数和空调精度来表示。

空调房间室内温度基数、湿度基数是指在空调区域内所需保持的空气基准温度和基准相对湿度。如温度 $t=20℃$，相对湿度 $\varphi=50\%$。

空调精度是指空调房间内实测温度、相对湿度允许偏离其基数的最大差值，即空调参数的波动范围，如 $\Delta t=\pm1℃$，$\Delta\varphi=\pm5\%$。Δt 在1℃以上的空调系统，叫作一般精度的空调系统，可以通过手动进行控制。Δt 小于1℃的空调系统，叫作高精度的空调系统，采用自动控制。

根据使用对象不同，空调可分为舒适性空调和工艺性空调。

舒适性空调的目的是为人们提供良好的工作条件或舒适的生产环境，以利于提高人们的工作效率，保障人们的身体健康。实践证明，人体感到舒适的环境条件：夏季温度为24～28℃，相对湿度40%～65%，空气流速应不大于0.3 m/s；冬季温度为18～22℃，相对湿度40%～60%，空气流速应不大于0.2 m/s。

舒适性空调广泛应用于公共建筑中，如展览馆、影剧院、图书馆、博物馆、宾馆、医院、商场、写字楼等，现在已进入家庭、汽车、火车等空间。

工艺性空调的作用是满足生产、科研等工艺过程所要求的工艺参数。如果这些参数得不到满足，生产和科研就无法进行，产品质量就无法保证。对不同的工业部门，由于生产工艺不同，对空调的要求也不同，例如，恒温恒湿空气调节和洁净式空调等。

工艺性空调应用相当广泛，例如，机械工业、纺织工业、印刷工业、胶片工业、食品工业、制药工业、卷烟工业以及产品性能试验和科学研究实验等。有的工业部门要求较高，如电子工业、仪表工业、精密机械工业、合成纤维工业及某些工厂和科研单位需要的控制室、计量室、检验室、计算机房等，要求室内空气温度波动范围在±1℃以内，湿度波动范围在±5%以内，这就是恒温恒湿空气调节。

此外，像制药工业和医院的手术室，不但对空气的温度和湿度有一定的要求，而且对空气的含尘浓度都有严格的要求。对空气含尘浓度有严格要求的空调称为洁净室空调。

本章对空气调节技术进行一般性的叙述，主要叙述建筑工程常用的小型空调系统的配管要求和安装要点，以及空调机组运行管理的相关知识。

想一想

1. 如果你见过房间空调器，说说它们安装在房间的什么位置。

2. 房间空调器的室内机组相当于制冷系统的蒸发器，室外机组相当于制冷系统的冷凝器，想一想，为什么要将室内机组和室外机组分开？室内机组和室外机组是否可以同时安装在室内？

第一节　空气调节基本知识

一、湿空气

创造和满足人类生产、生活和科学实验所要求的空气环境是空气调节的任务。湿空气既是空气环境的主体又是空气调节的对象，因此熟悉湿空气的特性是掌握空气调节的基础。

1. 湿空气的成分

自然界中的空气是干空气和水蒸气的混合物，这种混合物称为湿空气，也就是常说的空气。干空气的成分主要是氮、氧、氩及其他微量元素，多数成分比较稳定，少数随季节变化而有所波动，但从总体上可将干空气作为一个稳定的混合物来看待。

为统一干空气的热工性质，便于热工计算，一般将海平面高度的清洁干空气成分作为标准组成。目前推荐的干空气标准成分见表7—1。

表7—1　干空气的标准成分（推荐）　%

成分气体（分子式）	质量分数	体积分数
氮气（N_2）	0.755 5	0.781 3
氧气（O_2）	0.231	0.209 0
二氧化碳（CO_2）	0.000 5	0.000 3
其他稀有气体	0.013 0	0.009 4

由于大气的波动、混合，地面上干空气的组成比例很稳定，在计算中可把它看作均匀的混合气体。而湿空气中的水蒸气，其含量常随气温的变化而变化，水蒸气的含量虽少，但它对湿空气的状态变化影响却很大。所谓空气的干燥或潮湿就是由水蒸气含量的多少及其温度的高低来决定的，因此空气调节很重要的一个方面就是研究湿空气的性质。

2. 湿空气的状态参数

在空调设备的选用、管理和使用过程中，往往要涉及湿空气的状态参数及其状态变化等问题，因此，要了解和掌握有关湿空气的性质及其计算。

湿空气的热力状态参数，除压力、温度、比容、焓和熵外，在空气调节中还经常用到含湿量、相对湿度、露点温度和湿球温度等湿空气特有的状态参数。

（1）密度

湿空气的密度等于干空气密度与水蒸气密度之和。在标准条件下（压力为101 325 Pa，温度为293 K，即20℃），干空气的密度为1.205 kg/m³，而湿空气的密度取决于空气中水蒸气的分压力的大小。由于水蒸气的分压力相对于干空气的分压力而言数值较小，因此，湿空气的密度比干空气密度小，在实际计算时可近似取 $\rho = 1.2\ kg/m^3$。

（2）压力

湿空气的总压力一般就是指当时当地的大气压力，可用气压计测出。大气压力的数值随海拔高度及气候的变化而有所变化，大气压力值一般在±5%范围内波动。

湿空气由干空气和水蒸气混合组成，因此，湿空气的总压力是干空气的分压力 p_d 和水蒸气的分压力 p_z 之和，即

$$p = p_d + p_z$$

湿空气中所含水蒸气量越多，水蒸气的分压力就越大，因此，水蒸气分压力 p_z 的大小可反映湿空气中所含水蒸气量的多少。

分压力的概念可用图7—2来说明，设湿空气的温度为 t，所占空间容积为 V，其总压力为 p（见图7—2a）。设想如果把湿空气的水蒸气去掉，让温度仍为 t 的干空气单独处于容积为 V 的容器中，此时容器中的压力就是干空气的分压力 p_d（见图7—2b）。同理，如果把湿空气中的干空气去除，让温度为 t 的水蒸气单独处于容积为 V 的容器中，此时容器中的压力就是水蒸气的分压力 p_z（见图7—2c）。

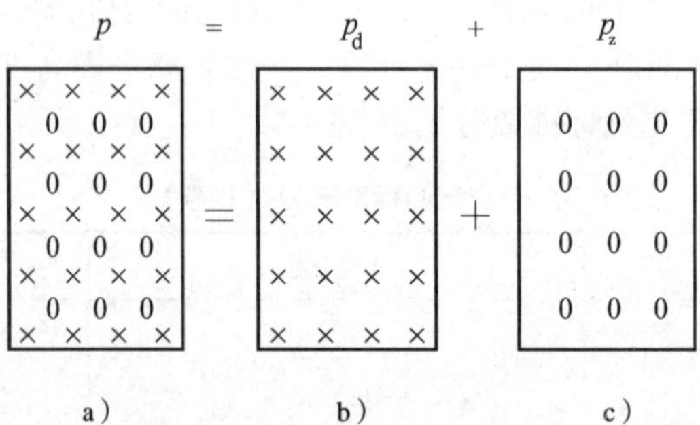

图7—2　湿空气压力组成示意图

从日常生活经验和分子运动论可知，在一定温度条件下，水蒸气在空气中的含量越多，空气就越潮湿，水蒸气的分压力也越大，如果空气中水蒸气的含量超过某一限量时，空气中就有水珠析出。

上述现象说明在一定温度条件下，湿空气中容纳水蒸气的数量是有限度的，即湿空气中水蒸气的分压力有一个极限值，当大气中从水蒸发为气的分子数目与从空气中水蒸气凝结为水的分子数目相等时，大气中容纳的水蒸气总数达到了最大限度，这时，湿空气处于饱和状态，也称为饱和空气，此时对应的水蒸气分压力称为该温度时的饱和分压力。

湿空气的饱和分压力以 p_{zB} 表示，它取决于温度，即为该温度下的饱和压力。

（3）湿度

湿度是表示湿空气中含有水蒸气量的多少，一般有三种表示方法。

1）绝对湿度 γ_z。1 m^3 的湿空气中含有水蒸气的质量，称为空气的绝对湿度，单位为 kg/m^3，以 γ_z 表示。绝对湿度在数值上等于处于该温度和水蒸气分压力下水蒸气的密度。

绝对湿度只能说明湿空气在某一温度条件下实际所含水蒸气的质量。不能准确地说明湿空气的干、湿程度，即不能反映湿空气偏离饱和状态和吸湿能力的大小。

现举例说明绝对湿度。例如，当湿空气温度为20℃，它的绝对湿度为0.017 22 kg/m^3 时，则水蒸气的含量已经达到最大值，也就是饱和空气了。但是，如果空气的温度是30℃，则含0.017 22 kg/m^3 的水蒸气的空气还是比较干燥的。因为30℃的饱和空气水蒸气的最大含量为0.030 2 kg/m^3，这时空气还有相当大的吸收水分的能力。可见，绝对湿度相同而温度不同的两种空气，其干、湿程度是不同的。

2）相对湿度 φ。绝对湿度不能直接反映湿空气的干、湿程度，因此，在空气调节中还经常采用相对湿度这一参数。

相对湿度可以表明湿空气接近饱和状态的程度，也就是湿空气的干燥程度。

相对湿度是指湿空气的实际绝对湿度 γ_z 和在同温度下的饱和湿空气绝对湿度 γ_B 的比值，一般用百分比表示，符号以 φ 表示。

$$\varphi = \frac{\text{湿空气的实际绝对湿度}}{\text{同温度下饱和湿空气的绝对温度}} \times 100\% = \frac{\gamma_z}{\gamma_B} \times 100\%$$

由于相对湿度反映了湿空气中所含水蒸气的含量接近饱和的程度，故也称饱和度。显然，φ 值小，表明空气干燥，吸收水分能力强；φ 值大，表明空气潮湿，吸收水分能力弱。当 $\varphi = 0$ 时，则为干空气；$\varphi = 100\%$ 时，则为饱和湿空气。

所以，不论空气的温度如何，由 φ 值的大小，就可直接看出湿空气的干、湿程度。从而判断是否需要对空气进行加湿或去湿处理。

【例题7—1】 已知20℃饱和空气绝对湿度 $\gamma_B = 0.017\ 22$ kg/m^3，而实际的绝对湿度 $\gamma_z = 0.013\ 3$ kg/m^3 时，空气的相对湿度是多少？又知30℃饱和空气绝对湿度 $\gamma_B = 0.030\ 2$ kg/m^3，当实际的绝对湿度 $\gamma_z = 0.015\ 3$ kg/m^3 时，空气的相对湿度又是多少？这两种空气哪一种较为干燥？

【解】 由相对湿度的定义式

$$\varphi = \frac{\gamma_z}{\gamma_B} \times 100\%$$

可得：20℃时，$\varphi = \dfrac{0.013\ 3}{0.017\ 22} \times 100\% = 77.2\%$；30℃时，$\varphi = \dfrac{0.015\ 3}{0.030\ 2} \times 100\% = 50.7\%$。

根据 φ 的数值可知 $t = 30℃$、$\gamma_z = 0.015\ 3$ kg/m^3 的空气，其绝对湿度虽然较前一温度空气（20℃）高，但却较为干燥。

在工程计算中可以把湿空气当作理想气体看待，根据热力学知识还可推导出相对湿度与水蒸气分压力的关系式：

$$\varphi = \frac{p_z}{p_{zB}} \times 100\%$$

式中，p_z为湿空气中水蒸气的分压力，p_{zB}为同温度下饱和水蒸气压力。

显然，相对湿度越小，湿空气偏离饱和的程度越远，它的干燥程度越高，吸收水蒸气的能力（即吸湿能力）也越大；反之，相对湿度越大，空气越接近饱和，它就越潮湿，吸湿能力就越小。

当$\varphi = 100\%$时，空气中的水蒸气已达饱和，就完全没有吸湿能力了。从人体的舒适感觉看，夏季空调室内的相对湿度应控制在40% ~65%，冬季空调室内相对湿度控制在40% ~60%。

3）含湿量。湿空气的含湿量是指1 kg干空气中所含有的水蒸气的质量，用符号d表示，单位是g/kg干空气（或kg/kg干空气）。

在空气调节中，含湿量d是用来反映对空气进行加湿或去湿处理过程中水蒸气量的增减情况的。之所以用1 kg干空气作为衡量标准是因为空气中水蒸气含量经常变化，但干空气的成分一般是不变的。

应特别注意的是，这里以1 kg干空气为基础，也就是说（$1 + d/1\ 000$）kg的湿空气中含有（$d/1\ 000$）kg水蒸气。

用含湿量作为参数的特点与绝对湿度一样，当湿空气中水蒸气含量一定时，d的值不随空气温度的变化而变化。

秋天早晨，会看到在室外花草树木叶子上常有一些水珠，通常称它为露水。冬天的玻璃窗、夏天盛冷饮水的杯外壁，以及空调器蒸发器的表面，也常会出现一层凝结水，这些现象的实质是什么呢？它说明接触这些冷表面的空气当温度下降到低于湿空气中水蒸气分压力所对应的饱和温度时，其含湿量超过了低温度下的饱和值。因为温度低的湿空气，其饱和温度也低，此时的含湿量d未变，因而湿空气中多余的部分水蒸气就凝析出来。

在空调工程中，对湿空气进行加湿或去湿时，干空气量不变，而d值做相应的改变，故d值的增减能说明是增湿还是降湿。

（4）比焓

空气的比焓（简称为焓）是指1 kg干空气的焓和与它相对应的水蒸气的焓的总和，用符号h表示，单位是kJ/kg。

在空气调节中，空气的压力变化一般很小，可近似认为是定压过程，因此可直接用空气的焓值变化来度量空气的热量变化。显然，焓是湿空气的一个重要参数。

（5）温度

湿空气的温度可用干球温度、湿球温度和露点温度来表示。

1）干球温度。平常用温度计所测得的空气温度就是干球温度，可用t表示。由于水蒸气均匀地分布在干空气中，所以，它既是干空气的温度又是水蒸气的温度。

2）湿球温度。测量空气的温度，最常用的是水银温度计。如用两支相同类型的温度计，将一支温度计的温包用带水分的湿润脱脂纱布包起来，如图7—3所示，将纱布下端浸在蒸馏水中，以使纱布经常处于湿润状态。在环境条件稳定的情况下，将发现两支温度计的读数不同，包着纱布的一支读数低于未包湿纱布的一支读数，这是为什么呢？

这是因为一般空气的相对湿度 φ 都小于 100%，即其含湿未达到饱和状态，具有一定的吸水能力。相对湿度低，吸收水分就要蒸发，而水分与周围空气之间形成温差，即纱布上的水分温度下降，这样，周围空气与感温球之间逐步形成较大的温差，周围补给感温球的热量也逐渐增大。当两者温差达到一定值时，就达到了一个失热与得热的平衡状态，于是温度不再下降。这个温度就是纱布中水温的湿球温度，以 t_s 表示。

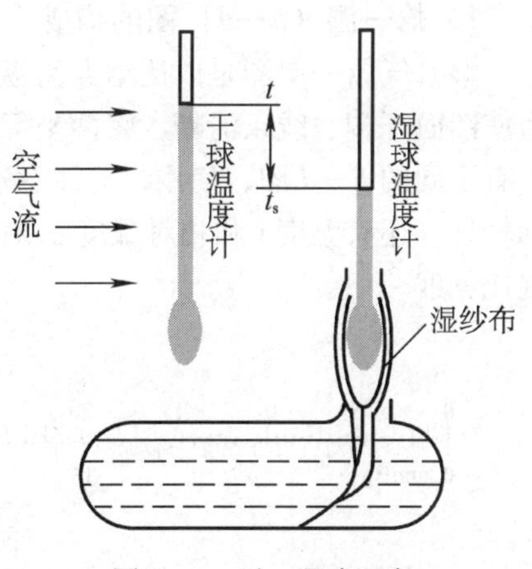

图 7—3　干、湿球温度

由于湿空气吸收水蒸气的能力决定于相对湿度的大小。空气的相对湿度越小，吸收水蒸气的能力越强，水分蒸发越快，湿球温度越低。因此，可以用干球温度、湿球温度来确定湿空气的相对湿度，即用干球温度和湿球温度的差值来衡量空气的相对湿度大小。

3）露点温度。湿空气容纳水蒸气的限度与温度有关，温度越高，空气能容纳的水蒸气量也越大。因此，若保持空气中水蒸气的含量 d 不变，而降低空气的温度，将使空气逐渐接近饱和。当温度降低到某一数值时，空气就将达到饱和状态，这时，若让空气继续冷却，便会有部分水蒸气凝结为露滴从湿空气中析出。这与给定的含湿量 d 相对应，湿空气达到饱和时的温度称为露点温度，用 t_1 表示。通俗地讲，露点温度就是空气开始结露的温度。

露点温度与含湿量有着一一对应的关系。这就是说，一个露点温度对应一个含湿量；反之，一个含湿量对应一个露点温度。因此，露点温度与含湿量不能同时作为湿空气的两个独立参量。

从上面的分析可知，空气达到露点温度时，它就处于饱和状态。因此，与露点温度对应的空气相对湿度 $\varphi = 100\%$。

想一想

1. 解释夏季自来水管表面有露水的原因，怎样防止这种现象发生？
2. 天气预报中有一个空气相对湿度数值，你认为这个相对湿度有什么作用？

二、湿空气的焓—湿图及应用

在空气调节中，经常需要确定湿空气的状态和变化过程。湿空气的各状态之间都有一定的函数关系，虽然可以利用各种计算公式进行计算，还可以查已经计算好的湿空气性质表，但这样比较烦琐。为此，工程上利用湿空气各状态参数之间的函数关系，绘制出了湿空气的焓—湿图。

1．焓—湿（h—d）图的构成

湿空气焓—湿图是以比焓 h 为纵坐标，含湿量 d 为横坐标，在一定大气压 p 下绘制的。为使图面开阔、线条清晰，将两坐标轴之间的夹角定为135°，如图7—4所示。不同大气压下有不同的 h—d 图，使用时应注意选用与当地大气压相适应的 h—d 图。h—d 图中，除坐标轴外，还有温度 t 和相对湿度 φ 两组等值线，水蒸气分压力 p_z 及表示空气状态过程的热湿比 ε 线。

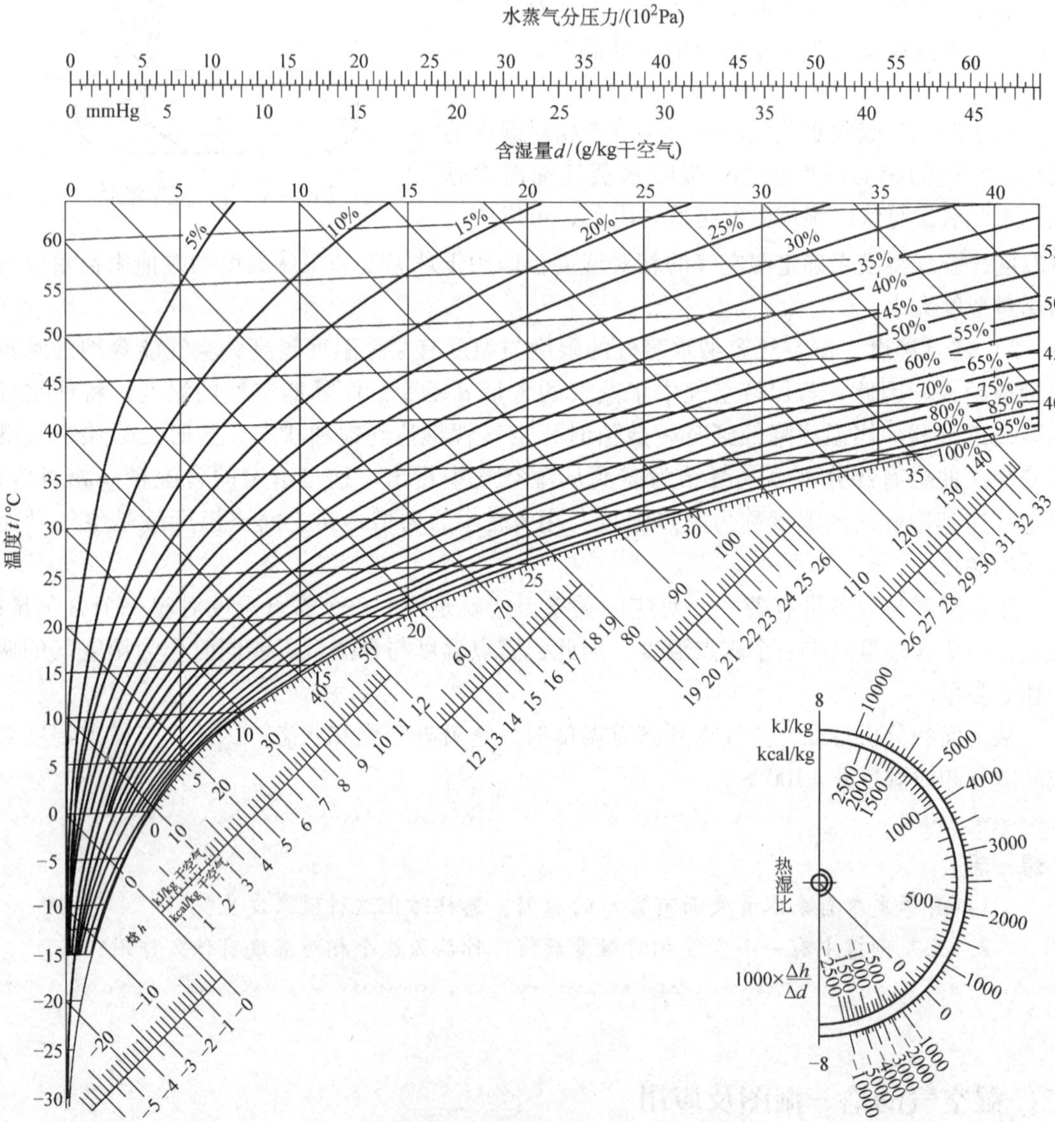

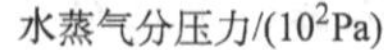

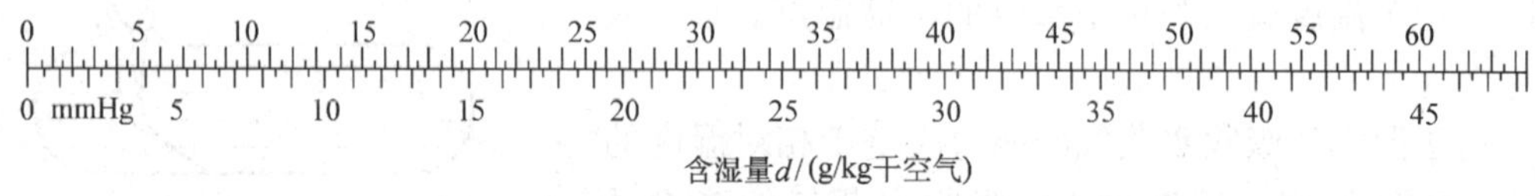

图7—4　湿空气焓—湿图

(1) 等含湿量线（d）

它是一系列与纵坐标平行的直线，从纵轴为 $d=0$ 的等含湿量线开始，d 值自左向右逐渐增加。

（2）等焓线（h）

为了使焓—湿图面清晰以便于计算使用，等焓线为一系列与纵坐标成135°夹角的平行线。通过含湿量 $d=0$ 及温度 $t=0$℃交点的等焓线，比焓值 $h=0$，向上等焓线为正值，向下等焓线为负值，自下而上比焓值逐渐增加。

（3）等温线（t）

它是一系列形似平行而实际不平行的直线，$t=0$℃以上的等温线为正值，$t=0$℃以下的等温线为负值，且自下而上温度值逐渐增加。

（4）等相对湿度线（φ）

它是一系列向上凸的曲线。当 $d=0$ 时，$\varphi=0\%$，即 $\varphi=0\%$ 的等相对湿度线与纵坐标轴重合。自左向右，φ 值随 d 值增加而增加，$\varphi=100\%$ 的等相对湿度线称为饱和曲线。饱和曲线将 h—d 图分为两部分：上部是未饱和空气，饱和曲线上各点是饱和空气，下部表示过饱和空气。在过饱和区，水蒸气已凝结成雾状，故又称为“雾区”。

（5）水蒸气分压力线（p_z）

通过理论分析可知，当大气压 B 为定值时，湿空气中水蒸气分压力和含湿量具有一定的函数关系，即水蒸气分压力 p_z 仅取决于含湿量 d。因此，可在 d 轴上方设一水平线，在 d 值上标出对应的 p_z 值。

（6）热湿比线（ε）

在空气调节过程中，被处理空气常常由一个状态变为另一个状态，为了表示变化过程进行的方向与特性，在图上还标有热湿比（ε）线。

所谓热湿比，是指空气在变化过程中，其热量变化量与湿量变化量的比值。

$$\varepsilon=\frac{h_2-h_1}{d_2-d_1}\times 1\,000$$

式中　h_1，h_2——空气状态变化前、后的比焓，kJ/kg；

d_1，d_2——空气状态变化前、后的含湿量，g/kg 干空气；

ε——热湿比，kJ/kg。

2．焓—湿图的应用

焓—湿图不仅可以用来确定空气的状态参数、露点温度、湿球温度，还可以表明空气的状态在热湿变换作用下的变换过程，以及分析空调设备的运行工况。

（1）确定空气的状态及其参数

在焓—湿图上的每个点都代表了湿空气的一个状态，只要已知湿空气 h、d、t、φ 中的任意两个独立的参数，即可利用焓—湿图确定其他参数。

【例题7—2】　如图7—5所示，在101.325 kPa（760 mmHg）的大气压（即一个标准大气压）下，空气的温度 $t=20$℃，$\varphi=70\%$，求空气的 h、d、p_z。

【解】　首先根据 $t=20$℃、$\varphi=70\%$ 的交点，确定出空气的状态点 A。过 A 点分别沿等焓线、等含湿量线查出 $h=46$ kJ/kg、$d=10.2$ g/kg 干空气。

p_z 值的查法是：从 A 点沿等含湿量线向下做垂线，与 p_z—d 变换线交于一点 B，再由 B 点沿水平方向的水蒸气分压力线查出 $p_z=1\,626.7$ Pa（12.2 mmHg）。

（2）确定空气的露点温度 t_1

湿空气的露点温度是指空气在含湿量 d 不变的情况下把空气降温到饱和状态，即空气的相对湿度 $\varphi=100\%$ 所对应的温度，即为露点温度 t_1。在一定大气压下，露点温度的高低只与空气中含湿量有关，水蒸气含量越多，露点温度越高，故露点温度也是反映空气中水蒸气含量的一个物理量。

【例题 7—3】 如图 7—6 所示，在 101 325 Pa（760 mmHg）的大气压下，空气的温度 $t=32℃$，$\varphi=40\%$，求空气的露点温度 t_1。

【解】 首先根据 $t=32℃$、$\varphi=40\%$ 在 h—d 图上求出空气的状态点 A。

过 A 点沿等含湿量线向下与 $\varphi=100\%$ 相交于 L 点，L 点所对应的温度即为 A 点状态空气的露点温度，$t_1=17℃$。

由图 7—6 可以看出，含湿量 d 相等的任何状态的空气，都会拥有相同的露点温度，即等湿有同露点。

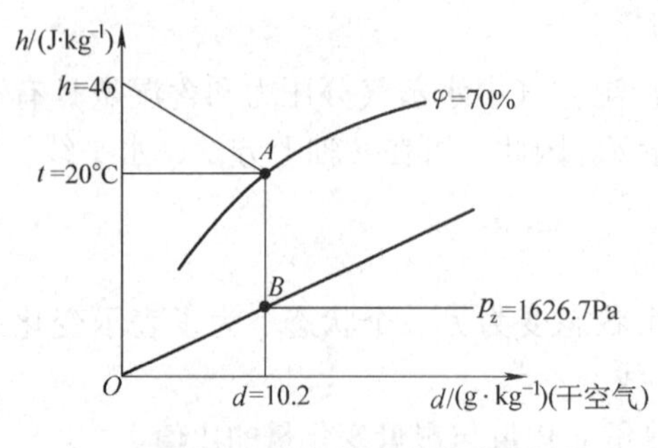

图 7—5　空气状态参数确定

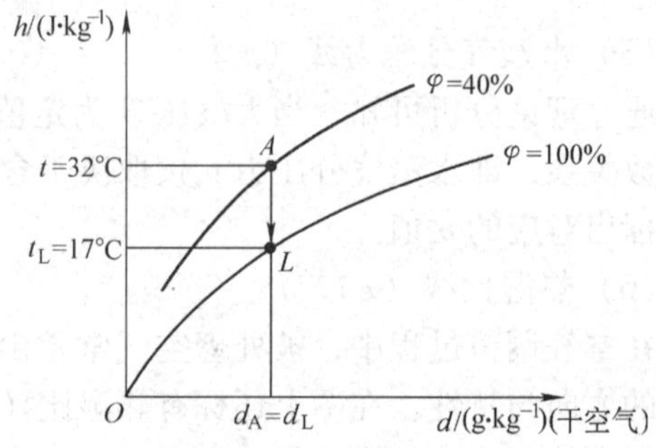

图 7—6　露点温度确定

（3）确定湿球温度 t_s

湿球温度的形成过程是：由于纱布上的水分不断蒸发（见图 7—3）使湿球表面形成一层很薄的饱和空气层，这层饱和空气的温度近似等于湿球温度。这时，空气传给水的热量又全部由水蒸气返回空气中，所以湿球温度的形成可以认为是一个等焓过程。

因此，湿球温度 t_s 的求法是：从空气的状态点沿等焓线下行，与 $\varphi=100\%$ 的交点所对应的温度就是湿球温度 t_s。

【例题 7—4】 如图 7—7 所示，在 101 325 Pa（760 mmHg）的大气压下，空气的温度 $t=33.5℃$，$\varphi=40\%$，求空气的湿球温度 t_s。

【解】 首先根据 $t=33.5℃$、$\varphi=40\%$，在 h—d 图上求出空气的状态点 A。

过 A 点沿等焓线下行与 $\varphi=100\%$ 相交于 S 点。S 点所对应的温度就是状态 A 点的湿球温度，即 $t_s=22.8℃$。

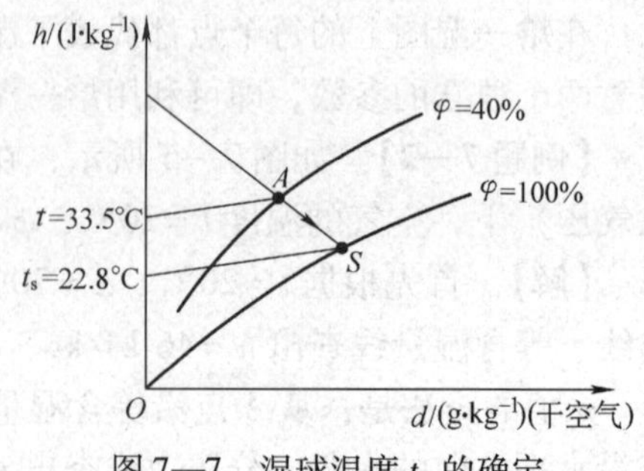

图 7—7　湿球温度 t_s 的确定

由图 7—7 可知，如果空气的 $\varphi=100\%$，那么干、湿球温度计都处于饱和空气的环境中，湿纱布上的水分不再蒸发，此时空气的干球温度和湿球温度是相等的。

由此可见，干、湿球温度计读数的差异，反映了空气湿度的大小。即干、湿球温度计的读数越接近，空气的湿度越大；反之，空气的湿度越小。

（4）表示空气的状态变化过程

为了满足空调房间的需要，工程上要对空气进行各种处理。在空气处理的热力计算中，可使用焓湿图进行，这里进行简单概述。

空气的变化过程在 h—d 图上可用空气变化前后状态点的连线表示，对于任何一个变化过程，都有其一定的热湿比值。

根据 ε 的定义可知，ε 就是空气变化前后状态点连线的斜率，它反映了过程线的倾斜角度，故又称角系数。斜率与起始位置无关，因此起始状态不同的空气，只要斜率相同，其变化过程线必定互相平行。根据这一特性，在实际使用时，只需在 h—d 图右下方找到所需的 ε 线，然后将其平移到空气状态点，就可绘出该空气的状态变化过程。

在空调工程中，典型的空气处理过程是对空气进行加热、冷却、加湿和去湿的处理，空气处理的四种典型过程变化如图 7—8 所示。

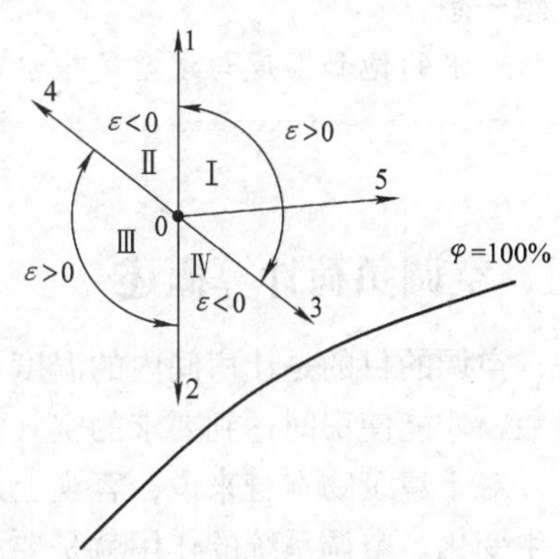

图 7—8　空气状态变化的几种典型处理工程

1）加热过程。冬季为了提高房间温度，常用加热器对空气进行加热。加热过程含湿量不会改变（$d_1=d_0$），空气的焓增加（$h_1>h_0$），相对湿度减小。根据热湿比 ε 定义计算式可知，此过程的热湿比 $\varepsilon=+\infty$。其过程如图 7—8 中 0—1 线所示。

2）冷却过程。夏季为了降低房间温度，可以在房间设置冷却器。当空气冷却器的表面温度高于被处理空气的露点温度，其冷却表面没有凝结水现象时，空气处理过程中的含湿量不变（故称干式冷却）（$d_1=d_0$），它是一个降温、减焓（$h_1<h_0$）、相对湿度升高的过程。根据热湿比 ε 定义计算式可知，此过程的热湿比 $\varepsilon=-\infty$。其过程如图 7—8 中 0—2 线所示。

3）绝热加湿过程。当生产车间需要加湿时，可以采用直接喷雾来提高空气的相对湿度。喷雾时，雾滴蒸发吸收周围空气的热量，空气的温度下降（即显热减少），但雾滴蒸发成蒸汽后，扩散到空气中（即空气的潜热增加）。对空气来说，焓值几乎不变，含湿量增加，所以此过程是一个近似的等焓（$h_1=h_0$）、加湿（$d_1>d_0$）过程。根据热湿比 ε 定义计算式可知，此过程的热湿比 $\varepsilon=0$。其过程如图 7—8 中 0—3 线所示。

4）绝热去湿过程。当房间需要减湿时，可以通过固体吸湿剂（如硅胶、分子筛、氯化钙等）处理空气。空气中的水蒸气被吸湿剂吸附，含湿量降低。同时放出的凝聚热又重新返回空气中，故吸附前后可近似认为空气的焓值不变，所以此过程是一个等焓（$h_1=h_0$）、减湿（$d_1<d_0$）过程。此过程的热湿比 $\varepsilon=0$。其过程如图 7—8 中 0—4 线所示。

从图 7—8 可看出，代表这四个过程的 $\varepsilon=\pm\infty$ 及 $\varepsilon=0$ 两条线将 h—d 图分成了四个象限，它们的变化特点见表 7—2。

表 7—2　　*h*—*d* 图四个象限空气状态变化的特点

象限	过程名称	热湿比	状态变化
Ⅰ	加热加湿	$\varepsilon>0$	增焓加湿升温
Ⅱ	加热去湿	$\varepsilon<0$	增焓去湿升温
Ⅲ	冷却去湿	$\varepsilon>0$	减焓去湿降温
Ⅳ	冷却加湿	$\varepsilon<0$	减焓加湿降温

上述四种典型的空气状态变化过程是湿空气状态变化的四个基本过程。另外，空气的处理过程还有等温加湿过程和不同状态空气的混合过程。

想一想

水的饱和温度与湿空气中水蒸气的分压力有关系吗？为什么？

三、空调负荷计算概述

空调的目的是让房间内的温度和湿度保持在一定参数范围内。为此需要确定一个送风参数，才能使房间达到要求的空气状态。

对于建筑物本身来说，客观上总存在着一些干扰因素，造成空调房间内的温度和湿度发生变化。空调系统的作用就是要平衡这些因素，使房间内的温度和湿度维持在要求的参数范围内。

1. 空调负荷的概念

空调技术中，把在某一时刻为保持房间内一定的温湿条件，需要向房间内提供的冷量及热量，称为空调系统的冷负荷及热负荷；而为维持房间内的相对湿度参数所需要增加或除去的湿量，称为空调系统的湿负荷。

空调技术中，把某一时刻进入房间内的总热流量（热流量用 Q 表示，单位是 W）和含湿量，称为该时刻空调房间的得热量（单位是 W）和得湿量（单位是 g/h）。

广义地讲，空调负荷计算中的主要部分夏季冷负荷，由三大部分组成。

第一部分是室内负荷。可分为外界负荷和内部负荷。外界负荷是通过围护结构的传热形成的冷负荷。内部负荷是照明、室内发热设备及人体产生的热量所形成的负荷。

第二部分是新风负荷。为了满足空调房间的卫生要求，必须向空调房间输送一定量的新鲜空气，冷却室外新鲜空气所消耗的冷量称为新风负荷。

第三部分是系统负荷。包括风道系统和水道系统中的各种得热，如风管受热和漏风、风机发热、再热负荷、水管受热、水泵受热，以及采用蓄冷装置系统中的蓄冷槽传热损失等。

第一部分是空调热、湿负荷的主要方面，即以室外气象参数和室内要求的空气环境条件为依据，对空调房间的余热量和余湿量进行计算，作为确定空调系统风量、空气处理方法和空调装置容量的原始依据。

空调房间的热、湿负荷的大小对空调系统的规模和运行情况有着决定性的影响。因此，为了设计一个空调系统，首先要做的工作是计算其热、湿负荷。

在空调系统的运行管理中，确定空调系统的送风量或送风状态参数，依据的是空调房间的热、湿负荷数值。

空调系统通过向空调房间内送入一定量的空气，带走房间内的热湿负荷，从而实现对房间内空气的温度和湿度控制的目的。

依据《采暖通风与空气调节设计规范》，空调冬季热负荷按采暖系统的热负荷的计算方法计算，但室外计算温度应按冬季空调室外计算温度。需要说明的是，冬季耗热量主要是作为预热、二次加热等设备的选择依据，而空调房间用的送风量和空调主要设备，一般是按夏季余热量、余湿量来确定的。

2．空调房间负荷的理论计算方法

空调系统根据其服务对象的不同，有着不同的设计标准。对于舒适性空调系统，只确定室内温度和相对湿度的设计标准，一般不提出空气调节精度的要求。对于工艺性空调系统，除要提出室内温度和相对湿度的设计标准外，还要提出系统的空调精度要求。

空调负荷计算是在一定的参数条件下计算的。空调房间内的热、湿负荷是由诸多因素构成的。

（1）空调房间热负荷的构成因素

1）通过房间的建筑围护结构传入室内的热流量。

2）透过房间的外窗进入室内的太阳辐射的热流量。

3）房间内照明设备的散热量。

4）房间内人体的散热量。

5）房间内工艺设备、器具或其他热源的散热量。

6）室外空气渗入房间时的热流量。

7）伴随各种散热过程产生的潜热量等。

（2）空调房间湿负荷的构成因素

1）房间内人体的散湿量。

2）房间内各种设备、器具的散湿量。

3）各种潮湿物表面或液体表面的散湿量。

4）各种物料或食品的散湿量。

5）渗透空气带入室内的散湿量。

6）化学反应过程的散湿量。

(3）空调房间负荷的理论计算方法

从上面空调房间热、湿负荷的构成因素可以看出，计算空调房间的热、湿负荷主要计算空调房间构成因素的散热量和散湿量，具体计算可参阅有关手册，这里不做叙述。

3．空调房间负荷的估算方法

空调系统的负荷，在实际工作中，有时因各种因素的限制不具备详细计算条件时，可根据空调负荷概算指标法来进行粗略估算。

（1）夏季冷负荷的估算方法

1）简单计算法。空调房间的冷负荷由外围结构传热、太阳辐射热、空气渗透热、室内人员散热、室内照明设备散热、室内其他电气设备的负荷及新风量带来的空调系统工程负荷等构成。

估算时，以围护结构和室内人员的负荷为基础，把整个建筑物看成一个大空间，按各面朝向计算其负荷。室内人员散热量按人均116.3 W计算，最后将各项数量的和乘以新风负荷系数1.5，即为估算结果。

$$Q = (Q_w + 116.3 \times n) \times 1.5$$

式中 Q——空调系统的总负荷，W；

Q_w——围护结构引起的总冷负荷，W；

n——室内人员数。

2）指标系数计算法。以国内现有的一些工程冷负荷指标为基础（一般按建筑面积的冷负荷指标），以旅馆为基础（70～95 W/m^2），对其他建筑则乘以修正系数β。

办公楼　$\beta=1.2$

商　店　$\beta=0.8$（只有营业厅有空气调节）

　　　　$\beta=1.5$（全部建筑空间都有空气调节）

体育馆　$\beta=3.0$（比赛场馆面积）

　　　　$\beta=1.5$（总建筑面积）

影剧院　$\beta=1.2$（电影厅有空气调节）

　　　　$\beta=1.5\sim1.6$（大剧院）

医　院　$\beta=0.8\sim1.0$

大会堂　$\beta=2\sim2.5$

图书馆　$\beta=0.5$

3）单位面积估算法。单位面积估算法是一种将空调负荷单位面积上的指标，乘以建筑物内的空调面积，得出制冷系统总负荷的估算值的负荷计算法。表7—3为一些建筑物与房间的冷负荷指标，供计算时参考。

表7—3　一些建筑物与房间的冷负荷指标

建筑类型与房间类别		冷负荷指标（W/m^2）	建筑类型与房间类别		冷负荷指标（W/m^2）
酒店	客房	80～110	商场营业厅		150～250
	酒吧、咖啡厅	100～150	影剧院	观众席	180～350
	西餐厅	160～200		休息厅	300～400
	中餐厅、宴会厅	180～350		化妆室	90～120
	中庭、接待处	90～120	体育馆	比赛馆	180～350
	商店、小卖部	100～160		观众休息室	300～400
	小会议室	200～300		贵宾室	100～120

续表

建筑类型与房间类别		冷负荷指标（W/m²）	建筑类型与房间类别	冷负荷指标（W/m²）
酒店	大会议室	180～280	陈列室	130～200
	理发室、美容间	120～180	会堂、报告厅	150～200
	健身房	100～200	图书室	75～100
	弹子房	90～120	科研、办公室	90～140
	室内游泳池	200～350	公寓、住宅	80～90
	舞厅	250～350		
	办公室	90～120		
医院	高级病房	80～110	餐馆	200～350
	一般手术室	100～150		
	洁净手术室	300～500		
	X 光室、CT 室、B 超室	120～150		

（2）采暖负荷的估算方法

1）窗墙比公式估算法。已知空调房间的外墙面积、窗墙面积比及建筑面积，供暖供热指标可按下式进行估算：

$$q = \frac{1.163 \times (6a + 1.5) F_1}{F} (t_n - t_w)$$

式中 q——建筑物供暖供热负荷指标，W/m²；

1.163——墙体传热系数，W/（m²·℃）；

a——外窗面积与外墙面积之比；

F_1——外墙总面积（包括窗），m²；

F——总建筑面积，m²；

t_n——室内供暖设计温度，℃；

t_w——室外供暖设计温度，℃。

上述指标已包括管道损失，可用它直接作为热负荷数值，不必再加系数。

2）单位面积热负荷指标估算法。当只知道总建筑面积时，其供暖热负荷指标可参考表7—4。

表 7—4　一些建筑的热负荷指标

建筑类型	热负荷指标（W/m²）	建筑类型	热负荷指标（W/m²）
住宅	46～70	商店	64～87
办公、学校	58～80	单层建筑	80～140
医院、幼儿园	64～80	食堂、餐厅	110～140
旅馆	58～70	影剧院	93～116
图书馆	46～70	体育馆	116～163

一般来说，总建筑面积大，外围护结构隔热性能好，窗户面积小，采用较小指标；建筑面积小，外围护结构隔热性能差，窗户面积大，采用较大的指标。

想一想

试为家属楼内15 m^{2}的房间选择一个功率较为合适的空调器。

复 习 题

1. 什么是空气调节？它的作用是什么？

2. 什么是干空气？什么是湿空气？

3. 熟悉湿空气主要参数的名称、表示符号及单位。

4. 空气的干球温度和湿球温度有什么区别？什么是空气的露点温度？

5. 湿空气的焓—湿图由哪几条等参数线组成（画图表示）？

6. 已知大气压力为101.325 Pa，温度为30℃，相对湿度为50%，利用湿空气的焓—湿图求湿空气的含湿量、水蒸气分压力以及露点温度。

7. 空调房间热湿负荷有什么作用？

8. 某综合楼内各房间面积为：餐厅1 000 m^2，办公室1 600 m^2，舞厅和音乐厅500 m^2，会议室400 m^2，商场500 m^2，客房4 000 m^2。试估算该综合楼空调的总冷负荷。

第二节 空气调节系统形式

空气调节系统一般均由空气处理装置、空气输送管道和空气分配装置所组成，根据需要，它能组成许多不同形式的系统。在工程上，一般从建筑物的用途和性质、热湿负荷特性、温湿度调节和控制的要求、空调机房的面积和位置、初投资和运行管理费用等诸多因素来考虑，选定合理的空调系统。

一、空调系统的分类

1. 按空气处理设备的设置情况分类

空调系统按空气处理设备的设置情况分为集中式、半集中式和全分散式系统。

（1）集中式空调系统

将冷（热）源设备集中设置，空气处理设备集中或相对集中设置，空调房间内设有末端处理设备或风口，这种系统称为集中式空调系统。集中式空调系统的组成如图7—9所示。

集中式空调系统的特点是将所有的空气处理设备（加热器、冷却器、过滤器、加湿器等）以及通风机、水泵等设备都设在一个集中的空调机房内，处理后的空气经风道输送到各空调房间。这种空调系统处理空气量大，需要集中的冷源和热源，运行可靠，便于管理和维修，但机房面积较大。

（2）半集中式空调系统

半集中式空调系统又称为混合式空调系统。它建立在集中式空调系统的基础上，先将一部分空气进行集中处理后，再由风管送入各房间，经各房间的空气处理装置（诱导器或风机盘管）进行二次处理后再送入空调区域内，从而使各空调区域（房间）根据各自不同的具体情况，获得较为理想的空气处理效果。诱导器系统、风机盘管系统等均属此类。

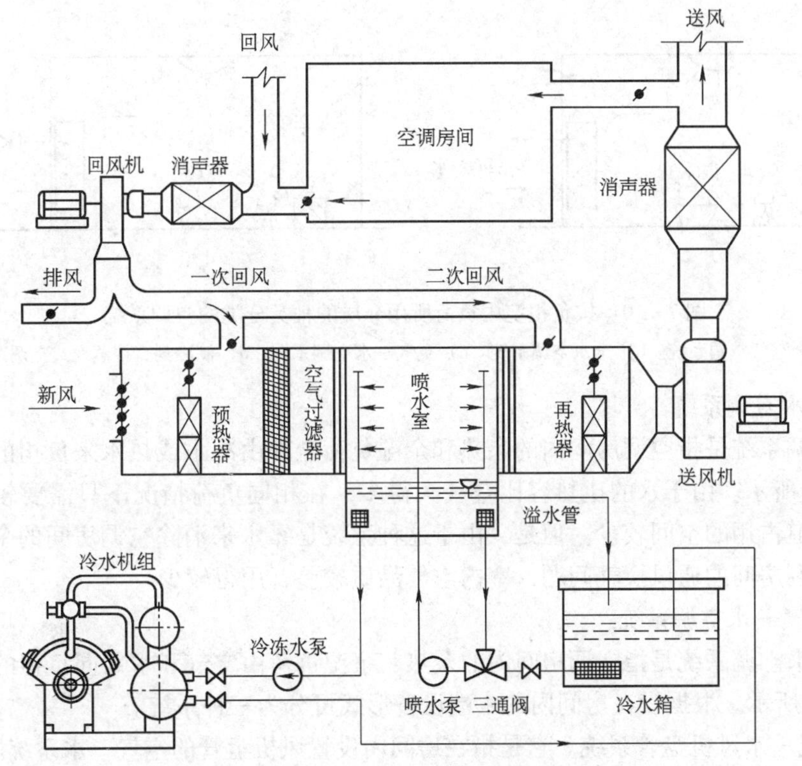

图 7—9 集中式空调系统

（3）全分散式空调系统

将冷（热）源设备、空气处理设备和空气输送装置都集中或部分集中在一个空调机组内，组成整体式和分体式等空调机组，根据需要布置在各个不同的空调房间内，这种系统称为分散式空调系统。它具有使用灵活、安装方便、节省风道的特点。

在工程上把空调机组安装在空调房间的邻室，使用少量风道与空调房间相连的系统也叫作局部空调系统。

2. 按负担室内负荷所用的介质分类

空调系统按负担室内负荷所用的介质分为全空气空调系统、全水空调系统、空气—水空调系统和冷剂（制冷剂直接蒸发式）空调系统，如图 7—10 所示。

（1）全空气空调系统

全空气空调系统是指空调房间内的余热、余湿全部经由处理的空气来负担的空调系统，如图 7—10 a 所示。全空气空调系统由于空气的比热容较小，需要较多的空气才能达到消除余热、余湿的目的。因此，这种系统要求有较大断面的风道，占用建筑空间较多。

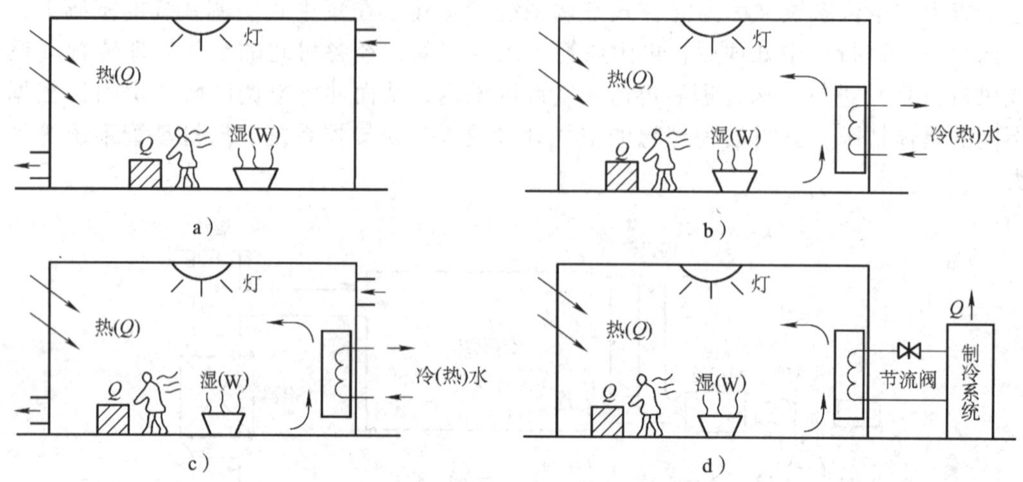

图 7—10　按负担室内负荷所用介质的种类分类的空调系统

a）全空气空调系统　b）全水空调系统　c）空气—水空调系统　d）制冷剂直接蒸发式空调系统

（2）全水空调系统

全水空调系统是指空调房间内的余热和余湿负荷全部由冷水或热水来负担的空调系统，如图 7—10b 所示。由于水的比热容比空气大得多，在相同负荷情况下只需要较少的水量，因而输送管道占用的空间较少。但是，由于这种系统是靠水来消除空调房间的余热、余湿，解决不了空调房间的通风换气问题，室内空气品质较差，用得较少。

（3）空气—水空调系统

空气—水空调系统是指空调房间内的余热、余湿负荷由空气和水共同负担的空调系统，如图 7—10c 所示。根据设在房间内的末端设备形式可分为三种系统。

1）空气—水风机盘管系统。它是指在房间内设置风机盘管的空气—水系统。

2）空气—水诱导器系统。它是指在房间内设置诱导器（带有盘管）的空气—水系统。

3）空气—水辐射板系统。它是指在房间内设置辐射板（供冷或采暖）的空气—水系统。

这种空调系统的优点是既可减小全空气系统的风道占用建筑空间较多的矛盾，又可向空调房间提供一定的新风换气，改善空调房间的卫生要求。

（4）制冷剂直接蒸发式空调系统

制冷剂直接蒸发式空调系统是指空调房间的热湿负荷直接由制冷剂蒸发来负担的空调系统，如图 7—10d 所示。局部式空调系统和集中式空调系统中的直接蒸发式表冷器就属于此类。制冷机组蒸发器中的制冷剂直接与被处理的空气进行热交换，以达到控制室内空气温度和湿度的目的。常用于分散安装的局部空调机组。

3. 按空调系统处理的空气来源分类

空调系统按处理的空气来源分为封闭式空调系统（全循环空调）、直流式空调系统（全新风空调系统）和混合式空调系统（新、回风混合空调系统）三种形式，如图 7—11 所示。

(1) 封闭式空调系统

封闭式空调系统又称为全循环空调系统，是指空调系统在运行过程中全部采用循环风的调节方式，如图 7—11a 所示。此系统不设新风口和回风口。该系统冷热消耗最省，但卫生效果很差，只是用于人员很少进入或不进入、只需要保障设备安全运行而进行空气调节的特殊场所。

(2) 直流式空调系统（全新风空调系统）

直流式空调系统是指在运行过程中全部采用室外新风作为风源，经处理达到送风参数后再送入空调房间内，吸收室内的热湿负荷后又全部排掉，不用室内空气作为回风使用的空调系统（全新风空调系统），如图 7—11b 所示。直流式空调系统多用于产生有毒或有害气体的场所以及放射性试验室。

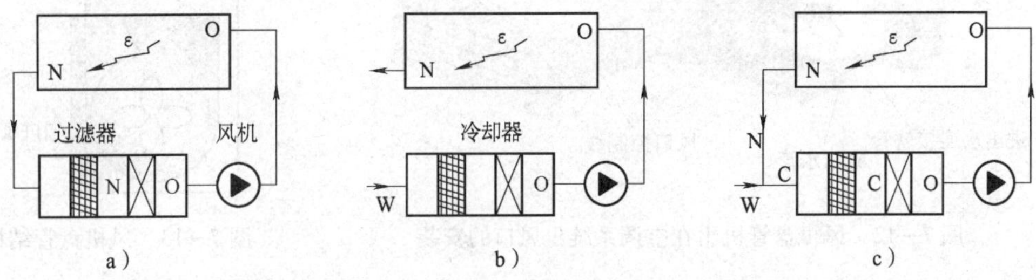

图 7—11　按处理空气的来源不同分类的空调系统
a）封闭式空调系统　b）直流式空调系统　c）混合式空调系统
N—室内空气　W—室外空气　C—混合空气　O—冷却后空气状态

(3) 混合式空调系统

混合式空调系统也称为新、回风混合空调系统，如图 7—11c 所示。将风源分为两部分：一部分是来自室外的新风；另一部分是取自室内的循环空气。在工程技术上常根据使用回风的情况，将系统又分为一次回风系统和二次回风系统。

1）一次回风系统。一次回风系统是将来自室外的新风和室内的循环空气，按一定比例在空气热湿处理装置之前进行混合，经过处理后再送入空调房间内。

2）二次回风系统。二次回风系统是将处理空气分为两大部分，其中一部分经一次回风装置处理后，与另一部分没有经过处理的室内循环空气（二次回风）混合，然后再送入空调房间内的系统。

想一想

1. 你认为自然空气中有哪些悬浮微粒？有什么方法将它们除去？
2. 你认为采用什么方法可以使空气的温度和湿度发生变化？
3. 全面说明家用分体式空调器属于哪种空调系统？

二、风机盘管空调系统

风机盘管空调系统应用广泛，它是在空调房间内设置风机盘管（FP）机组（又称末端装置），再加上经集中处理后的新风送入房间，由两者结合运行的一种半集中式空调系统。如图 7—12 所示为风机盘管机组在空调系统出风口的安装。

1. 风机盘管机组的结构

风机盘管机组由风机、盘管、空气过滤器、室温调节装置和箱体等部件构成，如图 7—13 所示。

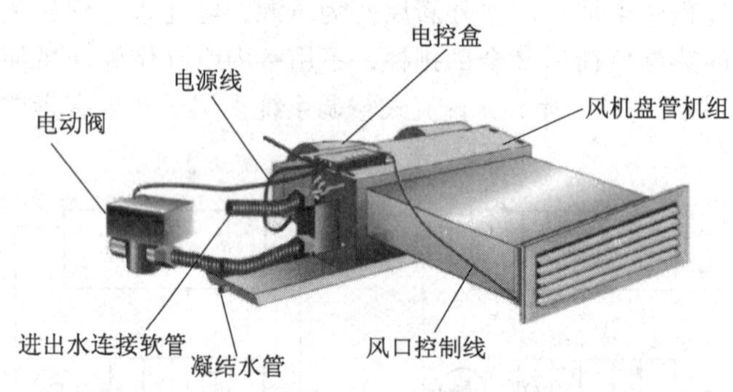

图 7—12　风机盘管机组在空调系统出风口的安装

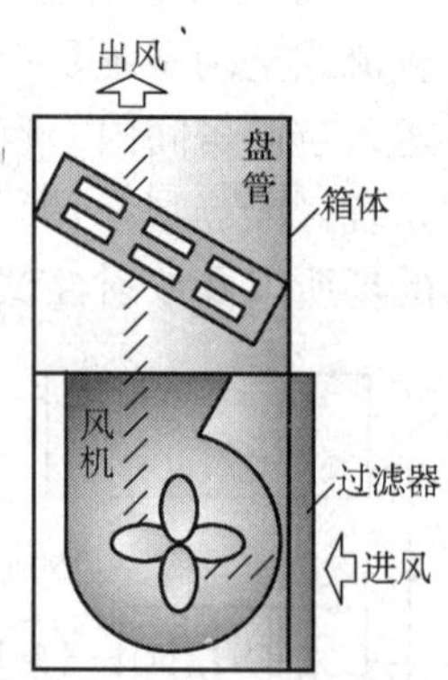

图 7—13　风机盘管结构

（1）风机

风机有离心式和轴流式两种形式。风机的风量为 250 ~ 2 500 m^3/h。风机叶轮材料有镀锌钢板、铝板或工程塑料等，其中以使用金属材料做叶轮的占多数。

风机电动机一般采用单相电容运转式电动机，通过调节电动机的输入电压来改变风机的转速，使其具有高、中、低三挡风量，以实现风量调节的目的。

（2）盘管

盘管实际就是一个传热性能较好的热交换器，一般采用的材料为紫铜管，用铝片做其肋片。铜管外径一般为 10 mm，壁厚为 0. 5 mm 左右；铝片厚度为 0. 15 ~ 0. 2 mm，片距 2 ~ 2. 3 mm。采用胀接工艺制造，这样能保证紫铜管与肋片之间的紧密接触，提高了盘管的导热性能。盘管有二排、三排和四排等类型。

（3）空气过滤器

空气过滤器一般采用粗孔泡沫塑料、金属编织物、纤维编织物或尼龙编织物制作。

风机盘管的一般容量范围为：风量 0. 007 ~ 0. 236 m^3/s（250 ~ 853 m^3/h）；冷量(2. 3 ~ 7）kW;风机电动机功率一般在 30 ~ 100 W 范围内；水量 0. 14 ~ 0. 22 L/s（500 ~ 800 L/h）；盘管水压损失 10 ~ 35 kPa。随着风机盘管式空调系统的广泛应用，其容量有增大的趋势。

2. 风机盘管机组的分类及规格型号表示

（1）分类

风机盘管机组的类型较多，其分类方法见表 7—5。

表 7—5　　风机盘管机组的分类

分类方法	类　型
按结构形式	卧式（W）；立式（L）、立柱式（LZ）、低矮式（LD）；卡式（K）；壁挂式（B）
按安装形式	明装（M）；暗装（A）
按进水方位	左式：面对机组出风口，供、回水管在左侧，代号为 Z 右式：面对机组出风口，供、回水管在右侧，代号为 Y
按盘管特征	单盘管机组：机组内 1 个盘管冷、热兼用，代号略 双盘管机组：机组内有 2 个盘管，分别供冷和供热，代号为 ZH
按出口静压	低静压型：在额定风量时出口静压为 0 或 12 Pa 的机组，代号略 高静压型：在额定风量时出口静压不小于 30 Pa 的机组，代号为 G30、G50

（2）规格型号表示

风机盘管机组规格型号表示方法如下：

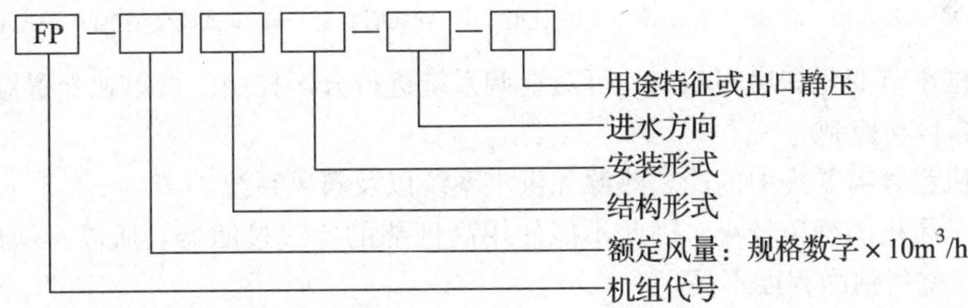

风机盘管规格型号举例。

FP－68LM－Z－ZH：表示额定风量为 680 m^3/h 的立式明装、左进水、低静压、双盘管机组。

FP－51WA－Y－G30：表示额定风量为 510 m^3/h 的卧式暗装、右进水、高静压 30 Pa 单盘管机组。

FP－85K－Z：表示额定风量为 850 m^3/h 的卡式、左进水、低静压、单盘管机组。

我国对风机盘管机组已有质量检验标准，如图 7—14 所示为几种风机盘管机组。

3. 风机盘管的特点

（1）各空调房间的风机盘管可分别进行调节。通过风速开关可以进行风量的调节；通过风机盘管供水量的调节，可以满足空调房间内负荷变化的需要。风机盘管可单独使用，不影响其他房间，有利于节省运行费用。

（2）风机盘管在中、低挡风速运行时，噪声较低。

（3）风机盘管布置灵活，既可以和新风系统联合使用，也可以单独使用。在同一空调系统中的各个房间可采取不同形式的风机盘管。

（4）风机盘管安装在空调房间内，就地回风，除需要安装新风管外，不需要其他风管，节省费用。风机盘管选型方便、体积小、质量轻、使用简单、布置和安装都方便，属于目前被广泛使用的空调系统的末端装置。

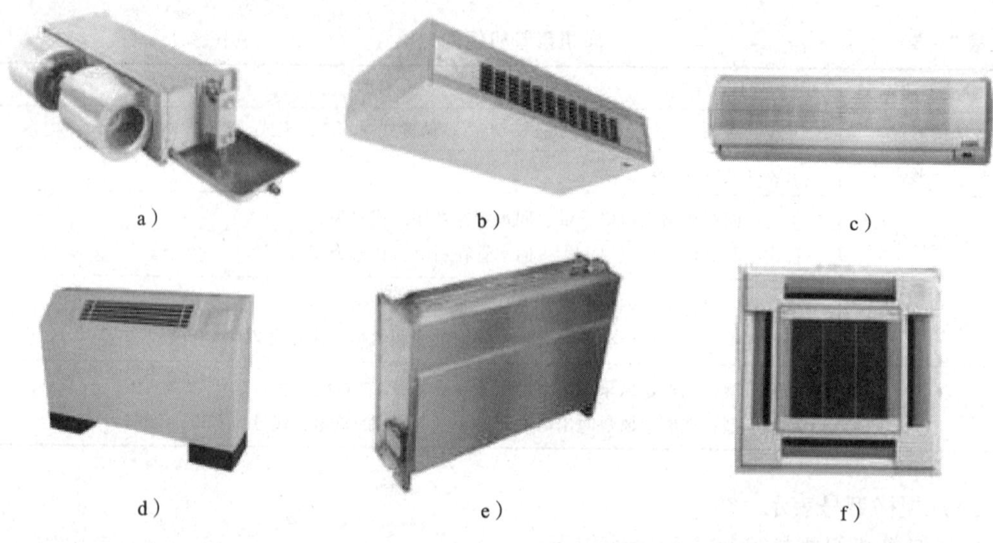

图 7—14　风机盘管类型

a）卧式暗装型　b）卧式明装型　c）壁挂型　d）立式明装型　e）立式暗装型　f）卡式型

（5）根据季节变化和房间朝向，可对空调系统进行分区控制。可单独配置温度控制器，实现对室温的自动控制。

（6）风机盘管需要集中的冷、热源和供水系统以及新风系统。

（7）由于风机的静压较小，因此不能使用高性能的空气过滤器。所以，使用风机盘管的空调房间，空气洁净程度不高。

（8）风机盘管分散布置在各空调房间内，给维护修理工作带来不便。若风机盘管或供水管道的保温层处理不好，会产生凝露滴水现象。

4．风机盘管的新风供给方式

风机盘管的新风供给方式有三种，如图 7—15 所示。

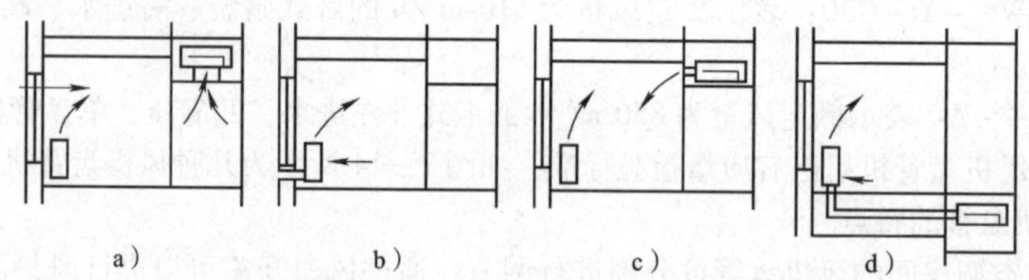

图 7—15　风机盘管机组的新风供给方式

a）室内渗入新风　b）新风从外墙洞口引入　c）独立新风系统（上部送入）　d）独立新风系统（送入风机盘管）

（1）用房间缝隙自然渗入供给新风

缝隙自然渗入供给新风方式如图 7—15a 所示。风机盘管处理的只是空调房间内的循环空气，此系统的初投资和运行费用都比较低，但空气卫生要求难以保证。受自然渗风影响，空气的温、湿度不够均匀。

（2）从风机盘管背面墙洞引入新风直接进入机组

从墙洞引入新风直接进入风机盘管的方式如图 7—15b 所示。风机盘管靠外墙安装，在外墙上开一适当的洞口，用风管和风机盘管连接，从室外侧直接引入新风。新风口做成可调节的形式。在冬、夏季按最小新风量运行，在春、秋过渡季节加大新风量的供给。这种方式虽然能保证新风量，但室内空气参数的稳定性将受外界空气负荷的影响，还会增大室内空气的污染和噪声。

（3）由独立的新风系统供给新风

这种方式是把来自室外的新风经过处理后，通过送风管道送入各个空调房间，使新风也负担一部分空调负荷，如图 7—15c 和 7—15d 所示。

采用独立的新风供给系统时，多数做法是将风机盘管的出风口和新风系统的出风口并列，外找一个整体隔栅，如图 7—15c 所示，使新风与风机盘管的循环风先混合，然后再送入空调房间内。

图 7—15d 的做法是将处理后的新风先送入风机盘管内部，使新风和风机盘管的回风混合后再经过盘管，此时新风与回风混合的效果比机外混合的效果要好，是一种比较理想的空气处理方式。

风机盘管采用独立的新风供给系统，在气候适宜的季节，新风系统直接向空调房间送风，可以提高整个空调系统运行的经济性和灵活性。我国近来新建的风机盘管空调系统大都采用独立的新风供给方案。

5. 风机盘管的水系统

风机盘管的水系统有双水管系统、三水管系统和四水管系统三种形式，随着季节的变化，盘管可以供应热水或冷水，以满足空调房间的要求。

（1）双水管系统

它是指采用一根水管供水、一根水管回水的水路系统。夏季供冷水，冬季供热水。此系统结构简单、投资少，但系统供冷水、供热水的转换比较麻烦。此系统可按建筑物房间朝向进行分区控制，通过区域热交换器调节，向不同区域提供不同温度的水，分别满足各区域对温度的需求。在一个区域中由制冷转为加热，或由加热转为制冷，可以采取手动转换，或者用集中控制的自动转换。

（2）三水管系统

它是指用一根水管供冷水、一根水管供热水、一根水管作公用回水管的水路系统。这种供水系统在每个风机盘管进口处设置一个自动控制三通阀，根据空调房间的室温需要，由安装在室内的温度控制器控制是供冷水还是供热水（不同时进入），连接方法如图 7—16 所示。系统全年内部可以使用冷水或热水，能满足各空调房间对空气温度的调节要求。但由于冷、热水共用一根管道，系统存在冷、热水混合的能量损失问题（热量和冷量均有损失）。

（3）四水管系统

它是指采用冷水一管供水、一管回水，热水一管供水、一管回水的水路系统。四水管系统有两种供水方式：一种是向同一组风机盘管的盘管供水，根据空调房间的需要，决定是向盘管内供冷水还是热水；另一种是将风机盘管中的盘管分为两组，冷水盘管为一组，热水盘管为一组，根据空调房间的需要，提供冷水或热水。

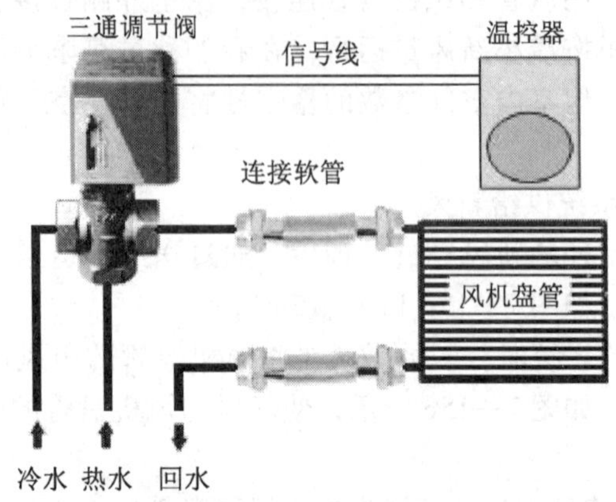

图7—16　三水管系统和风机盘管的连接方式

采用四水管系统可以全年使用冷水和热水，从而可以灵活地对空调房间的温度进行调节。同时又避免类似三水管系统的能量损失，使风机盘管的制冷或供暖的控制更加灵活，设备的运行费用更低。但是四水管系统的初投资较大，管道占用的建筑空间较大。

风机盘管空调系统的水系统一般采用双水管系统，在进水管上通常安装二通电磁调节阀进行控制调节。对于需要全年运行的风机盘管空调系统，可选用四水管系统。

风机盘管空调系统用于高层建筑时，其水路系统应采用全封闭式的循环系统，并设置膨胀水箱和排气装置。夏季制冷运行时，冷水的入口温度一般为7～10℃，冷水温升一般取5℃左右；冬季供暖运行时，热水的入口温度一般为50～60℃。对于双水管系统，其循环水和补水一般应采用经水质处理后的水。

6. 风机盘管的安装

风机盘管安装的基本操作工艺流程为：施工准备→风机盘管的检查→风机盘管安装→配管连接→质量检验。

（1）施工准备

1）建筑结构工程施工完毕，屋顶做完防水层，室内墙面、地面抹完。

2）安装位置尺寸符合设计要求，空调系统干管安装完毕，接往风机盘管的支管预留管口位置标高符合要求。

3）风机盘管的主、副材料已运抵现场，安装所需工具已准备齐全，且有安装前检测用的场地、水源、电源。

4）风机盘管运至现场后要采取措施，妥善保管，码放整齐。应有防雨、防雪措施。

（2）风机盘管的检查

1）风机盘管安装所使用的主料和辅助材料规格、型号应符合设计规定，并具有出厂合格证。

2）风机盘管的结构形式、安装形式、出口方向、进水位置应符合设计安装要求。

3）风机盘管应有装箱单、设备说明书、产品质量合格证书与产品性能检测报告等随机文件。

4）风机盘管开箱后，应检查每台风机盘管电动机壳体及表面交换器有无损伤、锈蚀等缺陷。

5）风机盘管应每台进行通电试验检查，机械部分不得摩擦，电器部分不得漏电。

6）风机盘管应逐台进行水压试验，试验强度应为工作压力的 1.5 倍，定压后观察 2 min，压力不得下降，且不渗不漏。冬季寒冷天施工时，风机盘管水压试验后必须随即将水排放干净，以防冻坏设备。

（3）风机盘管安装

1）风机盘管安装施工要随运随装，与其他工种交叉作业时要注意成品保护，防止碰坏。

2）卧式吊装风机盘管，吊架安装平整牢固，位置正确。吊杆不应自由摆动，吊杆与托盘相连应用双螺母紧固找平找正。

3）暗装的卧式风机盘管、吊顶应留有活动检查门，便于机组能整体拆卸和维修。

4）立式暗装风机盘管，安装完后要配合好土建安装保护罩。屋面喷浆前应采取防护措施，保护已安装好的设备，保证清洁。

5）应保证风机盘管凝结水盘的坡度，凝结水盘的坡度一般不小于 0.01。

（4）配管连接

1）应严格按照施工图纸要求的配管方式，进行管道与风机盘管的连接。卧式暗装风机盘管配管如图 7—17 所示。

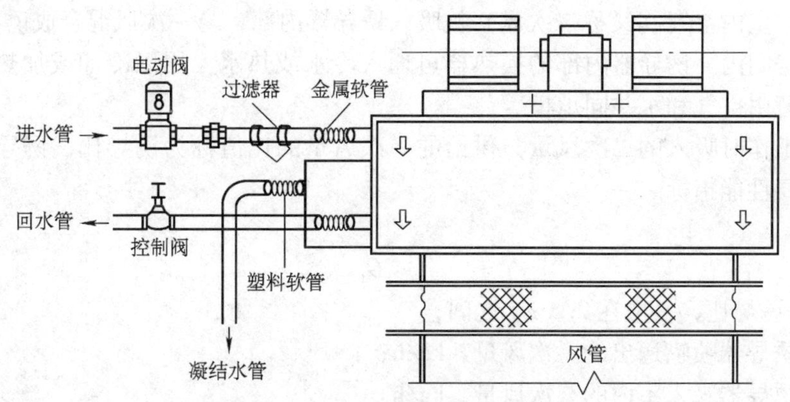

图 7—17　卧式暗装风机盘管配管

2）风机盘管供、回水阀及水过滤器应靠近风机盘管机组安装。

3）冷、热媒水管与风机盘管连接宜采用金属波纹软管，接管应平直。紧固时应用扳手卡住六方接头，以防损坏铜管。

4）凝结水管宜软性连接，软管长度一般不大于 300 mm。材质宜用透明胶管，并用喉箍紧固，严禁渗漏，坡度应正确，凝结水应畅通地流到指定位置。

5）风机盘管同冷、热媒水管连接，应在管道系统冲洗排污后进行连接，且入水口加 Y 形过滤器，以防堵塞热交换器。

（5）质量检验

1）风机盘管安装必须平稳、牢固。

2）风机盘管与进、出水管的连接严禁渗漏，凝结水管的坡度必须符合排水要求，与风管、风口连接应严密可靠。

风机盘管试运行前，应注意对风机盘管进行冲洗排污以防堵塞，同时清理凝结水盘内杂物以保证凝结水畅通。

想一想

讨论怎样安装风机盘管。风机盘管和散热器都是供暖末端设备，二者有什么不同？

三、诱导式空调系统

在空调送风支管末段装有诱导器的半集中式空调系统称为诱导式空调系统。

1. 诱导器

诱导器的结构原理如图7—18所示。它由外壳、换热器（盘管）、喷嘴、静压箱和与一次风连接用的风管等部件组成。

诱导器的工作原理：经过集中处理的一次风首先进入诱导器的静压箱，然后通过静压箱上的喷嘴以很高的速度（20～30 m/s）喷出。由于喷出气流的引射作用，在诱导器内部造成负压区，室内空气（又称二次风）被吸入诱导器内部，与一次风混合成诱导器的送风，被送入空调房间内。诱导器内部的换热器可通入冷水或热水，用以冷却或加热二次风，空调房间的负荷由空气和水共同承担。

诱导器工作时吸入的二次风量与供给的一次风量的比值称为诱导比，诱导比 n 是评价诱导器的主要性能指标之一。

$$n=\frac{G_2}{G_1}$$

式中 n——诱导比，一般在2.5～5之间；

G_1—诱导器喷嘴送出的一次风量，kg/h；

G_2—诱导器吸入室内的二次风量，kg/h。

诱导器有各种类型，如图7—19所示为一种诱导器。

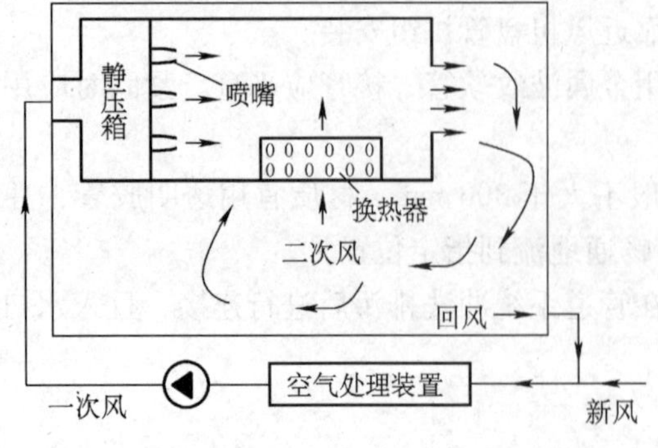

图7—18 诱导式空调系统组成与构造

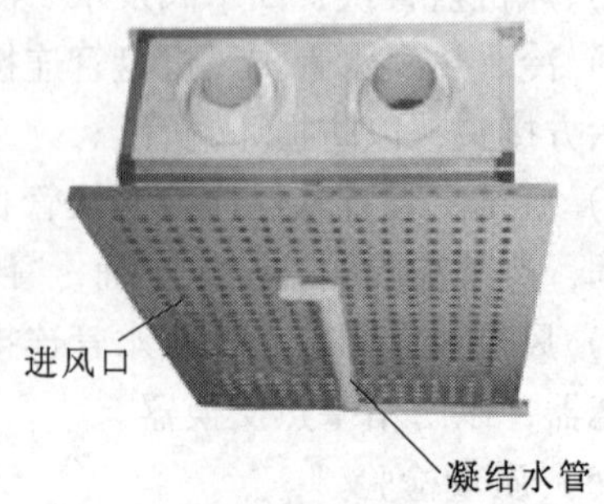

图7—19 诱导器

2. 诱导式空调系统的工作过程

夏季，在诱导器二次盘管内通以冷冻水来冷却二次风，称为二次冷却处理，其冷冻水称为二次冷却水。空调房间内的大部分显热负荷由二次冷却水承担。一次风只承担剩余的显热和全部的潜热负荷，一次风的风量可相应减少，因此可适当缩小送风管的尺寸。

二次冷却装置根据冷却盘表面有无凝露现象，分为干式冷却（二次风等湿冷却）和湿式冷却（二次风减湿冷却）。干式冷却要求在运行过程中将盘管表面温度控制在二次风的露点温度以上，使空气处理过程中在冷却盘管表面无凝露现象。湿式冷却则要求在运行过程中将盘管表面温度控制在二次风的露点温度以下，使空气在冷却盘管表面出现凝露现象，达到给室内循环空气去湿的目的。一般情况下，诱导式空调系统均为湿式冷却系统，其盘管内冷却水的水温在 10～14℃。

冬季，在诱导器二次盘管内通以热水来加热二次风，称为二次加热处理，其热水称为二次加热水。一般情况下，冬季供暖时，加热盘管内热水的温度在 70～80℃。

二次盘管水系统可分为双水管（一供一回）、三水管（一管供冷水、一管供热水、一管供回水）和四水管（冷、热水各自有独立的供、回水管）等供水方式（详见风机盘管水系统）。

3. 诱导式空调系统的特点

（1）将一次风作为新风送入空调房间，一般可以满足对空气的卫生要求；其二次风通过诱导器在室内循环，因此系统不用回风道，从而消除了各空调房间的相互干扰。

（2）一次风采用高速送风的方式，其送风风道的面积为普通全空气系统的 1/3，从而节省了建筑空间，旧建筑物加装空调系统时很适宜采用。

（3）冬季不使用一次风时，将盘管内通入热水就成了自然对流的散热器。诱导式空调系统的二次风，只能采取粗过滤方式，否则将影响其诱导比，因而不适于用在洁净度要求高的房间。

（4）风速较大，有一定的噪声，不适合用在噪声标准要求严格的房间。所以现在已较少采用，而大多被风机盘管空调系统等代替。

4. 诱导器的安装

诱导器安装除应按风机盘管安装工艺要求外，还应注意下面事项。

（1）诱导器安装前必须逐台进行质量检查。各连接部分不能松动、变形和产生破裂等情况；喷嘴不能脱落、堵塞；诱导器的静压箱封头处缝隙密封材料，不能有裂痕和脱落；一次风调节阀必须灵活可靠，并调到全开位置。

（2）诱导器经检查合格后按设计要求的型号就位安装，并检查喷嘴型号是否正确。

（3）暗装卧式诱导器应由支、吊架固定，并便于拆卸和维修。

（4）诱导器与一次风管连接处应严密，防止漏风。

（5）诱导器水管接头方向和回风面朝向应符合设计要求。立式双面回风诱导器为利于回风，靠墙一面应留 50 mm 以上空间。卧式双回风诱导器，要保证靠楼板一面留有足够空间。

想一想

讨论怎样安装诱导器。

四、净化空调系统

净化空调系统是指用于洁净空间的空气调节、空气净化系统。空气净化系统是指去除空气中的污染物质，控制房间或空间内空气达到洁净要求的技术（也称为空气洁净技术）。空气中的悬浮微粒除对人体健康不利外，还会影响室内清洁和产品质量，以及恶化空调设备的处理效果，如加热器、冷却器的传热性能等。因此，现代科学与工业生产技术对空气的洁净度提出了严格的要求，以保证生产过程和产品质量的高精度、高纯度及高成品率，同时对保证人体健康也具有重要意义。

1. 空气中悬浮微粒的种类

空气中（大气和空调房间内空气）悬浮微粒有多种污染成分，根据它们的性质，可分为以下几种。

（1）粉尘

由于自然或人为所造成的固体粒子，它们在空气中依靠重力沉降，粒径一般小于100 μm。

（2）烟气

由升华、蒸馏等反应过程产生的蒸汽凝结之后生成的固体粒子，粒径一般小于1 μm。

（3）烟尘

燃料的不完全燃烧所产生的粒子，是部分燃烧所产生的固态、液态及气态粒子的混合物，粒径一般小于1 μm。

（4）雾

由蒸汽凝结而产生，其大小通常为15～35 μm。

（5）有机粒子

最常见的有细菌（0.2～0.5 μm）、花粉（5～150 μm）、真菌孢子（1～20 μm）及病毒孢子（远小于1 μm）。

（6）非微粒性污染物

它包括常温、常压下的水蒸气以及永久性有害气体。水蒸气可以冷却到它的露点温度之下而被清除。这种方式对有害气体则行不通，因而清除有害气体比较棘手。

2. 空气中含尘浓度的表示方法

空气的含尘浓度是指单位体积空气中所含的灰尘量。根据室内空气净化的要求不同，采用下面三种方法表示。

（1）质量浓度

它是指单位体积空气中含有的灰尘质量，单位为kg/m^3。

（2）计数浓度

它是指单位体积空气中含有的灰尘颗粒数，单位为粒/m^3或粒/L。

（3）粒径颗粒浓度

它是指单位体积空气中所含的某一粒径范围的灰尘颗粒数，单位为粒/m^3或粒/L。

一般室内空气允许含尘标准采用质量浓度，而洁净室的洁净标准（洁净度）则采用计数浓度（每升空气中大于或等于某一粒径的尘粒总数）。

3. 室内空气的净化要求和标准

根据生产要求和人们工作生活的要求，通常将室内空气净化分为三类。

（1）一般净化

只要求一般净化处理，保持空气清洁即可，对室内含尘浓度无确定控制指标要求，大多数以调节温度和湿度为主的民用与工业建筑空调均属此类。

（2）中等净化

对室内空气中悬浮微粒的质量浓度有一定的要求，例如，提出在大型公共建筑物内，空气中悬浮微粒的质量浓度≤0.15 mg/m³（推荐值）。

（3）超净净化

对室内空气中悬浮微粒的大小和数量均有严格要求。表7—6为我国现行的空气洁净度等级标准。

表7—6　　空气洁净度等级悬浮粒子浓度极限

洁净度等级	大于或等于表中粒径的最大浓度/（个/m³）					
	0.1 μm	0.2 μm	0.3 μm	0.5 μm	1.0 μm	5.0 μm
1	10	2	—	—	—	—
2	100	24	10	4	—	—
3	1 000	237	102	35	8	—
4	10 000	2 370	1 020	352	83	—
5	100 000	23 700	10 200	3 520	832	29
6	1 000 000	237 000	102 000	35 200	8 320	293
7	—	—	—	352 000	83 200	2 930
8	—	—	—	3 520 000	832 000	29 300
9	—	—	—	35 200 000	8 320 000	293 000

4. 净化空调系统的形式

空气净化空调系统是以空气净化处理为主的空调系统，是以使空调房间的空气洁净度达到一定级别要求为目的的。它与普通空调系统有一定的共性，又有一定的特殊要求。净化空调系统的基本形式有以下几种。

（1）全室净化系统

它是指应用集中式净化空调系统，使整个房间具有相同的洁净度。全室净化系统适合于工艺设备高大、数量很多，且室内要求相同洁净度的场所。全室净化系统如图7—20所示。

（2）局部净化系统

它是指应用净化空调器或局部净化设备（如洁净工作台、棚式垂直层流单元、层流罩等），在一般空调环境中使局部区域具有一定洁净度。因此，局部净化适合于生产批量较小，或利用原厂房进行技术改善的场所。局部净化系统如图7—21所示。

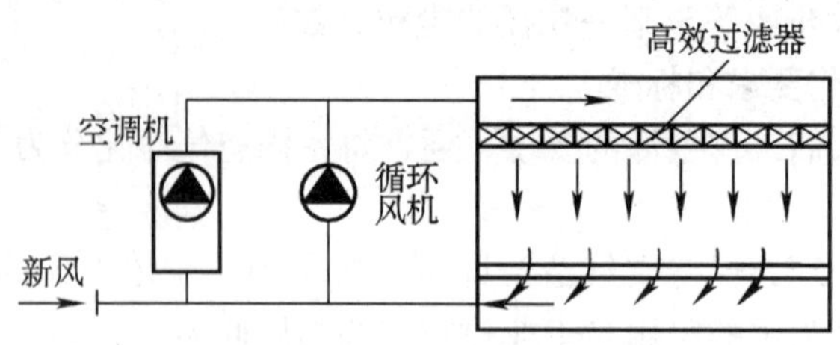

图 7—20　全室净化系统

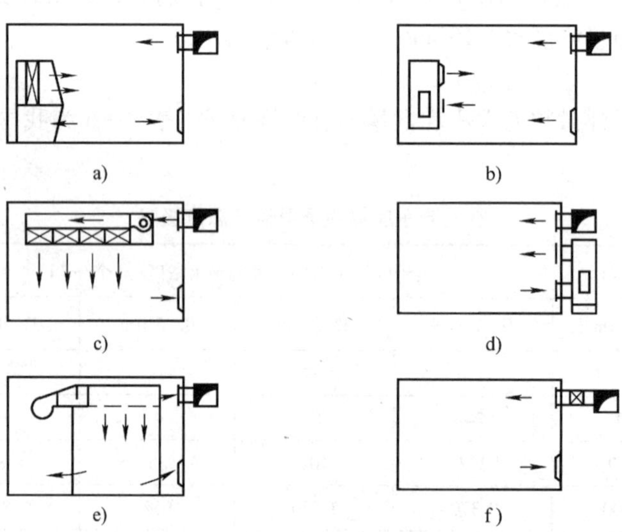

图 7—21　局部净化的几种方式

a）室内设置洁净工作台　b）室内设置空气自净器　c）室内设置层流罩装配式洁净小室
d）走廊或套间设置空气自净器　e）现场加工洁净小室　f）送风口装设高效过滤风机机组

（3）洁净隧道

它是以两条层流工艺区和中间的紊流操作活动区组成隧道形洁净环境，这种方式是全室净化与局部净化的典型，是应用比较广泛的净化方式。棚式洁净隧道如图 7—22 所示。

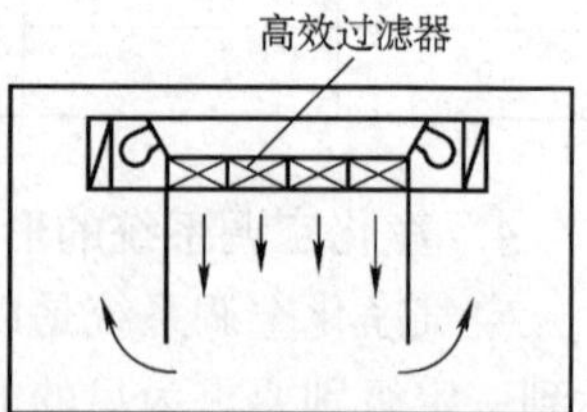

图 7—22　棚式洁净隧道

5. 空气洁净室

洁净室是指具有一定的洁净度、湿度、气体流速要求的房间。洁净室内空气中的尘粒个数不得超过空气洁净度等级标准所规定的数值。洁净室按气流流动方式可分为层流式和紊流式两种类型。

（1）层流式洁净室

如图 7—23 所示为垂直层流式洁净室的基本结构。垂直层流式洁净室的顶棚布满了高效过滤器，气流通过过滤器后以均匀的风速充满整个洁净室断面。从出风口到回风口，气流断面的流线平行，流速均匀，没有涡流，像“活塞”一样把室内任何一处随时产生的尘粒迅速推向下风侧，然后排走。

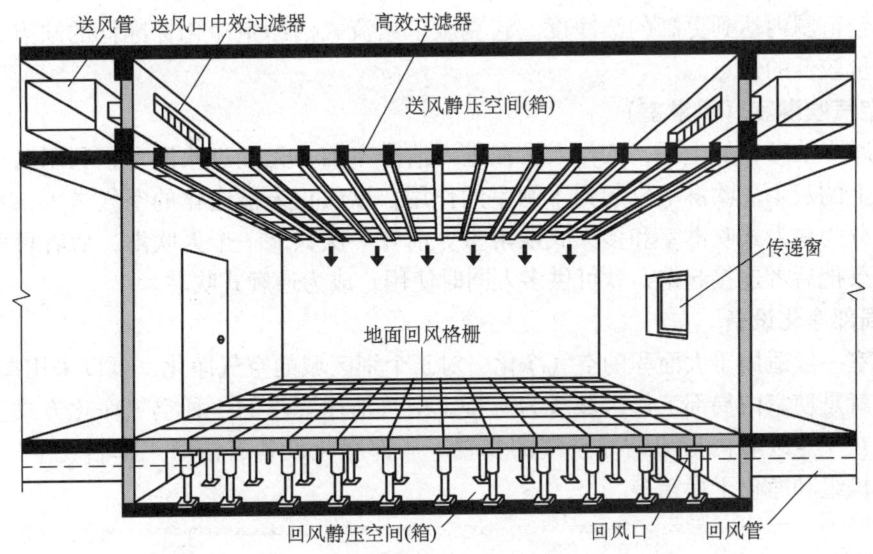

图 7—23　垂直层流式洁净室构造

水平层流式洁净室的基本结构和垂直层流式洁净室的基本结构相似，如图 7—24 所示。水平层流式洁净室是在送风侧墙上布满高效过滤器。由于水平层流式洁净室的气流方向与尘粒的重力沉降方向不一致，所以室内断面风速要求大于垂直层流式的断面风速，以避免出现尘粒向下沉降的现象。

层流式洁净室构造复杂，施工麻烦，投资和运行费用较高，只有在十分必要时才采用。

（2）紊流式洁净室

紊流式洁净室的基本结构如图 7—25 所示，其顶棚上装置有高效过滤器，气流通过带扩散板（或无扩散板）的高效过滤器送风口和局部孔板出风口，自上而下地吹出。其流向与尘粒的重力沉降方向一致，使室内的尘粒均匀扩散而被“稀释”，并经回风口流出排走，以达到室内洁净度的要求。在洁净度要求不高的场合也可用上侧送风下侧回风的方式。

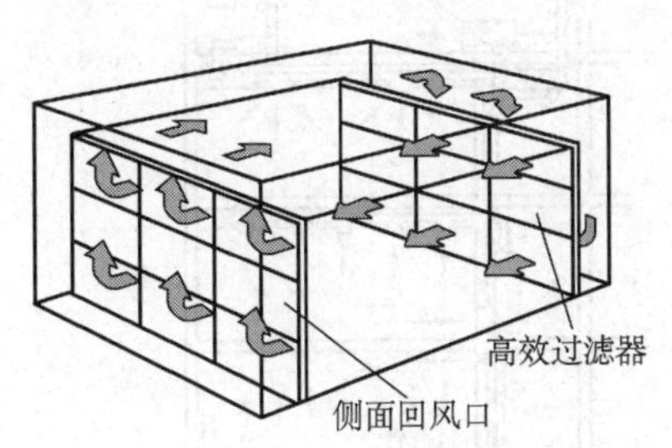

图 7—24　水平层流式洁净室

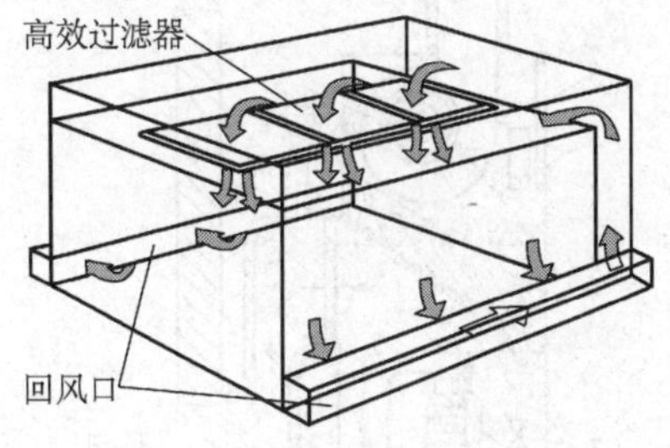

图 7—25　紊流式洁净室

紊流式洁净室由于受到送风口形式和布置的限制，室内换气次数与层流式相比不可能太多，同时室内还会出现涡流，因此室内工作区的洁净度标准较低。

紊流式洁净室结构简单，施工方便，投资和运行费用较小，所以应用比较广泛。

并用型洁净室是在紊流式洁净室内设置一个局部净化设备（紊流式带洁净工作台），以便在工作台范围内达到更高的洁净度。它克服了紊流式洁净室净化标准低的缺点，同时又保持了造价较低的优点。

6. 空气吹淋室（风淋室）

为了减少洁净室的尘源，工作人员在进入洁净室前，先经过吹淋室，利用高速洁净气流吹除身上的灰尘。吹淋室也起到了闸室的作用，以防止未被净化的空气进入洁净室。空气吹淋室分为单人式吹淋室和多人式吹淋室。前者一次只能一个人吹淋，后者可两人同时吹淋。如果把后者连接起来，就可供多人同时使用，成为通廊式吹淋。

7. 局部净化设备

洁净室一般适用于大面积的空气净化，对于个别区域的空气净化，可以采用局部净化。局部净化就是使室内局部工作区域成为有特定空气洁净要求的一种空气净化方式。局部净化设备是在一定区域内形成洁净空气的装置。局部净化设备有洁净工作台、空气自净器、净化空调机组和净化干燥箱等。

想一想

你认为自然空气中有哪些悬浮微粒？有什么方法可以将它们除去？

五、局部空调机组

局部空调机组实际上是一个小型空调系统（属制冷剂直接蒸发式空调系统），它将空气处理各设备（包括空气冷凝器、加热器、加湿器、过滤器）与通风机、制冷设备机组组合成一个整体，具有结构紧凑、安装方便、使用灵活的特点，所以在空调工程中得以广泛应用。如图 7—26 所示为局部空调机组的一种，图 7—27 是它在建筑物中应用的方式。

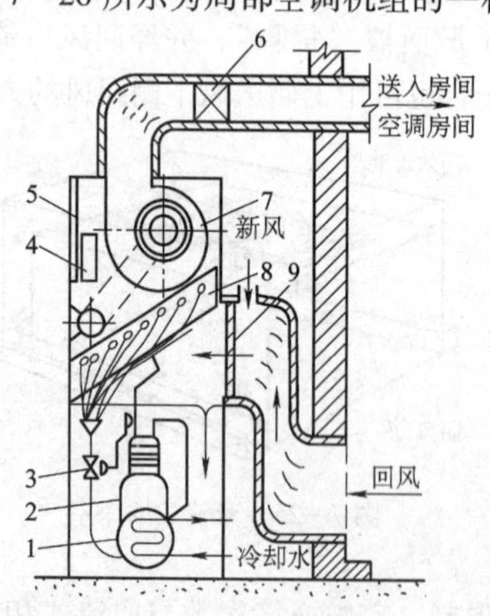

图 7—26 局部空调机组

1—冷凝器 2—制冷机 3—膨胀阀 4—电加湿器 5—自动控制屏 6—电加热器 7—通风机 8—蒸发器 9—空气过滤器

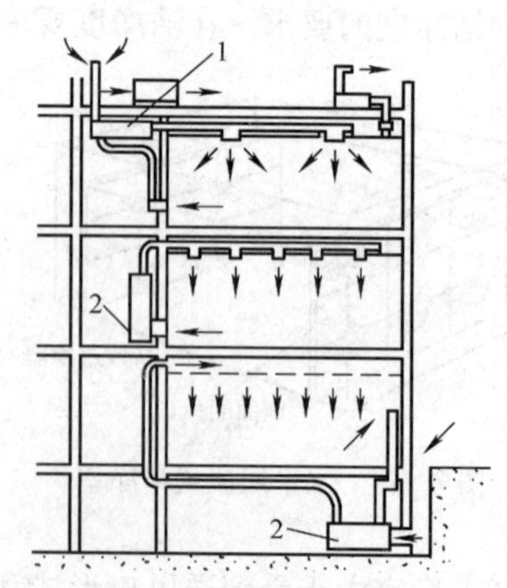

图 7—27 空调机组在建筑中的应用

1—风冷空调机组 2—水冷空调机组

1. 局部空调机组的类型

(1) 按机组的整体性来分

1) 整体式：将空气处理部分、制冷部分和电控系统的控制部分等安装在一个罩壳中形成一个整体。它结构紧凑、操作灵活，制冷量一般在 50 kW 以下。

2) 分体式：将蒸发器和室内风机作为室内机组，把制冷系统的蒸发器之外的其余部分置于室外，称为室外机组。新的产品还可以用一台室外机组与多台室内机组相匹配。由于传感器、配管技术和机电一体化的发展，分体式机组的形式多种多样。

(2) 按制冷设备冷凝器的冷却方式来分

1) 风冷式：容量较小的机组，其冷凝器大都采用风冷却。风冷式空调机，可不受水源条件限制，在任何地区都可使用。它不需冷却塔和冷却水泵，给使用维修带来了很大的方便。风冷式在水源紧张的地区和家用小型空调机上的使用都很普遍。

2) 水冷式：容量较大的机组，其冷凝器一般都用水冷却。它一般用于水源充足的地区，为节约用水，大多数使用循环水。

(3) 按使用功能来分

1) 单冷型：又称为冷风机，它仅作为夏季降温用。

2) 冷热两用型：其中按产热方式不同又分为电热型和热泵型两种。电热型的空调机组，冬季是依靠电加热器来供热的。而热泵型空调机组，冬季仍由制冷机工作，借助四通阀的转换，使制冷剂逆向循环，制冷系统中的蒸发器（夏季降温用）变为热泵的冷凝器向室内供热。

(4) 按空调机组安装位置来分

1) 窗式：其制冷量在 7 kW 以下，风量在 0.33 m^3/s（1 200 m^3/h）以下，属小型空调机。一般安装在窗台上，蒸发器朝向室内，冷凝器朝向室外。

2) 立柜式：其制冷量在 7 kW 以上，风量在 5.55 m^3/s（20 000 m^3/h）以下，其容积较大。立柜式空调机组通常采用落地式安装，机组可以设在房间外面，小型立柜式空调机组也可以直接安装在房间内。

局部空调机组的形式较多，如图 7—1 所示的房间空调器就是几种局部空调机组。

随着生产规模的发展，各国空调机组的产量都极大，除了工业建筑外，民用建筑的使用也日益普遍。局部空调机组的功能已向专业化发展，以适应各种特殊需要，例如，已生产的有全新风机组、低温机组、净化机组、计算机室专用机组等。

2. 空调机组的性能和应用

(1) 空调机组的能效比

能效比就是指空调的能耗与效用的比值。能效比分为两种，分别是制冷能效比 EER 和制热能效比 COP。一般情况下空调机组的能效比通常指的是制冷能效比 EER。

能效比是评价空调机组的一种能耗指标，其定义式为：

$$\mathrm{EER}=\frac{\text{机组名义工况下制冷量(W)}}{\text{整机的功率消耗(W)}}\quad \text{或}\quad \mathrm{COP}=\frac{\text{机组名义工况下制热量(W)}}{\text{整机的功率消耗(W)}}$$

空调机组的名义工况（又称额定工况）下制冷量是指国家标准规定的进风湿球温度、

风冷冷凝器进口空气的干球温度等检验工况下测得的制冷量，随着产品质量和性能的提高，目前 EER 值在 2.5 ~3.0 之间。

（2）空调机组的应用方式

1）单台机组独立使用：一个空调房间使用一台空调机组属于这种情况。现在生产的小型分体式空调器、穿墙式空调器及窗式空调器均可使用，使用窗式空调器时要注意与建筑外观的配合。

2）多台机组独立使用：对于较大的空调房间（如餐厅、会议厅、车间等），一台机组容量不够时，或者从备用机调节角度出发，可以选用两台或数台机组。但是在这种情况下，每台机组仍是独立工作的。这种方式可以连接风道，也可不连接风道。连接风道的机组应有足够的机外余压，以满足送风量和气流组织的设计要求。

想一想

讨论你所见到过的空调机组的形式及运行特点。

复 习 题

1. 空调系统是怎样分类的？空调系统的形式有几种？
2. 以图 7—9 为例，掌握集中式空调系统的组成和基本工作过程。
3. 风机盘管空调系统由哪些设备及部件组成？说明各组成部件的作用。
4. 风机盘管空调系统有哪几种新风供给方式？各有什么特点？
5. 风机盘管有哪几种水系统？各有什么特点？
6. 诱导器的工作原理是什么？
7. 诱导器盘管供水温度有什么要求？
8. 空气净化分为哪几类？
9. 熟悉净化空调系统的几种形式。
10. 什么是空气洁净室？
11. 熟悉空气洁净室的基本构造和工作过程。
12. 什么是局部空调机组？
13. 什么是空调机组的能效比？它具有什么实际意义？

第三节　空气处理设备及安装

为了使空调房间送风的温度、湿度、洁净度等参数达到使用要求，在空调系统中必须有相应的空气处理设备，通过各种处理方法（如对空气的加热或冷却、加湿或减湿），满足所要求的送风状态。

一、喷水室

空调工程中，用喷淋水处理空气得到广泛应用，尤其是对于大型的生产性空调。它的特点是：喷水室中水和空气直接接触，热湿交换率高；空气被洗涤净化；只要适当改变水温，就能对空气进行加热、加湿或降温、减湿处理。

喷水室处理空气是用喷嘴将不同温度的水喷成雾状水滴，使空气与水之间产生强烈的热、湿交换，从而达到一定的处理效果。

喷水室的基本构造如图 7—28 所示，主要由喷嘴、排管、挡水板、水池、滤水器、管路系统及外壳组成。

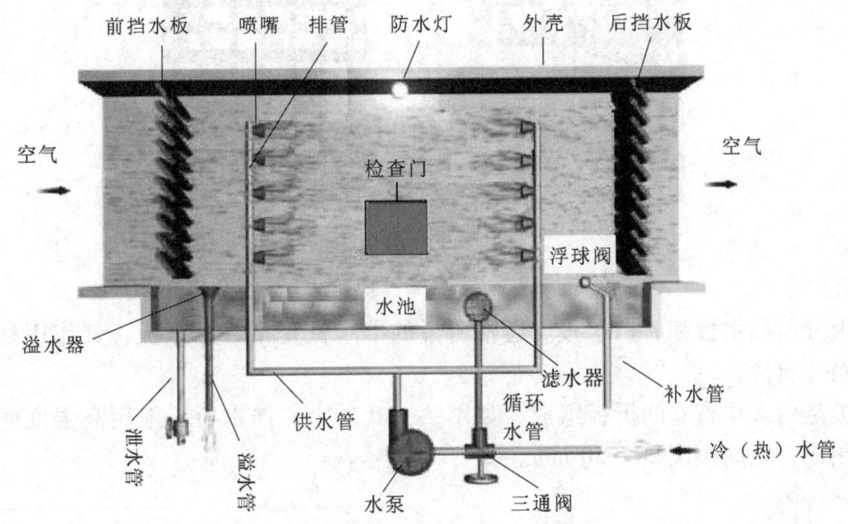

图 7—28 卧式喷水室的构造

喷水室处理水过程：空调系统中被处理的空气经过导流板（或前挡水板）均匀地进入喷水室，与排管上喷嘴喷出的水滴直接接触进行热湿交换，然后经过后挡水板过滤掉夹在空气中的水滴后，被风机送入空调房间。喷嘴均匀地布置在排管上，排管通常设置 1 ~ 3 排，与空气进行热、湿交换后的水滴落到喷水室底部的水池中，其中一部分排掉，另一部分再循环与冷（热）水混合使用，或全部循环使用。为了方便观察和检修的需要，在喷水室上部装有防水灯，在侧壁上装有检查门。

喷水室的形式按气流方向分为卧式、立式；按喷水级数分为单级、双级；按喷水室中空气流速分为低速（风速为 2 ~ 3 m/s）和高速（风速为 3.5 ~ 6.5 m/s）；按风机置于喷水室的前后位置分为吸入式和压入式。卧式喷水室适用于需要处理大量空气的场合，处理空气量小时常采用立式喷水室。立式喷水室的特点是占地面积小，空气自上而下与水接触，热湿交换效率更高。双级喷水室相当于两个单级喷水室串联，只在夏季冷却空气时使用，第一级常使用循环水对空气预冷，第二级用冷冻水对空气再冷却，使空气得到较大的焓降，相对湿度达95%～98%，节约了冷冻水的用量。

风机设在挡水板后的称为吸入式空调室，设在挡水板前的称为压入式空调室。吸入式空调室中为负压，当敞开密封门时水滴不会溅出，水流流动比较平稳，但电动机容易受潮。压入式空调室中为正压，未经处理的空气不会经喷水室门缝吸入，电动机不易受潮，但检查门容易漏水。

1. 导流板

导流板又称整流器，一般用作前挡水板，其结构如图7—29所示。导流板安装在喷水室入口，其作用是使空气均匀地进入喷水室，减少空气中的涡流，提高空气与水之间的热湿交换效率。

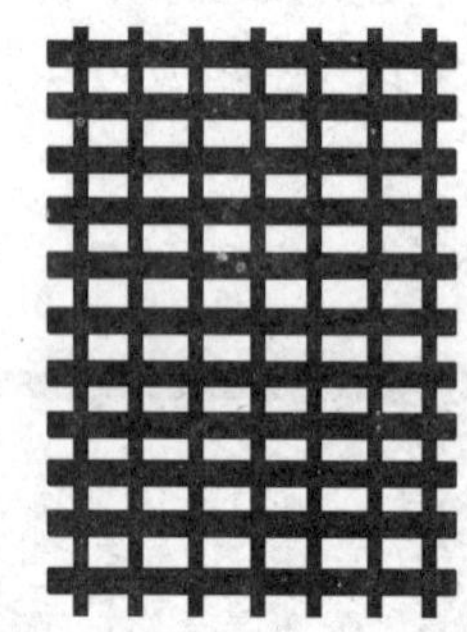

图7—29 导流板

2. 挡水板

挡水板分前挡水板和后挡水板。通常所说的挡水板是指后挡水板，其作用是将空气中悬浮的水滴分离掉。

挡水板是由多块直立的折板组成，如图7—30所示。挡水板一般用高强度的薄塑料板或玻璃钢制成，板间距离20～50 mm。

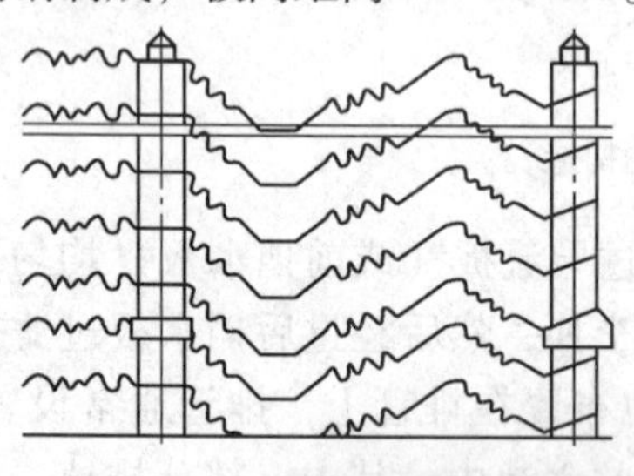
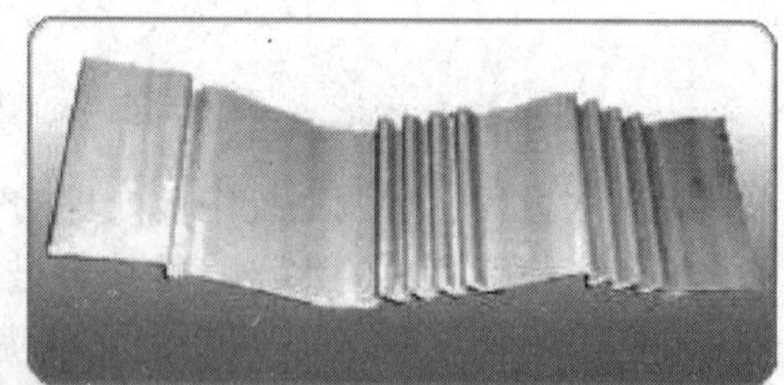
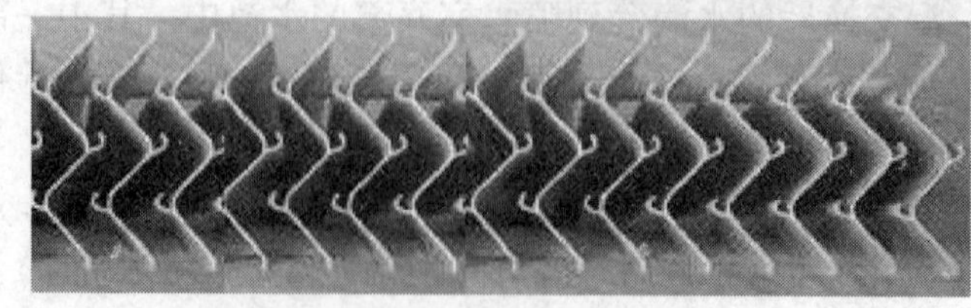

图7—30 挡水板

当携带着水滴的空气经过挡水板曲折通道时，不断改变方向，水滴由于惯性作用，就会不断和挡水板表面发生碰撞而聚集在板面并形成水膜，然后沿挡水板流入水池。但挡水板并不能把空气中的全部水滴挡住，部分水滴随空气穿过挡水板，称为挡水板的过水量。

挡水板的过水量与空气流速，挡水板的折数、折角的大小、板间距离等有关，挡水板的折数越多、折角越小、间距越小，则过水量越少，但阻力越大。实际工程中一般取 4 ~ 6 折，夹角为 90° ~ 120°。

对于高速喷水室，后挡水板常采用波形挡水板，波形挡水板的特点是阻力小，挡水效果好。低速喷水室常用折形前挡水板，一般为 2 ~ 3 折，夹角为 90° ~ 150°。其作用是阻挡喷水室中飞溅出来的水滴，并使空气均匀地进入喷水室。对于高速喷水室，常用导流板代替前挡水板。

3. 喷嘴及喷嘴排管

喷嘴的作用是把水喷成细小水滴，增大空气与水之间的接触面积，增强热湿交换作用。在空调系统中，常用喷嘴的形式有离心式喷嘴和双螺旋离心式喷嘴等。

喷水室常用的离心式喷嘴如图 7—31 所示。离心式喷嘴主要由喷嘴本体和喷嘴顶盖两部分组成，材料一般采用不锈钢、黄铜、尼龙和塑料等，其规格一般有 DN15、DN20 两种。

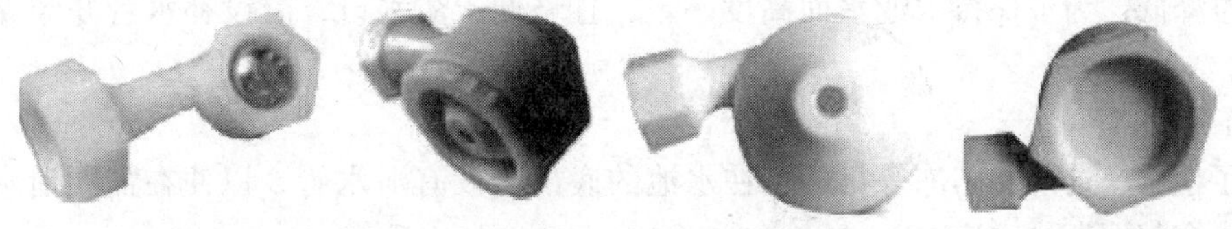

图 7—31　喷水室常用的离心式喷嘴

具有一定压力的水经小管由切线方向进入喷嘴内的水室，在水室中产生旋转运动，最后由小盖中心的小孔喷出来，被分散成细小水滴，喷嘴喷出水量多少、水滴大小、水苗长短以及水苗扩散角的大小，与喷嘴的构造、孔径、水量大小有关。双螺旋离心式喷嘴以及各种性能良好的新型喷嘴的共同特点是喷水压力小、雾化程度好，新型喷嘴的构造和工作原理与离心式喷嘴基本相同，仅在结构上做了某些改进。

喷嘴排管与供水干管的连接，一般采用上分式、下分式、中分式和环式，如图 7—32 所示。喷水室断面较大时，可采用中分式或环式，排管最低处应设泄水阀。排管与喷嘴的设置密度应根据喷嘴形式确定。喷嘴在排管上一般布置成梅花形；如果喷嘴数比较多，也可以布置成密排形式。

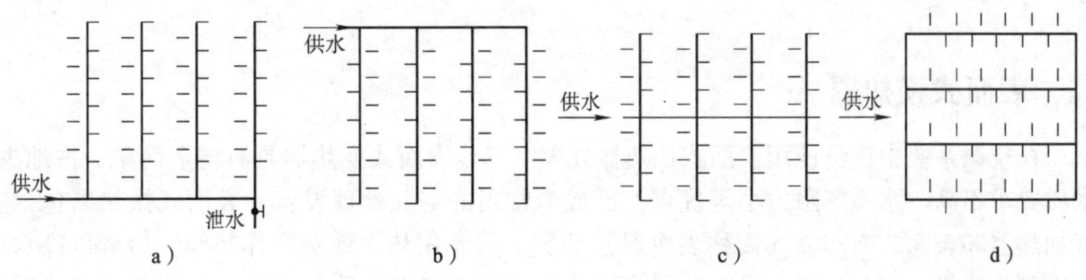

图 7—32　喷嘴排管的连接方式

a）下分式　b）上分式　c）中分式　d）环式

4. 喷水室外壳

喷水室外壳一般用 1.5 ~2 mm 厚的钢板制作，也可以用砖砌或混凝土制作，喷水室外壳应注意防水和保温措施。为了便于检修，喷水室外壳设保温检修门，内装防水灯。

5. 水池及附属装置

(1) 水池

喷水室水池一般按能容纳 2 ~3 min 的喷水量来确定。水池的长和宽可根据喷水室尺寸确定。在修建水池时，应考虑管道的预埋和防水问题。

(2) 溢水管

水池通过溢水器与溢水管相连，以排除水池中维持一定水位后多余的水。在溢水器的喇叭口上有水封罩可将喷水室内外空气隔绝，防止喷水室内产生异味。

(3) 补水管

用循环水对空气进行绝热加湿时，水池中的水量将逐渐减少，由于泄漏等原因也可能引起水位降低。为了保持水池水面高度一定，且略低于溢水口，需设补水管并经浮球阀自动补水。

(4) 泄水管

为了检修、清洗和防冻等目的，在水池的底部需设有泄水管，以便在需要泄水时，将池内的水全部泄至排水道。

(5) 滤水器

当使用循环水时，需对水进行过滤，以防杂质堵塞喷嘴孔口。滤水器通常做成圆筒形，有时把滤水器网制成隔板状插入水池中。滤水网常采用铜丝网。

6. 空气处理室的安装要求

(1) 金属空气处理室壁板及各段的组装位置应正确，表面平整，连接严密、牢固。

(2) 喷水段的本体及其检查门不得漏水，喷水管和喷嘴的排列、规格应符合设计的规定。

想一想

喷水室能够对空气的温度和湿度进行精确控制吗？你有什么较好的控制方法？

二、表面式换热器

在空调系统中广泛使用表面式换热器处理空气。表面式换热器具有构造简单、占地少、水质要求不高、水系统阻力小等优点，已成为常用的空气处理设备。表面式换热器包括空气加热器和表面式冷却器（简称表冷器）两类。前者用热水或蒸汽作热媒，后者以冷水或制冷剂作冷媒。因此，表面式冷却器又可分为水冷式和直接蒸发式两类。表面式换热器如图 7—33 所示。

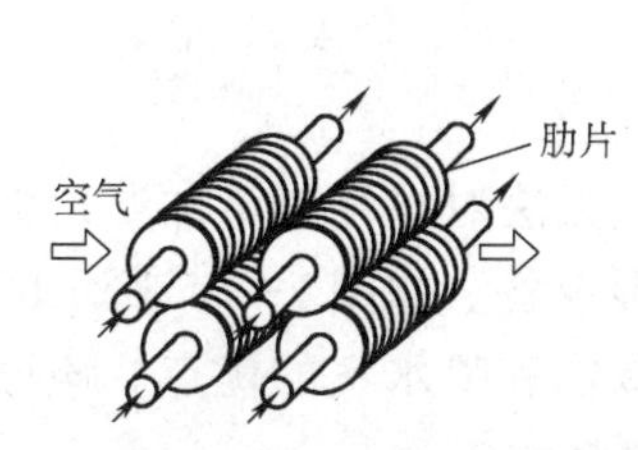

图 7—33 表面式换热器

1. 表面式换热器的基本构造

表面式换热器的换热管一般采用铜管或铝管制成，为了增大传热效果，通常在光滑的铜管或铝管外表面上加工出各种肋片，肋片的形式主要有褶皱绕片、光滑绕片、轧片、冲缝肋片、串片、二次翻边片和波纹肋片等。同时采用内螺纹管强化换热器的内侧换热，使换热器的换热效率得到了进一步提高，如图 7—34 所示为几种表面式换热器换热管肋片的类型。

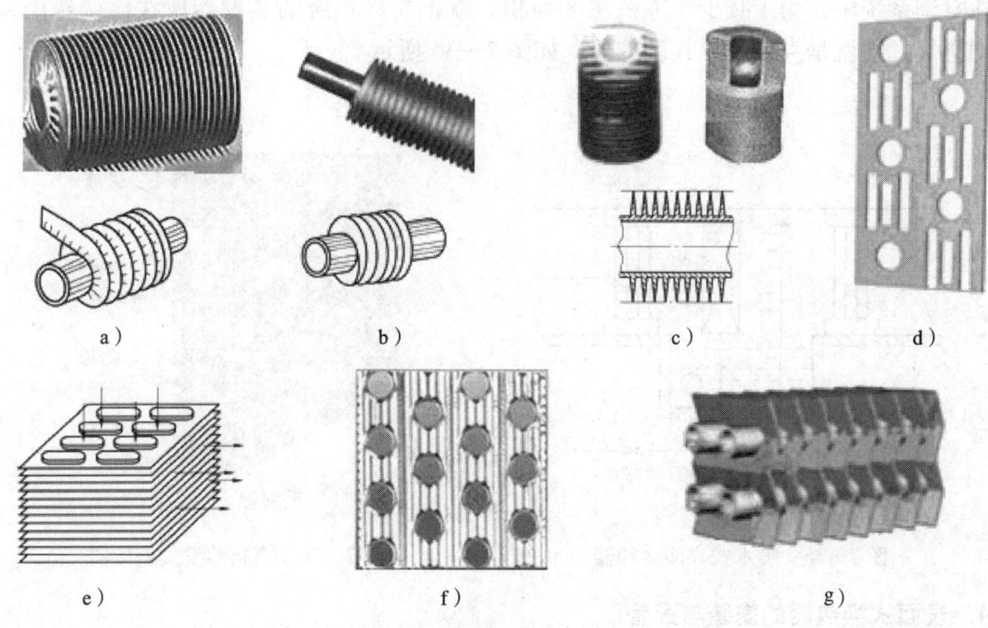

图 7—34 表面式换热器换热管肋片的类型

a）褶皱绕片 b）光滑绕片 c）轧片 d）冲缝肋片 e）串片 f）二次翻边片 g）波纹肋片

褶皱式绕片是将铜带或钢带用绕片机紧紧地缠绕在管子上制成；光滑绕片是用延展性好的铝带绕在铜管或钢管上制成；将事先冲好管孔的肋片与管束串在一起，经过胀管之后可制成串片；用轧片机在光滑的铜管或铝管外表面上轧出肋片便成了轧片；二次翻边片就是在管孔处翻两次边；波纹肋片是指肋片外形呈波纹形的肋片；冲缝肋片是在普通肋片上用机械设备冲许多条行缝。

实际工程中，用于加热空气的表面式换热器称为空气加热器；用于冷却空气的表面式换热器称为表面冷却器，简称表冷器。

2. 喷水式表面冷却器

由于表冷器只能冷却干燥空气，无法对空气进行加湿，更不容易达到更严格的湿度控制要求，所以在需要时还需另设加湿设备。如图 7—35 所示的喷水式表冷器却能弥补普通表冷器这方面的不足，使之兼有表冷器和喷水室的优点。该设备的具体结构是在普通表冷器前设置喷嘴，向表冷器外表面喷循环水。

测定数据表明，在表冷器上喷水可以提高热交换能力，其原因一方面是由于喷水水苗及沿冷却器表面下流的水膜增加了热交换面积，另一方面是喷水对水膜也有扰动作用，减少其热阻。但是，喷水式表冷器热交换能力的增加程度与表冷器排数多少有关。排数少时传热系数增加较多；排数多时，由于喷水作用达不到后面几排，所以传热系数增加较少。

尽管喷水式表冷器既能加湿空气，又能净化空气，同时传热系数也有不同程度的提高，但是由于增加了喷水系统及其能耗，空气阻力也将变大，所以也影响了喷水式表冷器的推广应用。

3. 直接蒸发式表冷器

在空调系统中，为了减少冷冻机房的面积，就把制冷系统的蒸发器放在空调箱中，直接冷却空气，这就是直接蒸发式表冷器，如图 7—36 所示。

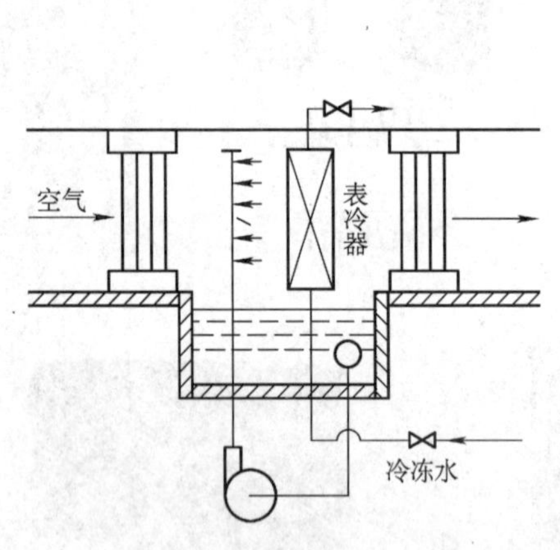

图 7—35 喷水式表面冷却器

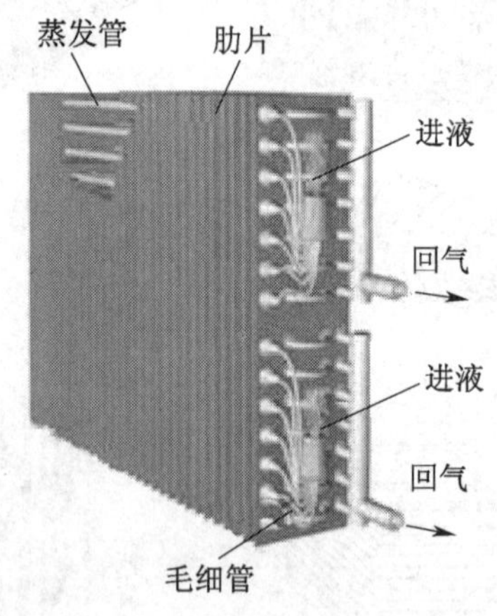

图 7—36 直接蒸发式表冷器

4. 表面式换热器的安装与配管

(1) 表面式换热器的安装方式

表面式换热器根据风管实际位置，可以采用垂直安装、水平安装和倾斜安装，如图 7—37 所示。

(2) 空气加热器的配管

用空气加热器加热空气时，当被处理的空气量较大时，可以采用并联组合安装；当被处理的空气要求温升较大时，宜采用串联组合安装；当空气量较大、温升要求较高时，可以采用并、串联组合安装。安装方式如图 7—38 所示。

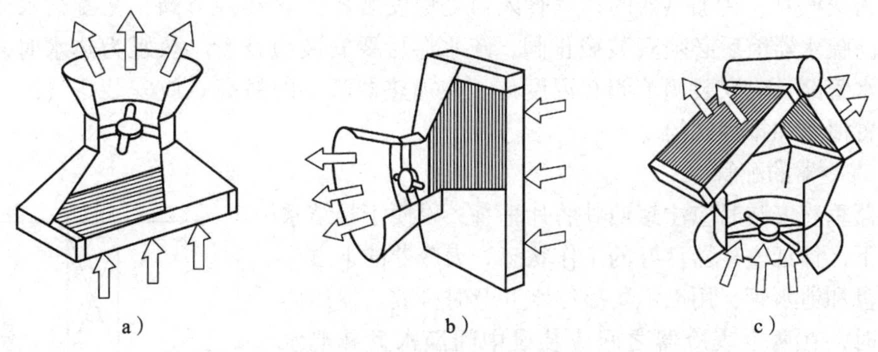

图 7—37　表面式换热器的安装方式

a）水平安装　b）垂直安装　c）倾斜安装

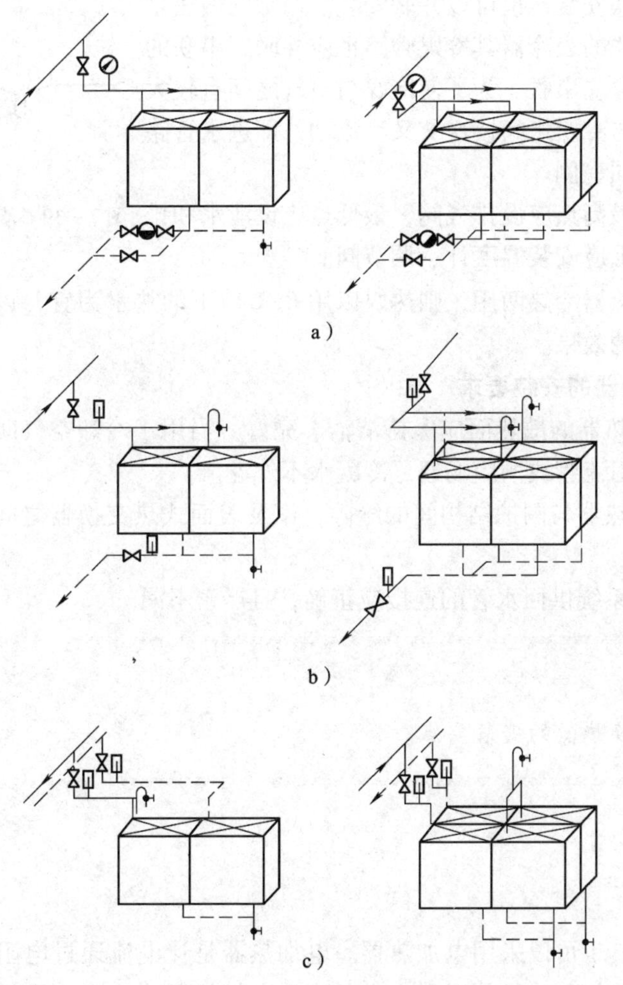

图 7—38　空气加热器与热媒管路的连接方式

a）蒸汽管路与加热器并联　b）热水管路与加热器并联　c）热水管路与加热器串联

热媒为蒸汽时，在加热器的蒸汽管入口处应安装压力表和调节阀，在凝结水管上应安装疏水器。疏水器前后必须安装截止阀，疏水器后要安装检查管。热媒为热水时，加热器的进、出水管路上应安装调节阀和温度计。在加热器管路的最高点应安装排气阀，而在最低点应设置泄水和排污阀门。

（3）表冷器的配管

表冷器垂直安装时应注意使其肋片垂直，以便于凝结水滴及时落下，保证表冷器良好的工作状态。表冷器的下方应安装滴水盘和泄水管，用以汇集凝结水并及时排放。使用两个表冷器时，在两个表冷器之间应装设中间滴水盘和泄水管。泄水管应有水封，以防吸入空气。表冷器滴水盘安装如图 7—39 所示。

表冷器可以串联安装，也可以并联安装。通常的做法是相对于空气来说并联的表冷器其冷媒管路也应并联，串联的表冷器其冷媒管路也应串联。为了使冷媒与空气之间有较大温差，最好让空气与冷媒之间按逆交叉型流动，即进水管路与空气出口应位于同一侧。

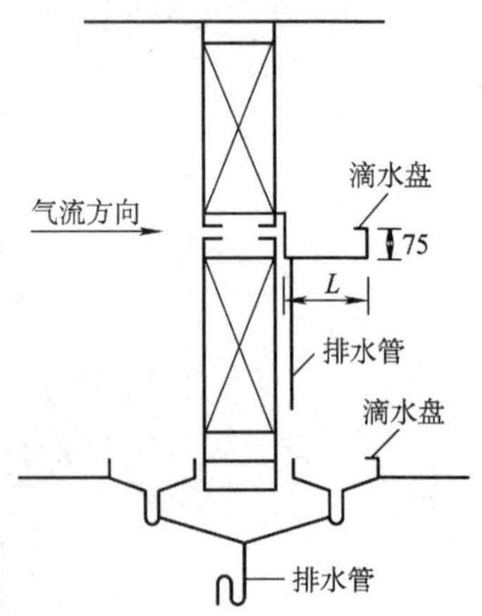

图 7—39　滴水盘与排水管的安装

表冷器水系统最高点应设排气阀，最低点应设泄水和排污装置，冷水管路上应安装温度计、调节阀。

如果表面式换热器冷热两用，则热媒以用 65℃以下的热水为宜，以免因管内壁积水垢过多而影响换热器的效果。

5．表面式换热器的安装要求

（1）表面式换热器的散热面应保持清洁、完好。当用于冷却空气时，在下部应设有排水装置，冷凝水的引流管或槽应畅通，冷凝水不外溢。

（2）表面式换热器与围护结构间的缝隙，以及表面式热交换器之间的缝隙，应封堵严密。

（3）换热器与系统供回水管的连接应正确，且严密不漏。

想一想

讨论表面式换热器的安装要点。

三、电加热器

对空气的加热，也可以采用电加热器。电加热器是让电流通过电阻丝发热来加热空气的设备。它具有加热均匀、供热量稳定、效率高、结构紧凑、反应灵敏和便于实行自动控制等优点，因此，在空调机组和小型空调系统中应用较广。在恒温精度要求高的大型空调系统中，也经常在送风支管上使用电加热器来控制局部加热。常用的电加热器主要有裸线式和管状式。

1. 裸线式电加热器

裸线式电加热器由裸露在空气中的电阻丝构成，如图 7—40 所示。这种电加热器的外壳是由中间填充绝缘材料的双层钢板组成，在钢板上装有固定电阻丝的瓷绝缘子，电阻丝的排数根据设计需要来决定。这种电加热器可根据《采暖通风标准图集》中“空气加热器”部分的标准图样进行选用和加工。在定型产品中，常把裸线式电加热器做成抽屉式，使检修更为方便。

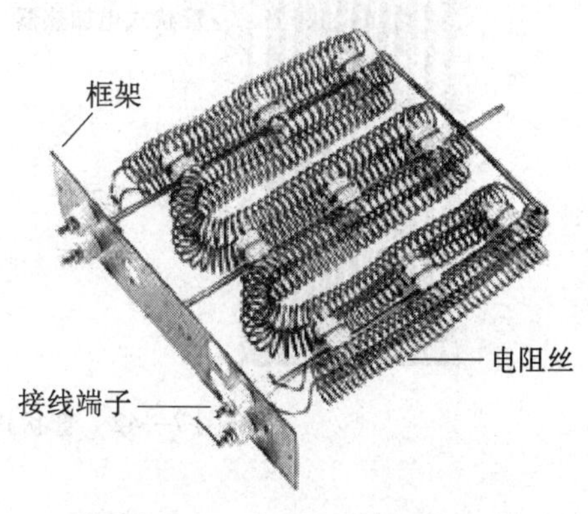

图 7—40 抽屉式裸线电加热器

裸线式电加热器热惰性小，加热迅速，结构简单，但容易漏电，安全性差（电阻丝短路时会触电）。所以，使用时必须有可靠的接地装置，应与风机联锁运行，以免造成事故。

2. 管状式电加热器

管状式电加热器由管状电热元件组成，这种电热元件是将电阻埋装在特制的金属套管中，中间填充导热性好的电绝缘材料，如图 7—41 所示。管状电热元件除棒状之外，还可以加工成带螺旋翅片等其他形态，使其更具有尺寸小、加热快的优点。管状式电加热器和裸线式电加热器相比，具有加热均匀、供热量稳定、安全性好等优点；缺点是热惰性大，构造较复杂。

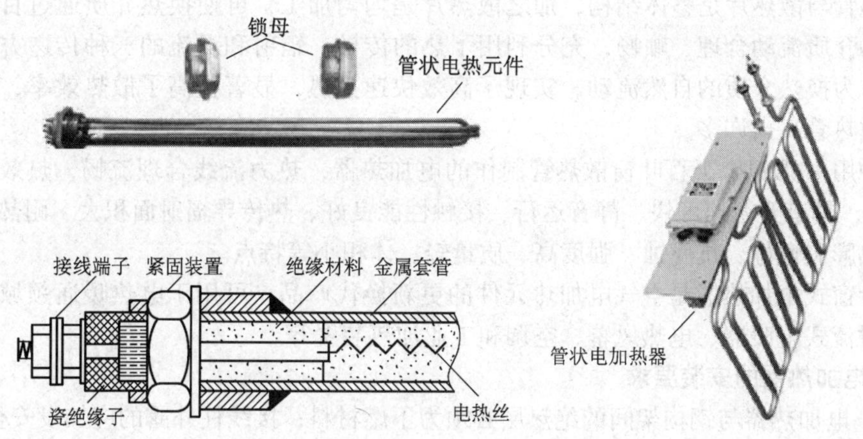

图 7—41 管状式电加热器及管状电热元件

管状式电加热器可根据实际情况加工成风道、风口形状等，使安装和维修更加方便。如图 7—42 所示为管状式电加热器在空调风道中的安装形式。

3. 百叶窗式电加热器

百叶窗式电加热器是采用导热系数高的 X 形铝合金百叶窗散热管制造，如图 7—43 所示。

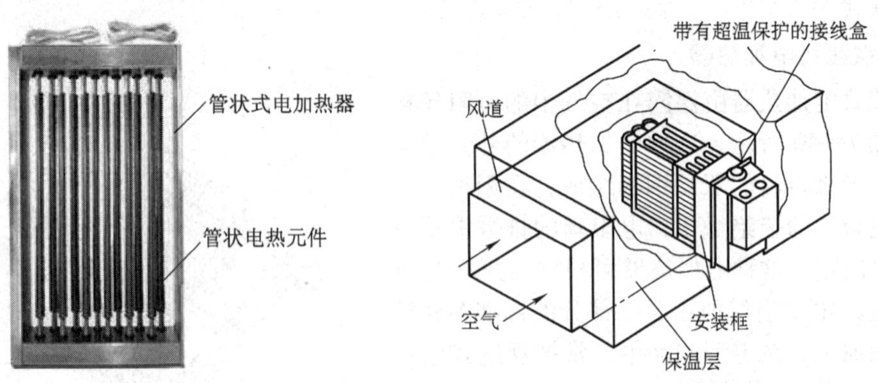

图 7—42　管状式电加热器在风道中的安装形式

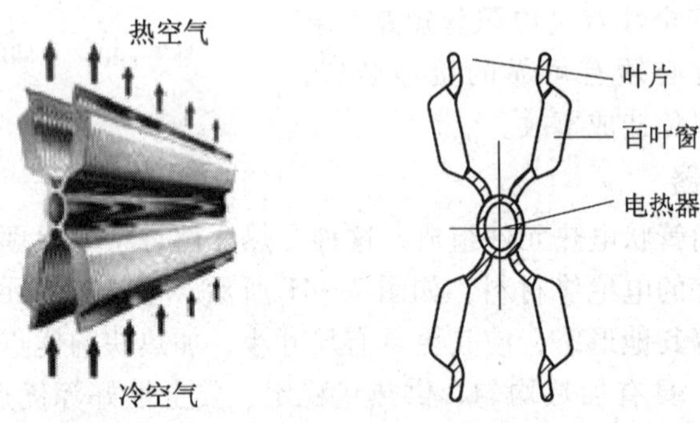

图 7—43　百叶窗式电加热器

由于散热管与散热片是整体结构，加之散热片是均匀加工，可使换热介质通过百叶窗。因此，换热介质流动合理、顺畅，充分利用了热的传导、辐射和对流的三种传递方式，尤其是空气作为换热介质的自然流动，实现了高效快速换热，显著提高了散热效率，其散热率比直管散热管高出许多。

这种用 X 形铝合金百叶窗散热管制作的电加热器，热力流线合理流畅，热效率几乎接近 100%，具有升温速度快、静音运行、接触性能良好、热传导辐射面积大、耐热振和机械振动、热膨胀性好、抗腐蚀、强度高、质量轻、体积小等特点。

百叶窗式电加热器是空气电加热元件的更新换代产品，可用于电热暖通领域的发热元件，如对流式电暖器、电热风幕、空调和工业加热装置等。

4. 电加热器的安装要求

（1）电加热器与钢构架间的绝热层必须为不燃材料；接线柱外露的应加设安全防护罩。

（2）电加热器的金属外壳接地必须良好。

（3）连接电加热器的风管的法兰垫片应采用耐热不燃材料。

想一想

在保证安全的条件下，你能自己组装一个电加热器吗？

四、加湿器

空调系统中，加湿器是对空气进行加湿处理的设备。空气可以在空气处理室或送风管道内对送入房间的空气集中加湿；也可在空调房间内部对空气局部补充加湿。空气加湿的方法，除前面讲过的利用喷水室加湿外，还可以采用直接喷水蒸气加湿、直接喷水雾气加湿、水表面自然蒸发加湿和电热加湿等。

1. 加湿器的类型

（1）根据对空气的处理方式分类

1）集中式加湿器：它是在集中式空气处理室中对被调节的空气进行加湿的设备。

2）局部式加湿器：它是在空调房内进行加湿处理的设备，也称为补充式加湿器。

（2）根据加湿的介质状态分类

1）水加湿器：它是在被调节的空气中直接喷水或让空气通过水表面，促使水蒸发来加湿的设备。水加湿器常通过空调箱来实现。

2）蒸汽加湿器：它是对被调节的空气喷入蒸汽的加湿设备。蒸汽可来自锅炉、电极式或电热式水蒸气发生器。

3）雾化加湿器：它是将常温水雾化后喷入空气的加湿设备。水的雾化可通过超声波雾化器或回转式雾化器等来实现。

2. 蒸汽加湿器

蒸汽加湿器将水蒸气直接与空气混合而增加空气的湿度。在空调工程中，它可在空气处理室里集中加湿，也可在空调房内局部加湿，使用较多的有蒸汽喷管和干式蒸汽加湿器。

（1）蒸汽喷管

普通蒸汽喷管由蒸汽管组成，管长一般小于 1 m。其上有若干个直径为 2 ~ 3 mm 的小孔，孔间距一般大于 50 mm。蒸汽喷管工作时，在蒸汽压力作用下，蒸汽由小孔喷出，与被调节的空气混合以达到加湿的作用。但蒸汽喷管喷的水蒸气中往往夹带着凝结水滴，影响加湿效果的控制，且工作时噪声大，因而在使用上受到一定的限制。普通蒸汽喷管一般适用于加湿量大或送风温度较低的场合，可广泛用于纺织、烟草、涂装、电子、医药等行业的空气处理机组中的加湿。

蒸汽喷管可以自制，也可以选用定型产品。蒸汽喷管可以安装在空调机组或风道内，安装时应注意吸收距离（蒸汽喷管和下游物体的最短距离），当吸收距离较短时，一般采用干式蒸汽加湿器。蒸汽喷管在空调机组或风道内的安装如图 7—44 所示。

（2）干式蒸汽加湿器

在空调工程中应用广泛的干式蒸汽加湿器基本是由带保温外套的喷管组件、带气动或电动调节阀的蒸汽分离干燥室和消声装置等部件组成，其基本结构如图 7—45 所示。

干式蒸汽加湿器的工作过程：工作蒸汽由蒸汽引导管进入喷管外套，对喷管内的蒸汽起加热、保温、防止蒸汽凝结的作用。外管蒸汽经导流管进入分离室，撞击折流板后使汽、水分离，凝结水进入分离式底部排水口经过疏水器排出。分离出冷凝水的干蒸汽由分离室

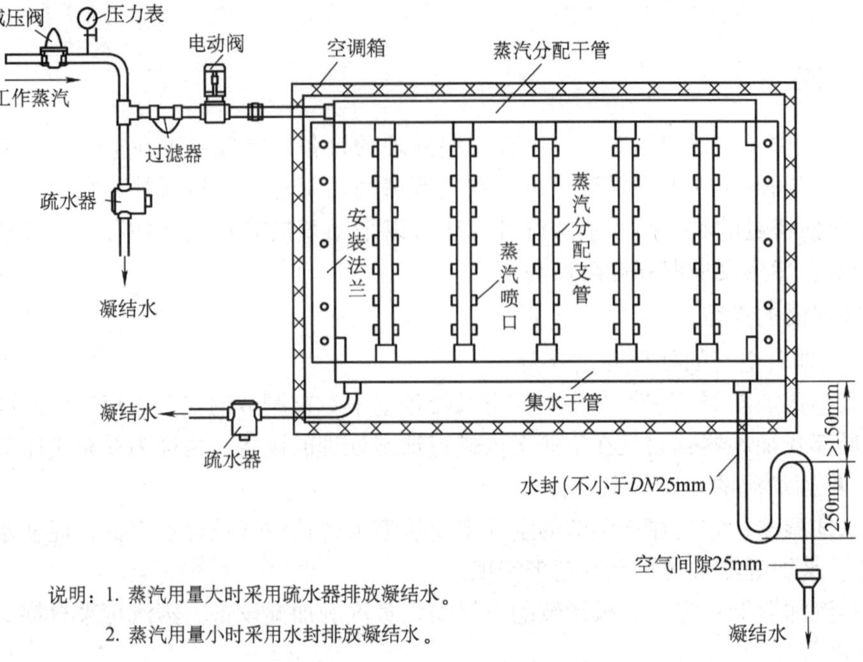

说明：1. 蒸汽用量大时采用疏水器排放凝结水。
2. 蒸汽用量小时采用水封排放凝结水。

图 7—44　蒸汽喷管在空调机组或风道内的安装

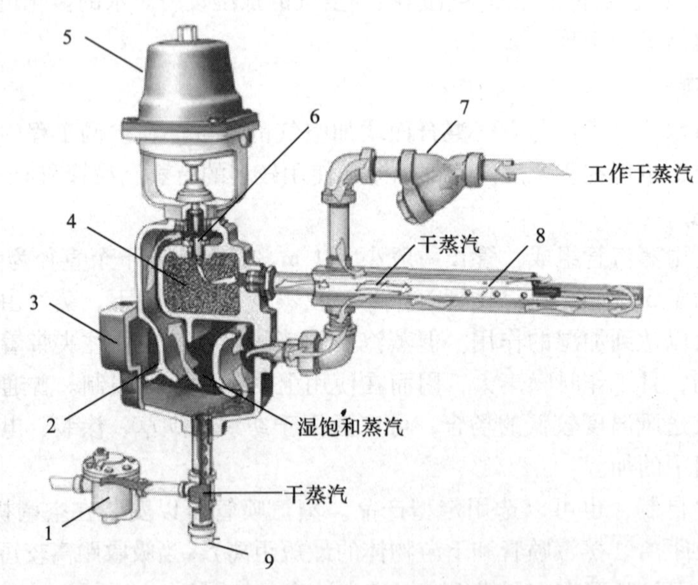

图 7—45　干式蒸汽加湿器结构

1—疏水器　2—折流板　3—分离室　4—干燥室
5—电动或气动执行器　6—阀孔　7—过滤器　8—喷管　9—管帽

顶部流经调节阀阀孔而减压，进入干燥室。蒸汽在干燥室内经急剧拐弯折流后，第二次分离出蒸汽中残留的冷凝水滴。干燥室包在分离室内，在干燥室内第二次分离下的冷凝水滴就会吸收分离室内的高温蒸汽热量而汽化。最后，经干燥处理的蒸汽进入加湿器喷管，由带消音滤网的小孔喷出，达到加湿空气的目的。

干式蒸汽加湿器按其结构特征和组合情况，可分为整体式、组装式和散装式。整体式加湿器通常将兼有分离、干燥功能的喷管组件连同电动或气动调节阀装配成为一个整体设备。散装式加湿器则是将喷管组件作为一个独立器件，电动或气动调节阀作为另一个独立器件，现场组装而成。

干式蒸汽加湿器克服了蒸汽喷管加湿的缺点，具有加湿迅速、均匀、稳定，不带水滴、不带菌、易控制、调节，安装灵活方便等优点，因而被广泛地应用在空调工程中。

如图 7—46 所示，干式蒸汽加湿器有手动调节控制型、电磁阀控制开关型和电动或气动执行器控制的比例型三种。可以根据空调房间要求的湿度波动范围进行选择，其中电动或气动执行器控制的比例型干式蒸汽加湿器控制精度最高，电磁阀控制开关型次之，手动调节控制型精度最低。

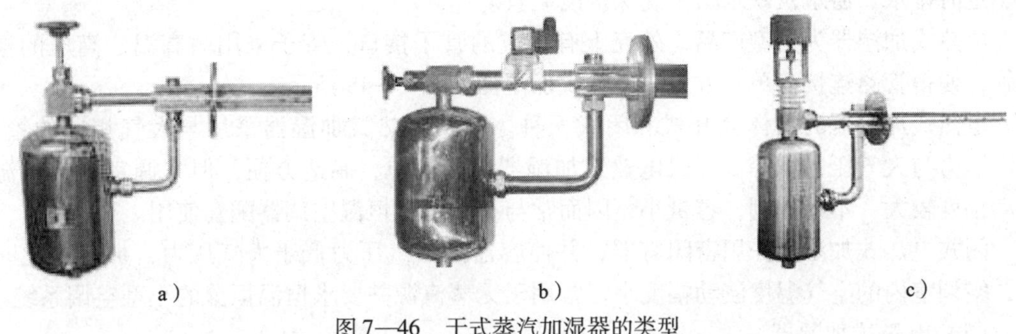

图 7—46　干式蒸汽加湿器的类型

a）手动调节型　b）电动调节型　c）比例调节型

干式蒸汽加湿器根据实际情况，可以安装在空调机组或风道内。将干式蒸汽加湿器和特制的风管相结合，主要应用于改造工程和因空调机组或新风机组中没有加湿空间时采用的一种安装方式。它可以安装于送风管道的任何位置，满足对整个空调或局部空间的加湿要求。

干式蒸汽加湿器的安装应设置独立支架，并固定牢固。安装时蒸汽喷管不能朝下，接管尺寸应正确，并无渗漏。一台干式蒸汽加湿器可以连接一个蒸汽喷管，也可以连接多个蒸汽喷管，如图 7—47 所示。

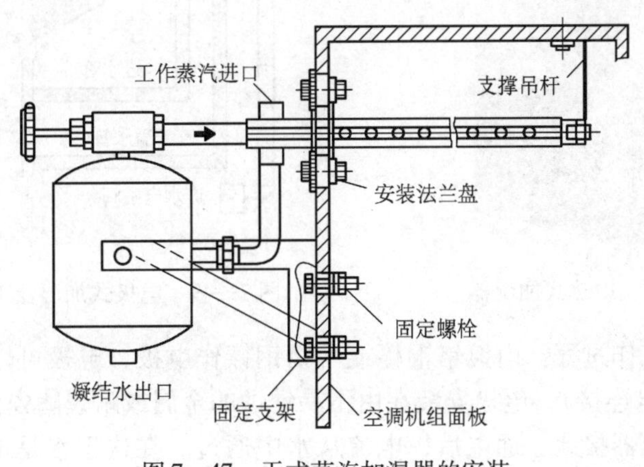

图 7—47　干式蒸汽加湿器的安装

3. 电加湿器

电加湿器是将电能转换为热能对水加热，并使水汽化而送入空气中的加湿设备，有电热式加热器和电极式加热器等类型。

（1）电热式加湿器

电热式加湿器是利用在水槽中的管状电热元件通电加热而产生水蒸气的加湿设备，其加湿量的大小取决于电热元件发热量的大小。

电热式加湿器的基本结构是内部有一个加热水箱，电加热管浸没在水中，电热管通电后产生热量，从而使水变成水蒸气。不锈钢电热管表面经过特殊阻垢工艺处理，使电热管的使用寿命得到延长。水箱内配有特制电磁阀，定时控制排水，可以去除沉淀在水箱底部的矿物质及杂质，漂浮在水面上的矿物杂质依靠水表面除污（泡沫）器去除。并有自动供水、定时排水、溢水及缺水防干烧保护的装置。

电热式加湿器为定型产品，外壳上有相应的管子接口，管子采用耐高温、高压的橡胶软管，使得管路连接简单、方便。电热式加湿器如图 7—48 所示。

电热式加湿器的箱体分开式和闭式两种。开式电热式加湿器采用与大气相通的箱体，蒸汽压力与大气压力相等。开式电热式加湿器结构简单，制造方便，但空调室内空气温度波动幅度较大，不易控制，容量小，因而常与小型恒温恒湿空调器配套使用。

闭式电热式加湿器采用密闭容器，并使容器内蒸汽压力低于大气压力，加热汽化时间短，空调室内的空气温度波动幅度小，常用于无蒸汽源并要求恒温恒湿的小型空调系统。

（2）电极式加湿器

电极式加湿器是利用电极通电后，加热水而产生水蒸气的加湿设备。它主要由带接线柱的壳体、电极和控制电器等组成，其工作过程如图 7—49 所示。

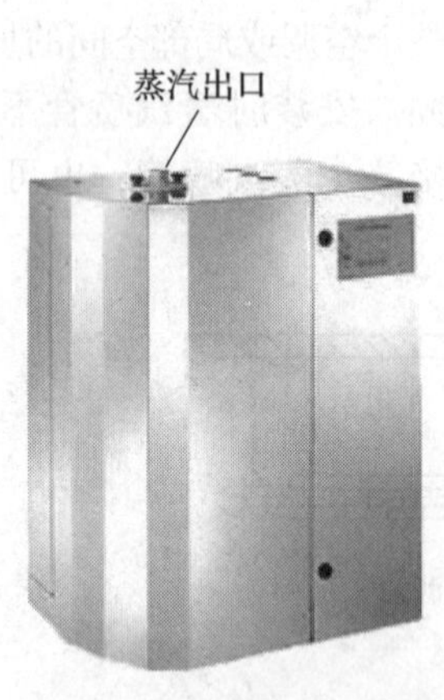

图 7—48　电热式加湿器

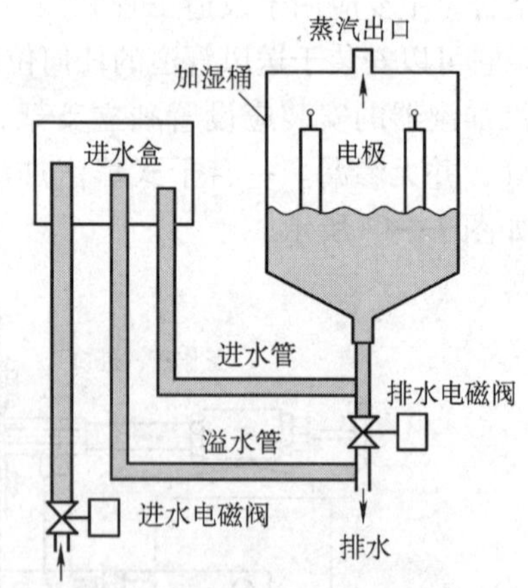

图 7—49　电极式加湿器工作过程

电极式加湿器工作过程：由镀铬铜棒或不锈钢棒作电极，电极可以是三根（三相电连接）或两根（单相电连接），电极安装在由不易锈蚀的金属或耐裂陶瓷做成的水容器内，并与电源连接，金属容器接地。通电后，电流从水中通过。在这里水是电阻，因而能被加热蒸发成蒸汽。

由于容器内的水位越高，导电面积越大，通过的电流越强，因而发热量也越大，产生的蒸汽量就越多。所以，产生的蒸汽量多少可以用水位高低来调节。

电极式加湿器具有加湿量容易控制、结构紧凑、安装占地小、安全性好等优点，因而广泛地应用于缺乏蒸汽源而又有一定温、湿度要求的场所，如用于小型恒温恒湿空调室、小型空调系统和高温冷库等场所的加湿，但电极式加湿器能耗较大，电极表面容易结垢和腐蚀，对水质要求高。电极式加湿器如图 7—50 所示。

（3）电加湿器的安装与维护

1）设备安装位置以符合人员容易操作与方便设备维护保养为原则，设备可采用吊装、挂装、座装等方式安装。如图 7—51 所示为电极式加湿器的安装。

图 7—50　电极式加湿器

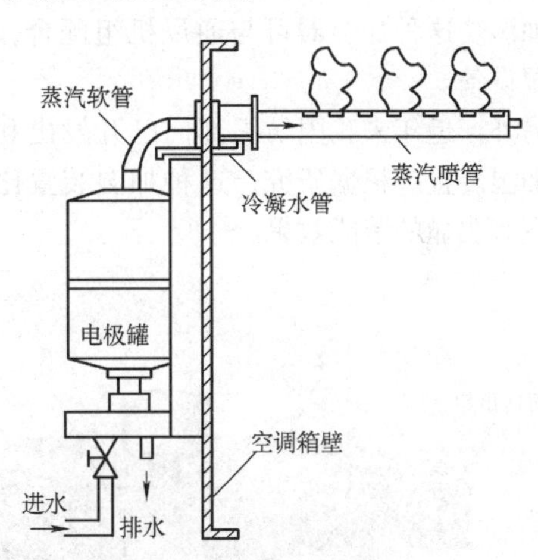

图 7—51　电极式加湿器的安装

2）加湿器必须垂直安装，以便能运行良好。

3）蒸汽分配管与加湿器连接时，应尽可能使蒸汽出口软管和凝结回水软管长度最短。

4）软管应避免有下垂和结头情况产生，还应有 5°～10°的坡度。

5）加湿器外壳必须良好接地，与空调配套使用时，电路要有联动控制功能，避免误加湿。

6）加湿器宜安装在温度为 5～40℃、相对湿度低于 80% 的环境中。

7）如使用自来水连续加湿，建议定期清洗水箱电热管或电极表面的水垢。

8）清洗时不能使用酸性或化学洗涤物。

9）加湿器长时间不用时，应按下排水按钮把水箱里面的水排放干净。

4．喷雾加湿器

喷雾加湿器就是将水转化成雾状后直接喷向空气的加湿装置。喷雾加湿器有超声波加湿器、离心式加湿器等类型。

（1）超声波加湿器

其主要部件是超声波发生器。工作时，发生器利用高频电力从水中向水面发射具有一定强度的、波长相当于红外线波长的超声波，在这种超声波作用下，水表面将产生直径为几微米的微细粒子，这些粒子吸收空气热量蒸发成水蒸气进入空气中，使空气得到加湿。

超声波加湿器的主要优点是产生的水滴颗粒细，运行安全可靠。缺点是容易在墙壁或设备表面上留下白点。超声波加湿器使用时宜对水进行软化处理。目前这种产品应用很广。超声波加湿器如图 7—52 所示。

（2）离心式加湿器

离心式加湿器是一种靠离心力作用将水雾化的加湿装置，如图 7—53 所示。这种加湿器有一个圆筒形外壳。封闭电驱动一个圆盘和水泵管高速旋转。水泵管从储水器中吸水并送至旋转的圈盘上面形成水膜。水由于离心作用被甩向破碎梳，并形成细小水滴。干燥空气从圆盘下部进入，吸收雾化了的水滴从而被加湿。这种加湿器可与通风机组配合，成为一个大型的空气加湿设备。

另外，近年来我国纺织部门已开发出利用大型轴流风机喷雾的加湿装置。根据研究，这种加湿装置比使用循环水加湿的喷水室有明显的节能效果。

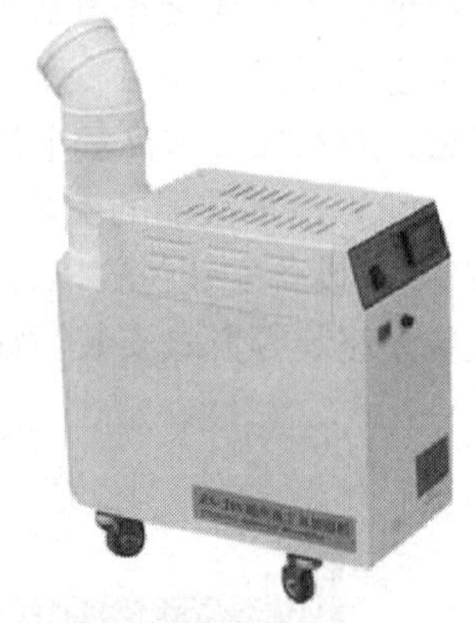

图 7—52　超声波加湿器

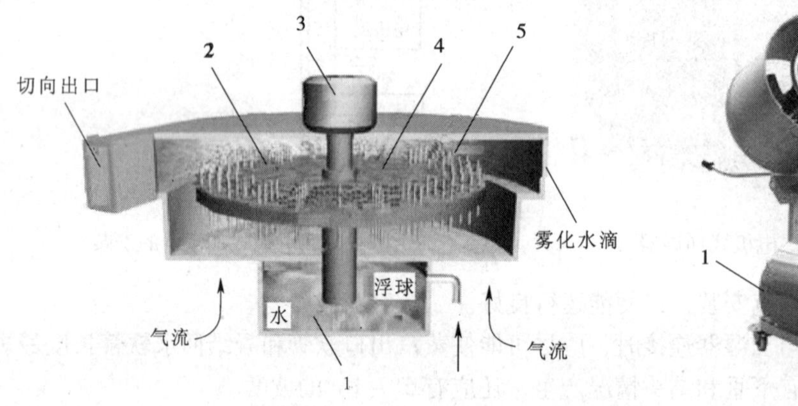

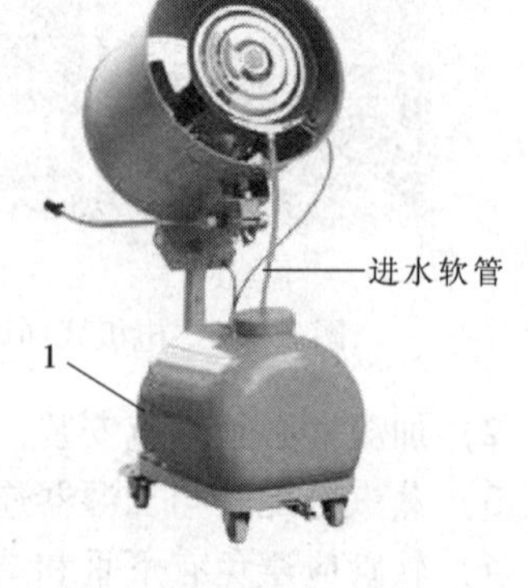

图 7—53　离心式加湿器

1—储水器　2—旋转水盘　3—驱动圆盘和泵管的电动机　4—水膜　5—固定式破碎梳

想一想

讨论空气的加湿还有什么方法。

五、除湿机

除湿机是除去空气中水分，降低空气湿度的设备。在空调系统中除可用喷水室和表冷器对空气进行减湿处理外，还可以采用下面一些除湿方法。

1. 加热通风式降湿装置

加热通风式降湿装置由通风机、加热器等组成。加热通风式降湿装置常将加热、通风、换气和降湿等空气处理工艺相结合，将加热后相对湿度较小的室外空气或已进行降湿调节的空气送入室内，同时利用排风机将室内的高湿空气排出。

加热通风式降湿装置结构简单，节省能源，投资少，运行费用低，但通风量大，工作时易受自然条件的限制，室内降湿可靠性差。

2. 冷冻除湿机

冷冻除湿机由制冷系统、通风系统及电气控制系统组成。冷冻除湿机的制冷系统采用单级蒸汽压缩式制冷机组，主要有制冷压缩机、冷凝器、节流阀、蒸发器等部件。通风系统有风机和空气过滤器等。冷冻除湿机有固定式和移动式。

冷冻除湿机的种类很多，但基本的结构如图 7—54 所示。

冷冻除湿机工作时，制冷剂在制冷系统中经制冷压缩机、冷凝器、毛细管（节流阀）、蒸发器完成制冷循环，使蒸发器表面温度低于空气露点温度。需降湿的空气经过滤后进入冷冻除湿机，空气经过蒸发器时，向制冷剂放热后降温至露点以下，并析出凝结水，这时空气被降温、降湿。离开蒸发器的空气流进冷凝器，吸收制冷剂放出的冷凝热而升温。最后，经风机送至所需空间。

空气经过冷冻除湿机的热力过程是：经过蒸发器后，温度下降，含湿量下降，相对湿度增大。经过冷凝器后，含湿量不变，温度升高，相对湿度下降。所以，经过冷冻除湿后的空气总效应是含湿量下降，析出水分，加热升温后相对湿度降低。

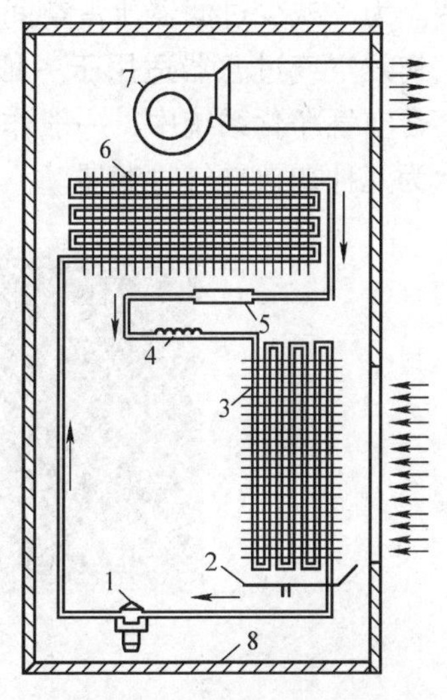

图 7—54　冷冻除湿机基本结构
1—压缩机　2—集水盘　3—蒸发器
4—毛细管　5—干燥过滤器
6—冷凝器　7—风机　8—机壳

冷冻除湿机性能在常温下较稳定，运行可靠，能连续除湿，不需要热源和水源，使用方便。因而冷冻除湿机常用于空气温度为 15 ~ 35℃，相对湿度小于 90% 的既需除湿又需加热的场合，对空气温度、湿度高的地区效果较好。但冷冻除湿机初次投资较高，耗用有色金属较多，运行费用较高。另外，在低温下运行性能较差。当空气温度低于 15℃ 时，性能逐渐降低，空气露点低于 4℃ 时，冷冻机有可能产生湿行程。

普通冷冻除湿机采用单一的风冷式冷凝器，出风温度较高，接近冷凝温度，不能根据实际情况进行调节，使其在应用上受到一定的限制，尤其对于有不同空气温度、湿度要求的场合，更难以适应。

另外，还有固体吸湿剂除湿机和液体除湿机，以及利用多种除湿原理工作的综合式除湿机等。

想一想

冷冻除湿机与家用电冰箱有什么异同点？

六、空气过滤器

空气过滤器的作用是采用过滤的方法，把含尘量小的空气经洁净处理后送入室内。

1. 空气过滤器的类型

空气过滤器一般按过滤效率的高低分为初效（又称粗效）、中效和高效（亚高效、高效和超高效）三类。

（1）初效空气过滤器

初效空气过滤器（又称粗效空气过滤器）的滤材多采用玻璃纤维、人造纤维、金属丝网及粗孔聚氨酯泡沫塑料等，也有用铁屑及瓷环作为填充滤料的。金属丝网、铁屑及瓷环等类的滤料可以浸油后使用，以便提高过滤效率并防止金属表面锈蚀。初效空气过滤器种类较多，根据使用的滤料可分为聚氨酯泡沫塑料过滤器、无纺布过滤器、金属网格浸油过滤器、自动浸油过滤器等。

初效空气过滤器大多做成 500 mm × 500 mm × 50 mm 的扁块形状，便于和方形风道配套安装。为了减少过滤器所占空间，安装时采用人字排列或倾斜排列。

初效空气过滤器适用于一般的空调系统，对尘粒较大的灰尘（ >5 μm）可以有效过滤。在空气净化系统中，一般作为更高级过滤器的预滤，起到一定的保护作用。如图 7—55 所示为几种初效空气过滤器。

a）

b）

图 7—55　初效空气过滤器
a）金属网格过滤器　b）无纺布过滤器

（2）中效空气过滤器

中效空气过滤器的主要滤料是玻璃纤维（比初效空气过滤器用玻璃纤维直径小）、棉短绒纤维滤纸、人造纤维（涤纶、丙纶、腈纶等）合成的无纺布及中细孔聚乙烯泡沫塑料等。常用中效空气过滤器有泡沫塑料过滤器和玻璃纤维过滤器，一般均制成抽屉式或袋式。由于滤料层的孔隙、厚度和滤速不同，因此使中效空气过滤器具有很宽的效率范围。

中效空气过滤器用泡沫塑料和无纺布为滤料时，可以洗净后再用，玻璃纤维过滤器则需要更换。中效空气过滤器一般对大于 1 μm 的粒子能有效过滤。大多数情况下，用于高效空气过滤器的前级保护，少数用于清洁度要求较高的空调系统。如图 7—56 所示为几种中效空气过滤器。

a）

b）

图 7—56　中效空气过滤器

a）抽屉式过滤器　b）袋式过滤器

（3）高效空气过滤器

高效空气过滤器（包括亚高效、高效和超高效空气过滤器）是超净净化空调系统中三级（粗、中、高效）过滤最后设置的过滤器，它的滤料采用超细玻璃纤维和超细石棉纤维。纤维直径一般小于 1 μm，滤料做成纸状，这些滤纸的孔隙非常小，滤速又很低（每秒若干厘米），这就增强了小尘粒的筛滤作用和扩散效应，所以具有很高的过滤效率。

高效空气过滤器一般用于有超净要求的空调系统。如图 7—57 所示为几种高效空气过滤器。

图 7—57　高效空气过滤器

（4）其他空气过滤器

1）静电集尘器。在空调系统净化中还可采用静电集尘器。静电集尘器的特点是对不同粒径的悬浮粒子均可有效捕集。

在空调系统净化中常用的静电集尘器属于二段式过滤器，第一段为电离段，第二段为集尘段。其原理如图 7—58 所示。在电离段，由电源输出的高压电使正电极表面电场强度非常强，以致在空间内产生电晕，形成数量相等的正离子和负离子，正离子被接地负极所吸引，负离子被放电正极所吸引。由于放电正极与接地负极之间形成电位梯度很大的不均匀电场，负离子易被放电正极所中和，因此，当气溶胶粒子通过电离段时，多数附有正离子，使微粒带正电，少数带负电。

在集尘段，由平行金属板相间构成正、负极板，在正极板上加有高压电，产生一个均匀平行电场。带正电粒子随空气流入该平行电场后则被正极板排斥，被负极板吸引并最终被捕集。带负电的粒子与此相反，被正极板所捕集。

静电除尘器的除尘效率主要取决于电场强度、气溶胶流速、尘粒大小及集尘板的几何尺寸等。积在集尘板上的灰尘需定期清洗。小型静电除尘器的集尘段可整体去除清洗，清洗后需烘干再用。

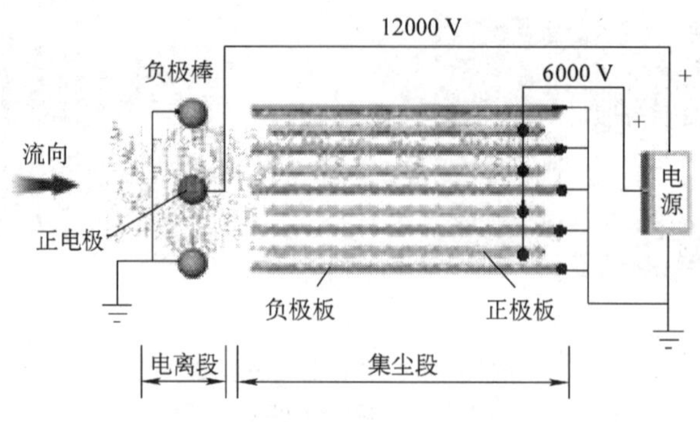

图 7—58　静电集尘器原理

2）活性炭吸附器。活性炭主要由硬质植物和果核等材料烧制而成。活性炭是一种多孔含碳物质，是一种高效吸附材料，其发达的空隙结构使它具有很大的表面积，很容易与空气中的有害气体充分接触，活性炭孔周围强大的吸附力场会立即将有害气体分子吸入孔内，所以活性炭具有极强的吸附能力。

活性炭成颗粒状，可以装在不同形状的多孔或网状容器内形成吸附器。用高效吸附的活性炭纤维与其他滤网复合而成的空气过滤器，能有效控制空气中的臭气及有机污染，解决一般空调场所中空气的过滤。

3）湿式过滤器。湿式过滤器采用玻璃丝作滤料，上面用喷嘴喷水淋浇，能除去空气中粒径在 1 μm 以上的尘粒，还可除去溶于水的有害气体（如亚硫酸气体）。因为它能和空气的热、湿处理相结合，尤其在环境污染较严重的地方，宜用它来处理新风。

2. 空气过滤器的性能

空气过滤器的性能可用过滤效率和性能指标来描述。

（1）空气过滤器的过滤效率

空气过滤器的过滤效率是指过滤器能够捕集的尘粒浓度与进入过滤器的尘粒浓度（原始浓度）之比的百分数。空气过滤器的性能见表 7—7。

表 7—7　　空气过滤器的性能

过滤器类型	有效捕集粒径/μm	适应的含尘浓度	过滤效率/%			压力损失/Pa	容尘量/（g/m³）	备注
			质量法	比色法	DOP 法			
初效过滤器	>5	中～大	70～90	15～40	5～10	30～200	500～2 000	流速以 m/s 计
中效过滤器	>1	中	90～96	50～80	15～50	80～250	300～800	流速以 dm/s 计
亚高效过滤器	<1	小	>99	80～95	50～90	150～350	70～250	流速以 cm/s 计
高效过滤器	0.5	小	不适用	不适用	95～99.99	250～490	50～70	—

续表

过滤器类型	有效捕集粒径/μm	适应的含尘浓度	过滤效率/%			压力损失/Pa	容尘量/（g/m³）	备注
			质量法	比色法	DOP 法			
超高效过滤器	≥0.1	小	不适用	不适用	≥99.999	150~350	30~50	过滤器迎面风速不大于1 m/s
静电集尘器	<1	小	>99	80~95	60~95	80~100	60~75	—

注：(1) 适应的含尘浓度指质量浓度："大"指0.4~0.7 mg/m³，"中"指0.1~0.6 mg/m³，"小"指0.3 mg/m³以下。

(2) DOP法：计数法测量的尘源可以是大气尘，也可以是DOP（邻苯二甲酸二辛酯）雾。采用DOP粒子计数测量离子浓度和过滤器效率的方法称为DOP法。

（2）空气过滤器的性能指标

各种空气过滤器在不同条件下的工作性能是不同的，通常表明空气过滤器工作性能的指标有以下几方面。

1）过滤效率：在额定风速下，过滤器前后空气含尘浓度差与过滤器含尘浓度之比的百分数。

2）过滤器的穿透率：过滤后含尘浓度与过滤前空气含尘浓度之比的百分数。

3）过滤器的阻力：空气经过过滤器时产生的流动阻力。

4）容尘量：在一定风速下，过滤器的黏尘量的最大值，通常用集尘量作为规定值（一般达初阻力的2~3倍）时的指标。

5）过滤器的面速和滤速：过滤器的面速和滤速可以反映过滤器通过风量的能力。面速是指过滤器迎风断面通过的气流速度。滤速是指滤料面积上气流通过的速度。在特定的过滤器结构条件下，同时反映过滤器面速和滤速的是过滤器的额定风量。

3. 空气过滤器效率的测定方法

空气过滤器的效率一般采用测定和计算相结合的方法获得。各种过滤器的过滤效率的测定方法是不同的，现将过滤器效率的测定方法简要叙述。

（1）质量法

它是采用称重的方法测量过滤器的质量浓度效率，适用于粗效过滤器的效率测定。

（2）比色法

其测定过程是在过滤器前、后采样以后，将各自被污染的滤纸放在光源上进行照射，根据透光和反射光的多少，用光电管比色计测出透光度，换算成过滤器的前、后粉尘的质量浓度，再计算出过滤效率。该法可用大气尘粒作尘源，适用于中效过滤器的检测。

（3）钠焰法

其测定过程是将氯化钠水溶液喷雾、干燥形成直径约为0.4 μm的氯化钠气溶胶作为试验尘。在被测过滤器的前、后进行含尘空气采样，并引到钠火焰光度计内，测出与含尘浓度相关的光电流值，从而算出过滤器的透过率。该法适用于中高效过滤器的效率测定，在我国广泛应用。

（4）油雾法

其测定过程是将透平油喷雾雾化形成平均直径为0.28~0.34 μm的多分散小雾滴作为试

验尘，在被测过滤器前、后进行含尘空气采样，并引到油雾浊度计内，测出与试验尘浓度相应的散射光强值，从而算出过滤器的效率。该法适用于亚高效和高效过滤器的效率检测。

（5）粒子计数法

它是直接用光电粒子计数器对通过过滤器的含尘气流进行自动检测，记录尘粒的数量与大小，以此来计算出过滤效率。目前，以激光为光源的粒子计数器已在洁净空间的检测、局部净化设备的检测及过滤器效率测定中广泛应用。

4. 空气过滤器的安装要求

（1）空气过滤器安装应平整、牢固，方向正确。过滤器与框架、框架与围护结构之间应严密无穿透缝。

（2）框架式或粗效、中效袋式空气过滤器的安装：过滤器四周与框架应均匀压紧，无可见缝隙，并应便于拆卸和更换滤料。

（3）卷绕式过滤器的安装：框架应平整，展开的滤料应松紧适度，上下筒体应平行。

（4）过滤吸收器的安装方向必须正确，并应设独立支架，与室外的连接管段不得泄漏。

（5）静电空气过滤器金属外壳接地必须良好。

（6）高效过滤器应在洁净室及净化空调系统进行全面清扫和系统连续试车 12 h 以上后，在现场拆开包装并进行安装。

安装前需进行外观检查和仪器检漏。目测不得有变形、脱落、断裂等破损现象；仪器抽检检漏应符合产品质量文件的规定。

合格后立即安装，其方向必须正确，安装后的高效过滤器四周及接口应严密不漏；在调试前应进行扫描检漏。

想一想

讨论怎样安装空气过滤器。

复习题

1. 喷水室怎样处理空气？它有什么特点？
2. 简述喷水室的组成部件及其作用。
3. 喷水室的喷嘴排管与供水干管有哪几种连接方式？
4. 喷水室的安装要求是什么？
5. 表面式换热器有什么特点？它有哪些类型？
6. 简述空气加热器的配管要求。
7. 简述表冷器的配管要求。
8. 表面式换热器的安装要求是什么？
9. 电加热器有哪几种类型？常用的类型是什么？
10. 电加热器的安装要求是什么？

11. 简述百叶窗式电加热器的特点。
12. 空气加湿可以采用哪些方法？
13. 简述干式蒸汽加湿器的组成、分类及工作过程。
14. 干式蒸汽加湿器的安装要求是什么？
15. 什么是电加湿器？它有哪几种类型？
16. 简述电加湿器的安装与维护。
17. 空气除湿有哪几种方法？
18. 空气过滤器的作用是什么？它有哪些类型？
19. 什么是空气过滤器的过滤效率？它有哪些性能指标？
20. 空气过滤器效率测定的方法有哪几种？
21. 空气过滤器的安装要求是什么？

第四节 空调风口和防火排烟部件安装

空调工程实际验证，经过空调处理室处理过的空气，在相同热湿负荷的空调房间内以不同的方式送入同样参数量的空气时，所得到的空调效果不同，而且回风口的位置不同，送、回风速度的大小都会影响空调的效果。

为了更好地满足空调房间的精度要求，更合理地利用冷气流或更节省能源，空调系统中的气流组织应能保证空调房间内具有较均匀和较稳定的温、湿度。同时还要满足区域温差和一定的洁净度，所以气流组织在空调系统中很重要。

所谓气流组织，就是在空调房间内合理地布置送风口和回风口，使经过净化和热湿处理的空气，由送风口送入室内后，在扩散与混合的过程中，均匀地消除室内余热和余湿，从而使工作区形成比较均匀而稳定的温度、湿度、气流速度和洁净度，以满足生产工艺和人体舒适度的要求。

影响气流组织的因素很多，如送风口和回风口的位置、形式、大小，送入室内气流的流态和运动参数（主要指送风温差、送风速度等），房间的形式和大小，室内工艺设备的布置等都会影响气流组织。

影响气流组织的因素往往是相互联系、相互制约的，其关系比较复杂，再加上实际工程中具体条件的多样性，因此在气流组织的设计上，仅靠理论计算是不够的，还必须依靠现场调试，才能达到预期的效果。

一、送风方式

空调房间的气流组织按送风和回风形式、布置位置及气流方向，一般可分为以下四种送风形式。

1．侧面送风（侧送）

侧面送风是空调工程中最常用的一种气流组织形式。侧送风口布置在房间的侧墙上部，空气横向流出，形成贴附射流。工程上常见的侧面送风方式有单侧送风和双侧送风，如图7—59所示。

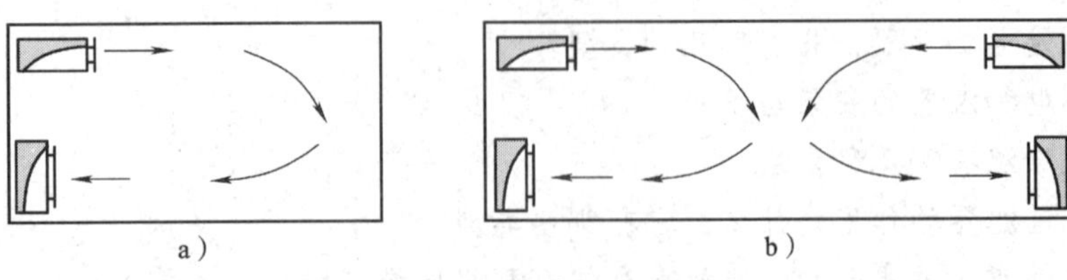

图7—59　侧面送风
a）单侧送风　b）双侧送风

单侧送风用于一般层高的小面积空调房间，它有上送下回、上送下回走廊回风和上送上回等形式。双侧送风用于长形（如狭长形）、面积较大的空调房间。侧面送风方式还有双侧内送下回、双侧外送上回和双侧内送下回等形式。

侧送风口宜贴顶布置形成贴附射流，工作区为回流，回风口宜设在送风的同侧。送风出口风速一般为2～5 m/s，送风口位置高时取较大值。

冬季向房间送热风时，应将百叶送风口外层的横向叶片调成俯角，以便克服气流上浮的影响。由于侧送风在射流到达区之前，已与房间空气进行了比较充分的混合，速度场和温度场都趋于均匀和稳定，因此能保证工作区气流速度和温度的均匀性。此外，侧送侧回的射程比较长，射流来得及充分衰减，故可加大送风温差。

2．孔板送风

孔板送风是在空调房间设置孔板的送风方式，如图7—60所示。孔板送风方式多用于对室内温度、湿度、洁净度和气流分布的均匀性有较高要求的空调系统中。例如，恒温恒湿房间、洁净室以及环境气候室等。

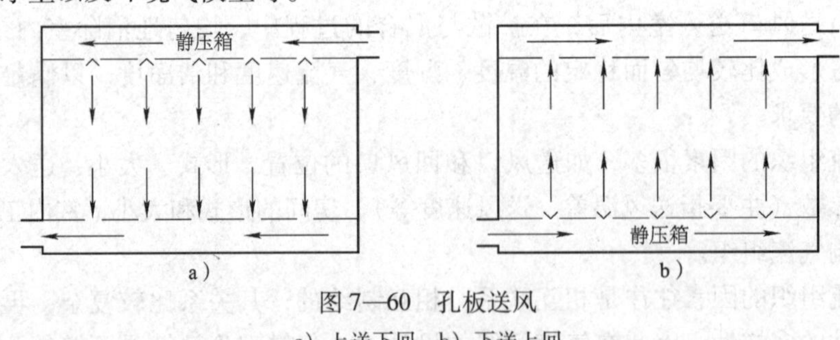

图7—60　孔板送风
a）上送下回　b）下送上回

孔板送风主要有全面孔板送风和局部孔板送风两种形式。

（1）全面孔板送风

在整个空调房间顶棚上均匀地穿孔即为全面孔板送风。全面孔板根据孔口速度和送风温差，可以在孔板下方形成直流和不稳定流两种流型。

直流流型如果在地板下回风，所形成的气流流型更为理想，适用于有较高净化要求的空调工程。不稳定流流型由于送风气流与室内气流充分混合，工作区内区域温差很小，适用于高精度和要求气流速度较低的空调工程。

（2）局部孔板送风

在整个顶棚上不是全面地布置穿孔板，而是在顶棚的部分面积上呈方形、圆形或矩形间隔布置穿孔板，称为局部孔板。

局部孔板的下方一般为不稳定流，而在两旁则形成回旋气流，这种流型适用于工艺布置分布在部分区域或局部热源的空调房间，以及仅在局部地区要求较高的空调精度和较小气流速度的空调工程。

孔板送风需设置吊顶或技术夹层，静压箱的高度一般不小于0.3 m，孔口风速一般为2 ~5 m/s，除用于净化和恒温空调外，在某些层高较低或净空较小的建筑中也获得广泛的应用。

3. 散流器送风

在送风口处设置散流器的送风方式叫作散流器送风。散流器送风有平送下部回风、下送下部回风、送回两用散流器上送上回等形式。

（1）散流器平送下部回风

散流器平送下部回风是空气经散流器呈辐射状射出，形成沿顶棚的贴附射流。由于其作用范围大、扩散快，因而能与室内空气充分混合（但射程较侧送为短），工作区处于回流区，温度场和速度场都很均匀。它可用于一般空调或有一定精度要求的恒温空调。

（2）散流器下送下部回风

散流器下送下部回风时为了不使灰尘随气流扬起而污染工作区，要求在工作区保持下送直流流型。下送时送风射流以扩散角20° ~30°射出，在离风口一段距离后汇合，汇合后速度进一步均匀化。通常可采用在顶棚上密集布置线性散流器来达到，它适用于较高净化要求的空调工程。

（3）送回两用散流器上送上回

送回两用散流器上送上回上部设有小静压箱，分别与送风道和回风道相连接。送风射流沿顶棚形成贴附射流，工作区为回流，回风则由散流器上的中心管排出。

散流器送风一般均需设置吊顶或技术夹层。与侧送相比，投资较高，顶棚上风道布置较复杂。散流器平送应对称布置，其轴线与侧墙距离以不小于1 m为宜，散流器出口风速为2 ~5 m/s。

4. 喷口送风

喷口送风是将送、回风口布置在同侧，上送下回，空气以较高的速度、较大的风量集中由少数几个喷口喷出，射流行至一定路程后折回，使工作区处于回流之中。

喷口送风的速度高、射程长，沿途带动大量室内空气，致使射流流量增至送风量的3 ~5倍。使室内空气进行强烈的混合，保证了大面积工作区中新鲜空气的供给，并使温度场和速度场达到均匀。同时由于工作区为回流，因而能满足一般舒适度的要求。该方式的送风口数量少、系统简单、投资较省，因此适用于空间较大的建筑物，如会堂、剧场、体育馆等，以及高大厂房的一般空调工程。

综上所述，空调房间的气流组织方式有很多种，在实际使用中，应根据人体的舒适度要求、生产工艺过程对空气环境的要求、工艺特点和建筑条件，选择合适的气流组织方式。

另外，虽然回风口对气流流型和区域温差影响较小，但对局部地区有影响，通常回风口宜邻近局部热源，不宜设在射流区和人员经常停留的地点。侧送时，回风口宜设在送风口的同侧。采用散流器和孔板下送时，回风口宜设在下部。对于室温允许波动范围≥5℃，且室内参数相同或相似的多房间空调系统，可采用走廊回风。各房间与走廊的隔壁或门的下部应开设百叶式风口，走廊通向室外的门应设套门或门斗，且应保持严密。

想一想

1. 想一想，分体式房间空调器室内机组怎样安装较为合理？
2. 讨论空调系统还可采用哪些其他送风方式。

二、送风口和回风口

1. 送风口

送风口的形式及其紊流系数的大小对射流的扩散及流型的形成有直接影响。送风口的形式有多种，通常根据房间的特点、对流型的要求和房间内部装修等因素加以选择。

（1）侧送风口

在房间内横向送出的风口叫作侧送风口。工程上用得最多的是百叶风口。百叶风口的形式较多，有单层和双层、固定和活动、手动可调和电动可调等形式。除了百叶风口外，还有格栅送风口（叶片固定的和叶片可调的两种）和条缝送风口，这两种风口可与建筑装饰很好地配合。

铝合金电动可调百叶风口如图7—61所示。铝合金百叶可调风口的叶片及边框单层与双层通用，风口叶片角度可在0～90°范围内任意调节。将叶片调节成不同角度，可以得到不同的送风距离和不同的扩散角度。

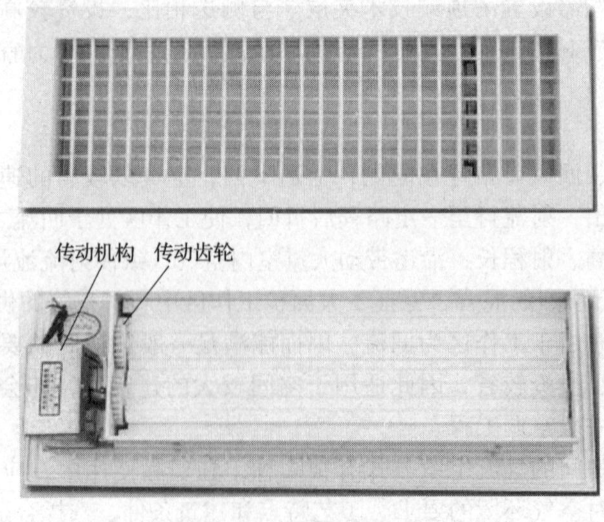

图7—61　铝合金电动可调百叶风口

这类可调百叶风口也可作回风口。当作为回风口使用时经常与过滤器配套使用，在此风口后面也可安装多叶对口调节阀，用以控制风量。

（2）散流器

散流器是装在天花板上的一种由上向下送风的风口，表面呈辐射状流动。散流器按外形分有圆形、方形和矩形；按气流扩散方向分有单向（一面送风）和多向（两面、三面和四面送风）；按气流流型分有垂直下送和平送贴附。此外，还有一种送回两用散流器及可以实现自动温度控制的自动温控散流器等。

矩形散流器一般都配备有多叶风量调节阀，圆形散流器则配有双开板式或单开板式风量调节阀。常见的散流器形式如图 7—62 所示。

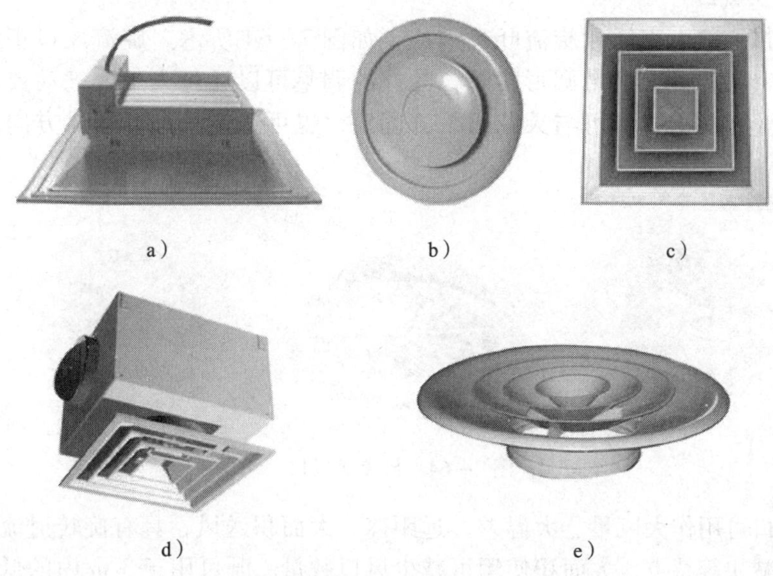

a） b） c） d） e）

图 7—62 散流器

a）电动方形 b）圆盘形 c）方形 d）自动温控形 e）圆环形

（3）孔板送风口

孔板送风口是利用顶棚上面的空间作为送风静压箱（或另外安装静压箱）。空气在箱内静压作用下，通过在金属板上开设的大量小孔（孔径一般为 6 ~ 8 mm），大面积地向室内送风。

根据孔板在顶棚上的布置形式不同，可分为全面孔板和局部孔板。前者是指在空调房间的整个顶棚上（除布置照明灯具的面积外），均匀布置送风孔板；后者是指在顶棚的中间或两侧，布置成带形、矩形和方形，以及按不同的格式交叉排列的孔板。

（4）喷射式送风口

大型体育馆、礼堂、剧院和通用大厅等建筑常采用喷射式送风口。喷射式送风口一般为圆形，有固定式和旋转式两种。圆形固定直喷式喷口有较小的收缩角度，并且无叶片遮挡，喷口的噪声低、紊流系数小、射程长。旋转喷射式送风口既能调方向又能调风口，提高了喷射式送风口使用的灵活性。旋转喷射式送风口如图 7—63 所示。

图 7—63 旋转喷射式送风口

（5）旋流送风口

旋流送风口一般由壳体和旋流叶片组成，如图 7—64 所示。旋流风口正面出风口装有可调式叶片和散流圈，后带圆形接管，叶片的调整可以通过人工、气动或电动装置来完成。送风风量范围大，既可与天花板平齐固定，也可悬空吊挂，送风方向角度连续可调。

图 7—64 旋流送风口

旋流送风口可用作大风量、大温差、远距离、大面积送风，具有旋转射流、风口诱导比大、风速衰减快等特点，大面积使用可减少风口数量。既可用于 3 m 内的低空送风，也可用于 10 m 高的大面积空间送风。

另外，还有一种地面旋流送风口（散流器），如图 7—65 所示。这种旋流送风口由出口格栅、集尘箱和旋流叶片组成。空调送风经旋流叶片切向进入集尘箱，形成旋转气流由格栅送出。它的特点是：送风气流与室内空气混合好，速度衰减快，而且格栅和集尘箱可以随时取出清扫。这种旋流送风口适用于电子计算机房的地面送风。

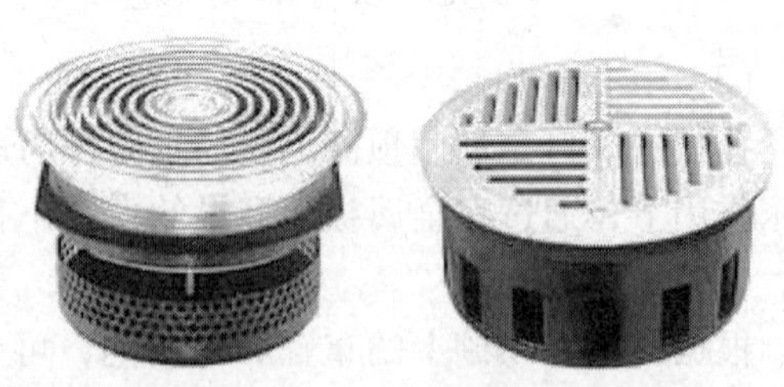

图 7—65 地面旋流送风口

2. 回风口

回风口与送风口相互配合，构成空调房间的气流组织，使房间内的气流状态满足要求。由于回风口附近气流速度衰减很快，对室内气流组织的影响很小，因而构造简单，类型也不多。最简单的是矩形网式回风口，以及箅板式回风口。此外还有格栅、百叶风口、条缝风口等，均可当回风口用。回风口形式如图 7—66 所示。

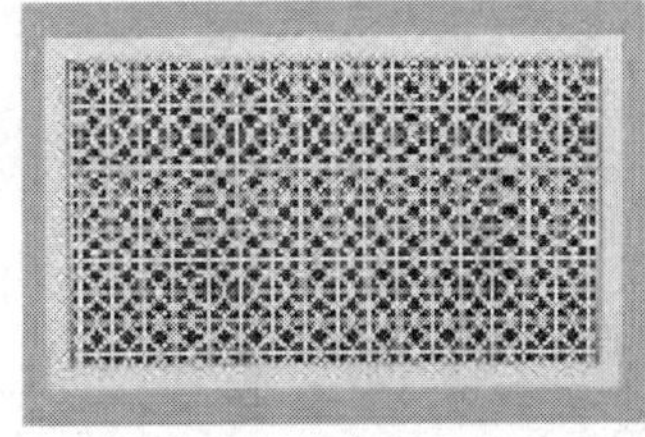
a）

b）

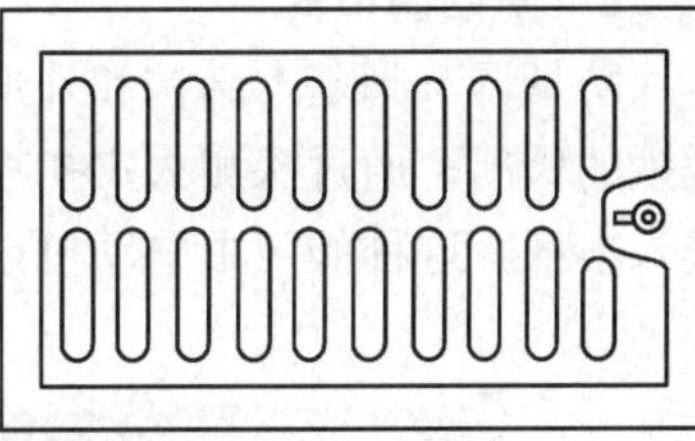
c）

图 7—66 回风口
a）网式 b）格栅式 c）活动算板

3. 风口的安装要求

（1）风口与风管的连接应严密、牢固，与装饰面紧贴；表面平整、不变形，调节灵活、可靠。条形风口的安装，接缝处应衔接自然，无明显缝隙。同一厅室、房间内的相同风口的安装高度应一致，排列应整齐。

明装无吊顶的风口，安装位置和标高偏差应不大于 10 mm。

风口水平安装，水平度的偏差应不大于 3/1 000。

风口垂直安装，垂直度的偏差应不大于 2/1 000。

（2）净化空调系统风口安装还应符合下列规定

1）风口安装前应清扫干净，其边框与建筑顶棚或墙面间的接缝处应加设密封垫料或密封胶，不应漏风。

2）带高效过滤器的送风口，应采用可分别调节高度的吊杆。

想一想

1. 想一想，空调送风口还可以制成其他什么形式？
2. 讨论风口的安装工序。

三、防火、防烟调节阀

空调系统的防火、防烟系统一般按各区单独设置，把火灾控制在一定的范围内。通常在系统中设置防火、防烟调节阀，阻止火势蔓延扩大，以减少火灾危害。防火（烟）调节阀如图 7—67 所示。

1. 防火调节阀

防火调节阀的控制过程是凭借易熔合金的温度控制，利用重力作用和弹簧机构的作用关闭阀门。防火调节阀平时处于开启状态，当火灾发生时，火焰入侵风道，高温使阀门上的易熔合金熔解，或使记忆合金产生形变使阀门自动关闭，用于风道与防火分区贯穿的场合。

防火调节阀外形有圆形、方形和矩形三种，便于与风道形状配合安装。控制方式有手动和电动两种，其中电动防火调节阀可以根据测量数据输出阀门关闭信号给控制中心。

2. 防烟调节阀

防烟调节阀基本结构和外形与防火调节阀相似，参见图7—67。防烟调节阀是与烟感器联锁的阀门，通过探测火灾初期发生烟气的烟感器来关闭阀门，以防止其他防火区的烟气进入本区。这种阀门由电动机或电磁来驱动阀门，实现自动关闭。

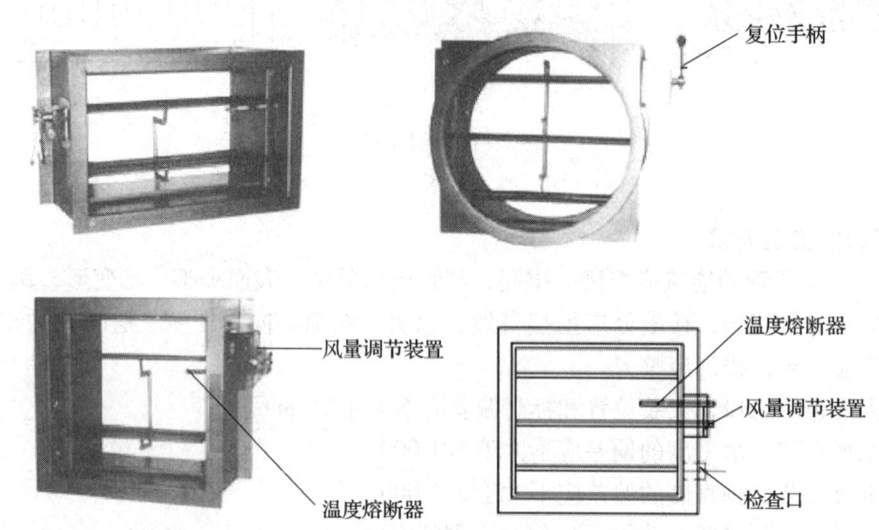

图7—67　防火（烟）调节阀

3. 防火、防烟调节阀

防火、防烟调节阀是把防火、防烟和风量调节三者结合为一体的阀门，它既与烟感器通过电信号联动，又受温度熔断器控制，也可通过手动使阀门瞬时关闭，温度熔断器更换后，可自动复位。

4. 安装要求

防火调节阀、防烟调节阀和防火、防烟调节阀安装工序及要求基本相同，这里对防火调节阀安装的基本要求进行叙述。

（1）防火阀外壳应能防止失火时变形失灵，其厚度应不小于2 mm。

（2）转动部件在任何时候都能转动灵活，应选择黄铜、青铜、不锈钢与镀锌铁件等耐腐蚀材料制作，以防止防火阀遇火失灵。

（3）易熔件应为批准的正规产品，其熔点温度应符合设计要求，允许偏差为±2℃，易熔件应设置在防火阀板迎风面上。安装前应试验阀板关闭是否灵活和严密，易熔件应在安装工作完成后再装，以免损坏。

（4）防火阀有水平安装与垂直安装，并有左式和右式之分，安装前应注意选择，不能装反。

（5）防火分区隔墙两侧的防火阀，距墙表面应不大于200 mm，且穿过防火墙的风管厚度应不小于1.6 mm。

（6）在防火墙处安装的防火阀，除要求防火阀单独设置双吊杆外，安装后还应在墙洞和防火阀之间用水泥砂浆封堵，以隔绝两墙之间可能的串火，如图7—68所示。

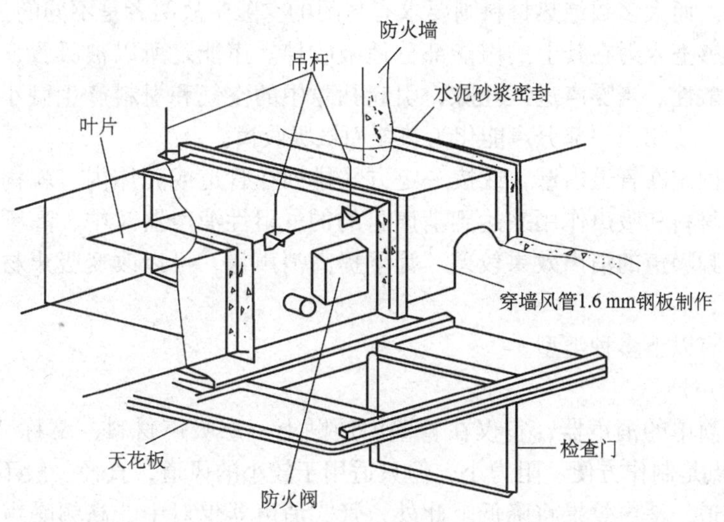

图 7—68 防火阀在防火墙处安装

（7）防火阀安装要独立设立吊杆、支撑与支座，吊杆应为双吊杆，且吊杆、支撑与支座要牢固。

（8）防火阀吊装时，在楼板上安装的防火阀吊杆，吊杆调节螺纹质量要好，且保证有足够的调节长度。

（9）防火阀在钢支座上安装时，型钢支座制作要保证支座上下平面平整平行，支座膨胀螺栓生根要牢固，以使防火阀在支座上受力良好。

想一想

防火调节阀或防烟调节阀是怎样防火或防烟的？

四、消声器

噪声是指对人类的生活或者生产活动产生不良影响的声音。声音的分贝是声强级单位，记为 dB。用于表示声音的大小。空调工程中主要的噪声源是通风机、制冷机、机械通风冷却塔等。为了使空调房间满足减小噪声的有关规定，就要对空调系统进行消声和减振。

消声器是由吸声材料按不同的消声原理设计成的构件，根据不同消声原理可分为阻性消声器、抗性消声器、共振型消声器和复合型消声器等。

1. 阻性消声器

阻性消声器是利用吸声材料的吸声作用，使沿通道传播的噪声不断被吸收而衰减的装置。因此，又称为吸收式消声器。

吸声材料大多是疏松或多孔性的，如玻璃棉、泡沫塑料、矿渣棉、毛毡、石棉绒、吸声砖、加气混凝土、木丝板、甘蔗渣等。其主要特点是具有贯穿材料的许许多多细孔，即所谓的开孔结构。而大多数绝热材料则要求有封闭的空隙，故两者是不同的。

吸声材料能够把入射在其上的声能部分地吸收掉。声能之所以被吸收，是由于吸声材料的多孔性和松散性。当噪声进入孔隙，引起孔隙中的空气和材料产生微小的振动，由于摩擦和黏滞阻力，使相当一部分声能化为热能而被吸收掉。

把吸声材料固定在管道内壁，或按一定方式排列在管道或壳体内，就构成了阻性消声器。它是以吸声材料和吸声作用来达到消声目的的。阻性消声器对中、高频噪声的消声效果显著，但对低频噪声的消声效果较差。为了提高消声量，可以改变吸声材料的厚度、容量和结构的形式。

阻性消声器有以下多种类型。

（1）管式消声器

这是一种最简单的消声器，它仅在管壁内周贴上一层吸声材料，又称“管衬”，如图7—69所示。优点是制作方便、阻力小，但只适用于较小的风道，直径一般不大于400 mm。对于大断面的风道，消声效果将降低。此外，管式消声器仅对中、高频噪声有一定消声效果，对低频噪声性能较差。

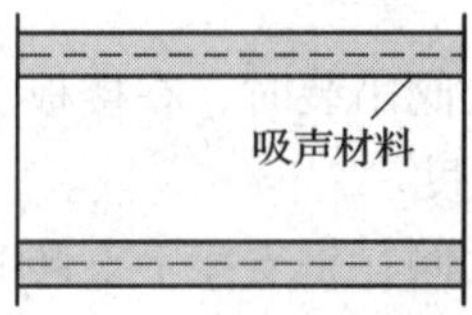

图7—69　管式消声器

（2）片式和格式消声器

管式消声器对低频噪声的消声效果不好，对较高频率又易直通，并随断面增加而使消声量减少，因此对于较大断面的风道可将断面划分成几个格子，这就成为片式和格式消声器，如图7—70所示。片式消声器的片间距一般为100～200 mm，其片材厚度根据噪声声源的频率特性，取100 mm左右为宜，因为太薄的吸声材料对低频噪声几乎不起作用。格式消声器的每个通道为200 mm×200 mm左右。

片式消声器应用广泛，它构造简单，对中、高频噪声吸声性能较好，阻力也不大。格式消声器具有同样的特点，但因要保证有效断面不小于风道截面，故体积较大。

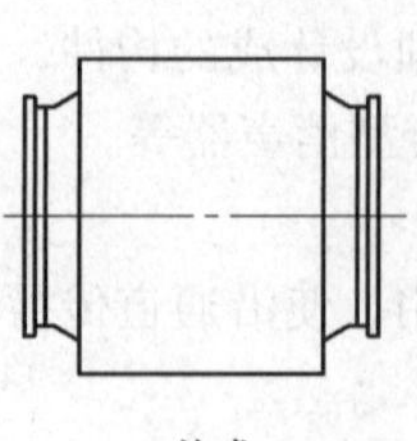

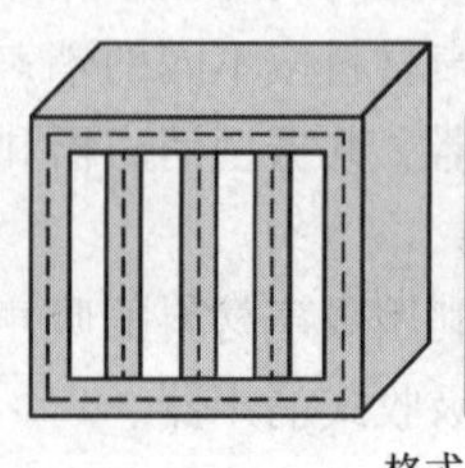

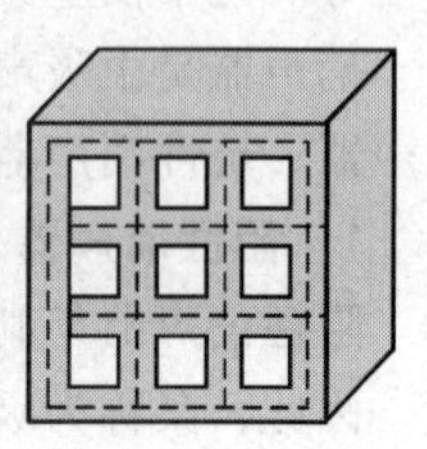

图7—70　片式和格式消声器

(3) 折板式消声器

将片式消声器的吸声片改制成曲折形，就成为折板式消声器，如图 7—71 所示。折板式消声器加大了声波的入射角，并增加了声波在消声器内的反射次数。由于增加了声波与吸声材料接触的机会，从而提高了中、高频噪声的消声量，但折板式消声器的阻力比片式消声器的阻力大。

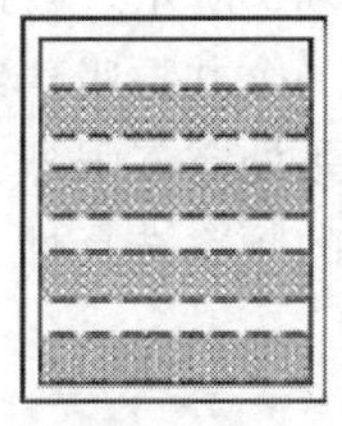
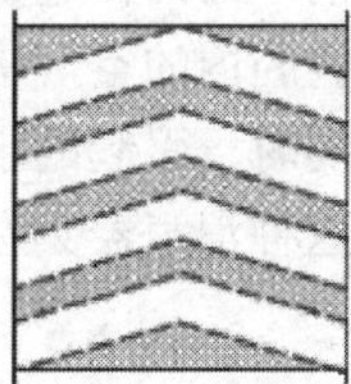

图 7—71　折板式消声器

(4) 声流式消声器

声流式消声器是由折板式消声器改进的，如图 7—72 所示。这种消声器把吸声片横截面制成正弦波状或近似正弦波状。当声波通过时，增加反射次数，故能改善消声性能。与折板式比较，它能使气流通畅流过，减少阻力。其缺点是加工复杂，造价高。

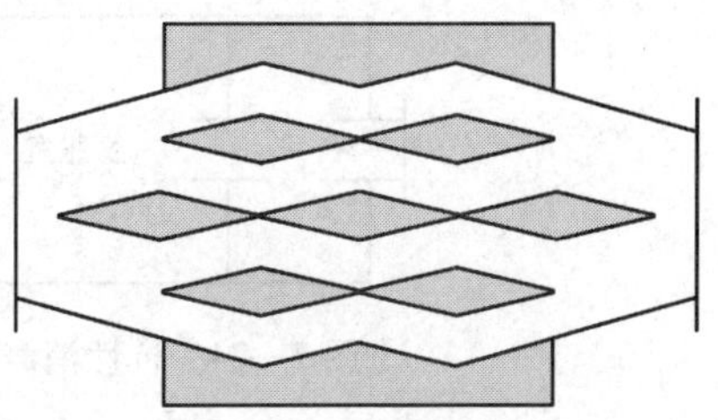

图 7—72　声流式消声器

(5) 迷宫式消声器

迷宫式消声器也称室式消声器。在空调系统的风机出口、管道分支处或排气口，设置容积较大的箱（室），在它里面加衬吸声材料或吸声障板，并错开气流的进出口位置，就构成了迷宫式消声器，其消声性能与室的尺寸、通道截面、吸声材料及其面积等因素有关。迷宫式消声器可以构成单宫式或多宫式（迷宫式），如图 7—73 所示。这种消声器除具有阻性作用外，通过小室断面的扩大与缩小，还具有抗性作用，因此消声频率范围较宽。迷宫式消声器的缺点是空间体积大、阻力损失大，故只适用于在流速很低的风道上使用，在体育馆、剧场等地下回风道中常被采用。

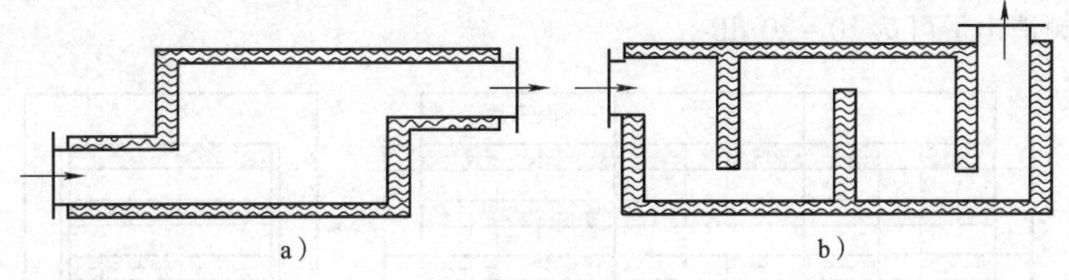

图 7—73　迷宫式消声器

a) 单宫式　b) 迷宫式

2. 抗性消声器（膨胀型消声器）

这种消声器由管和小室相连而成，如图 7—74 所示。利用管道内截面的突变，使沿管道传播的声波向声源方向反射回去而起到消声作用。为保证一定的消声效果，消声器的膨胀比（大断面与小断面面积之比）应大于5。抗性消声器具有良好的低频或低中频消声性能，它不需内衬多孔性吸声材料，故能适用于高温、高湿或腐蚀性气体等场合。但由于消声频程较窄，空气阻力大，占用空间多，所以在空调工程中，膨胀型消声器的应用常受到机房面积和空间小的限制。

3. 共振型消声器

共振型消声器的构造如图7—75所示。它通过管道开孔与共振腔相连接，穿孔板小孔处的空气和空腔内的空气构成了一个共振吸声结构。当外界噪声频率和此共振吸声结构的固有频率相同时，引起的小孔孔颈处空气强烈共振，空气柱与孔壁之间发生剧烈摩擦而消耗掉声能。这种消声器具有较强的频率选择性，即有效的频率范围很窄，一般用以消除低频噪声。

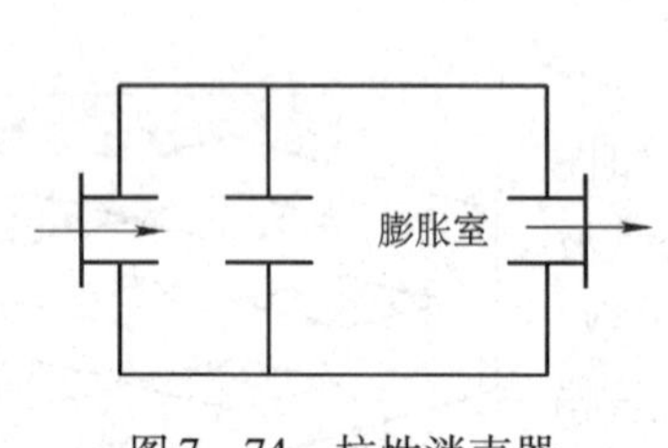

图7—74 抗性消声器

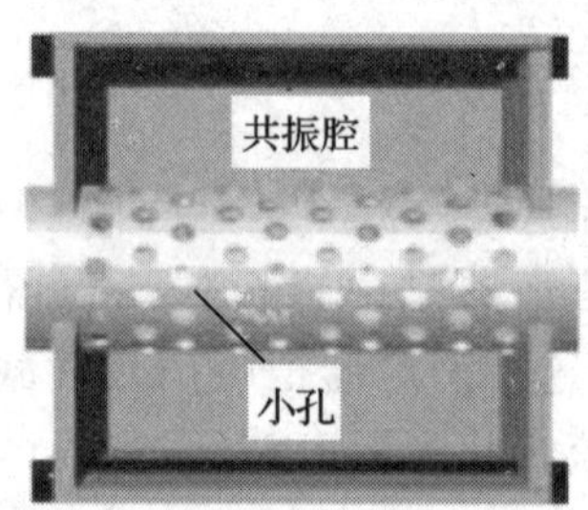

图7—75 共振型消声器

4. 复合型消声器

阻性消声器的低频消声性能较差，抗性消声器的高频消声性能很差，共振型消声器的有效消声频率范围较窄，复合型消声器就是将阻性、抗性或共振型消声原理组合设计在同一个消声器内。因此，复合型消声器具有较宽的消声特性，故又称为宽频带复合型消声器，在空调系统的噪声控制中得到了广泛的应用。复合型消声器有阻抗复合式消声器、阻抗共振复合式消声器以及微穿孔板消声器等。

阻抗复合式消声器一般由用吸声材料制成的阻性吸声片和若干个抗性膨胀室组成，如图7—76所示。这种消声器对低频噪声的消声性能好，实验证明，1.2 m长的阻抗复合式消声器的低频消声量可达10~20 dB。

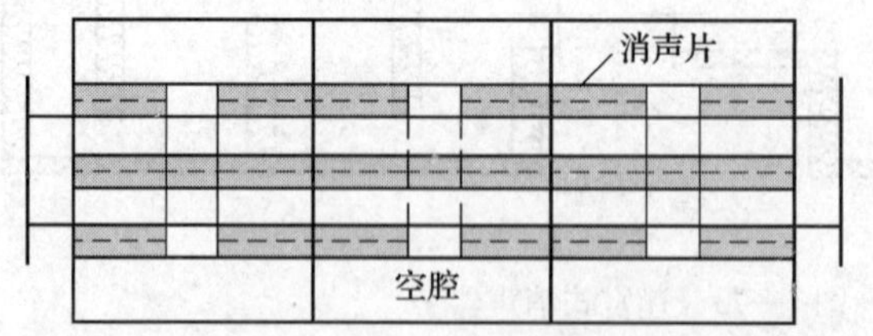

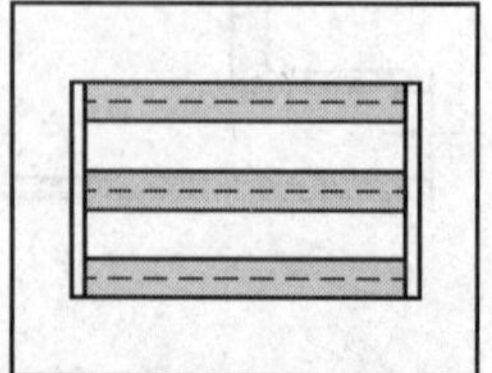

图7—76 阻抗复合式消声器

金属微穿孔板消声器如图7—77所示，它的微穿孔板板厚和孔径均小于1 mm，微孔有较大的声阻，吸声性能好，并且由于消声器边壁设置共振腔，微孔与共振腔组成一个共振系统，因此，消声频程宽，且空气阻力小。又因消声器不使用吸声材料，因此不起尘，一般适用于有特殊要求的场合，如高温、高速管道及净化空调系统中。

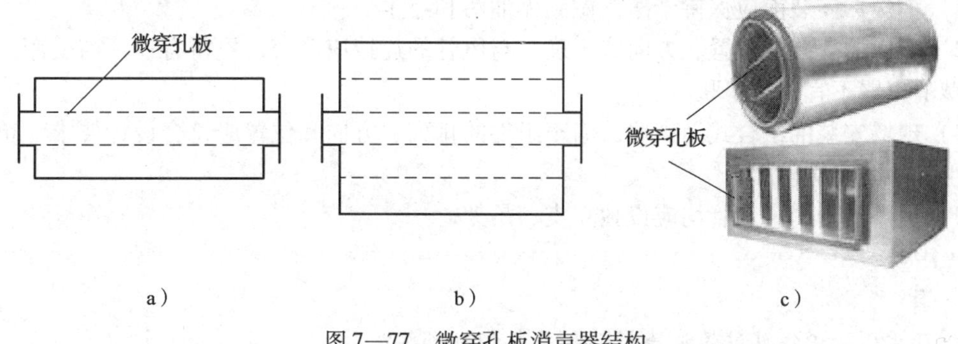

图 7—77 微穿孔板消声器结构

a）单层 b）双层 c）实物

5. 其他类型消声器

除了上述介绍的几种消声器外，还可利用风管构件作为消声器。它具有节约空间的优点，常用的有消声弯头和消声静压箱。

（1）消声弯头

消声弯头在风管弯头直接进行消声处理，如图 7－78 所示。它一般有两种做法：一种是弯头内贴吸声材料，要求弯头内缘做成圆弧，外缘粘贴吸声材料的长度应不小于弯头宽度的 4 倍；另一种是改良的消声弯头，外缘采用穿孔板、吸声材料和空腔。

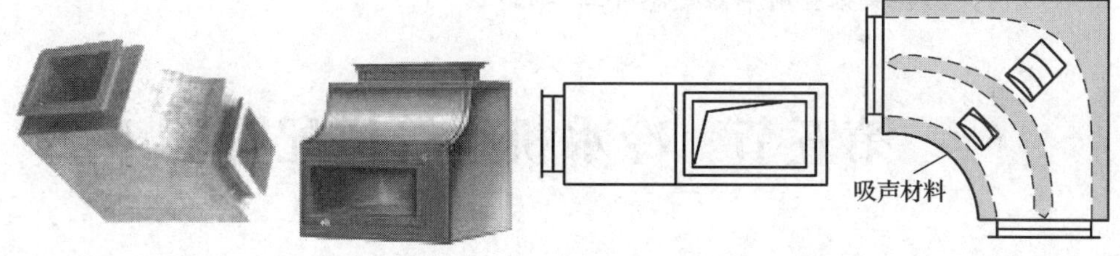

图 7—78 消声弯头

（2）消声静压箱

在风机出口处或在空气分布器前设置内壁粘贴吸声材料的静压箱。它既可以起稳定气流的作用，又可以起消声器的作用。

6. 消声器的制作安装

消声器有定型产品，也可以根据实际需要现场加工制作。

（1）消声器的制作要求

1）所选用的材料应符合设计的规定，如防火、防腐、防潮和卫生性能等要求。

2）外壳应牢固、严密，其漏风量应符合有关规定。

3）充填的消声材料，应按规定的密度均匀铺设，并应有防止下沉的措施。消声材料的覆面层不得破损，搭接应顺气流，且应拉紧，界面无毛边。

4）隔板与壁板接合处应紧贴、严密；穿孔板应平整、无毛刺，其孔径和穿孔率应符合设计要求。

（2）消声器的安装要求

1）消声器安装前应保持干净，做到无油污和浮尘。

2）消声器安装的位置、方向应正确，与风管的连接应严密，不得有损坏与受潮。两组同类型消声器不宜直接串联。

3）现场安装的组合式消声器，消声组件的排列、方向和位置应符合设计要求。单个消声器组件的固定应牢固。

4）消声器、消声弯管均应设独立支、吊架。

想一想

日常生活中你见过的消声材料和设备都有哪些？

复 习 题

1. 什么是空调系统的气流组织？
2. 空调系统有哪几种送风方式？
3. 空调送风口有哪几种类型？
4. 讨论防火调节阀和防烟调节阀的安装工序。
5. 抗性消声器和共振型消声器是怎样工作的？

第五节　冷水机组管道配置

在建筑集中式空调系统中，冷水机组应用很普遍。常用的冷水机组有活塞式冷水机组、离心式冷水机组、螺杆式冷水机组和溴化锂吸收式冷水机组，如图 7—79 所示。保证冷水机组正常运行对空调系统尤为重要。

一、冷水机组的特点

1. 基建费用低

冷水机组的各种部件和设备（如蒸发器、冷凝器等）紧凑地组成一个整体，使得冷水机组整体尺寸缩小，占地面积小，不再另外占用面积。机组性能稳定、自动化程度高，不需较大检修空间，因此可大大缩小机房的占地面积。

由于冷水机组采用了良好的减振措施，因而基础简单，可以将机房靠近用冷地点，也可在各层楼放置。这在高层建筑空调系统里，可大大降低循环水泵的扬程，减少安装与运行费用。

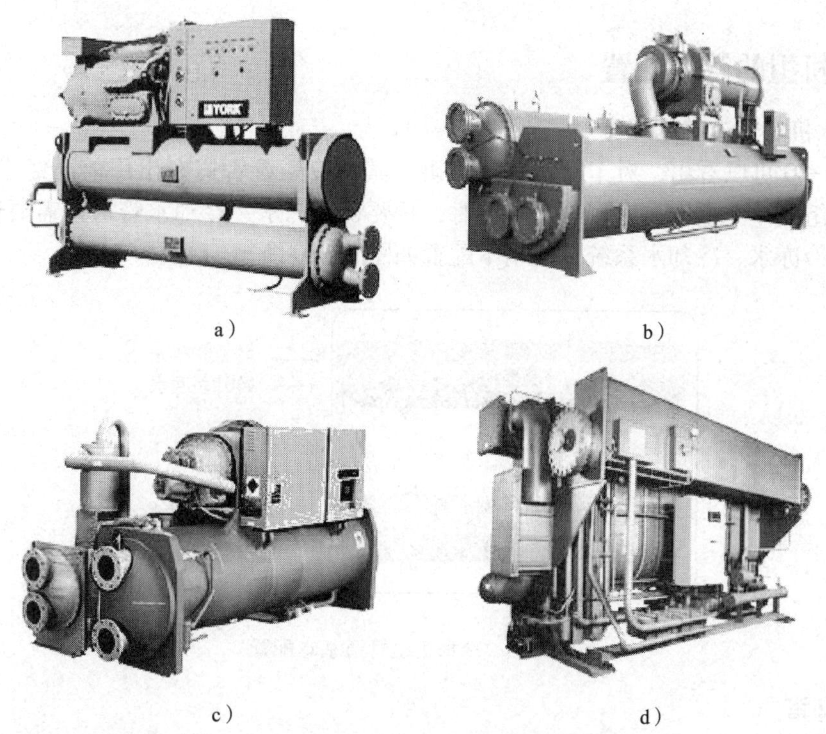

图 7—79　常用冷水机组
a）活塞式冷水机组　b）离心式冷水机组　c）螺杆式冷水机组　d）溴化锂吸水冷水机组

2．安装调试方便、维修费用低

由于是整体机组一次安装，接水接电即成，减少了安装调试工作量。自动化程度高、操作简单、调节灵活、易损件少，使维修费用降低。

3．使用范围广、运行费用低

由于技术成熟，制冷机组可以满足不同用户的需要，而且能适应较高的压力和温度范围。冷凝温度的提高可以使制冷压缩机在高环境温度和高水温区域运行。

冷水机组具有较高的传热效率与运转稳定性，单位制冷量或制热量电耗相对较低，特别是在偏离设计工况运行时显得更为明显。

4．使用寿命长、性能可靠

冷水机组大多采用各种优质材料，制造工艺先进，高精度的性能试验装置测试检验，完善的安全控制功能，使得制冷机组的使用寿命更长、性能更可靠。

目前，制冷机组广泛应用于办公楼、宾馆、酒店、商场、影剧院、体育馆、工厂等领域的制冷、采暖、热水等系统。

想一想

利用所学知识，讨论冷水机组的基本工作流程。

二、冷水机组的管道配置

1. 冷水机组管道基本配置

从图 7—80 可以看出，对于冷水机组来讲，其制冷系统管道在出厂前已经连接完毕且与其他部件组成一个整体。应用冷水机组时，只要将冷冻水、冷却水管道按需要连接即可。冷水机组的冷冻水、冷却水系统管道基本配置如图 7—80 所示。

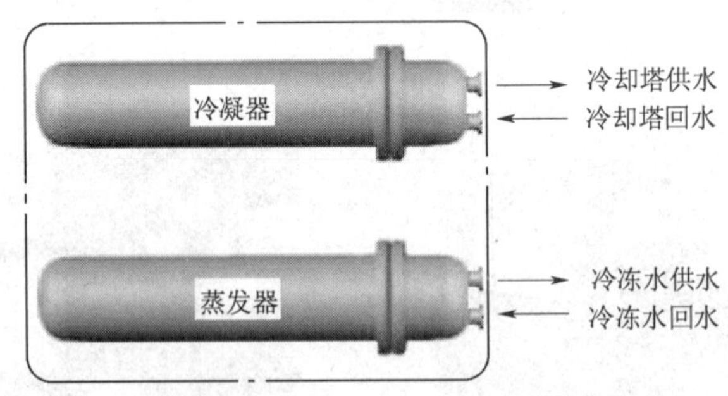

图 7—80　冷水机组管道基本配置

2. 冷却塔

冷却塔是冷水机组冷凝器的散热设备，冷凝器与冷却塔的换热方式主要有空气换热和水换热，相应的称为风冷式冷却塔和水冷式冷却塔。由于水冷式冷却塔换热量大，冷水机组多采用水冷式冷却塔。

冷却塔一般采用玻璃钢材料制造，其外形有圆形和方形两种。

(1) 冷却塔的工作过程

圆形冷却塔结构如图 7—81 所示。

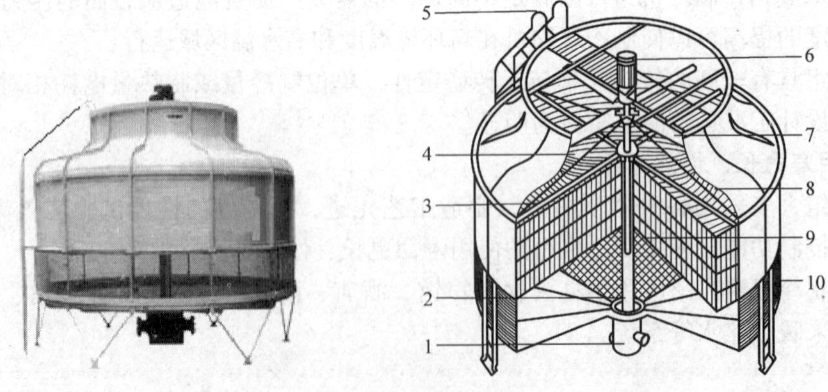

图 7—81　圆形冷却塔及其构造

1—进水管总成　2—进水管　3—布水管　4—布水器　5—扶梯
6—电动机　7—风机　8—滤水填料　9—消声器　10—进风网

来自冷凝器的水通过水泵以一定的压力经过管道进入冷却塔，通过布水管上的小孔将水均匀地播洒在布水器的滤水填料上面；干燥（低焓值）的空气经过冷却塔上部风机的作用后，自冷却塔底部的进风网进入冷却塔内；水流经填料表面时形成水膜和空气进行热交换，高湿度、高焓值的热风从顶部抽出，冷却水滴入底盆内，经出水管流入冷却塔集水盘或水池。

一般情况下，进入冷却塔内的空气，是干燥低湿温度的空气，水和空气之间明显存在着水分子的浓度差和动能压力差。当风机运行时，在塔内静压的作用下，水分子不断地向空气中蒸发，成为水蒸气分子，剩余的水分子的平均动能便会降低，从而使循环水的温度下降。

蒸发降温与空气的温度低于或高于水温无关，只要水分子能不断地向空气中蒸发，水温就会降低。但是，水向空气中的蒸发不会无休止地进行下去。当与水接触的空气不饱和时，水分子不断地向空气中蒸发，但当水气接触面上的空气达到饱和时，水分子就会停止蒸发，处于一种动平衡状态。蒸发出去的水分子数量等于从空气中返回到水中的水分子的数量，水温保持不变。由此可以看出，与水接触的空气越干燥，蒸发就越容易进行，水温就容易降低。

（2）冷却塔的安装要点和技术要求

1）按厂家提供的基础图进行基础校验，基础预埋应正确、水平坚固。

2）基础校验处理完好后，在基础上完成冷却塔支撑框件的安装，支撑框架的上端应水平。

3）按照厂家的安装程序和说明，进行冷却塔体的安装。

4）最后安装风机、电动机，并仔细调校直至达到运行要求。

（3）冷却塔安装的质量标准

1）冷却塔的型号、规格、技术参数必须符合设计要求。对含有易燃材料冷却塔的安装，必须严格执行施工防火安全的规定。

2）基础标高应符合设计的规定，允许误差为 ±20 mm。冷却塔地脚螺栓与预埋件的连接或固定应牢固，各连接部件应采用热镀锌或不锈钢螺栓，其紧固力应一致、均匀。

3）冷却塔安装应水平，单台冷却塔安装水平度和垂直度允许偏差均为 2/1 000。同一冷却水系统的多台冷却塔安装时，各台冷却塔的水面高度应一致，高度差应不大于 30 mm。

4）冷却塔的出水口及喷嘴的方向和位置应正确，积水盘应严密无渗漏；分水器布水均匀。带转动布水器的冷却塔，其转动部分应灵活，喷水出口按设计或产品要求，方向应一致。

5）冷却塔风机叶片端部与塔体四周的径向间隙应均匀。对于可调整角度的叶片，角度应一致。

（4）冷却塔的启动、运行

1）所用螺栓应紧固，塔内不许有杂物。

2）电源应与电动机电压一致。

3）风扇及淋水系统转动应灵活。

4）开启补水阀将水池及水管完全注满，水位一般低于水池溢水管口 25 mm。

5）启动时，先开水泵后开风机，并检查风向及风量，及时调整直至达到要求为止。停止时，先停风机后停水泵。

6）保持水塔内清洁，定期做水质处理。

3．冷却水系统

当中央空调系统的冷源为离心式冷水机组、活塞式冷水机组、螺杆式冷水机组、溴化锂吸收式冷水机组时，都必须设置冷却水系统，其任务是为冷水机组中的冷凝器提供冷却水，将高温高压的制冷剂气体凝结成低温高压的液体，以保证制冷系统正常运行。此外，闭式环路水源热泵机组系统也必须设置冷却水系统，其任务是保证系统内的水温不超过 35℃，以维持系统正常运行。

（1）冷却水系统的管路流程

冷却水系统管路流程如图 7—82 所示。

系统工作前先往系统中充水，水从冷却塔集水盘（或水池）底下的出水管自流到冷却水泵，在冷却水泵运转产生的压力作用下，水流克服冷凝器的阻力后被提升到冷却塔内散热降温。

被冷却的水落到集水盘后又自流到水泵加压，如此不断地循环流动。被冷却的水不断地在冷凝器中冷却制冷剂气体（或水源热泵系统中的循环水），以保证制冷系统（或热泵机组系统）的正常运行。

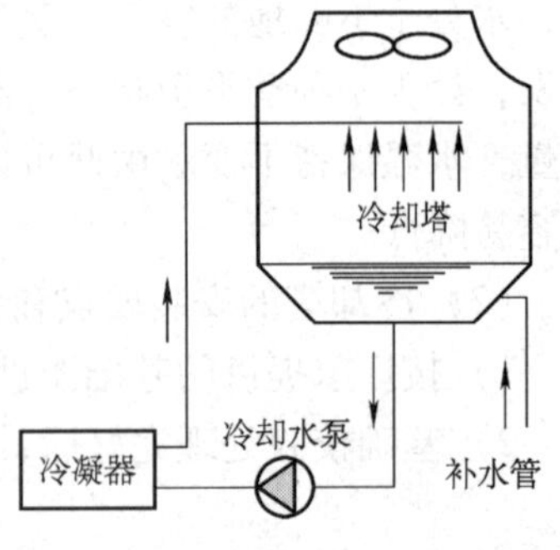

图 7—82　冷却水系统管路流程

为了保证冷却水系统正常安全运行，在冷却水循环泵前一般设有除污器和电子水处理仪，杀菌、防藻及防止大气中尘埃等杂物堵塞管道，以便延长冷凝器和管道的使用寿命。

冷却水系统虽然也是一个循环水系统，但是由于水流从喷嘴喷出后与空气接触，即接触了大气，水流在这里断开了，不是连续的，因此是开式循环水系统，其工作原理与机械循环热水采暖系统和中央空调冷、热水系统的闭式循环水系统的工作流程完全不同，而是与给、排水的开式系统相类似，其水泵的压出管段类似于给、排水中的给水系统，水泵的吸入管段类似于排水系统。正是由于冷却水系统是开式的循环水系统，因此，其系统组成的设备间相对位置、高差等因素，都会对其正常运行产生影响，且由于实际情况十分复杂，因此必须掌握其系统的工作流程和安装的主要要求以及注意事项。

（2）冷却水系统管路的布置原则

1）水泵在任何时候都必须有水充满。集水盘到水泵的管道必须是自流的，即水平管必须坡向水泵，流速放低，管径加大，防止水泵出现空化。

2）冷却塔的循环水泵在系统中的位置应设在冷凝器的前面（即将冷却水压入冷却塔中），而且水泵吸入部分的水平管道不宜太长，水平管应坡向水泵吸入方向。

3）冷却塔的出水管必须靠重力返回水泵，不得弯上弯下。距水泵吸入口处最好能有 5 倍管径长度的直管段，以不影响水泵效率。

4）几台冷却塔并联时，应按同一水位决定各塔的基础高度，即小的冷却塔基础高度要比大冷却塔的基础高，以保证大、小冷却塔的集水盘水位高度一致。

5）对几台并联工作的冷却塔，水量分配会不平衡，极易造成溢流，所以管路布置时要重视各冷却塔之间的管道阻力平衡，特别是冷却塔至水泵的吸入管段部分。同时在冷却塔的集水盘之间一定要用与进水干管相同管径的均压管（平衡管）连接。此外，为使冷却塔中水位一致，出水总干管应采用比进水干管大两号的集合管，如图7—83所示。

（3）冷却水系统安装运行注意事项

1）水泵吸入口的除污器要经常清洗，特别是试运行期间。否则会造成空化，水泵不能正常运转。

2）冷却水泵的吸入扬程有限，一般只有3～4 m水柱，因此冷却塔集水盘至水泵的管道不能反上过高，如图7—84所示，否则水泵启动和运行都会经常产生问题。应将冷却塔的出水管改为自流至水泵，使泵的叶轮浸没在水中，而且接至泵的水平管要坡向水泵。

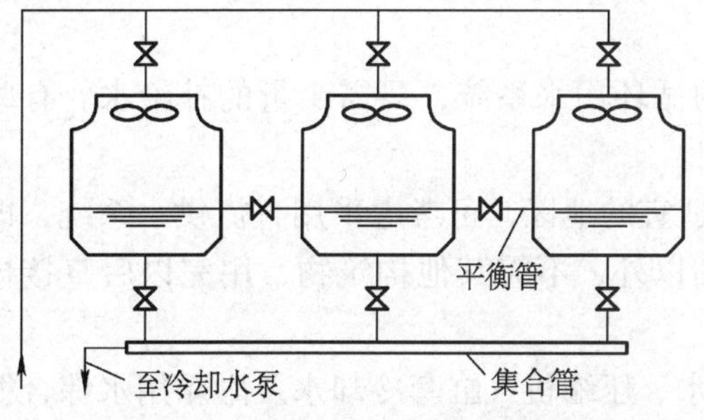

图7—83　并联工作冷却塔的管路连接

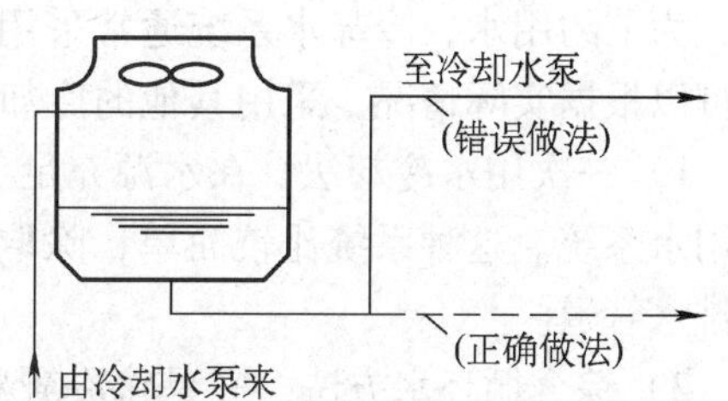

图7—84　冷却水泵吸入管的正确做法

3）当冷却塔位置比冷凝器低时，为防止泵停止时冷凝器的水被排空，应在冷凝器出口管的顶部设防真空阀或通气管，以防虹吸落水。另外，泵的压出侧应安装止回阀以防落水。而通气管的高度 H 应大于 $A \sim B \sim C$ 管道的阻力，如图7—85所示。

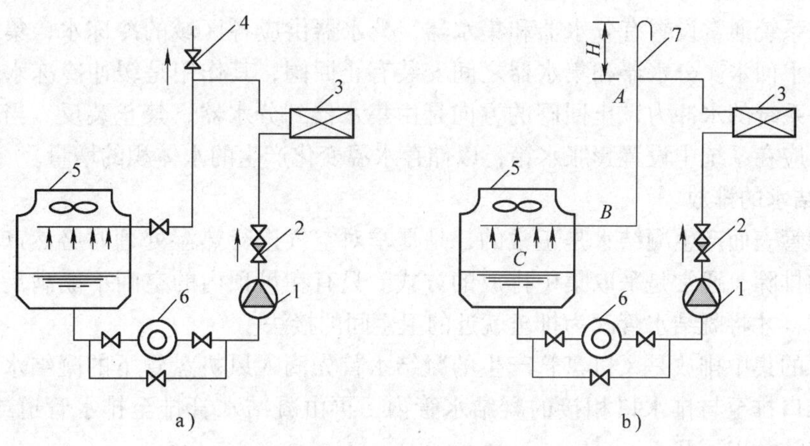

图7—85　冷却塔低于冷凝器的管路连接方法

a）用防真空阀时　b）用通气管时

1—冷却水泵　2—止回阀　3—冷凝器　4—防真空阀（止回阀）　5—冷却塔　6—除污器　7—通气管

4）当冷却塔的位置高于冷凝器但冷却塔和水泵设在同一高度时，要注意让泵的吸入口处能保持正压，即冷却塔的最低水位线距水泵吸入口中心线的垂直高度差必须大于水泵吸入段的阻力。换句话说，就是当水泵与冷却塔基本放在一个高度时，水泵应尽量靠近冷却塔安装，如图 7—86 所示。

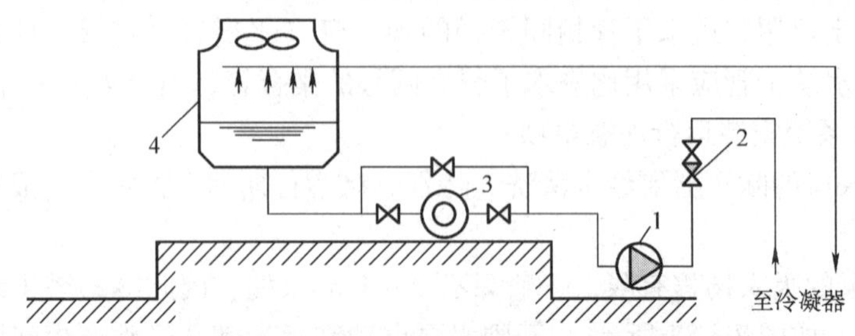

图 7—86　冷却水泵应尽量与冷却塔靠近（冷凝器低于冷却塔时）
1—水泵　2—止回阀　3—除污器　4—冷却塔

（4）其他冷却水系统

为节约用水，冷却水系统通常采用上述的循环用水系统，只需少量的补给水。有些地区可以根据实际情况，采用其他的冷却水系统。

1）一次用水冷却法。在水源充足、水温适宜的地区，可考虑采用直流供水系统，即一次用水系统。这种系统比较简单，除取水泵站以外，不需其他构筑物，用完以后直接排放到排水管道。

2）综合循环水方法。它是将冷凝器冷却水、压缩机气缸套冷却水及融霜用水综合循环用水的一种方法，这种方案水量较省。

3）排污法用水。以温度较低的深井水作为补给水，与部分温度较高的冷却水回水混合，作为冷凝器冷却水，习惯上称为排污法用水。从排污管排放的水量等于补给深井水水量，循环泵的流量等于计算的冷却水量。

4. 冷冻水系统

冷冻水系统通常设置有分水器和集水器，分水器供应各区域的冷冻水，集水器汇合各区域的冷冻水回水。分水器和集水器之间安装有止回阀，其作用是缓冲冷冻水循环泵突然停止时管路系统的水冲力，止回阀的方向是由集水器到分水器，禁止装反。当空调系统使用热水时，应在系统中设置膨胀水箱，以储存水温变化产生的水体积的增量。

5. 凝结水的排放

风机盘管表面产生凝结水是正常的，是夏季对空气进行热湿处理时必然产生的。对这种凝结水的排除，通常是采取集中排放的方式。只有在吊顶内的空间不能满足凝结水管坡度的要求时，才将凝结水管改为排至就近的卫生间的接法。

凝结水的集中排放是风机盘管产生的凝结水首先滴入风机盘管下的凝结水盘内，然后由盘内排水口排至与排水口相接的凝结水管内，再由凝结水管排至排水管道或雨水管道。集中排放应注意以下几点。

（1）凝结水排出管应当就近设立管排水，尽可能多地设置垂直凝结水排水立管，这样可缩短水平排水管的长度，减少因排水管坡度不够而产生集水、滴水的危险。水平排水管的一般坡度不得小于1/100，坡向顺水流方向越走越低，以利于凝结水靠重力自流。从每个风机盘管上引出的排水管的管径以DN20 mm为宜，而排水立管和总管的尺寸还应大些。

（2）风机盘管与冷热水管接管上的手动与电动水阀应安装在集水盘内，如果风机盘管的集水盘不够长，则应做附加集水盘，这个集水盘可与风机盘管的集水盘连通，也可以要求生产厂家将原集水盘加长，以保证阀门等接头的凝结水能沿集水盘排出，而且集水盘下要防止产生二次凝结水。

（3）凝结水排水总管与给、排水的排水立管不能直接相连，应在给、排水的排水立管上接一带有存水弯和Y形漏斗的短管，再把凝结水排水总管引至Y形漏斗处，如图7—87所示，以便凝结水能够顺畅地排至给、排水立管。

凝结水排水立管也可排至雨水管，但与雨水管的接口应有一定的角度，而且接口处应严密不漏。凝结水还可以接一立管排至室外明沟，但这样做浪费管材。

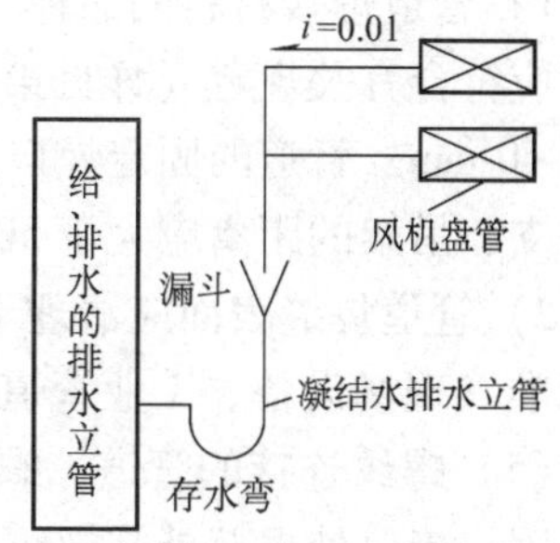

图7—87 凝结水管与排水管的连接

想一想

1. 家中用的柜式空调和冷水机组空调系统冷凝器冷却的方式相同吗？为什么？
2. 凝结水管可以直接排入卫生间的排水管道吗？为什么？正确的做法是怎样的？

三、空调水系统管道与设备安装的质量要求

空调水系统管道与设备安装除应符合一般管道与设备安装的要求和规定外，还有其施工质量与验收标准。空调工程水系统的设备与附属设备、管道、管配件及阀门的型号、规格、材质及连接形式应符合设计规定。

1. 管道安装

（1）管道安装应符合下列规定

1）管道在安装前必须经监理人员验收及认可签证。

2）焊接钢管、镀锌钢管不得采用热煨弯。

3）管道与设备的连接，应在设备安装完毕后进行，与水泵、制冷机组的接管必须为柔性接口。柔性短管不得强行对口连接，与其连接的管道应设置独立支架。

4）冷热水及冷却水系统应在系统冲洗、排污合格（目测：以排出口的水色和透明度与入水口对比相近，无可见杂物）后，再循环试运行2 h以上，且水质正常后才能与制冷机组、空调设备相贯通。

5）固定在建筑结构上的管道支、吊架，不得影响结构的安全。管道穿越墙体或楼板处应设钢制套管，管道接口不得置于套管内，钢制套管应与墙体饰面或楼板底部平齐，上部应高出楼层地面20~50 mm，并不得将套管作为管道支撑。

保温管道与套管四周间隙应使用不燃绝热材料填塞紧密。

（2）镀锌钢管应采用螺纹连接。当管径大于DN100 mm时，可采用卡箍式、法兰或焊接连接，但应对焊缝及热影响区的表面进行防腐处理。

（3）当空调水系统的管道采用建筑用硬聚氯乙烯（PVC－U）、聚丙烯（PP－R）、聚丁烯（PB）与交联聚乙烯（PEX）等有机材料管道时，其连接方法应符合设计和产品技术要求的规定。

（4）金属管道的焊接应符合下列规定

1）管道焊接材料的品种、规格、性能应符合设计要求。管道对接焊口的组对和坡口形式等应符合有关规定（详见第二单元第二课题焊接连接）；对口的平直度为1/100，全长不大于10 mm。管道的固定焊口应远离设备，且不宜与设备接口中心线相重合。管道对接焊缝与支、吊架的距离应大于50 mm。

2）管道焊缝表面应清理干净，并进行外观质量的检查。焊缝外观质量不得低于现行国家标准《现场设备、工业管道焊接工程施工及验收规范》（GB 50236—2011）的规定。

（5）螺纹连接的管道，螺纹应清洁、规整，断丝或缺丝不大于螺纹全扣数的10%；连接牢固；接口处根部外露螺纹为2～3扣，无外露填料；镀锌管道的镀锌层应注意保护，对局部的破损处应做防腐处理。

（6）法兰连接的管道，法兰面应与管道中心线垂直，并同心。法兰对接应平行，其偏差应不大于其外径的1.5/1 000，且不得大于2 mm；连接螺栓长度应一致、螺母在同侧、均匀拧紧。螺栓紧固后应不低于螺母平面。法兰的衬垫规格、品种与厚度应符合设计的要求。

（7）钢制管道的安装应符合下列规定

1）管道和管件在安装前，应将其内、外壁的污物和锈蚀清除干净。当管道安装间断时，应及时封闭敞开的管口。

2）管道弯制弯管的弯曲半径，热弯应不小于管道外径的3.5倍、冷弯应不小于4倍；焊接弯管应不小于1.5倍；冲压弯管应不小于1倍。弯管的最大外径与最小外径的差应不大于管道外径的8/100，管壁减薄率应不大于15%。

3）冷凝水排水管坡度应符合设计文件的规定。当设计无规定时，其坡度宜大于或等于8‰；软管连接的长度，不宜大于150 mm。

4）冷热水管道与支、吊架之间，应有绝热衬垫（承压强度能满足管道重量的不燃、难燃硬质绝热材料或经防腐处理的木衬垫），其厚度应不小于绝热层厚度，宽度应大于支、吊架支撑面的宽度。衬垫的表面应平整、衬垫接合面的空隙应填实。

5）管道安装的坐标、标高和纵、横向的弯曲度应符合表7—8的规定。在吊顶内等暗装管道的位置应正确，无明显偏差。

表7—8　　管道安装的允许偏差和检验方法

项目			允许偏差/mm	检查方法
坐标	架空及地沟	室外	25	按系统检查管道的起点、终点、分支点和变向点及各点之间的直管 用经纬仪、水准仪、液体连通器、水平仪、拉线和尺量检查
		室内	15	
	埋地		60	
标高	架空及地沟	室外	±20	
		室内	±15	
	埋地		±25	

续表

项 目		允许偏差/mm	检查方法
水平管道平直度	DN≥100 mm	$2L$‰，最大40	用直尺、拉线和尺量检查
	DN＞100 mm	$3L$‰，最大60	
立管垂直度		$5L$‰，最大25	用直尺、线锤、拉线和尺量检查
成排管段间距		15	用直尺尺量检查
成排管段或成排阀门在同一平面上		3	用直尺、拉线和尺量检查

注：L—管道的有效长度，mm。

（8）钢塑复合管道的安装，当系统工作压力不大于1.0 MPa时，可采用涂（衬）塑焊接钢管螺纹连接，与管道配件的连接深度和扭矩应符合表7—9的规定；当系统工作压力为1.0~2.5 MPa时，可采用涂（衬）塑无缝钢管法兰连接或沟槽式连接，管道配件均为无缝钢管涂（衬）塑管件。

表7—9　钢塑复合管螺纹连接深度及紧固扭矩

公称直径/mm		15	20	25	32	40	50	65	80	100
螺纹连接	深度/mm	11	13	15	17	18	20	23	27	33
	牙数	6.0	6.5	7.0	7.5	8.0	9.0	10.0	11.5	13.5
扭矩/N·m		40	60	100	120	150	200	250	300	400

沟槽式连接的管道，其沟槽与橡胶密封圈和卡箍套必须为配套合格产品；支、吊架的间距应符合表7—10的规定。

表7—10　沟槽式连接管道的沟槽及支、吊架的间距

公称直径/mm	沟槽深度/mm	允许偏差/mm	支、吊架的间距/m	端面垂直度允许偏差/mm
65~100	2.20	0~+0.3	3.5	1.0
125~150	2.20	0~+0.3	4.2	1.5
200	2.50	0~+0.3	4.2	
225~250	2.50	0~+0.3	5.0	
300	3.0	0~+0.5	5.0	

注：1. 连接管端面应平整光滑、无毛刺；沟槽过深，应作为废品，不得使用。
2. 支、吊架不得支撑在连接头上，水平管的任意两个连接头之间必须有支、吊架。

（9）风机盘管机组及其他空调设备与管道的连接，宜采用弹性接管或软接管（金属或非金属软管），其耐压值应≥1.5倍的工作压力。软管的连接应牢固，不应有强扭和瘪管。

2. 阀门和补偿器安装

（1）阀门的安装应符合下列规定

1）阀门的安装位置、高度、进出口方向必须符合设计要求，连接应牢固紧密。

2）安装在保温管道上的各类手动阀门、手柄均不得向下。

3）阀门安装前必须进行外观检查，阀门的铭牌应符合现行国家标准《通用阀门标志》GB 12220—1998 的规定。对于工作压力大于 1.0 MPa，及在主干管上起到切断作用的阀门，应进行强度和严密性试验，合格后方准使用。其他阀门可不单独进行试验，待在系统试压中检验。

强度试验时，试验压力为公称压力的 1.5 倍，持续时间不少于 5 min，阀门的壳体、填料应无渗漏。

严密性试验时，试验压力为公称压力的 1.1 倍；试验压力在试验持续的时间内应保持不变，时间应符合表 7—11 的规定，以阀瓣密封面无渗漏为合格。

表 7—11　　阀门压力持续时间

公称直径 DN/mm	最短试验持续时间/s	
	严密性试验	
	金属密封	非金属密封
≤50	15	15
65～200	30	15
250～450	60	30
≥500	120	60

检查数量：1、2 款抽查 5%，且不得少于 1 个。水压试验以每批（同牌号、同规格、同型号）数量中抽查 20%，且不得少于 1 个。对于安装在主干管上起切断作用的闭路阀门，全数检查。

检查方法：按设计图核对、观察检查；旁站或查阅试验记录。

（2）补偿器的补偿量和安装位置必须符合设计及产品技术文件的要求，并应根据设计计算的补偿量进行预拉伸或预压缩。

设有补偿器（膨胀节）的管道应设置固定支架，其结构形式和固定位置应符合设计要求，并应在补偿器的预拉伸（或预压缩）前固定；导向支架的设置应符合所安装产品技术文件的要求。

检查数量：抽查 20%，且不得少于 1 个。

检查方法：观察检查，旁站或查阅补偿器的预拉伸或预压缩记录。

（3）阀门、集气罐、自动排气装置、除污器（水过滤器）等管道部件的安装应符合设计要求，并应符合下列规定。

1）阀门安装的位置、进出口方向应正确，并便于操作；连接应牢固紧密，启闭灵活；成排阀门的排列应整齐美观，在同一平面上的允许偏差为 3 mm。

2）电动、气动等自控阀门在安装前应进行单体的调试，包括开启、关闭等动作试验。

3）冷冻水和冷却水的除污器（水过滤器）应安装在进机组前的管道上，方向正确且便于清污；与管道连接牢固、严密，其安装位置应便于滤网的拆装和清洗。过滤器滤网的材质、规格和包扎方法应符合设计要求。

4）闭式系统管路应在系统最高处及所有可能积聚空气的高点设置排气阀，在管路最低点应设置排水管及排水阀。

3. 管道支架安装

（1）金属管道的支、吊架的形式、位置、间距、标高应符合设计或有关技术标准的要求。设计无规定时，应符合下列规定。

1）支、吊架的安装应平整牢固，与管道接触紧密。管道与设备连接处，应设独立支、吊架。

2）冷（热）媒水、冷却水系统管道机房内总、干管的支、吊架，应采用承重防晃管架；与设备连接的管道管架宜有减振措施。当水平支管的管架采用单杆吊架时，应在管道起始点、阀门、三通、弯头及长度每隔 15 m 处设置承重防晃支、吊架。

3）无热位移的管道吊架，其吊杆应垂直安装；有热位移的，其吊杆应向热膨胀（或冷收缩）的反方向偏移安装，偏移量按计算确定。

4）滑动支架的滑动面应清洁、平整，其安装位置应从支撑面中心向位移反方向偏移 1/2 位移值或符合设计文件规定。

5）竖井内的立管，每隔 2～3 层应设导向支架。在建筑结构负重允许的情况下，水平安装管道支、吊架的间距应符合表 7—12 的规定。

表 7—12　　钢管道支、吊架的最大间距

公称直径/mm		15	20	25	32	40	50	70	80	100	125	150	200	250	300
支架的最大间距/m	L_1	1.5	2.0	2.5	2.5	3.0	3.5	4.0	5.0	5.0	5.5	6.5	7.5	8.5	9.5
	L_2	2.5	3.0	3.5	4.0	4.5	5.0	6.0	6.5	6.5	7.5	7.5	9.0	9.5	10.5
	对大于 300 mm 的管道可参考 300 mm 管道														

注：1. 适用于工作压力不大于 2.0 MPa，不保温或保温材料密度不大于 200 kg/m^3 的管道系统。
2. L_1用于保温管道，L_2用于不保温管道。

6）管道支、吊架的焊接应由合格持证焊工施焊，并不得有漏焊、欠焊或焊接裂纹等缺陷。支架与管道焊接时，管道侧的咬边量，应小于 0.1 倍管壁厚。

（2）采用建筑用硬聚氯乙烯（PVC－U）、聚丙烯（PP－R）与交联聚乙烯（PE－X）等管道时，管道与金属支、吊架之间应有隔绝措施，不可直接接触。当为热水管道时，还应加宽其接触的面积。支、吊架的间距应符合设计和产品技术要求的规定。

4. 水泵及附属设备安装

（1）水泵的规格、型号、技术参数应符合设计要求和产品性能指标。水泵正常连续试运行的时间，应不少于 2 h。

（2）水箱、集水缸、分水缸、储冷罐的满水试验或水压试验必须符合设计要求。储冷罐内壁防腐涂层的材质、涂抹质量、厚度必须符合设计或产品技术文件要求，储冷罐与底座必须进行绝热处理。

（3）水泵及附属设备的安装应符合下列规定

1）水泵的平面位置和标高允许偏差为 ±10 mm，安装的地脚螺栓应垂直、拧紧，且与设备底座接触紧密。

2）垫铁组放置位置正确、平稳，接触紧密，每组不超过3块。

3）整体安装的泵，纵向水平偏差应不大于0.1/1 000，横向水平偏差应不大于0.20/1 000；解体安装的泵纵、横向安装水平偏差均应不大于0.05/1 000。

水泵与电动机采用联轴器连接时，联轴器两轴芯的允许偏差：轴向倾斜应不大于0.2/1 000，径向位移应不大于0.05 mm。

小型整体安装的管道水泵不应有明显偏斜。

4）减振器与水泵及水泵基础连接牢固、平稳、接触紧密。

（4）水箱、集水器、分水器、储冷罐等设备的安装，支架或底座的尺寸、位置符合设计要求。设备与支架或底座接触紧密，安装平正、牢固。平面位置允许偏差为15 mm，标高允许偏差为±5 mm，垂直度允许偏差为1/1 000。

5. 水压试验

管道系统安装完毕、外观检查合格后，应按设计要求进行水压试验。当设计无规定时，应符合下列规定。

（1）冷（热）水、冷却水系统的试验压力：当工作压力≤1.0 MPa时，为1.5倍工作压力，但最低不小于0.6 MPa；当工作压力大于1.0 MPa时，为工作压力加0.5 MPa。

（2）对于大型或高层建筑垂直位差较大的冷（热）媒水、冷却水管道系统宜采用分区、分层试压和系统试压相结合的方法。一般建筑可采用系统试压方法。

1）分区、分层试压：对相对独立的局部区域的管道进行试压。在试验压力下，稳压10 min，压力不得下降，再将系统压力降至工作压力，在60 min内压力不得下降、外观检查无渗漏为合格。

2）系统试压：在各分区管道与系统主、干管全部连通后，对整个系统的管道进行系统的试压。试验压力以最低点的压力为准，但最低点的压力不得超过管道与组成件的承受压力。压力试验升至试验压力后，稳压10 min，压力下降不得大于0.02 MPa，再将系统压力降至工作压力，外观检查无渗漏为合格。

（3）各类耐压塑料管的强度试验压力为1.5倍工作压力，严密性工作压力为1.15倍的设计工作压力。

（4）凝结水系统采用充水试验，应以不渗漏为合格。

1）检查数量：系统全数检查。

2）检查方法：旁站观察或查阅试验记录。

想一想

1. 一般规模的空调水系统冷冻水管、冷却水管的管径都比较大，在施工中怎样保证施工的安全？

2. 冷水机组、冷冻水泵、冷却水泵、补水泵等设备在和管道接口时应注意什么技术问题？

3. 冷凝水管一般都采用什么材质的管子？为什么？

复　习　题

1．冷水机组有什么特点？

2．用方框图表示冷水机组的冷冻水和冷却水管路流程。

3．冷却塔常用什么材料制作？怎样冷却空气？

4．冷却塔安装的质量标准是什么？怎样正确启动冷却塔？讨论冷却塔的安装要点。

5．冷却水系统管路的布置原则是什么？

6．冷却水系统安装运行的注意事项是什么？

7．凝结水集中排放应注意哪些事项？

8．简述空调水系统管道与设备安装的质量和验收标准。

9．简述怎样保证空调水系统管道与设备安装的质量。

第六节　制冷机组维护

制冷机组作为一种设备，需要进行保养与维修。所谓设备保养，是为了保持设备良好的运转状态而进行的检查维护工作，是一种预防性的、有计划进行的经常性维护工作。维修则是设备发生故障时，进行的维护修理工作，是一种突击性的维修工作。

有计划地对设备进行保养，可以减少大事故出现的可能性，延长机器的使用寿命，节省保养费用。如果平时不注意对设备实行有计划的保养，到设备出现故障时才进行修理，那么随着时间的增加，设备故障发生的频率会越来越高，修理费用会不断增加。这样不但影响设备的使用效果，而且会缩短设备的使用寿命，造成不必要的浪费。

制冷机组的保养与维修应该采取以保养为主、维修为辅、保修结合的原则。这样可以以较低的费用，获得最长的使用寿命，创造最好的使用效果。

一、制冷机组检修的一般规则和程序

1．检修规则

（1）认真执行全年保养计划

制定制冷机组的全年保养计划是一项复杂而细致的工作。它是将机组各部分需要保养的项目逐一列出，并督促保养项目逐项实施，使机组各部分都能时刻保持良好的运转状态和优良的技术性能。

（2）认真填写运转记录，随时注意机组情况，增强维护工作的目的性

机组保养计划表中所列的每日检查项目，适于监视设备的运转性能变化，可以在运转日记中加以记录。进行记录时，可以记录运行参数的基准值，便于操作人员对实际运转状

态的参数中所反映出的问题，直接采取有效的对策和处理方法，将机组事故杜绝在萌芽状态。

（3）认真分析运转操作记录

机组的操作和维修人员可从运转操作记录的实际参数与基准值的比较中，逐一分析机组各部分的运转情况，准确、迅速地找到问题的原因，为妥善地实施保养、排除事故隐患赢得时间。

（4）认真做好机组停机期间的保养

空调用冷水机组停机分为短期停机、长期停机和年度停机三种情况，各种情况下，对机组保养的范围、内容及深度要求各不相同。各种机组的详细维护方法、具体程序与要求，应参考机组随机技术文件，结合实际使用情况，制定明确的运转管理制度。

2．故障性维修与保养规则

为了保证制冷机组的正常运转，当其出现故障时，必须立即进行修理，及时排除故障。修理工作应由专门从事修理业务的人员担任，修理人员必须具备较好的理论基础和丰富的实际操作经验，懂得电气修理和施工修理方面的实际知识。故障性维修保养要做到准确分析故障原因、对症下药地予以排除，必须遵循以下几方面规则。

（1）认真进行现场考察，亲自了解和体验故障发生时的具体条件，对虽然有故障尚能启动的机组和设备，应亲自启动操作试运行，利用人体感觉器官进行制冷机组的故障诊断是维修人员必须具备的技能。概括起来有四方面内容，即“看、摸、听、想”。

1）看：看机组运行中，高、低压力值的大小，油压的大小，冷却水和冷水进、出口水压的高低，安全保护装置的可靠性等各项参数的变化情况，以上各项参数值以满足设定运行工况要求的参数值为正常，脱离工况要求的参数值为异常。

2）摸：在全面观察各部分运行参数的基础上，进一步体验各部分温度变化情况，用手触摸机组各部分设备管道（包括气管、液管、水管、油管等）进、出口温度变化情况，压缩机工作温度及振动，管道接头处的油痕大小及分布情况。

用手触摸物体感温的感觉特征见表7—13。

表7—13　　触摸物体测温感觉特征

温度/℃	手感特征	温度/℃	手感特征
35	低于体温、微凉	65	强烫灼感，触3 s缩回
40	稍高于体温，微温舒服	70	剧烫灼感，手指触3 s
45	温和而稍带热感	75	手指触有针刺感，1～2 s缩回
50	稍热而可长时间承受	80	有烘灼感，手一触急回，稍停留则有轻度灼伤
55	有较强热感，产生回避意识	85	有辐射热，焦灼感，触及烫伤
60	有烫灼感，触4 s急缩回	90	极热，有畏缩感，不可触及

用手触摸物体测温，虽然只是一种体验性的近似测温方法，但它对于维修人员概略地掌握没有设置测温点的设备和管道的温度情况及其变化趋热，对于迅速准确地判断故障有着重要的实用价值。通过长期工作实践体会和总结，一定可以熟练掌握触摸测温规律。

3）听：通过对运行中的机组异常声响的发现过程，来分析判断故障发生的情况和位置。除了听机组运行时总的声响规律外，重点要听压缩机、冷却水泵、冷却塔风机、冷水泵、润滑油泵等设备有无异常声响，同时，还要认真听取操作人员介绍运行情况的细节和故障现象，操作中采取了哪些紧急措施等，以便于详细了解故障的发生发展，以及所采取的应急措施情况等全部过程。

4）想：从机组中设备的指示仪表和亲身体验所得到机组运行情况的第一手材料后，应将各方面数据和材料进行综合分析，找出故障的真正原因，思考一套省时、省钱、省料的修理方案，以保证修理工作的顺利进行。切忌情况不清、故障不明、心中无数、随意乱拆设备的盲目行动，这样做往往会使已有故障扩大化。

（2）对机组进行故障检查应按照电气系统（包括动力和控制系统）、水系统（包括冷却水和冷冻水系统）、油系统、机组制冷系统（包括压缩机、冷凝器、节流阀、蒸发器及管道）四大部分依次进行，便于查找引起故障的复合因素，保证稳、准、快地排除故障。

（3）进行维护修理排除故障应按检查程序相反的步骤，即机—油（制冷剂）—水—电四个系统的先后顺序进行故障排除，以避免因故障交叉而发生维修返工现象，保证修理质量。

（4）维修完成后，必须对机组进行必要的验收试验，应按照先气密性试验、后真空试验，先分项试验、后整机试验的原则进行。不允许用机组本身的压缩机代替真空泵进行真空试验，以免损坏压缩机。同时，应尽可能不使用空压机输送高压空气进行压力试验，以免系统中水分含量过高，影响机组的正常运转和使用寿命。

想一想

1. 用手触摸温度，然后进行测温，并对表 7—13 的感温状况进行总结或修正。
2. 讨论“看、摸、听、想”，谈谈个人的看法。

二、故障处理的基本程序

制冷机组故障排除应使用理论联系实际、逻辑分析、实验证明的方法。排除故障不仅要将设备恢复运转，而且要将机组存在的问题彻底解决，使故障不再发生，必须严格遵循一套科学程序办事，做到所修之处经久耐用。

1. 了解冷水机组各部分故障发生的可能性分布状况

了解机组各部分故障发生的分布规律，对于增强保养和维修工作的目的性和针对性有重要的指导意义。认真调查研究，掌握事故发生的第一手材料，分析整理有关数据。

2. 分析数据判断故障原因

（1）结合制冷循环基本理论，对所采集的数据和资料进行分析，把制冷循环正常状况的各种参数作为对所采集的数据进行比较分析的重要依据。

（2）运用实际工作经验进行采集数据和资料分析。长期从事制冷机组维修实践，使维修人员积累了丰富的判别分析机组故障的经验，掌握了冷水机组运转的各方面表现情况。

一旦实际发生的情况与所积累的经验之间产生差异，便可以立即从这一差异中找到故障的原因。

(3) 根据制冷机组技术故障的逻辑关系进行数据和资料分析。制冷机组技术故障的逻辑关系及检查方法，是用于分析和检验各种故障现象原因的有效措施。把各种实际采集到的数据与这一逻辑关系联系起来，可以大大提高判断故障原因的准确性和修理工作进展的速度，这是一种受到广大维修人员欢迎的方法。

3. 确定维修方案

(1) 从可行性角度考虑维修方案。分清了故障原因，必然要考虑维修这一故障的方法。从可行性角度来看，首要的是如何以最省的费用来完成维修任务，当总修理费用接近或超过新购整机费用时，应做报废处理，而维修指的是机组局部范围的修理或更新。

(2) 从可靠性角度考虑维修方案。通常制冷机组故障的处理和维修方案不是单一的，从机组维修后所起的作用来看，可分为临时性、过渡性和长期性三种情况。

(3) 选用对周围环境干扰和影响最小的维修方案。维修过程凡有对建筑物结构、居民产生安全及噪声伤害和环境污染的，都应极力避免，防止造成长期危害。

(4) 在认真分析各方面条件后，找出适合现场情况的维修方案。

4. 实施维修操作

(1) 根据所定维修方案的要求，准备必要的配件、工具、材料等。

(2) 正确运用制冷和机械维修等方面的知识进行操作，例如，压缩机和水泵的分解与装配、制冷设备的清洗与维护、控制系统设备及元件的调试与维修。

(3) 分解的零部件必须排列整齐，做好标记，以便于识别，防止丢失。

(4) 重新装配或更换零部件，应对零部件逐一进行性能检查，防止不合格零件装入机组，造成返工损失。

5. 检查维修结果

(1) 检查维修结果的目的在于考察维修后的制冷机组性能，是否已经恢复到故障发生前的技术性能。采取在不同情况条件下运转机组的方法，全面考核是否因经过修理而给系统带来了新的问题，发现问题应立即予以纠正。

(2) 除检查机组的技术性能外，要注意保护好机组整洁的外观和工作现场的清洁卫生。电线应整理得有条不紊，固定结实牢靠，工作现场要打扫干净，擦掉溅出的油污，清除换下的零件和垃圾，最后清理工具和配件，不可将工具或配件遗忘在机组内或工作现场。

排除故障时，实际工作经验是一个相当重要的因素，在没有应用上述基本程序之前，切不可急于进行故障排除和修理。除非执行上述程序，否则单纯靠经验办事，往往会弄错方向，得出错误的结论，甚至造成浪费。

复习题

1. 什么是设备保养？制冷机组保养和维修的基本原则是什么？

2. 制冷机组的检修规则是什么？

3. 熟悉制冷机组故障性维修与保养规则。
4. 故障处理的基本程序是什么？

第七节　冷水机组常见故障与排除方法

常规来讲，冷水机组在出厂前，都要经过一系列的检验和调试，操作人员严格按照厂方规定方法操作，是不会出大故障的。冷水机组的应用十分广泛，一般小的故障操作人员可以检测和维修；对于较严重的设备故障，应请专业维修人员修理，防止造成更大损失。本课题对冷水机组常见故障与排除方法进行一般性叙述，供操作与维修人员工作中参考。

一、往复式冷水机组常见故障与排除方法（见表7—14）

表7—14　　往复式冷水机组常见故障与排除方法

故障现象	可能原因	排除方法
压缩机不启动	1. 电源断开	断流保护复位
	2. 控制电路断流保护器断开	检查控制电路的接地是否断路，使断流器复位
	3. 电源断路器跳闸	检查控制器，找到跳闸原因，使断流器复位
	4. 冷凝器循环泵不运转	电源断开—重新启动 泵咬紧—检修泵 接线不正确—重新接线 泵电动机烧坏—调换
	5. 接线端子松开	检查接头
	6. 控制器接线不当	检查并重新接线
	7. 线电压低	检查电压确定压降的位置并纠正
	8. 压缩机热敏开关开路	找出原因，使其复位
	9. 压缩机电动机故障	检查电动机绕组是否开路或断路，必要时可更换整台半封闭压缩机
	10. 压缩机卡住故障	拆检压缩机
压缩机长时间不停机	1. 制冷量不足	补充制冷剂
	2. 控制器夹紧接触点熔断	更换制冷剂
	3. 系统中有不凝性气体	排除不凝性气体
	4. 膨胀阀或过滤器堵塞	清洗或更换
	5. 低温部分绝热层失效	调换或修补
	6. 热负荷过大	关好门窗减少房间热负荷，或者再投入一台机组运行
	7. 压缩机效率低	检查有关阀片，必要时更换压缩机

续表

故障现象	可能原因	排除方法
压缩机排气压力过高	1. 冷凝器水流量太小，或进水太热，水路受阻	调整水流调节阀或冷却塔温度继电器，增开冷却塔
	2. 冷凝器管内积垢或负荷太大	清洗管子或再投入下一台机组运行
	3. 系统中有空气或其他不凝性气体，或制冷剂过多	排放、净化或放出过量制冷剂
压缩机排气压力过低	冷凝器水量太大或进水温度太低，负荷太小	调整水流调节阀或冷却塔温度继电器减载，减少投入冷却塔台数
压缩机吸气压力过高	1. 蒸发器热负荷过大	再投入下一台机组运行
	2. 膨胀阀开启过大或调节失灵	调整过热度或检查感温包
	3. 吸气阀片破裂或损坏	更换或修理吸气阀组
	4. 系统制冷剂量过多	排放过量制冷剂
压缩机吸气压力过低	1. 制冷剂量不足	补充制冷剂
	2. 干燥过滤器阻塞	更换干燥过滤器
	3. 膨胀阀的感温包漏气	更换或修理膨胀阀
	4. 膨胀阀阻塞	清洗或更换膨胀阀
	5. 温度控制器动作失灵	更换或修理温度控制器
	6. 压缩机工作周期短	调整增大容量控制范围或减少投入运行压缩机的台数
	7. 蒸发器压降太大	检查膨胀阀外平衡管
低压控制开关接通，压缩机工作不正常	1. 低压控制器动作不正常	检修低压控制器，必要时重新整定
	2. 压缩机吸气截止阀部分闭合	打开吸气截止阀
	3. 制冷量不足	加制冷剂
	4. 压缩机吸气过滤网堵塞	洗净滤网
高压控制开关接通，压缩机停机	1. 高压控制器动作不正常	检查毛细管是否褶皱，根据需要整定控制开关
	2. 压缩机排气截止阀部分闭合	打开阀，如果损坏则换新
	3. 系统中有不凝性气体	排放不凝性气体
	4. 冷凝器结垢或负荷太大	清洗污垢或再投入下一台机组运行
	5. 冷却水泵或风扇不运转	起动泵、风扇或进行修理
压缩机耗油过多	1. 压缩机漏油	补漏
	2. 压缩机吸气截止阀堵塞或粘住	修理或更换截止阀
	3. 停机时机器曲轴箱加热器未通电	调换加热器，检查接线和辅助加热器

续表

故障现象	可能原因	排除方法
系统有噪声	1．管道振动	正确支撑管道，检查管接头是否松开
	2．膨胀阀有气体通过，制冷剂量不足	补充制冷剂，检查液体管路滤网是否堵塞
	3．压缩机发生“液击”	检查压缩机零件是否损坏，热力膨胀阀感温包及毛细管是否损坏
	4．水调节阀脏，水压太高，水调节阀振动或锤击	清洗调节阀前面的空气室
吸气管路结霜或出汗	膨胀阀校正不当	调节膨胀阀
液体管发热	1．由于泄漏而缺少制冷剂	修补漏洞，重新充注制冷剂
	2．膨胀阀校正不当	调节膨胀阀

二、离心式冷水机组常见故障与排除方法（见表7—15）

表7—15　　离心式冷水机组常见故障与排除方法

故障现象	可能原因	排除方法
压缩机不能启动	1．断路开关未闭合	查找开关未闭合的原因，若一切正常，则将开关合上；若其中某开关发生故障，及时分析原因，并进行修理 对继电器开路，查找电路原因，按说明书提示的有关要求处理 继电器因安全保护而停机，寻找原因排除故障后必须进行复位，机组才能启动
	2．电动机启动器失灵，接触不良或绕组烧坏	
	3．电动机启动器不工作 （1）高压控制继电器、电动机温度控制器、低压控制继电器、低油压力继电器等继电器控制电路开路 （2）油泵未启动 （3）电动机启动器过载跳闸 （4）冷水温度控制部分整定值有误或无供冷信号 （5）外部联锁电路断开 （6）入口阀执行机构限位开关闭合 （7）油温过低或油泵继电器失灵 （8）20 min 延时器继电器未接通 （9）无控制电压 （10）冷水需求开关闭合	

续表

故障现象	可能原因	排除方法
压缩机启动频繁	1. 系统内无热负荷	检查冷水系统水温和水量
	2. 冷水流量开关飘忽不定	检查水中有无空气
	3. 入口阀执行机构失灵	重新调整入口阀执行机构
	4. 冷水流量不稳	检查水泵工作是否正常，过滤器是否堵塞
	5. 冷水温度控制器失灵	修理或更换
系统高压不正常 1. 液体制冷剂出口与冷却水出口温差高于正常温差 2. 制冷剂气体出口压力过高 3. 正常蒸发压力下，冷却水进出水温差大于正常温差	1. 空气进入冷凝器	启动放气机构令其自动地排除气体，若过度放气指示灯亮起，则需实施检漏
	2. 冷凝铜管太脏或有污垢附着管壁，冷却水温度太高，冷却水短路	清洗铜管，检查水处理系统，降低冷却水入口温度，检查冷却塔及冷却水系统，检查水盖橡胶垫是否装好
	3. 冷却水量不足，冷却水进水温度太高	调节冷却水量（检查冷却水系统阀的开度）；检查水泵过滤器是否堵塞，投入运行的冷却塔台数太少或冷却塔风机不运行
系统低压不正常 1. 排水温度过高情况下，冷水出口与蒸发器内制冷剂的温差大于正常温差 2. 正常排气温度下，冷水出口与蒸发器内制冷剂的温差大于正常温差 3. 冷水温度过低	1. 制冷剂量不足或节流阀进口堵塞	检漏修补，加充制冷剂
	2. 蒸发器铜管太脏	清洗铜管
	3. 系统热负荷不足	检查进口导叶阀传动电动机的动作及低水温保护开关的设定值
蒸发器压力过高，冷水温度过高	导叶阀未开，系统负荷过重	检查导叶阀控制线路确实为全开，待负荷减低后关小
油压跳动不稳 1. 周期性油压跳动，压缩机运转中同时导叶阀全开时油压左右跳动不稳 2. 每隔 5 ~ 10 min 油压跳动	1. 空气或制冷剂进入润滑管路的真空侧，油压调节阀失灵，油位不足	对所有外接油管实施检漏，特别注意用油压引流的所有接管，检查辅助油泵的油封；提高油冷却器润滑油的出口温度；修理油压调节阀；补充润滑油
	2. 放气机构动作	正常状态
启动油泵后，不见油压升起，控制中心油压表无读数，主电动机无法启动	清洗油过滤器后阀门未开，油位太低，油泵反向运转；油泵不运转	打开油路截止阀补充润滑油；检查油泵转向；检查油泵线路

续表

故障现象	可能原因	排除方法
主电动机启动，油压上升但短时间跳动不稳；主电动机因油压过低而停机	油箱中溶解有大量液体制冷剂	除了对油箱进行电加热外，再加两个1 kW汞灯对油箱在不同方向照射几个小时以后，便能启动机组
油泵运转后，油压过高，油泵运转时，油压表指示过高油压	油压调节阀调整不恰当	重新调整油压调节阀
油泵剧烈振动或杂声较大 1. 油压表上虽有油压指示，但油压剧烈振动且杂声太大 2. 油路中无油时，使油泵运转也有此现象	1. 油泵或管路中心校正不佳，螺母松脱，转动轴弯曲，转动部分磨损	针对问题进行纠正
	2. 通过油泵的油量不足，油泵吸入端的过滤器堵塞	检查油量及管路，拆洗油过滤器
油泵运行油压偏低，油压降至原启动油压的70%	油滤网太脏，轴承过度磨损	清洗滤网，检查轴承间隙
蒸发器回油不畅；油液混合物无法回流	回油系统干燥、过滤器太脏（喷射头）或喷油口堵塞	更换新干燥过滤器，拆下喷射头清洗污垢
蒸发器压力过低引起停机 1. 制冷剂液位低 2. 冷水被旁路通或流过蒸发器冷水量不足 3. 蒸发器出水温度低于设计整定值 4. 入口阀关不上，蒸发器出水温度低于设计整定值 5. 在正确的低温整定值以上，低温控制电路断开 6. 冷水中有空气	1. 制冷剂量不够	检查补漏，加充制冷剂
	2. 调整阀门开度	调整冷水管路上的阀门和清洗泵前过滤器
	3. 冷水温度调节器的整定值过低或工作不正常	检查冷水温度调节器的工作情况，进行修理或更换
	4. 主定位器和入口执行机构调得不当	重新调整主定位器和入口阀的执行机构
	5. 低温调节器工作不正常	重新调整，修理或更换低温调节器
	6. 冷水管道漏入空气	进行修理和放空气，在冷水管最高位置处要设置自动空气阀
油箱内油温过低	1. 油加热器不起作用或温度调节器的整定值过低	检查油加热器是否烧坏或是接触不良，或是重新调整油温调节器的整定值
	2. 油内含有制冷剂	提高油温控制器的整定值
	3. 感温包有故障	检查或更新感温包
	4. 油压阀门的调整位置有限	检查，重新调节开度
	5. 油冷却器旁通阀门的调整位置不正确	检查，重新调节

三、螺杆式冷水机组常见故障与排除方法（见表7—16）

表7—16　　螺杆式冷水机组常见故障与排除方法

故障现象	可能原因	排除方法
冷水机组不能启动	1. 排气压力高	打开吸气阀，使高压气体回到低压系统
	2. 排气止回阀泄漏	检查或修理止回阀
	3. 能量调节阀未在0位置	卸载，使能量调节阀回到0位置
	4. 机内积油或液体过多	用手转动压缩机联轴器，将机腔内积液排出
	5. 部分机械磨损	拆卸、检修、调整磨损机件
能量调节结构不动作或动作不灵敏	1. 四通阀不通，控制回路有故障	检修四通阀或控制回路
	2. 油管有堵塞或接头不通	检查油管和接头，进行吹洗
	3. 油缸活塞间隙过大	检修、更换油缸活塞
	4. 滑阀或油缸活塞卡住	拆卸滑阀和活塞重新安装
	5. 油压不够高	调整油压
机组启动后连续振动	1. 机组地脚螺栓松动	塞紧调整垫块，拧紧地脚螺栓
	2. 压缩机与电动机轴线错位偏心	重新找正联轴器与压缩机的同轴度
	3. 压缩机转子不平衡	检查调整转子
	4. 机组与管道的固有振动频率相同而产生共振	改变管道支撑点位置
	5. 联轴器平衡不良	校正联轴器的平衡
机组的制冷能力不够	1. 喷油量不足	检查油泵及油路，提高油量
	2. 滑阀不在正确位置	检查指示器指针位置，调整能量调节阀
	3. 吸气阻力过大	清洗吸气过滤器
	4. 机器磨损间隙过大	调整或更换磨损机件
运转中有异常声音	1. 转子内有异物	检修压缩机及吸气过滤器
	2. 止推轴承磨损破裂	更换止推轴承
	3. 滑动轴承磨损，转子与机壳磨损	检修或更换滑动轴承
	4. 转动连接件松动	检查转动连接件，更换键和紧固螺栓
	5. 油泵发生气蚀	检查发生气蚀的原因并加以排除

续表

故障现象	可能原因	排除方法
排气温度或油温过高	1. 压缩比过大	降低压缩比或减少负荷
	2. 油冷却器传热效果不佳	清除污垢，降低水温，增加水量
	3. 吸入过热气体	提高蒸发系统液位
	4. 喷油量不足	提高油压
压缩机机体温度过高	1. 机体摩擦部分发热	迅速停机检查
	2. 吸入的气体过热	降低吸气温度
	3. 压缩比过高	降低排气压力或负荷
	4. 油冷却器传热效果差	清洗油过滤器
油压不高	1. 油压调节阀调节不当	调节油压调节阀
	2. 喷油量过大	调整喷油阀，限制喷油量
	3. 油量过大或过小	检查油冷却器，提高其冷却能力
	4. 内部泄漏	检查更换O形密封环
	5. 转子磨损，油泵效率降低	检修或更换油泵
	6. 油路不畅	检查并吹洗过滤器及管路
	7. 油量不足或油质不良	加油或换油
油面上涨	1. 制冷剂溶于油内	继续运转提高油温
	2. 系统中进入液体制冷剂	降低蒸发系统液位
压缩机及油泵油封漏油	1. 油封磨损	运转一个时期，看是否还漏油，若还漏油则停机检修
	2. 装配不良造成偏磨振动	拆卸有关部件，并进行调整
	3. O形密封环变形腐蚀	检修或更换有关部件
	4. 密封接触面不平	检修接触面或更换部件

四、溴化锂吸收式冷水机组常见故障与排除方法

溴化锂吸收式制冷机在运转过程中，受到外界因素的影响或操作不当，会使机组不能正常工作。使机组不能正常工作的常见故障有突发性故障、运行参数调整不正常和其他故障。

1. 突发性故障

突发性故障主要是受外界因素的影响，突然使制冷机组不能工作或不能正常运行。为防止故障的扩大而酿成事故，要及时进行处理。常见的突发性故障有：冷却水断水、冷冻水断水、冷却塔不能正常运行、机组泄漏后制冷机组性能低下、机组有一台屏蔽泵不能运行、断电等。

只要以上情况中的任何一种出现，都应立即关闭加热蒸汽阀，尽可能按停机步骤进行停车处理。然后再加以分析，排除故障。

2. 运行参数调整不正常

运行参数调整不正常所引起的现象，往往是在开机之初或蒸汽压力有较大波动时产生的。参数调整得不好，也会使机器的性能大大下降，所以也要引起重视。运行参数调整不正常的现象、原因和解决方法见表 7—17。

表 7—17　　运行参数调整不正常的现象、原因及解决方法

不正常现象	原因分析	解决方法
质量浓度差小于 4% 1. 高压发生器浓溶液浓度未达到要求 2. 低压发生器浓溶液浓度未达到要求	1. 高压发生器稀溶液循环量过大	关小发生器出口阀
	2. 低压发生器稀溶液循环量过大	关小溶液泵出口阀
	3. 蒸汽压力太低或蒸汽调节阀开启太小	提高蒸汽压力或开大蒸汽调节阀
	4. 蒸汽凝水调节阀开启太小或冷剂蒸汽凝水调节阀开启太小	开大蒸汽凝水调节阀或冷剂蒸汽凝水调节阀
质量浓度差大于 4% 1. 高压发生器浓溶液浓度超过要求 2. 低压发生器浓溶液浓度超过要求	1. 高压发生器稀溶液循环量太小	开大发生器出口阀
	2. 蒸汽压力太高	开大溶液泵出口阀
	3. 低压发生器稀溶液循环量太小	降低蒸汽压力
吸收器液位低于液位中心 1. 稀溶液浓度很高、蒸发器冷剂水溢出 2. 稀溶液浓度正常，蒸发器冷剂太少 3. 稀溶液浓度正常，蒸发器冷剂水溢出	1. 蒸汽压力太高或机内有空气	降低蒸汽压力或抽真空
	2. 溶液量不足	补充溶液
	3. 灌注溶液浓度太低	从蒸发器中抽出冷剂水并添加溶液
吸收器液位浸没抽气管排 1. 稀溶液浓度低且蒸发液位低于液位中心 2. 稀溶液正常，蒸发器液位正常 3. 稀溶液浓度低且蒸发器冷剂水溢出	1. 机组刚启动，尚未正常	继续运行
	2. 蒸汽压力太低	升高蒸汽压力
	3. 蒸汽凝水阀开度太小	开大蒸汽凝水调节阀
	4. 灌注溶液浓度太低	放出一部分溶液，或从蒸发器中抽出一部分冷剂水

3. 其他主要故障

溴化锂吸收式冷水机组其他主要故障现象、原因和排除方法见表 7—18。

表 7—18　　　　主要故障现象、原因和排除方法

故障现象	可能原因	排除方法
"循环故障"指示灯亮，报警铃响 1. 高压发生器出口浓溶液温度超过限定温度 2. 低压发生器出口浓溶液温度超过限定温度 3. 稀溶液出口稳定低于25℃ 4. 高压发生器出口浓溶液压力超过0.02 MPa	1. 蒸汽压力太高	降低蒸汽压力
	2. 机组内有空气	抽真空至规定值
	3. 冷却水量不足，进口温度太高或传热管结垢	检查传热管结垢，清洗
	4. 蒸发器中冷剂水被溴化锂污染	冷剂水再生
	5. 高压发生器稀溶液循环量太小	检查冷却水的流量、温度
	6. 低压发生器稀溶液循环量太小	调节机组稀溶液循环量
	7. 冷却水进口温度太低	检测机组的压力值，判断传热管是否破裂
	8. 溶液热交换器结晶	检查机组是否结晶，结晶就进行熔晶
	9. 高压发生器传热管破裂	更换传热管
	10. 低压发生器传热管破裂	更换传热管
"冷媒水缺"指示灯亮，报警铃响 1. 冷媒水泵不工作 2. 冷媒水量太少，压差继电器因压差小于0.02 MPa而动作	1. 冷媒水泵损坏或电源中断	检查水泵和电路
	2. 冷媒水过滤器堵塞	检查冷媒水管路上的过滤器
"冷却水断"指示灯亮，报警铃响	1. 冷却水泵损坏或电源中断	检查水泵和电路
	2. 冷媒水出口温度太低	检查冷却水管路上的过滤器
蒸发器中冷剂水温度低于2℃，"蒸发器低温"指示灯亮，报警铃响	1. 制冷量大于用量	关小蒸汽阀，降低蒸汽量
	2. 冷媒水出口温度太低	调整工作的机组台数
屏蔽泵热保护动作	1. 电动机轴承冷却不良	检查屏蔽泵冷却管路
	2. 电动机线包过热	检查线包过热的原因，并予以排除
	3. 热继电器调整值太小	重新调整热继电器控制值
	4. 热元件误动作	检查泵过载的原因，并予以排除
制冷量低于设计值	1. 稀溶液循环量太小	调解高压发生器阀和低压发生器阀，使稀溶液循环量合乎要求
	2. 机组的密封性不良，有空气泄入或内含不凝性气体	运转真空泵排气，排除泄漏处
	3. 真空泵性能不良或抽气系统故障	测定真空泵的性能，排除真空泵故障，检查抽气系统
	4. 传热管结垢或堵塞	清洗传热管内壁污垢及杂物
	5. 冷剂水被污染	测量冷剂水相对密度，若超过1.02，进行冷剂水净化

续表

故障现象	可能原因	排除方法
制冷量低于设计值	6. 蒸汽压力太低	调高蒸汽压力
	7. 冷却水和稀溶液循环量太少	重新补充适量的冷却水和稀溶液
	8. 冷却水温过高	检查冷却水系统，降低冷却水温，或增加冷却水量
	9. 冷却水量过小	适当加大冷却水量
冷剂水被污染	1. 送往高压发生器的循环量过大，液位过高	适当调整高压发生泵出口阀的开启度
	2. 冷却水温过低，而冷却水量又过大，冷凝压力过低	适当减少冷却水的水量
	3. 提供的蒸汽压力过高	适当降低蒸汽压力
机组启动时，溴化锂溶液结晶	1. 机组内有空气	抽气，检查原因
	2. 抽气不良	检查抽气装置
	3. 冷却水温太低	调整冷却水温度
机组运转时，溴化锂溶液结晶	1. 蒸汽压力过高	调整蒸汽压力
	2. 冷却水量不足	调整冷却水量
	3. 冷却水传热管结垢	清除污垢
	4. 机组内有空气	抽气并检查原因
	5. 冷剂泵或溶液泵不正常	检查冷剂泵和溶液泵
	6. 稀溶液循环量太少	适当增加稀溶液循环量
	7. 喷淋管喷嘴严重堵塞	清洗喷淋管喷嘴
	8. 冷媒水温度过低	调整冷媒水温度
	9. 高负荷运转中突然停电	检查原因，并予以修复
	10. 安全保护装置发生故障	关闭蒸汽，检查电路和安全保护装置并加以调整
停车后，溴化锂溶液结晶	1. 溶液稀释时间太短	增加稀释时间，使溶液温度达到60℃以下，各部分溶液充分均匀混合
	2. 稀释时冷剂水泵停下来	检查冷剂水泵
	3. 稀释时冷却水泵和冷媒水泵停下来	检查冷却水泵和冷媒水泵
	4. 停车后蒸汽阀未全关闭	关闭蒸汽阀门
	5. 稀释时外界无负荷	稀释时必须有外界负荷，无负荷时必须打开冷剂水旁通阀，将溶液稀释，使之在温度较低的环境条件下不产生结晶
	6. 机器周围环境温度太低	提高环境温度

续表

故障现象	可能原因	排除方法
机组内部有空气 1. 机组停车时，机内压力超过环境温度对应溶液浓度的饱和蒸汽压力 2. 机组运行时，冷凝器压力超过对应冷凝温度的饱和蒸汽压，蒸发器压力超过对应蒸发温度的饱和蒸汽压力 3. 机组运行时，液气分离的视镜里集聚的空气量不断增加 4. 吸收器液位下降，蒸发器液位上升并产生溢水 5. 机组制冷量降低	1. 机组上接口处泄漏	检查机组各阀门、法兰并拧紧
	2. 取样或加溶液时漏入空气	排除漏入空气
	3. 检修时漏入空气	检查管接头、焊缝，排除热应力和腐蚀产生的泄漏
	4. 长期慢性泄漏	抽气
	5. 真空泵工作不正常	检查真空泵
	6. 真空泵油长期未更换	定期更换真空泵油
	7. 吸收器液位太高	找出吸收器液位过高原因，并加以排除
	8. 抽气隔膜片损坏	更换损坏的抽气隔膜阀膜片
运转中机器突然停车	1. 电源停电	检查供电系统，排除故障，恢复供电
	2. 保护装置动作，联锁停止机器工作	检查保护装置动作原因，并予以排除
蒸发器冻结	1. 冷媒水出口温度太低	对蒸发器解冻
	2. 冷媒水量过小	检查冷媒水温度和流量，消除不正常现象
	3. 安全保护装置发生故障	检查安全保护装置动作值，重新调整

4. 主要故障的排除方法

对于机组的漏气、结晶蒸发器冻结等故障，在上面列表中所提出的解决方法，主要是从如何防止和解决隐患的方面提出的，而故障发生后如何具体排除，下面做简单说明。

（1）机组漏气的排除

1）将蒸发器上部测压阀与0～0.6 MPa压力表相连，或与2 m长的水银压差计相连。

2）将冷凝器顶部测压阀与氮气瓶减压阀相连。

3）将氮气充入机组内直至压力为0.16 MPa（表压），然后用发泡剂（如肥皂水）检查法兰、接头等可能引起泄漏的位置。

4）如果仍不能肯定泄漏位置，可考虑拆下机组两端的水盖，检查管板、胀接管接头有否泄漏。

5）根据泄漏情况进行相应修理后，仍按上述方法进行复查，直至不泄漏为止。

6）将机组上通大气处的阀门打开，放掉机组内大于大气压的氮气。

7）将蒸发器测压阀与U形管水银压差计相接，打开冷凝器抽气阀门。

8）启动真空泵进行抽气（必要时更换真空泵油），一直抽到机内压力达到环境温度下相应的溶液浓度的饱和压力。

9）再启动机组，使之正常运行，让吸收器中的液位低于抽气管的位置，在这种状态下继续利用真空泵抽气，关闭冷凝器抽气阀，检查液、气分离视镜，直至视镜集聚的气体不再增加为止。

10）关闭抽气阀和真空泵，最后停机。

11）也可不进行9）和10），进行8）后关闭抽气阀并停止真空泵，24 h后检查真空度的变化，回升不得超过26.7 Pa。

（2）结晶的排除（熔晶）

机组在运行中结晶，常发生在溶液热交换器浓溶液侧。如果结晶不严重，通过浓溶液经自熔晶管旁通到吸收器里，即可自行解除结晶。如果结晶严重，可按下列方法进行熔晶。

1）停止冷却塔风机，提高冷却水进口温度，减少冷却水量。

2）关闭冷剂水泵排出阀，把冷剂水导至吸收器，当冷剂水泵开始有“劈劈啪啪”的声音时，马上停止冷剂水泵的工作。

3）向高、低压发生器供液的溶液泵继续运转，并保持溶液温度在60～70℃的范围内，由于溶液温度升高，可能使结晶溶解。

4）如果采取上述的方法对某些部位的结晶仍无法溶解，则要用蒸汽或热水对这些部位进行加热，直至溶解为止。

（3）蒸发器的解冻

当蒸发器冷剂水冻结时，可将冷却塔风机停下，冷却水温度调高，冷却水量调小，按正常方式启动，一般运行后即可解冻。如仍不能解冻，可先将蒸汽调节阀关闭，再将溶液泵排出口关闭，让冷媒水继续进入机组加热蒸发器冷剂水，即可解冻。

复　习　题

1. 熟悉冷水机组常见故障与排除方法。
2. 简述冷水机组常见故障与排除方法中所包含的理论原理。
3. 根据所学理论知识，提出新的排除故障的方法。
4. 根据所学理论知识，提出冷水机组运行中应注意的问题。

实　训　七

任务1　空气温度、湿度的测量

一、实训目的

熟悉空调工程常用温度计、干湿球温度计、湿温表的类型。能够测量空调房间或空调系统送、回风口处空气的干球温度、湿球温度和相对湿度。

二、工具、机具

温度计、干湿球温度计、湿温表等测量空气的温度和相对湿度的仪表。

三、实训材料

空调管道、空调房间、普通房间。

四、实训要求

1．安全事项要求

（1）严格遵守实地现场的安全规定。

（2）遵守安全用电规则。

2．技能训练要求

（1）测温仪表要轻拿轻放，禁止随意振动或磕碰。

（2）正确使用常用测温、测湿仪表。

（3）测温仪表用完后要按要求放置或装盒。

五、实训过程

1．空调系统室内空气温度、相对湿度的检测要求

（1）根据温度和相对湿度波动范围，应选择相应的具有足够精度的仪表进行测定。每次测定间隔时间应不大于 30 min。

（2）室内测点布置要求。送回风口处；恒温工作区具有代表性的地点（如沿着工艺设备周围布置或等距离布置）；没有恒温要求的洁净室中心；测点一般应布置在距外墙表面大于 0.5 m，离地面 0.8 m 的同一高度上；也可以根据恒温区的大小，分别布置在离地不同高度的几个平面上。

（3）测点数应符合表 7—19 的规定。

表 7—19　　室内空气温度、湿度测点数

波动范围	室内面积≤50 m²	每增加 20～50 m²
$\Delta t=\pm0.5\sim\pm2$℃	5 个	增加 3～5 个
$\Delta\phi=\pm5\%\sim\pm10\%$		
$\Delta t\leq\pm0.5$℃	点间距应不大于 2 m，点数应不少于 5 个	
$\Delta\phi\leq\pm5\%$		

（4）有恒温恒湿要求的洁净室。室温波动范围按各测点的各次温度中偏差控制点温度的最大值，占测点总数的百分比整理成累计统计曲线。如 90% 以上测点偏差值在室温波动范围内，为符合设计要求；反之，为不合格。

区域温度以各测点中最低的一次测试温度为基准，各测点平均温度与超偏差值的点数，占测点总数的百分比整理成累计统计曲线，90% 以上测点所达到的偏差值为区域温差，应符合设计要求。相对温度波动范围可按室温波动范围的规定执行。

测试点布置举例如下。

测试时间：空调机组开机 2 h 后进行。

测试仪表：测量温度仪表采用热电偶温度计，或者采用同等准确度的其他测量装置，其测量误差应在 1℃以内。

测试点布置：测量时使用五个测试点。一个测试点放置在房间平面几何中心离地面垂直高度 1.5 m 处，同时测量干球温度和湿球温度。在其平面几何中心到四个顶点距离的 1/2 处设置四点，其中两点离地面垂直高度 1 m，另两点离地面垂直高度 1.8 m。其余四个测试点测量干球温度。测试点的放置应不触及房间墙壁、地面和天顶。

测试数据：房间温度测量值取该五点干球温度的算术平均值，相对湿度测量值取中心点相对湿度的测量值。

2. 热电偶温度计

热电偶温度计是一种非电量电测量温度的仪器。它的作用原理是基于两种不同性质的导体两端接合成回路时，如果两接合点的温度不同，则会在其回路中产生热电动势和热电流的物理现象。

如图 7—88 a 所示，热电偶由两根不同导线（热电极）A 和 B 组成。它们的一端是互相焊接的，形成热电偶的工作端 T_1（也称热端），用它插入待测介质中以测量温度。而热电偶的另一端 T_0（自由端或称冷端）则与显示仪表相连接。如果热电偶的工作端与自由端存在温度差时，显示仪表将会指出热电偶所产生的热电动势。

热电偶的热电动势随着工作端温度的升高而增大。它的大小只与热电偶的材料和热电偶两端的温度有关，而与热电偶的长度、直径无关。

热电偶外形如图 7—88 b 所示，其种类较多。康铜和铜制成的热电偶，可应用于平常室温和零下 200℃低温的测定；铂和铂铑合金制成的热电偶，可测定 1 600℃以内的高温。

热电偶温度计通常用来与指示仪表等配套使用，如图 7—88 c 所示。它具有热惰性小、测量范围广、远距离测量和多点检测的特点。缺点是使用调整较费时间，精度不够高，仅为 ±0.2℃。

指示仪表是用来测量感温元件热电动势值的。为能从仪表上直接读出被测介质的温度值，指示仪表的刻度盘上刻出的不是热电动势值而是换算成与热电动势值相对应的温度值。

3. 普通干、湿球温度计

普通干、湿球温度计是最普通的测定空气温度和湿度的仪表，其构造如图 7—89 所示。

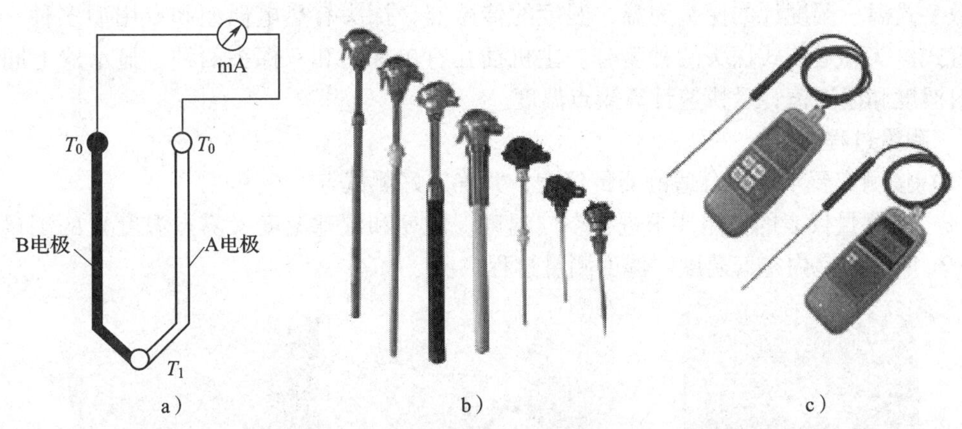

图 7—88　热电偶温度计、热电偶及测量原理

a）原理　b）热电偶　c）热电偶温度计

这种温度计由两支相同的温度计组成。一支温度计的感温包直接与空气接触，称为干球温度计。另一支温度计的感温包裹着纱布，纱布末端浸在装有蒸馏水的容器里，称为湿球温度计。水浸湿了纱布，并从纱布表面蒸发，从而带走了一部分热量，使湿球温度计的读数低于干球温度计的读数。纱布表面水分蒸发的多少，直接取决于空气中水蒸气的饱和程度，即相对湿度。

空气的相对湿度越低，则纱布上的水分蒸发越快，而干、湿球温度计的温差也越大。知道干、湿球的温差后，就可利用公式计算出相对湿度。通常为了应用方便起见，可预先制好计算表格，在知道了干、湿球的温度后，查表即得相对湿度。

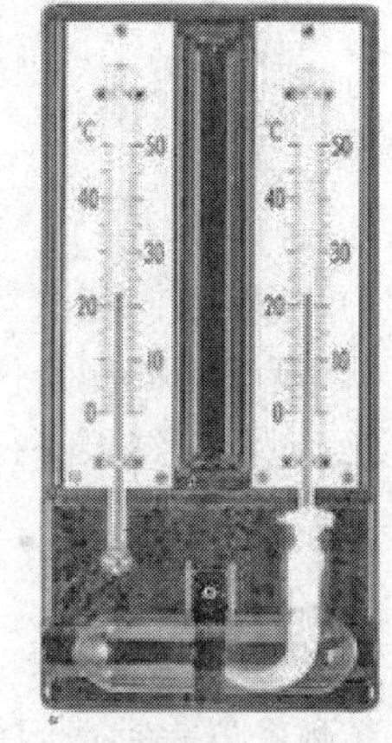

图 7—89　普通干、湿球温度计

4. 数字式温、湿度计

数字式温、湿度计是一种易用、便携式测量仪表，可以迅速测量环境空气的湿度和温度，并依据测定的湿度和温度，可以很快计算出露点温度和湿球温度，如图 7—90 所示。

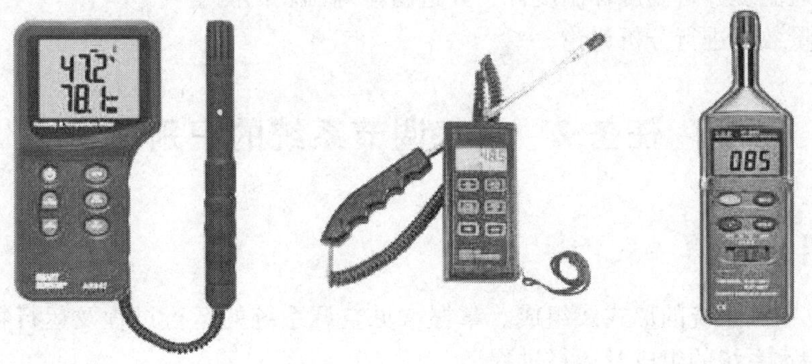

图 7—90　数字式温、湿度计

数字式温、湿度计的探头为温、湿度的传感器，探头有热电偶型和专用型多种。探头有内置式探头和远传式探头两种型号。主机插孔有单探头和双探头两种。显示器上同时显示相对湿度和温度值，且快速计算露点温度。

5. 测量过程

（1）按测定要求选用合适的测量仪表，并确定好测试点。

（2）按测量仪表的使用要求进行空气温度、湿度和湿球温度（露点温度）的测量。如图7—91所示为室内空气温度、湿度测量过程。

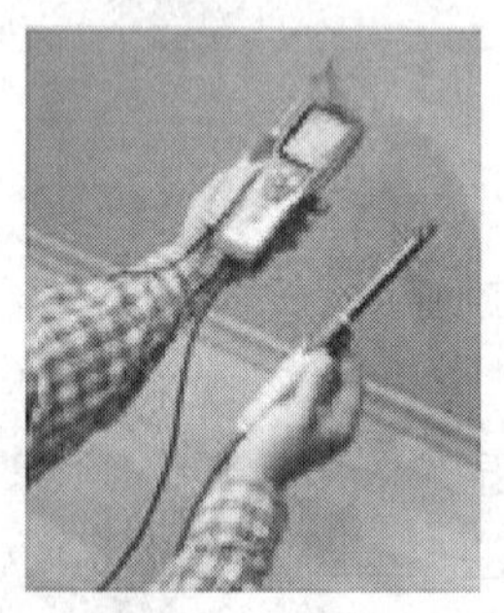
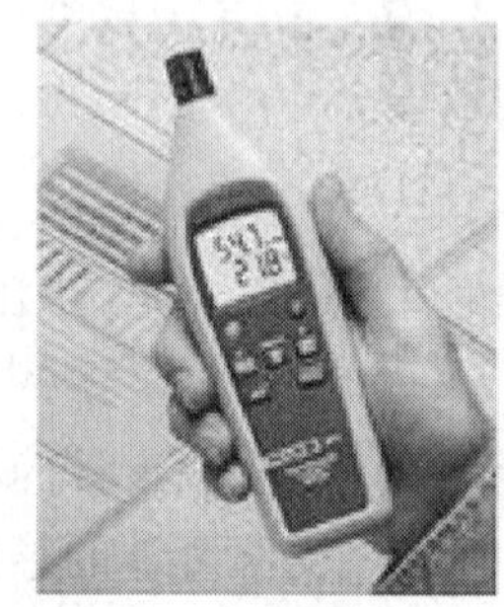

图7—91　室内空气温度、湿度的测量

（3）观察不同测试点的测量数据，并进行数据分析。

（4）观察不同测量仪表在同一测试点的测量数据，分析测量仪表的灵敏度和精确度。

（5）对测量结果进行比较。

六、说明与建议

1. 测量仪表宜选用普遍使用的测量仪表。

2. 观看较高级测量仪表资料录像或文字说明资料。

3. 如果没有空调房间，可在普通房间进行测量。

4. 普通房间测量时，先测量并记录数据。然后给房间喷雾水，再进行测量。如果有加热设备（如电加热器），可在房间加热一段时间后再进行测量。

5. 用普通温度计自制湿球温度计，并进行湿球温度的测量。

6. 对测量数据进行分析讨论。

任务2　空气调节系统的识别

一、实训目的

熟悉常见空调系统的形式及组成。掌握常见空调系统的运行过程及运行特点。掌握常见空调系统的水系统的组成及运行过程。

二、工具、机具

温度计、干湿球温度计、湿温表等测量空气温度和相对湿度的仪表。

三、实训材料

具有风机盘管的实际集中空调系统或模拟空调系统。有关风机盘管及诱导器空调系统的施工图纸或录像资料。

四、实训要求

1. 安全事项要求

(1) 实际参观时应遵守所在单位的规章制度。

(2) 参观正在运行的空调系统时应注意安全，严禁任意触碰电气设备及控制开关。

2. 技能训练要求

(1) 对空调系统组成部件的外形、所处位置、安装方式、配管方式应重点识别。

(2) 妥善保护好施工图纸。

(3) 测量运行空调系统的温度和湿度。

五、实训过程

1. 识读风机盘管空调系统的管路流程图

某综合商务办公楼采用风机盘管空调系统，空调系统的冷水由制冷压缩机组提供，热水由燃气热水锅炉提供（热水流程图略）。冬季供热风，夏季供冷风。如图 7—92、图 7—93、图 7—94、图 7—95 所示分别为该综合商务办公楼空调系统的风机盘管流程图、制冷系统流程图、冷却水流程图和冷冻水流程图。

本风机盘管空调系统水管路流程概述如下。

(1) 制冷机组制取的冷冻水先进入分水器，然后由分水器分别供应各房间的风机盘管。各房间的风机盘管回水先在集水器中汇合，然后统一回到制冷机组。分水器和集水器用单向阀连接，单向阀的方向是由集水器到分水器，作用是突然停电时，缓冲回水管由于高度产生的静压力。

(2) 风机盘管采用双水管系统，冬季热水循环，夏季冷冻水循环。在风机盘管入口处安装有电动调节阀，电动调节阀可以根据室内温度的变化进行自动调节，以满足房间温度的要求。

(3) 为了防止设备运转产生的振动影响整个空调系统，管道与设备的连接采用隔振软连接。制冷压缩机的底座安装减振部件。

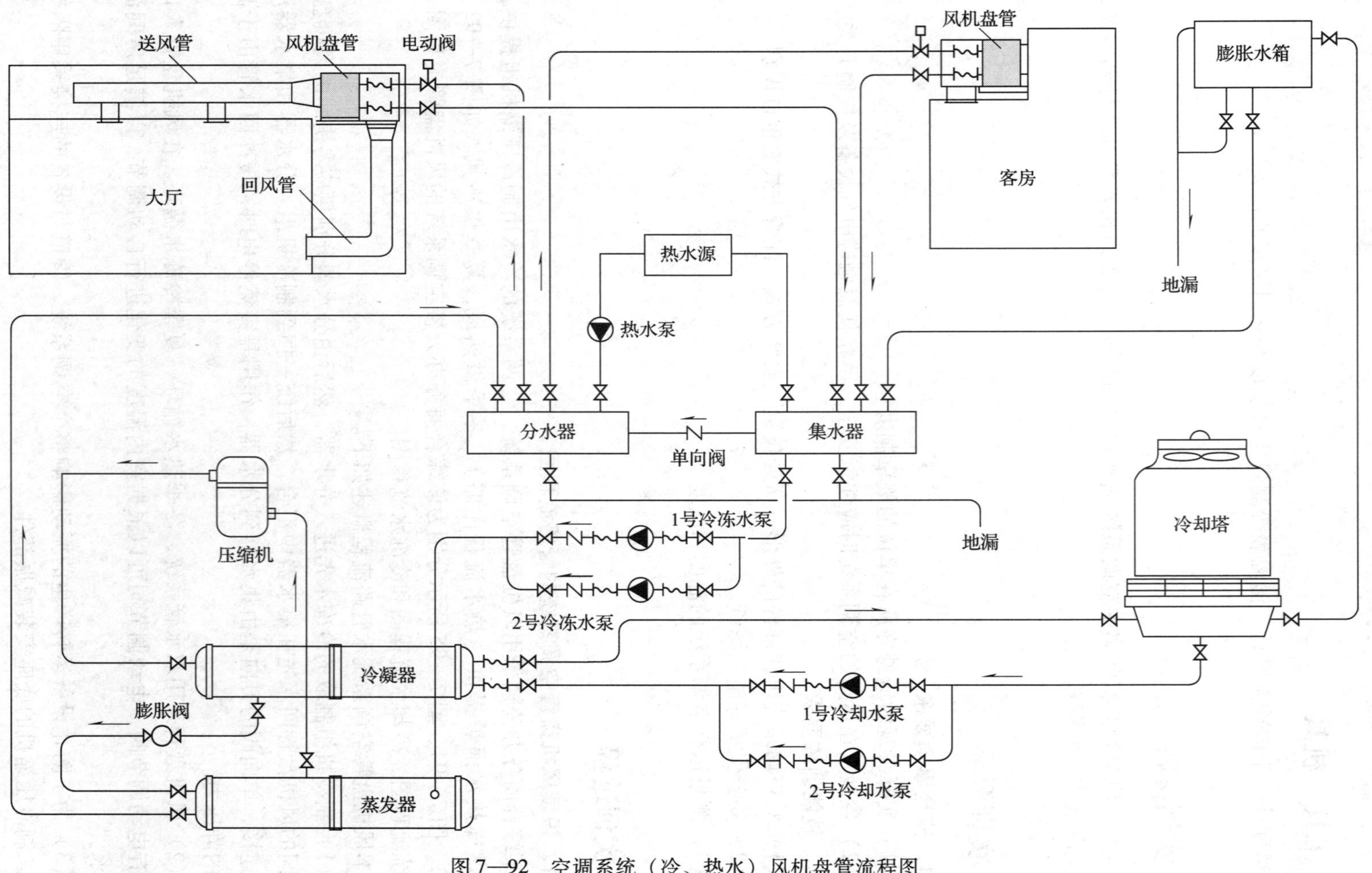

图7—92　空调系统（冷、热水）风机盘管流程图

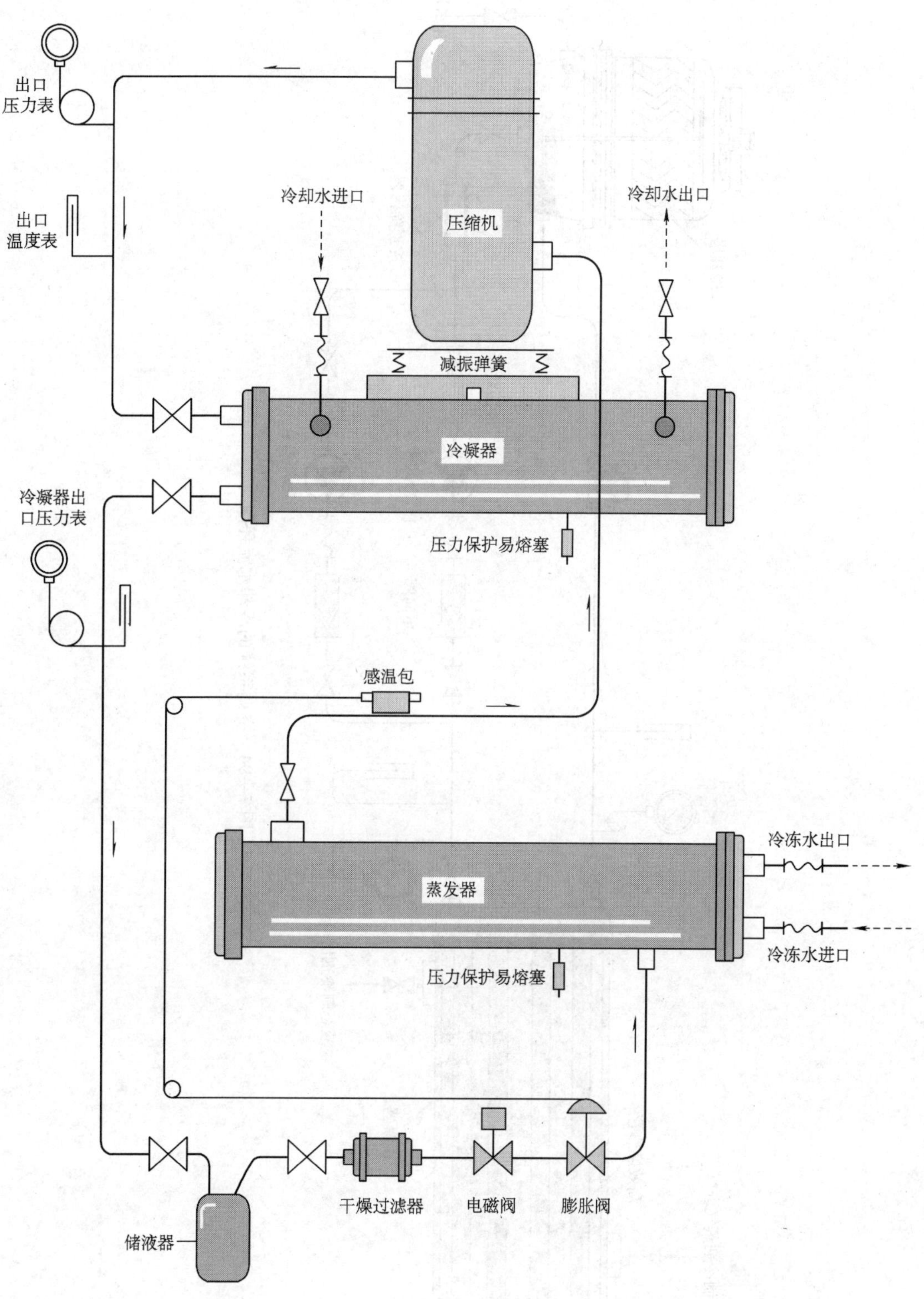

图 7—93 空调系统的制冷（蒸汽压缩式）系统流程图

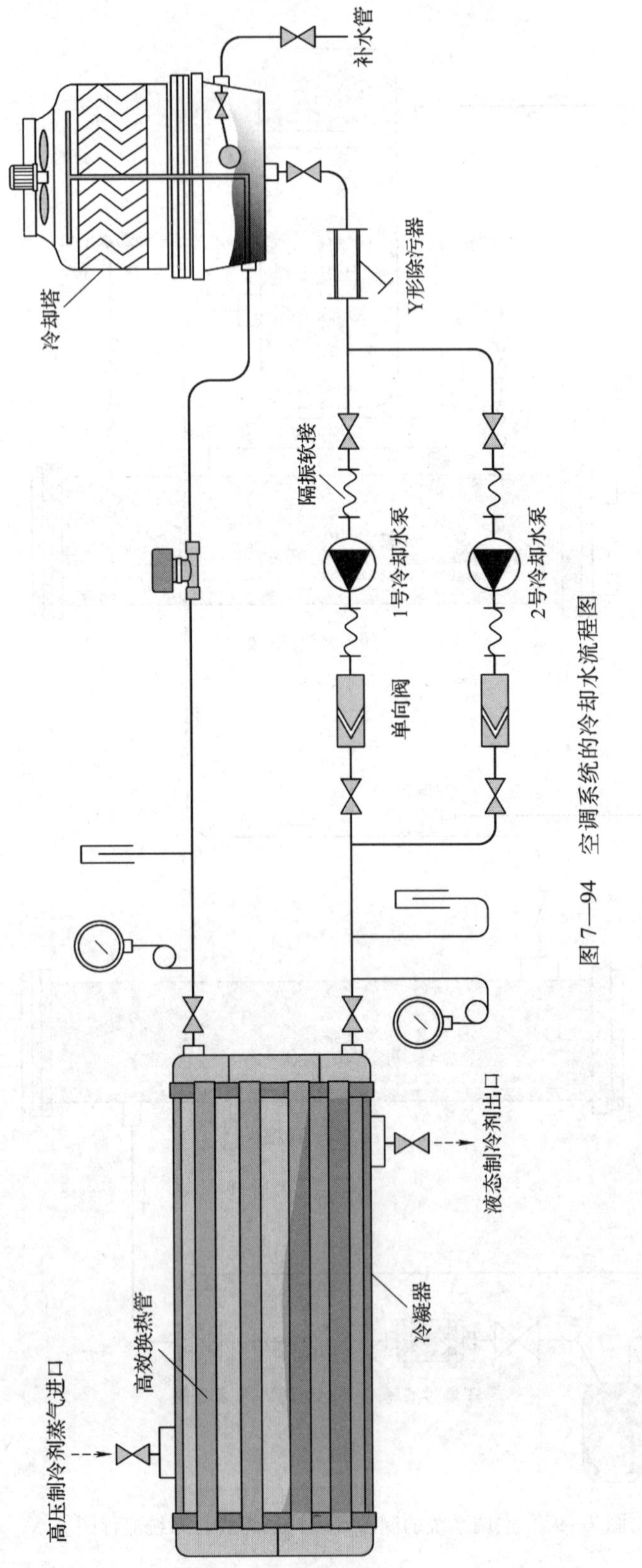

图 7—94　空调系统的冷却水流程图

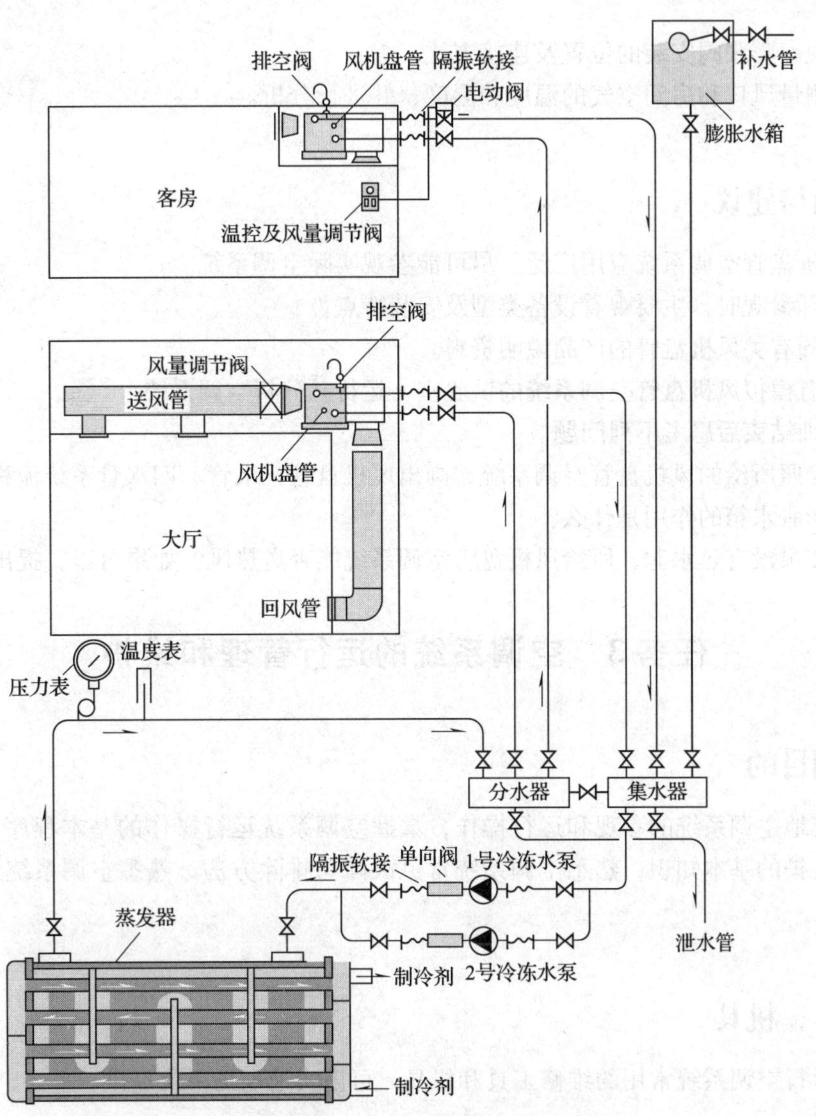

图 7—95　空调系统的冷冻水流程图

(4) 管路上安装压力表和温度表，用以观察管道系统内的压力和温度，便于运行管理。

(5) 易熔塞是对压力容器（主要是冷凝器）的一种保护，泄放制冷系统内过高的压力。易熔塞是一次性使用物品，不可重复使用。

2. 空调系统管路和配件识别

(1) 观察风机盘管安装的位置和安装方式，以及风机盘管上安装的部件。

(2) 观察冷冻水采用的管材种类及连接方式。

(3) 观察压力表、温度表安装的位置及安装方式。

(4) 观察冷却塔的配管及连接方式。

(5) 观察水泵的配管及连接方式。掌握单向阀、减振软接、普通阀连接的具体位置及相对顺序。

（6）观察膨胀阀安装的位置及连接方式。

（7）测量风口和房间空气的温度和湿度，并进行分析。

六、说明与建议

1. 风机盘管空调系统应用广泛，尽可能参观实际空调系统。

2. 实际参观时，主要观看设备类型及安装特点。

3. 翻阅有关风机盘管的产品说明资料。

4. 若有模拟风机盘管空调系统的试验室，运行并分析空调系统。

5. 实训结束后思考下列问题。

（1）参照所给的风机盘管空调系统，画出风机盘管三水管、四水管系统流程图。

（2）膨胀水箱的作用是什么？

（3）如果没有热水源，所给风机盘管空调系统能否送热风？如果可以，提出变更方案。

任务3　空调系统的运行管理和维护

一、实训目的

通过实地空调系统的参观和运行操作，掌握空调系统运行操作的基本程序，掌握空调系统运行维护的基本知识，熟悉空调系统常见故障与排除方法，熟悉空调系统运行维护的基本内容。

二、工具、机具

实地运行空调系统常用的维修工具和机具，可由实地现场单位提供。

三、实训材料

具有冷水机组的中央空调系统，具有冷水机组、风机盘管的中央空调系统。

四、实训要求

1. 安全事项要求

（1）教师根据实地情况制定安全要求。

（2）实地现场安全员对学生进行安全教育。

（3）严禁触摸运行中的设备。

（4）严禁触摸运行中的控制台操作按钮。

（5）严禁关闭或打开实地现场的任何阀门。

（6）对有防火要求的实地现场，严禁带火种进入现场。

2．技能训练要求

（1）识别运行空调系统的类型。

（2）识别运行空调系统的冷水机组、风机盘管机组、冷却塔等主要设备的类型。

（3）观察并记录运行空调系统上压力表、温度计、湿温表、流量计等显示仪表的读数。

（4）观察并耳听运行空调系统各设备的正常运行声音。

（5）观察运行空调水系统管道的材质及连接方式。

（6）观察运行空调水系统阀件的类别、安装形式和使用的位置。

（7）观察运行空调防火阀及防烟阀的类别、安装形式和使用的位置。

（8）熟悉运行空调系统的操作程序。

（9）熟悉运行空调系统的值班责任。

（10）熟悉运行空调系统的常见故障与排除方法。

五、实训过程

1．观察运行空调系统并识别。

2．观察运行空调系统值班室的责任制度。

3．实地技术人员讲解空调系统形式和运行特点。

4．实地值班人员讲解空调系统运行操作程序和注意事项。

5．实地维修人员讲解空调系统常见故障与排除方法。

6．观察实地冷水机组房间正常运行状况下的各种参数。

7．利用理论知识，对实地现场的空调部件或设备进行分析。

8．熟悉实地现场采用的新设备、阀件、管材等新材料和新工艺。

六、说明与建议

1．空调系统应用较普遍，可以选择有代表性的空调系统。

2．如果条件允许，实训前可以组织学生观看冷水机组的有关课件。

3．实训过程中，如果条件允许，可以让学生参与冷水机组操作和维修。

4．实训过程中，要善于提问和记录。

5．对实训遇到的新材料和新工艺要及时熟悉或掌握。

第八章　制冷空调新技术概述

学习目标

1. 了解蓄冷系统的组成及工作原理
2. 了解辐射供冷空调系统的组成及工作原理

第一节　蓄 冷 系 统

一、蓄冷的概念

将冷量以显热、潜热的形式蓄存在某种介质中，并能够在需要时释放出冷量的空调系统。常用的蓄冷介质有水、冰、共晶盐等。本节主要讲述蓄冷能力高的以冰为蓄冷介质的冰蓄冷系统。

用以传递制冷、蓄冷装置冷量的中间介质叫作载冷剂，使用载冷剂的蓄冷系统也叫作间接蓄冷系统，在冰蓄冷系统中常用的载冷剂是乙烯乙二醇水溶液。其主要目的是调高系统的可靠性。

冰蓄冷是指将水制成冰，利用冰的相变潜热进行冷量储存的一种蓄冷方式。

冰蓄冷是利用夜间低谷负荷电力制冰储存在蓄冰装置中，白天融冰将所储存冷量释放出来，减少电网高峰时段空调用电负荷及空调系统装机容量，节能、环保效果突出。它代表目前制冷空调技术的发展方向。应用蓄冷制冷技术具有显著的社会、经济综合效率，主要表现在以下几个方面。

1. 削峰填谷、平衡电力负荷。
2. 改善发电机组效率、减少环境污染。
3. 减小机组装机容量、节省空调用户的电力费用。
4. 改善制冷机组运行效率。
5. 要求部分时段备用（应急）冷源的空调工程。
6. 区域性集中供冷的空调工程。

二、蓄冷系统的分类

蓄冷系统的种类较多，蓄冷方法各异，蓄冷介质和蓄冷设备也不相同，分类比较复杂。一般有四种分类方法，见表 8—1。

表 8—1　　蓄冷系统的分类

分类方法	系 统 名 称
按蓄冷介质种类	水蓄冷式、冰蓄冷式和共晶盐（优态盐）蓄冷式
按是否使用载冷剂	制冷剂直接蒸发式和载冷剂循环式。直接蒸发式又按制冷装置有无运动部件分为静态制冰和动态制冰
按蓄冷装置构造种类	盘管式（蛇形、螺旋形、U 形）、封装式、动态式
按使用方式	全蓄冷、部分蓄冷

1. 盘管式蓄冰系统

由浸没在充满水的蓄冰槽内的金属或塑料盘管作为蓄冷介质与载冷剂的换热面，通过载冷剂在盘管内的流动使盘管外表面结冰，以蓄存冷量的蓄冷系统。因融冰方式不同分为外融冰和内融冰。外融冰方式是由温度较高的空调回水直接进入盘管外的蓄冰槽内流动，由外向内融化盘管外表面的冰层。这种外融冰方式即是直接蒸发式制冰系统；内融方式是由温度较高的载冷（冷媒）剂在盘管内的流动，由内向外融化盘管外表面的冰层。如图 8—1 所示为蛇形盘管蓄冰装置。

2. 封装式（冰球、冰板）蓄冰系统

将封装蓄冰介质的蓄冰容器密集地放置在蓄冰装置中，由低温载冷剂流经蓄冰装置，使蓄冰容器内的蓄冷介质结冰来蓄存冷量的蓄冷系统。如图 8—2 所示为密闭式冰球蓄冰罐。

图 8—1　蛇形盘管蓄冰装置

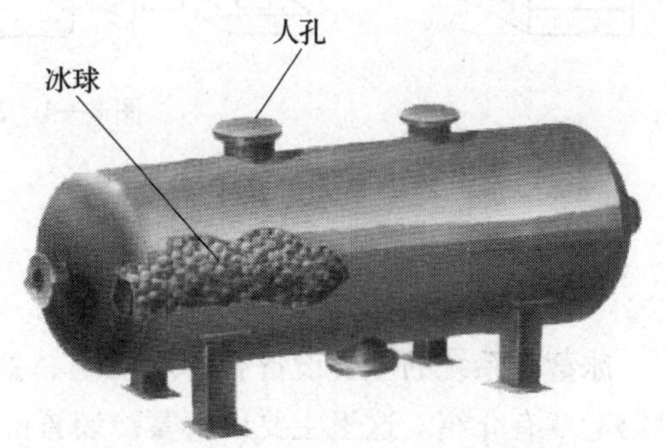

图 8—2　密闭式冰球蓄冰罐

3. 冰片滑落式蓄冰系统

它是指在制冷机的板式蒸发器表面上不断冻结成薄冰片，然后滑落到蓄冰槽内蓄存冷

量的蓄冷系统。如图 8—3 所示为冰片滑落式动态蓄冷系统。该系统由蓄冷槽和位于其上方的若干片平行板状蒸发器组成。循环水泵不断将水从蒸发器上方喷洒而下，在蒸发器表面结成薄冰。待冰达到一定厚度后，制冷设备的四通阀切换，原来的蒸发器变为冷凝器，由压缩机来的高温制冷剂进入其中，使冰片脱落滑入蓄冰槽内。

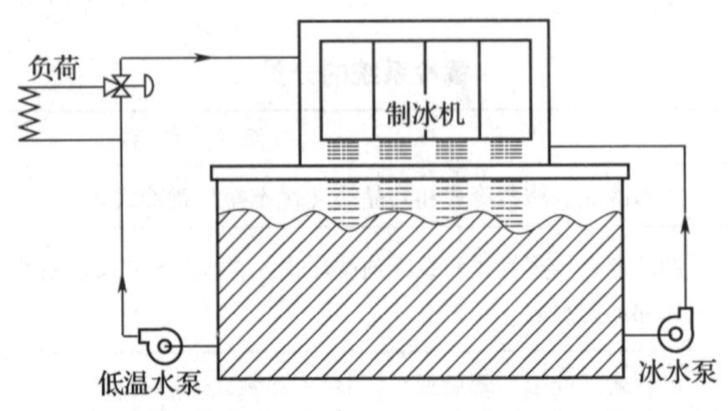

图 8—3　冰片滑落式蓄冰系统

4．冰晶式蓄冰系统

将低浓度的载冷剂（一般是乙烯乙二醇或丙二醇）冷却至0℃以下，产生细小而均匀的冰晶，冰晶是极细小的冰粒与水的混合物，其形成过程类似雪花。冰晶与载冷剂形成冰浆状的液冰蓄存在蓄冰槽内的蓄冰系统称为冰晶式蓄冰系统，如图 8—4 所示。蓄冰时，从蒸发器出来的冰晶送至蓄冰槽内蓄存；释冷时，冰粒与水的混合溶液被直接送到空调负荷端使用，升温后回到蓄冰槽，将蓄冰槽内冰晶融化为水，完成释冷循环。

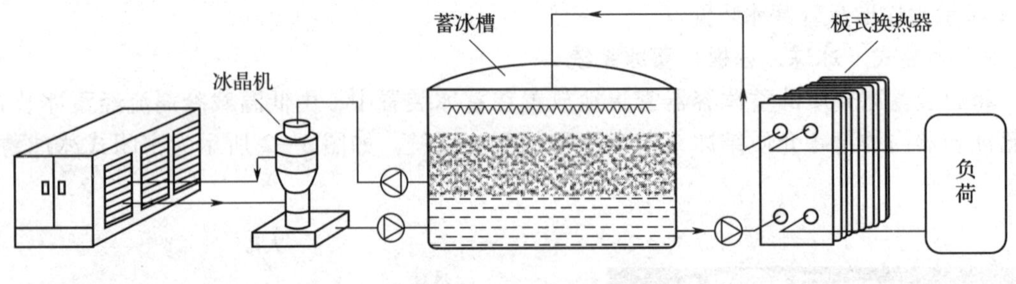

图 8—4　冰晶式蓄冰系统

三、冰蓄冷系统设备安装

冰蓄冷系统的主要设备有冷水机组、蓄冰装置和控制系统等。制冷机组的安装在本教材第七章有介绍。这里主要讲解蓄冷装置的安装。

1．蓄冷装置的安装

（1）盘管式蓄冷设备在运输时，应保持水平。

（2）封装式蓄冷设备安装时，冰球装罐时应防止冰球与钢铁、混凝土等物体相撞击或冰球之间的互相撞击，安装时严禁杂物进入罐内。

（3）整装蓄冷设备在临时存放及运输过程中，与设备底面的接触面应平整。

（4）整装蓄冷设备底部与基础之间加设绝热保温措施。

（5）系统冲洗时，不应经过蓄冷设备。

（6）蓄冷装置安装完成后，应做水压试验和气密性试验。

2．控制系统安装调控

控制系统和控制装置是组成冰蓄冷系统的关键部分，大多都是自控部件。施工人员应该在熟悉设计技术资料的前提下从事此项工作。对理论控制原理要吃透，同时还应具有丰富的实践动手能力。

（1）控制设备均工作在条件相对恶劣的环境中，电动阀、传感元件均需在低温下工作，自控主要硬件（包括变频器）必须选用可靠设备。

（2）蓄冷自控系统通过对制冷机组、蓄冰设备、热交换器、系统水泵、冷却塔、系统管路调节阀进行控制，调整蓄冰系统各应用工况的运行模式，在最经济的情况下给末端负荷提供稳定的供水温度。

（3）蓄冷系统低温液体管路控制设备安装时，应防止传感器使用时结露，并做好测量电路和外部的隔离保温措施。

（4）根据现行的国家有关规定要求，承担控制系统安装的单位，需要提供控制系统的深化设计图纸，设计单位负责审查，控制系统的安装还要满足现行控制系统的主要技术标准与规范。

四、冰蓄冷系统运行模式及流程类别

1．运行模式

运行模式就是系统本身所能实现的各种运行工况。各种工况运行方式的交替转换是通过合理配置的电动调节阀（二通或三通）、变频泵工作完成的。常用的运行模式有以下五种。

（1）主机蓄冷模式

在此工作模式下，通过载冷剂的循环，在蓄冷装置中蓄冰（制冰）。此时制冷机的工作状态受到监控，当离开制冷机的载冷剂到达最低出口温度时，制冷机关闭。

（2）主机单独供冷模式

在此工作模式下，制冷机满足空调的全部冷负荷需求，出口的载冷剂不再经过蓄冷装置，而直接流至负荷端，制冷机维持设定温度。

（3）蓄冷装置单独供冷模式

在此工作模式下，制冷机关闭。回流的载冷剂通过融化蓄存在蓄冷装置内的冰，被冷却到所需要的温度。在全部蓄冷运行模式中，融冷供冷是最基本的运行方式，它的运行成本是最低的，但要求蓄冷装置的容量足够大，初期投资会较大。

（4）蓄冰、主机联合供冷模式

当蓄冰期间存在冷负荷时，用于制冷的一部分载冷剂被分送到冷负荷以满足供冷需求，载冷剂分送量取决于空调水回路的设定温度，一般情况下，这部分的供冷负荷不宜过大，因为这部分冷负荷的制冷量是制冷机组在蓄冷工况下运行提供的。蓄冰同时供冷在能耗及制冷机容量上是不经济的选择方案，因此，只要此冷负荷有合适的制冷机可选用，就应设置基载制冷机专门供这部分冷负荷（基载制冷：用于满足基载负荷的制冷机。基载负荷：在蓄冷—释冷周期内冷负荷较为恒定的部分）。

（5）蓄冷装置、制冷机联合供冷模式

在此工作模式下，蓄冷装置和制冷机同时运行以满足供冷需要。这种运行模式适合炎热季节。该模式又分为两种情况，即机组优先和融冰优先。

1）机组优先：回流的热载冷剂溶液，先经制冷剂预冷，然后流至蓄冷装置融冰冷却到设定温度。

2）融冰优先：回流的热载冷剂溶液，先经蓄冷装置冰冷却到某一中间温度，然后经制冷机冷却至设定温度。

2．流程类型

冰蓄冷系统由冷水机组、蓄冰装置、板式换热器、自控系统、循环水泵、电动调节阀构成。按冷水机组和蓄冰装置的相互连接关系，系统流程可分为串联流程和并联流程两大类。串联流程又分为主机上游和主机下游两种。

（1）串联流程

1）主机上游串联流程。如图 8—5 所示为主机上游串联系统流程。系统运行模式见表 8—2。

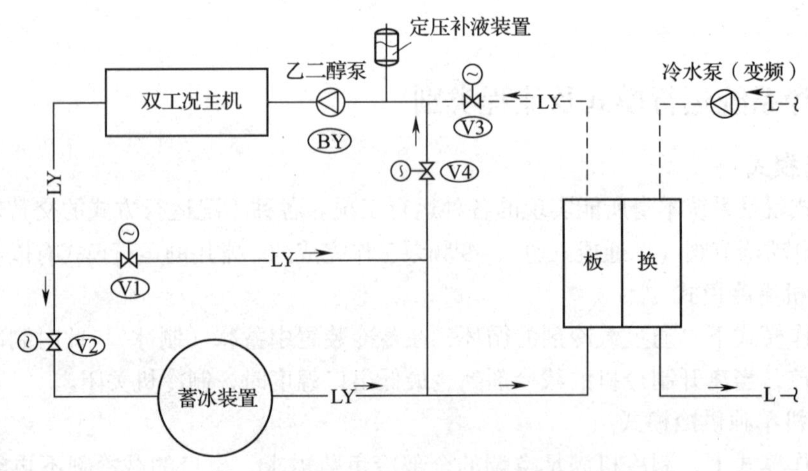

图 8—5　主机上游串联系统流程

表 8—2　　主机上游串联系统运行模式

运行模式＼阀门状态	V1	V2	V3	V4
蓄冰	关	开	关	开
主机供冷	开	关	开	关
蓄冰装置供冷	开（调节）	开（调节）	开（调节）	开（调节）
联合供冷	开（调节）	开（调节）	开（调节）	开（调节）

2）有夜间供冷的主机下游串联流程。如图 8—6 所示为有夜间供冷的主机下游串联系统流程。系统运行模式见表 8—3。

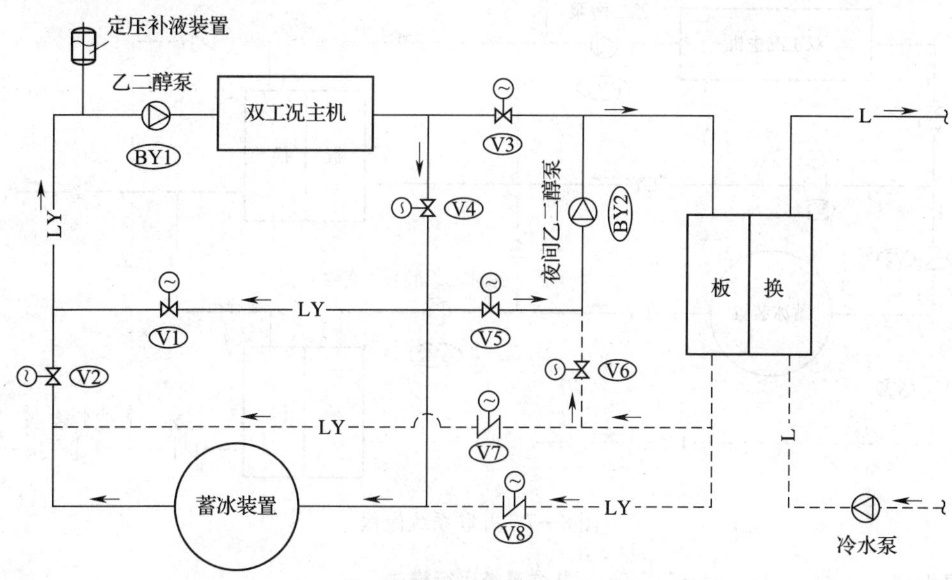

图 8—6　有夜间供冷的主机下游串联系统流程图

表 8—3　**有夜间供冷的主机下游串联系统运行模式**

运行模式 \ 阀、泵状态	V1	V2	V3	V4	V5	V6	V7	V8	BY1	BY2
蓄冰	关	开	关	开	关	关	关	关	启	停
蓄冰同时供冷	关	开	关	开	调节	调节	开	关	启	调节
主机供冷	开	关	调节	调节	关	关	关	开	启	停
蓄冰装置供冷	调节	调节	调节	调节	关	关	关	开	启	停
联合供冷	调节	调节	调节	调节	关	关	关	开	启	停

制冷机位于蓄冰装置的上游，此时制冷机出水温度较高，蓄冰装置出水温度较低，因此，制冷机效率高，电耗小，工程中一般多采用这种方式。但是这种方式融冰温差小，取冰效率较低。如果制冷机位于蓄冰装置的下游，则情况正好相反。

（2）并联流程

如图 8—7 所示为并联系统流程。系统运行模式见表 8—4。

3. 控制运行策略

蓄冷空调系统是一个较复杂的工程系统。要实现系统的高效运行，需要全盘考虑、综合调控。所谓控制运行策略就是以设计循环周期的负荷及其特点为基础，按电费结构等条件对以蓄冷容量、释冷供冷或以释冷连同制冷机共同供冷做出的最优运行方案，以达到系统运行的低成本、低费用。实现这一目标微观的技术手段是根据控制指令和监控参数的变化，采用一定的控制逻辑和算法，设置制冷机、装置、水泵、阀门等设备的运行状态。宏观的控制运行策略一般可归纳为分量蓄冷策略和全量蓄冷策略。

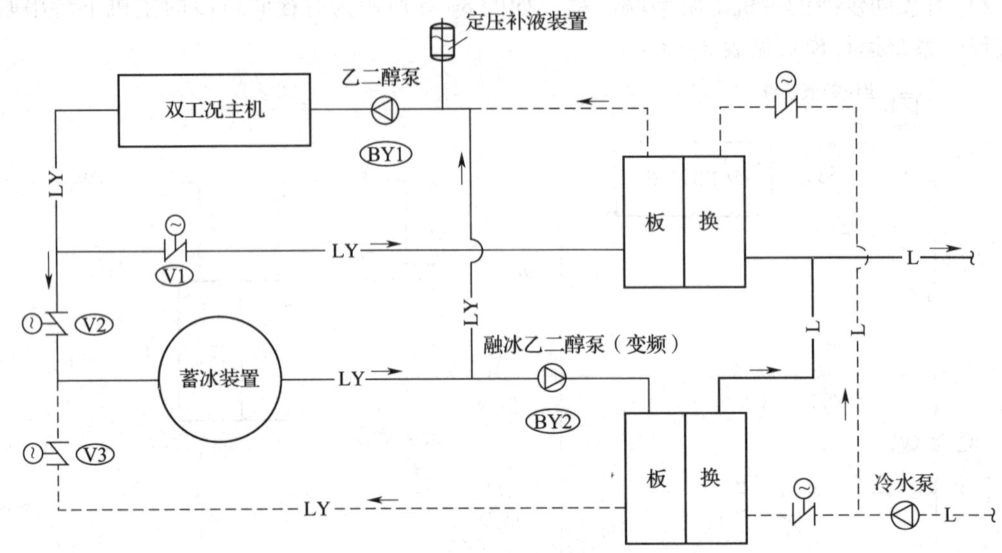

图 8—7　并联系统流程

表 8—4　　并联系统运行模式

阀、泵状态 / 运行模式	V1	V2	V3	BY1	BY2
蓄冰	关	开	关	启	停
主机供冷	开	关	关	启	停
蓄冰装置供冷	关	关	开	停	调节
联合供冷	开	关	开	启	调节

分量蓄冷系统的控制较全量蓄冷复杂，除了保障蓄冷工况与供冷工况之间的转换操作以及空调供回水温度控制以外，主要应解决制冷机和蓄冰装置之间的供冷负荷分配问题，充分利用蓄冷系统，节省运行费用。常用的控制策略有三种，即制冷机组优先、蓄冰装置优先和优化控制。

（1）制冷机组优先策略

制冷机组优先是指空调使用时，尽量使制冷机组满负荷供冷。只有当空调负荷超过制冷机组的供冷能力时，才启用蓄冰装置释冷，使其承担不足的部分。这种策略实施简单，运行可靠。随着建筑物负荷的降低，蓄冰装置的使用率也会降低。所以这种方式不能有效地削减峰值用电，但系统投资最省。

（2）蓄冰装置优先策略

蓄冰装置优先就是在空调使用时确保蓄冷量全部用完的前提下，蓄冰装置以每小时平均不等的供冷能力融冰释冷，只有在蓄能装置融冰释冷不能完全满足空调负荷时，才启动制冷机组，以解决不足的部分。这种策略较制冷机组优先能保证冰在空调使用时用完，运行费用更省，但系统投资较大。在使用时的不足还有对电网的高峰和平谷电价没有充分利用。

（3）优先控制策略

优先控制策略就是根据电价政策，在满足用户使用要求的前提下，最大限度地发挥蓄冰装置作用，使用户支付的电费最少。也就是说优化的目标是运行费用。给出逐日预测的系统各设备参数、当地电价政策结构等必备条件，运用最优方法，得出各时刻制冷机组、蓄能装置应负担的负荷，并据此进一步得出各机组、蓄能装置及管路中阀门的启闭或调节位置。有关资料显示，这种控制策略比采用制冷机组优先策略可节省一笔可观的运行费用。

复　习　题

1. 冰蓄冷空调技术有什么社会效益和经济效益？
2. 冰蓄冷系统分哪几类？
3. 简述金属配管式蓄冰的工作原理。
4. 冰蓄冷运行模式有哪些？
5. 冰蓄冷运行策略有哪些？

第二节　辐射供冷空调系统

一、辐射供冷的基本概念

辐射供冷是近年的一项新技术，其最大的优势在于较高的室内空气质量和节能潜力。国内已有不少成功应用的工程范例。随着与这一新技术有关的国家技术标准的出台，辐射供冷技术一定会有良好的应用发展前景。

1. 辐射供冷的原理

辐射供冷是降低建筑围护结构内表面中的一个或多个面温度，形成冷辐射面，通过辐射面以辐射和对流的传导方式向室内供冷的方式。工程中的辐射供冷是通过专用的装置向系统供冷的，是空调系统的一种末端形式，通常是将金属或塑料等材质的供冷部件与供冷建筑结构施工、建筑装饰相结合形成辐射作用面，通过循环冷媒，带走室内部分或全部显热负荷的空调末端系统。该末端系统一般可用于供冷，也可用于供暖，一套系统两种用途。

2. 辐射供冷的特点

（1）辐射供冷的优点

1）传统空调传递热量的介质主要是空气，辐射供冷采用的介质是水，水的比热容比空气大得多，在传递同样热量的条件下所需的水量远小于空气，辐射供冷在输配传热介质上的耗能要比传统空调小得多。

2）传统的风机盘管加新风系统噪音大，冷凝水不易排出，容易造成细菌滋生，但辐射供冷不存在这样的问题。

3）传统的空调如果要想实现温、湿度的同步控制，一般需要对新风再热，导致能耗增加，唯一的解决途径就是牺牲温、湿度中的一项，这样就相当于牺牲了室内的热舒适性；而辐射供冷可以实现温、湿度分开控制，且辐射供冷在室内形成的温度梯度很小，风速极小，达到了良好的室内舒适性。

（2）辐射供冷的缺点

1）辐射面表面温度低于室内空气露点温度时，会有结露现象，影响室内卫生条件。

2）在潮湿地区，室外空气进入室内会增大结露的可能性。

3）辐射供冷不能去除室内的潜热负荷，所以潜热负荷必须通过增加一套新风系统来解决。

二、辐射供冷空调系统组成及末端连接方式

1．辐射供冷空调系统组成

辐射供冷空调系统一般由辐射供冷末端系统、独立除湿新风系统和冷源三部分组成。如图 8—8 所示为毛细管网顶面辐射供冷空调系统。

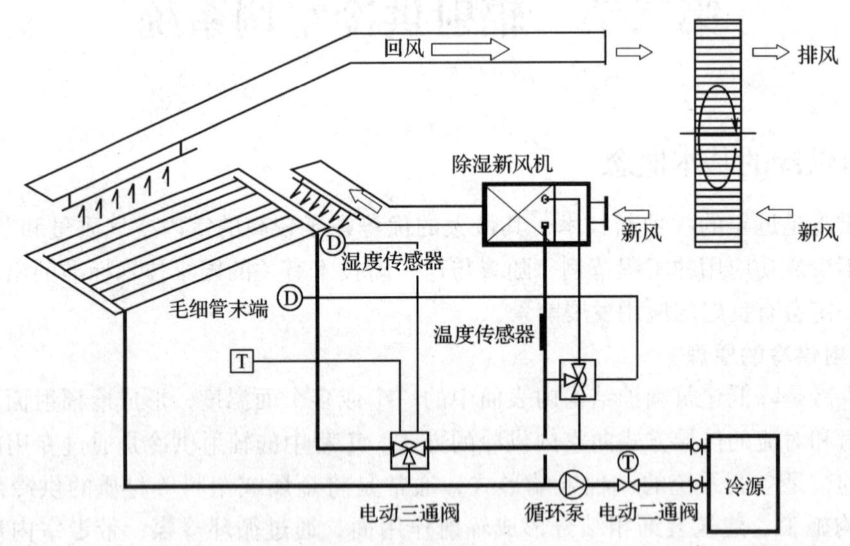

图 8—8　辐射供冷空调系统

冷源和新风系统已在本教材的第六、七章讲述。在此介绍辐射供冷末端系统。

2．末端系统连接方式

根据不同的空调需求场合，末端系统按照辐射末端和冷（热）源的关系分为直接连接方式和间接连接方式两种。如图 8—9 所示为直接连接方式，图 8—10 所示为间接连接方式。

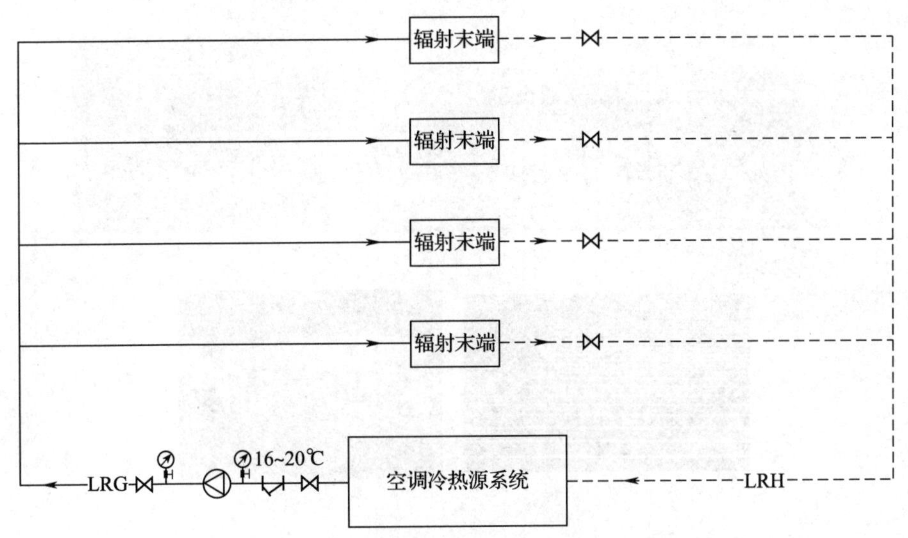

图 8—9 辐射供冷末端系统直接连接方式

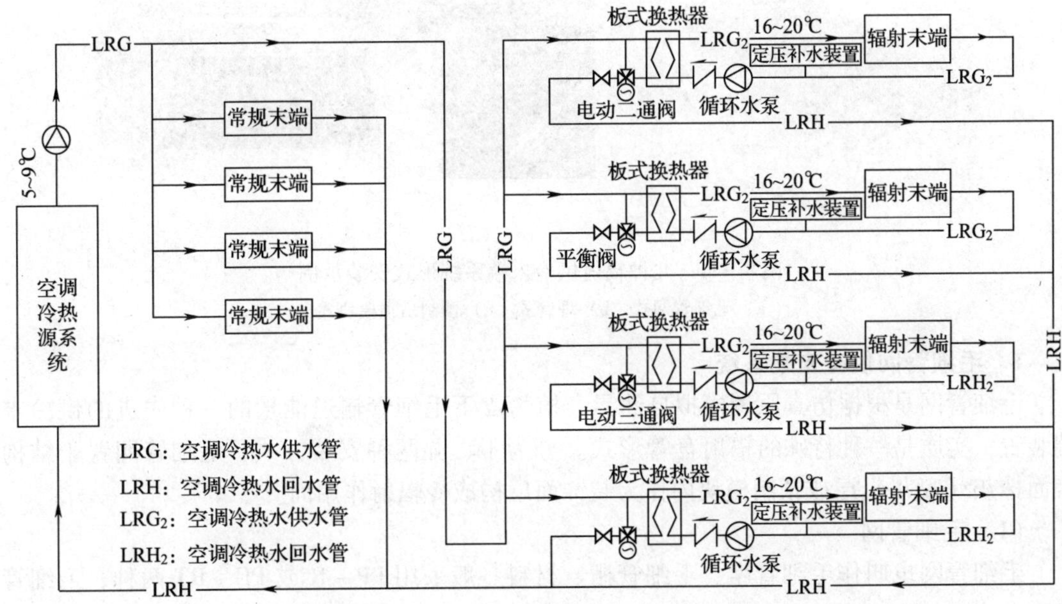

图 8—10 辐射供冷末端系统间接连接方式

三、辐射供冷末端系统类型

根据辐射作用面的构造、所在位置、安装方式、冷媒种类和温度等的不同，辐射供冷末端系统的形式可分为多种，主要有毛细管网式（又分为地面、墙面、顶面敷设）、埋管式（又分为混凝土结构楼板埋管式、地面填充埋管式）和预制吊顶模块式（又分为整体式、装配式）。

如图 8—11 所示为几种辐射供冷末端系统形式安装示例。

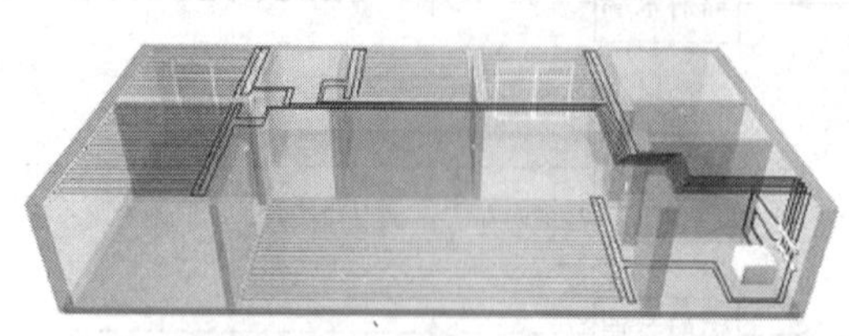
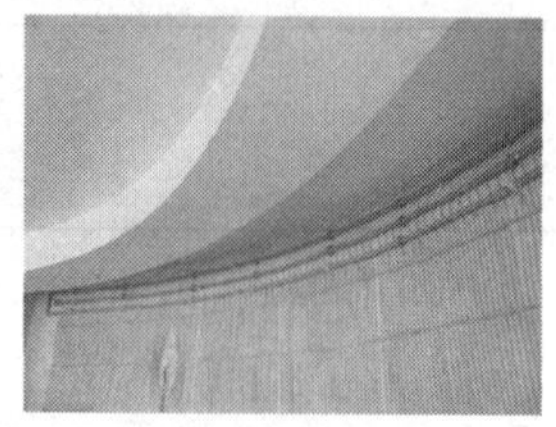

a）

b）

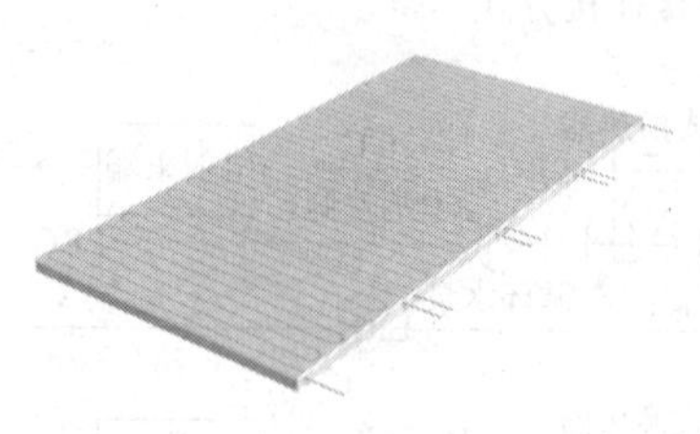

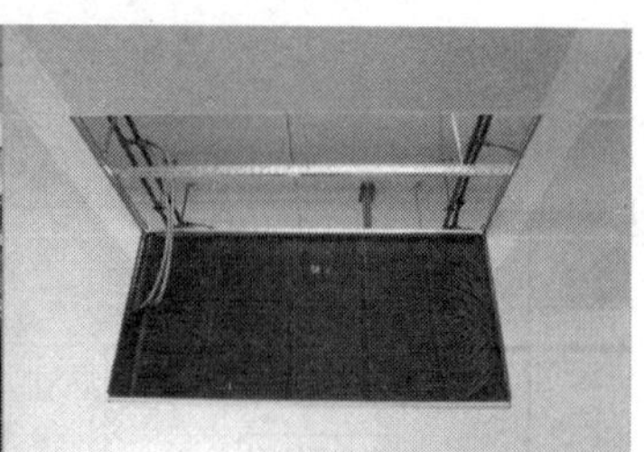

c）

图 8—11　几种辐射供冷末端系统形式安装示例

a）毛细管网式　b）埋管式　c）预制吊顶模块式

1．毛细管网供冷末端系统

毛细管网是根据仿真原理模拟自然界、植物皮下毛细管输送能量的一种先进的供冷末端装置，实质是一种特殊的辐射盘管形式。分为干、湿两种安装方式，毛细管网置于结构表面抹灰（喷灰）层或预制模块内作为装饰面层构成冷辐射作用面。

（1）毛细管网

毛细管网也叫作毛细管席、毛细管栅。材料一般采用 PP－R 或 PE－RT 两种，毛细管网有Ⅰ型和Ⅱ型两种类型。毛细管网是由集管和毛细管通过专用塑料焊机按一定规格尺寸热熔焊接而成的塑料管网片。规格尺寸见表 8—5。毛细管网长度的递减模数为 250 mm，如 6 000 mm、5 750 mm、5 500～1 000 mm。

表 8—5　　毛细管网规格参数　　mm

型号 / 参数	Ⅰ型	Ⅱ型
集管规格（外径×壁厚）	20×2.0、20×2.8	20×2.0、20×3.4
毛细管规格	4.3×0.8	3.35×0.5、4.5×0.8
毛细管网间距	10、20、40	10、15、20、30

续表

型号 参数	Ⅰ型	Ⅱ型
毛细管网长度	1 000 ~ 6 000	
毛细管宽度	1 000	
集管和毛细管接口方式	承插热熔、端面热熔	

根据集管和毛细管的不同排管形式，毛细管网分为多种类型，以满足地面、墙面和顶面的安装要求。如图 8—12 所示为几种常见毛细管网类型。

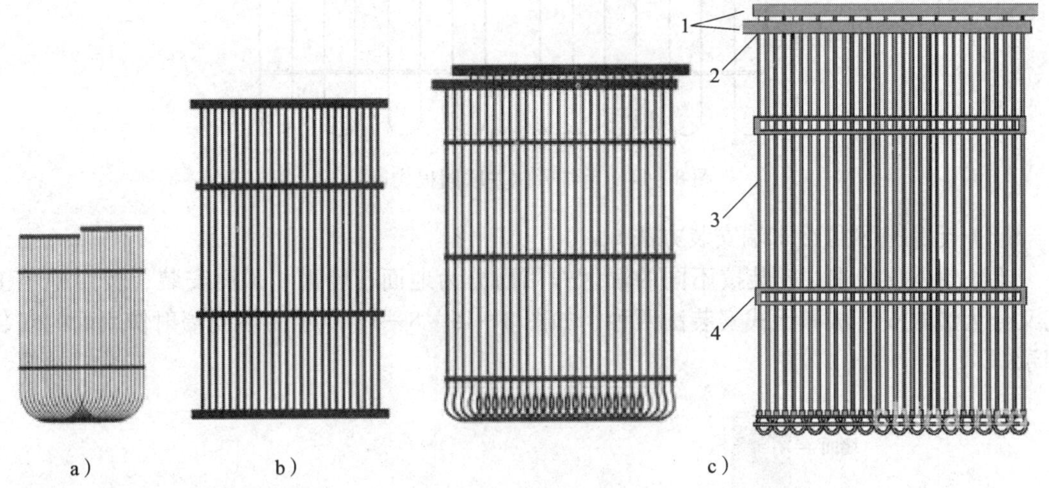

图 8—12　毛细管网类型

a）U 型　b）G 型　c）SB 型

1—集管（供回水管口）　2—热熔接口　3—毛细管　4—塑料排扣

集管和毛细管接口多，是毛细管网的关键部位，必须通过承插热熔或端面热熔的方式进行连接，以保证接口的可靠性和耐久性。集管和毛细管端面热熔接口如图 8—13 所示。

图 8—13　集管和毛细管端面热熔接口

（2）毛细管网之间的连接方式

毛细管网是定型尺寸的单网片，施工时要根据设计图纸对地面、墙面、顶面的布管要求，将同一环路的多个毛细管网片连接成一个完整的“大网片”，为了保证房间的热平衡，一般毛细管网连接宜采用并联同程式连接，如图 8—14 所示。局部小系统可采用异程式连接或混合式连接。

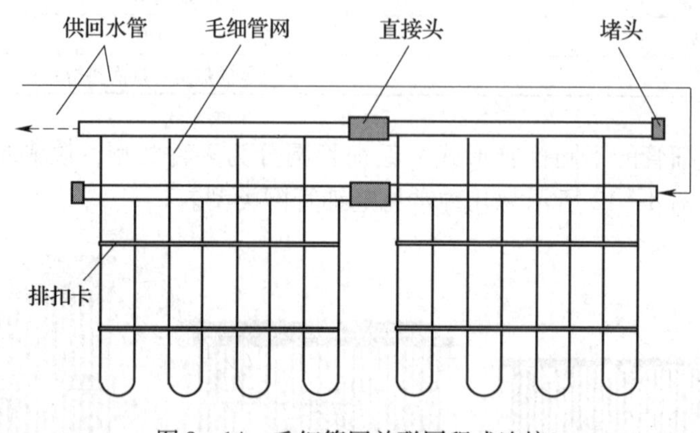

图 8—14　毛细管网并联同程式连接

（3）毛细管网供冷末端安装方法

毛细管网供冷末端安装按不同的辐射作用面分为地面、墙面、顶面安装；按照施工工艺又分为湿式安装法和干式安装法两种。如图 8—15 ~ 8—18 所示为不同辐射作用面的安装图示。

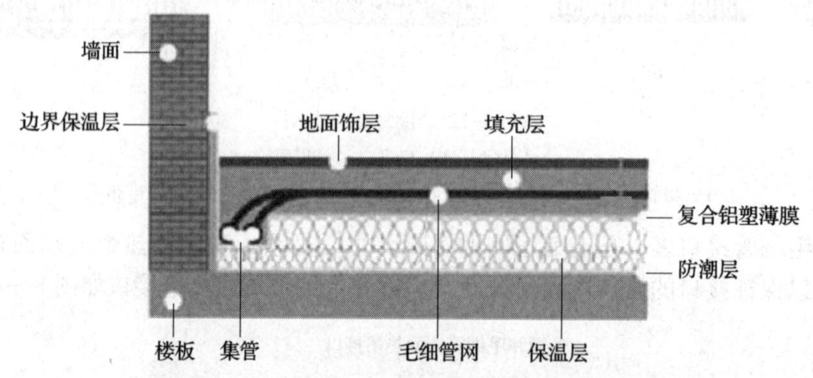

图 8—15　毛细管网在填充层地面铺设安装剖面图

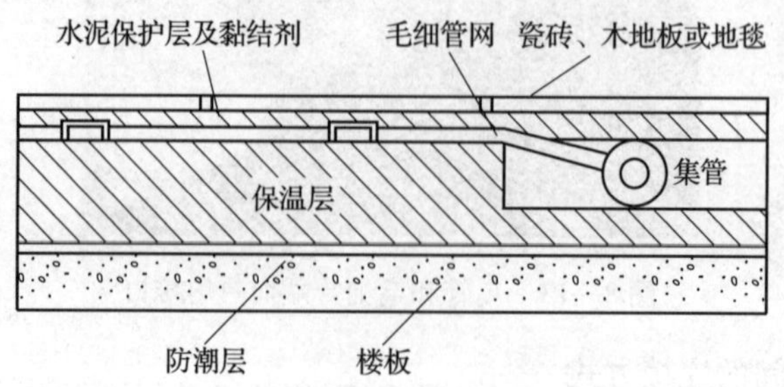

图 8—16　毛细管网贴饰面层铺设安装剖面图

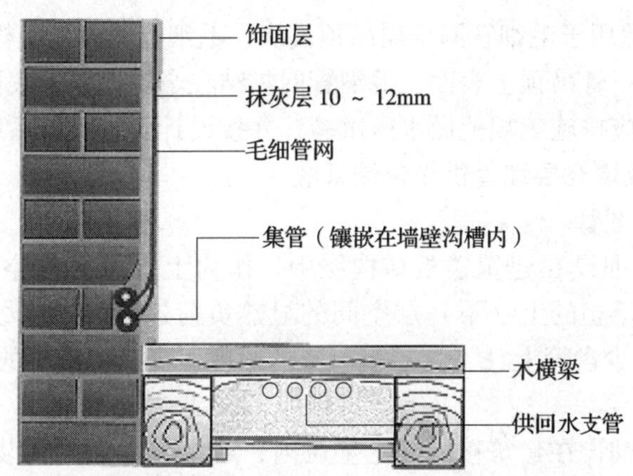

图 8—17 毛细管网墙面湿式安装剖面图

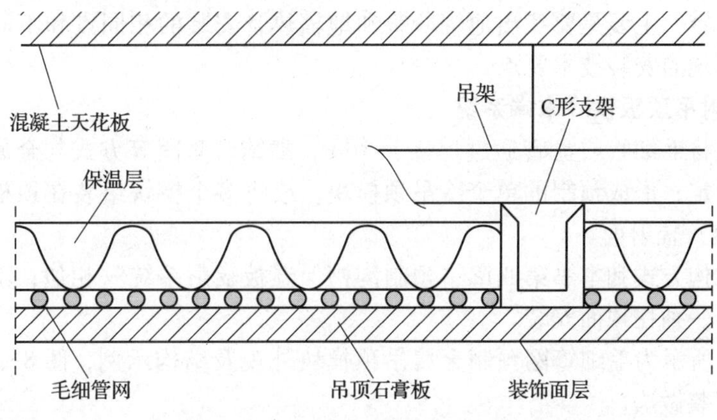

图 8—18 毛细管网吊顶内安装剖面图

1）安装前的准备工作

①施工图纸及相关的技术文件应齐全，有较完善的施工组织设计，并已完成技术交底。

②各相关专业的施工进度已满足毛细管网系统的安装条件，预留、预埋、开孔等作业已完成并经验收合格。

③土建已完成墙面层抹灰/喷灰（基面层抹灰/喷灰），外窗、外门已安装到位，并已将地面、顶面、墙面清理干净。厨卫应做完闭水试验并经过验收。

④所以进场材料、装置等技术文件应齐全，标志应清晰，外观检查合格，必要时应抽检。

⑤施工时，应防止油漆、稀料等化学溶剂污染毛细管及其他塑材。

⑥施工中，应和精装修工序紧密配合，对精装修人员进行技术配合交底。

⑦毛细管网的管径细小，施工人员应穿软平底鞋，不宜和他人交叉同时作业，避免造成供冷部件损毁。

2）毛细管网湿式安装方法。毛细管网直接铺装在结构板或石膏板吊顶下表面，墙面、地面用导热型砂浆抹灰（喷灰）层覆盖的方式。

3）毛细管网干式安装方法。干式安装主要有两种形式：模块（整体式）式和现场制作式（装配式）。模块式适用于毛细管网金属吊顶模块、毛细管网石膏板模块等；现场制作式适用于毛细管网安装在石膏吊顶上表面、毛细管网黏结在金属吊顶上表面等情况。

安装工作结束后，应按施工规范做水压试验，并按设计要求进行系统运行调试。

2. 混凝土板埋管及填充层埋管供冷末端系统

（1）混凝土结构板埋管

它是将供冷盘管预埋设在建筑楼板结构层中，作为上（下）层空间的冷（热）辐射面。盘管形式根据主要承担的上（下）层空间的显热负荷进行设计，尽可能在建筑楼板的上（下）层布置，以减少盘管上（下）层混凝土的厚度，降低混凝土的传热热阻。

（2）填充层埋管

它是将供冷盘管预铺设在建筑楼混凝土垫层内，或结合地面干式装配组合而成的地面冷（热）辐射面。此种做法与热水地面供暖末端做法类似，地面材料宜采用热阻小的材料。

关于混凝土板埋管及填充层埋管供冷末端系统的安装方法这里不再讲述，可参考本书的第四章有关内容。主要是要找出地辐冷管和地辐热管安装的相同点和不同点。才能更好地掌握这两种系统的安装技术要点。

3. 预制辐射吊顶板供冷末端系统

这种系统是将毛细管或盘管通过焊接、镶嵌、黏结、紧固等方式与金属、塑料、石膏等装饰板进行固定，形成预制的单个冷吊顶模块，或将多个模块组装在顶板或墙面上，形成装配式冷（热）辐射面。

这种供冷结构方式和本书第四章“预制沟槽保温板辐射系统”相似，不同之处是一种在地面安装，另一种在顶面安装。

如图 8—19 所示为毛细管网预制金属吊顶模块外观及结构示例，图 8—20 所示为预制金属吊顶模块安装做法。

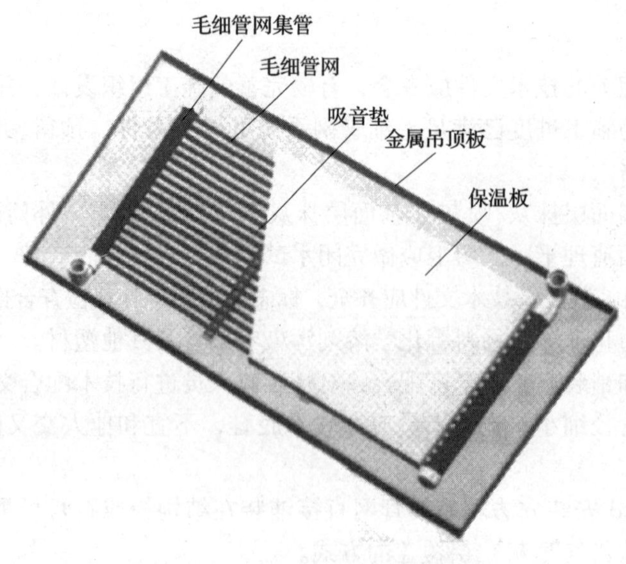

图 8—19　毛细管网预制金属吊顶模块

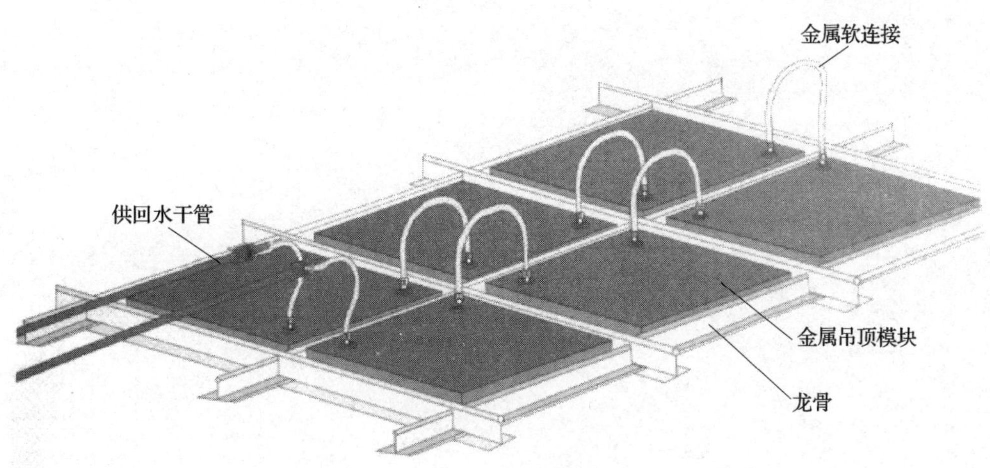

图 8—20　预制金属吊顶模块安装做法

复　习　题

1. 辐射供冷的原理是什么?
2. 辐射供冷有哪些优点?
3. 辐射供冷末端系统有几种形式? 各有什么特点?
4. 毛细管网的连接方式有哪几种?